KB176848

의학영상 |제2판|

신호 및 시스템

MEDICAL IMAGING SIGNALS AND SYSTEMS

의학영상 |제2판|
신호 및 시스템

Jerry L. Prince, Jonathan M. Links 지음 ▪ 김동윤, 조규성, 이봉수, 서종범, 이정한 옮김

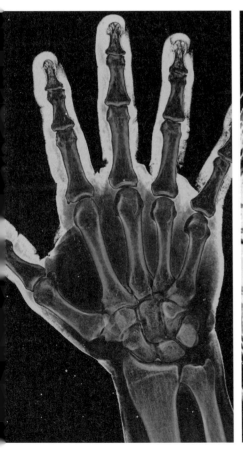
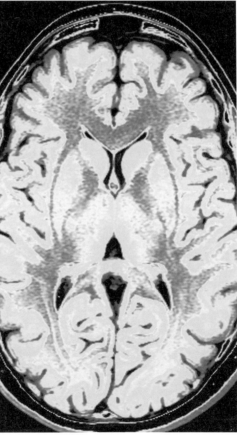
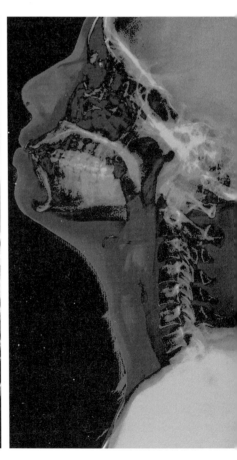

Σ 시그마프레스

의학영상 : 신호 및 시스템, 제2판

발행일 | 2016년 1월 25일 1쇄 발행

저자 | Jerry L. Prince, Jonathan M. Links
역자 | 김동윤, 조규성, 이봉수, 서종범, 이정한
발행인 | 강학경
발행처 | (주)시그마프레스
디자인 | 송현주
편집 | 이호선

등록번호 | 제10-2642호
주소 | 서울특별시 영등포구 양평로 22길 21 선유도코오롱디지털타워 A401~403호
전자우편 | sigma@spress.co.kr
홈페이지 | http://www.sigmapress.co.kr
전화 | (02)323-4845, (02)2062-5184~8
팩스 | (02)323-4197
ISBN | 978-89-6866-541-7

Medical Imaging Signals and Systems, 2nd Edition

Authorized translation from the English language edition, entitled MEDICAL IMAGING SIGNALS AND SYSTEMS, 2nd Edition, 9780132145183 by PRINCE, JERRY L.,; LINKS, JONATHAN, published by Pearson Education, Inc, publishing as Prentice Hall, Copyright © 2015, 2006 by Pearson Education, Inc., publishing as Prentice Hall, 1 Lake Street, Upper Saddle River, NJ 07458.

All rights reserved. No part of this book may be reproduced or transmitted in any form or by any means, electronic or mechanical, including photocopying, recording or by any information storage retrieval system, without permission from Pearson Education, Inc. KOREAN language edition published by SIGMA PRESS, INC., Copyright © 2016.

이 책은 Pearson Education, Inc.와 (주)시그마프레스 간에 한국어판 출판 · 판매권 독점 계약에 의해 발행되었으므로 본사의 허락 없이 어떠한 형태로든 일부 또는 전부를 무단 복제 및 무단전사할 수 없습니다.

* 책값은 뒤표지에 있습니다.
* 이 도서의 국립중앙도서관 출판예정도서목록(CIP)은 서지정보유통지원시스템 홈페이지 (http://seoji.nl.go.kr)와 국가자료공동목록시스템(http://www.nl.go.kr/kolisnet)에서 이용하실 수 있습니다.(CIP제어번호 : CIP2016000647)

역자 서문

1895년 뢴트겐의 엑스선 발견으로부터 시작된 의학영상은 보이지 않는 인체의 내부를 비침습적으로 관찰할 수 있다는 장점으로 그동안 의료 진단에 많은 공헌을 해 왔다. 최초의 엑스선 영상 장비가 만들어진 이후 개발된 CT는 인체 골격 구조의 해부학적 단면 영상을 제공하였고, MRI, 초음파 영상 장비들은 연조직에 대한 해부학적 단면 영상 및 3차원 영상을 제공하고 있다. 또한 핵의학 영상 장비인 PET과 SPECT 등은 인체의 기능 영상을 제공하여 또 다른 중요한 진단 수단이 되었다. 이렇듯 의학영상은 다양한 형태로 각기 독자적인 영역에서 질병 진단 및 치료에 큰 기여를 해 왔다. 의학영상 장비의 개발과 발전에 기여한 연구자들의 공로는 노벨 물리학상, 화학상, 의학상 등으로 그 가치를 인정받기도 하였다. 향후에도 의학영상 분야는 독자적 기술 발전과 함께 융합 기술 등을 통하여 꾸준히 발전할 것으로 전망된다.

의학영상은 다양한 영상 기법들이 독립적으로 발전한 분야로, 그동안 이러한 영상 분야들을 통합적으로 다룬 교재가 흔하지 않았는데 Jerry L. Prince 교수와 Jonathan M. Links 교수가 저술한 *Medical Imaging Signals and Systems*, 2판은 이러한 내용을 자세히 서술한 좋은 교재라 생각된다. 이 책은 신호 및 시스템, 투사 방사선 촬영, 컴퓨터 단층 촬영, 핵의학 영상, 초음파 영상, 자기공명 영상에 대한 기본 이론 및 원리를 소개하였다. 번역에는 각 영상 기법을 전공한 교수가 참여하였다. 원서를 번역하는 과정에서 동일한 영어 단어라 하더라도 각 영상 전문 분야에서는 다른 우리말로 사용되는 경우가 있어, 이 책에서는 각 전문 분야에서 공인된 우리말을 사용하였다.

의학영상에 관심이 있는 의·공학 분야 독자들을 위한 개론 서적으로 적극 이 책을 추천한다. 용어의 선정에서 미비한 점이 있다면 널리 양해해 주시고, 독자 여러분의 요구에 따라 계속 수정해 나갈 것을 약속드린다. 이 책이 출판되기까지 인내를 가지고 교정해 주신 (주)시그마프레스 직원들과 관계자 여러분들께 깊은 감사를 드린다.

2016년 1월
역자 일동

저자 서문

이 책의 1판이 출판된 지 9년이 지났지만 의학영상의 기본 원리는 변하지 않았고 장비와 임상 기술은 계속적으로 진화되고 발전되어 왔다. 이번 2판은 기구 관련 부분을 추가·보완하였고 신호와 시스템은 1판과 유사하다. 이 책은 방사선학에서 가장 중요한 영상 기법인 투영 방사선술, 엑스선 단층 촬영술, 핵의학 영상의 섬광검출기와 방출 단층 촬영술, 초음파 영상과 자기공명 영상학들을 다루었다. 그리고 디지털 방사선학, 다중 검출기 CT시스템, 3D(3차원) 초음파, 기능 및 확산 자기공명 영상 등을 추가로 기술하였다. 이 책의 사용자들은 대부분의 2학년 공학 교과과정에서 다루는 신호와 시스템, 기초 확률론에 대한 지식을 확보하고, 대학교 1학년 수준의 물리, 화학 및 미적분학의 지식을 가지고 있어야 한다.

1판과 같이 이 책은 주요 개념에 따라 단원을 나누었다. I부에서 1장은 기본적인 영상 원리를 소개하였고, 2장은 신호 처리(2차원 신호에 중점)를 소개하였으며, 3장은 영상 화질을 다루었다. 의학영상의 이론은 연속 신호를 기반으로 하였지만 샘플링과 시스템 구현에서는 이산 신호에 대한 내용을 다루었다. 해상도, 잡음, 명암대조도, 기하학적 왜곡 및 인공물을 영상 화질에 포함하여 다루었다. 이러한 내용들은 다음 장에서 계속적으로 서술되는 영상 기법들을 다룰 때 다시 설명한다.

II부에서는 방사선 영상에서의 주요 영상 기법을 다룬다. 4장에서는 이온화 방사선의 발생 및 검출과 인체에서의 효과를 포함한 방사선 물리를 다룬다. 5장에서는 흉부 엑스선, 형광경 및 유방 촬영술을 포함한 투영 방사선을 다룬다. 다른 장에서와 같이 각 영상 기법을 설명하고 분석을 위한 모델에 필요한 물리학과 생물학 지식을 포함한 신호에 대하여 서술한다. 또한 의학영상에서 기본적인 개념인 투영 영상의 설명에 필요한 수학을 다룬다. 6장은 엑스선 전산화 단층 촬영을 다루고 이를 확장한 투영 영상의 기구적 성질과 수학적 모델 및 의학영상에서 영상 재건에 대한 개념을 소개한다. 컴퓨터 단층 촬영 장치는 인체에 대한 투영 영상이 아닌 실제 단면(인체의 단층 영상) 영상을 제공한다.

III부는 핵의학 영상 장비에서의 영상 기법들과 관련된 물리학을 다룬다. 7장은 방사성 개념에 주안점을 두면서 핵의학 영상 장비에서의 물리학을 설명한다. 핵의학 영상에서 주요 양식들은 8장에서 설명하였다. 8장은 평면 섬광검출기를 9장은 방출 전산화 단층 영상을 다룬다.

IV부는 초음파 영상을 다룬다. 10장에서는 음파와 관련한 물리학을 설명하며 11장에서는 초음파 영상 장비에서의 다양한 모드에 대하여 서술한다. V부는 자기공명 영상학을 다룬다. 12장은 핵 자기공명과 관련된 물리학을 다루고, 13장에서는 다양한 자기공명 영상 기법들을 설명한다.

이 책의 1판은 상급학년/대학원에서 1학기용 의학영상 시스템 교재로 사용할 수 있다. 1학기용 교재로 사용할 경우 몇 부분을 제외하고 강의를 진행하기를 권한다. 현재 의학영상에서 의학영상 기기와 장치, 영상 재건 방법과 진단 기술에 대한 깊은 지식을 제공하고 싶지만 이러한 광범위한 지식을 한 학기에 충분히 설명할 수 없고 신호와 시스템의 관점에서부터 의학영상에 대한 통일적인 관점을 제공하고자 하는 목표와도 일치하지 않는다. 따라서 이 책을 2학기용 교재로 사용하기를 권장한다. 즉, 첫 번째 학기에는 I~III부까지 다루고 두 번째 학기에는 IV부와 V부를 다루는 것이다. 두 학기용 교재로 사용할 경우 강의자는 현재 연구 주제와 의학영상 기기 및 이와 관련된 물리학을 심도 있게 다루기 위한 보충 자료들을 사용할 수 있다.

의학영상의 내용은 매우 시각적이다. 신호와 시스템을 공식화하는 것은 수학적이지만 시각적인 방법을 통하여 더 잘 이해할 수 있다. 이를 위해 이 책은 많은 도표와 그림을 사용하였다. 일부는 교육 목적으로 설명과 예제 문제를 사용하였다. 나머지는 학습 의욕 유발과 토론 혹은 공부와 관련된 관심 특징들을 나타내기 위해 사용하였다. 학생들이 의학영상의 중요성을 느낄 수 있도록 하기 위하여 생물학적으로 관련된 예제들을 특별히 강조하였다. 2판에서는 다양한 영상 기법에서의 특징과 성능을 설명하는 데 도움을 주기 위한 참고 영상들을 제공하고, 현재 영상 장비 사용자들에게 보다 넓은 범위의 정보를 제공하기 위해서 많은 영상들을 추가하였으며, 일부는 새로운 영상으로 대체하였다.

2판에서의 새로운 내용

이 책의 2판은 1판 발간 이후 의학영상 시스템에서 중요한 발전을 이룬 기술과 방법들에서 새롭게 된 내용을 제공하기 위한 목적으로 출간되었다. 동시에 교육적 관점에서의 개선과 교재 구성에서의 변화를 포함시켰다. 강사와 학생들은 의학영상 신호와 시스템을 통합하여 다룰 수 있고, 신호 처리 관점에서 핵심 의학영상 기법들에 대한 보다 더 현대적인 내용을 포함하였다.

이 책에서 가장 중요한 변화는 다음과 같다.

- 서론에서 엑스선, 방사능, 초음파 및 핵 자기공명 영상 장비들과 핵심 영상 기법들에 대한 보다 나은 설명과 동기 부여를 위해 새로운 그림들을 많이 추가하여 새롭게 재구성하였다.
- 디지털 방사선 시스템, 투사 방사선에서 유방 엑스선 촬영법을 추가하였다.

- 컴퓨터 단층 촬영에서 다중 검출기 부분을 추가하였다.
- 핵의학 영상의 방출 단층 촬영에서 반복 재건 방법을 추가하였다.
- 초음파 영상에서 비선형 전달과 하모닉 영상을 추가하였다.
- 평면 섬광검출기, 단 광자 방출 전산화 단층 촬영 및 양전자 방출 단층 촬영에서의 새로운 발전과 영상화를 위한 식을 추가하였다.
- 초음파 영상에서 3차원 영상, 잡음 및 스페클을 추가하였다.
- 자기공명 영상에서 자기화율 강조 영상, 기능 자기공명 영상 및 확산 자기공명 영상을 추가하였다.
- 내용을 보다 교육적으로 잘 구성하기 위하여 2장과 3장을 재구성하였다.
- 1판에서는 각 장에 상대적으로 적은 연습문제가 있었는데 이번에는 새로운 연습문제가 다수 추가되었다. 이 책은 261개의 연습문제가 제공된다.

요약 차례

제 I 부 **영상의 기본 원리**   1

제1장 | 서론   5
제2장 | 신호와 시스템   17
제3장 | 영상의 화질   59

제 II 부 **방사선 영상**   107

제4장 | 엑스선 촬영의 물리학   113
제5장 | 투사 방사선 촬영   145
제6장 | 컴퓨터 단층 촬영   203

제 III 부 **핵의학 영상**   259

제7장 | 핵의학의 물리학   263
제8장 | 평면 섬광계수법   281
제9장 | 방출 컴퓨터 단층 촬영   323

제 IV 부 **초음파 영상**   363

제10장 | 초음파 물리   367
제11장 | 초음파 영상 시스템   403

제 V 부 **자기공명 영상**   447

제12장 | 자기공명 물리   451
제13장 | 자기공명 영상   483

차례

part I 영상의 기본 원리   1

|제1장| **서론**   5

1.1	의학영상의 역사	5
1.2	물리적 신호	6
1.3	영상 기법	7
1.4	투사 방사선 촬영	8
1.5	컴퓨터 단층 촬영(CT)	9
1.6	핵의학 영상	10
1.7	초음파 영상	11
1.8	자기공명 영상	12
1.9	다 양식 기법	13
1.10	요약 및 핵심 개념	14
참고문헌		15

|제2장| **신호와 시스템**   17

2.1	서론	17
2.2	신호	18
	2.2.1 점 임펄스	19
	2.2.2 선 임펄스	21
	2.2.3 콤과 샘플링 함수	22
	2.2.4 직사각형과 싱크 함수	23
	2.2.5 지수 및 정현파 함수	24
	2.2.6 가분 신호	25
	2.2.7 주기 신호	26
2.3	시스템	26
	2.3.1 선형 시스템	27
	2.3.2 임펄스 응답	28
	2.3.3 이동 불변성	28

2.3.4	LSI 시스템의 연결	31
2.3.5	가분 시스템	33
2.3.6	안정 시스템	34
2.4	**푸리에 변환**	**35**
2.5	**푸리에 변환의 특성**	**40**
2.5.1	선형성	41
2.5.2	이동성	41
2.5.3	켤레와 켤레 대칭성	41
2.5.4	비례 축소	42
2.5.5	회전	43
2.5.6	콘볼루션	43
2.5.7	곱	44
2.5.8	가분 곱	44
2.5.9	파스발의 정리	45
2.5.10	가분성	45
2.6	**전달 함수**	**46**
2.7	**원형 대칭과 한켈 변환**	**48**
2.8	**요약 및 핵심 개념**	**52**
참고문헌		**53**
연습문제		**53**

|제3장|	영상의 화질	59
3.1	**서론**	**59**
3.2	**명암대조도**	**60**
3.2.1	변조	61
3.2.2	변조 전달 함수	61
3.2.3	국소 명암대조도	65
3.3	**해상도**	**66**
3.3.1	선확산함수	67
3.3.2	반치 폭	68
3.3.3	해상도와 변조 전달 함수	68
3.3.4	서브 시스템의 직렬연결	71
3.3.5	해상도 측정 도구	74
3.3.6	시간 및 주파수 해상도	75
3.4	**잡음**	**75**
3.4.1	확률 변수	76
3.4.2	연속 확률 변수	76
3.4.3	이산 확률 변수	79
3.4.4	독립 확률 변수	81
3.5	**신호 대 잡음 비**	**82**
3.5.1	진폭 SNR	83

    3.5.2   전력 SNR   84
    3.5.3   차이 SNR   86
    3.5.4   데시벨   87
3.6   **샘플링**   **87**
    3.6.1   샘플링을 위한 신호 모델   89
    3.6.2   나이퀴스트 샘플링 정리   91
    3.6.3   에일리어싱 제거 필터   92
3.7   **다른 효과**   **93**
    3.7.1   인공물   93
    3.7.2   왜곡   95
3.8   **정확도**   **96**
    3.8.1   정량적 정확도   96
    3.8.2   진단 정확도   96
3.9   **요약 및 핵심 개념**   **99**
참고문헌   **100**
연습문제   **100**

part II   **방사선 영상**   **107**

|제4장| 엑스선 촬영의 물리학   113

4.1   **서론**   **113**
4.2   **전리 작용**   **114**
    4.2.1   원자의 구조   114
    4.2.2   전자의 결합 에너지   116
    4.2.3   전리 작용과 여기 작용   116
4.3   **전리 방사선의 형태**   **118**
    4.3.1   입자성 방사선   118
    4.3.2   전자기파 방사선   119
4.4   **전리 방사선의 성질과 특성**   **121**
    4.4.1   고에너지 전자의 주요 반응   121
    4.4.2   전자기파 방사선의 주요 반응   124
4.5   **전자기파 방사선의 감쇠**   **129**
    4.5.1   엑스선 빔 강도의 측정   129
    4.5.2   협폭의 빔, 단일 에너지 광자   131
    4.5.3   협폭의 빔, 다중 에너지 광자   134
    4.5.4   광폭의 빔   136
4.6   **방사선량 평가**   **136**
    4.6.1   조사선량   136
    4.6.2   선량 및 커마   137

　　　4.6.3　선형 에너지 전달　137

　　　4.6.4　*f*-인자　138

　　　4.6.5　선량당량　138

　　　4.6.6　유효선량　139

　4.7　요약 및 핵심 개념　140

　참고문헌　141

　연습문제　141

| 제5장 | 투사 방사선 촬영　145

　5.1　서론　145

　5.2　기기　146

　　　5.2.1　엑스선관　147

　　　5.2.2　엑스선 필터링과 빔 모양 제한　149

　　　5.2.3　보상필터 및 조영제　152

　　　5.2.4　격자, 에어갭 및 스캐닝 슬릿　154

　　　5.2.5　필름-스크린 검출기　157

　　　5.2.6　엑스선 영상증배관　160

　　　5.2.7　디지털 라디오그래피　161

　　　5.2.8　마모그래피　166

　5.3　영상의 형성　167

　　　5.3.1　기본 영상 방정식　167

　　　5.3.2　기하학적 효과　168

　　　5.3.3　퍼짐 효과　176

　　　5.3.4　필름 특성　181

　5.4　잡음 및 산란　183

　　　5.4.1　신호 대 잡음 비　183

　　　5.4.2　양자 효율 및 검출 양자 효율　186

　　　5.4.3　콤프턴 산란　188

　5.5　요약 및 핵심 개념　190

　참고문헌　191

　연습문제　191

| 제6장 | 컴퓨터 단층 촬영　203

　6.1　서론　203

　6.2　CT 기기　205

　　　6.2.1　세대별 CT　206

　　　6.2.2　엑스선 선원 및 시준　212

　　　6.2.3　이중 에너지 CT　213

　　　6.2.4　CT 검출기　213

　　　6.2.5　갠트리, 슬립링, 환자 테이블　215

6.3 영상 형성 215
  6.3.1 선적분 215
  6.3.2 CT 넘버 216
  6.3.3 평행빔 영상 재구성 217
  6.3.4 팬빔 영상 재구성 229
  6.3.5 나선형 CT 재구성 233
  6.3.6 콘빔 CT 234
  6.3.7 반복적 영상 재구성 234
6.4 CT의 화질 235
  6.4.1 공간 분해능 235
  6.4.2 잡음 238
  6.4.3 왜곡 243
6.5 요약 및 핵심 개념 245
참고문헌 246
연습문제 246

---

part III 핵의학 영상 259

|제7장| 핵의학의 물리학 263

7.1 서론 263
7.2 명칭 264
7.3 방사성 붕괴 264
  7.3.1 질량 결손과 결합 에너지 264
  7.3.2 안정선 266
  7.3.3 방사능 267
  7.3.4 방사성 붕괴 법칙 268
7.4 붕괴 유형 269
  7.4.1 양전자 붕괴와 전자 포획 270
  7.4.2 핵이성체 전이 271
7.5 붕괴 통계 271
7.6 방사성 추적자 273
7.7 요약 및 핵심 개념 276
참고문헌 277
연습문제 277

|제8장| 평면 섬광계수법 281

8.1 서론 281
8.2 기기 구성 281

11.7 3차원 초음파 영상 ... 430
11.8 영상 품질 ... 432
  11.8.1 해상도(분해능) ... 432
  11.8.2 잡음과 스페클 ... 435
11.9 요약 및 핵심 개념 ... 436
참고문헌 ... 436
연습문제 ... 437

V 자기공명 영상   447

|제12장| 자기공명 물리 ... 451

12.1 서론 ... 451
12.2 미시자화 ... 452
12.3 거시자화 ... 454
12.4 세차운동과 라모 주파수 ... 455
12.5 종자화와 횡자화 ... 458
  12.5.1 핵 자기공명 신호 ... 459
  12.5.2 회전좌표계 ... 461
12.6 고주파 여기 ... 462
12.7 이완 ... 464
12.8 블로흐 방정식 ... 468
12.9 스핀에코 ... 469
12.10 기본적인 명암대조도 기전 ... 472
12.11 요약 및 핵심 개념 ... 477
참고문헌 ... 477
연습문제 ... 478

|제13장| 자기공명 영상 ... 483

13.1 자기공명 영상 장치 ... 484
  13.1.1 시스템 구성 요소 ... 484
  13.1.2 주자석 ... 485
  13.1.3 경사자장 코일 ... 487
  13.1.4 고주파 코일 ... 490
  13.1.5 콘솔과 컴퓨터 ... 491
13.2 자기공명 신호 획득 ... 491
  13.2.1 공간위치의 부호화 ... 492
  13.2.2 단면 선택 ... 494
  13.2.3 주파수 부호화 ... 500

13.2.4 극좌표 주사 505
13.2.5 경사에코 506
13.2.6 위상 부호화 508
13.2.7 스핀에코 511
13.2.8 펄스 반복 간격 513
13.2.9 현실적인 펄스시퀀스 514
13.3 영상의 재구성 **517**
13.3.1 직각선형 정보 517
13.3.2 극좌표 정보 519
13.3.3 영상 방정식 519
13.4 영상의 품질 **522**
13.4.1 표본화 522
13.4.2 해상도 525
13.4.3 잡음 527
13.4.4 신호 대 잡음 비 529
13.4.5 인공물 530
13.5 고급 명암대조도 기전 **532**
13.6 요약 및 핵심 개념 **536**
참고문헌 **537**
연습문제 **537**

찾아보기 **547**

	8.2.1	콜리메이터	283
	8.2.2	섬광 결정	284
	8.2.3	광증배관	285
	8.2.4	국지화 논리	287
	8.2.5	파고 분석기	287
	8.2.6	동기회로	289
	8.2.7	영상 획득	290
	8.2.8	반도체 기반의 카메라와 새로운 유형의 카메라	291
8.3	**영상 형성**		**291**
	8.3.1	이벤트 위치 추정	291
	8.3.2	수집 모드	294
	8.3.3	앵거 카메라 영상 방정식	297
8.4	**영상 품질**		**300**
	8.4.1	분해능	300
	8.4.2	민감도	304
	8.4.3	균일성	307
	8.4.4	에너지 분해능	308
	8.4.5	잡음	308
	8.4.6	계수율에 영향을 미치는 요소들	310
8.5	**요약 및 핵심 개념**		**311**
참고문헌			**312**
연습문제			**312**

|제9장| **방출 컴퓨터 단층 촬영**   323

9.1	**기기 구성**		**324**
	9.1.1	SPECT 기기 구성	324
	9.1.2	PET 기기 구성	328
9.2	**영상 형성**		**334**
	9.2.1	SPECT 영상 형성	335
	9.2.2	PET 영상 형성	339
	9.2.3	반복 재구성	344
9.3	**SPECT와 PET의 영상 품질**		**349**
	9.3.1	공간 해상도	349
	9.3.2	감쇠와 산란	350
	9.3.3	무작위 동시 발생	351
	9.3.4	명암대조도	352
	9.3.5	잡음과 신호 대 잡음 비	352
9.4	**요약 및 핵심 개념**		**353**
참고문헌			**354**
연습문제			**354**

part IV 초음파 영상   363

|제10장| 초음파 물리   367

10.1 서론   367
10.2 파동 방정식   368
  10.2.1 3차원에서의 음파   368
  10.2.2 평면파   370
  10.2.3 구면파   373
10.3 파동의 전달   374
  10.3.1 음파의 에너지 및 강도   374
  10.3.2 경계 평면에서 반사와 굴절   375
  10.3.3 경계 평면에서의 투과 및 반사 계수   376
  10.3.4 감쇠   378
  10.3.5 산란   380
  10.3.6 비선형 파동 전달   381
10.4 도플러 효과   383
10.5 빔 패턴 형성 및 초점 형성   388
  10.5.1 단순 필드 패턴 모델   388
  10.5.2 회절 공식 유도   389
  10.5.3 초점 형성   396
10.6 요약 및 핵심 개념   398
참고문헌   399
연습문제   399

|제11장| 초음파 영상 시스템   403

11.1 서론   403
11.2 장치   403
  11.2.1 초음파 음파변환기   405
  11.2.2 초음파 프로브   409
11.3 펄스-에코 영상   411
  11.3.1 펄스-에코 관계식   411
11.4 음파변환기의 움직임   414
11.5 초음파 영상의 모드   417
  11.5.1 A모드 스캔   417
  11.5.2 M모드 스캔   418
  11.5.3 B모드 스캔   419
11.6 방향 조절과 초점 형성   424
  11.6.1 발신 방향 조절과 초점 형성   424
  11.6.2 빔포밍과 다이나믹 초점 형성   427

영상의 기본 원리

개요

인체의 내부는 어떤 모양을 가지고 있을까? 그 대답은 인체의 내부 모습을 어떻게 보느냐에 따라 다르다. 인체의 내부를 보는 가장 직접적인 방법은 수술을 통하여 직접 보는 것이다. 다른 방법은 인체에 광 튜브로 빛을 투과시켜 인체 내부의 영상을 디스플레이 장치로 보내주는 내시경을 사용하는 방법이다. 이 방법은 직접적인 광학적 영상을 제공하지만 인체 내부에 무언가를 삽입하기 위한 절개가 필요하다. 이러한 **침습적인 방법**은 인체에 (잠재적) 손상이나 외상을 야기할 수 있다.

의학영상의 장점은 인체 내부를 수술이나 내시경보다 덜 침습적으로 볼 수 있다는 것이다. 어떤 경우에는—예를 들면, 자기공명 영상(magnetic resonance imaging : MRI)과 초음파 영상의 경우—이제까지 알려진 바로는 완전히 비침습적이고 위험이 없는 방법이다. 다른 경우에는—예를 들면, 투사 방사선 촬영, 엑스선 컴퓨터 단층 촬영과 핵의학 영상의 경우—비침습적인 영상 방법이지만 방사선 조사량에 따른 위험을 수반한다.

기본적으로 의학영상 방법들은 인체의 내부를 관측하기 위하여 물리적인 장치를 삽입하거나 인체를 절단하지 않는다. 아마도 가장 중요한 점은 이러한 영상화 방법들이 직접 눈으로 볼 수 없는 인체 내부를 볼 수 있게 한다는 것이다. 예를 들어, 기능 자기공명 영상법(functional magnetic resonance imaging : fMRI)은 장기의 관류나 혈류 영상을 볼 수 있게 하며, 양전자 방출 단층 영상법(positron emission tomography : PET)은 신진대사나 수용체와 결합한 영상을 제공한다. 즉, 여러 가지 영상 방법들은 각기 다른 방법으로 인체의 내부를 투시한다. 각 방법에서 신호들은 모두 다르며 다른 방법으로는 알 수 없는 정보를 나타낸다. 각 장비에서의 영상은 서로 다른 영상 기법을 가지며 발생되는 신호들은 본질적으로 서로 다르다. 이것은 '인체 내부는 어떤 모양을 가지고 있을까'라는 처음의 질문으로 돌아가게 한다. 그 대답은 영상들은 측정에 사용된 관심 신호에 따라 달리 표현된다는 것이다.

그림 I.1

이 책에서 설명한 네 가지 주요 의학영상 신호는 (a) 인체를 투과한 엑스선, (b) 인체 내부로부터 방출된 감마선, (c) 초음파 반사 신호 및 (d) 핵 자기공명 유도이다. 해당되는 의학영상 기법들은 투영 방사선 촬영 영상, 평면 섬광 영상, 초음파 영상 및 자기공명 영상이다.

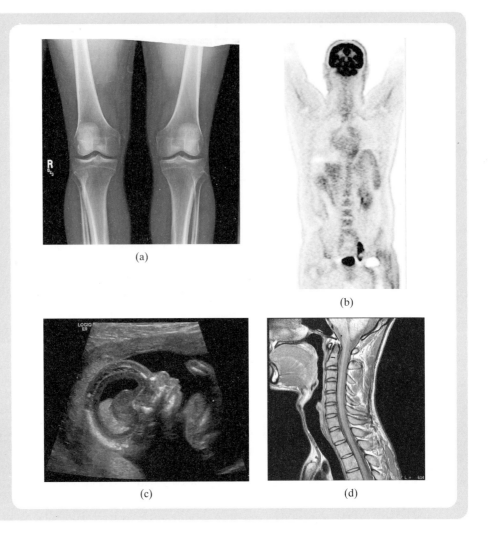

(a)

(b)

(c)

(d)

이 책에서는 신호와 시스템 방법을 사용하여 오늘날 방사선 영상법에서 가장 널리 사용되는 영상법들을 분석하고 설명하고자 한다. 우리는 다음 질문에 답하고자 한다. 영상은 어떻게 형성되며 왜 그렇게 되었을까? 의학영상 물리학은 인체 조직의 어떤 파라미터를 영상화하고자 한다. 예를 들면, 초음파 영상에서는 각 조직에서의 반사계수를, 컴퓨터 단층 촬영에서는 선형감쇠계수를, 그리고 자기공명 영상에서 수소 양성자 밀도를 영상화하는 것이다. 인체 내부의 신호들로 생각되는 이러한 물리적 파라미터들은 영상 시스템의 입력 신호를 나타낸다. 의학영상에서, 환자 내부의 물체에서 발생되는 신호들은 주어진 영상 기법을 관리하는 물리적 과정에 따른다. 따라서 환자는 다른 물체나 신호들의 전체적인 효과로 표현된다. 어떤 의학영상을 고려할 때, 영상 기법에서 환자로부터의 신호를 만드는 기초적인 물리학을 이해하는 것이 중요하다. 따라서 이 책의 각 부는 첫 번째 장에서는 의학영상에 관련된 물리학을 서술하고 나머지 장들은 각 분야에서 특정 물리적 과정을 서술하도록 구성하였다.

의학영상 시스템에서의 출력은 초음파 시스템인 경우 반사 에코 신호, 컴퓨터 단층 촬영 시스템인 경우 엑스선 강도, MRI 시스템인 경우 고주파(radio frequency) 신호로부터 측정된 신호의 크기에 기반을 둔다. 의학영상 시스템에서 최종 출력은 측정된 신호로부터 **영상 재구성** 과정을 통하여 만들어진다. 의학영상 시스템의 전체적인 성능은 인체 내부 영상화에 필요한 물리적 파라미터의 공간적 분포를 얼마나 정확하게 영상화하는가에 따른다. 해상도, 잡음, 명암대조도, 기하학적 왜곡 및 인공물들은 영상 화질을 연구하는 데 중요한 고려 사항이다. 궁극적으로, 의학영상의 임상적 유용성은 영상 화질과 물리적 파라미터에 포함된 의학적 정보에 따른다.

그림 I.1은 이 책에서 설명할 네 가지 주요 의학영상 신호를 보여 준다. (1) 인체를 투과한 엑스선, (2) 인체 내부로부터 방출된 감마선, (3) 초음파 반사 신호, (4) 핵 자기공명 유도. II부에서는 엑스선 투사 신호를 이용한 영상 기법, III부에서는 방출 감마선을 이용한 영상 기법, IV부에서는 초음파 신호, V부에서는 핵 자기공명으로부터의 신호를 이용한 자기공명 영상을 다룬다. 4개의 특정 영상 기법들이 그림 I.1에 있으며, 이는 (1) 투사 방사선 촬영, (2) 평면 섬광 영상, (3) 초음파 영상, (4) 자기공명 영상이다.

그림 I.1의 (a)와 (b)는 3차원 인체에 대한 2차원 투영 영상을 보여 준다. 투영 영상은 그

그림 I.2
인체를 투사한 2차원 투영 구성 과정. 이 경우, 엑스선이 환자를 투과하여 방사선 영상을 만든다.

림 I.2에 예시된 과정처럼 인체를 2차원으로 표현한 '그림자' 영상이다. 그림 I.1(c)와 (d)는
인체 내부의 단면 영상이다. 그림 I.3은 단면 영상의 세 가지 표준 방향인 **횡단면, 관상면, 시**
상면을 보여 준다. 그림 I.1(d)는 시상 단면이고 반면 그림 I.1(c)는 **경사** 단면으로 세 가지 표
준 방향 가운데 하나에 속하지 않는다.

그림 I.4는 또 다른 단면 영상을 보여 준다. 각 영상은 뇌를 지나며 머리와 몸의 축에 수직
인 축을 횡단한 영상들이다. 각 영상들은 서로 다른 영상 기법들로부터 얻어진 것이다. (a)
컴퓨터 단층 촬영 영상, (b) 자기공명 영상 및 (c) 양전자 방출 단층 영상이다. 비록 영상들
이 뇌의 단면 영상이지만, 영상에서 사용하는 신호가 각각 다르므로 엄격히 말하면 영상들
은 모두 다른 영상들이다. 이제까지 우리는 영상 기법들과 관련된 공통적인 신호 처리 개념
을 공부하였고, 영상 기법에 따라 독특하게 나타나는 영상을 보여 주었으며, 이에 대한 물리
적 차이의 기초를 설명하였다. 의학영상에서는 이러한 특성을 사용한다.

그림 I.3
단면의 세 가지 표준 직교 방
향. (a) 횡단면, (b) 관상면,
(c) 시상면

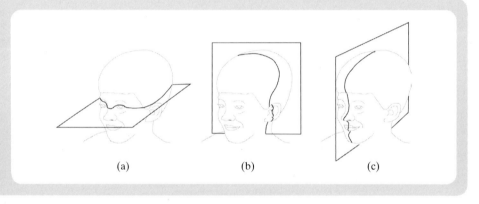

그림 I.4
세 가지의 영상 기법으로부터
뇌를 지나는 횡단면 영상. (a)
컴퓨터 단층 촬영 영상, (b)
자기공명 영상, (c) 양전자 방
출 단층 영상

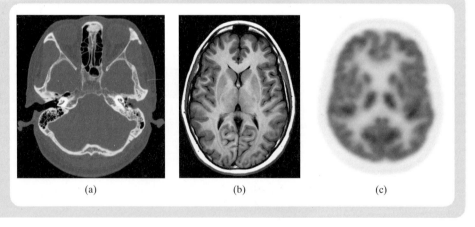

서론

이 책에서는 신호와 시스템을 사용하여 의학영상의 특성을 설명하고자 한다. 개요에서 설명한 것처럼, 의학영상 시스템은 다양한 신호를 사용하며 이러한 신호들은 여러 가지 질환에 대한 환자의 생리학적·의학적 특성으로부터 유래한다. 그리고 신호들은 의학영상 기법을 통하여 영상으로 변환된다. 이 장에서는 이러한 영상 기법의 특성을 공부하고자 한다.

1.1 의학영상의 역사

최초의 의학영상은 1895년 12월 촬영한 Wilhelm Conrad Roentgen 부인의 손 방사선 영상이다. Roentgen은 크룩관(오늘날 엑스선 관의 전신)을 사용한 실험을 하고 있었는데, 그는 실험에서 '새로운 종류의 광선'(엑스선)이 방출되어 광학적으로 차폐된 필름을 감광시키는 것을 발견하였다. Roentgen은 그의 발견이 의학계에 큰 영향을 줄 것이라는 것을 확신하였다. 실제로 두 달 후인 1896년 2월, 임상에서 엑스선을 사용하였다. 이후 엑스선은 널리 사용되었고, 정적과 동적(형광경) 기법들이 개발되었다. 여기서 정적 기법은 순간적으로 영상을 촬영하는 것이고, 동적 기법은 일정 시간에 걸쳐 연속된 영상을 촬영하는 것이다.

과거 수십 년간 평면(2차원 투사) 방사선 촬영이 유일한 의학영상이었다. 이후 방사선 영상법은 투사 컴퓨터 단층 촬영 혹은 단면 영상 촬영법으로 확장·발전되었다. Godfrey Hounsfield는 영국 EMI사에서 1972년 최초로 컴퓨터 단층 촬영 스캐너를 만들었다. 그는 10년 전 미국의 Allan Cormack이 개발한 영상 재구성을 위한 수학적 방법을 사용하였다. Housfield와 Cormack은 1979년 의학 분야에서 노벨상을 공동 수상하였다. 많은 방사선과

의사들은 컴퓨터 단층 촬영 스캐너를 Roentgen의 엑스선 발견 이후 의학영상 분야에서 가장 중요한 발명이라고 생각한다.

엑스선의 발견으로부터 방사선 사진술이 시작된 것처럼, 핵의학은 1896년 Antoine Henri Becquerrel의 방사능 발견에 기인한다. 초기 방사성 핵종은 의학영상보다는 암 치료에 사용되었다. 생리학적 연구를 하기 위하여 사용한 방사성 추적자의 개념은 1923년 George de Hevesy가 사용하였으며 de Hevesy는 핵의학의 아버지로 간주된다. 방사성 추적자는 관심 부분의 생물학적 합성을 모방한 방사능을 표지한 약품이다. 방사능의 분포는 방사능을 표지한 약품의 분포를 뜻한다. 방사성 추적자를 이용한 초기 연구에서는 인체 여러 부위에서의 방사능 분포를 개략적으로 측정하기 위하여 전통적인 비 영상 방사선 검출기가 사용되었다. 1949년 UCLA의 Benedict Cassen은 선형 스캐너라는 최초의 핵의학 영상 시스템을 개발하였다. 현대의 앵거 섬광 카메라는 1952년 UC 버클리의 Hal Anger에 의해 개발되었다. 핵의학 영상에서 가장 보편적으로 사용되는 방사성 핵종인 테크네튬-99m은 Perrier와 Emilio Segre에 의해 1937년 발견되었으며, 1961년 핵의학 분야에 사용되었다.

매질 내에서의 음향파에 의한 상호작용은 100년 전에 John Rayleigh경에 의해 공기에서 소리 전파 방식으로부터 최초로 알려졌다. 현대의 초음파 영상 장비는 제2차 세계대전에서 해군의 음파 기술에 근간을 둔 것이다. 초기의 의학영상 응용 분야는 뇌 영상에 주로 사용되었다. 초음파 영상 기법은 1960년에 A모드에서 B모드 스캔으로 발전되어, 현재는 M모드와 2차원, 3차원 도플러 모드로 발전되었다.

자기공명 영상을 만드는 데 기초가 되는 핵 자기공명 현상은 Felix Bloch와 Edward Purcell에 의해 발견되었으며, 1952년 노벨 물리학상을 공동 수상하였다. 이후 Richard Ernst에 의해 더 확장·발전되어 1991년 노벨 화학상을 수상하였다. Raymond Damadian은 1971년 자기공명 영상이 의학 분야에 사용될 수 있다는 논문을 발표하였고, 1973년 Paul Lauterbur도 같은 내용의 논문을 발표하였다. Lauterbur는 자기공명 영상에서의 중요한 영상화 방법을 개발한 Peter Mansfield와 2003년 노벨 의학상을 공동 수상하였다.

1.2 물리적 신호

이 책에서는 환자로부터 나오는 물리적 신호의 검출과 이를 의학영상으로 변환하는 것에 대하여 설명하고자 한다. 실제 이런 신호들은 네 가지의 과정으로부터 나온다.

- 인체를 통과한 엑스선(컴퓨터 단층 촬영과 투사 방사선 촬영)
- 인체 내 방사성 추적자들부터 방출된 감마선(핵의학 영상)
- 인체 내에서 반사된 초음파(초음파 영상)
- 자기장 내에서 양성자 스핀의 세차운동(자기공명 영상)

방사선 사진술, 컴퓨터 단층 촬영 스캔, 핵의학 및 자기공명 영상은 모두가 전자기파 에너지를 사용한다. 전자기파 에너지 혹은 전자기파는 서로 직각을 이루는 전기파와 자기파로 구성되어 있다. 파장과 주파수는 서로 역비례하며 주파수와 에너지는 비례한다. 전자기파 스펙트럼은 주파수 0에서 우주선까지의 주파수로 구성되어 있으며 전자기파 스펙트럼의 일부분만 의학영상에 사용된다. 긴 파장에서 — 1 옹스트롬 이상 — 대부분의 전자기 에너지는 인체 내부에서 많은 감쇠가 발생하여 인체를 투과할 수 없게 되어 외부 검출기에서 신호를 검출하기 어렵다. 파장이 10^{-2} 옹스트롬 이하인 파장은 에너지가 너무 높아 검출이 어렵다.

이 책에서는 에너지 단위로 **전자볼트**(eV)를 사용하는데, 1전자볼트는 전자 하나가 1볼트를 얻는 데 필요한 에너지이다. 에너지가 25~500keV인 에너지를 갖는 파장의 전자기파 방사선을 주로 다루고자 한다.

초음파 영상은 음파를 사용하며 감쇠와 검출 과정은 위의 방법과 유사하다. 수 밀리미터보다 긴 파장에서는 충분한 영상 해상도를 얻을 수 없고 매우 짧은 파장에서는 감쇠가 크게 된다. 의학영상에서 이상적인 초음파 주파수 '윈도우'는 1~20MHz이다. 여기서, 1Hz는 1 사이클/초이다.

자기공명 영상 신호는 수소 원자 — 양성자 — 의 핵 세차운동(아이들이 사용한 팽이의 움직임과 유사한 운동)에서 발생된다. 큰 자기장 내에 양성자들을 두고, 즉 이를 스핀 시스템이라고 하면, 환자 주위의 전선으로 고주파 전류를 가하면 이로부터 발생되는 자장에 의하여 양성자의 움직임이 발생한다. 이런 스핀 시스템이 고주파 신호(64MHz가 대표적임)로 세차운동을 하지만, 주된 신호의 소스는 고주파가 아니라 여러 방향의 전선 코일에서의 Faraday의 전류 유도에 의한 것이다.

1.3 영상 기법

이 책에서 다루고자 하는 의학영상은 투사 방사선 촬영 영상, 컴퓨터 단층 촬영 영상, 핵의학 영상, 초음파 영상 및 자기공명 영상이다. **영상 기법**은 열거된 영상 중의 하나이다. 이 절에서는 이러한 영상 기법 중에서 가장 공통된 영상 기법에 대한 간단한 설명을 하고자 한다.

투사 방사선 촬영 영상, 컴퓨터 단층 촬영 영상 및 핵의학 영상은 모두가 이온화 방사선을 사용한다. 처음 두 종류의 영상은 엑스선이 인체를 투과할 때 인체의 조직들에 따라 엑스선의 감쇠가 다른 점을 이용하여 이를 영상화에 이용한 것이다. 이런 양식은 인체를 투과한 에너지를 사용하므로 **투사 영상 기법**이라고 한다. 핵의학 영상에서는 방사성 성분이 인체 내에 주사된다. 이러한 화합물 혹은 **추적자**는 인체 내 장기나 다른 영역에 선택적으로 이동하여 화합물의 밀도에 따른 감마선을 방출한다. 핵의학 영상법은 방사선원이 인체 내에서 방출되는 방사선을 이용하기 때문에 **방출 영상 기법**이다.

초음파 영상은 고주파의 음파를 발사하고 인체 내의 구조물들로부터 반사되는 신호를 수신한다. 이 방법은 영상을 만들기 위하여 음향적인 반사를 이용하기 때문에 **반사 영상 기법**이다. 마지막으로, 자기공명 영상은 수소 원자의 핵인 양성자의 특성을 영상화하기 위하여 고강도의 자기장과 고주파를 사용한다. 이 기법은 핵 자기공명 특성을 사용하기 때문에 자기공명 영상이라 한다.

1.4 투사 방사선 촬영

투사 방사선 촬영에는 다음과 같은 영상 기법이 있다.

- 일반적인 진단 방사선 영상법에는 흉부 엑스선, 형광투시법, 유방 엑스선 촬영 및 동(motion) 단층 촬영(컴퓨터 단층 촬영이 아닌 단층 촬영법)이 있다.
- 디지털 방사선 사진술에는 필름이 아닌 디지털 형태로 기록되는 모든 일상적인 진단 방사선 영상법의 영상들이 포함된다.
- 혈관 촬영법에는 일반적인 혈관 촬영법과 심장 혈관 촬영법이 있는데 이 시스템은 인체 동맥과 혈관들을 영상화한다.
- 신경방사선학은 두개골과 경추의 정밀한 연구를 위한 특별한 엑스선 시스템이다.
- 이동형 엑스선 촬영 시스템은 응급 차량이나 수술실을 위하여 설계된 소형 영상 시스템이다.
- 유방촬영술은 유방 영상을 촬영하기 위하여 필름 혹은 디지털 영상 시스템 방식으로 최적화되어 있다.

이상의 모든 영상 기법은 3차원 사물의 투영을 2차원 영상 신호로 나타내기 때문에 '투사 방사선 촬영'이라 한다.

위에서 설명한 시스템의 공통 요소는 **엑스선 튜브**이다. 5장에서 공부할, 엑스선 튜브는 균일한 강도의 '콘빔(원뿔 형태의 빔)' 형태의 엑스선 펄스를 만든다. 이 펄스가 인체를 통과하고 조직들에 의하여 감쇠된다. 인체로부터 나오는 엑스선 강도는 조직의 특성에 따라 감쇠 정도가 다르다 ─ 인체 내부의 조밀한 부분(뼈와 같은)에서는 어두운 그림자가 만들어진다. 엑스선을 빛으로 변환시키는 신틸레이터를 사용하여 엑스선 강도의 분포가 빛으로 나타난다. 즉, 신틸레이터에서 발생되는 빛의 강도가 필름, 카메라 혹은 반도체 검출기에 의하여 검출되고 이를 영상화에 사용한다.

투사 방사선 촬영에서 가장 보편적인 영상 기법은 흉부 엑스선 영상이다. 그림 1.1(a)는 흉부 엑스선 영상 장치를 보여 주고 있다. 여기서 엑스선 튜브는 천장에서 아래로 향하는 장치에 위치한다. 신틸레이터와 필름은 장비의 오른편 기둥이나 테이블 내부에 있다. 방사선 기사는 사진에는 보이지 않지만 납으로 차폐된 왼편 끝의 콘솔(console)에 위치하며 창을 통하여 내부를 관찰한다. 전형적인 흉부 엑스선 영상은 그림 1.1(b)이다. 이 영상은 척추, 심장을 보여 주고 있으며, 영상에서의 여러 특징들은 훈련된 방사선 의사에 의해 식별되고 해석된다. 영상에서의 특징은 인체 내의 다른 깊이에 위치한 구조물들이 겹쳐져(포개어져) 2차원 영상으로 표현된다는 것이다. 예를 들면, 그림 1.1(b)의 흉부 엑스선 영상에서는 앞과

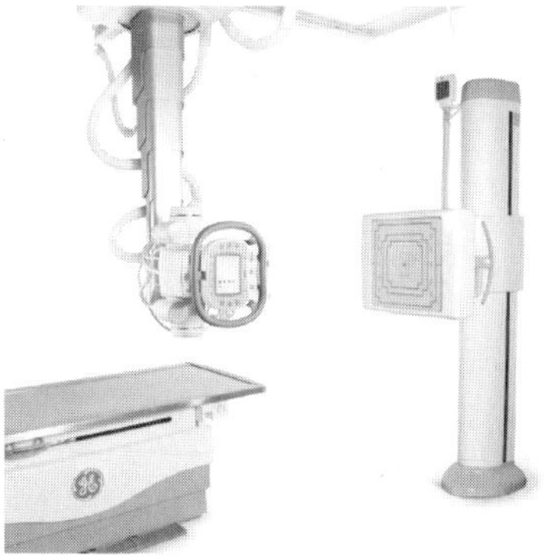

그림 1.1

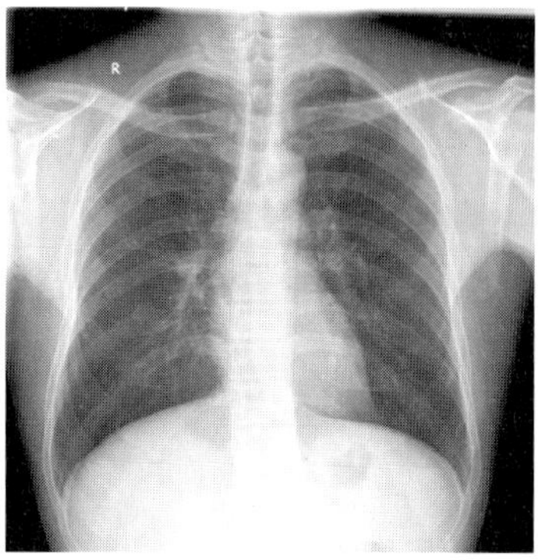

(a) 흉부 엑스선 장치와 (b) 흉부 엑스선 영상

(a)　　　　　　(b)

뒤의 늑골이 겹쳐져 보인다. 이는 투사 영상의 특징이며, 모든 투사 방사선 촬영에서 공통된다. 실제인 단면 영상은 3차원 인체를 2차원 단면 영상으로 표현하는 투사 방사선 촬영으로는 얻을 수 없다. 투사 방사선 촬영 장치에 대한 더 자세한 내용은 5장에서 서술한다.

1.5 컴퓨터 단층 촬영(CT)

투사 방사선 촬영에서와 같이, CT(computed tomography)도 엑스선을 사용한다. CT는 인체 주위에 엑스선 튜브를 회전시켜서 동일한 인체 부위에 대하여 여러 개의 투영영상을 얻는다. CT 시스템은 컴퓨터와 직접 연결되는 여러 열의 검출기가 있고, 검출기로부터 수신된 신호로부터 인체의 단면을 구성한다. CT는 인체의 '그림자'를 표현하는 투영 데이터를 얻지만 영상 재구성 방법을 통하여 실제적인 단면 영상을 구성해 낸다.

CT 개발 단계는 단면 영상 CT, 나선형 CT, 다중 검출기 CT(multiple-row detector : MDCT) 순서이다. 단면 영상 CT에서는 엑스선 튜브가 하나의 단면을 한 번 회전할 때 한 장의 단면 영상을 만든다. 나선형 CT에서는 엑스선 튜브와 검출기가 큰 원형으로 계속적인 회전을 하고 환자는 회전하는 원 중심으로 계속적으로 이동된다. 환자의 입장에서 보면, 엑스선 튜브가 나선형으로 움직이므로 나선형 CT라고 한다. 이 기법은 빠르게 3차원 데이터를 얻을 수 있다는 장점이 있으며, 전체 인체를 스캔하는 데 1분 이내의 시간이 소모된다. MDCT에서는 3차원 형태의 환자에 대한 2차원 투영을 구성하는 원뿔 형태의 엑스선 데이터를 신속히 얻기 위하여 여러 줄의 검출기를 사용한다. 엑스선원과 검출기(초당 1~2회전)의 빠른 회전으로 다중 단면 CT를 매우 빠른(거의 실시간) 시간에 수행하고, 신속한 3차원 영상화를 가능하게 하였다.

전형적인 CT 스캐너는 그림 1.2(a)에 있다. 그림의 중앙에 환자가 누울 수 있는 통을 볼 수 있다. 왼편 TV 모니터 뒤로 환자용 침대가 있다. 통 내부 둘레에는 엑스선 튜브와 검출

그림 1.2

(a) CT 스캐너 (b) 간에 대한 CT 단면 영상

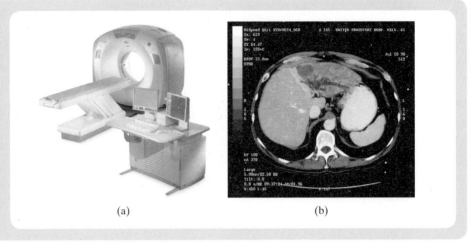

(a)

(b)

기가 있다. 갠트리는 이런 부품들을 포함하고 있으며 환자 주변을 빠르게 회전할 수 있게 만들어져 있다. 전면에 있는 컴퓨터 콘솔 화면과 키보드는 환자 데이터 입력과 영상을 관찰하는 데 사용된다. CT 영상은 필름이나 종이에 출력될 수 있지만 CT 영상은 측정된 투영 데이터로부터 얻어지기 때문에 영상은 디지털 데이터이다. 그림 1.2(b)의 CT 영상은 1초 내에 얻어진 데이터로 구성한 간의 단면 영상이다. 컴퓨터 단층 촬영은 6장에서 자세히 다룰 예정이다.

1.6 핵의학 영상

핵의학 영상은 적당한 방사선 물질이 인체 내에 있을 때만 영상을 만들 수 있다는 면에서 다른 모든 의학영상 기법들과 구분이 된다. 주사, 섭취 혹은 흡입으로 인체에 주입되는 방사선 물질은 감마선을 방출하는 방사선 핵종으로 표지된 분자들의 생화학적으로 활성화된 약품의 양을 추적한다. 이를 방사성 추적자라 하며, 방사성 추적자는 생물학적 운반체 분자의 인체 내에서 자연적으로 흡수되는 정도에 따라 인체 내를 이동한다. 예를 들면, 방사성 요오드는 갑상선 기능을 연구하는 데 사용된다. 핵의학 영상은 인체 내의 방사성 추적자의 국부적인 농도를 나타낸다. 이런 농도는 인체 내 생리적 행태와 밀접한 관련이 있으므로 핵의학 영상은 기능 영상을 나타낸다. 반면 CT와 MRI는 인체에 대한 해부학적 혹은 구조적인 영상을 보여 준다.

핵의학 영상에는 세 가지의 영상 기법이 있다. 일반 방사선 동위원소 영상법 혹은 섬광 계수법, 단일 광자 방출 컴퓨터 단층 촬영(single-photon emission : SPECT) 및 양전자 방출 단층 촬영(positron emission tomography : PET)이 있다. 일반 방사선 동위원소 영상법과 SPECT는 앵거 카메라라고 하는 특별한 2차원 감마선 섬광 검출기를 사용한다. 이 카메라는 투사 방사선 촬영과 컴퓨터 단층 촬영에서처럼 단순히 총체적인 광선의 강도를 검출하는 것

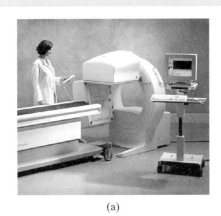
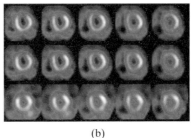

그림 1.3
(a) S P E C T 스캐너 (b) SPECT의 심장 연속 영상

출처 : Courtesy of GE Healthcare.

(a)   (b)

이 아니라 각각의 엑스선과 감마선을 검출하도록 설계되어 있다. 일반적인 방사선 동위원소 영상법에서 검출기 배열은 투사 방사선 촬영에서 섬광기/필름 구조와 유사하다. 이 방법은 방출효과와 인체 조직에 의하여 방해받고 감쇠된 효과를 결합하여 방사성 추적자의 3차원 분포(우리가 알고자 하는)의 2차원 투영을 만드는 것이다.

SPECT와 PET은 인체의 단면 영상을 만든다. SPECT는 앵거 카메라를 환자 주변에 회전시키면서 단면 영상을 얻는다. 앵거 카메라는 2차원 영상이고, SPECT는 3차원 영상법이다. 일반 방사선 동위원소 영상법과 SPECT에서는 하나의 방사성 원자가 붕괴하여 하나의 감마선을 만들고 이를 감마 카메라가 사용한다. 그러나 PET에서는 하나의 방사성 핵종의 붕괴는 하나의 양전자를 만들고 이는 즉시 소멸(전자를 만나서)하면서 서로 다른 방향으로 두 개의 감마선을 만든다. PET 스캐너는 검출기들이 부착된 링의 반대 방향 검출기로부터 동시 발생 검출을 찾고 양전자 소멸이 발생한 점들을 연결하는 선을 결정한다.

그림 1.3(a)는 SPECT 스캐너이다. 윗부분이 앵거 카메라이며 테이블 위에 누운 환자 주변을 회전할 수 있게 되어 있다. 테이블은 카메라와 합동하여 움직이거나(나선형 단층 스캔용), 카메라는 정지되어 있고 테이블만 이동할 수도 있다(전신 표준 투영 스캔용). 그림 1.3(b)에 있는 SPECT 영상들은 심장에서 심근으로 가는 혈류를 다양한 공간적 위치에서 스캔한 것이다. 핵의학 영상에 대한 자세한 설명은 7장에서 9장 사이에 서술되어 있다.

1.7 초음파 영상

초음파 영상은 고주파수 음파를 반복적으로 버스터(burst)하는 전기-음향 전극을 사용한다. 이러한 펄스들이 인체의 조직에 반사되어 전극으로 되돌아온다. 펄스들이 반사되어 되돌아오는 시간은 반사체의 위치(깊이) 정보를 주고, 반사된 펄스의 강도는 반사체의 강도력 정보를 준다. 신속히 전극과 음향 빔을 이동하고 스캐닝하는 과정을 계속 수행함으로써, 실시간으로 연조직의 단면 영상을 만들 수 있다. 초음파 영상 시스템은 상대적으로 저렴하고 비침습적이므로 일반적으로 널리 사용된다. 초음파 영상 시스템은 CT나 MRI와 같이 해부학적 영상을 나타내는 장비에 비하여 영상의 화질은 나쁘지만 인체의 해부학적 영상을 관찰하도록 설계되어 있다. 초음파 영상 장비는 실시간으로 다양한 영상을 얻을 수 있다.

초음파 영상 시스템은 몇 가지의 영상 기법을 제공한다.

- A모드 영상은 1차원 데이터를 제공하며 영상을 구성하지는 못한다. 그러나 이 모드는 빠르거나 미묘하게 움직이는 미세한 정보를 제공한다(예를 들면, 심장 판막의 움직임).
- B모드 영상은 해부학적 횡단면 영상을 보여 준다. 전극 배열 방식에 따라 각기 다른 형태의 영상을 제공한다.
- M모드 영상은 연속적인 A모드 신호와 밝기가 변조되어 컴퓨터 화면에 디스플레이 된다. M모드는 해부학적 단면 영상을 보여 주지는 않지만 심장 판막과 같이 시간에 따른 변이를 측정하여 나타내는 중요한 영상이다.
- 도플러 영상은 움직이는 물체에서 발생되는 주파수와 위상의 변화 특성을 관찰자 입장에서(순찰차가 접근 할 때는 사이렌이 높은 주파수가 되고 멀어져 갈 때는 낮은 주파수가 되는) 사용하여 이를 컬러로 코드화한다. 도플러는 음향 모드에서 가장 보편적으로 사용된다. 스피커를 이용할 경우 시각적 디스플레이로 불가능한 움직임에 대한 주파수 변이를 청각적으로 분석할 수 있게 한다.
- 비선형 영상은 깊은 부위에 대하여 높은 해상도의 영상을 얻을 수 있으며 특정 조직의 특성을 영상화할 수 있다.

그림 1.4(a)는 초음파 영상 시스템을 보여 주고 있다. 초음파 시스템은 가격이 저렴할 뿐만 아니라 소형이고 대부분의 시스템에는 바퀴가 있어 침대 옆과 같이 어디나 갈 수 있다. 전극과 태블릿 혹은 스마트폰으로 구성된 제한된 기능의 간소화된 시스템이 현재 판매되고 있다. 그림 1.4(a)에서 접속 케이블에 연결된 2개의 전극이 보여지는데, 이 가운데 하나만 사용된다. 검사의 필요에 따라, 그에 적합한 주파수와 형태의 전극이 사용된다. 그림 1.4(b)는 신장의 초음파 영상을 보여 주고 있다. 초음파 영상에서의 결 모양은 '스페클'이고, 잡음의 한 종류이다. 초음파 영상에 대한 자세한 설명은 10장과 11장에 있다.

1.8 자기공명 영상

자기공명(MR) 스캐너는 핵 자기공명 특성을 사용한다. 강한 자기장 내에서 수소 원자의 핵 ─양성자─은 자기장과 평행하려고 한다. 인체 내에는 수많은 수소 원자들이 있고, 외부 자기장은 이러한 수소 원자들의 합인 순자화를 만든다. 이렇게 '작은 자화된' 부분을 자기장 방향으로부터 멀어지게 함으로써 인체 내의 영역을 선택적으로 여기할 수 있다. 외부 자기장에 의해 양성자는 외부 자기장 방향으로 향하고 팽이와 같이 세차운동을 한다. 양성자는

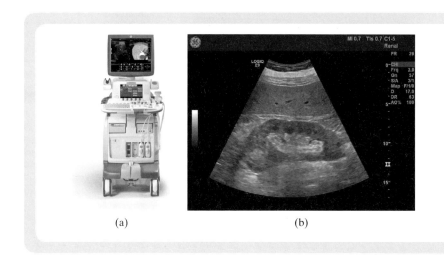

그림 1.4

(a) 초음파 스캐너와 (b) 신장 초음파 영상

출처 : Courtesy of GE Healthcare.

하전 입자이므로 외부 자기장에 의한 세차운동은 전자기파를 만들고 이는 안테나에서 감지된다.

자기공명 스캐너는 매우 적응성이 있는 영상 장치이고 동작에는 몇 가지 모드가 있다. 가장 보편적인 동작 모드는 다음과 같다.

- 표준 MRI는 펄스시퀀스(시간에서 서로 다른 여기 펄스)를 사용한다.
- 에코평면 영상(echo-planar imaging : EPI)은 실시간 영상을 만들기 위해서 특별한 방법을 사용한다.
- 자기공명 분광 영상은 수소 원자 이외의 다른 핵을 사용한다.
- 기능 MRI(fMRI)는 뇌의 혈중 산소도에 따른 영상을 만들기 위해 산소를 감지할 수 있는 펄스시퀀스를 사용한다. 높은 국부적인 혈중 산소도는 뇌 활동도의 증가를 나타내므로, 뇌의 기능을 측정할 수 있게 한다.
- 확산 MRI(dMRI)는 조직 내의 수소 분자의 확산 방향과 확산의 정도를 영상화한다.
- 이 책에서는 주로 표준 MRI를 다루며 fMRI와 dMRI에 대해서는 간단히 다룬다.

그림 1.5(a)는 자기공명 스캐너를 보여 주고 있다. 그림 중앙의 둥근 통 속에는 3 테슬라의 초전도 자석이 있다. 둥근 통 속에서의 자계의 강도는 기하학적으로 정확한 영상화를 구성하기 위하여 균일하게 분포하도록 되어 있다. 그림 1.5(b)의 자기공명 영상은 사람 무릎의 단면을 보여 준다. 자세한 자기공명 영상은 12장과 13장에서 다룬다.

1.9 다 양식 기법

각각의 영상 기법은 인체의 다른 특성을 보여 준다. 한 명의 환자에 대한 진단 영상과 다양

그림 1.5
(a) 자기공명 스캐너와 (b) 무릎의 자기공명 영상
출처 : Courtesy of GE Healthcare.

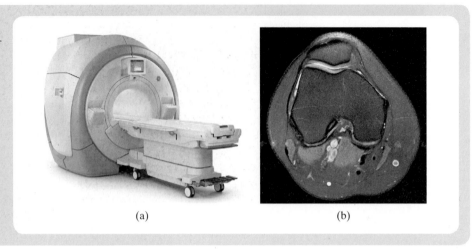

(a) (b)

한 양식으로부터의 의학적 상태를 얻는 것은 매우 필요하다. 예를 들면 뼈를 관찰하기 위하여 CT를, 연조직과 뇌의 구조를 관찰하기 위해서는 MRI를, 뇌 기능을 위해서는 PET를 사용한다. PET는 CT가 제공하는 구조적 정보를 보완하는 기능 정보를 제공하기 때문에 CT와 PET를 결합한 영상 장비는 매우 유용하다. CT 영상은 PET 영상을 개선하는 데 직접적으로 사용된다. 이러한 이유로 현재 PET 장비는 하나의 플랫폼에 두 영상 기법이 결합된 PET/CT로 제조되고 있다.

1.10   요약 및 핵심 개념

임상에서 방사선과 의사들은 의학영상에서 특별한 패턴을 관찰한다. 이러한 패턴은 영상 기법과 환자에 따라 다르다. 가능한 정확하고 유용한 영상을 얻기 위한 의학영상 시스템을 개발하는 것이 공학자와 과학자의 몫이며 이런 시스템은 각 영상 기법의 물리적 특성에 따른다. 이 장에서 독자들이 꼭 이해해야 할 개념은 다음과 같다.

1. 의학영상은 인체 구조와 기능을 영상화하는 비침습적인 방법을 사용한다.
2. 각 기술과 방법들은 영상 기법에 따라 다르다.
3. 주요 영상 기법은 투사 방사선 촬영, 컴퓨터 단층 촬영, 핵의학 영상, 초음파 영상 및 자기공명 영상이다.
4. 관심 신호는 영상 기법과 특정 영상 파라미터에 따라 다르다.
5. 방사선과 의사들은 영상 기법과 특정 영상 파라미터 및 건강한 환자와 질병이 있는 환자에서 예상되는 신호의 차이에서의 특정 영상 패턴을 관찰하도록 훈련받는다.

참고문헌

Brown, M.A. and Semelka, R.C. *MRI Basic Principles and Applications*. Hoboken, NJ: Wiley, 2003.

Bushberg, J.T., Seibert, J.A., Leidholdt, E.M., and Boone, J.M. *The Essential Physics of Medical Imaging*. 3rd ed. Philadelphia, PA: Lippincott Williams and Wilkins, 2012.

Bushhong, S.C. *Magnetic Resonance Imaging*. 3rd ed. St. Louis, MO: Mosby, 2003.

Carlton, R.R. and Adler, A.M. *Principles of Radiographic Imaging: An Art and a Science*, 5th ed. Clifton Park, NY: Delmar Cengage Learning, 2012.

Christian, P.E. and Waterstram-Rich, K.M. (eds.) *Nuclear Medicine and PET/CT: Technology and Techniques*. 7th ed. St. Louis, MO: Elsevier/Mosby, 2011.

Cobbold, R.S.C. *Foundations of Biomedical Ultrasound*. New York, NY: Oxford University Press, USA, 2006.

Hsieh, J. *Computed Tomography: Principles, Design, Artifacts, and Recent Advances*. 2nd ed. Bellingham, WA: SPIE Press, 2009.

Mahesh, M. *MDCT Physics: The Basics*, Philadelphia, PA: Lippincott Williams and Wilkins, 2009.

신호와 시스템

2.1 서론

신호와 시스템은 의학영상 시스템을 모델링하기 위한 기본 개념이다. 신호는 하나 혹은 그 이상의 독립변수의 수학적 함수이며, 다양한 물리적 과정을 모델링할 수 있다. 시스템은 신호에 반응하여 새로운 신호를 만드는 것이다. 시스템은 어떻게 물리적 과정(신호)이 인체 내부에서 바뀌며 어떻게 의학영상 기기에서 새로운 신호(영상)를 만드는가를 모델링하는 데 유용하다. 본 장은 의학영상 시스템을 모델링하는 데 필요한 기초적인 지식에 초점을 맞추어 신호 및 시스템 이론을 소개하고자 한다.

신호는 (1) 연속형, (2) 이산형, (3) 복합형의 세 가지로 분류할 수 있다. 연속적인 신호는 연속적인 값을 가지는 독립변수의 함수이다. 예를 들면, 컴퓨터 단층 촬영(CT)인 경우, 인체 내 단면에서의 엑스선 감쇠 분포는 공간 좌표를 표시하는 2개의 독립 실수 변수 x와 y의 함수 $f(x, y)$를 사용하여 수학적으로 모델링될 수 있다. 물리적 과정은 일상적으로 연속적인 신호로 모델링될 수 있다. 엑스선 필름에서 얻어지는 의학영상은 연속 신호로 모델링된다.

이산형 신호는 이산형 값을 갖는 독립변수의 함수이다. 이러한 신호는 이산적인 값을 가지는 물리적 과정을 모델링하는 데 사용된다. 예를 들면, 방사성 붕괴 과정에서 광자의 도착 시간은 도착 시간—이산형 값—의 이산적인 시퀀스이다. 이산 신호는 연속 신호를 표현하는 데도 사용될 수 있다. 예를 들면, 위에 서술한 엑스선 분포 $f(x, y)$는 연속 신호인데, 이를 독립 이산 변수 m과 n의 함수 $f_d(m, n)$으로 변환하여 컴퓨터에서 사용할 수 있다.

마지막으로 혼합 신호는 연속적인 변수와 이산적인 변수를 모두 가지는 함수이다. 이런 형태의 신호는 특정 의학영상 시스템을 표현하는 데 사용될 수 있다. 예를 들면, CT에서, 신호 $g(\ell, \theta_k)$, $k = 1, 2, \cdots$는 물체를 통과하는 평행 혹은 팬 빔 형태 엑스선을 표현한다. 변수 ℓ은 물체의 중심으로부터 특정 엑스선이 지나는 직선과의 거리를 나타내는 연속형 변수이며, θ_k는 기준 좌표 시스템(6장 참조)에 대한 엑스선의 상대적인 각도를 나타내는 이산형 변수이다.

앞에서 설명한 신호 분류에 기반하여 시스템도 분류할 수 있다. 예를 들면, 연속-연속 시스템은 연속적인 신호를 가지는 입력 신호에 대해 연속적인 신호를 출력하는 시스템으로, 연속-이산 시스템은 연속적인 신호를 가지는 입력 신호에 이산적인 신호를 출력하는 시스템으로 분류할 수 있다. 예를 들면, 아날로그-디지털 변환기는 연속적인 입력 신호에 대해 샘플링 과정을 거쳐 이산적인 신호를 출력한다.

이 책에서는 1차원(1D), 2차원(2D) 및 3차원(3D) 신호와 시스템을 다룬다. 이 장에서는 주로 2차원 신호 및 시스템을 다루고자 한다. 이를 1차원으로 줄이거나 3차원 신호로 확장하는 것은 대부분의 경우 간단한 문제이다. 모든 경우에 **입력 신호**(영상 시스템으로 들어가는)는 환자로부터 나오는 것이고, **출력 신호**는 영상 시스템으로부터 나오는 신호이다. 의학영상 시스템에서의 목적은 입력 신호를 이용하여 출력 영상 신호를 만드는 것이다.

2.2   신호

연속 신호 f는 2개의 실수 독립 변수 x와 y로 다음과 같이 정의된다.

$$f(x, y), \qquad -\infty \leq x,\ y \leq \infty \tag{2.1}$$

이 신호는 두 가지 다른 방법으로 시각화하거나 표현하는 데 사용된다. 하나는 두 독립변수 x와 y의 함수로 신호의 위치를 표시하는 것이고, 나머지는 점(x, y) 위치에 대응하는 빛의 강도나 밝기를 디스플레이하는 것이다. 그림 2.1은 이를 보여 주고 있다. 첫 번째 경우는 $f(x, y)$를 점(x, y)의 함수 혹은 신호라 한다. 두 번째 경우는 f를 영상으로 점(x, y)를 'picture element'로부터 파생된 단어로 화소(pixel)라 한다. 화소와 유사하게 3차원에서는 체적을 이루는 기본 단위를 'volume element'로부터 파생된 단어로 체적소(voxel)라 한다. 이것은 그림 2.2에 표시되어 있다. 그림 2.1(a)는 수학적 계산에 편리한 반면, 그림 2.1(b)는 사람들의 관찰에 유용하다. 이 책에서는 2차원 화소 기반 표현법을 사용하고자 한다.

특별한 신호들이 이 책에서 사용된다. 이런 신호에는 점 임펄스, 콤(comb)과 샘플링 함수, 선 임펄스, 직사각형과 싱크 함수 및 지수와 정현파 함수가 있다. 또한 신호들은 다른 신호들과 구분이 되는 특성이 있고, 이러한 특성들을 사용하여 시스템 분석을 용이하게 한다. 분리성과 주기성은 공통된 특성이다. 지금부터 이러한 신호들과 특성에 대하여 서술하고자 한다.

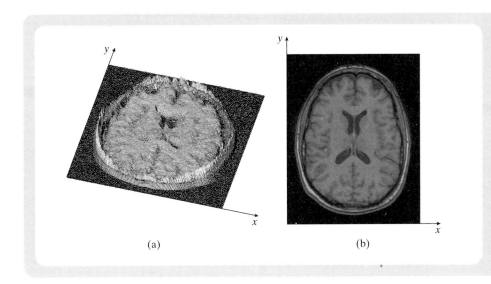

그림 2.1
(a) 함수적인 그림과 (b) 영상 디스플레이의 두 가지 다른 방법으로 신호를 시각화한 것이다.

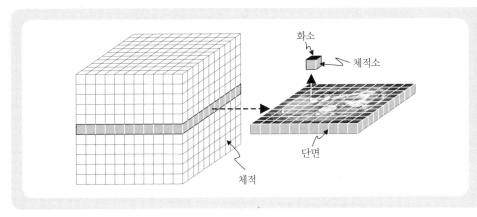

그림 2.2
3차원 물체를 2차원으로 나타낸 것이다. 3차원 물체는 체적소의 집합으로 표현된다. 2차원 영상은 화소로 구성되어 있다. 이 그림에서, 영상은 3차원 물체를 지나는 단면을 나타내고 있다.

2.2.1 점 임펄스

영상 시스템 해상도 특성을 표현하는 데 사용되는 점 선원의 개념을 수학적으로 모델링하는 것은 의학영상에서 매우 중요하다. 예를 들면, 선원이 매우 작지만 방사선 영상에서는 매우 크게(흐려져서) 나타날 때, 시스템의 해상도는 낮다고 말한다. 해상도에 대한 정확한 정의는 3장에서 소개한다.

1차원 신호에서 점 선원의 개념인 1차원 점 임펄스, $\delta(x)$는 다음 두 가지 특성을 가진다.

$$\delta(x) = 0, \quad x \neq 0, \tag{2.2}$$

$$\int_{-\infty}^{\infty} f(x)\delta(x)\, dx = f(0). \tag{2.3}$$

다른 교재에서는, 점 임펄스를 델타 함수, 디락 함수 혹은 임펄스 함수라 한다. 점 임펄스는 일

그림 2.3

신호는 점 임펄스로부터 얻어질 수 있다. (a) 점 임펄스 $\delta(x, y)$, (b) 이동된 점 임펄스 $\delta(x-\xi, y-\eta)$, (c) 선 임펄스 $\delta_l(x, y)$, (d) 샘플링 함수 $\delta_s(x, y; \Delta x, \Delta y)$ (여기서, 임펄스 신호들은 x, y방향으로 무한히 확장된다)

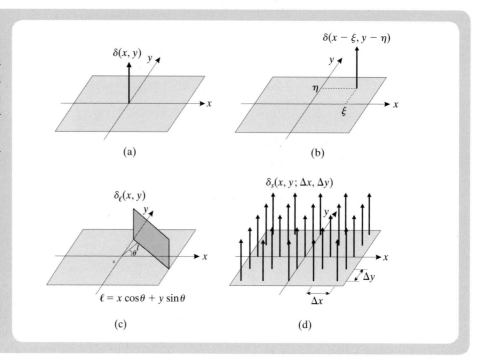

반적인 함수라 하기보다는 적분을 통하여 다른 신호를 표현하는 데 사용된다. 점 선원은 무한소의 폭을 가지고 면적은 1인 것으로 모델링할 수 있는데, 이는 식 (2.3)에서 $f(x) = 1$로 하면 구할 수 있다.

2D 점 임펄스, $\delta(x, y)$(2D 임펄스 함수, 2D 델타 함수, 혹은 2D 디락 함수)는 다음과 같은 특성이 있다.

$$\delta(x, y) = 0, \quad (x, y) \neq (0, 0), \tag{2.4}$$

$$\int_{-\infty}^{\infty} \int_{-\infty}^{\infty} f(x, y)\delta(x, y)\, dx\, dy = f(0, 0). \tag{2.5}$$

2D 점 임펄스(일반적 의미에서는 함수가 아님)는 점 선원으로 $(0, 0)$에 위치하며 무한소의 폭과 단위 체적을 가진 것으로 모델링할 수 있다. 그림 2.3(a)는 이러한 개념을 보여 주고 있다.

식 (2.5)에서, 점 임펄스는 점$(0, 0)$에서 $f(x, y)$의 값을 '골라내고' 이를 모든 공간에서 적분한 것이다. 그림 2.3(b)에서와 같이 델타 함수를 위치 (ξ, η)로 이동$-\delta(x-\xi, y-\eta)-$하였다고 가정하자. 식 (2.5)에 변수 변환을 하면, 다음 식이 된다.

$$f(\xi, \eta) = \int_{-\infty}^{\infty} \int_{-\infty}^{\infty} f(x, y)\delta(x-\xi, y-\eta)\, dx\, dy. \tag{2.6}$$

점 임펄스의 중요한 특성은 이동 특성이다.

예제 2.1

점 임펄스가 점(ξ, η)로 이동하였다고 하자. 즉, $\delta(x-\xi, y-\eta)$이다.

문제 이동한 임펄스와 $f(x, y)$의 곱으로 정의되는 '함수'의 특성은 무엇인가?

해답 $g(x, y) = f(x, y)\delta(x-\xi, y-\eta)$이다. $(x, y) \neq (\xi, \eta)$일 때, $\delta(x-\xi, y-\eta)$는 0이다. 즉, $(x, y) \neq (\xi, \eta)$일 때 $g(x, y) = 0$이며, 그 의미는 다음과 같다.

$$g(x, y) = 0, \qquad (x, y) \neq (\xi, \eta).$$

$(x, y) = (\xi, \eta)$일 때, 이동된 함수는 정의가 되지 않는다(값이 무한대가 되기 때문이다). 따라서 $g(\xi, \eta)$도 또한 정의되지 않는다. 그러나 식 (2.6)으로부터 $g(x, y)$의 적분은 $f(\xi, \eta)$가 된다. 그러므로 $g(x, y)$는 체적 $f(\xi, \eta)$를 가지며 (ξ, η)에 위치한 점 임펄스 함수이다. 혹은

$$g(x, y) = f(\xi, \eta)\delta(x - \xi, y - \eta). \tag{2.7}$$

이다. 이 결과로부터 점 임펄스 함수와 어떤 함수의 곱은 점 임펄스 함수의 위치에서의 함수 값과 같은 체적을 갖는 점 임펄스 함수가 됨을 알 수 있다.

이 책에서 사용될 점 임펄스 함수는 아래의 두 가지 특성을 가진다. 점 임펄스의 비례 축소 특성은

$$\delta(ax, by) = \frac{1}{|ab|} \delta(x, y). \tag{2.8}$$

그리고 점 임펄스 함수가 우 함수(even function)라는 사실을 이용하면

$$\delta(-x, -y) = \delta(x, y), \tag{2.9}$$

이는 식 (2.8)에서 $a = b = -1$을 대입함으로써 얻을 수 있다.

2.2.2 선 임펄스

의학영상 장비를 교정할 때, 점 형태의 물체보다 선 형태의 물체를 사용하는 것이 더 편할 때가 있다. 예를 들면, 투사 방사선 촬영에서 해상도를 평가할 때 작은 구슬을 사용하는 것보다 선을 사용하는 것이 더 편리하다. 이러한 이유로, 선 선원에 대한 수학적 모델을 사용하고자 한다.

다음과 같이 정의되는 점들의 집합을 생각해 보자.

$$L(\ell, \theta) = \{(x, y) \mid x \cos \theta + y \sin \theta = \ell\}. \tag{2.10}$$

$L(\ell, \theta)$는 단위 법선이 x축에 대하여 θ만큼 기울어져 있고, 원점에서 단위 법선 방향으로 ℓ만큼 떨어진 직선이다. 그림 2.3(c)는 이를 보여 주고 있다.

직선 $L(\ell, \theta)$와 결합된 선 임펄스 $\delta_\ell(x, y)$는 다음과 같다.

$$\delta_\ell(x, y) = \delta(x \cos \theta + y \sin \theta - \ell). \tag{2.11}$$

이 신호는 그림 2.3(c)에 예시되어 있으며 $L(\ell, \theta)$ 선상으로 '퍼져 있는' 1D 임펄스 함수를 나타낸다.

2.2.3 콤과 샘플링 함수

실제 의학영상을 표현하는 데 필요한 두 함수를 설명하고자 한다. 의학영상은 연속 함수가 아니라 이산 함수로 다루어진다. 3장에서 보다 자세한 설명을 하고자 한다. 이 장에서는 다른 함수들과의 관계에서 두 함수를 소개하고자 한다.

이동된 점 임펄스[식 (2.6)의 이 중 적분에 있는]를 사용하여 한 점에서의 함수 값을 선택할 수 있었다. 거의 모든 영상 기법에서, 한 점에서의 값이 아니라 **샘플링** 과정을 통하여 행렬 형태의 값을 나타낸다. 예를 들면, CT영상은 일반적으로 1024×1024 행렬 형태의 CT 계수를 가지는데, 이는 인체 단면의 **선형감쇠계수**라는 물리적 파라미터를 나타낸다. 자기공명 영상(MRI)은 일반적으로 256×256 행렬 값을 가지고, 이는 조직에서의 몇 가지 핵 자기 공명 특성값 가운데 하나를 나타낸다.

수학적으로 샘플링 특성을 기술하기 위한 첫 번째 단계로 **콤**(comb) 함수를 소개한다.

$$\text{comb}(x) = \sum_{n=-\infty}^{\infty} \delta(x - n). \tag{2.12}$$

콤 함수는 **샤**(shah) 함수로도 알려져 있다. 콤 함수는 이 함수를 구성하는 이동된 점 임펄스의 집합체가 빗의 이(teeth)를 닮았기 때문에 그렇게 불린다. 2차원 공간에서 콤 함수는 다음과 같다.

$$\text{comb}(x, y) = \sum_{m=-\infty}^{\infty} \sum_{n=-\infty}^{\infty} \delta(x - m, y - n). \tag{2.13}$$

콤 함수에서 점 임펄스를 x방향으로 Δx, y방향으로 Δy 거리에 위치시키는 것은 신호의 샘플링(3.6절 참조)을 설명하는 데 편리하다. 샘플링 함수 $\delta_s(x, y; \Delta x, \Delta y)$는 다음과 같이 정의된다.

$$\delta_s(x, y; \Delta x, \Delta y) = \sum_{m=-\infty}^{\infty} \sum_{n=-\infty}^{\infty} \delta(x - m\Delta x, y - n\Delta y). \tag{2.14}$$

점 임펄스에 식 (2.8)의 스케일링 특성을 사용하면 샘플링 함수가 다음과 같은 콤 함수로 표현된다.

$$\delta_s(x, y; \Delta x, \Delta y) = \frac{1}{\Delta x \Delta y} \text{comb}\left(\frac{x}{\Delta x}, \frac{y}{\Delta y}\right). \tag{2.15}$$

샘플링 함수는 그림 2.3(d)에서와 같이 $-\infty < m, n < \infty$ 평면에서 점 $(m\Delta x, n\Delta y)$의 임펄스들의 2차원 시퀀스이다. 샘플링 함수의 개념은 이산화 — 연속 신호를 이산 신호로 처리하는 과정 — 를 이해하는 데 중요하다.

2.2.4 직사각형과 싱크 함수

의학영상 시스템에서 자주 사용되는 두 함수는 직사각형 함수과 싱크 함수이다. 직사각형 함수는

$$\text{rect}(x, y) = \begin{cases} 1, & |x| < \dfrac{1}{2} \quad \text{그리고} \quad |y| < \dfrac{1}{2} \\ 0, & |x| > \dfrac{1}{2} \quad \text{혹은} \quad |y| > \dfrac{1}{2} \end{cases}, \tag{2.16}$$

이며, 여기서 $|x| = 1/2$, $|y| \leq 1/2$ 혹은 $|x| \leq 1/2$, $|y| = 1/2$에서의 값은 존재하지 않는다(이런 값들이 필요하면 1/2을 사용한다). 직사각형 함수는 유한한 에너지 신호이며, 전체 에너지가 1이고, 점$(0, 0)$을 중심으로 한 단위 정사각형에서 값을 가지는 신호이다.

$$f(x, y) \text{rect}\left(\frac{x - \xi}{X}, \frac{y - \eta}{Y}\right) \tag{2.17}$$

$f(x, y)$에서 점(ξ, η)를 중심으로 폭이 X이고, 높이가 Y인 부분에서만 값을 선택하고 나머지는 0인 신호를 표현하기 위하여 식 (2.17)의 곱하기 연산을 사용할 수 있다.

2차원 직사각형 함수는 2개의 1차원 직사각형 함수의 곱으로 표현할 수 있다.

$$\text{rect}(x, y) = \text{rect}(x) \text{rect}(y), \tag{2.18}$$

여기서,

$$\text{rect}(x) = \begin{cases} 1, & |x| < \dfrac{1}{2} \\ 0, & |x| > \dfrac{1}{2} \end{cases} \tag{2.19}$$

1D 직사각형 함수는 그림 2.4(a)에 있다.

싱크 함수는 다음과 같다.

$$\text{sinc}(x, y) = \begin{cases} 1, & x = y = 0 \\ \dfrac{\sin(\pi x)\sin(\pi y)}{\pi^2 xy}, & \text{나머지 구간.} \end{cases} \tag{2.20}$$

싱크 함수는 전체 에너지가 1인, 유한 에너지 신호이다. 최댓값은 1이며, 점(0, 0)에서 최댓값을 가진다. 싱크 함수는 2개의 1D 싱크 함수의 곱으로 표현할 수 있다.

$$\text{sinc}(x, y) = \text{sinc}(x)\,\text{sinc}(y), \tag{2.21}$$

$$\text{sinc}(x) = \frac{\sin(\pi x)}{\pi x}. \tag{2.22}$$

1D 싱크 함수는 그림 2.4(b)에 그려져 있다. 이 함수는 하나의 메인로브(main lobe)와 몇 개의 사이드로브(side lobe)로 구성되어 있는데, 사이드로브는 x의 값이 증가함에 따라 0으로 수렴한다. $x = \pm 1, \pm 2, \cdots$ 에서 0이 되며, 양수와 음수 값이 번갈아 일어난다.

직사각형 함수와 싱크 함수는 연속적인 영상 신호를 이산형 영상 신호로 표현할 때 사용하는 화소의 크기에 대한 영향을 이해하는 데 매우 중요한 함수이다.

2.2.5 지수 및 정현파 함수

또 다른 연속 신호는 복소 지수 신호이며, 다음과 같다.

$$e(x, y) = e^{j2\pi(u_0 x + v_0 y)}, \tag{2.23}$$

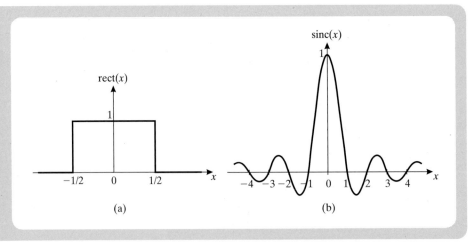

그림 2.4
(a) 1D 직사각형 함수 rect(x)
(b) 1D 싱크 함수 sinc(x)

여기서, u_0와 v_0는 기본 주파수라 하고, 단위는 x와 y 단위의 역수이며, $j^2 = -1$이다. 예를 들면, x와 y의 단위가 mm이면, u_0와 v_0의 단위는 mm^{-1}이다.

복소 지수 신호는 2개의 **정현파** 신호를 이용하여 실수부와 허수부로 분해할 수 있다.

$$s(x, y) = \sin[2\pi(u_0 x + v_0 y)] \quad \text{그리고} \quad c(x, y) = \cos[2\pi(u_0 x + v_0 y)]. \quad (2.24)$$

실제로

$$
\begin{aligned}
e(x, y) &= e^{j2\pi(u_0 x + v_0 y)} \\
&= \cos[2\pi(u_0 x + v_0 y)] + j\sin[2\pi(u_0 x + v_0 y)] \\
&= c(x, y) + js(x, y). \quad (2.25)
\end{aligned}
$$

반면 정현파 신호는 다음 식과 같이 2개의 복소 지수 신호로 표현된다.

$$s(x, y) = \sin[2\pi(u_0 x + v_0 y)] = \frac{1}{2j}e^{j2\pi(u_0 x + v_0 y)} - \frac{1}{2j}e^{-j2\pi(u_0 x + v_0 y)}, \quad (2.26)$$

$$c(x, y) = \cos[2\pi(u_0 x + v_0 y)] = \frac{1}{2}e^{j2\pi(u_0 x + v_0 y)} + \frac{1}{2}e^{-j2\pi(u_0 x + v_0 y)}. \quad (2.27)$$

기본 주파수 u_0, v_0는 각각 x와 y축 방향에서 정현적으로 진동하는 움직임을 나타낸다. 예를 들면, u_0의 값이 작으면 x축 방향으로 늦은 진동이 일어나고, 반면 큰 값을 가지면 빠른 진동이 일어난다. 그림 2.5가 이를 보여 주고 있다.

지수 신호의 개념은 자기공명 영상의 이해와 영상 재구성에 사용되는 푸리에 분석에 특히 유용하다.

2.2.6 가분 신호

가분 신호는 연속 신호의 또 다른 부류이다. 신호 $f(x, y)$가 다음 식과 같이 2개의 1D 신호 $f_1(x)$와 $f_2(y)$로 표현되면 가분 신호이다.

$$f(x, y) = f_1(x)f_2(y). \quad (2.28)$$

두 개의 독립변수 x, y의 함수인 2D 가분신호는 2개의 1D 신호의 곱으로 분리될 수 있는데, 그 중 하나는 x의 함수이고, 다른 하나는 y의 함수이다. 점 임펄스 $\delta(x, y) = \delta(x)\delta(y)$로 표현될 수 있기 때문에 가분 신호이다. 식 (2.18)과 (2.21)부터, 직사각형 함수와 싱크 함수도 가분 신호이다.

가분 신호는 x와 y방향으로 독립적인 변화를 하는 신호만 모델링할 수 있다. 어떤 신호가 가분 신호이면 2D 신호의 연산보다 훨씬 간단해질 수 있다. 즉, 가분 신호에서 2D 연산은

그림 2.5

여러 가지 기본 주파수 u_0, v_0 에서 6개의 정현파 신호 $s(x, y) = \sin[2\pi(u_0 x + v_0 y)]$, $0 \le x$, $y \le 1$를 보여 주고 있다. 기본 주파수가 작은 값을 가질 경우 늦은 진동이 일어나고, 반면 큰 값은 빠른 진동이 일어나고 있음을 보여 주고 있다.

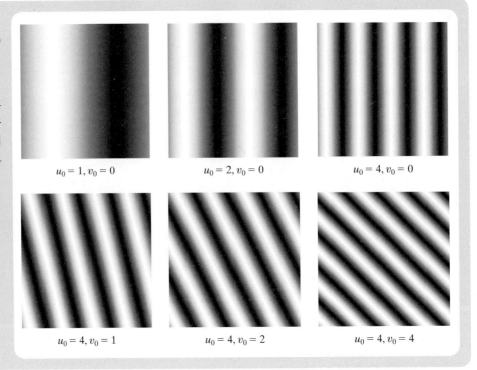

$u_0 = 1, v_0 = 0$ $u_0 = 2, v_0 = 0$ $u_0 = 4, v_0 = 0$

$u_0 = 4, v_0 = 1$ $u_0 = 4, v_0 = 2$ $u_0 = 4, v_0 = 4$

연속적인 1D 연산으로 줄어든다.

2.2.7 주기 신호

신호 $f(x, y)$에 다음과 같은 2개의 양의 상수 X, Y가 존재하면 주기 신호이다.

$$f(x, y) = f(x + X, y) = f(x, y + Y), \tag{2.29}$$

여기서, X와 Y는 각각 x와 y방향에서의 신호 주기이다. 식 (2.29)로부터 주기 신호는 직각 윈도우 $0 \le x < X$, $0 \le y < Y$ 내에 있는 주기 신호임을 알 수 있다. 샘플링 함수 $\delta_s(x, y; \Delta x, \Delta y)$[식 (2.14)]는 주기 $X = \Delta x$와 $Y = \Delta y$인 주기 신호이며, 반면 지수와 정현파 신호[식 (2.23), (2.24)]는 주기 $X = 1/u_0$와 $Y = 1/v_0$인 주기 신호이다.

2.3 시스템

연속–연속(혹은 단순히 연속) 시스템은 입력 연속 신호 $f(x, y)$를 출력 연속 신호 $g(x, y)$로 변환하는 $\mathcal{S}$로 정의된다. 그림 2.6이 예시이며, 점 임펄스에 대한 시스템 $\mathcal{S}$의 반응을 그린 것이다.

$$g(x, y) = \mathcal{S}[f(x, y)], \tag{2.30}$$

일반적으로 여기서 시스템 $\mathcal{S}$의 **입출력** 식은 알려져 있다고 가정한다. $\mathcal{S}[f(x, y)]$의 값은 전체 신호 $f(x, y)$를 $\mathcal{S}$로 변환한 후 얻어진 (x, y)에서의 값이다. 식 (2.30)이 나타내는 것은 입력 신호 f와 영상 시스템 $\mathcal{S}$의 특성을 알고 있다면 영상 시스템의 출력을 예상할 수 있다는 것이다.

식 (2.30)은 실제 시스템을 표현하기에는 너무 일반적이다. 특별한 응용 분야에서, $\mathcal{S}$에 대하여 여러 가지를 선택할 수 있을 경우, 어느 식이 더 적합한지가 문제이다. $\mathcal{S}$를 선택하기 위해서는 이를 수학적으로 다루기 쉬워야 한다. 어떤 단순화한 가정을 만족하는 변환 $\mathcal{S}$를 선택하기 위하여 시스템 선택을 제한하는 것이 필요하다. 물론 어떤 시스템 $\mathcal{S}$의 선택도 실제 사물의 형상을 정확하게 묘사해야 한다.

2.3.1 선형 시스템

단순화한 가정은 시스템의 선형성이다. 입력 신호가 신호들의 가중치 합으로 구성될 때, 출력 신호 또한 각 개개의 입력 신호들에 대한 시스템 응답의 가중치 합으로 구성된다면, 이 시스템은 선형 시스템이다. 좀 더 정확히 표현하면, 입력 신호의 어떤 조합 $\{f_k(x, y), k = 1, 2, \cdots, K\}$과 가중치들의 어떤 조합 $\{w_k, k = 1, 2, \cdots, K\}$에 대하여 아래 식을 만족할 때 이를 선형 시스템이라 한다.

$$\mathcal{S}\left[\sum_{k=1}^{K} w_k f_k(x, y)\right] = \sum_{k=1}^{K} w_k \mathcal{S}\left[f_k(x, y)\right]. \tag{2.31}$$

선형성 가정은 시스템을 수학적으로 다루기 쉽고 유용한 특성들을 사용할 수 있게 하여 시스템을 단순화하게 한다. 그러므로 이 책에서 사용되는 선형성은 매우 중요한 가정이다.

실제에서 선형 가정은 얼마나 타당한가? 선형 시스템은 의학영상에 기초를 이루는 물리적 현상의 좋은 수학적 접근법인가? 많은 의학영상 시스템은 근사적으로 선형임이 드러났다.

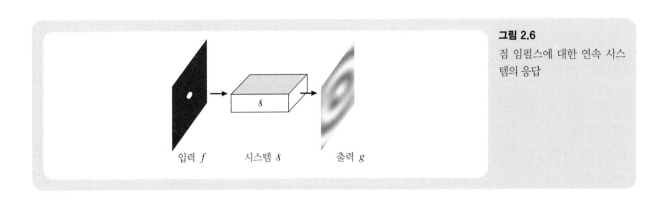

그림 2.6
점 임펄스에 대한 연속 시스템의 응답

입력 f 　　　시스템 $\mathcal{S}$ 　　　출력 g

이것은 실제에서 신호 전체적인 효과에 의한 영상은 개개의 입력 영상 신호들에 의한 각 출력 영상 신호의 합과 동일하다는 것을 뜻하며, 이를 다음에서 다루고자 한다.

2.3.2 임펄스 응답

임의의 입력 신호 $f(x, y)$에 선형 시스템이 어떻게 반응하는지를 조사하고, 선형성이 시스템을 쉽게 다룰 수 있다는 사실을 보여 주고자 한다. 그러나 이런 조사를 진행하기 전에 점 임펄스에 의한 시스템 $\mathcal{S}$의 출력을 먼저 생각하는 것이 좋을 것 같다. 입력 $\delta_{\xi\eta}(x, y) = \delta(x-\xi, y-\eta)$(($\xi, \eta$)에서의 점 임펄스)에 대한 시스템 $\mathcal{S}$의 출력을 $h(x, y; \xi, \eta)$라 하자. 이 경우

$$h(x, y; \xi, \eta) = \mathcal{S}[\delta_{\xi\eta}(x, y)]. \tag{2.32}$$

일반적인 경우 출력은 4개의 독립 변수에 따르므로 이는 4차원 신호이다. 출력 $h(x, y; \xi, \eta)$는 시스템 $\mathcal{S}$의 **점확산함수**(point spread function : PSF) 혹은 **임펄스 응답** 함수로 알려져 있다.

$\mathcal{S}$를 선형 시스템이라 가정하자. $f(x, y)$가 $\mathcal{S}$에 대한 임의의 입력 신호라 하면, 식 (2.30)에 식 (2.6), (2.31)과 (2.32)를 적용하면 출력 $g(x, y)$는 다음과 같다.

$$g(x, y) = \int_{-\infty}^{\infty} \int_{-\infty}^{\infty} f(\xi, \eta) h(x, y; \xi, \eta) \, d\xi \, d\eta. \tag{2.33}$$

식 (2.33)의 적분은 **중첩 적분**이다. 이 식은 PSF $h(x, y; \xi, \eta)$에 대한 선형 시스템의 출력을 보여 주고 있다. 즉, 어떤 주어진 입력 신호에 대한 출력을 계산하기 위해서는 선형 시스템의 PSF를 꼭 알아야 한다.

실제 식 (2.33)은 임의의 입력 $f(x, y)$에 대한 출력 $g(x, y)$을 계산할 수 있게 한다. 만약 PSF $h(x, y; \xi, \eta)$가 모든 $(x, y; \xi, \eta)$에 대해 알려져 있으면, 이 계산은 식 (2.33)의 이중 적분으로부터 구할 수 있다. 그러나 PSF는 실제적인 관심이 없는 제한된 환경에서 $h(x, y; \xi, \eta)$가 분석적으로 알려져 있거나 혹은 $h(x, y; \xi, \eta)$의 4차원 특성으로 인하여 $h(x, y; \xi, \eta)$ 값을 실험적으로 측정하고 숫자로 저장하는 것은 매우 어렵다. 그러므로 시스템 $\mathcal{S}$에 추가적인 조건을 부가함으로써 더 많은 단순화가 필요하다.

2.3.3 이동 불변성

추가적인 단순화 가정은 **이동 불변성**이다. 입력 신호가 이동할 때 출력에서도 똑같은 이동이 발생되면 시스템 $\mathcal{S}$는 **이동 불변**이다.

$$f_{x_0 y_0}(x, y) = f(x - x_0, y - y_0) \tag{2.34}$$

수학적으로, 만약 입력 신호 $f(x, y)$가 점(x_0, y_0)로 이동하면,

$$g(x - x_0, y - y_0) = \mathcal{S}[f_{x_0 y_0}(x, y)], \tag{2.35}$$

여기서, $g(x, y)$는 식 (2.30)에 주어져 있다. 그러므로 이동 불변 시스템에서 이동된 입력 신호에 대한 출력은 같은 양만큼 이동된 입력에 대한 시스템의 출력과 같다.

이동 불변성은 반드시 선형성을 의미하거나 선형일 필요가 없다. 어떤 시스템은 이동 불변이지만 선형이지 않거나 혹은 그 반대일 수도 있다. 그러나 만일 선형 시스템 $\mathcal{S}$가 이동 불변이고,

$$h(x, y) = \mathcal{S}[\delta(x, y)], \tag{2.36}$$

이면

$$\mathcal{S}[\delta_{\xi\eta}(x, y)] = h(x - \xi, y - \eta). \tag{2.37}$$

이 경우, PSF는 2D 신호이다. 그러므로 선형 시스템에 이동 불변성을 부가함으로써 PSF의 차원을 반으로 줄일 수 있다.

실제의 경우 이는 이동-불변 시스템의 관측시야(field of view)에서 PSF는 모두 같다는 것을 의미한다. 한 위치에서 PSF를 측정하면 관측시야 내의 모든 점에서 PSF가 같다고 생각할 수 있다. 이런 측정은 극히 작은 점 물체(점 임펄스를 모방한)와 식 (2.36)을 사용함으로써 구할 수 있는데, 이것은 점 물체의 영상이 PSF라는 것을 의미한다.

선형이고 이동 불변인 시스템 $\mathcal{S}$는 선형 이동 불변(inear shift-invariant : LSI) 시스템이다. $\mathcal{S}$가 LSI이면, [식 (2.32), (2.33) 및 (2.37) 참조]

$$g(x, y) = \int_{-\infty}^{\infty} \int_{-\infty}^{\infty} f(\xi, \eta) h(x - \xi, y - \eta)\, d\xi\, d\eta, \tag{2.38}$$

이고, 간단히 표현하면

$$g(x, y) = h(x, y) * f(x, y). \tag{2.39}$$

식 (2.38)과 (2.39)는 각각 **콘볼루션 적분**과 **콘볼루션 식**이라 한다. 콘볼루션은 신호와 시스템 이론에서 중요한 역할을 한다. 이 책에서는 LSI 시스템만 다룬다. 영상 시스템을 LSI 시스템으로 다룸으로써 시스템의 분석을 매우 간단히 할 수 있다.

예제 2.2

입-출력 식이 다음과 같은 연속 시스템에서

$$g(x, y) = 2f(x, y). \tag{2.40}$$

문제 시스템은 선형이고 이동 불변인가?

해답 입력 $\sum_{k=1}^{K} w_k f_k(x, y)$에 대한 시스템의 출력을 $g'(x, y)$이라고 하면,

$$g'(x, y) = 2\left(\sum_{k=1}^{K} w_k f_k(x, y)\right)$$

$$= \sum_{k=1}^{K} w_k 2 f_k(x, y)$$

$$= \sum_{k=1}^{K} w_k g_k(x, y), \tag{2.41}$$

여기서 $g_k(x, y)$는 입력 $f_k(x, y)$에 대한 시스템의 출력이다. 그러므로 시스템은 선형이다. 반면 $g'(x, y)$가 입력 $f(x-x_0, y-y_0)$에 대한 시스템의 출력이면,

$$g'(x, y) = 2f(x - x_0, y - y_0) = g(x - x_0, y - y_0), \tag{2.42}$$

이 시스템은 이동-불변이다.

예제 2.3

입-출력 식이 다음과 같은 연속 시스템에서

$$g(x, y) = xyf(x, y). \tag{2.43}$$

문제 이 시스템은 선형이고 이동-불변인가?

해답 $g'(x, y)$이 입력 $\sum_{k=1}^{K} w_k f_k(x, y)$에 대한 시스템의 출력이면,

$$g'(x, y) = xy\left(\sum_{k=1}^{K} w_k f_k(x, y)\right)$$

$$= \sum_{k=1}^{K} w_k xy f_k(x, y)$$

$$= \sum_{k=1}^{K} w_k g_k(x, y), \tag{2.44}$$

여기서 $g_k(x, y)$는 입력 $f_k(x, y)$에 대한 시스템의 출력이다. 그러므로 시스템은 선형이다. 반면 $g'(x, y)$가 입력 $f(x-x_0, y-y_0)$에 대한 시스템의 출력이고, $x_0 \neq 0$이고 $y_0 \neq 0$이면,

$$g'(x, y) = xyf(x - x_0, y - y_0)$$

$$\neq (x - x_0)(y - y_0)f(x - x_0, y - y_0).$$

그러므로,

$$g'(x, y) \neq g(x - x_0, y - y_0),\qquad(2.45)$$

이고, 시스템은 이동-불변이 아니다.

2.3.4 LSI 시스템의 연결

LSI 시스템이 하나의 시스템으로 있거나 다른 LSI 시스템과 연결되어 있을 수 있다. 일반적으로 두 가지의 연결이 있는데 이는 (1) 직렬 연결, (2) 병렬 연결이다.

그림 2.7(a)는 PSF가 $h_1(x, y)$와 $h_2(x, y)$를 가진 2개의 LSI 시스템의 직렬연결과 이와 등가인 '단일' LSI 시스템을 보여 주고 있다. 이 경우 다음과 같은 관계가 성립한다.

$$\begin{aligned}g(x, y) &= h_2(x, y) * [h_1(x, y) * f(x, y)] \\ &= h_1(x, y) * [h_2(x, y) * f(x, y)] \\ &= [h_1(x, y) * h_2(x, y)] * f(x, y),\end{aligned}\qquad(2.46)$$

그리고

$$h_1(x, y) * h_2(x, y) = h_2(x, y) * h_1(x, y).\qquad(2.47)$$

식 (2.46)과 (2.47)은 각각 콘볼루션의 두 가지 특성인 결합과 교환 특성을 보여 준다. 교환특성으로부터 $g(x, y) = h(x, y)*f(x, y) = f(x, y)*h(x, y)$이고,

$$\begin{aligned}g(x, y) &= \int_{-\infty}^{\infty} \int_{-\infty}^{\infty} f(\xi, \eta) h(x - \xi, y - \eta)\, d\xi\, d\eta \\ &= \int_{-\infty}^{\infty} \int_{-\infty}^{\infty} h(\xi, \eta) f(x - \xi, y - \eta)\, d\xi\, d\eta.\end{aligned}\qquad(2.48)$$

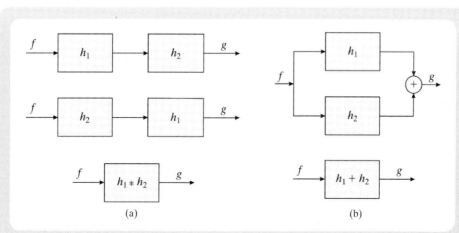

그림 2.7

(a) 2개의 LSI 시스템의 직렬 연결

(b) 2개의 LSI 시스템의 병렬 연결

그림 2.7(b)는 PSF가 $h_1(x, y)$와 $h_2(x, y)$를 가진 2개의 LSI 시스템의 병렬연결과 이와 등가인 단일 LSI 시스템을 보여 주고 있다. 이 경우

$$
\begin{aligned}
g(x, y) &= h_1(x, y) * f(x, y) + h_2(x, y) * f(x, y) \\
&= [h_1(x, y) + h_2(x, y)] * f(x, y),
\end{aligned} \tag{2.49}
$$

위의 관계식은 콘볼루션의 분배 특성을 보여 준다.

LSI 시스템과 관련된 결합, 교환 및 분배 특성은 시스템 분석을 단순화한다(이것이 의학 영상 시스템을 LSI 시스템으로 다루고자 하는 이유이다!).

예제 2.4

가우시안 PSF를 가지며 직렬로 연결된 2개의 LSI 시스템을 생각해 보자.

$$
h_1(x, y) = \frac{1}{2\pi\sigma_1^2} e^{-(x^2+y^2)/2\sigma_1^2} \quad \text{그리고} \quad h_2(x, y) = \frac{1}{2\pi\sigma_2^2} e^{-(x^2+y^2)/2\sigma_2^2}, \tag{2.50}
$$

여기서 σ_1과 σ_2는 양의 상수이다.

문제 이 시스템의 PSF는 무엇인가?

해답 이 연결은 임펄스 응답이 $h(x, y)$인 하나의 LSI 시스템과 등가이고, 다음과 같다.

$$
\begin{aligned}
h(x, y) &= h_1(x, y) * h_2(x, y) \\
&= \int_{-\infty}^{\infty} \int_{-\infty}^{\infty} h_2(\xi, \eta) h_1(x - \xi, y - \eta) \, d\xi \, d\eta \\
&= \frac{1}{4\pi^2\sigma_1^2\sigma_2^2} \int_{-\infty}^{\infty} \int_{-\infty}^{\infty} e^{-(\xi^2+\eta^2)/2\sigma_2^2} e^{-[(x-\xi)^2+(y-\eta)^2]/2\sigma_1^2} \, d\xi \, d\eta \\
&= \frac{1}{4\pi^2\sigma_1^2\sigma_2^2} \int_{-\infty}^{\infty} e^{-\xi^2/2\sigma_2^2 - (x-\xi)^2/2\sigma_1^2} \, d\xi \\
&\qquad\qquad \int_{-\infty}^{\infty} e^{-\eta^2/2\sigma_2^2 - (y-\eta)^2/2\sigma_1^2} \, d\eta .
\end{aligned} \tag{2.51}
$$

그러나

$$
\begin{aligned}
\int_{-\infty}^{\infty} e^{-\xi^2/2\sigma_2^2 - (x-\xi)^2/2\sigma_1^2} \, d\xi &= e^{-x^2/2(\sigma_1^2+\sigma_2^2)} \int_{-\infty}^{\infty} e^{-\frac{\sigma_1^2+\sigma_2^2}{2\sigma_1^2\sigma_2^2}\left\{\xi - [\sigma_2^2/(\sigma_1^2+\sigma_2^2)]x\right\}^2} \, d\xi \\
&= e^{-x^2/2(\sigma_1^2+\sigma_2^2)} \int_{-\infty}^{\infty} e^{-\frac{\sigma_1^2+\sigma_2^2}{2\sigma_1^2\sigma_2^2}\tau^2} \, d\tau \\
&= \frac{\sqrt{2\pi}\,\sigma_1\sigma_2}{\sqrt{\sigma_1^2+\sigma_2^2}} \, e^{-x^2/2(\sigma_1^2+\sigma_2^2)},
\end{aligned} \tag{2.52}
$$

여기서,

$$h(x, y) = \frac{1}{2\pi(\sigma_1^2 + \sigma_2^2)} \exp\left\{ \frac{-(x^2 + y^2)}{2(\sigma_1^2 + \sigma_2^2)} \right\}. \tag{2.53}$$

식 (2.52)의 두 번째 값을 얻기 위하여, 변수 $\xi - [\sigma_2^2/(\sigma_1^2 + \sigma_2^2)]x$를 τ로 대체하고 세 번째 값을 얻기 위하여 다음 관계식을 사용하였다.

$$\int_{-\infty}^{\infty} e^{-a^2\tau^2}\, d\tau = \frac{\sqrt{\pi}}{a}, \quad a \neq 0 일 때 \tag{2.54}$$

시스템 전체의 PSF도 가우시안이다.

2.3.5 가분 시스템

가분 시스템은 LSI 시스템에서 중요한 부류이다. 가분 신호처럼 PSF가 $h(x, y)$인 2D LSI 시스템이 다음과 같이 PSF가 $h_1(x)$과 $h_2(y)$인 1D 시스템으로 표현되면 이 시스템은 가분 시스템이다.

$$h(x, y) = h_1(x)h_2(y). \tag{2.55}$$

　2D 가분 시스템은 하나는 x방향이고 다른 하나는 y방향인 2개의 1D 시스템의 직렬연결로 구성된다. 그러므로 2D 가분 시스템에서 콘볼루션 적분 식 (2.38)은 다음과 같이 2개의 간단한 1D 콘볼루션으로 계산할 수 있다.

- $w(x, y)$는 모든 y에 대하여 다음 계산으로 구할 수 있다.

$$w(x, y) = \int_{-\infty}^{\infty} f(\xi, y)h_1(x - \xi)\, d\xi.$$

- $g(x, y)$는 모든 x에 대하여 다음 계산으로 구할 수 있다.

$$g(x, y) = \int_{-\infty}^{\infty} w(x, \eta)h_2(y - \eta)\, d\eta.$$

실제로,

$$\begin{aligned}
\int_{-\infty}^{\infty} w(x, \eta)h_2(y - \eta)\, d\eta &= \int_{-\infty}^{\infty} \left[\int_{-\infty}^{\infty} f(\xi, \eta)h_1(x - \xi)d\xi \right] h_2(y - \eta)\, d\eta \\
&= \int_{-\infty}^{\infty} \int_{-\infty}^{\infty} f(\xi, \eta)h_1(x - \xi)h_2(y - \eta)\, d\xi\, d\eta \\
&= \int_{-\infty}^{\infty} \int_{-\infty}^{\infty} f(\xi, \eta)h(x - \xi, y - \eta)\, d\xi\, d\eta \text{ [식 (2.55)로부터]}, \\
&= h(x, y) * f(x, y) = g(x, y). \tag{2.56}
\end{aligned}$$

그림 2.8
2개의 1D 단계를 연속적으로 사용함으로써 2D 가분 시스템의 출력을 계산할 수 있다.

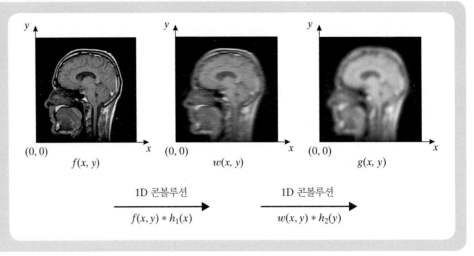

첫 단계는 y를 고정하고 영상 $f(x, y)$를 1D 신호로 취급하여 PSF $h_1(x)$와 콘볼루션한다. 그리고 이를 모든 y에 대하여 적용하여 $w(x, y)$를 얻는다. 두 번째 단계는 x를 고정하고, $w(x, y)$를 1D 신호로 취급하여 PSF $h_2(y)$와 콘볼루션한다. 그림 2.8은 다음 식과 같은 2D 가우시안 PSF를 영상과 콘볼루션한 결과를 보여 주고 있다.

$$h(x, y) = \frac{1}{2\pi\sigma^2} e^{-(x^2+y^2)/2\sigma^2} \,, \tag{2.57}$$

여기서, $\sigma = 4$이며, 2개의 1D 가우시안의 직렬연결 형태이다. PSF는 가분형이며,

$$h_1(x) = \frac{1}{\sqrt{2\pi}\sigma} e^{-x^2/2\sigma^2} \quad \text{그리고,} \quad h_2(y) = \frac{1}{\sqrt{2\pi}\sigma} e^{-y^2/2\sigma^2} \,. \tag{2.58}$$

실제에서 하나의 2D 연산보다는 2개의 연속적인 1D 연산을 수행하는 것이 더 빠르므로 (더 쉬우므로) 가분의 개념은 (적용 가능할 경우) 매우 편리하다.

2.3.6 안정 시스템

의학영상 시스템에서 안정성은 중요한 특성이다. 비공식적으로 어떤 작은 입력에 대하여 발산하지 않는 출력이 만들어지면 의학영상 시스템은 안정적이다. 비록 시스템 안정성을 특성화하기 위한 많은 방법이 있지만, 여기서는 제한-입력 제한-출력(bounded-input bounded-output : BIBO) 안정 시스템만 고려한다. 입력의 크기가 다음 식과 같이 제한적일 때

$$\text{모든 } (x, y)\text{에 대하여} \qquad |f(x, y)| \le B < \infty \tag{2.59}$$

어떤 크기 B에 대하여 다음과 같은 유한 크기 B'이 존재하면

$$\text{모든 } (x, y)\text{에 대하여} \quad |g(x, y)| = |h(x, y) * f(x, y)| \le B' < \infty, \quad (2.60)$$

이 경우 출력도 제한적이다. 다음 식과 같이 PSF가 절대 적분 가능하면 LSI 시스템은 제한-입력 제한-출력 안정 시스템이다.

$$\int_{-\infty}^{\infty} \int_{-\infty}^{\infty} |h(x, y)| \, dx \, dy < \infty. \quad (2.61)$$

실제로 의학영상에서 안정 시스템을 설계하는 것이 매우 중요하다. 불안정 시스템은 비록 입력의 크기가 작아도 출력이 무한히 커질 수 있다. 이것은 의학영상 시스템의 정확성과 진단 유용성에 크게 영향을 미치므로 바람직한 일이 아니다. 실생활에서 많은 시스템은 안정적이다. 그러나 의학영상 시스템을 설계할 때, 식 (2.61)을 만족하지 않는 경우 대안적인 안정 PSF를 사용하여 모델링하는 경우가 종종 있다. 이런 경우는 6장의 컴퓨터 단층 촬영에서 서술된다.

2.4 푸리에 변환

콘볼루션 식이 LSI 시스템에서 입력과 출력의 관계를 표현하는 방법이지만, 이런 관계를 나타내는 다른 방안(등가적인)이 있다. 이는 푸리에 변환이다. 푸리에 변환은 다른 관점에서 어떻게 신호와 시스템이 상호 작용하는지를 보여 주며, 시스템의 분석과 구현을 위한 대안적인 방법이다.

신호를 점 임펄스[식 (2.6), (2.32)와 (2.33) 참조]로 분해하여 콘볼루션 식 (2.39)를 얻었다. 신호를 분해하는 다른 방법은 복소 지수 신호를 이용하는 것이다. 만약

$$F(u, v) = \int_{-\infty}^{\infty} \int_{-\infty}^{\infty} f(x, y) e^{-j2\pi(ux+vy)} \, dx \, dy, \quad (2.62)$$

이면,

$$f(x, y) = \int_{-\infty}^{\infty} \int_{-\infty}^{\infty} F(u, v) e^{j2\pi(ux+vy)} \, du \, dv. \quad (2.63)$$

식 (2.62)에서 이중 적분한 신호 $F(u, v)$는 $f(x, y)$의 2D 푸리에 변환이고, 식 (2.63)에서의 이중 적분 신호는 2D 푸리에 역 변환이다. 푸리에 변환과 푸리에 역 변환을 표기하기 위하여 다음 표기법을 사용하고자 한다.

$$F(u, v) = \mathcal{F}_{2D}(f)(u, v) \ \text{그리고}, \ f(x, y) = \mathcal{F}_{2D}^{-1}(F)(x, y) \tag{2.64}$$

첨자 '2D'는 푸리에 변환이 2차원인 것을 나타낸다.

푸리에 변환과 역 변환을 사용하기 전에 식 (2.62)와 식 (2.63)의 적분이 존재함을 보일 필요가 있다. 이런 적분이 존재하기 위한 충분조건은 신호 $f(x, y)$가 연속적이고, 유한한 개수의 불연속 점이 있으며 절대 적분 가능해야 한다. 실제의 경우 이런 조건들은 거의 항상 만족한다.

식 (2.63)에서 푸리에 변환은 신호 $f(x, y)$가 복소 지수 $e^{j2\pi(ux + vy)}$와 강도 $F(u, v)$로 분해됨을 보여 준다. 변수 u와 v는 각각 신호 $f(x, y)$의 x와 y의 (공간) 주파수이다. 푸리에 변환 $F(u, v)$는 $f(x, y)$의 스펙트럼이다. 왜냐하면

$$e^{j2\pi(u_0 x + v_0 y)} = \cos[2\pi(u_0 x + v_0 y)] + j\sin[2\pi(u_0 x + v_0 y)], \tag{2.65}$$

이고, 푸리에 변환은 다른 주파수에서 신호 $f(x, y)$의 정현적인 구성에 대한 정보를 제공한다. 푸리에 변환과 지수와 정현 신호는 2.2.5절에서 다룬다.

실제에서 각 정현 주파수에서 LSI 시스템의 출력을 분리하여 다룬다. LSI 시스템의 일반적인 특성은 신호의 푸리에 변환을 고려하여 임의의 신호에 대해서도 적용된다.

일반적으로 푸리에 변환은 비록 $f(x, y)$가 실수일지라도 복소수 값을 가지는 신호가 된다. 푸리에 변환에서는 크기와 위상을 분리하여 다루는 것이 일반적이다.

$$|F(u, v)| = \sqrt{F_R^2(u, v) + F_I^2(u, v)}, \tag{2.66}$$

그리고

$$\angle F(u, v) = \tan^{-1}\left(\frac{F_I(u, v)}{F_R(u, v)}\right), \tag{2.67}$$

여기서, $F_R(u, v)$와 $F_I(u, v)$는 각각 $F(u, v)$의 실수부와 허수부이다[즉, $F(u, v) = F_R(u, v) + jF_I(u, v)$]. 이 경우

$$F(u, v) = |F(u, v)|\, e^{j\angle F(u, v)}. \tag{2.68}$$

크기 $|F(u, v)|$와 위상 $\angle F(u, v)$를 각각 크기 스펙트럼과 위상 스펙트럼이라 한다. 또한 크기 스펙트럼의 제곱인 $|F(u, v)|^2$은 전력 스펙트럼이라 한다. 크기와 위상 스펙트럼은 $f(x, y)$를 고유하게 결정하는 데 필요하다.

신호와 이에 대한 푸리에 변환에 대해 몇 가지 예를 보자. 표 2.1에는 기본적인 푸리에 변환 쌍이 요약되어 있다.

표 2.1 기본 푸리에 변환 쌍

신호	푸리에 변환
1	$\delta(u, v)$
$\delta(x, y)$	1
$\delta(x - x_0, y - y_0)$	$e^{-j2\pi(ux_0 + vy_0)}$
$\delta_s(x, y; \Delta x, \Delta y)$	$\text{comb}(u\Delta x, v\Delta y)$
$e^{j2\pi(u_0x + v_0y)}$	$\delta(u - u_0, v - v_0)$
$\sin[2\pi(u_0x + v_0y)]$	$\frac{1}{2j}[\delta(u - u_0, v - v_0) - \delta(u + u_0, v + v_0)]$
$\cos[2\pi(u_0x + v_0y)]$	$\frac{1}{2}[\delta(u - u_0, v - v_0) + \delta(u + u_0, v + v_0)]$
$\text{rect}(x, y)$	$\text{sinc}(u, v)$
$\text{sinc}(x, y)$	$\text{rect}(u, v)$
$\text{comb}(x, y)$	$\text{comb}(u, v)$
$e^{-\pi(x^2 + y^2)}$	$e^{-\pi(u^2 + v^2)}$

예제 2.5

점 임펄스 $\delta(x, y)$가 있다고 하자.

문제 푸리에 변환을 구하라.

해답 식 (2.62)로부터

$$
\begin{aligned}
\mathcal{F}_{2D}(\delta)(u, v) &= \int_{-\infty}^{\infty} \int_{-\infty}^{\infty} \delta(x, y)e^{-j2\pi(ux + vy)} \, dx \, dy \\
&= \int_{-\infty}^{\infty} \int_{-\infty}^{\infty} \delta(x, y)e^{-j2\pi(u0 + v0)} \, dx \, dy \quad [\text{식 (2.7)로부터}], \\
&= \int_{-\infty}^{\infty} \int_{-\infty}^{\infty} \delta(x, y) \, dx \, dy = 1 \quad [\text{식 (2.5)로부터}]
\end{aligned}
\tag{2.69}
$$

이 경우 크기 스펙트럼은 1이고, 위상 스펙트럼은 0이다. 그러므로 점 임펄스의 푸리에 변환은 크기가 1이며 모든 주파수에서 동일한 값을 갖는다.

예제 2.6

복소 지수 신호가 다음과 같다.

$$
f(x, y) = e^{j2\pi(u_0x + v_0y)}.
\tag{2.70}
$$

문제 푸리에 변환을 구하라.

해답 식 (2.62)로부터,

$$\begin{aligned}
\mathcal{F}_{2D}(f)(u,v) &= \int_{-\infty}^{\infty}\int_{-\infty}^{\infty} f(x,y)e^{-j2\pi(ux+vy)}\,dx\,dy \\
&= \int_{-\infty}^{\infty}\int_{-\infty}^{\infty} e^{j2\pi(u_0 x+v_0 y)}e^{-j2\pi(ux+vy)}\,dx\,dy \\
&= \int_{-\infty}^{\infty}\int_{-\infty}^{\infty} e^{-j2\pi[(u-u_0)x+(v-v_0)y]}\,dx\,dy \\
&= \delta(u-u_0,v-v_0),
\end{aligned} \tag{2.71}$$

여기서 마지막 단계는 다음을 사용하였는데

$$\int_{-\infty}^{\infty}\int_{-\infty}^{\infty} e^{-j2\pi(ux+vy)}\,dx\,dy = \delta(u,v), \tag{2.72}$$

이것은 복소 지수 함수와 점 임펄스와의 관계이다. 이 경우 크기 스펙트럼은 주파수(u_0, v_0)에 위치한 점 임펄스이고, 반면 위상 스펙트럼은 0이다. $u_0 = v_0 = 0$일 때, 복소 지수 함수는 모든 (x, y)에서 단위 크기의 신호, $f(x, y) = 1$이며, 이 경우 식 (2.71)은 단위 크기의 신호의 푸리에 변환은 주파수 (0, 0)에서의 점 임펄스임을 뜻한다.

공간의 한 점에서만 값이 집중된 점 임펄스는 균일한 주파수 성분(즉, 크기 스펙트럼이 일정한 값)을 가진다. 반면, 공간에서 변하지 않는 일정한 신호는 주파수(0, 0)만 갖는 스펙트럼을 가진다. 이러한 극한 신호 형태는 다음과 같은 일반적인 특성을 나타낸다. 즉, 공간에서 천천히 변하는 신호는 주로 낮은 주파수에 집중된 스펙트럼 성분을 가지며, 반면 빠르게 변하는 신호는 높은 주파수를 중심으로 한 스펙트럼 성분을 가진다. 그림 2.9는 이를 보여 주고 있는데, 여기서 공간 변이가 감소하는(왼쪽에서 오른쪽으로) 3개의 영상에서 고 주파수 성분이 감소한다. 크기 스펙트럼 $|F(u, v)|$는 디스플레이 장치의 범위를 벗어나므로 $\log(1 + |F(u, v)|)$를 사용하여 디스플레이 하였다.

1D 신호의 푸리에 변환과 역 변환은 식 (2.62)와 (2.63)에서 2차원 중 하나를 제거함으로써 구할 수 있다. 1D 신호 $f(x)$는 $-\infty \leq x \leq \infty$ 구간에서

$$F(u) = \mathcal{F}_{1D}(f)(u) = \int_{-\infty}^{\infty} f(x)e^{-j2\pi ux}\,dx, \tag{2.73}$$

이고

$$f(x) = \mathcal{F}_{1D}^{-1}(F)(x) = \int_{-\infty}^{\infty} F(u)e^{j2\pi ux}\,du, \tag{2.74}$$

여기서, 첨자 '1D'는 푸리에 변환이 1차원임을 나타낸다.

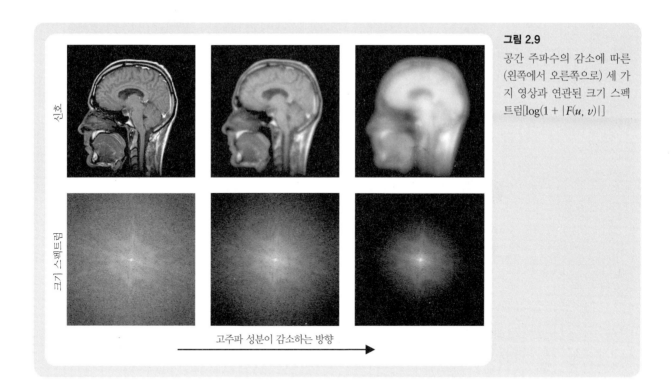

그림 2.9
공간 주파수의 감소에 따른 (왼쪽에서 오른쪽으로) 세 가지 영상과 연관된 크기 스펙트럼[$\log(1 + |F(u, v)|)$]

신호

크기 스펙트럼

고주파 성분이 감소하는 방향

예제 **2.7**

1D 직사각형 함수가 다음과 같다.

$$\text{rect}(x) = \begin{cases} 1, & |x| < \frac{1}{2} \text{ 일 때} \\ 0, & |x| > \frac{1}{2} \text{ 일 때} \end{cases} \tag{2.75}$$

문제 푸리에 변환을 구하라.

해답 식 (2.73)으로부터

$$\begin{aligned}
\mathcal{F}_{1D}(\text{rect})(u) &= \int_{-\infty}^{\infty} \text{rect}(x) e^{-j2\pi ux} \, dx \\
&= \int_{-1/2}^{1/2} e^{-j2\pi ux} \, dx \\
&= \frac{1}{-j2\pi u} e^{-j2\pi ux} \Big|_{-1/2}^{1/2} \\
&= \frac{1}{\pi u} \frac{e^{j\pi u} - e^{-j\pi u}}{2j} \\
&= \frac{\sin(\pi u)}{\pi u} = \text{sinc}(u).
\end{aligned} \tag{2.76}$$

식 (2.76)을 유도하기 위하여, $f(x)$가 단일 값을 가지고, 제한된 크기이며 구간$[a, b]$에서 적분 가능하면, 모든 $a \leq x \leq b$에서 $dF(x)/dx = f(x)$인 함수 $F(x)$가 존재한다는 사실을 이용하면

$$\int_a^x f(\xi)\,d\xi = F(\xi)\Big|_a^x = F(x) - F(a),\qquad(2.77)$$

그러므로 직사각형 함수의 1D 푸리에 변환은 싱크 함수이다(그 반대도 성립한다).

2.5 푸리에 변환의 특성

푸리에 변환은 몇 가지 유용한 특성을 만족한다. 이러한 특성들은 이론과 응용에서 계산을 간단하게 하는 데 사용된다. 이번 절은 푸리에 변환의 중요한 특성들을 다루고자 한다. 표 2.2를 참조하라.

표 2.2 푸리에 변환의 특성

특성	신호	푸리에 변환
	$f(x, y)$	$F(u, v)$
	$g(x, y)$	$G(u, v)$
선형성	$a_1 f(x, y) + a_2 g(x, y)$	$a_1 F(u, v) + a_2 G(u, v)$
이동	$f(x - x_0, y - y_0)$	$F(u, v)e^{-j2\pi(ux_0 + vy_0)}$
켤레 복소수	$f^*(x, y)$	$F^*(-u, -v)$
켤레 대칭성	$f(x, y)$는 실수이다.	$F(u, v) = F^*(-u, -v)$
		$F_R(u, v) = F_R(-u, -v)$
		$F_I(u, v) = -F_I(-u, -v)$
		$\|F(u, v)\| = \|F(-u, -v)\|$
		$\angle F(u, v) = -\angle F(-u, -v)$
역신호	$f(-x, -y)$	$F(-u, -v)$
비례 축소	$f(ax, by)$	$\dfrac{1}{\|ab\|}F\left(\dfrac{u}{a}, \dfrac{v}{b}\right)$
회전	$f(x\cos\theta - y\sin\theta, x\sin\theta + y\cos\theta)$	$F(u\cos\theta - v\sin\theta, u\sin\theta + v\cos\theta)$
원형 대칭선	$f(x, y)$는 원형 대칭이다.	$F(u, v)$는 원형 대칭이다.
		$\|F(u, v)\| = F(u, v)$
		$\angle F(u, v) = 0$
콘볼루션	$f(x, y) * g(x, y)$	$F(u, v)G(u, v)$
곱	$f(x, y)g(x, y)$	$F(u, v) * G(u, v)$
가분 곱	$f(x)g(y)$	$F(u)G(v)$
파스칼의 정리	$\displaystyle\int_{-\infty}^{\infty}\int_{-\infty}^{\infty} \|f(x, y)\|^2\,dx\,dy = \int_{-\infty}^{\infty}\int_{-\infty}^{\infty} \|F(u, v)\|^2\,du\,dv$.	

2.5.1 선형성

두 신호 $f(x, y)$와 $g(x, y)$의 푸리에 변환이 각각 $F(u, v)$와 $G(u, v)$이면,

$$\mathcal{F}_{2D}(a_1 f + a_2 g)(u, v) = a_1 F(u, v) + a_2 G(u, v), \tag{2.78}$$

여기서 a_1과 a_2는 상수이다. 이 특성은 임의의 개수의 신호의 선형 조합에도 적용될 수 있다.

2.5.2 이동성

신호 $f(x, y)$의 푸리에 변환이 $F(u, v)$이고,

$$f_{x_0 y_0}(x, y) = f(x - x_0, y - y_0), \tag{2.79}$$

이면,

$$\mathcal{F}_{2D}(f_{x_0 y_0})(u, v) = F(u, v)e^{-j2\pi(ux_0 + vy_0)}. \tag{2.80}$$

이때

$$\left| \mathcal{F}_{2D}(f_{x_0 y_0})(u, v) \right| = |F(u, v)|, \tag{2.81}$$

이고,

$$\angle \mathcal{F}_{2D}(f_{x_0 y_0})(u, v) = \angle F(u, v) - 2\pi(ux_0 + vy_0). \tag{2.82}$$

이다. 그러므로 신호 $f(x, y)$의 이동은 크기 스펙트럼에는 영향을 미치지 않고, 위상 스펙트럼은 각 주파수 (u, v)에서 일정한 위상 $2\pi(ux_0 + vy_0)$을 뺀 것과 같다.

2.5.3 켤레와 켤레 대칭성

$F(u, v)$가 복소수 값을 가진 신호 $f(x, y)$의 푸리에 변환이면,

$$\mathcal{F}_{2D}(f^*)(u, v) = F^*(-u, -v), \tag{2.83}$$

여기서 *는 켤레 복소수을 나타낸다. 이것은 푸리에 변환의 켤레 특성이다. f가 실수일 때, 푸리에 변환은 켤레 특성을 보여 주며, 다음과 같이 정의된다.

$$F(u, v) = F^*(-u, -v). \tag{2.84}$$

이 경우 $F(u, v)$의 실수부 $F_R(u, v)$와 크기 스펙트럼 $|F(u, v)|$은 대칭 함수이고, 반면 허수부

$F_I(u, v)$와 위상 스펙트럼 $\angle F(u, v)$는 비대칭 함수이다.

$$F_R(u,v) = F_R(-u,-v) \qquad \text{그리고,} \qquad F_I(u,v) = -F_I(-u,-v)\,, \tag{2.85}$$

$$|F(u,v)| = |F(-u,-v)| \qquad \text{그리고,} \qquad \angle F(u,v) = -\angle F(-u,-v)\,. \tag{2.86}$$

그림 2.9에 있는 3개의 스펙트럼은 원점을 중심으로 대칭이다.

2.5.4 비례 축소

$F(u, v)$가 신호 $f(x, y)$의 푸리에 변환이고, 만약

$$f_{ab}(x,y) = f(ax, by)\text{이면,} \tag{2.87}$$

여기서 a와 b는 0이 아닌 상수인 경우

$$\mathcal{F}_{2D}(f_{ab})(u,v) = \frac{1}{|ab|}F\left(\frac{u}{a}, \frac{v}{b}\right)\,. \tag{2.88}$$

$a = b = -1$이라 두면, 신호 $f(-x, -y)$의 푸리에 변환은 $F(-u, -v)$가 된다. 공간에서의 신호를 반대로 하면, 이에 대한 푸리에 변환도 반대가 된다.

예제 2.8

대부분 의학영상 시스템의 검출기들은 다른 크기와 위치에 있는 직사각형 함수로 모델링될 수 있다.

문제 다음의 비례 축소되고 이동된 직사각형 신호의 푸리에 변환을 구하라.

$$f(x,y) = \text{rect}\left(\frac{x - x_0}{\Delta x}, \frac{y - y_0}{\Delta y}\right)\,.$$

해답 직사각형 함수의 푸리에 변환은 싱크 함수이다.

$$\mathcal{F}_{2D}(\text{rect})(u,v) = \text{sinc}(u,v)\,.$$

$f(x, y)$는 직사각형 함수가 Δx와 Δy만큼 비례 축소되고 (x_0, y_0) 이동한 함수이다. 푸리에 변환의 비례 축소 특성을 이용하면,

$$\mathcal{F}_{2D}\left\{\text{rect}\left(\frac{x}{\Delta x}, \frac{y}{\Delta y}\right)\right\} = \Delta x \Delta y \ \text{sinc}(\Delta x u, \Delta y v)\,.$$

이동 특성을 이용하면, 다음과 같이 된다.

$$\mathcal{F}_{2D}(f)(u,v) = \Delta x \Delta y \ \text{sinc}(\Delta x u, \Delta y v)e^{-j2\pi(ux_0 + vy_0)}\,.$$

2.5.5 회전

$f_\theta(x, y)$를 다음과 같은 신호로 정의하면,

$$f_\theta(x,y) = f(x\cos\theta - y\sin\theta, x\sin\theta + y\cos\theta). \tag{2.89}$$

$f_\theta(x, y)$는 $f(x, y)$를 원점$(0, 0)$을 중심으로 θ만큼 회전한 신호이다. $f(x, y)$의 푸리에 변환을 $F(u, v)$라 하면

$$\mathcal{F}_{2D}(f_\theta)(u,v) = F(u\cos\theta - v\sin\theta, u\sin\theta + v\cos\theta). \tag{2.90}$$

$f(x, y)$가 θ만큼 회전하면, 이에 해당하는 푸리에 변환도 θ만큼 회전한다.

2.5.6 콘볼루션

$F(u, v)$와 $G(u, v)$가 각각 $f(x, y)$와 $g(x, y)$의 푸리에 변환이라고 하면 콘볼루션 $f(x, y)*g(x, y)$의 푸리에 변환은 각 푸리에 변환을 곱한 것과 같다.

$$\mathcal{F}_{2D}(f * g)(u,v) = F(u,v)G(u,v). \tag{2.91}$$

콘볼루션 정리라고 알려진 이 특성은 공간 (f)와 주파수 (F) 영역 사이를 연결하는 기본적이고 편리한 연결 고리를 제공한다.

예제 2.9

콘볼루션 정리는 공간 영역에서 수행하기 어려운 두 신호의 콘볼루션을 계산하는 데 사용할 수 있는 방법이다.

문제 두 신호가

$$f(x, y) = \text{sinc}\,(Ux, Vy),$$
$$g(x, y) = \text{sinc}\,(Vx, Uy),$$

이고, $0 < V \le U$라 하자. $f(x, y) * g(x, y)$를 구하라.

해답 표 2.1로부터 다음과 같은 사실을 알고 있다.

$$\mathcal{F}_{2D}\{\text{sinc}(x,y)\} = \text{rect}(u,v).$$

푸리에 변환의 비례 축소 특성을 사용하면,

$$F(u,v) = \mathcal{F}_{2D}(f)(u,v) = \frac{1}{UV}\,\text{rect}\left(\frac{u}{U}, \frac{v}{V}\right)$$

이고,

$$G(u,v) = \mathcal{F}_{2D}(g)(u,v) = \frac{1}{UV} \operatorname{rect}\left(\frac{u}{V}, \frac{v}{U}\right).$$

이다.

$f(x, y)$와 $g(x, y)$의 콘볼루션은

$$
\begin{aligned}
f(x,y) * g(x,y) &= \mathcal{F}_{2D}^{-1}\{F(u,v)G(u,v)\} \\
&= \mathcal{F}_{2D}^{-1}\left\{\frac{1}{(UV)^2} \operatorname{rect}\left(\frac{u}{U}, \frac{v}{V}\right) \operatorname{rect}\left(\frac{u}{V}, \frac{v}{U}\right)\right\} \\
&= \mathcal{F}_{2D}^{-1}\left\{\frac{1}{(UV)^2} \operatorname{rect}\left(\frac{u}{V}, \frac{v}{V}\right)\right\} \\
&= \frac{1}{U^2} \mathcal{F}_{2D}^{-1}\left\{\frac{1}{V^2} \operatorname{rect}\left(\frac{u}{V}, \frac{v}{V}\right)\right\} \\
&= \frac{1}{U^2} \operatorname{sinc}(Vx, Vy).
\end{aligned}
$$

2.5.7 곱

두 신호 $f(x, y)$와 $g(x, y)$의 푸리에 변환을 각각 $F(u, v)$와 $G(u, v)$라 하면 $f(x, y)g(x, y)$의 푸리에 변환은 두 푸리에 변환의 콘볼루션과 같다.

$$
\begin{aligned}
\mathcal{F}_{2D}(fg)(u,v) &= F(u,v) * G(u,v) \\
&= \int_{-\infty}^{\infty} \int_{-\infty}^{\infty} G(\xi, \eta) F(u-\xi, v-\eta)\, d\xi\, d\eta.
\end{aligned}
\tag{2.92}
$$

2.5.8 가분 곱

f가 다음과 같은 가분 신호

$$f(x,y) = f_1(x)f_2(y), \tag{2.93}$$

이면,

$$\mathcal{F}_{2D}(f)(u,v) = F_1(u)F_2(v), \tag{2.94}$$

이다. 여기서

$$F_1(u) = \mathcal{F}_{1D}(f_1)(u) \quad \text{그리고,} \quad F_2(v) = \mathcal{F}_{1D}(f_2)(v) \tag{2.95}$$

은 각각 $f_1(x)$와 $f_2(y)$의 1D 푸리에 변환이다. 그러므로 가분 신호의 푸리에 변환 또한 가분 신호이다. 이럴 경우, 2D 가분 신호 $f(x, y)$의 푸리에 변환은 $f_1(x)$와 $f_2(y)$의 1D 푸리에 변환을 곱하여 계산할 수 있다.

2.5.9 파스발의 정리

신호 $f(x, y)$의 푸리에 변환을 $F(u, v)$라 하면,

$$\int_{-\infty}^{\infty} \int_{-\infty}^{\infty} |f(x,y)|^2 \, dx \, dy = \int_{-\infty}^{\infty} \int_{-\infty}^{\infty} |F(u,v)|^2 \, du \, dv, \qquad (2.96)$$

이것이 파스발의 정리이다. 이 정리는 공간 영역에서에서 신호 $f(x, y)$의 전체 에너지는 주파수 영역에서의 전체 에너지와 같다는 것이다. 다르게 표현하면, 푸리에 변환(역 변환도 같음)은 에너지를 보존하는(단위 이득)변환이다.

2.5.10 가분성

2D 신호 $f(x, y)$의 푸리에 변환 $F(u, v)$는 2개의 1D 푸리에 변환을 사용하여 다음과 같이 계산할 수 있다.

- $r(u, y) = \int_{-\infty}^{\infty} f(x,y)e^{-j2\pi ux} \, dx$, 모든 y에 대하여
- $F(u, v) = \int_{-\infty}^{\infty} r(u,y)e^{-j2\pi vy} \, dy$, 모든 u에 대하여

실제로,

$$\begin{aligned}
\int_{-\infty}^{\infty} r(u,y)e^{-j2\pi vy} \, dy &= \int_{-\infty}^{\infty} \left[\int_{-\infty}^{\infty} f(x,y)e^{-j2\pi ux} \, dx \right] e^{-j2\pi vy} \, dy \\
&= \int_{-\infty}^{\infty} \int_{-\infty}^{\infty} f(x,y)e^{-j2\pi(ux+vy)} \, dx \, dy \\
&= F(u,v).
\end{aligned} \qquad (2.97)$$

첫 단계는 y를 고정시키고, $f(x, y)$를 1D 신호로 취급하여 $r(u, y)$의 1D 푸리에 변환을 계산한다. 두 번째 단계는 u를 고정시키고, $r(u, y)$를 1D 신호로 취급하여 이에 대한 1D 푸리에 변환을 계산한다. 그림 2.10은 이에 대한 예시이다. 1D 푸리에 변환이 2D 푸리에 변환보다 간단하므로, 이 기법은 2D 푸리에 변환(혹은 역 변환)을 수행할 때 강력히 추천하는 방법이다.

그림 2.10
1D 푸리에 변환을 연속으로 사용한 2D 푸리에 변환 결과

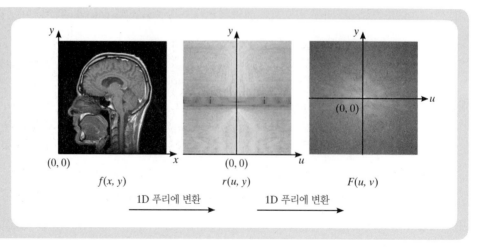

$f(x, y)$　　　　　$r(u, y)$　　　　　$F(u, v)$

1D 푸리에 변환　　　　　1D 푸리에 변환

2.6 전달 함수

식 (2.38)에서 출력 영상을 입력 영상과 시스템의 PSF의 콘볼루션으로 표현했다. 푸리에 변환을 사용하여 푸리에 공간에서 등가적인 표현법을 개발할 수 있다. 이를 위해 푸리에 공간에서 PSF를 소개하고자 한다.

LSI 시스템 $\mathcal{S}$의 PSF $h(x, y)$를 결정하기 위해서는 점 임펄스에 대한 시스템의 출력을[식 (2.36) 참조] 관찰해야 한다. 점 임펄스를 (u, v)에 대하여 식 (2.63)으로 분해하기 위하여 복소 지수 신호 $e^{j2\pi(ux+vy)}$으로 대체하고자 한다. 식 (2.48)의 유도 결과와 콘볼루션 적분 식 (2.38)을 사용한 결과, 다음 식을 얻을 수 있다.

$$g(x, y) = H(u, v)e^{j2\pi(ux+vy)}, \qquad (2.98)$$

여기서

$$H(u, v) = \int_{-\infty}^{\infty}\int_{-\infty}^{\infty} h(\xi, \eta)e^{-j2\pi(u\xi+v\eta)}\, d\xi\, d\eta. \qquad (2.99)$$

이고, 식 (2.98)에서 출력은 입력에 $H(u, v)$를 곱한 것과 같다는 것을 알 수 있다. 식 (2.98)은 임의의 그러나 고정된 (u, v)에 적용할 수 있다. 이는 LSI 시스템의 입력이 복소 지수 함수이면 출력은 $H(u, v)$가 곱해진 복소 지수함수임을 뜻한다.

식 (2.62)와 식 (2.99)로부터 $H(u, v)$는 PSF $h(x, y)$의 푸리에 변환임을 알 수 있다. $H(u, v)$는 LSI 시스템 $\mathcal{S}$의 전달 함수이다. $H(u, v)$는 시스템 $\mathcal{S}$의 주파수 응답 혹은 광 전달 함수(optical transfer function : OTF)로도 알려져 있다. $H(u, v)$가 주어질 경우 역 푸리에 변환으로 PSF가 결정되므로 전달 함수가 LSI 시스템의 특성을 결정한다.

$$b(x, y) = \int_{-\infty}^{\infty} \int_{-\infty}^{\infty} H(u, v)e^{j2\pi(ux+vy)} \, du \, dv \,. \tag{2.100}$$

전달 함수는 푸리에 변환의 콘볼루션 특성 때문에 LSI 시스템의 반응을 연구하는 데 매우 중요한 방법이다. 전달 함수 $H(u, v)$를 갖는 LSI 시스템 s에 대한 입력 $f(x, y)$의 출력 $g(x, y)$는 식 (2.39)와 식 (2.91)로부터 계산되며, 다음과 같다.

$$G(u, v) = H(u, v)F(u, v) \,, \tag{2.101}$$

여기서 $F(u, v)$와 $G(u, v)$는 각각 $f(x, y)$와 $g(x, y)$의 푸리에 변환과 같다. 이 식은 콘볼루션 식 (2.39)보다 훨씬 간단하며 LSI 시스템 특성을 표현하는 다른 (보다 간단한) 방법이다.

예제 2.10

PSF가 $b(x, y) = \delta(x-x_0, y-y_0)$인 이상적인 시스템이 있다고 할 때

문제 시스템의 $H(u, v)$를 구하라. 입력 신호 $f(x, y)$에 대한 시스템의 출력 $g(x, y)$를 구하라.

해답 시스템 전달 함수

$$\begin{aligned}
H(u, v) &= \mathcal{F}\{b(x, y)\} \\
&= \mathcal{F}\{\delta(x - x_0, y - y_0)\} \\
&= e^{-j2\pi(ux_0+vy_0)} \,.
\end{aligned}$$

입력 신호 $f(x, y)$에 대한 출력은 이동된 형태로 $f(x-x_0, y-y_0)$가 된다. 이는 δ 함수의 이동 특성으로부터 얻어진다. 전달함수를 사용하여 이를 증명해 보자.

입력 신호 $f(x, y)$의 푸리에 변환은 $F(u, v) = \mathcal{F}(f)(u, v)$이다. 출력 신호 $g(x, y)$의 푸리에 변환은

$$\begin{aligned}
G(u, v) &= F(u, v)H(u, v) \\
&= F(u, v)e^{-j2\pi(ux_0+vy_0)} \,.
\end{aligned}$$

푸리에 변환의 이동 특성을 적용함으로써, 입력 신호 $f(x, y)$가 (x_0, y_0)로 이동된 것에 대하여 $g(x, y) = \mathcal{F}^{-1}(G)(x, y)$를 구할 수 있다.

푸리에 혹은 주파수 공간에서 여러 주파수를 가진 사인파를 사용하여 물체를 표현하는 것을 다루고 있다는 것을 상기하자. 의학영상에서 이와 같은 파형은 공간에서의 주파수 — 공간 주파수 — 이다. 낮은 공간 주파수는 영상에서 천천히 변화하는 신호를 나타내고 높은 공간 주파수는 국부적(영상에서 구조물의 가장자리 부분)으로 변하는 신호를 나타낸다.

예를 들면, 전달 함수가 $H(u, v)$가 다음과 같은 LSI 시스템 s에 대하여

그림 2.11

차단 주파수 $c(c_1 > c_2)$의 2개의 값에 대한 이상적 저주파 통과 필터의 응답

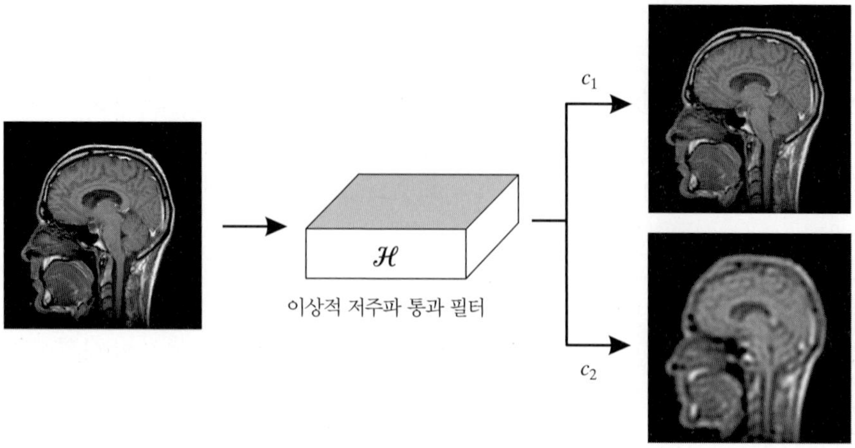

이상적 저주파 통과 필터

$$H(u, v) = \begin{cases} 1, & \sqrt{u^2 + v^2} \leq c \text{ 일 때} \\ 0, & \sqrt{u^2 + v^2} > c \text{ 일 때} \end{cases} \tag{2.102}$$

이 함수는 차단 주파수가 c인 이상적인 저주파 통과 필터이다. 식 (2.101)과 (2.102)로부터,

$$G(u, v) = \begin{cases} F(u, v), & \sqrt{u^2 + v^2} \leq c \text{ 일 때} \\ 0, & \sqrt{u^2 + v^2} > c \text{ 일 때} \end{cases} \tag{2.103}$$

그러므로 입력 신호 스펙트럼에서 $\sqrt{u^2 + v^2} > c$인 공간 주파수 (u, v)가 제거될 것이다. 이와 같은 시스템에 어떤 입력 신호를 가하면 미세한 세부 신호(세부 신호는 주로 고주파수 스펙트럼 성분을 가짐)가 제거된 평활화된 신호를 얻게 된다. 평활화되는 정도는 c의 값에 따르며, 적은 c값은 더 많은 평활화를 가져 온다. 이는 그림 2.11에 나타나 있다. 대부분의 영상 시스템은 어느 정도 저주파 통과 필터 특성을 가진 것으로 모델링된다.

여기서 지적하고자 하는 것은 일반적으로 콘볼루션 식 (2.39)의 구현은 공간 영역[식 (2.38)의 이중 적분을 계산하는 방식]에서 수행되지 않고 주파수 영역에서 식 (2.101)을 사용한다. 이렇게 하는 주된 이유는 식 (2.101)에 대한 빠른 컴퓨터 구현이 가능한 효율적인 알고리듬[고속 푸리에 변환(fast Fourier transform : FFT)]이 있기 때문이다.

2.7 원형 대칭과 한켈 변환

의학영상 시스템의 성능은 영상을 촬영하고자 하는 환자의 방향과 무관하다. 이러한 방향에 대한 독립성은 어떤 신호, 특히 PSF에 대한 원형 대칭성에 기인한다. 2D 신호 $f(x, y)$가 다음 조건을 만족하면 원형 대칭성이 있는 것으로 정의된다.

$$\text{모든 } \theta \text{에 대하여} \qquad f_\theta(x, y) = f(x, y) \qquad (2.104)$$

여기서, $f_\theta(x, y)$는 $f(x, y)$가 회전된 신호이다[식 (2.89) 참조]. 식 (2.90)으로부터 $\mathcal{F}_{2D}(f_\theta)(u, v)$ 또한 원형 대칭이다. $f(x, y)$가 원형 대칭이면 x와 y에 대하여 우함수이고, $F(u, v)$는 u와 v에 대하여 우함수이다. $F(u, v)$는 실수이므로

$$|F(u, v)| = F(u, v) \text{ 그리고, } \angle F(u, v) = 0 . \qquad (2.105)$$

원형 대칭인 함수 $f(x, y)$는 반경에 대한 함수로 표시할 수 있다. 즉,

$$f(x, y) = \mathrm{f}(r) , \qquad (2.106)$$

여기서 $r = \sqrt{x^2 + y^2}$이다. 이 경우 $F(u, v)$가 원형 대칭이므로, $F(u, v)$는 다음을 만족한다.

$$F(u, v) = \mathrm{F}(q) , \qquad (2.107)$$

여기서 $q = \sqrt{u^2 + v^2}$이다. 함수 $\mathrm{f}(r)$과 $\mathrm{F}(q)$는 푸리에 변환된 2D 함수를 나타내는 1D 함수들이다. $\mathrm{f}(r)$과 $\mathrm{F}(q)$의 관계는 다음과 같다(연습문제 2.19 참조).

$$\mathrm{F}(q) = 2\pi \int_0^\infty \mathrm{f}(r) J_0(2\pi q r) \, r \, dr , \qquad (2.108)$$

여기서, $J_0(r)$은 일종 베셀 함수의 0차이다. 1종 베셀 함수의 n차는 다음과 같다.

$$J_n(r) = \frac{1}{\pi} \int_0^\pi \cos(n\phi - r \sin \phi) \, d\phi , \quad n = 0, 1, 2, \cdots, \qquad (2.109)$$

그러므로

$$J_0(r) = \frac{1}{\pi} \int_0^\pi \cos(r \sin \phi) \, d\phi . \qquad (2.110)$$

식 (2.108)은 한켈 변환이고, 다음과 같이 표시한다.

$$\mathrm{F}(q) = \mathcal{H}\{\mathrm{f}(r)\} . \qquad (2.111)$$

역 한켈 변환은 순 변환과 같다.

$$\mathrm{f}(r) = 2\pi \int_0^\infty \mathrm{F}(q) J_0(2\pi q r) \, q \, dq . \qquad (2.112)$$

표 2.3 한켈 변환 쌍

신호	한켈 변환
$\exp\{-\pi r^2\}$	$\exp\{-\pi q^2\}$
1	$\delta(q)/\pi q = \delta(u,v)$
$\delta(r-a)$	$2\pi a J_0(2\pi a q)$
$\mathrm{rect}(r)$	$\dfrac{J_1(\pi q)}{2q}$
$\mathrm{sinc}(r)$	$\dfrac{2\,\mathrm{rect}(q)}{\pi\sqrt{1-4q^2}}$
$\dfrac{1}{r}$	$\dfrac{1}{q}$

어떤 2D 신호가 원형 대칭이면, 그 신호의 푸리에 변환을 한켈 변환으로부터 구할 수 있다. 몇 가지 한켈 변환 쌍이 표 2.3에 있다.

표 2.1에서 2D 가우시안 함수의 푸리에 변환은

$$\mathcal{F}\left\{e^{-\pi(x^2+y^2)}\right\} = e^{-\pi(u^2+v^2)}, \tag{2.113}$$

이고, 그 결과 또한 2D 가우시안 함수이다. 가우시안 함수는 원형 대칭이므로, $r^2 = x^2 + y^2$ 과 $q^2 = u^2 + v^2$을 대입하면, 한켈 변환 쌍을 얻을 수 있다.

$$\mathcal{H}\left\{e^{-\pi r^2}\right\} = e^{-\pi q^2}. \tag{2.114}$$

가우시안 함수는 의학영상 시스템에서 많이 발생되는 흐린 영상에 대한 좋은 모델이며, 이 책에서는 이 함수의 푸리에(혹은 헨켈) 변환을 많이 사용한다.

단위 원반은, 다음과 같이 정의하며, 원형 대칭 함수의 다른 예이다.

$$f(r) = \mathrm{rect}(r), \tag{2.115}$$

단위 원반의 한켈 변환은(연습문제 2.20 참조) 다음과 같다.

$$\mathcal{H}\{\mathrm{rect}(r)\} = \frac{J_1(\pi q)}{2q}, \tag{2.116}$$

여기서 J_1은 1종 베셀 함수이고 1차이다[식 (2.109) 참조]. 푸리에 변환에서 직사각형 함수와 싱크 함수 사이의 특별한 관계와 유사하게, 징크(jinc) 함수는 다음과 같이 정의된다.

$$\mathrm{jinc}(q) = \frac{J_1(\pi q)}{2q}. \tag{2.117}$$

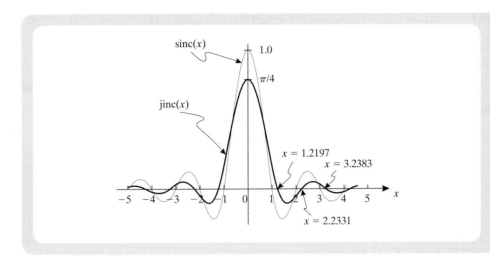

그림 2.12
1D 징크와 싱크 함수

그러므로 직사각형 함수와 징크 함수는 한켈 변환 쌍을 만든다.

그림 2.12는 싱크 함수와 비교하기 위하여 징크 함수를 그렸다. 싱크 함수와 같이 징크 함수도 원점에서 최댓값이 되는 메인로브를 가진다(그림 2.12 참조).

$$\text{jinc}(0) = \frac{\pi}{4}, \tag{2.118}$$

x → ∞일 경우 값이 0이 된다. 다음과 같은 위치에서 0값을 갖는다.

$$\text{jinc}(1.2197) = 0, \tag{2.119a}$$
$$\text{jinc}(2.2331) = 0, \tag{2.119b}$$
$$\text{jinc}(3.2383) = 0. \tag{2.119c}$$

징크 함수는 $x = 0.70576$에서 최댓값의 절반인 값을 가진다.

한켈 변환의 비례 축소 정리는 푸리에 변환으로부터 유도된다. 먼저 원형 대칭성을 유지하기 위하여 a와 b가 같아야 하므로 $a = b$로 두자. 식 (2.88)로부터 다음과 같다.

$$\mathcal{H}\{f(ar)\} = \frac{1}{a^2}F(q/a). \tag{2.120}$$

예제 2.11

어떤 의학영상 시스템에서 공간 해상도가 ϱ_0보다 작은 물체만 영상화할 수 있다고 하자.

문제 반경이 ϱ_0인 원반 내의 일정한 공간 주파수를 가지는 함수를 구하고, 그 역 푸리에 변환을 구하라.

해답   반경이 ϱ_0인 원반은 원형 대칭 함수이고, 직사각형 함수 rect(q)의 축소된 형식은 다음과 같다.

$$F(q) = \text{rect}\left(\frac{q}{2\varrho_0}\right).$$

역 한켈 변환은 순 한켈 변환과 같으므로,

$$\text{jinc}(r) = \mathcal{H}^{-1}\left\{\text{rect}(q)\right\}.$$

한켈 변환의 비례 축소 정리, 식 (2.120)을 사용하면,

$$f(r) = \mathcal{H}^{-1}\left\{\text{rect}\left(\frac{q}{2\varrho_0}\right)\right\}$$
$$= 4\varrho_0^2 \, \text{jinc}(2\varrho_0 r).$$

2.8 요약 및 핵심 개념

이 책에서 의학영상 시스템의 이해와 분석을 위해 신호와 시스템을 사용하였다. 신호는 물리적 과정을 모델링하였고 시스템은 원 신호로부터 어떻게 의학영상 시스템이 새로운 신호(영상)를 만들어 내는지를 모델링하였다. 이 장에서 꼭 이해해야 할 개념은 다음과 같다.

1. 신호는 수학적인 함수로 연속적, 이산적 혹은 혼합적일 수 있다.
2. 점 임펄스 혹은 임펄스 함수는 시스템의 응답을 특징짓기 위하여 사용하였으며, 이때 시스템의 응답을 임펄스 응답이라 한다.
3. 콤과 샘플링 함수, 직사각형과 싱크 함수 및 지수와 정현파 신호들은 영상 시스템을 특성을 결정하고 표현하기 위하여 사용하였다.
4. 입력 신호가 어떤 신호들의 합이고, 시스템의 출력이 입력 신호 각각에 대한 응답의 합이면 이 시스템은 선형 시스템이다.
5. 입력 신호가 임의로 이동되었을 때 출력에서도 동일한 이동이 발생하면, 이 시스템은 이동 불변 시스템이다.
6. 어떤 신호가 1D 신호의 곱으로 표시되면 이 신호는 가분형이다.
7. 푸리에 변환은 신호를 각기 다른 주파수, 크기 및 위상을 가진 정현파들의 합으로 표시한다.
8. 임펄스 응답과 유사한 푸리에 공간에서의 함수가 전달 함수이다.
9. LSI(선형 이동 불변) 시스템의 출력은 입력과 임펄스 응답의 콘볼루션이다. 푸리에 공간에서는 입력의 푸리에 변환과 전달함수의 곱이다.
10. 원형 대칭인 함수를 푸리에 변환하면 변환된 함수도 원형 대칭이다.
11. 한켈 변환은 원형 대칭인 함수의 푸리에 변환을 나타내는 1차원 변환이다.

참고문헌

Gonzalez, R.C. and Woods, R.E. *Digital Image Processing*, 3rd ed. Upper Saddle River, NJ: Prentice Hall, 2007.

Macovski, A. *Medical Imaging Systems*. Englewood Cliffs, NJ: Prentice Hall, 1983.

Oppenheim, A.V., Willsky, A.S., and Nawad, S.H. *Signals and Systems*, 2nd ed. Upper Saddle River, NJ: Prentice Hall, 1996.

연습문제

신호와 특성

2.1 다음 신호들이 가분형인지 아닌지를 결정하고, 그 이유를 설명하라.

(a) $\delta_s(x, y) = \sum_{m=-\infty}^{\infty} \sum_{n=-\infty}^{\infty} \delta(x - m, y - n)$.

(b) $\delta_\ell(x, y) = \delta(x \cos \theta + y \sin \theta - \ell)$.

(c) $e(x, y) = \exp\{j2\pi(u_0 x + v_0 y)\}$.

(d) $s(x, y) = \sin[2\pi(u_0 x + v_0 y)]$.

2.2 다음 신호들이 주기 신호인지 아닌지를 결정하고, 그 이유를 설명하라.

(a) $\delta(x, y)$.

(b) $\text{comb}(x, y)$.

(c) $f(x, y) = \sin(2\pi x) \cos(4\pi y)$.

(d) $f(x, y) = \sin(2\pi(x + y))$.

(e) $f(x, y) = \sin(2\pi(x^2 + y^2))$.

(f) $f_d(m, n) = \sin\left(\frac{\pi}{5}m\right) \cos\left(\frac{\pi}{5}n\right)$.

(g) $f_d(m, n) = \sin\left(\frac{1}{5}m\right) \cos\left(\frac{1}{5}n\right)$.

2.3 다음과 같은 유한한 크기 $-X \leq x \leq X$이고 $-Y \leq y \leq Y$이며, $X, Y < \infty$를 가진 직사각형 윈도우를 가진 함수 f의 에너지를 구하라.

$$E_{XY} = \int_{-X}^{X} \int_{-Y}^{Y} |f(x, y)|^2 \, dx \, dy,$$

여기서, f는 복소수 값을 가지며, $|\cdot|$는 복소수의 크기이다. 전체 에너지는 다음과 같이 정의된다.

$$E_\infty = \lim_{X \to \infty} \lim_{Y \to \infty} E_{XY}.$$

신호의 전력은 다음과 같이 정의되며,

$$P_{XY} = \frac{1}{4XY} \int_{-X}^{X} \int_{-Y}^{Y} |f(x,y)|^2 \, dx \, dy = \frac{E_{XY}}{4XY}$$

전체 전력은 다음과 같다.

$$P_{\infty} = \lim_{X \to \infty} \lim_{Y \to \infty} P_{XY}.$$

연습문제 2.1의 신호에 대하여 E_{∞}와 P_{∞}를 구하라.

시스템과 특성

2.4 어떤 시스템이 2개의 LSI 시스템의 직렬연결로 구성되어 있다. 이 시스템이 LSI임을 보이고 식 (2.46)과 (2.47)을 이용하여 증명하라.

2.5 LSI 시스템의 PSF가 절대 적분 가능해야만 BIBO 안정임을 보이라.

2.6 $g(x,y) = f(x,-1) + f(0,y)$인 시스템이 다음과 같은 특성이 있는지를 보이라.

(a) 선형성

(b) 이동 불변성

2.7 다음과 같은 입-출력 관계를 가지는 시스템에 대하여, (1) 선형성, (2) 이동 불변성을 가지는지를 보이라.

(a) $g(x,y) = f(x,y)f(x-x_0,y)$.

(b) $g(x,y) = \int_{-\infty}^{\infty} f(x,\eta)d\eta$.

2.8 다음과 같은 PSF를 가지는 시스템에 대하여 각 시스템의 안정성을 결정하라.

(a) $h(x,y) = x^2 + y^2$.

(b) $h(x,y) = \exp\{-(x^2+y^2)\}$.

(c) $h(x,y) = x^2 \exp\{-y^2\}$.

2.9 다음과 같은 입-출력 관계를 가지는 1D 시스템이 있다.

$$g(x) = f(x) * f(x),$$

여기서, *는 콘볼루션을 표시한다.

(a) 출력 $g(x)$를 $f(x)$의 함수로 하는 적분식으로 표시하라.

(b) 선형 시스템임을 보이라.

(c) 이동 불변 시스템임을 보이라.

신호의 콘볼루션

2.10 신호 $f(x,y) = x + y^2$에 대하여 다음의 계산을 하라.

(a) $f(x,y)\delta(x-1,y-2)$.

(b) $f(x,y) * \delta(x-1,y-2)$.

(c) $\int_{-\infty}^{\infty} \int_{-\infty}^{\infty} \delta(x-1, y-2) f(x, 3) dx\, dy.$

(d) $\delta(x-1, y-2) * f(x+1, y+2).$

2.11 2개의 연속 신호 $f(x, y)$와 $g(x, y)$가 가분형일 때, 즉 $f(x, y) = f_1(x) f_2(y)$이고, $g(x, y) = g_1(x) g_2(y)$이다.

(a) 이 신호의 콘볼루션이 가분형임을 보이라.

(b) 콘볼루션을 $f_1(x)$, $f_2(y)$, $g_1(x)$, $g_2(y)$를 사용하여 표현하라.

2.12 1D 컨벌루션 적분을 사용하여, 신호 $f(x, y) = x + y$와 지수 함수 형태의 PSF $h(x, y) = \exp\{-(x^2 + y^2)\}$의 콘볼루션을 계산하라.

푸리에 변환과 특성

2.13 다음 연속 신호의 푸리에 변환을 구하라.

(a) $\delta_s(x, y) = \sum_{m=-\infty}^{\infty} \sum_{n=-\infty}^{\infty} \delta(x-m, y-n).$

(b) $\delta_s(x, y; \Delta x, \Delta y) = \sum_{m=-\infty}^{\infty} \sum_{n=-\infty}^{\infty} \delta(x - m\Delta x, y - n\Delta y).$

(c) $s(x, y) = \sin[2\pi(u_0 x + v_0 y)].$

(d) $c(x, y) = \cos[2\pi(u_0 x + v_0 y)].$

(e) $f(x, y) = \frac{1}{2\pi\sigma^2} \exp\{-(x^2 + y^2)/2\sigma^2\}.$

2.14 $F(u)$가 1D 신호 $f(x)$의 푸리에 변환이라고 한다. 즉, $F(u) = \mathcal{F}[f(x)]$. 다음의 관계를 증명하라. 여기서 *는 켤레 복소수를 나타낸다.

(a) 만약 $f(x) = f(-x)$이면, $F^*(u) = F(u)$이다.

(b) 만약 $f(x) = -f(-x)$이면, $F^*(u) = -F(u)$이다.

2.15 위 문제에서 $f(x)$가 실수 신호가 아니라도 같은 결론에 도달할 수 있는가? 만약 그렇지 않다면 $f(x) = f(-x)$일 때 $F(u) = \mathcal{F}[f(x)]$는 어떤 대칭 특성을 가지고 있는가?

2.16 푸리에 변환의 다음 특성들을 증명하라.

(a) 켤레와 켤레 대칭성

(b) 비례 축소

(c) 콘볼루션

(d) 곱

2.17 직사각형 함수의 2D 푸리에 변환이 싱크 함수임을 보이고, 또한 싱크 함수의 푸리에 변환이 직사각형 함수임을 보이라. 싱크함수에 대한 E_∞와 P_∞의 값을 구하라(연습문제 2.3 참조).

2.18 가분형 연속 신호 $f(x, y) = \sin(2\pi ax)\cos(2\pi by)$의 푸리에 변환을 구하라.

2.19 원형 대칭 함수와 그 신호의 푸리에 변환이 식 (2.108)과 같이 1종 베셀 함수의 0차와 관련되어 있음을 증명하라.

2.20 단위 원반의 한켈 변환이 징크 함수가 됨을 보이라.

전달 함수

2.21 어떤 영상 시스템이 비 등방성 특성을 가지고 있다. 이 시스템의 임펄스 응답 $h(x, y) = e^{-\pi(x^2 + y^2/4)}$이다.

(a) 임펄스 응답을 그리라.

(b) 전달 함수를 구하라.

2.22 어떤 의학영상 시스템의 선확산함수가 다음과 같다. 여기서 $\alpha = 2\text{radians/cm}$이다.

$$l(x) = \begin{cases} \cos(\alpha x) & |\alpha x| \leq \pi/2 \\ 0 & \text{나머지 구간.} \end{cases}$$

(a) 폭이 w, 간격이 w, 높이가 1인 막대 팬텀을 영상화하였다. $\pi/2\alpha \leq w \leq \pi/\alpha$라고 한다. 막대의 중심과 두 막대의 중간에서의 응답을 구하라.

(b) 선확산함수로부터 이 시스템이 등방성을 가지고 있다고 말할 수 있는가?

(c) 이 시스템의 임펄스 응답이 $h(x, y) = h_{1D}(x)h_{1D}(y)$인 가분형일 때 전달 함수를 구하라.

응용, 확장 및 고급 주제

2.23 어떤 의학영상 시스템의 점확산함수(PSF)가 다음과 같다.

$$h(x, y) = e^{-(|x|+|y|)},$$

(x와 y의 단위는 mm이다.)

(a) 시스템은 가분형인가? 그 이유를 설명하라.

(b) 시스템은 원형 대칭인가? 그 이유를 설명하라.

(c) 선 임펄스 $f(x, y) = \delta(x)$에 대한 시스템의 응답을 구하라.

(d) 선 임펄스 $f(x, y) = \delta(x-y)$에 대한 시스템의 응답을 구하라.

2.24 PSF가 다음과 같은 1차원 선형 영상 시스템이 있다.

$$h(x; \xi) = e^{\frac{-(x-\xi)^2}{2}},$$

이는 이동된 임펄스 $\delta(x-\xi)$에 대한 응답이다.

(a) 영상 시스템은 이동 불변인가? 그 이유를 설명하라.

(b) 입력 신호 $f(x) = \delta(x+1) + \delta(x) + \delta(x-1)$에 대한 영상 시스템의 출력 $g(x)$를 구하라.

2.25 그림 P2.1과 같은 스펙트럼을 가진 이상적인 1D 고주파 통과 필터에 대하여 다음을 답하라.

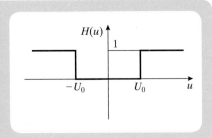

그림 P2.1
연습문제 2.25에서의 이상적인 고주파 통과 필터 $H(u)$.

(a) 필터의 임펄스 응답을 구하라.

(b) 콘볼루션의 선형성을 이용하여 (1) 상수값을 가지는 $f(t) = c$와 (2) 계단함수

$$f(t) = \begin{cases} 1, & t \geq 0 \\ 0, & t < 0 \end{cases}$$ 에 대한 응답을 구하라.

2.26 1D LTI 시스템의 임펄스 응답이 다음과 같다.

$$h(t) = \frac{1}{T}\left[-\operatorname{rect}\left(\frac{t + 0.75T}{0.5T}\right) + \operatorname{rect}\left(\frac{t}{T}\right) - \operatorname{rect}\left(\frac{t - 0.75T}{0.5T}\right)\right].$$

(a) $h(t)$를 그리라. 이 시스템은 안정한가? 실현(causal) 시스템인가?

(b) 상수 신호 $f(t) = c$에 대한 출력을 구하고, 그리라.

(c) 단위 계단 함수에 대한 출력을 구하고 그리라.

$$f(t) = \begin{cases} 1, & t \geq 0 \\ 0, & t < 0 \end{cases}.$$

(d) $h(t)$의 푸리에 변환을 구하라.

(e) $T = 0.25$, $T = 0.1$ 및 $T = 0.05$에 대한 $|H(u)|$를 그리라.

(f) 이 LSI 시스템은 어떤 종류의 필터인가?

2.27 CT 영상 재구성에서 사용되는 **필터 역 투영방식**에서 경사(ramp) 필터가 사용된다. 경사 함수의 전달 함수는 다음과 같다.

$$H(\varrho) = |\varrho|.$$

실제 적용하기 위해서는 $H(\varrho)$ 대신에 윈도 경사 필터인 $\hat{H}(\varrho) = W(\varrho)|\varrho|$가 사용된다.

(a) $W(\varrho)$가 직사각형 윈도우이고 다음과 같이 정의될 때

$$W(\varrho) = \begin{cases} 1, & |\varrho| \leq \varrho_0 \\ 0, & \text{나머지 구간.} \end{cases}$$

여기서, ϱ_0는 차단 주파수이다. $\hat{h}(r) = \mathcal{F}^{-1}\{\hat{H}(\varrho)\}$를 구하라.

(b) 다음 각각에 대한 경사 필터의 응답을 구하라. (1) 상수 함수 $f(r) = c$, (2) 정현파 함수 $f(r) = \sin(\omega r)$.

2.28 그림 P2.2의 영상 시스템에서 출력 신호가 입력 신호의 역상이고, 비례 축소됨을 보이라.

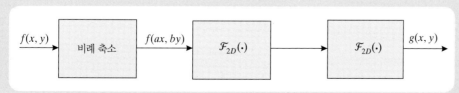

그림 P2.2
연습문제 2.28에서 영상 시스템을 표현하는 직렬 연결 서브 시스템

2.29 연속 신호

$$f(x, y) = \begin{cases} 1, & x = y = 0 \\ \dfrac{\sin(ax)\sin(by)}{\pi^2 xy}, & \text{나머지 구간.} \end{cases}$$

에 다음과 같은 정현파 신호가 더해졌고,

$$\eta(x, y) = \cos[2\pi(Ax + By)], \quad A, B \geq 0,$$

다음과 같은 출력 신호가 측정되었다.

$$g(x, y) = f(x, y) + \eta(x, y)$$

임펄스 응답 $h(x, y)$가 다음과 같은 이상적인 저주파 통과 필터(LSI 시스템의 전달 함수는 $0 \leq |u| \leq U$, $0 \leq |v| \leq V$에서 1이고, 나머지에서는 0이다)를 설계하라.

$$f(x, y) = h(x, y) * g(x, y).$$

a, b가 주어질 때 가능한 A와 B의 모든 값들을 구하라.

풀이를 자세히 설명하라. 풀이 과정에서 다음 공식을 사용하라.

$$\int_{-\infty}^{\infty} \frac{\sin(\alpha t)}{\pi t} e^{-j\tau t} dt = \begin{cases} 1, & \text{for } |\tau| \leq \alpha \\ 0, & \text{for } |\tau| > \alpha \end{cases}.$$

2.30 유한한 에너지를 갖는 1D 이산 비주기 신호 $f(m)$의 이산-시간 푸리에 변환(discrete-time Fourier transform : DTFT)은 다음과 같고,

$$F(e^{i\omega}) = \sum_{m=-\infty}^{+\infty} f(m) e^{-j\omega m}$$

역 변환은 다음과 같다.

$$f(m) = \frac{1}{2\pi} \int_{-\pi}^{\pi} F(e^{i\omega}) e^{j\omega m} d\omega.$$

연속 신호 $g(x) = \text{rect}(x/2)$가 샘플링 주기 Δx_1로 샘플된 신호를 $g_1(m)$이라고 하자.

(a) $g(x)$의 푸리에 변환을 구하고 그리라.

(b) $\Delta x_1 = 1/2$일 때, $G_1(\omega)$와 $g_1(m) = g_1(m\Delta x_1)$의 DTFT를 계산하고 그리라.

(c) $\Delta x_2 = 1$일 때, $G_2(\omega)$와 $g_2(m) = g_2(m\Delta x_2)$의 DTFT를 계산하고 그리라.

(d) $g(x)$와 이를 Δx로 샘플한 신호 사이의 관계를 유도하라.

(e) DTFT의 콘볼루션 특성을 증명하라.

$$\mathcal{F}_{\text{DTFT}}\{x(m) * y(m)\} = \mathcal{F}_{\text{DTFT}}\{x(m)\}\mathcal{F}_{\text{DTFT}}\{y(m)\}.$$

(f) $g_1(m)*g_2(m)$을 계산하여 콘볼루션 특성을 증명하라.

영상의 화질

3

3.1 서론

의학영상 시스템의 주된 목적은 임상 의료진이 환자의 비정상적인 상태를 진단하고, 이러한 상태를 만들고 조정하는 잠재적인 메커니즘을 결정하고, 치료 과정을 모니터링하며, 치료의 효율성을 모니터링할 수 있는 인체의 구조와 기능 영상을 만드는 것이다. 이러한 일들을 성공적으로 수행하기 위한 임상 의료진의 능력은 사용하는 의학영상 시스템에서의 영상 화질에 크게 의존한다. 여기서 '질'이라 함은 임상 의료진이 이러한 목적을 수행할 수 있도록 하는 영상의 등급을 말한다.

화질은 사용한 특정 영상 기법에 따른다. 각 영상 기법에 따라 화질의 편차는 매우 큰데 이는 특정 영상 시스템의 장비와 특성, 시스템을 다루는 조작자의 기술 및 환자의 특성과 영상 시간과 같은 요인들에 기인한다. 어떻게 이런 요인들이 화질에 영향을 미치는지를 연구하는 것은 중요하고 복잡한 일이다. 이러한 일은 다음 여섯 가지의 중요 요인에 초점을 맞추어 서술하고자 한다. 이것들은 (1) 명암대조도 (2) 해상도 (3) 잡음 (4) 인공물 (5) 왜곡 및 (6) 정확도이다.

주어진 영상에서 해부학적 혹은 기능적 특징을 판별하는 임상 의료진의 능력은 **명암대조도**에 많이 의존한다. 명암대조도는 사물의 영상 특성(그레이 혹은 컬러의 차이)과 사물 주변 혹은 배경 간의 차이를 정량화한다. 높은 명암대조도는 영상 내의 각 물체를 더 쉽게 판별하게 한다. 반면에 낮은 명암대조도는 이러한 구분을 어렵게 한다. I부의 서론에서 서로 다른 명암대조도를 가진 영상들을 제시하였다. 예를 들면, 그림 I.4(c)에서의 PET 영상의 뇌 구조에 대한 명암대조도는 그림 I.4(a)나 (b)에서 같은 구조 영상보다 높은 명암대조도를 갖는데, 이는 환자로부터 나오는 실제 신호가 PET에서 본질적으로 높은 명암대조도를 가지고 있기 때문이다.

간혹 의학영상이 흐리고, 세부적인 부분이 잘 보이지 않을 때가 있다. 세부적인 것을 묘사하는 의학영상 시스템의 성능을 해상도라고 한다. 고해상도 시스템은 높은 진단 성능의 영상을 제공한다. 저해상도 시스템은 작고 세부적인 것들을 잘 보기 어려운 영상을 제공한다. 예를 들면, 그림 I.4(c)의 PET 영상은 그림 I.4(a)의 CT 영상이나 그림 I.4(b)의 MRI 영상보다 높은 명암대조도를 가지지만, 낮은 공간 해상도를 가진다.

의학영상에는 화질에 기여하지 않고 영상에서의 밝기에 임의의 변동되는 값이 더해져 영상이 변질되는 경우가 있다. 이것을 잡음이라 한다. 잡음의 근원, 양 및 종류는 사용된 특정 영상 기법에 따라 다르다. 잡음이 영상 특징들을 가리기 때문에 사물의 선명도는 잡음으로 인하여 감소된다. 핵의학 영상은 그림 I.4(c)의 PET 영상에 나타나 있는 것처럼 많은 잡음이 있다.

대부분의 의학영상 시스템은 환자 내부의 정확한 물체가 아닌 영상 특징을 만들어 낸다. 이러한 특징을 '인공물'이라 하며, 종종 중요한 특징을 흐리게 하거나, 비정상적인 물체로 잘못 해석하게 한다. 의학영상은 요구되는 특징들을 가시화하게 할 뿐만 아니라 물체의 형태, 크기, 위치 및 다른 기하학적 특징들을 정확하게 표현해야 한다. 본 교재 후반부에 설명된 여러 이유들로 인하여 불행히도 의학영상 시스템은 종종 중요한 물체에 대한 **왜곡**을 만든다. 의학영상에서 왜곡은 영상에 대한 진단 수준을 높이기 위하여 교정되어야만 한다.

궁극적으로 의학영상의 질은 특정 임상 분야의 유용성으로 판단된다. 예를 들면, 핵의학 영상에서 종양 검출 기회를 높일 수 있는 의학영상이 낮은 종양 검출 성능을 가진 영상보다 선호도가 높다. 근본적으로 임상 응용 분야에서 **정확한** 의학영상에 관심이 많은데, 여기서 정확하다는 것은 실제에 가까움과 임상적 유용성 모두를 뜻한다.

의학영상 시스템의 사용자는 환자에 대해 안전한 환경을 유지하면서 가장 높은 수준의 영상을 만들기 위해 시스템을 조절하는 데 관심이 많다. 이를 실현하기 위해서, 화질 평가에 대한 방법들이 개발되었다. 화질은 앞에 설명한 여섯 가지의 요인에 달려 있으므로, 이러한 요인들을 수학적으로 정량화하고 체계적으로 화질에 미치는 영향에 대해 연구해야 한다. 본 장의 목적은 명암대조도, 해상도, 잡음, 인공물, 왜곡 및 정확도에 대한 기초적인 설명을 제공하는 것이다. 그리고 이런 요인들에 대하여 보다 자세한 설명과 이런 요인들이 특정 영상 기법에서 화질에 어떻게 영향을 주는지에 대한 것을 다루고자 한다.

3.2 명암대조도

명암대조도는 물체의 밝기와 물체 주변 혹은 배경과의 밝기 차이를 뜻한다. 이런 차이 혹은 **영상 명암대조도**는 환자 내에 있는 고유한 **물체 명암대조도**에 기인한다. 일반적으로 의학영상 시스템의 목적은 영상 내 물체에서의 명암대조도와 일치하고 존재하는 그대로를 정확하게 표현하는 것이다. 특히 비정상적인 형태를 검출하기 위해서는 낮은 명암대조도보다 높은 명암대조도를 가진 의학영상 시스템을 선호하는데, 이는 해부학적이고 기능적인 특징들이 높은 명암대조도에서 더 용이하게 판별될 수 있기 때문이다.

3.2.1 변조

주기 신호와 이의 변조를 사용하는 것이 명암대조도를 정량화하는 효율적인 방법이다. 최대치와 최소치가 f_{max}이고 f_{min}인 주기 신호 $f(x, y)$의 변조 m_f는 다음과 같이 정의된다.

$$m_f = \frac{f_{max} - f_{min}}{f_{max} + f_{min}}. \tag{3.1}$$

변조는 평균값(배경값) $(f_{max} + f_{min})/2$로부터 차이가 발생되는 $f(x, y)$의 크기 $(f_{max} - f_{min})/2$의 상대적인 크기이다. 일반적으로 m_f는 평균값에 대한 상대적인 주기신호 $f(x, y)$의 명암대조도를 나타낸다. $f(x, y)$가 음수가 아니면, $0 \leq m_f \leq 1$이다. $f_{min} = 0$일 때 $m_f = 1$이다. 실제 의학영상 '배경'에서 밝기의 강도가 일반적으로 0이 아니므로 영상의 명암대조도가 감소된다. 만일 $m_f = 0$이면(이 경우 $f_{min} = f_{max}$), $f(x, y)$는 명암대조도가 없다. $f(x, y)$와 $g(x, y)$가 같은 평균값을 가진 주기 신호이고, $m_f > m_g$일 때, $f(x, y)$가 $g(x, y)$보다 명암대조도가 크다고 말할 수 있다.

3.2.2 변조 전달 함수

의학영상 시스템이 명암대조도에 영향을 미치는 것을 다음 형태의 **정현파** 영상 신호 $f(x, y)$로 나타낼 수 있다.

$$f(x, y) = A + B\sin(2\pi u_0 x), \tag{3.2}$$

여기서, A와 B는 음수가 아닌 상수이고, $A \geq B$이다. 이것은 정현파이고 공간 주파수 u_0로 x 방향으로만 변화하는 물체이다. $f_{max} = A + B$이고, $f_{min} = A - B$이면, $f(x, y)$의 변조는 다음과 같이 주어진다.

$$m_f = \frac{B}{A}. \tag{3.3}$$

그림 3.1은 $m_f = 0, 0.2, 0.5, 1$인 경우의 $f(x, y)$를 그린 것이다. 변조가 증가함에 따라 영상 $f(x, y)$ 내에서 그레이 레벨의 차이가 더 쉽게 구분이 된다. 즉, 명암대조도가 증가된다.

점확산함수(PSF) $h(x, y)$를 가진 선형 이동 불변(LSI) 시스템이 어떻게 $f(x, y)$의 변조에 영향을 미치는지를 조사하자. 즉, 출력 신호 $g(x, y)$의 변조 m_g와 입력 신호 $f(x, y)$의 변조

그림 3.1

$m_f = B/A = 0, 0.2, 0.5, 1$ 인 경우에서의 정현파 신호 $f(x, y) = A + B\sin(2\pi u_0 x)$

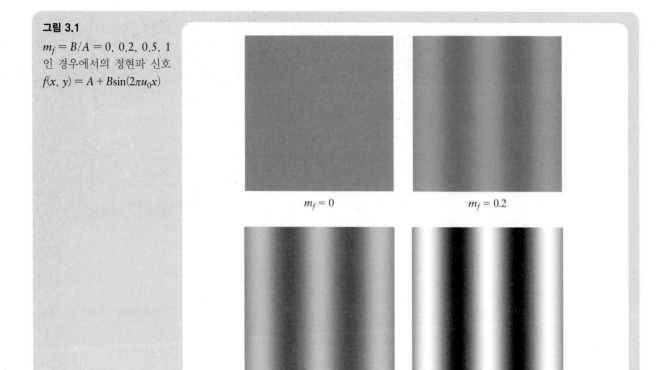

$m_f = 0$
$m_f = 0.2$
$m_f = 0.5$
$m_f = 1$

m_f를 수학적으로 연관시켜 보자.

$h(x, y)$가 원형 대칭이라고 가정하고[식 (2.104)에서] 다음과 같으면

$$f(x,y) = A + B\sin(2\pi u_0 x) = A + \frac{B}{2j}\left[e^{j2\pi u_0 x} - e^{-j2\pi u_0 x}\right], \tag{3.4}$$

시스템의 출력 신호 $g(x, y)$는 다음과 같이 주어진다.

$$g(x,y) = AH(0,0) + B\,|H(u_0,0)|\sin(2\pi u_0 x). \tag{3.5}$$

정현파 영상 신호 $f(x, y)$에 대한 출력 신호 $g(x, y)$는 정현파이며, (같은) 주파수 u_0를 가진다. 식 (3.5)로부터, $g_{\max} = AH(0, 0) + B\,|H(u_0, 0)|$이고, $g_{\min} = AH(0, 0) - B\,|H(u_0, 0)|$이며, $g(x, y)$의 변조는 다음과 같다.

$$m_g = \frac{B\,|H(u_0,0)|}{AH(0,0)} = m_f\,\frac{|H(u_0,0)|}{H(0,0)}. \tag{3.6}$$

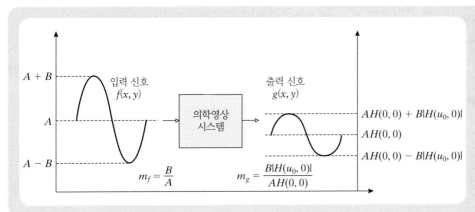

그림 3.2
입력 영상 신호가 정현파일 때, 입력의 변조로부터 LSI 의학영상 시스템의 출력의 변조를 결정하는 기본 원리

$g(x, y)$의 변조 m_g는 공간 주파수 u_0에 의존한다.

LSI 의학영상 시스템이 변조에 영향을 미치는 방법, 즉 명암대조도는 그림 3.2에 예시되어 있다. 출력 변조 m_g는 입력 변조 m_f의 축소된 형태이며, 축소 계수는 사용하는 의학영상 시스템의 크기 스펙트럼 $|H(u_0, 0)|$이다. 만약 $H(0, 0) = 1$이고 $|H(u_0, 0)| < 1$이면, $m_g < m_f$이다. $f(x, y)$와 $g(x, y)$가 같은 평균값을 가지므로, 출력 $g(x, y)$는 입력 $f(x, y)$보다 낮은 명암대조도를 가진다.

출력 변조와 입력 변조의 비를, 공간 주파수에 대한 함수, 변조 전달 함수(modulation transfer function : MTF)라 하며, [식 (3.6)으로부터] 다음과 같이 주어진다.

$$\text{MTF}(u) = \frac{m_g}{m_f} = \frac{|H(u, 0)|}{H(0, 0)}. \tag{3.7}$$

이것은 의학영상 시스템의 MTF가 본질적으로 시스템의 '주파수 응답'이고, 시스템의 PSF ($H(u, v) = \mathcal{F}_{2D}\{h(x, y)\}$이다)의 푸리에 변환으로부터 직접 얻을 수 있다는 것을 말한다. $|H(u, 0)| = |H(-u, 0)|$이므로, MTF는 일반적으로 비음수 주파수만 다룬다. 명암대조도의 특성을 기술하는 MTF는 영상의 흐림(해상도)의 특성을 기술하는 PSF와 수학적으로 관련되어 있으므로 영상의 흐림은 명암대조도를 감소시킨다고 가정할 수 있다. 3.3.3절에 보다 자세한 설명이 있다.

MTF는 공간 주파수의 함수로 명암대조도의 하락을 정량화한다. 대부분의 의학영상 시스템에서,

$$\text{모든 } u\text{에 대하여} \qquad 0 \leq \text{MTF}(u) \leq \text{MTF}(0) = 1 \tag{3.8}$$

높은 주파수에서 MTF는 1보다 훨씬 작다(혹은 거의 0이다).

예제 3.1

그림 3.3은 대표적인 MTF이다. $0 \leq \text{MTF}(u) \leq 1$이고 최대치는 $u = 0$일 때 일어난다. 주파수가 증가함에 따라 MTF는 0으로 감소하며, 공간 주파수가 0.8mm^{-1}보다 크면 0이 됨을 주목하라.

문제 그림 3.4의 MTF를 가진 영상 시스템의 명암대조도 특성으로부터 무엇을 알 수 있는가?

해답 공간 주파수 0.6mm^{-1}에서 변조 전달 함수는 0.5를 가진다. 이는 공간 주파수 0.6mm^{-1}에서 정현파 물체의 대조도가 반으로 감소함을 뜻한다. 또한 공간 주파수가 0.8mm^{-1}보다 클 경우 변조 전달 함수가 0이므로 공간 주파수 0.8mm^{-1}보다 큰 정현파 입력 신호는 명암대조도 0의 출력 영상이 된다.

앞에서 지적한 것처럼 의학영상 시스템의 흐림 현상으로 명암대조도가 감소함을 알 수 있다. 이러한 사실은 그림 3.4에 예시되어 있다. 변조 전달 함수가 나빠짐에 따른 세 가지 방사선 영상 시스템의 출력을 보여 주고 있다. 여기서 열등한 변조 전달 함수는 낮은 공간 주파수에서 명암대조도가 0이 된다.

의학영상 시스템의 PSF는 **등방형** — 모든 방향에서 같음(2D 혹은 3D) — 일 필요가 없다. 비 등방형 시스템에서 PSF의 단면은 방향에 따라 변하며 따라서 시스템은 방향에 의존적인 응답을 가진다. 비등방형(2D)의 경우, 변조 전달 함수는 방향에 의존하며, 식 (3.7)은 다음과 같이 일반화된다.

$$\text{MTF}(u, v) = \frac{m_g}{m_f} = \frac{|H(u, v)|}{H(0, 0)}, \tag{3.9}$$

여기서,

그림 3.3
의학영상 시스템의 대표적인 MTF

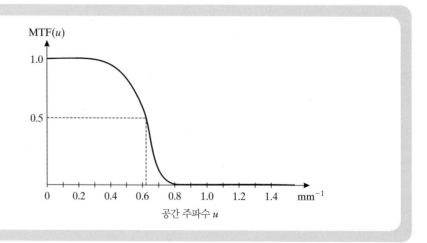

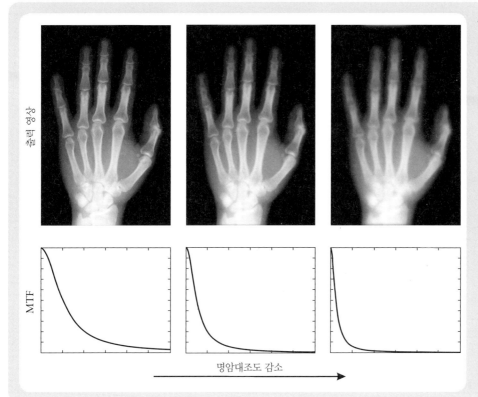

출력 영상

MTF

명암대조도 감소

그림 3.4

의학영상 시스템의 MTF가 명암대조도에 주는 영향을 보여 주고 있다. MTF가 나빠짐에 따라 명암대조도가 낮아진다.

$$m_g = m_f \frac{|H(u,v)|}{H(0,0)}. \tag{3.10}$$

대표적인 비등방 의학영상 시스템에서,

$$\text{모든 } u, v\text{에 대하여} \qquad 0 \le \text{MTF}(u,v) = \frac{|H(u,v)|}{H(0,0)} \le \text{MTF}(0,0) = 1 \tag{3.11}$$

3.2.3 국소 명암대조도

영상 내의 특정 물체나 특징을 확인하는 것은 주변의 값들과 그 값이 다를 때에만 가능하다. 정현파 신호에 대한 변조 혹은 명암대조도의 정의를 이 경우에 적용할 수 있다. 그림 3.5에 예시된 것처럼 '타깃'이라고 하는 것을 많은 영상 기법(예를 들면, 핵의학)에서 공통적으로 관심 물체(예를 들면, 간에서의 종양)라 간주한다. 타깃이 아주 작은 영상 밝기 f_t를 가진다고 하자. 타깃(종양)은 배경이라 불리는 다른 조직(즉, 간 조직)으로 둘러싸여 있는데, 배경은 타깃을 관찰하거나 검출하기 위한 시야를 흐리게 한다. 배경이 아주 작은 영상 밝기 f_b를 가진다고 하자. 타깃과 배경 사이의 차이는 다음과 같은 **국소 명암대조도**로 정의된다.

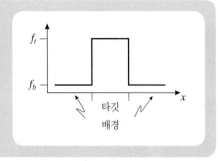

그림 3.5
국소 명암대조도 개요

$$C = \frac{f_t - f_b}{f_b} . \qquad (3.12)$$

식 (3.12)의 국소 명암대조도는 정현파 신호에 대한 식 (3.1)에서의 변조의 정의와 다르다. 여기서, 밝기 f_t와 f_b는 국부적으로 — 즉, 간의 내부 — 선택되므로 전체 영상 내에서의 최대, 최소 밝기일 필요는 없다. 예를 들면, f_t는 종양 내의 평균 영상 밝기에서 선택할 수 있고, 반면 f_b는 간 내부의 평균 영상 밝기에서 선택할 수 있다. 종양의 밝기는 f_b보다 크거나 작을 수 있다. 만약 f_t가 f_b보다 작으면, C는 음수가 되므로 이 경우에는 절대값을 사용한다.

예제 3.2

어떤 영상에서 장기의 밝기가 I_o이고, 종양 내부의 밝기 $I_t > I_o$인 경우가 있다고 하자.

문제   종양의 국소 명암대조도는 얼마인가? 만약 일정한 밝기 $I_c > 0$를 영상에 더하면, 국소 명암대조도는 얼마가 되는가? 국소 명암대조도는 증가되었는가?

해답   정의에 의해 종양의 국소 명암대조도는 다음과 같다.

$$C = \frac{I_t - I_o}{I_o} .$$

일정한 밝기 I_c를 영상에 더하면, 배경과 타깃의 밝기는 각각 $f_b = I_o + I_c$이고, $f_t = I_t + I_c$이다. 이렇게 된 영상의 국소 명암대조도는 다음과 같다.

$$C' = \frac{(I_t + I_c) - (I_o + I_c)}{I_o + I_c} = \frac{I_t - I_o}{I_o + I_c} = C\frac{I_o}{I_o + I_c} < C.$$

그러므로 일정한 밝기 I_c를 영상에 더하면 국소 명암대조도가 더 낮아진다.

3.3   해상도

해상도는 영상의 화질에 대한 또 다른 기본적인 측정이다. 해상도는 공간, 시간 및 주파수에서 떨어져 있는 2개의 사건을 정확하게 그려낼 수 있는 의학영상 시스템의 성능으로 간주되고 이를 공간, 시간 및 **스펙트럼 해상도**라고 한다. 해상도는 또한 어떤 의학영상 시스템이 공간, 시간 및 주파수의 한 점에서 발생되는 영상의 퍼짐 혹은 영상의 흐려짐의 정도라고 할 수 있다. 해상도에 대한 위의 두 관점은 서로 연관이 있는데, 왜냐하면 시스템에서 영상의 퍼짐을 적게 만들수록, 공간, 시간 및 주파수에서 인접한 두 사건이 분리된 것으로 나타나 구별이 되기 때문이다. 그러므로 고해상도 의학영상 시스템은 영상을 덜 퍼지게 하는 특성이 있고, 반면 저해상도 시스템은 영상에 많은 퍼짐이 발생되는 특성이 있다. 이 절에서는, 비록 시간과 스펙트럼 해상도에 대한 간단한 설명이 있겠지만 대부분 공간 해상도에 초점을 맞추어 설명하겠다. 그러므로 특별히 다르게 언급되지 않는 한 '해상도'라 함은 공간 해상도를 지칭한다.

3.3.1 선확산함수

앞에서 언급한 것처럼 해상도는 의학영상 시스템이 공간에서 하나의 사건(한 점)에서 발생된 영상의 퍼짐 혹은 흐려짐의 정도를 나타낸다. 이것은 2장에서 설명한 전통적인 PSF이고 점 선원(점 임펄스)에 대한 영상 시스템의 출력은 해상도를 파악하기 위하여 사용한다. 다른 방법으로 선 임펄스(2.2.2절 참조)에 대한 의학영상 시스템의 출력을 생각해 보자.

크기가 1로 정규화된 등방형 PSF $h(x, y)$를 가진 LSI 의학영상 시스템이 있다고 하자. 공간 영역에서 원점을 지나는 선 선원을 영상 시스템으로 영상화했다고 하자. 이 선 선원은 수학적으로 선 임펄스 $f(x, y) = \delta_\ell(x, y)$[식 (2.11)]로 표현된다. 시스템이 등방형이므로, 원점을 지나는 수직선에 대한 응답으로 생각할 수 있다. 이러한 경우 식 (2.11)로부터 $f(x, y) = \delta(x)$이다. 시스템의 출력 $g(x, y)$는 다음과 같다.

$$
\begin{aligned}
g(x, y) &= \int_{-\infty}^{\infty} \int_{-\infty}^{\infty} h(\xi, \eta) f(x - \xi, y - \eta) \, d\xi \, d\eta \\
&= \int_{-\infty}^{\infty} \left[\int_{-\infty}^{\infty} h(\xi, \eta) \delta(x - \xi) \, d\xi \right] d\eta \\
&= \int_{-\infty}^{\infty} h(x, \eta) \, d\eta,
\end{aligned}
\tag{3.13}
$$

여기서, 세 번째 식은 1D에서의 식 (2.6)과 유사하다.

결과 영상 $g(x, y)$는 x만의 함수이고, $l(x)$로 표현할 수 있다. 이것은 우리가 사용하는 시스템의 선확산함수(line spread function : LSF)이고 해상도를 정량화하는 데 사용할 수 있다. 식 (3.13)으로부터 다음 식을 얻을 수 있기 때문에, 이 함수는 PSF $h(x, y)$와 직접 연관되어 있다.

$$
l(x) = \int_{-\infty}^{\infty} h(x, \eta) \, d\eta.
\tag{3.14}
$$

PSF $h(x, y)$는 등방형으로 간주되므로 $l(x)$는 대칭이고[즉 $l(x) = l(-x)$], PSF는 1로 정규화되었으므로,

$$
\int_{-\infty}^{\infty} l(x) \, dx = 1.
\tag{3.15}
$$

또한 LSF $l(x)$의 푸리에 변환 $L(u)$는 시스템 전달 함수 $H(u, v)$와 다음과 같이 연관되어 있다.

$$
\begin{aligned}
L(u) &= \mathcal{F}_{1D}[l](u) \\
&= \int_{-\infty}^{\infty} l(x)e^{-j2\pi ux}\, dx \\
&= \int_{-\infty}^{\infty}\int_{-\infty}^{\infty} h(x, \eta)e^{-j2\pi ux}\, dx\, d\eta \\
&= H(u, 0).
\end{aligned}
\tag{3.16}
$$

그러므로 주파수 영역에서 원점을 지나는 수평선상의 전달 함수 값들은 LSF 자체의 1D 푸리에 변환이다. PSF $h(x, y)$는 등방형으로 가정하기 때문에 전달 함수도 등방형이다. 따라서 LSF는 시스템의 PSF를 결정하는 데 사용될 수 있다. 실제로 LSF $l(x)$로부터, 1D 푸리에 변환 $L(u)$, 즉, $H(u, 0) = L(u)$를 구할 수 있다. 그러나 전달 함수 $H(u, v)$는 등방형이므로, 주파수 영역에서 원점을 지나는 어떤 선상의 $H(u, v)$값도 $H(u, 0)$와 같다.

3.3.2 반치 폭

의학영상 시스템의 LSF(혹은 PSF)가 주어졌을 때, 해상도는 반치 폭(full width at half maximu : FWHM)을 사용하여 정량화할 수 있다. 이것은 LSF(혹은 PSF) 최댓값의 반에 해당하는 값을 가지는 LSF의 (전체)폭이다. FWHM은 밀리미터를 단위로 사용한다. 기하학적인 축소가 없다면 FWHM은 영상에서 두 선(혹은 점)이 분리되어 나타나기 위하여 공간에서 떨어져 있어야 하는 두 선(혹은 점)의 최소 거리와 동일하다. 이것이 그림 3.6에 예시되어 있다. 여기서 PSF가 $h(x)$인 1D 영상 시스템의 두 점의 단면을 보여 주고 있다. (a)부터 (d)까지 이동하면서 두 점이 가까워짐을 알 수 있다. 선형 시스템에서 두 점으로부터 관측된 단면은 두 점 각각의 단면의 합과 같다. 실제에서 두 점 사이에 남아 있는 움푹 파인 곳은 분리된 것처럼 영상화되거나 분해되기 위해서는 두 점에 대한(합하여진) 단면에서 나타나야만 한다. 그림 3.6(c)에 나타나 있는 단면은 두 점이 구별되기 위한 최소한의 분리 거리를 보여 주고 있다. 이 경우 두 점은 FWHM으로 분리되어 있다는 것을 보여 준다. 그러므로 FWHM의 감소는 해상도의 증가를 의미한다.

3.3.3 해상도와 변조 전달 함수

의학영상 시스템에서 해상도를 정량화하는 다른 방법은 영상 신호를 정현파 신호라 했을 때, 정현파 입력에서 인접한 2개의 최대(혹은 최소)값 사이의 최소 거리(mm)를 사용하는 것이다. 의학영상 시스템의 입력이 진폭이 B이고, 주파수가 u인 정현파 신호 $f(x, y) = B\sin(2\pi ux)$라 하자. 식 (3.5)와 (3.7)로부터 시스템의 출력은 다음과 같다.

$$
g(x, y) = \text{MTF}(u)H(0, 0)B\sin(2\pi ux). \tag{3.17}
$$

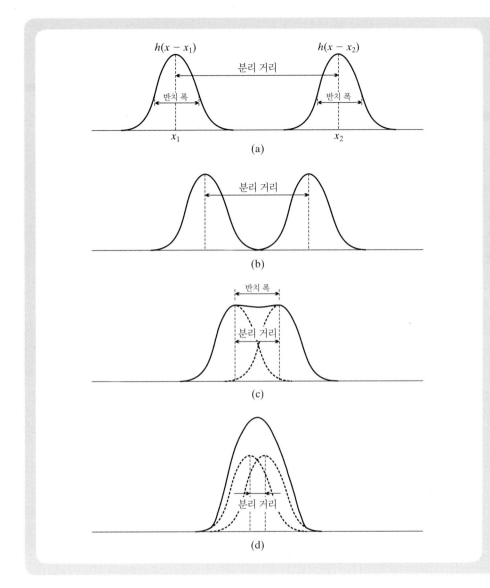

그림 3.6
두 점을 분리할 수 있는 시 스템 해상도 효과의 예. FWHM은 두 점을 분간하기 위하여 두 점이 분리되어 있 어야 하는 최소한의 거리와 동일하다.

정현파 입력 $f(x, y)$의 2개의 인접한 최대(혹은 최소)값 사이의 거리가 $1/u$이다. 출력 영상 $g(x, y)$ 또한 정현파이고 두 인접한 최대(혹은 최소)값 사이의 거리가 $1/u$이다. 그러나 출력 영상의 진폭은 입력의 진폭에 공간 주파수 u에서의 변조 전달 함수를 곱한 것과 같다. 공간 차단 주파수가 u_c인 경우 $u \le u_c$에서 $\text{MTF}(u) \ne 0$이고, $u > u_c$에서 $\text{MTF}(u) = 0$이므로, $g(x, y) = 0$이 된다. 이 경우 시스템의 해상도는 $1/u_c$이다.

예제 3.3

그림 3.3에 있는 MTF는 공간 주파수가 0.8mm^{-1}보다 클 경우 0이다.

문제 이 시스템의 해상도를 구하라.

해답 주어진 변조 전달 함수를 갖는 시스템의 해상도는 $1/(0.8\text{mm}^{-1}) = 1.25\text{mm}$이다. 이 시스템에서 공간 주파수가 0.8mm^{-1}보다 큰 물체의 미세 구조는 시스템의 출력에서 볼 수 없다.

앞에서의 언급으로부터, 명암대조도와 해상도의 관점에서 2개의 영상 시스템을 비교하고자 할 때 MTF는 효과적으로 사용될 수 있다. 어떤 두 시스템의 MTF가 유사한 형태를 가지고 차단 주파수 u_c가 다르다면, 높은 MTF를 가진 시스템이 명암대조도와 해상도의 관점에서 우수하다고 할 수 있다. 예를 들면, 그림 3.4의 첫 번째 방사선 영상 시스템 영상이 명암대조도와 해상도의 관점에서 세 번째 영상보다 좋다고 할 수 있다.

만약 MTF 곡선이 다른 형태이면, 상황은 좀 더 복잡해진다. 그림 3.7은 2개의 영상 시스템(시스템 1과 시스템 2)에서의 MTF를 보여 주고 있다. 시스템 1은 저주파수에서 대조가 좋으므로 영상의 거친 부분에서 구조물 관측에 용이하다. 반면 시스템 2는 고주파수에서 대조도가 좋으므로 영상의 미세 구조물 관측에 용이하다. MTF로 정량화되는 명암대조도는 공간 주파수의 함수이므로 일종의 주파수 대 주파수 비교라 할 수 있다. 공간 해상도는 주파수에 의존적이지 않으므로, '더 좋은 해상도'라는 맥락에서 MTF를 직접 서로 비교하는 것은 어렵다. 위에서 언급할 것처럼 PSF 혹은 LSF의 FWHM은 가장 직접적인 해상도의 측정 기준이다. MTF로부터의 시스템 해상도에 대한 더 깊은 이해는 높은 공간 주파수와 차단 주파수 u_c에서의 MTF 값에 있다.

MTF는 LSF로부터 직접적으로 얻을 수 있다. 식 (3.7)과 (3.16)에서

$$\text{모든 } u \text{에 대해,} \qquad \text{MTF}(u) = \frac{|L(u)|}{L(0)} \qquad (3.18)$$

그러므로 MTF는 LSF의 1D 푸리에 변환의 (정규화된)크기와 같다. 다음 예제는 이러한 관

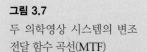

그림 3.7
두 의학영상 시스템의 변조
전달 함수 곡선(MTF)

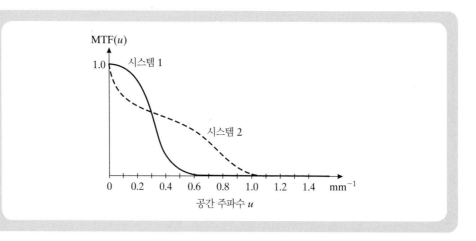

계가 MTF로부터 직접적으로 의학영상 시스템의 FWHM의 결정에 사용될 수 있음을 보여준다.

예제 **3.4**

PSF, LSF 혹은 MTF는 그 형태를 단순히 가정하거나 관측된 데이터를 이용한 수학적인 함수로 표현된다. 어떤 의학영상 시스템의 변조 전달 함수가 다음과 같이 주어졌다고 하자.

$$\text{MTF}(u) = e^{-\pi u^2} . \tag{3.19}$$

문제 시스템의 FWHM을 구하라.

해답 1D 역 푸리에 변환과 $|L(u)| = \text{MTF}(u)$를 사용하여 $l(x) = e^{-\pi x^2}$을 구한다. 반치 폭이 $\text{FWMH} = 2x_0$로 주어졌을 때,

$$e^{-\pi x_0^2} = \frac{1}{2} . \tag{3.20}$$

FWHM은 $2\sqrt{\ln 2/\pi}$이다.

3.3.4 서브 시스템의 직렬연결

의학영상 시스템은 2.3.4절에 소개된 것처럼 LSI 서브 시스템들의 직렬연결로 모델링된다. 따라서 출력 영상 $g(x, y)$는 첫 번째 서브 시스템의 PSF와 입력 영상 $f(x, y)$의 콘볼루션과 이어지는 두 번째 서브 시스템과의 콘볼루션이 계속되는 것으로 모델링된다(2.3.4절 참조). 예를 들면, 점확산함수가 $h_1(x, y)$, $h_2(x, y), \cdots, h_K(x, y)$인 K개의 서브 시스템이 있을 경우 출력은

$$g(x, y) = h_K(x, y) * \cdots * (h_2(x, y) * (h_1(x, y) * f(x, y))) . \tag{3.21}$$

전체 시스템의 출력은 명암대조도와 해상도의 관점에서 각 서브 시스템의 출력을 고려하여 예상할 수 있다.

만약 해상도가 FWHM으로 정량화된다면, 전체 시스템의 FWHM은 각 서브 시스템의 FWHM인 R_1, $R_2, \cdots, R_K$로부터 다음과 같이 대략적으로 결정할 수 있다.

$$R = \sqrt{R_1^2 + R_2^2 + \cdots + R_K^2} . \tag{3.22}$$

전체 FWHM R은 가장 값이 큰(즉, 해상도가 가장 낮은) 항에 많은 영향을 받는다. 따라서 주어진 서브 시스템에서의 해상도의 작은 개선은 전체 시스템에 영향을 미치지 못한다. 다음 예제는 의학영상 시스템이 가우시안 PSF를 가지는 서브 시스템들로 구성되어 있으면, 식 (3.22)는 전체 시스템의 반치 폭의 정확한 값을 예상할 수 있게 한다.

예제 3.5

다음과 같은 가우시안 PSF를 가진 2개의 서브 시스템으로 구성된 PSF $h(x)$인 1D 의학영상 시스템이 있다고 하자.

$$h_1(x) = \frac{1}{\sqrt{2\pi}\sigma_1} \exp\left\{\frac{-x^2}{2\sigma_1^2}\right\} \quad \text{그리고,} \quad h_2(x) = \frac{1}{\sqrt{2\pi}\sigma_2} \exp\left\{\frac{-x^2}{2\sigma_2^2}\right\}. \tag{3.23}$$

문제   시스템의 FWHM을 구하라.

해답   서브 시스템 h_1과 h_2의 반치 폭이 각각 R_1과 R_2이고, $R_1 = 2x_1$, $R_2 = 2x_2$이면, 여기서, x_1과 x_2는 다음과 같다.

$$h_1(x_1) = \frac{1}{\sqrt{2\pi}\sigma_1} \exp\left\{\frac{-x_1^2}{2\sigma_1^2}\right\} = \frac{1}{2\sqrt{2\pi}\sigma_1}, \tag{3.24}$$

$$h_2(x_2) = \frac{1}{\sqrt{2\pi}\sigma_2} \exp\left\{\frac{-x_2^2}{2\sigma_2^2}\right\} = \frac{1}{2\sqrt{2\pi}\sigma_2}. \tag{3.25}$$

식 (3.24)와 (3.25)를 계산하면

$$R_1 = 2\sigma_1\sqrt{2\ln 2} \quad \text{그리고,} \quad R_2 = 2\sigma_2\sqrt{2\ln 2}. \tag{3.26}$$

예제 2.4로부터 전체 시스템의 점확산함수 $h(x)$는 다음과 같다.

$$h(x) = h_1(x) * h_2(x) = \frac{1}{\sqrt{2\pi(\sigma_1^2 + \sigma_2^2)}} \exp\left\{\frac{-x^2}{2(\sigma_1^2 + \sigma_2^2)}\right\}. \tag{3.27}$$

이 시스템의 FWHM R은 $R = 2x_0$때이다. 여기서, x_0는 다음과 같다.

$$h(x_0) = \exp\left\{\frac{-x_0^2}{2(\sigma_1^2 + \sigma_2^2)}\right\} = 0.5, \tag{3.28}$$

이로부터 다음을 구할 수 있다.

$$R = 2\sqrt{\sigma_1^2 + \sigma_2^2}\sqrt{2\ln 2}. \tag{3.29}$$

MTF를 이용하여 명암대조도와 해상도를 정량화할 수 있다면, 전체 시스템의 MTF는

$$\text{MTF}(u, v) = \text{MTF}_1(u, v)\text{MTF}_2(u, v)\cdots\text{MTF}_K(u, v), \tag{3.30}$$

이고, 각 서브 시스템의 MTF는 $\text{MTF}_k(u, v)$, $k = 1, 2, \cdots, K$로 표시된다. 이것은 식 (3.9)로부터 얻어진 결과이며, 전체 시스템의 $H(u, v)$는

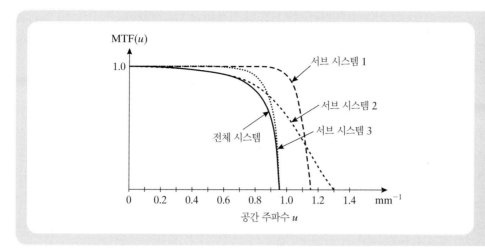

그림 3.8
의학영상 시스템의 세 서브 시스템의 MTF와 전체 시스템의 MTF

$$H(u, v) = H_1(u, v)H_2(u, v) \cdots H_K(u, v), \tag{3.31}$$

이며, 각 서브 시스템의 주파수 응답은 $H_k(u, v)$, $k = 1, 2, \cdots, K$의 곱으로 표현된다.

그림 3.8은 전체 시스템의 MTF 곡선과 의학영상 시스템의 각 서브 시스템의 MTF 곡선을 보여 주고 있다. 만약 하나의 서브 시스템이 어떤 공간 주파수에서 작은 값을 가지면 전체 시스템의 MTF도 같은 공간 주파수에서 작은 값을 가지게 된다. 다른 말로 표현하면, 전체 시스템의 MTF는 각 서브 시스템의 MTF보다 작은 값을 가진다. 이러한 사실은 식 (3.30)에서 알 수 있고, 이는 모든 $k = 1, 2, \cdots, K$에서 $\mathrm{MTF}_k(u, v) \leq 1$이면, 다음과 같다.

$$\text{모든 } u, v \text{에 대해,} \quad \mathrm{MTF}(u, v) \leq \mathrm{MTF}_k(u, v), \tag{3.32}$$

그러므로 명암대조도와 해상도의 관점에서 의학영상 시스템의 전체 성능은 각 서브 시스템의 성능보다 열등하다.

앞에서의 언급한 바로부터, 의학영상 시스템의 해상도는 자체의 PSF 혹은 LSF로 명시될 수 있다. 의학영상 시스템에서 해상도를 측정하기 위하여 매우 작은 점과 선으로 구성된 물체를 사용하여 영상을 만든다. 예를 들면, 핵의학 카메라의 해상도를 측정하기 위하여 매우 작은 방사선의 점 혹은 선 선원을 사용하여 영상을 구성하고, 이로부터 해상도를 측정한다. 의학영상 시스템을 LSI로 가정하여 수학적으로 모델링 할 때 이러한 물체들에 대한 출력이 각각 PSF와 LSF가 된다. 이것은 2개의 응답 함수를 계산하는 실제적인 방법이다.

공간 해상도와 영상 명암대조도는 매우 긴밀히 연관되어 있는데, 그 이유는 해상도를 측정하는 PSF와 LSF의 푸리에 변환이 MTF이기 때문이다. 실제로 공간 해상도는 영상에서 물체의 명암대조도를 그대로 표현할 수 있는 영상 시스템의 능력으로 간주된다. 왜냐하면 낮은 해상도는 영상을 흐리게 하고 이는 실제로 명암대조도를 낮춘다.

비 등방형 시스템에서 PSF를 지나는 단면은 방향에 따라 다르다. 따라서 시스템은 방향에 의존하는 해상도를 가진다. 이러한 시스템의 좋은 예는 초음파 영상 시스템이다. 이 경우 거리 해상도(전극의 축 방향)는 대체로 측면 해상도(전극의 축과 수직 방향)보다 우수하다(자세한 내용은 10장, 11장 참조). 비 등방성 경우의 MTF는 식 (3.9)에 주어져 있다.

의학영상 시스템이 선형이지만 이동 불변이 아닐 수 있다. 이 경우 해상도는 공간에 의존한다. 이러한 경우는 초음파 영상 시스템에서 발생하는데, 전극으로부터 거리가 멀어질수록 음향 에너지가 퍼져나가기 때문이다. 이것은 측면 해상도의 열화와 일치하는 FWHM을 증가시킨다. 핵의학에서 바늘 구멍 콜리메이터 혹은 초점 콜리메이터에서의 확대 또한 공간적으로 의존적인 해상도를 만든다. 이 경우 영상에서의 해상도는 정확한 기하학적 방법으로 물체 내의 실제 해상도와 연관되어 있다.

3.3.5 해상도 측정 도구

좋은 해상도를 가진 영상은 낮은 해상도를 가진 영상보다 선호도가 높은데, 이는 높은 해상도의 영상이 더 많은 세부적인 정보를 가지고 있기 때문이다. 해상도는 어떤 주어진 테스트 패턴의 세부적인 것을 영상화할 수 있는 시스템의 성능이라는 관점에서 쉽게 정량화된다. 예를 들면, 특정 시스템에 대한 해상도를 측정하는 하나의 공통적인 방법은 그림 3.9에 있는 것처럼 해상도 측정 도구 혹은 막대 팬텀이라 불리는 것을 영상화하는 것이다. 이 도구는 특정 폭을 가진 많은 평행선으로 구성되어 있고 선과 선 사이의 간격은 선의 폭과 같다(즉 전체의 듀티 사이클은 50%이다). 각 그룹은 밀리미터당 선 쌍(line pair)(lp/mm)으로 측정되는 선들의 밀도로 구분된다. 이 도구는 해상도를 측정하고자 하는 시스템을 통하여 영상화되고, 시스템의 해상도는 출력된 영상에서 구분할 수 있는 가장 가는 선의 주파수(lp/mm)로 표현한다. 예를 들면, 투과 방사선 촬영에서의 해상도는 6~8lp/mm이고, 컴퓨터 단층

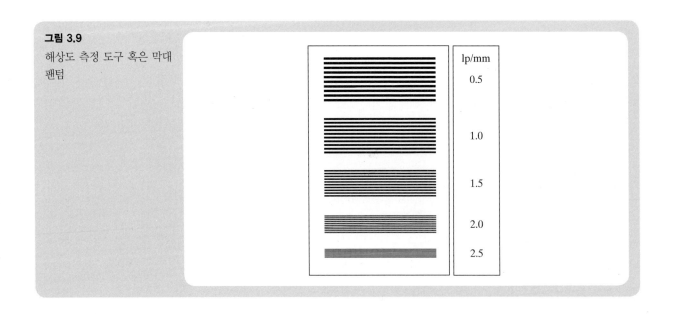

그림 3.9

해상도 측정 도구 혹은 막대 팬텀

촬영에서는 2lp/mm이다.

3.3.6 시간 및 주파수 해상도

공간 주파수와 PSF, LSF 및 FWHM에 수록된 개념에 대한 내용들이 시간 및 주파수 해상도에도 똑같이 적용된다. 시간 해상도는 시간적으로 분리된 2개의 이벤트를 분리할 수 있는 능력이다. 주파수 해상도는 2개의 다른 주파수(혹은 에너지)를 구분할 수 있는 능력이다. 개념적으로 PSF와 동등한 것을 만들기 위하여 단일 시간(single time) 혹은 단일 에너지(single energy) 과정(시간 혹은 에너지에서의 점 임펄스)에서 시간 혹은 에너지 함수로부터 관측된 이벤트의 분포 히스토그램을 만든다. PSF에서 한 것처럼 이상적인 시스템 응답은 델타 함수가 될 것이고 실제 FWHM(시간 혹은 에너지)은 해상도를 정량화한다. 바꾸어 말하면, PSF의 개념이 공간에서 이벤트에 대하여 적용한 것처럼 시간 혹은 주파수의 이벤트에도 똑같이 적용된다.

3.4 잡음

의학영상 시스템에서 원하지 않는 특성이 **잡음**이다. 잡음은 영상에 있는 어떤 형태의 임의의 변동에 대한 총칭이며 화질에 나쁜 효과를 준다. 잡음이 증가함에 따라 화질은 감소한다. 선원(source)과 잡음의 양은 사용한 영상 방법과 의학영상 시스템에 달려 있다. 예를 들면, 투사 방사선 촬영에서 엑스선은 양자 혹은 **광자**로 불리는 에너지의 이산 패킷으로 검출기에 도착한다. 이렇게 이산적으로 도착하는 특성으로 인하여 **양자 스페클**이라 불리는 임의의 요동이 발생되는데, 이는 엑스선 영상에 질감 혹은 낱알 모양의 점들을 만든다. 반면, 자기공명영상에서는 핵 스핀 시스템으로 인한 고주파수 펄스가 증폭기에 연결된 안테나에서 감지된다. 이런 신호는 매우 낮은 전력을 가지므로 자연적인 열적 진동으로 인하여 안테나에서 발생된 신호와 서로 섞인다. 열적 진동은 예상할 수 없는 — 임의의 신호임 — 자기공명 영상 잡음의 한 종류이다. 잡음 증가에 대한 영향이 그림 3.10에 있다.

의학영상 시스템에서 잡음의 근원은 이 책의 후반에서 깊이 있게 설명될 특정 영상 기법의

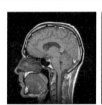

잡음 증가

그림 3.10
화질에서의 잡음 효과. 잡음이 증가함에 따라 화질이 급격히 감소된다.

물리와 기구물에 의존한다. 이 절의 주된 목적은 수학적으로 잡음을 특성화하기 위한 방법들을 소개하는 것이다. 잡음을 특성화하기 위한 일반적인 방법은 잡음을 임의의 이벤트 수 혹은 측정값의 숫자적 출력으로 간주한다. 예를 들면, 핵의학에서 어떤 방사선원에서 감마선과 광자가 방출되고 이들은 검출기에 의해 기록된다. 비록 정해진 물리적 특성(광자 에너지와 감쇠율)에 의해 제어되지만, 방사선 감쇠의 특정 현상은 임의로 일어난다. 광자는 임의의 방향으로 임의의 시간에 방출된다. 순수하게 결정 변수로부터 예상되는 아주 작은 값으로부터 벗어나는 것을 잡음으로 간주한다. 방사선 방출의 임의의 현상부터 발생되는 이러한 벗어남을 모든 핵의학 영상에 존재하는 잡음으로 설명한다.

3.4.1 확률 변수

랜덤 사건이나 실험과 관련된 숫자적 양을 **확률 변수**라 한다. 실험에 따라 다른 값들이 측정될 수도 있다. 즉, 실험은 랜덤 출력을 가진다. 확률 변수는 수학적으로 $P_N(\eta)$로 표시하며, **확률 분포 함수**(probability distribution function : PDF)는 다음과 같다.

$$P_N(\eta) = \Pr[N \le \eta],\tag{3.33}$$

여기서는 $\Pr[\,\cdot\,]$는 확률을 나타낸다. PDF는 확률 변수 N이 η보다 작거나 같을 확률을 나타낸다. $0 \le P_N(\eta) \le 1$, $P_N(-\infty) = 0$, $P_N(\infty) = 1$이고, $\eta_1 \le \eta_2$일 때, $P_N(\eta_1) \le P_N(\eta_2)$이다.

3.4.2 연속 확률 변수

만약 $P_N(\eta)$가 η에 대하여 연속 함수이면, N은 연속 확률 변수이다. 확률 변수는 **확률 밀도 함수**(probability density function : pdf)로 정의된다.[1]

$$p_N(\eta) = \frac{dP_N(\eta)}{d\eta}.\tag{3.34}$$

확률 밀도 함수는 다음 세 가지 조건을 만족한다.

$$p_N(\eta) \ge 0,\tag{3.35}$$

$$\int_{-\infty}^{\infty} p_N(\eta)\, d\eta = 1,\tag{3.36}$$

$$P_N(\eta) = \int_{-\infty}^{\eta} p_N(u)\, du.\tag{3.37}$$

확률 변수의 확률 밀도 함수가 알려져 있지 않은 경우도 있다. 확률 변수는 종종 기대값으로 특성화되기도 한다.

---

[1] 일반적으로 확률 밀도 함수는 pdf로 확률 분포 함수는 PDF로 표시한다.

$$\mu_N = \mathrm{E}[N] = \int_{-\infty}^{\infty} \eta p_N(\eta)\, d\eta, \tag{3.38}$$

이는 평균값이며, 분산은 다음과 같다.

$$\sigma_N^2 = \mathrm{Var}[N] = \mathrm{E}[(N - \mu_N)^2] = \int_{-\infty}^{\infty} (\eta - \mu_N)^2 p_N(\eta)\, d\eta, \tag{3.39}$$

여기서, $\mathrm{E}[\cdot]$와 $\mathrm{Var}[\cdot]$는 각각 기대값과 분산을 나타낸다. 분산의 평방근 σ_N은 N의 표준편차이다.

기대값은 확률 변수의 평균이고, 반면에 표준편차는 평균에 대한 확률 변수의 '평균' 변동값이다. 표준편차가 클수록, 확률 변수는 '더욱 더 랜덤'하다. 표준편차가 0에 접근할수록 확률 변수의 관측되는 값들은 평균값 주위로 더 가까이 모이게 되고, 0에서는 확률 변수가 상수 μ_N이 된다.

균일 확률 변수 확률 변수 N의 확률 밀도 함수가 다음과 같고, 구간 $[a,\,b]$에서 균일한 값을 가진다.

$$p_N(\eta) = \begin{cases} \dfrac{1}{(b-a)}, & a \le \eta < b \\[2mm] 0, & \text{나머지 구간} \end{cases} \tag{3.40}$$

이 경우, 확률 분포 함수는 다음과 같다.

$$P_N(\eta) = \begin{cases} 0, & \eta < a \\[2mm] \dfrac{\eta - a}{b - a}, & a \le \eta \le b, \\[2mm] 1, & \eta > b \end{cases} \tag{3.41}$$

반면, 기대값과 분산은 각각 다음과 같다.

$$\mu_N = \frac{a+b}{2} \quad \text{그리고,} \quad \sigma_N^2 = \frac{(b-a)^2}{12}, \tag{3.42}$$

가우시안 확률 변수 확률 변수 N의 확률 밀도 함수는 다음과 같다.

$$p_N(\eta) = \frac{1}{\sqrt{2\pi\sigma^2}} e^{-(\eta - \mu)^2/2\sigma^2}, \tag{3.43}$$

N은 가우시안 확률 변수이고, 확률 분포 함수는 다음과 같다.

$$P_N(\eta) = \frac{1}{2} + \text{erf}\left(\frac{\eta - \mu}{\sigma}\right), \tag{3.44}$$

여기서, $\text{erf}(x)$는 에러 함수로 다음과 같다.

$$\text{erf}(x) = \frac{1}{\sqrt{2\pi}} \int_0^x e^{-u^2/2} \, du. \tag{3.45}$$

기대값과 분산은 각각 다음과 같다.

$$\mu_N = \mu \quad \text{그리고,} \quad \sigma_N^2 = \sigma^2, \tag{3.46}$$

식 (3.45)의 적분은 닫힌 형식으로 계산되지 않지만 대부분 수학책에서 부록의 표로부터 혹은 수학, 통계학, 공학의 소프트웨어 패키지를 사용하여 값을 구할 수 있다.

예제 3.6

확률 분포 함수는 식 (3.37)을 사용하여 해당되는 확률 밀도 함수를 적분하여 구할 수 있다.

문제 직접 적분하여 식 (3.44)를 증명하라.

해답 평균이 μ이고 분산이 σ^2인 가우시안 확률 변수의 확률 분포 함수는 다음과 같다.

$$\begin{aligned}
P_N(\eta) &= \int_{-\infty}^{\eta} p_N(\tau) \, d\tau \\[2mm]
&= \int_{-\infty}^{\eta} \frac{1}{\sqrt{2\pi\sigma^2}} e^{-(\tau-\mu)^2/2\sigma^2} \, d\tau \\[2mm]
&= \frac{1}{\sqrt{2\pi\sigma^2}} \int_{-\infty}^{\frac{\eta-\mu}{\sigma}} e^{-t^2/2} \sigma \, dt, \quad \text{여기서, } t = \tfrac{\tau-\mu}{\sigma} \text{라 하면} \\[2mm]
&= \frac{1}{\sqrt{2\pi}} \int_{-\infty}^{0} e^{-t^2/2} \, dt + \text{erf}\left(\frac{\eta-\mu}{\sigma}\right) \\[2mm]
&= \frac{1}{2} + \text{erf}\left(\frac{\eta-\mu}{\sigma}\right).
\end{aligned}$$

마지막 관계식을 얻기 위해서 $\frac{1}{\sqrt{2\pi}} e^{-t^2/2}$은 표준 가우시안 확률 변수의 확률 밀도 함수이고 $t = 0$을 중심으로 대칭이라는 사실을 이용하였다.

일반적으로, 평균과 분산은 특정 확률 변수를 특별히 명시하지 않는다. 이러한 사실은 μ_N 과 σ_N^2가 주어졌을 때, 같은 평균과 분산을 가지는 여러 확률 밀도 함수가 존재함을 의미한다. 그러나 가우시안 확률 변수인 경우 확률 밀도 함수는 평균과 분산만으로 명시된다.

일반적으로 의학영상 시스템에서의 잡음은 여러 개의 독립된 잡음 소스(source)들의 합으로 표시된다. 확률에서 중심 극한 정리에 따르면, 많은 수의 독립된 확률 변수들의 합은 가우시안 확률 변수가 된다. 그러므로 의학영상에서 잡음을 가우시안 확률 변수로 모델링하는 것은 타당하다.

3.4.3 이산 확률 변수

확률 변수 N이 η_1, η_2, $\cdots$, η_k의 이산적인 값들로 표시되면, 이는 이산 확률 변수이다. 확률 변수는 확률 질량 함수(probability mass function : PMF) $\Pr[N = \eta_i]$로 표시되며, 여기서 $\Pr[N = \eta_i]$는 확률 변수 N이 η_i일 때의 확률 값이다. 확률 질량 함수는 다음의 세 가지 특성을 만족한다.

$$\text{모든 } i = 1, 2, \ldots, k \text{에 대해} \qquad 0 \leq \Pr[N = \eta_i] \leq 1 \tag{3.47}$$

$$\sum_{i=1}^{k} \Pr[N = \eta_i] = 1, \tag{3.48}$$

$$P_N(\eta) = \Pr[N \leq \eta] = \sum_{\text{모든 } \eta_i \leq \eta} \Pr[N = \eta_i]. \tag{3.49}$$

이는 $k \to \infty$일 때, 즉, 무한한 수의 출력(셀 수 있는)이 가능하다는 것을 의미한다.

이산 확률 변수의 경우, 평균은

$$\mu_N = \mathrm{E}[N] = \sum_{i=1}^{k} \eta_i \Pr[N = \eta_i], \tag{3.50}$$

이고, 분산은

$$\sigma_N^2 = \mathrm{Var}[N] = \mathrm{E}[(N - \mu_N)^2] = \sum_{i=1}^{k} (\eta_i - \mu_N)^2 \Pr[N = \eta_i], \tag{3.51}$$

이다. 식 (3.38), (3.39)의 적분이 식 (3.50), (3.51)에서 합으로 표시된다.

포아손 확률 변수 N이 이산 확률 변수이고, 0, 1, $\cdots$을 가지며, 확률 질량 함수는 다음과 같다.

$$k = 0, 1, \ldots, \text{에서,} \qquad \Pr[N = k] = \frac{a^k}{k!} e^{-a} \tag{3.52}$$

여기서 $a>0$인 실수 파라미터이다. N는 포아손 확률 변수이고 평균과 분산은 다음과 같다.

$$\mu_N = a, \tag{3.53}$$

$$\sigma_N^2 = a. \tag{3.54}$$

포아손 확률 변수는 방사선과 핵의학 영상에서 중요한 역할을 한다. 예를 들면, 엑스선 영상증배관에서 단위 면적당 광자 수의 분포 혹은 핵의학 영상에서 방사성 추적자에 의해 만들어진 광자의 통계적 특성화를 위하여 사용된다.

예제 3.7

엑스선 영상 시스템에서, 시간 t 내의 검출기에 도착하는 광자 수를 모델링하기 위하여 사용되는 포아손 확률 변수는 포아손 프로세스가 되며 $N(t)$로 표시된다. $N(t)$의 확률 질량 함수는

$$\Pr[N(t) = k] = \frac{(\lambda t)^k}{k!} e^{-\lambda t},$$

여기서, λ는 엑스선 광자의 평균 도착률이다.

문제 시간 t 내에 광자가 하나도 검출되지 않을 확률을 구하라.

해답 시간 t 내에 광자가 하나도 검출되지 않을 확률은 다음과 같다.

$$\Pr[N(t) = 0] = \frac{(\lambda t)^0}{0!} e^{-\lambda t} = e^{-\lambda t}.$$

예제 3.8

예제 3.7의 포아손 프로세서에서 첫 번째 광자가 도착하는 시간이 확률 변수인데, 이를 T라고 하자.

문제 확률 변수 T의 확률 밀도 함수 $p_T(\tau)$를 구하라.

해답 첫 번째 도착하는 광자의 도착 시간이 $t < T < t + \Delta t$ 구간 내에 있다고 하자. 매우 작은 Δt에서,

$$\text{Prob}[t < T < t + \Delta t] \approx p_T(t) \Delta t.$$

이다. 이것이 일어날 경우, 구간 $[0, t]$에는 광자가 도착하지 않고, 하나의 광자만 구간 $[t, t + \Delta t]$에서 도착한다. 예제 3.7에서

$$\text{Prob}[\text{시간 } t \text{에 광자가 검출되지 않음}] = e^{-\lambda t}.$$

구간 $[t, t + \Delta t]$ 하나의 광자만 도착할 확률은

$$\text{Prob}[\text{구간 } [t, t + \Delta t] \text{에서 하나의 광자만 검출}] = \frac{(\lambda \Delta t)^1}{1!} e^{-\lambda \Delta t} = \lambda \Delta t \, e^{-\lambda \Delta t}.$$

지수 함수에 테일러 급수를 적용하면,

$$e^x = 1 + x + \frac{x^2}{2!} + \frac{x^3}{3!} + \cdots$$

이고, Δt가 매우 작을 경우(0에 접근할 경우) 근사적으로 표현하면

$$\text{Prob}[구간\ [t,\ t + \Delta t]에서\ 하나의\ 광자만\ 검출] \approx \lambda \Delta t$$

여기서, Δt의 이차항은 무시되었다. 위의 사실들로부터

$$p_T(t)\Delta t \approx \text{Prob}[시간\ t에\ 광자가\ 검출되지\ 않음]$$
$$\cdot \text{Prob}[구간\ [t,\ t + \Delta t]에서\ 하나의\ 광자만\ 검출]$$
$$\approx e^{-\lambda t} \cdot \lambda \Delta t.$$

$\Delta t \to 0$일 경우, 모든 근사항들이 보다 근접된 값을 가지게 되며, 양쪽 변을 Δt로 나누면 다음과 같다.

$$p_T(t) = \lambda e^{-\lambda t}, \qquad t \in [0, \infty).$$

확률 변수 T의 확률 밀도 함수는 지수 확률 변수이다.

3.4.4 독립 확률 변수

영상 실험에서 일반적으로 하나 이상의 확률 변수를 고려한다. 확률 변수 전체를 특성화하기 위하여 확률 분포, 밀도 및 질량 함수의 정의와 함께 하나의 확률 변수에 대한 이론을 사용한다. 그러나 이 책에서는 **독립 확률 변수**의 합과 관련된 이론을 다룬다. 일반적으로 말하면, 어떤 확률 변수에 대한(즉, 부분적인 관측을 하는) 특별한 언급이 없으면, 통계적으로 말하면, 확률 변수는 독립적이다.

확률 밀도 함수가 $p_1(\eta)$, $p_2(\eta), \cdots, p_m(\eta)$인 확률 변수 N_1, $N_2, \cdots, N_m$가 있다고 하자. 이러한 확률 변수의 합 S는 확률 변수이고, 확률 밀도 함수는 $p_S(\eta)$이다. S의 평균은 N_1, $N_2, \cdots, N_m$의 평균의 합이다. 즉,

$$\mu_S = \mu_1 + \mu_2 + \cdots + \mu_m, \tag{3.55}$$

여기서, μ_1, $\mu_2, \cdots, \mu_m$는 위에서 주어진 확률 밀도 함수들의 평균이다. 이 경우 각 확률 변수는 독립일 필요가 없다.

확률 변수가 독립일 경우, S의 분산은 각 분산의 합과 같다.

$$\sigma_S^2 = \sigma_1^2 + \sigma_2^2 + \cdots + \sigma_m^2. \tag{3.56}$$

즉, 분산은 서로 더해질 수 있다. 또한 확률 변수들이 독립인 경우, S의 확률 밀도 함수는

$$p_S(\eta) = p_1(\eta) * p_2(\eta) * \cdots * p_m(\eta), \tag{3.57}$$

여기서 *는 콘볼루션이다. 합하여진 확률 변수의 분산은 더해지며, 확률 밀도 함수는 식 (3.57)과 같이 결정된다는 사실은 확률 변수가 독립인 경우 얻어지는 소중한 결과이다. 이와 같은 사실들은 6장에서 CT 영상에 대한 근사적인 잡음과 신호 대 잡음 비(signal-to-noise ratio : SNR)를 유도하는 데 사용된다.

예제 3.9

평균이 0이고 분산이 σ^2인 가우시안 확률 변수 N_1과 N_2가 독립적일 때 이를 합한 확률 변수 S가 있다.

문제 합한 확률 변수(S)의 평균, 분산 및 확률 밀도 함수를 구하라.

해답 S의 평균은 0이다.

$$\mu_S = \mu_1 + \mu_2 = 0 + 0 = 0,$$

S의 분산은 $2\sigma^2$이다.

$$\sigma_S^2 = \sigma_1^2 + \sigma_2^2 = \sigma^2 + \sigma^2 = 2\sigma^2.$$

2개의 가우시안 형태의 콘볼루션은 가우시안 형태가 된다는 사실을 이용하면, 확률 변수 S의 확률 밀도 함수는 가우시안이다. 가우시안 확률 밀도 함수는 평균과 분산으로 표현되므로, 다음과 같다.

$$p_S(\eta) = \frac{1}{\sqrt{2\pi\sigma_S^2}} \exp\left\{\frac{-\eta^2}{2\sigma_S^2}\right\} = \frac{1}{\sqrt{4\pi\sigma^2}} \exp\left\{\frac{-\eta^2}{4\sigma^2}\right\}.$$

3.5 신호 대 잡음 비

의학영상 시스템의 출력 확률 변수 G(혹은 확률 변수들의 집합)는 f와 N의 2개의 성분으로 구성되어 있다. f 성분은 신호(결정 혹은 비 랜덤 신호)이고 G의 '실제' 값이며, 반면 N은 잡음으로 인한 랜덤 변동 혹은 오차 성분이다. 인체 내의 비정상적인 조직을 구분해 내는 것은 관측된 신호 g 혹은 G가 주어진 조건의 특성에서 실제 값 f와 얼마나 '유사한가'에 의존한다.

 이를 정량화하기 위해 신호 대 잡음 비(SNR)를 사용한다. SNR은 잡음 N에 대한 신호 f의 '강도'에 대한 상대적인 비이다. SNR의 값이 커질수록 g가 신호 f를 더 정확히 나타내는 반면, SNR의 값이 작아질수록 g가 신호 f를 덜 정확히 표현한다. 그러므로 고화질을 얻기 위해서는 의학영상 시스템의 출력이 높은 SNR를 가져야 한다.

 '신호'를 생각하는 한 방법은 3.2절에서 설명한 바와 같이 신호는 영상에서의 변조 혹은 명암대조도이고, 반면 '잡음'은 3.4절에서 설명한 바와 같이 원하지 않는 랜덤 변동이다. 위

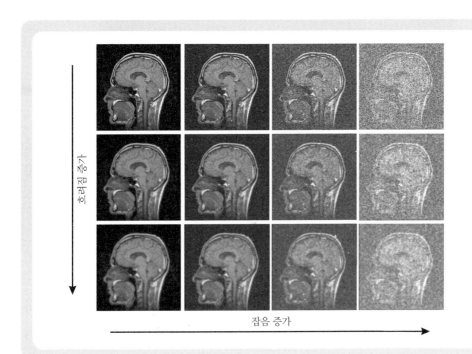

그림 3.11
SNR에서 잡음과 영상 흐림의 증가에 따른 효과

에서 설명한 바와 같이 영상의 흐림은 명암대조도를 감소시키고 따라서 SNR도 감소되며 잡음 또한 SNR을 감소시킨다. 그림 3.11은 SNR, 영상의 흐려짐, 잡음 효과를 보여 주고 있다. 왼쪽 위에서 오른쪽 아래로 이동함에 따라 SNR이 감소된다.

3.5.1 진폭 SNR

대부분 SNR은 신호의 크기 대 잡음의 크기 비이다.

$$SNR_a = \frac{진폭(f)}{진폭(N)} \tag{3.58}$$

SNR_a를 진폭 SNR이라 한다. '신호'와 '잡음'이라고 말할 때 많이 사용되는 방법이 있다. 또한 진폭 SNR의 정확한 정의는 '신호의 크기'와 '잡음의 크기'를 서술하는 방법에 의존한다. 따라서 진폭 SNR은 경우에 따라 다르며, 정의는 특별한 상황에 따라 적용된다.

예제 **3.10**

투사 방사선 영상 촬영에서 엑스선 영상 증배기의 단위 면적당 광자 수 G는 식 (3.52)의 포아손 분포를 따른다. 이 경우 신호 f는 단위 면적당 평균 광자 수(G의 평균)이고, 잡음 N은 평균값을 중심으로 한 랜덤 변동이며, 잡음의 크기는 G의 표준편차이다.

문제 이 시스템의 진폭 SNR을 구하라.

해답 식 (3.52)~(3.54)로부터, 진폭 SNR은 다음과 같고,

$$\text{SNR}_a = \frac{\mu_G}{\sigma_G} = \frac{\mu}{\sqrt{\mu}} = \sqrt{\mu}. \tag{3.59}$$

이 값은 엑스선의 순수 SNR이다. 이에 대하여 이 책의 II부에서 보다 자세한 설명을 한다. 이 값은 매우 중요하며 실제적 의미를 가지고 있다. 광자의 평균 수 μ가 커질수록 진폭 SNR이 커지며 G의 랜덤 변동의 크기가 상대적으로 더 작아진다. 그러므로 많은 엑스선 노출은 방사선 영상의 화질을 개선한다. 그러나 이온화 방사선에서 노출량이 많아질수록 방사능에 의하여 만들어질 수 있는 암이 증가할 수 있다는 점을 고려해야 한다.

3.5.2 전력 SNR

SNR을 표현하는 다른 방법은 신호의 전력과 잡음의 전력 비이다.

$$\text{SNR}_p = \frac{\text{전력}(f)}{\text{전력}(N)} \tag{3.60}$$

SNR_p는 전력 SNR을 나타낸다. 전력 SNR의 정확한 정의는 '신호 전력'과 '잡음 전력'을 명기하는 방법에 의존한다. 따라서 진폭 SNR에서와 같이 전력 SNR도 경우에 따라 다르며, 특정 상황에 따라서 적응적으로 정의된다.

예제 3.11

잡음이 있는 의학영상 시스템에서 PSF가 $h(x, y)$이고, 입력 신호가 $f(x, y)$이면, (x, y)에서의 출력은 평균이 $\mu_N(x, y)$이고, 분산이 $\sigma_N^2(x, y)$인 잡음 $N(x, y)$과 $h(x, y)*f(x, y)$로 구성된 확률 변수 $G(x, y)$이다.

문제 이 시스템의 전력 SNR을 구하라.

해답 이 시스템 출력의 전력 SNR은 다음과 같다.

$$\text{SNR}_p = \frac{\int_{-\infty}^{\infty} \int_{-\infty}^{\infty} |h(x,y)*f(x,y)|^2 \, dx \, dy}{\sigma_N^2}, \tag{3.61}$$

여기서 잡음 전력의 분산은 σ_N^2이다. 일반적으로 모든 (x, y)에서 잡음 값들 사이에는 상관성이 없다고 가정한다.

$$\mu_N(x, y) = 0 \quad \text{그리고,} \quad \sigma_N(x, y) = \sigma_N. \tag{3.62}$$

이런 잡음을 백색 잡음이라고 한다.

백색 잡음은 실제에서는 근사적인 접근법이지만, 수학적으로 단순한 모델로 표현할 수 있으므로 사용하기에 편리하다. 대부분의 경우 상관된 잡음을 고려하고, 이런 상관성에 대한 수학적 표현을 사용하는 것이 보다 정확하다. 이 경우 잡음의 평균과 분산이 (x, y)위치와 상관이 없으면(광의의 정상적 잡음),

$$\text{SNR}_p = \frac{\int_{-\infty}^{\infty}\int_{-\infty}^{\infty} |h(x, y) * f(x, y)|^2\, dx\, dy}{\int_{-\infty}^{\infty}\int_{-\infty}^{\infty} \text{NPS}(u, v)\, du\, dv}, \tag{3.63}$$

여기서,

$$\text{NPS}(u, v) = \lim_{x_0, y_0 \to \infty} \frac{1}{4x_0 y_0} \text{E}\left[\left|\int_{-x_0}^{x_0}\int_{-y_0}^{y_0} [N(x, y) - \mu_N]\right.\right.$$
$$\left.\left. \exp\left(-j2\pi(ux + vy)\right)\, dx\, dy\right|^2\right], \tag{3.64}$$

는 잡음 전력 스펙트럼(noise power spectrum : NPS)이다. 식 (3.63)과 식 (2.96)의 파스발의 정리로부터,

$$\text{SNR}_p = \frac{\int_{-\infty}^{\infty}\int_{-\infty}^{\infty} |H(u, v)|^2\, |F(u, v)|^2\, du\, dv}{\int_{-\infty}^{\infty}\int_{-\infty}^{\infty} \text{NPS}(u, v)\, du\, dv} \tag{3.65}$$

$$= \frac{\int_{-\infty}^{\infty}\int_{-\infty}^{\infty} \text{SNR}_p(u, v)\text{NPS}(u, v)\, du\, dv}{\int_{-\infty}^{\infty}\int_{-\infty}^{\infty} \text{NPS}(u, v)\, du\, dv}, \tag{3.66}$$

여기서[식 (3.9) 참조]

$$\text{SNR}_p(u, v) = \frac{|H(u, v)|^2|F(u, v)|^2}{\text{NPS}(u, v)} = \frac{\text{MTF}^2(u, v)}{\text{NPS}(u, v)}\, |F(u, v)|^2 H^2(0, 0) \tag{3.67}$$

은 주파수에 의존하는 전력 SNR이다. 주파수 의존 SNR은 주어진 주파수에서 측정하고자 하는 LSI 시스템의 출력 신호와 잡음의 상대적인 '크기'로 정량화된다. 식 (3.66)과 (3.67)로부터 $\text{SNR}_p(u, v)$는 명암대조도, 해상도, 잡음과 화질 사이의 관계를 보여 준다. 주어진 출력 잡음 레벨(고정된 잡음 전력 스펙트럼)과 주어진 입력 영상 $f(x, y)$에서 명암대조도와 해상도 특성(높은 변조 전달 함수)이 좋아질수록 더 좋은 화질(높은 출력 전력 신호 대 잡음 비)을 얻

을 수 있다.

3.5.3 차이 SNR

물체(타깃)가 배경 위에 있다고 하자. f_t와 f_b가 각각 타깃과 배경에서의 평균 영상의 강도라고 하자. '신호'를 타깃과 배경 간의 평균 영상 강도의 차이를 타깃의 면적 A에 대하여 적분한 값이라 하고, '잡음'을 배경의 면적 A에 대한 평균으로부터 영상 강도의 랜덤 변동이라할 때 차이 SNR(SNR_{diff})은 다음과 같다.

$$SNR_{diff} = \frac{A(f_t - f_b)}{\sigma_b(A)}, \tag{3.68}$$

여기서 $\sigma_b(A)$는 배경 면적 A에서의 평균에 대한 영상 강도 값의 표준편차이다. 식 (3.12)로부터

$$SNR_{diff} = \frac{CAf_b}{\sigma_b(A)}, \tag{3.69}$$

를 얻을 수 있으며, 이는 차이 SNR과 명암대조도의 관계이다.

예제 3.12

투사 방사선 촬영에서, 타깃 주변의 배경 영역에서 단위 면적당 평균 광자 수는 f_b이며, $f_b = \lambda_b$이다. 여기서, λ_b는 배경에서의 단위 면적당 광자 수를 계산하는 포아손 확률 분포의 평균이 된다. 이 경우 $\sigma_b(A) = \sqrt{\lambda_b A}$이다.

문제 차이 SNR을 얻기 위한 단위 면적당 배경 광자의 평균 수를 구하라.

해답 식 (3.69)로부터

$$SNR_{diff} = \frac{CA\lambda_b}{\sqrt{A\lambda_b}} = C\sqrt{A\lambda_b}. \tag{3.70}$$

식 (3.70)으로부터, 차이 SNR은 방사선 노출(단위 면적당 평균 광자 수 λ_b로 특성화됨)을 물체 면적에 곱한 제곱근뿐만 아니라 명암대조도와도 비례한다. 주어진 차이 SNR로부터 단위 면적당 배경 광자의 평균은

$$\lambda_b = \frac{SNR_{diff}^2}{C^2 A}. \tag{3.71}$$

이다. 이 관계식은 Albert Rose에 의한 처음 제안되었기 때문에 로즈 모델로 알려져 있다. 낮은 명암대조도의 물체에 대하여 좋은 화질을 유지하기 위해서는(즉, 영상의 높은 SNR을 얻기 위해서) 높은 방사선 선량이 요구된다.

3.5.4 데시벨

SNR은 데시벨(dB)로 표시된다. SNR이 진폭 SNR 혹은 차이 SNR과 같이 크기의 비일 때는

$$\text{SNR (dB)} = 20 \times \log_{10} \text{SNR} \quad \text{(크기의 비)} \tag{3.72}$$

신호 대 잡음 비가 전력 신호 대 잡음 비와 같이 전력의 비일 때는

$$\text{SNR (dB)} = 10 \times \log_{10} \text{SNR} \quad \text{(전력의 비)} \tag{3.73}$$

3.6　샘플링

컴퓨터를 사용하여 연속적인 신호를 감지하고, 저장하고, 처리하기 위해서는 신호를 숫자로 변환해야 한다. 이산화 혹은 **샘플링**이라고 부르는 이 과정은 대표적인 신호값만 선택하고 나머지는 버린다는 것을 의미한다. 이를 수행하기 위한 많은 방법들이 있다. 이 책에서는 소위 **직사각형 샘플링** 방법을 사용하고자 한다. 이 방법에 따르면 2D 연속 신호가 2D 직사각형 격자의 꼭지점에 있는 2D 연속 신호의 값을 가지는 이산 신호로 대체된다. 보다 정확히 표현하면, 2D 연속 신호 $f(x, y)$가 주어지면 다음과 같이 직사각형 샘플링으로 2D 이산 신호를 만든다.

$$f_d(m, n) = f(m\Delta x, n\Delta y), \quad \text{여기서 } m, n = 0, 1, \ldots. \tag{3.74}$$

식 (3.74)에서, Δx와 Δy는 각각 x와 y방향의 샘플링 간격이다. 그림 3.12는 이 과정에 대한 예시이다. $f_d(m, n)$는 점 $(m\Delta x, n\Delta y)$에서 2D 연속 신호 $f(x, y)$의 값이다. $1/\Delta x$와 $1/\Delta y$는

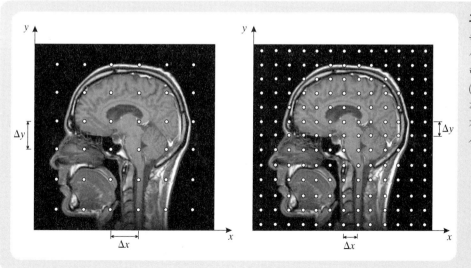

그림 3.12
큰 샘플링 간격의 직사각형 샘플링(왼쪽)과 미세한 샘플링 간격의 직사각형 샘플링(오른쪽)의 예. 큰 샘플링 간격은 적은 수의 샘플을 만들지만 이로부터 본래의 연속 신호를 재건할 수 없다.

각각 Δx와 Δy의 **샘플링 주파수**이다. 샘플링 주파수는 콤 함수와 연관되어 있으며 샘플링 함수는 2장에서 설명하였다.

이상적으로는 가능한 적은 수의 샘플을 가지고자 한다. 이 방법은 검출기의 수(각 검출기가 필요한 스캐닝 시간)를 최소화하고 신호의 저장과 이에 따른 신호 처리에 필요한 시간을 줄일 수 있다. 다음과 같은 질문을 하자. 2D 연속 신호 $f(x, y)$가 주어졌을 때, 식 (3.74)에 의해 얻어진 2D 이산 신호 $f_d(m, n)$로부터 $f(x, y)$가 재건되기 위한 Δx와 Δy의 최댓값은 무엇인가? 그림 3.12에 예시된 것처럼 미세한 **샘플링**보다 거친 **샘플링**을 하고자 한다. 그러나 이때 (극단적인 경우) 하나의 샘플만을 선택할 경우, 일반적으로(신호가 상수를 갖지 않는다면) 연속 신호를 나타내기 위해서 충분하지 않다는 것은 명백한 사실이다.

연속 신호에 대해 너무 적은 수로 샘플링하면 고주파수가 저주파수로 '잘못되는' 에일리어싱에 의해 잘못된 신호가 발생된다. 이 경우 샘플된 신호로부터는 원신호를 재건하기가 어렵다. 가장 최상의 연속 신호로의 재건 방법을 사용하여도 에일리어싱에 의한 잘못된 신호가 포함된다. 이러한 인공물에 의한 시각적 모양은 신호의 스펙트럼에 따르는데, 일반적으로 신호에 존재하지 않는 새로운 고주파의 패턴으로 나타난다. 이러한 패턴의 공간 주파수는 실제보다 낮지만 영상 내에 있는 다른 공간 주파수에 비해서는 상대적으로 높다. 이러한 현상의 예가 그림 3.13에 있다. 충분히 많은 수의 샘플로 영상이 샘플되지 않으면 그림 3.13(b)의 영상과 같이 원 영상에는 나타나지 않는 고주파 성분이 나타난다. 3.6.3절에 있는 에일리어싱 제거 필터를 사용하면 영상은 흐려지지만 그림 3.13(c)와 같은 에일리어싱 없는 영상을 얻을 수 있게 된다. 의학영상 시스템에서 에일리어싱이 없게 샘플링하는 것은 매우 중요하다.

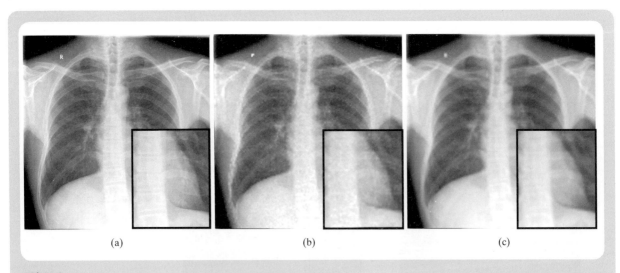

그림 3.13
(a) 흉부 엑스선 영상과 샘플링된 영상 (b) 에일리어싱 제거 필터를 사용하지 않은 영상 (c) 에일리어싱 제거 필터를 사용한 영상. 사각형 안에는 확대된 영상을 보여 주고 있다.

3.6.1 샘플링을 위한 신호 모델

천천히 변하는 신호는 빨리 변하는 신호보다 적은 수의 샘플로부터 재건될 수 있다는 것은 명백한 사실이다. 그리고 빨리 변하는 신호는 빠른 신호의 변화가 있는 영역에서보다 더 많은 수의 샘플이 필요하다. 공간에서의 신호의 변화는 주파수 성분과 직접적으로 관련되어 있으므로 신호의 주파수 성분과 샘플링 주기 Δx와 Δy에 직접적으로 연관되어 있다. 여기서 이러한 내용을 수학적으로 증명하고 최적의 Δx와 Δy의 값을 선택하기 위한 방법을 유도하고자 한다. 이를 위해 식 (2.13)에 주어진 콤 함수 $\text{comb}(x, y)$와 이와 밀접한 관계가 있는 식 (2.14)의 샘플링 함수 $\delta_s(x, y; \Delta x, \Delta y)$를 사용하고자 한다.

샘플링 함수를 연속 신호 $f(x, y)$에 곱하면,

$$f_s(x, y) = f(x, y)\delta_s(x, y; \Delta x, \Delta y)$$

$$= \sum_{m=-\infty}^{\infty} \sum_{n=-\infty}^{\infty} f(x, y)\delta(x - m\Delta x, y - n\Delta y) \quad [\text{식 } (2.14)\text{로부터}],$$

$$= \sum_{m=-\infty}^{\infty} \sum_{n=-\infty}^{\infty} f(m\Delta x, n\Delta y)\delta(x - m\Delta x, y - n\Delta y) \quad [\text{식 } (2.7)\text{로부터}],$$

$$= \sum_{m=-\infty}^{\infty} \sum_{n=-\infty}^{\infty} f_d(m, n)\delta(x - m\Delta x, y - n\Delta y), \tag{3.75}$$

마지막 단계에서 식 (3.74)를 사용하였다. 이 식은 이산 신호 $f_d(m, n) = f(m\Delta x, n\Delta y)$가 주어지면, 샘플링 주기 Δx와 Δy에 관계없이 연속 신호 $f_s(x, y)$를 얻을 수 있다는 것을 보여 준다. 만약 $f_s(x, y)$로부터 $f(x, y)$를 재건할 수 있으면, $f(x, y)$는 $f_d(m, n)$으로부터 재건될 수 있다. 여기에서 중요한 점은 샘플링 효과를 이해하기 위해서 $f_s(x, y)$와 연속 신호 $f(x, y)$의 관계를 관찰하는 것이다.

$f_s(x, y)$는 두 신호의 곱이므로, 이에 대한 푸리에 변환은 두 함수의 푸리에 변환의 콘볼루션이다. 푸리에 변환의 곱하기 특성 식 (2.92)를 사용하면,

$$F_s(u, v) = F(u, v) * \text{comb}(u\Delta x, v\Delta y)$$

$$= F(u, v) * \sum_{m=-\infty}^{\infty} \sum_{n=-\infty}^{\infty} \delta(u\Delta x - m, v\Delta y - n) \quad [\text{식 } (2.13)\text{으로부터}],$$

$$= \frac{1}{\Delta x \Delta y} F(u, v) * \sum_{m=-\infty}^{\infty} \sum_{n=-\infty}^{\infty} \delta(u - m/\Delta x, v - n/\Delta y) \quad [\text{식 } (2.8)\text{로부터}],$$

$$= \frac{1}{\Delta x \Delta y} \sum_{m=-\infty}^{\infty} \sum_{n=-\infty}^{\infty} F(u, v) * \delta(u - m/\Delta x, v - n/\Delta y)$$

$$= \frac{1}{\Delta x \Delta y} \sum_{m=-\infty}^{\infty} \sum_{n=-\infty}^{\infty} \left[\int_{-\infty}^{\infty} \int_{-\infty}^{\infty} \right.$$

$$F(\xi, \eta)\delta(u - m/\Delta x - \xi, v - n/\Delta y - \eta)\, d\xi\, d\eta \Bigg]$$

$$= \frac{1}{\Delta x \Delta y} \sum_{m=-\infty}^{\infty} \sum_{n=-\infty}^{\infty} F(u - m/\Delta x, v - n/\Delta y) \quad \text{[식 (2.6)으로부터]}, \quad (3.76)$$

여기서 샘플링 함수의 푸리에 변환이 다음 식과 같이 된다는 사실은 표 2.1을 이용하였다.

$$\mathcal{F}_{2D}(\delta_s(x, y; \Delta x, \Delta y)) = \text{comb}(u\Delta x, v\Delta y), \quad (3.77)$$

식 (3.76)으로부터 $f_s(x, y)$의 푸리에 스펙트럼 $F_s(u, v)$는 $f(x, y)$의 스팩트럼 $F(u, v)$를 모든 m과 n에 대하여 $(m/\Delta x, n/\Delta y)$로 이동하고, 이동된 각 주파수 성분에 $\Delta x \Delta y$를 나눈 후 모두 합하여 계산할 수 있다. 이 과정이 그림 3.14에 예시되어 있다. 이동된 스펙트럼 $F_s(u, v)$가 겹치지 않으면 $f(x, y)$의 원 스펙트럼 $F(u, v)$는 스펙트럼 가운데 하나의(등가) 스펙트럼을 '선택'하여 $f_s(x, y)$를 필터링함으로써 재건할 수 있다. 그림 3.14(b)에 회색 상자로 윤

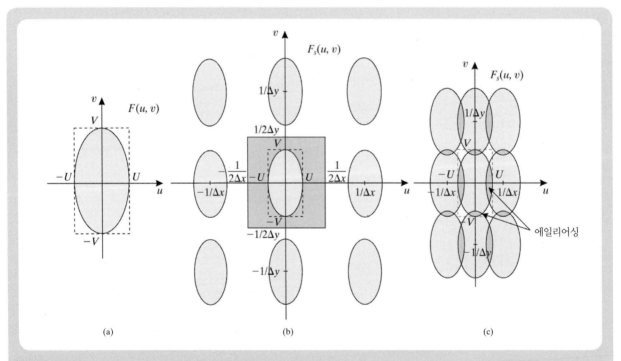

그림 3.14
(a) 차단 주파수가 U, V인 대역 제한된 연속 신호 $f(x, y)$의 스펙트럼 $F(u, v)$, (b) 샘플링 주기 $\Delta x < 1/2U$, $\Delta y < 1/2V$로 $f(x, y)$를 샘플링하여 얻어진 $f_s(x, y)$의 스펙트럼 $F_s(u, v)$. 이 경우, $F_s(u, v)$로부터 $F(u, v)$를 완전히 재건할 수 있다. 스펙트럼 $F(u, v)$는 밝은 그레이 영역 내부는 1이고, 나머지는 0을 택하여 얻어진다. (c) $f(x, y)$을 샘플링 주기 $\Delta x > 1/2U$과 $\Delta y > 1/2V$로 샘플링하여 얻어진 $f_s(x, y)$의 스펙트럼은 $F_s(u, v)$이다. 이 경우 $f_s(x, y)$는 에일리어싱이 발생되며, $F(u, v)$는 완전하게 복원되지 못한다.

곽선이 그려진 것처럼 통상적으로 원점에 중심을 둔 스펙트럼을 획득하기 위하여 저주파 통과 필터[식 (2.102) 참조]를 사용한다.

3.6.2 나이퀴스트 샘플링 정리

$F_s(u, v)$의 스펙트럼이 겹치지 않기 위해서는 $f(x, y)$의 스팩트럼이 직사각형 주파수 영역 밖에서는 0이 되어야 한다. 그런 신호를 대역 제한 신호라 한다. 만약 $f(x, y)$의 x와 y방향에서 가장 높은 주파수가 각각 U와 V라고 하면,

$$\Delta x \leq \frac{1}{2U} \quad \text{그리고} \quad \Delta y \leq \frac{1}{2V}, \tag{3.78}$$

이면, $F(u, v)$는 스펙트럼 $F_s(u, v)$로부터 재건될 수 있다. 이 경우 $f(x, y)$는 $f_s(x, y)$로부터, 즉 샘플 $f_d(m, n)$으로부터 재건이 될 수 있다.

만약 $\Delta x > 1/2U$ 혹은 $\Delta y > 1/2V$ 경우, $F_s(u, v)$ 내에서 $F(u, v)$의 '높은' 주파수가 겹쳐지고 에일리어싱이 발생된다. 에일리어싱은 그림 3.14(c)에 예시되어 있다. 이 경우 스펙트럼 $F(u, v)$는 스펙트럼 $F_s(u, v)$로부터 재건될 수 없게 된다. 따라서 $f(x, y)$는 샘플 신호인 $f_d(m, n)$으로부터 복원되지 않는다.

요약하면, 다음과 같은 중요한 결과를 얻었다. 차단 주파수 U와 V를 가진 대역 제한된 신호 $f(x, y)$는 샘플링 주기 Δx와 Δy가

$$\Delta x \leq \frac{1}{2U} \quad \text{그리고} \quad \Delta y \leq \frac{1}{2V}.$$

인 조건을 만족하면 샘플링된 신호 $f_d(m, n) = f(m\Delta x, n\Delta y)$로부터 $f(x, y)$를 얻을 수 있다.

이것을 샘플링 정리(혹은 발명자의 이름을 따라 나이퀴스트 샘플링 정리)라 한다. 에일리어싱을 피하기 위하여, Δx와 Δy의 허용된 최댓값은 다음 식과 같다.

$$(\Delta x)_{max} = \frac{1}{2U} \quad \text{그리고} \quad (\Delta y)_{max} = \frac{1}{2V}, \tag{3.79}$$

이를 나이퀴스트 샘플링 주기라 한다.

앞에서 설명한 것으로부터 에일리어싱이 없는 샘플링을 위해서는 신호 대역이 제한되어 있어야 한다. 식 (3.79)로부터, 에일리어싱이 없는 샘플링에 요구되는 최소한의 샘플 수는 차단 주파수 U와 V에 직접적으로 비례한다. 이는 작은 U와 V값으로 특성화되는 천천히 변하는 영상은 큰 U, V값으로 특성화되는 변화가 많은 영상보다 적은 수의 샘플이 필요하다. 앞서 설명에서 왜 샘플이 충분히 많지 않으면 고주파 잡음이 발생되는지를 이해할 수 있게 될 것이다. 푸리에 변환에서 에일리어싱으로 인하여 고주파 성분의 겹침은 인위적으로 고주

파 성분을 증가시키기 때문이다.

3.6.3 에일리어싱 제거 필터

의학영상 시스템에서, 필요한 검출기의 수와 화질 사이에는 고유의 상호 보완성이 있다. 많은 샘플을 얻는 것은 일반적으로 높은 영상 해상도를 얻지만 제품 가격이 상승하거나 데이터 획득 시 많은 시간이 소모된다. 샘플 수를 줄이면 영상에 원하지 않는 인공물이 만들어지는 에일리어싱이 발생된다. 해결 방안은 먼저 연속 신호에 저주파 통과 필터를 적용하고 그 후 적은 수의 샘플링을 하는 것이다. 이 경우 영상은 에일리어싱에 의한 인공물은 없어지지만 영상이 흐려져 화질이 저하되는데, 이것이 일반적으로 선호하는 편이다. 이런 저주파 통과 필터를 에일리어싱 제거 필터라 하고 샘플링하기 전에 사용한다.

에일리어싱 제거 필터는 의학영상 장비에 내재된 현상인데, 이는 본래의 연속신호가 시스템의 임펄스 응답에 의하여 흐려지기 때문이다. 그 이유는 대부분의 의학영상 시스템은 점 샘플러가 아니라 적분기를 사용하기 때문이다. 영상의 흐려짐에는 두 가지 원인이 있는데, 하나는 시스템의 구조와 시스템 고유의 물리적 특성에 의한 것이고, 다른 하나는 검출기 자체에 기인한 것이다. 시스템 구조와 물리적 특성에 기인한 것은 영상 흐려짐에 적은 영향을 미치므로 고주파 신호는 검출기에서 기인된다. 비록 이러한 현상은 영상 기법에 따라 매우 다르지만, 시스템의 구조와 물리적 특성은 에일리어싱 제거에 매우 적은 영향을 미친다.

에일리어싱 제거는 대부분 검출기에서 이루어지는데, 이는 검출기가 입력 신호를 적분하기 때문이다. 이러한 부가적인 적분은 시스템 전체의 PSF에 영향을 미치고 샘플링을 수행하기 전의 저주파 필터링을 하는 것과 같다. 실제 검출기는 점 샘플러가 아니므로 입력 신호 $f(x, y)$에 샘플링 함수 $\delta_s(x, y; \Delta x, \Delta y)$를 곱하는 이론적 의학영상 시스템의 이산적 모델과는 차이가 있다. 검출기의 적분 효과는 검출기의 PSF $h(x, y)$와 $f(x, y)$와의 콘볼루션으로 모델링 할 수 있다. 전체 검출기 시스템의 PSF는 검출기의 기하학적 해상도를 포함한 각 해상도의 특성을 가진 여러 검출기들의 연결로 표시할 수 있다. 여기서 샘플링 부분에 초점을 맞추고자 한다. 실제는 점 샘플링이 아닌 샘플링 과정이다. 대부분의 경우 샘플링은 점 샘플링이 아니라 **면적 샘플링**이다. 이는 검출기가 고유의 디지털화(화소와 연관된 검출기)를 하거나 출력이 화소의 배열로 표현될 때 발생한다. 이러한 경우 면적 샘플링의 PSF는 직각 함수 [식 (2.16)]로 표현되고, 실제 샘플링 과정은 수학적으로 다음과 같이 모델링될 수 있다.

$$f_d(m, n) = f_s(m\Delta x, n\Delta y)\,, \tag{3.80}$$

$$f_s(x, y) = [h(x, y) * f(x, y)]\, \delta_s(x, y; \Delta x, \Delta y)\,. \tag{3.81}$$

적분기는 저역 통과 과정이므로, 앞에서 설명한 에일리어싱 제거 필터 접근법과 유사하다. 연속 신호 $f(x, y)$는 먼저 PSF $h(x, y)$로 저역 통과 필터링이 되고 이로부터 샘플링에 의해 $f_d(m, n)$을 얻는다. 개개의 해상도 관련 부분들로 인한 전체 PSF는 면적 샘플링 부분의 PSF

만이 아니라 시스템 전체 PSF인 $h(x, y)$를 이용하여 분석하여야 한다.

예제 3.13

x와 y방향에서의 샘플링 주기가 Δ인 의학영상 시스템이 있다.

문제 샘플링에서 에일리어싱이 일어나지 않기 위해서 영상에서 허용된 가장 높은 주파수는 무엇인가? PSF가 직사각형 함수로 모델링되는 에일리어싱 제거 필터가 사용되고, 이에 대한 전달 함수의 부엽들(side lobes)을 무시할 경우 직사각형 함수의 폭은 얼마인가?

해답 나이퀴스트 샘플링 정리로부터 영상에 포함된 주파수가 $1/2\Delta$ 이상이면, 에일리어싱이 일어난다. 그러므로 영상에서 허용되는 가장 높은 주파수는 $1/2\Delta$이다.

만약 에일리어싱 제거 필터가 사용되면 샘플링될 영상의 가장 높은 주파수는 필터의 차단 주파수이다(여기서, 필터의 전달 함수가 차단 주파수 밖에서 0이라 가정한다). 이 예제에서, 에일리어싱 제거 필터는 직사각형 함수로 모델링된다. 전달 함수는 싱크 함수(차단 주파수가 변하지 않으므로 직사각형 함수의 크기는 무시한다)로 주어졌다.

$$H(u, v) = \text{sinc}(\Delta_x u, \Delta_y v),$$

여기서 Δ_x와 Δ_y는 각각 x와 y방향의 필터 폭이다.

$H(u, v)$의 사이드로브를 무시하면 필터의 차단 주파수는 싱크 함수가 첫 번째 0이 되는 $1/\Delta_x$와 $1/\Delta_y$이다. 그러므로 주어진 샘플링 주기 Δ에 대해, 다음을 만족해야 한다.

$$\frac{1}{\Delta_x} \leq \frac{1}{2\Delta} \quad \text{그리고} \quad \frac{1}{\Delta_y} \leq \frac{1}{2\Delta},$$

이는 다음과 같다.

$$\Delta_x \geq 2\Delta \quad \text{그리고} \quad \Delta_y \geq 2\Delta.$$

그림 3.13은 에일리어싱 필터를 사용한 경우와 사용하지 않은 경우에 대한 샘플링 효과를 보여 주고 있다. 샘플링 주기가 충분히 작지 않으면 스펙트럼이 겹치게 되어 그림 3.13(b)에 나타난 것 같이 고주파 패턴들로 만들어지는 인공물이 나타난다. 샘플링을 하기 전 에일리어싱 제거를 위한 저주파 필터링된 영상은 그림 3.13(c)에 나타난 것 같이 인공물은 나타나지 않지만 영상이 흐려진다.

3.7 다른 효과

3.7.1 인공물

종종 화질에 영향을 미치는 문제는 해부학적 혹은 기능적 물체를 나타내지 못하게 하는 인공물로 알려진 영상 특징을 만드는 것이다. 인공물은 중요한 타깃을 희미하게 하여 정확한 영상 특징을 잘못 해석하게 한다. 또한 영상에 '소음'을 첨가하여 관심이 있는 특징의 정확한 검출 및 특성을 손상시킨다.

인공물은 여러 가지 이유로 만들어지며, 영상화 과정의 어느 단계에서도 나타날 수 있다. 예를 들면, 투사 방사선 촬영에서 인공물은 엑스선원에 의해 만들어지거나, 영상화할 필요가 없는 환자의 노출 부위를 피하기 위한 엑스선 빔을 제한하는 부분에 의해서도 만들어지고, 영상화할 부분에 대한 엑스선 영상 증배기의 비 균일성에 의해서도 발생된다.

CT에서 인공물은 환자의 움직임에 의하여 만들어지며, 이것은 영상에서 줄 왜곡으로 나타나며 움직임 인공물로 알려져 있다. 그림 3.15(a)에 나타나 있다. CT에서 다른 대표적인 인공물은 별 인공물이다. 이것은 환자 내부의 금속성 물질에 의해 만들어지며 불완전한 투영을 야기한다. 이 인공물의 예가 그림 3.15(b)에 나타나 있다. 또 다른 인공물은 선속 경화 인공물이다. 이것은 영상에서 넓은 검은 띠 혹은 줄 모양으로 나타나는데, 이는 어떤 물체에서의 큰 엑스선 빔 감쇠에 기인한다. 이런 인공물의 영상은 그림 3.15(d)에 나타나 있다. 마지막으로 CT에서 공통적인 인공물은 소위 링 인공물이며, 그림 3.15(c)에 나타나 있다. 이 인공물은 검출기의 측정 범위 밖의 값이어서, 입력 데이터를 적절히 기록하지 못함에 기인한다.

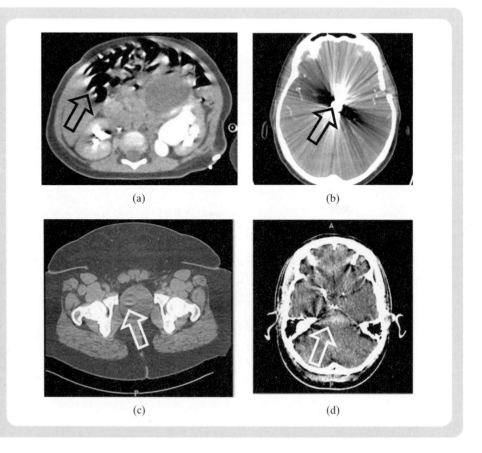

그림 3.15
CT에서 인공물의 예. (a) 움직임 인공물, (b) 별 인공물, (c) 링 인공물, (d) 선속 경화와 부분 체적 인공물

여러 가지 이유로 의학영상에 인공물이 더해져 영상이 변한다. 인공물을 평가하고 가능하면 인공물을 잘 제거하는 것이 높은 화질의 의학영상 시스템을 구현하기 위한 중요한 부분이다. 좋은 디자인, 적당한 교정 및 의학영상 시스템의 관리는 인공물을 조절하고 제거할 수 있게 한다. 특정 영상 기법들에서 나타나는 인공물은 다음 장에서 설명한다.

3.7.2 왜곡

의학영상 시스템에서 화질에 영향을 미치는 또 다른 요소는 왜곡이다. 왜곡은 기하학적으로 존재하며 관심 물체의 형태, 크기, 위치를 정확하게 표현하지 못하는 의학영상 시스템의 성능을 나타낸다.

예를 들면, 투사 방사선 촬영에서 **크기 왜곡**은 영상화하고자 하는 물체로부터 엑스선원과의 거리에 의하여 발생되는 영상의 확대에 기인한다. 이것은 그림 3.16(a)에 나타나 있다. 비록 2개의 검은 물체의 크기는 다르지만 이들의 투영은 같게 나타난다.

반면 **형태 왜곡**은 영상화될 물체의 확대율이 다름으로 인하여 만들어진다. 형태 왜곡의 공통적인 원인은 인체 내의 다른 높이에 있는 해부학적 구조물에서 나타난다. 투사 방사선 촬영에서 형태 왜곡은 엑스선 빔의 발산에 기인한다. 이는 그림 3.16(b)에 나타나 있다. 비록 두 검은 물체의 크기는 같지만 투영된 영상은 다른 크기로 나타난다.

불행히도 이러한 왜곡들을 수정하기가 매우 어렵다. 왜곡을 평가하기 위해서는 영상화할 물체의 실제 형태와 크기에 대한 지식이 필수적이다. 또한 영상의 기하학적 정보가 필요하다. 왜곡을 보정하는 방법을 개발하는 것은 진단의 정확도를 높이고 화질을 향상시키는 데 매우 중요하다. 각 영상 기법들에서 만들어지는 왜곡에 관해서는 다음 장에서 다룬다.

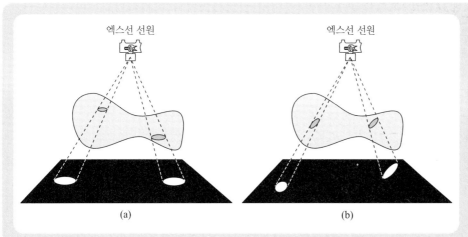

(a)

(b)

그림 3.16

(a) 확대에 따른 투사 방사선 촬영 장치에서의 크기 왜곡. 비록 2개의 검은 물체의 크기는 다르지만 투영된 크기는 같다. (b) 엑스선 빔 발산으로 인한 방사선 영상에서의 형태 왜곡. 비록 2개의 검은 물체는 크기가 같지만, 투영된 영상의 크기는 서로 다르다.

3.8　정확도

이 장의 앞 절에서 화질의 정량적인 측정법들에 초점을 맞추어 설명하였다. 비록 그렇다 하더라도, 초반에 언급한 것처럼 궁극적으로 화질은 특정 임상에 응용할 수 있는가, 라는 맥락에서 판단되어야 한다. 의학영상은 진단(질병이 있는가?), 예후(어떻게 질병이 진행되고, 예견되는 결과는 무엇인가?), 치료 계획(어떤 치료법이 가장 좋을까?) 및 치료 모니터링(치료가 병을 고치고 있으며 어느 정도까지 낫게 할 것인가?)에 사용된다. 근본적으로 이러한 임상적인 응용 분야에서 의학영상의 **정확도**에 관심이 있다. 여기서 '정확도'라 함은 실제에 가까운 정도(오차가 없음)와 임상적 유용성 두 가지를 모두 의미한다. 실제에서는 정량적 정확도와 진단적 정확도를 의미한다.

3.8.1 정량적 정확도

종종 우리는 영상 내에서 주어진 해부학적 혹은 기능적 특징들에 대한 수치 값들에 관심이 있다. 예를 들면, 방사선 영상에서 종양의 크기를 측정하거나 핵의학 영상에서 포도당 대사율을 추정하는 것이다. 이러한 경우 측정 오차를 알아야 한다. 오차 혹은 실제 값과의 차이는 두 가지 이유로부터 발생된다. 하나는 구조적이고 반복적으로 나타나는 실제 값과의 차이인 **편향성**이고, 다른 하나는 측정과 측정 사이에서의 오차에 기인한 랜덤한 현상으로 나타나는 **부정확성**이다.

　편향성에 의한 오차와 부정확성에 의한 오차 성분을 분리하는 것이 필요하다. 만일 측정이 정확하다면(계속 같은 값을 얻을 수 있다면), 측정값을 실제 값으로 변환하는 교정 표준을 사용하여 시스템 오차를 보정할 수 있다. 실제에서 오차는 위의 두 가지 성분 모두에 의해 발생되므로 측정에서 오차가 없을 수 없다.

3.8.2 진단 정확도

의학영상을 환자 내의 관심 파라미터(혹은 파라미터의 집합)들을 표현한 것으로 개념화할 수 있다. 단순히 표현하여, 진단 과정을 환자가 정상인지 비정상인지를 분류하기 위한 파라미터를 추출하는 테스트라 가정하자. 더 나아가 파라미터를 2개의 가우시안 분포로 개념화하자. 하나는 정상인의 것이고, 나머지는 질병이 있는 환자로 하며 2개의 분포는 어느 정도 겹쳐져 있다고 하자. 이것은 어떤 정상인이 질병이 있는 환자로 분류될 수 있다는 것을 내포하며, 이에 대한 역도 성립한다.

　임상적인 집단에서는 2개의 파라미터에 관심이 있다.

- **민감도** 또는 **진-양성 분수**(true-positive fraction)로 알려져 있다. 이것은 테스트에서 비정상으로 분류되는 질병을 가진 환자의 분수이다.
- **특이도** 또는 **진-음성 분수**(true-negative fraction)로 알려져 있다. 이것은 테스트에서 정상적으로 분류되는 질병이 없는 환자의 분수이다.

민감도와 특이도를 그림 3.17에 있는 것처럼 2×2 분할표를 사용하여 환자의 그룹에 대하여 만들었다. 여기서 a와 b는 각각 테스트가 비정상이라고 분류한 사람들 가운데 질병을 가진 환자 수와 정상인의 수이다. 반면 c와 d는 각각 테스트가 정상이라고 분류한 사람들 가운데 질병을 가진 환자 수와 정상인의 수이다. 이 경우 민감도와 특이도는 다음과 같다.

그림 3.17
분할표

$$민감도 = \frac{a}{a+c}, \qquad\qquad 특이도 = \frac{d}{b+d}. \qquad (3.82)$$

일반적으로 질병의 유무를 확인하는 궁극적인 진단은 의학영상보다 더 침습적인 테스트를 사용한다. 의학영상 과정(비 침습적)의 정확도를 증명하기 위하여 '골드 스탠더드'가 사용된다. 진단 정확도(diagnostic accuracy : DA)는 정확하게 진단된 환자의 분수로 다음과 같다.

$$DA = \frac{a+d}{a+b+c+d}. \qquad (3.83)$$

진단 정확도를 최대화하기 위해서는 민감도와 특이도가 모두 최대가 되어야 한다. 실제에서, 정상인과 질병이 있는 환자 사이의 파라미터 값의 분포가 겹쳐져 있으므로 문턱치는 그림 3.18에 있는 것처럼 결정되어 '비정상'을 구분한다. 문턱치가 낮다는 것은 테스트가 더 많은 경우를 비정상으로 분류하고, 그리하여 민감도는 증가되지만 특이도는 감소한다. 문턱치가 높아진다는 것은 테스트가 비정상으로 분류하는 수가 감소하여 특이도는 증가하

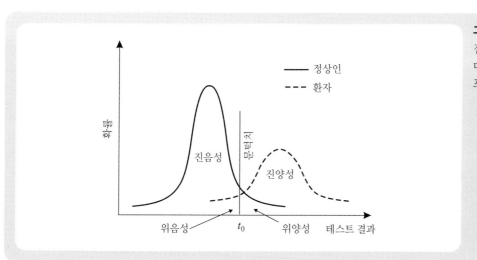

그림 3.18
질병을 가진 환자와 정상인에 대한 테스트 결과의 확률 분포

지만 민감도는 감소한다. 이 관계를 그래프로 표현하는 방법 중의 하나가 수신자 조작 특성 (receiver operating characteristics : ROC)인데, 이는 민감도와 특이도를 그린 것이다(연습문제 3.29 참조).

실제에서 문턱치는 민감도와 특이도 사이에서 균형 있게 선택되어야 한다. 테스트에서 문턱치는 정상인 환자를 비정상으로 판단하거나 질병이 있는 환자를 정상으로 판단하는 것 같이 상대적으로 잘못된 판단에 대한 손실을 최소화하도록 결정해야 한다. 또한 문턱치는 질병을 가진 모든 환자들의 비율 혹은 유병률에 의존하는데, 이는 실제에서 2개의 다른 파라미터에 의존하기 때문이다.

- 양성 예측도(positive predictive value : PPV)는 테스트가 비정상으로 분류한 환자 가운데서 실제 질병을 가지고 있는 사람의 비율
- 음성 예측도(negative predictive value : NPV)는 테스트가 정상으로 분류한 환자 가운데서 실제 질병을 가지고 있지 않는 사람의 비율

식은 다음과 같다.

$$\text{PPV} = \frac{a}{a+b}, \quad \text{그리고} \quad \text{NPV} = \frac{d}{c+d}, \tag{3.84}$$

두 식 모두 **유병률**(prevalence, PR)에 의존하며, 다음과 같다.

$$\text{PR} = \frac{a+c}{a+b+c+d}. \tag{3.85}$$

예제 3.14

진단 정확도만으로는 진단 방법이 얼마나 좋은지를 말할 수 없다. 다음 문제는 진단 방법이 좋지 않은데 높은 진단 정확도를 가지는 것을 보여 준다.

문제 100명의 환자 집단이 있다고 한다. 이 가운데 10명은 질병이 있고 90명은 정상이다. 테스트에서 모든 환자가 정상이라고 판단되었다고 한다. 테스트에 대한 분할표를 만들고 테스트의 민감도, 특이도와 진단 정확도를 구하라.

해답 환자에 대한 분할표는 다음과 같다.

		질병	
		+	−
테스트	+	0	0
	−	10	90

표로부터 $a = b = 0$, $c = 10$과 $d = 90$이다. 테스트의 민감도, 특이도 및 진단 정확도는

$$민감도 = \frac{a}{a+c} = 0,$$

$$특이도 = \frac{d}{b+d} = 1.0,$$

$$진단\ 정확도 = \frac{a+d}{a+b+c+d} = 0.9.$$

위 식에서 비록 질병을 가진 환자가 잘못 진단되어도, 여전히 상대적으로 높은 진단 정확도인 0.9가 된다. 이것은 연구 그룹에서 대부분의 환자가 질병 없는 환자들로 구성되었기 때문이다.

3.9 요약 및 핵심 개념

화질은 의학영상 시스템의 성능을 특성화하고 임상적 유용성에 직접 영향을 미친다. 화질은 영상에서 측정되는 특정 성능 파라미터들의 조합으로 평가된다. 이 장에서 반드시 이해해야 할 개념들은 다음과 같다.

1. 화질은 방사선 전문의가 영상을 통하여 임상적 목적을 수행할 수 있는 영상의 수준을 나타낸다.
2. 화질에 영향을 미치는 여섯 가지의 중요한 요소는 명암대조도, 해상도, 잡음, 인공물, 왜곡 및 정확도이다.
3. 명암대조도는 물체 혹은 타깃과 물체 주변 혹은 배경 내부의 영상 밝기의 차이를 나타낸다.
4. 해상도는 공간, 시간 혹은 에너지에서 떨어져 있는 두 신호를 분리할 수 있는 영상 시스템의 능력이다.
5. 잡음은 영상 내에서의 랜덤 변동이다. 잡음은 일반적으로 영상 내에서 신호를 검출할 수 있는 능력을 방해한다.
6. 연속 신호는 샘플링 혹은 이산화에 의하여 디지털로 표시되는 이산 신호로 변환된다.
7. 에일리어싱은 연속 신호에 대해 충분하지 못한 샘플링을 하였을 때 발생되며, 이 결과로 디지털 영상에 인공물을 만들어 낸다.
8. 인공물은 환자 내의 구조적 혹은 기능적 신호를 나타내게 하지 못하게 하는 영상에서의 잘못된 신호이다.
9. 왜곡은 크기 혹은 형태에서의 기하학적 부정확성이다.
10. 정량적 정확도는 실제와 비교하였을 때 영상으로부터 얻어진 수치적 값의 정확성이다. 진단 정확도는 영상 패턴에서 얻어진 질병 유무에 대한 해석과 결론의 정확성을 나타낸다.

참고문헌

Barrett, H.H. and Swindell, W. *Radiological Imaging: The Theory of Image Formation, Detection, and Processing*. New York, NY: Academic Press, 1981.

Carlton, R.R. and Adler, A.M. *Principles of Radiographic Imaging: An Art and a Science*, 5th ed. Clifton Park, NY: Delmar Cengage Learning, 2012.

Cherry, S.R., Sorenson, J.A., and Phelps, M.E. *Physics in Nuclear Medicine*, 4th ed. Philadelphia, PA: W. B. Saunders, 2012.

Cunningham, I.A. "Applied Linear Systems Theory." pp. 79–159 in *Handbook of Medical Imaging. Vol. 1, Physics and Psychophysics*. Bellingham, WA: SPIE Press, 2000.

Dobbins, J.T. "Image Quality Metrics for Digital Systems." pp. 161–222 in *Handbook of Medical Imaging. Vol. 1, Physics and Psychophysics*. Bellingham, WA: SPIE Press, 2000.

Evans, A.L. *The Evaluation of Medical Images*. Bristol, England: Adam Hilger, 1981.

Krestel, E. *Imaging Systems for Medical Diagnostics*. Berlin, Germany: Siemens Aktiengesellschaft, 1990.

Papoulis, A. and Pillai, S.U. *Probability, Random Variables and Stochastic Processes*, 4th ed. New York, NY: McGraw-Hill, 2002.

Smith, N.B. and Webb, A. *Introduction to Medical Imaging: Physics, Engineering, and Clinical Applications*. Cambridge, UK: Cambridge University Press, 2011.

Wolbarst, A.B. *Physics of Radiology*, 2nd ed. Norwalk, CT: Appleton and Lange, 2005.

연습문제

명암대조도

3.1 식 (3.5)를 증명하라.

3.2 PSF가 다음과 같은 LSI 의학영상 시스템에 대하여 다음을 답하라.

$$h(x, y) = \frac{1}{2\pi} e^{-(x^2+y^2)/2}.$$

(a) 시스템의 MTF를 구하라.

(b) 주파수에 대한 함수로 MTF를 그리라.

(c) 정현파 물체 $f(x, y) = 2 + \sin(\pi x)$를 영상화될 때 영상 시스템으로 인한 변조에서의 퍼센트 변화를 구하라.

3.3 H_1, H_2는 2개의 1D LTI인 시스템이고, 각각의 PSF $h_1(x)$과 $h_2(x)$가 다음과 같다.

$$h_1(x) = e^{-x^2/5}, \quad h_1(x) = e^{-x^2/10}.$$

(a) 시스템 H_1의 MTF를 구하라.

(b) 시스템 H_1과 H_2가 직렬로 연결된 전체 시스템의 MTF를 구하라.

3.4 식 (3.9)를 사용하여 비 등방성 의학영상 시스템의 MTF를 구하라.

3.5 종양을 가진 장기를 영상화한다고 하자. 영상에서 장기 부분 영상의 밝기는 I_o이고 종양 부분의 밝기 $I_t > I_o$이다. 장기를 배경처럼 다룬다면, 다음의 어떤 방법을 사용하는

것이 국소 명암대조도를 향상시킬 수 있는가?

(a) 영상에 상수 α를 곱한다.

(b) 영상에서 $0 < I_s < I_o$인 상수를 뺀다.

해상도

3.6 비 등방성 특성을 가진 영상 시스템이 있다. 시스템의 임펄스 응답 $h(x, y) = e^{-\pi(x^2 + y^2/4)}$이다. 각도 θ의 함수로 FWHM을 구하라.

3.7 다음과 같은 선확산함수를 가진 영상 시스템이 있다. 여기서, $\alpha = 2\,\text{radians/cm}$이다.

$$l(x) = \begin{cases} \cos(\alpha x) & |\alpha x| \leq \pi/2 \\ 0 & \text{나머지 구간.} \end{cases}$$

(a) FWHM을 구하라.

(b) lines/cm로 영상 시스템의 해상도를 구하라.

3.8 점확산함수가 다음과 같은 1차원 선형 영상 시스템이 있다.

$$h(x; \xi) = e^{\frac{-(x-\xi)^2}{2}},$$

이는 이동된 임펄스 $\delta(x - \xi)$에 대한 응답이다.

(a) 위의 응답과 같은 수식을 가지나, FWHM이 1/2인 시스템의 PSF를 구하라.

(b) (a)에서와 같이 FWHM을 변화시키면 시스템의 해상도는 향상되는가? 그 이유를 설명하라.

(c) 높은 해상도(영상 흐림이 적은)를 가지는 영상 시스템의 MTF는 어떤 특성이 있는가?

3.9 연습문제 3.2에서 LSI 의학영상 시스템에 대하여 다음을 구하라.

(a) 선확산함수(LSF)를 구하라.

(b) FWHM을 구하라.

3.10 다음과 같은 PSF를 가지는 2개의 서브 시스템으로 구성된 1차원 영상 시스템이 있다고 하자.

$$h_1(x) = e^{-x^2/2} \quad \text{그리고,} \quad h_2(x) = e^{-x^2/200}.$$

(a) 각 서브 시스템의 FWHM을 구하라.

(b) 전체 시스템의 FWHM을 구하라.

(c) 전체 시스템의 FWHM에 가장 크게 영향을 미치는 서브 시스템은 어떤 것인가?

3.11 이상적인 이동 평균 시스템으로 모델링되는 LSI 시스템으로 막대 팬텀을 영상화하였다. 이 시스템의 PSF는 다음과 같다.

$$h(x, y) = \text{rect}\left(\frac{x}{\Delta}, \frac{y}{\Delta}\right).$$

(a) 막대 팬텀에서 막대 간의 간격이 Δ일 때, 영상 시스템의 출력을 구하라.

(b) 막대 팬텀에서의 막대 간의 간격이 0.5Δ일 때, 영상 시스템의 출력을 구하라.

(c) 출력 영상의 명암대조도와 막대 팬텀에서 막대 간의 간격과 관계식을 유도하고, 영상 시스템의 해상도에 대한 결론을 유도하라.

확률 변수와 잡음

3.12 확률 변수 N이 평균이 μ_N이고, 표준편차가 σ_N일 때,

$$M = \frac{N - \mu_N}{\sigma_N}$$

로 새로운 확률 변수 M을 만들었다.

확률 변수 M이 평균 $\mu_M = 0$이고, 표준편차 $\sigma_M = 1$됨을 보이라.

3.13 N개의 확률 변수 X_i, $i = 1, \cdots, N$이 독립이고, 각각의 평균 μ_i이고, 분산 σ_i^2, $i = 1, \cdots, N$이다. 확률 변수 $X = \sum_{i=1}^{N} X_i$의 평균과 분산이 다음과 같이 됨을 보이라.

$$\mu = \sum_{i=1}^{N} \mu_i \quad \text{이고,} \quad \sigma^2 = \sum_{i=1}^{N} \sigma_i^2.$$

3.14 연습문제 3.13에서 확률 변수 X_i, $i = 1, \cdots, N$가 독립적이지 않을 경우 X의 평균과 분산값은 변하지 않았는가? 그 이유를 설명하라.

3.15 구간 (a, b)에서 확률 밀도 함수가 일정한(uniform) 확률 변수 X의 기대값과 분산이 다음과 같음을 보이라.

$$\mu_X = \frac{a + b}{2} \quad \text{그리고,} \quad \sigma_X^2 = \frac{(b - a)^2}{12}.$$

3.16 2개의 의학영상 시스템의 PSF가 $h_1(x, y)$, $h_2(x, y)$이고, MTF가 $\text{MTF}_1(u, v)$, $\text{MTF}_2(u, v)$이며,

$$\text{MTF}_1(u, v) \leq \text{MTF}_2(u, v).$$

이다. 넓은 MTF를 가지고, 높은 명암대조도와 해상도를 가진 시스템이 식 (3.63)의 전력 SNR이 커지며 화질이 좋아짐을 보이라.

3.17 그림 P3.1에서 영상 $f(x, y)$에 평균이 0이고 분산이 σ_n^2인 잡음 $n(x, y)$가 더해졌다. 이 영상이 PSF가 $h(x, y)$인 시스템으로 입력되어 $g(x, y)$가 출력되었다.

(a) 출력 $g(x, y)$에서의 잡음의 평균과 분산을 구하라.

(b) 시스템의 입력 대 출력 신호에 대한 전력

그림 P3.1
더해지는 잡음을 가진 시스템

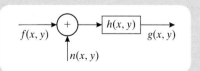

SNR을 구하라.

(c) 시스템의 입력 신호 $f(x, y)$가 변하지 않았다면, 어떤 조건에서 SNR이 개선되겠는가?

샘플링 이론

3.18 신호 $f(t)$는 다음과 같이 정의된다.

$$f(t) = \begin{cases} \sin(2\pi t/T), & 0 \le t \le T \\ 0, & \text{나머지 구간.} \end{cases}$$

샘플링 주기 $\Delta T = 0.25T$로 신호를 샘플링하였다.

(a) $f_s(t)$와 $f_d(m)$을 구하라.

(b) $f_b(t)$를 다음과 같이 정의한다.

$$f_b(t) = f_d(k), \quad \text{for } k\Delta T \le t < (k+1)\Delta T.$$

$f_b(t)$를 그리고, 푸리에 변환을 구하라.

(c) 샘플링 주기 $\Delta T = 0.5T$인 경우에 대하여 위의 문제를 풀라.

3.19 대역 제한된 1D 신호 $f(x)$와 $g(x)$의 나이퀴스트 샘플링 주기가 각각 Δ_f와 Δ_g이다. 아래 신호들에 대한 나이퀴스트 샘플링 주기를 구하라.

(a) $f(x - x_0)$, 여기서 x_0는 상수이다.

(b) $f(x) + g(x)$.

(c) $f(x) * f(x)$.

(d) $f(x)g(x)$.

(e) $|f(x)|$.

3.20 2D 연속 신호 $f(x, y) = \exp\{-\pi(x^2 + y^2)\}$에 1.5샘플/mm로 사각형 모양의 샘플링을 하고자 한다. 최대 주파수를 갖는 이상적인 비 에일리어싱 저주파 필터의 PSF $h(x, y)$를 구하라. 이 필터를 사용했을 때 $f(x, y)$의 스펙트럼 에너지 몇 퍼센트가 보존되는가? (연습문제 2.3 참조) 실제에서 비 에일리어싱 필터를 사용하지 않고 $f(x, y)$를 샘플링 했을 때 에일리어싱이 발생하지 않을 수 있는가?

3.21 크기가 w인 작은 검출기가 2×2로 묶여서 큰 검출기로 만들어진 의학영상 시스템이 있다. 그림 P3.2는 이러한 의학영상 시스템의 두 가지 예를 보여 주고 있다. 작은 검출기들은 각 면적 내에서 일정한 응답 특성이 있으며 검출기 배열은 정상적이다.

(a) 작은 검출기가 사용되었을 때 시스템의 임펄스 응답, MTF 및 FWHM을 구하라.

(b) 작은 검출기만 있다고 하고, 싱크 함수는 메인로브 값만을 가지고 나머지는 0이라고 가정한다. 에일리어싱이 일어나지 않기 위한 물체의 특성을 말하라.

(c) 어떤 물체에 대해서도 에일리어싱이 일어나지 않기 위한 큰 검출기(2×2)에 대한

그림 P3.2
그룹화된 검출기

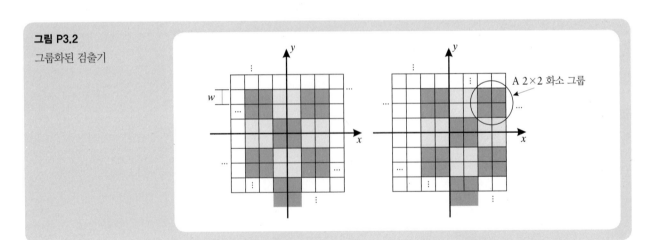

영상 과정을 단계별로 설명하라.

(d) (c)에서 영상 시스템의 반치 폭(FWMH)을 구하라.

(e) 작은 검출기로부터 얻어진 영상에 (c)의 영상화 과정을 적용할 수 있는가? 그 이유를 설명하라.

3.22 1D 영상 시스템인 시스템 1과 시스템 2의 PSF는 다음과 같다.

$$h_1(x) = \text{rect}(2x),$$
$$h_2(x) = e^{-\pi x^2}.$$

(a) 각 시스템의 FWHM을 구하라. 어떤 시스템의 공간 해상도가 더 우수한가?

(b) 각 시스템의 MTF를 구하라. 이때, 각 시스템에

$$f(x) = \cos(4\pi x)$$

를 입력 신호로 사용하고, $g_1(x)$는 시스템 1의 출력 신호이고, $g_2(x)$는 시스템 2의 출력 신호라고 한다.

(c) $g_1(x)$와 $g_2(x)$를 구하라. $f(x)$를 영상화하기 위해서 어떤 시스템을 사용하는 것이 좋은가? 힌트 : 콘볼루션 적분을 사용하지 말고 계산하라.

(d) $g_1(x)$와 $g_2(x)$에 에일리어싱으로 인한 왜곡이 발생하지 않기 위한 최대 샘플링 간격을 구하라.

인공물, 왜곡 및 정확도

3.23 인공물과 잡음을 비교하고 이들의 공통점과 차이점을 기술하라.

3.24 투영 방사선술에서 크기 왜곡은 무시할 수 없는 인공물이다. 엑스선 선원이 완벽한 점 선원으로 원점에 위치하고 있으며, 검출기는 $x = d$ 평면에 있다고 하자. x축상에서 선원 검출기 평면과 엑스선 선원 사이 중간에 위치한 공을 영상화하였다. 공의 반경 $r < d/2$일 때, 검출기 평면에 반경 R인 공의 영상과 공의 위치 사이의 관계식을 유

도하라. 만일 선원–검출기 거리가 고정되어 있다면 크기 왜곡을 감소시키기 위하여
어떤 측정법을 사용해야 하는가? R/r 최솟값을 구하라.

3.25 의학영상 시스템이 다음과 같이 모델링화되는 기하학적 왜곡을 가진다.

$$x = \xi + \frac{1}{50}\xi\eta^2,$$
$$y = \eta,$$

여기서 x와 y는 영상 평면에서의 좌표이고, ξ와 η는 물리적 영역에서의 좌표이다.

(**a**) 영상 평면에서 직사각형 격자에서 값을 측정하고자 하였을 때 기학적 왜곡을 보정하는 방법을 설명하라.

(**b**) 물리적 영역의 직사각형 격자에서 값을 측정하고자 한다면 영상 영역에서 어떤 점을 측정해야 하는가?

3.26 그림 3.18과 같이 환자의 질병 유무에 따른 테스트 결과의 pdf가 확률 법칙이 서로 다른 평균과 분산을 가진 가우시안 확률 밀도 함수로 표현된다고 하자. 문턱치 t_0에 따른 진단 테스트 방법을 고안하고자 한다. 이때 테스트 값이 t_0 이하이면 정상이라고 분류하고, 테스트 값이 t_0 이상이면 질병이 있다고 분류한다. 다른 문턱치를 선택하면 다른 진단 결과가 발생된다. 정상과 질병이 있는 환자의 평균과 분산이 각각 μ_0, σ_0^2와 μ_1, σ_1^2이며, $\mu_0 < \mu_1$이다.

(**a**) 정상과 질병이 있는 환자에 대한 테스트 값의 확률 밀도 함수를 구하라.

(**b**) $t_0 = (\mu_0 + \mu_1)/2$를 선택하였을 때, 민감도와 특이도를 구하라.

(**c**) 문턱치의 함수로 민감도를 구하라.

(**d**) 문턱치의 함수로 진단 정확도를 구하라.

응용, 확장 및 고급 주제

3.27 몇 개의 서브 시스템으로 구성된 의학영상 시스템 전체의 명암대조도 및 해상도가 각 서브 시스템보다 낮음을 보이라.

3.28 현대 의학영상 시스템에서 영상은 이산적인 격자의 점으로 표현된다. 연속 영역에서 함수로 영상을 다루기 위해서는 보간법이 필요하다. 1D 신호에서 선형 보간법이 사용되며 이 방법은 2D에서는 이선형 보간법, 3D에서는 삼선형 보간법으로 확장된다. 선형 보간법은 다음과 같이 정의된다.

$$f(x) = \frac{x_1 - x}{x_1 - x_0}f(x_0) + \frac{x - x_0}{x_1 - x_0}f(x_1), \quad x_0 \leq x \leq x_1.$$

2D 신호에서, $f(A)$, $f(B)$, $f(C)$, $f(D)$로부터 $f(P)$에 대한 이선형 보간법은 다음의 단계로 이루어진다(그림 P3.3 참조).

- $f(A)$와 $f(B)$로부터 $f(E)$를 얻기 위해 선형 보간법을 사용하라.

그림 P3.3
이선형 보간법

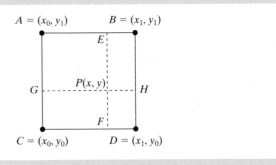

- $f(C)$와 $f(D)$로부터 $f(F)$를 얻기 위해 선형 보간법을 사용하라.
- $f(E)$와 $f(F)$로부터 $f(P)$를 얻기 위해 선형 보간법을 사용하라.

(a) $f(A)$, $f(B)$, $f(C)$, $f(D)$를 사용하여 $f(P)$에 대한 식을 유도하라.

(b) $f(E)$와 $f(F)$로부터 $f(P)$를 구하거나, $f(G)$와 $f(H)$로부터 $f(P)$를 구하거나 같은 결과임을 증명하라.

(c) 연습문제 3.25에서 직사각형 격자의 점 $(m\Delta x, n\Delta y)$값을 측정하였다. 여기서 m, n은 정수이고, $\Delta x = \Delta y = 1$이다. $\xi = 3$과 $\eta = 3.5$에서의 값을 보간법을 사용하여 구하라.

3.29 예제 3.14에서 언급한 것처럼 진단 정확도만을 사용할 경우 테스트가 좋은지를 판단하기에는 충분하지 않다. 이 문제에서는 수신기 작동 특성(ROC) 곡선의 개념을 소개하고자 한다. 연습문제 3.26과 같이 정상인에 대한 평균과 분산이 $\mu_0 = 2$, $\sigma_0^2 = 1$이다. 환자에 대한 평균과 분산은 $\mu_1 = 8$, $\sigma_1^2 = 4$이다.

(a) $\mu_0 \le t_0 \le \mu_1$구간에서 문턱치 t_0에 대하여 $1-$특이도(수평축)에 대한 민감도(수직축) 곡선을 그리라. 이 곡선이 ROC 곡선이다.

(b) 완벽한 진단 테스트에서 ROC 곡선은 무엇인가?

(c) 주어진 ROC 곡선에서 완벽 테스트에 접근하는 것을 최적 테스트라고 할 때, 위의 예에서 최적 테스트(문턱치)를 구하라.

방사선 영상

개요

원자로부터 전자를 떼어낼 수 있는 방사선, 즉 전리 방사선(ionizing radiation)은 여러 중요한 의학영상 기법에 사용되고 있다. 어떤 경우에는 외부에서 인체를 투과하는 방사선이 사용되며 또 다른 경우에는 인체 내부로부터 방출되는 방사선이 사용된다. II부에서는 인체를 투과하는 전리 방사선의 두 가지 중요한 영상 기법인 투사 방사선 촬영(projection radiography, 투사 촬영, 일반 엑스선 촬영) 및 컴퓨터 단층 촬영(computed tomography : CT)을 다룬다.

투사 촬영과 단층 촬영은 인체를 투과(transmission)하는 전리 방사선의 성질을 이용하고 있다. 여러 조직 및 장기들은 인체를 투과하는 전리 방사선 빔의 강도(beam intensity)를 떨어뜨리거나 감쇠(attenuate)시킨다. 그래서 인체에 입사하는 빔의 강도가 균일하더라도, 인체를 투과한 빔은 투과하는 조직이나 장기의 그림자가 반영된 잠상(latent image)을 띠게 된다. 조직이나 장기의 물리적 특성[유효 원자번호(effective atomic number)와 밀도(density)]이 감쇠 능력을 결정하므로, 결과 영상은 인체 내부 구조를 반영하고 있다. 투사 촬영과 단층 촬영은 인체의 구조를 영상화하기 때문에 해부학적 영상 기법이라고 한다.

그림 1.1(b)는 가장 대표적인 투사 방사선 사진, 즉 흉부 엑스선 영상이다. 그림 II.1은 여러 가지 다른 투사 영상을 보여 주고 있다. 그림 II.1(a)는 손의 투사 영상이다. 이 영상에서는 뼈가 두드러지게 보이며, 연조직(soft tissue)은 균질하게 보인다. 왜냐하면 연조직은 뼈만큼 엑스선을 감쇠시키지 못하고, 여러 연조직 간의 감쇠 차이는 매우 작기 때문이다. 그림 II.1(b)는 머리와 목의 투사 영상이다. 측면 촬영 영상에서 어깨는 넓고 뼈로 인해 감쇠가 크므로 영상이 뭉개져 하얗게 보인다. 뇌는 모두 연조직이므로 영상에서 아무런 특징이 없어 보인다. 이처럼 뇌에 관한 엑스선 영상에서 정보의 부실함은 1970년대와 80년대 CT와 MRI가 등장하기 전까지 방사선 전문의에게는 큰 좌절이었다.

그림 II.1

신체 각 부위에 관한 대표적인 엑스선 투사 영상. (a) 손, (b) 머리와 목, (c) 무릎, (d) 흉부, (e) 발, 그리고 (f) 골반 (GE Healthcare에서 제공)

그림 II.1

신체 각 부위에 관한 대표적인 엑스선 투사 영상. (a) 손, (b) 머리와 목, (c) 무릎, (d) 흉부, (e) 발, 그리고 (f) 골반 (GE Healthcare에서 제공)

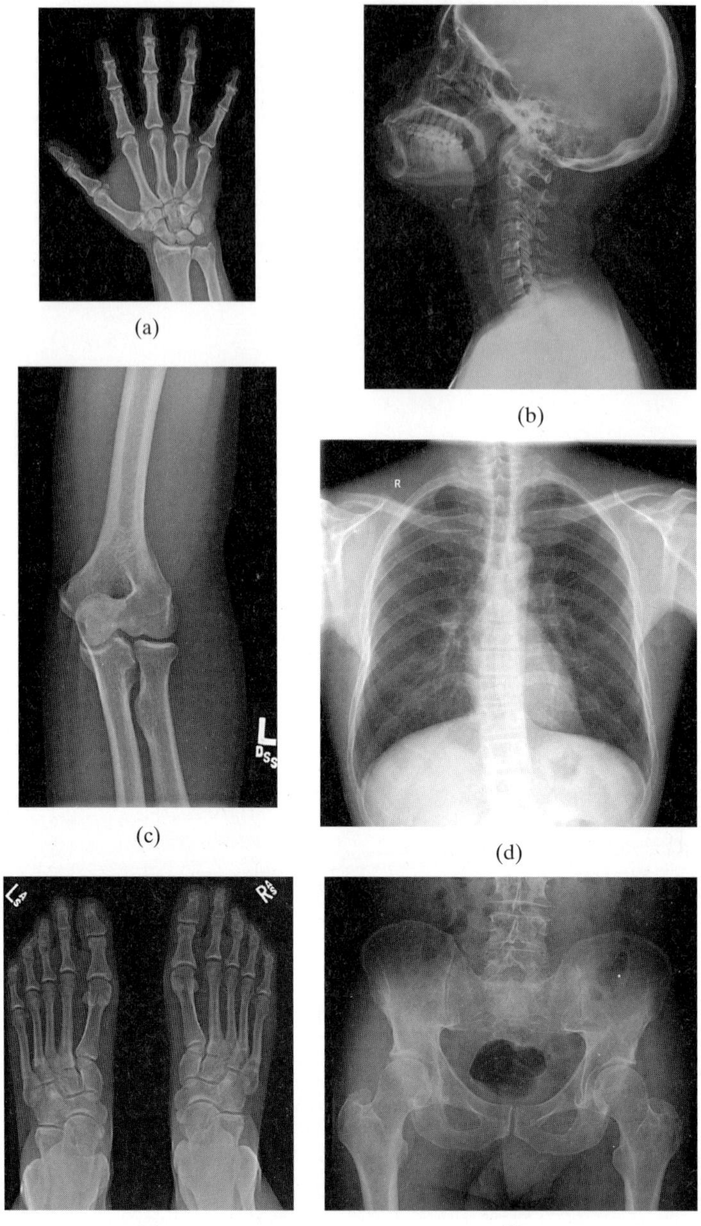

그림 II.1(c)에 보이는 무릎 주위의 뼈 영상은 많은 것을 생각하게 해 준다. 이 뼈들은 왜 외곽선 주위가 밝게 보일까? 우리는 뼈가 골수로 차 있으며 골수는 연조직이라는 것을 알고 있다. 그래서 뼈 가장자리 근처에서 엑스선은 더 많은 골 조직을 투과하여야 하므로 더 많은 감쇠가 일어나고 결국 더 밝은 영상을 만든다. 만일 뼈 전체가 균질한 고체라면 엑스선 영상에서 뼈 중앙부가 더 밝았을 것이다.

그림 Ⅱ.1(d)는 가장 대표적인 흉부 엑스선 사진이다. 이 한 장의 영상에서 외과의는 폐, 심장, 횡격막과 등뼈를 포함한 상체의 모든 뼈를 용이하게 관찰할 수 있다. 이 영상에서 갈비뼈로 에워 쌓인 흉곽 전체를 볼 수 있으며, 앞쪽 및 뒤쪽 갈비뼈들을 모두 볼 수 있다. 앞쪽 갈비뼈들은 영상에서 거의 수평으로 나타나 있다. 엑스선 영상의 특징인 구조체들의 중첩 현상을 볼 수 있다.

그림 Ⅱ.1(e)는 사람의 발에 대한 엑스선 사진이다. 이 영상에서 일반적인 발자국처럼 생긴 연조직의 희미한 외곽선을 발견할 수 있다. 뼈의 하얀 외곽선, 그리고 비골과 경골을 포함한 무릎 영역의 많은 뼈들의 영상이 중첩되어 뭉게진 모습을 볼 수 있다. 이 영상에서 어느 쪽 다리가 왼쪽인지 오른쪽인지를 표시하는 'L'과 'R' 표식을 볼 수 있다. 이 영상은 우리가 위에서 아래로 자신의 다리를 바라보듯이 왼쪽이 왼발이고 오른쪽이 오른발임을 보여 준다. 이 표식들은 납으로 만들어져 있으며 방사선 기사들이 촬영 전에 적절한 위치에 설치한다. 이 표식들이 없으면 오른쪽과 왼쪽을 구별하는 것이 어렵거나 불가능하여 의료 사고를 일으킬 수도 있다.

그림 Ⅱ.1(f)는 사람의 골반이다. 이 영상은 뼈 구조를 보여 주며 희미하게 연조직이 보이고 있다. 이 영상에서 대장 내의 가스가 뚜렷이 보이며 아주 어둡게 보이는 영역들은 엑스선의 감쇠를 무시할 수 있는 두터운 공기층이다.

투사 촬영과 단층 촬영 모두 전리 방사선 빔을 방출하는 엑스선관(x-ray tube)과 환자의 반대편에 위치시켜 인체를 투과한 방사선을 측정하는 검출기를 필요로 한다. 투사 촬영의 경우, 한 장의 필름이 검출기로서 사용될 수 있는데, 이 필름이 바로 디스플레이 장치 역할을 하기도 한다. 현재는 주로 디지털 검출기가 사용되는데, 검출기에 도달하는 엑스선의 잠상을 저장하고, 즉시 혹은 약간의 시간 지연 후 컴퓨터로 영상을 전달할 수 있다. 단층 촬영의 경우, 엑스선관과 환자 반대편에 위치한 검출기 집합체가 동시에 환자 주위를 회전하면서 여러 각도에서 엑스선 투사 영상을 만들어 낸다. 이 투사 영상들을 프로젝션 데이터(projection data)라 하는데, 컴퓨터에 저장되었다가 환자의 단면(cross-sectional) 혹은 축 방향(axial)의 영상들을 재구성(reconstruction, 재건)하는 데 이용된다.

투사 촬영은 가장 보편적으로 사용되는 의학영상 기법이다. 이것은 외과의가 인체 내부 구조의 영상을 보고자 할 때, 특히 상체 영상 전체를 보고자 할 때나 뼈를 진단하고자 할 때는 항상 사용된다. 또한 그림 Ⅱ.2에서 보이는 인공 관절이나 다양한 고정 장치들이 잘 설치되었는지 검사하는 정형외과 수술(orthopedic surgery) 도중이나 수술 후에도 통상적으로 사용된다.

컴퓨터 단층 촬영(CT)은 인체의 단면(cross section) 영상을 재구성함으로써 중첩되는 앞뒤 구조물을 제거한다는 점에서 투사 촬영과 구별된다. 하지만 CT는 일반적인 투사 촬영에 비해 해상도가 낮으며 환자에게 훨씬 많은 엑스선 피폭을 부가한다. 그림 Ⅱ.3은 인체에 대한 다양한 CT 영상들을 보여 준다.

그림 Ⅱ.2

(a) 외과용 고정 장치가 보이는 척추, (b) 2개의 인공 관절이 보이는 골반, 그리고 (c) 골 고정 와이어가 보이는 무릎의 엑스선 영상 [(a)는 Philips Healthcare에서 제공. (b)와 (c)는 GE Healthcare에서 제공]

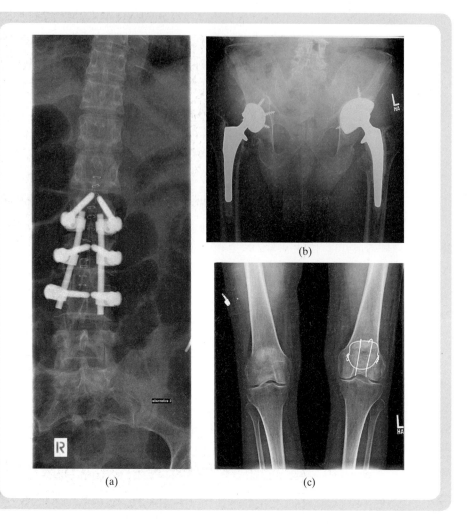

현재의 모든 CT 스캐너들은 여러 장의 2차원 단면 영상들을 측정하는데, 이것들은 모두 컴퓨터에서 하나의 3차원 데이터 세트로 다루어진다. 이 때문에 CT는 CT 스캐너가 측정하는 본래의 단면들과는 무관하게 임의 방향의 단면에 대한 영상들을 컴퓨터에 의해 재형성(reformat)할 수 있다. 그림 Ⅱ.3(d)를 제외한 그림 Ⅱ.3의 모든 영상들은 재형성된 영상들이다. 예를 들어, 그림 Ⅱ.3(c)에 보이는 기다란 연직면(sagittal, 옆면) 영상은 테이블 위 환자를 축 방향으로 정렬된 CT 스캐너 속으로 밀어 넣음으로써 얻어진 것이다.

그림 Ⅱ.3(d)는 4개의 심방이 구분되어 보이는 심장을 포함한 흉부 단면을 보여 준다. 조영제(contrast agent)가 주입되어서 혈관이 마치 뼈처럼 밝게 보인다. 또한 이 영상에 보이는 여러 뼈는 마치 투사 촬영에서 볼 수 있는 것처럼 밝은 외곽선을 갖고 있지만, CT에서는 구조물들이 중첩되지 않기 때문에 이 외곽선은 실제로 조직 구성의 (밀도) 차이를 보여 준다. 이 경우, 피질골은 해면골이나 골수보다 더 감쇠가 많으므로 영상에서 더 밝게 보인다.

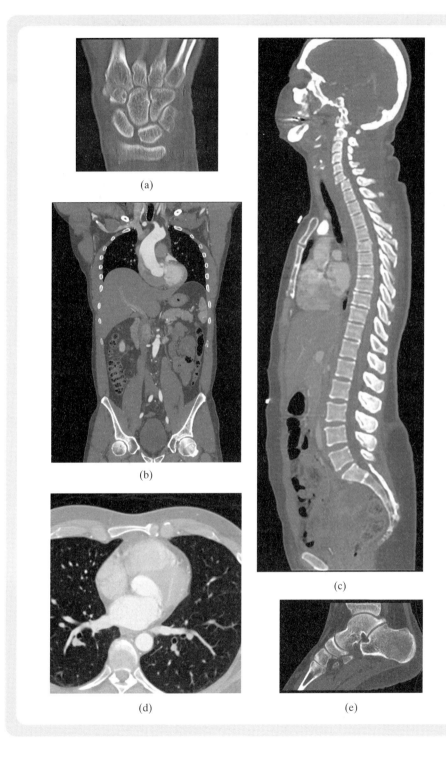

그림 II.3
인체의 다양한 CT 영상.
(a) 손목, (b) 몸통과 복부,
(c) 척추 전체, (d) 흉부, 그
리고 (e) 발목[(a)는 Johns
Hopkins Hospital, 방사선
과에서 제공. (b)와 (e)는 GE
Healthcare에서 제공. (c)는
Philips Healthcare에서 제
공. (e)는 Osirix에서 제공]

(a)

(b)

(c)

(d)

(e)

엑스선 촬영의 물리학

4

4.1 서론

이 장에서는 엑스선 촬영의 이면에 숨어 있는 물리를 소개하겠다. 크게 보아 엑스선 촬영은 투사 촬영(일반 엑스선 촬영)과 단층 촬영으로 나눌 수 있는데, 각각 다음 5장과 6장에서 다룬다. 이 촬영법들은 방사능과는 관계가 없으므로 방사능에 대한 소개는 7장으로 미룬다. 8장과 9장에서 핵의학 영상법들을 소개하기 위해 7장이 필요하다.

1장에서 지적했듯이 엑스선은 1895년 뢴트겐(Roentgen)이 크룩스관(Crooke's tube, 현재 엑스선관의 전신)에 관한 연구를 하다가 발견하게 되었다. 그는 형광판을 발광시킬 수 있는 이 빛의 기원이 신비롭다고 생각하여 엑스선이라 명명하였다. 연구를 거듭하여 그는 이 빛들이 튜브에서 방출됨을 알게 되었다. 인체에 대한 첫 엑스선 사진(뢴트겐 부인의 손 사진)이 엑스선 발견 이후 한 달 후에 뢴트겐에 의해 얻어졌다. 뢴트겐의 엑스선 발견과 인체에 대한 즉각적인 적용은 의학영상의 탄생을 가져왔다.

오늘날 우리는 엑스선이 가시광선보다 주파수가 매우 큰 전자기파[electromagnetic(EM) wave]의 일종이라는 것을 알고 있다. 엑스선은 전리 방사선(ionizing radiation)의 한 종류로서 원자로부터 전자를 떼어낼 수 있으며 의학영상에 사용된다. 의학영상에 사용되는 다른 형태의 전리 방사선에는 입자성 방사선(particulate radiation), 감마선(gamma ray) 등이 있다. 입자성 방사선 및 감마선 모두 방사성 붕괴의 산물이며, 이에 대해서는 7장에서 더 알아보기로 하자. 또한 또 다른 입자성 방사선인 **전자빔**은 엑스선을 생성하는 데 사용된다. 그러므로 이 장에서 입자성 방사선의 특별한 성질들에 대해서도 논의할 필요가 있다. 한편, 엑스선처럼 감마선도 고주파 전자기파이다. 그러므로 엑스선의 전송(propagation) 특성을 연구하는 것은 감마선의 전파 특성을 연구하는 것과 같다.

이 장에서는 투사 방사선 촬영(5장), 컴퓨터 단층 촬영(6장), 평면 신티그래피(planar scinti-graphy)(8장) 및 방출 단층 촬영(emission tomography)(9장) 등을 포함한 전리 방사선을 이용하는 모든 영상법의 배경 지식을 제공하고자 한다. 원자의 기본적인 물리적 성질, 그리고 여기 작용과 전리 작용의 개념을 먼저 기술하겠다. 그리고는 측정법 및 생물학적 조직과의 반응 등을 포함한 전리 방사선의 일반적인 주제 등을 다루겠다.

4.2 전리 작용

전리 혹은 전리 작용(ionization)이란 원자로부터 전자를 떼어내는 과정으로 자유 전자와 이온을 생성한다. 원자를 전리시킬 만한 에너지를 지닌 방사선을 전리 방사선이라 한다. 여기서 방사선이란 용어는 넓은 범위의 물리적 현상을 의미한다. 예를 들면, 가시광선, 엑스선, 감마선, 그리고 전자빔은 모두 방사선의 일종이다. 엑스선과 감마선과 같은 고에너지 전자기파는 전리 방사선이지만 가시광선은 전리 방사선이 아니다. 전자빔과 같은 입자성 방사선은 각 입자가 지니고 있는 에너지에 따라 전리성을 띨 수도 있다. 이제 원자의 구조와 이온화 과정에 대해 좀 더 자세히 알아보자.

4.2.1 원자의 구조

현재의 원자 구조에 대한 개념은 수소 원자의 보어 모델(Bohr model)에서 시작된 원자의 양자 역학적 개념에 기초하고 있다. 원자란 핵자(nucleon)라 부르는 양성자(proton)와 중성자(neutron)로 구성된 원자핵과 그 주변에 존재하는 궤도 전자(orbital electron)들로 구성되어 있다. 원자의 구조에 대한 통상의 개념은 그림 4.1에 보이는 소위 **행성 원자**(planetary atom) 모델이다. 원자번호 Z는 원자핵 내부의 양성자의 수와 동일하며 원소(element)의 종류를 결정한다. 각 양성자는 전자와 극성이 반대이지만 크기가 동일한 전하량(charge)을 가지고 있다. 원자 전체는 전기적으로 중성이므로 원자핵 내부의 양성자의 수와 궤도 전자의 수는 동일하다. 그러므로 Z는 원자에 구속된 궤도 전자의 개수를 나타내기도 한다. 표 4.1

그림 4.1

행성 원자 모델 : 일반적인 (유용한) 원자 구조의 가시화

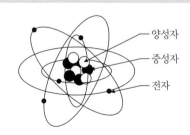

양성자

중성자

전자

표 4.1 축소한 주기율표

원소	기호	원자번호 (Z)	안정 동위원소의 질량 번호 (A)	불안정 동위원소의 질량 번호 (A)
수소	H	1	1, 2	3
헬륨	He	2	3, 4	5, 6, 8
리튬	Li	3	6, 7	5, 8, 9, 11
베릴륨	Be	4	9	6, 7, 8, 10, 11, 12
붕소	B	5	10, 11	8, 9, 12, 13
탄소	C	6	12, 13	9, 10, 11, 14, 15, 16
질소	N	7	14, 15	12, 13, 16, 17, 18
산소	O	8	16, 17, 18	13, 14, 15, 19, 20

출처 : Johns and Cunningham, 1983.

에 몇몇 주요 원소들의 특성이 나타나 있다.

원자의 질량 번호(atomic mass number) A는 원자핵 내부의 핵자(nucleon, protons + neutrons)의 수와 동일하다. 핵종(nuclide)이라 함은 원자핵을 구성하는 각 양성자와 중성자 개수의 고유한 조합을 의미한다. 핵종은 통상 $^A_Z X$ 혹은 X-A로 표시하는데, 여기서 X는 원소 기호이다. 예를 들면 $^{12}_6 C$와 C-12는 자연계에 가장 풍부한 탄소 원자의 두 가지 기호이다. 원소 기호(C)와 원자번호(6)은 의미상 중복이다.

표 4.1에서 알 수 있다시피, 한 원자의 중성자 수는 대략 양성자의 수와 같다.[1] 이 두 수의 어떤 조합은 원자핵을 안정화시키지만 다른 조합은 불안정하게 한다. 불안정한 핵종을 방사성 핵종(radioisonuclides)이라 하며, 이러한 원자들은 방사성 원자이다. 방사성 핵종은 확률적인 방식으로 방사성 붕괴를 하며 원자핵이 재조정되는데, 이때 에너지를 방출하면서 더 안정된 원자핵이 된다. 예를 들면 $^{14}_6 C$ 혹은 C-14는 방사성 탄소 원자이며 확률적인 방식으로 원자핵에서 베타입자를 방출하면서 $^{14}_7 N$, 즉 안정된 질소 원자로 변환한다. 7~9장에서 방사성 핵종과 방사능에 대해서 더 논의하겠다.

원자핵 주변을 돌고 있는 전자는 소위 궤도(orbit 혹은 shell)라는 개념에 의해 조직화되어 있다. K 궤도는 원자핵에 가장 가까우며, 다음은 L 궤도 그리고 M 궤도 순으로 구성되어 있다. 전자들은 각각의 껍질에 구속되어 있으며 특별한 양자 상태(quantum state)에 처해 있다. 각 양자 상태에는 단 1개의 전자만이 존재할 수 있으며, 각 궤도에는 $2n^2$개의 전자가 최대로 들어갈 수 있는데, 여기서 n은 궤도 번호(shell number)이다($K = 1$, $L = 2$, $M = 3$ 등). 예를 들면 K 궤도에는 단 2개의 전자만 들어갈 수 있으며, L 궤도에는 8개, M 궤도에는 18개 그리고 N 궤도에는 32개의 전자가 들어갈 수 있다. 각 원자는 소위 기저 상태 구성

---

1 역주 : 표 4.1의 안정 또는 불안정 동위원소의 중성자 수 $N = A - Z$는 대략 Z와 같다.

그림 4.2
탄소 원자의 궤도 전자 배열

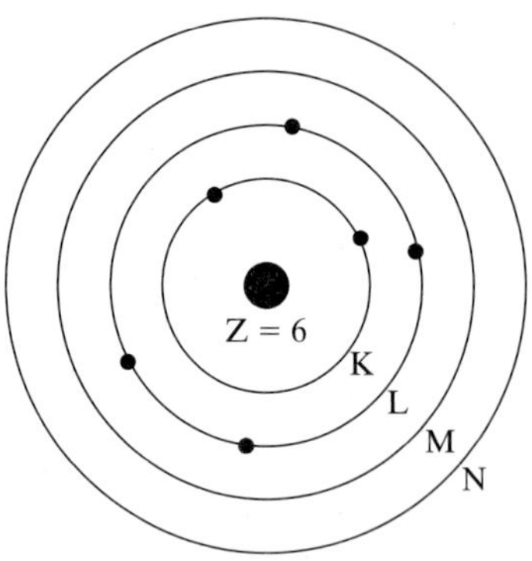

(ground state configuration)에 맞게 전자들을 가지고 있으며 이 상태는 원자의 가장 낮은 에너지 상태로서 전자들은 자연적으로 이 상태를 유지하도록 존재하고자 한다. 일반적으로 말해서 기저 상태에서 전자들은 가장 낮은 궤도에 존재하며 각 궤도에서도 가장 낮은 양자 상태에 머무른다. 그림 4.2는 탄소 원자의 각 궤도에 속하는 전자 배열을 보여 준다.

4.2.2 전자의 결합 에너지

전자가 원자에 구속되어 있는 상태가 자유로운 상태보다 에너지 측면에서 더 안정적이다. 다른 말로 표현하면, 중성 원자의 에너지는 전자가 떨어진 상태의 원자(이온)의 에너지와 (자유) 전자 에너지의 합보다 작다. 이 두 원자 에너지의 차이를 전자의 **결합 에너지**(binding energy)라고 한다. 결합 에너지는 eV 단위로 표현한다. 1eV는 전자 1개가 1volt 전압 차를 통해서 가속될 때 얻게 되는 운동 에너지(kinetic energy)에 해당한다. 더 일반적인 에너지 단위로 표현하면 $1eV = 1.6 \times 10^{-12} ergs = 1.6 \times 10^{-19} J$이다.

한 전자의 결합 에너지는 전자가 속한 원자의 종류와 전자가 구속되어 있는 궤도에 따라 결정된다. 특정한 원자에서 전자의 결합 에너지는 궤도 번호가 증가할수록 작아진다. 수소 원자에는 하나의 전자만이 유일하게 존재하고 이 전자의 결합 에너지는 13.6eV이며, 모든 가벼운 원자들(원자번호가 낮은 원자들) 중에서 가장 작은 결합 에너지를 가지고 있다. 하지만 더 무거운 원자들의 외곽 궤도는 전자 결합 에너지가 이보다 더 낮은 것들도 있다. 예를 들면, 수은 원자의 궤도에 있는 전자들의 결합 에너지는 7.8eV이다. 그러나 이 책에서는 원자 혹은 분자의 평균 결합 에너지(average binding energy)를 고려하는 것으로 충분하다. 예를 들면 공기의 평균 결합 에너지는 34eV이다. 금속은 훨씬 큰 결합 에너지를 가지고 있다. 예를 들면 납의 평균 결합 에너지는 1keV이며 텅스텐의 경우는 4keV이다.

4.2.3 전리 작용과 여기 작용

만일 (입자성 혹은 전자기파) 방사선이 (방사선이 통과하는 물질의 원자에 구속된) 한 궤도

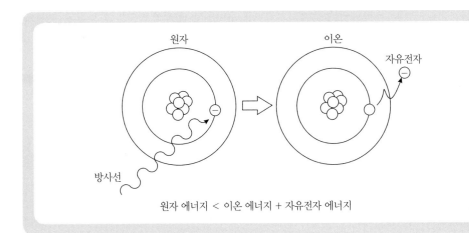

그림 4.3
전리 현상 이후 방출된 전자와 이온의 에너지 합은 원래 원자 에너지보다 증가한다.

전자에게 그 궤도 전자의 결합 에너지와 같거나 더 큰 에너지를 전달하면 이 전자는 원자로부터 방출된다. 그림 4.3에 묘사된 이 과정을 전리 작용이라고 부른다. 이 과정을 통해 원자에서 전자가 떨어져 나오며 이온(이 경우 +1의 전하량을 가지고 있는 원자)이 만들어지는데, 이 둘을 합하여 이온쌍이라 부른다. 통상적으로 13.6eV보다 더 큰 에너지를 갖는 방사선은 전리 능력이 있다(ionizing)고 말하며 그렇지 못한 방사선을 비전리, 즉 전리 능력이 없다(nonionizing)고 말한다.

하나의 전리 방사선은 에너지를 잃어가는 과정에서 많은 원자를 전리시킬 수 있다. 의학영상에서 사용하는 전리 방사선은 25~500keV 사이의 에너지를 갖는다. 가장 이온화가 쉽게 되는 원자는 수소인데, 그 이유는 가장 낮은 평균 결합 에너지를 갖고 있기 때문이다. 의학영상에서 많이 접하는 물질 중에서 텅스텐이 가장 전리시키기 어렵다. 위에서 언급한 에너지 영역의 방사선과 이 두 가지 원소(수소와 텅스텐)를 고려하면 의학영상에서 사용하는 전리 방사선은 에너지를 모두 소모하기 전에 10~40,000개 사이의 원자를 전리시킨다.

만일 하나의 입자 또는 방사선이 전자의 결합 에너지보다 작은 에너지를 구속 전자에게 전달할 경우, 전자는 더 높은 에너지 상태, 즉 더 외곽의 궤도로 천이할 수는 있지만 방출되지는 않는다. 이 과정을 여기 작용(excitation)이라고 한다. 전리와 여기 두 과정 모두 해당 전자 궤도에는 정공(hole)이라는 빈자리가 남게 되고 원자가 더 낮은 에너지 상태로 돌아가기 위해 이 빈자리는 빠르게 다른 전자에 의해 채워진다. 이처럼 비어 있는 정공을 채우는 과정에서 소위 특성 방사선(characteristic radiation)이라는 이차 방사선이 발생한다.

예제 4.1

만일 한 전자가 진공 내에서 기저 전압(ground potential)을 가지는 가열된 음극에서 120kV(DC)가 인가된 양극을 향해 가속된다고 가정해 보자.

문제 만일 양극이 텅스텐이라면, 평균적으로 최대 몇 개의 텅스텐 원자가 전리되는가?

해답 양극에 도달할 때 전자의 운동 에너지가 120keV가 된다(eV의 정의를 상기하라). 텅스텐의 평균 결합 에너지는 4keV이다. 그러므로 전리되는 최대 텅스텐 원자 수는 평균적으로 120 keV/4keV = 30개이다.

4.3 전리 방사선의 형태

전리 방사선은 크게 두 종류로 분류할 수 있는데 입자성(particulate) 방사선과 전자기파(electromagnetic) 방사선이다. 이 두 종류 방사선을 자세히 살펴보자.

4.3.1 입자성 방사선

모든 아원자 입자(subatomic particles, 양성자, 중성자, 전자를 일컬음)는 만일 충분한 운동 에너지를 가지고 있어서 원자를 전리시킬 수 있다면 전리 방사선이라고 간주할 수 있다. 대개의 경우 이 입자들은 빛의 속도와 비슷하게 빨리 이동하기 때문에 이 입자들의 운동 에너지를 계산할 때 상대론적 영향을 무시할 수 없다. 입자의 속도가 빛의 속도에 근접할 때, 상대론적 질량은 증가하므로 통상의 저속 근사법(low-speed approximation)으로 계산할 수 없을 정도로 운동 에너지가 증가된다.

아인슈타인의 상대성 이론에 의하면 입자의 상대론적 질량은 다음과 같다.

$$m = \frac{m_0}{\sqrt{1 - v^2/c^2}}, \tag{4.1}$$

여기서 m_0는 입자의 정지 질량(rest mass)이며 v는 입자의 속도이고 c는 빛의 속도이다. 아인슈타인 이론에 의하면 에너지 E와 입자의 질량 m 사이에 다음과 같은 등가성이 존재한다.

$$E = mc^2. \tag{4.2}$$

입자의 운동 에너지는 운동하는 입자와 정지한 입자 간의 에너지 차이를 말한다.

$$\begin{aligned} KE &= E - E_0 \\ &= mc^2 - m_0c^2. \end{aligned} \tag{4.3}$$

v가 c에 비해 매우 작을 때, 운동 에너지는 다음과 같이 통상의 비상대론적(nonrelativistic) 운동 에너지 방정식과 같아진다(연습문제 4.3 참조).

$$KE = \frac{1}{2}mv^2, \qquad v \ll c \tag{4.4}$$

핵의학에서는 다른 종류의 입자성 전리 방사선을 방출하는 방사성 붕괴 모드가 있다(7장 참조). 투사 방사선 촬영과 컴퓨터 단층 촬영에서 고려하는 유일한 입자성 방사선은 운동 에너지가 높아서 원자에 속박되지 않는 전자들이다. 앞으로 언급하겠지만, 이러한 전자들은 엑스선관(x-ray tube)의 가열된 필라멘트(filament)에서 생성되고 음극-양극(cathode-anode) 사이의 전압 차에 의해 가속된다. 이 경우 이들 입자들의 최종 운동 에너지는 전압 차에 의해 결정된다. 예를 들어 80kV 전압 차에 의해 가속된 전자들은 80keV의 운동 에너지를 갖는다. 이 전자들의 속도와 질량을 아는 일은 흥미로울 수 있지만 방사선 영상 관점에서는 크게 중요치 않다.

예제 4.2

음극과 양극 사이에서 120kV의 전압 차에 의해 가속된 전자를 살펴보자. 그리고 이 상황을 비상대론적이라고 가정하자.

문제 양극에 충돌할 때 전자의 속도는 얼마인가?

해답 전자의 정지 질량은 9.11×10^{-31}kg이다. 120kV로 가속되었기 때문에 전자의 운동 에너지는 120 keV이다. 비상대론적 속도라고 가정하면

$$KE = \frac{1}{2} \times 9.11 \times 10^{-31} \text{ kg} \times v^2 = 120 \text{ keV}$$

$1 eV = 1.602\,177\,33 \times 10^{-19}$J이며 $1J = 1$kg m^2/s^{2}이므로

$$v = \sqrt{\frac{2 \times 120 \times 10^3 \times 1.602\,177\,33 \times 10^{-19} \text{ J}}{9.11 \times 10^{-31} \text{ kg}}}$$
$$= 2.054 \times 10^8 \text{ m/s}.$$

이 속도는 빛의 속도에 거의 근접하므로 이 계산법은 잘못되었다. 다시 계산하여야 한다. 연습문제 4.2를 보라. 미리 말하자면 이 예제는 엑스선관의 전자는 양극에 도달할 때에는 거의 빛의 속도에 가까워진다는 것을 알려 준다.

4.3.2 전자기파 방사선

전자기파 방사선은 전기파와 자기파가 직각을 이루면서 앞으로 나아가는 것을 말한다. 라디오파, 마이크로파, 적외선, 가시광선, 자외선, 엑스선, 감마선 모두 다 전자기파 방사선이다. 전자기파 방사선은 정지 질량이 0이고 전하량을 가지고 있지 않으며 입자 또는 파동처럼 이동한다. '입자'로서 다룰 때는 에너지 용어인 광자의 '패킷(packet)' 개념으로 이해할 수 있다. 광자의 에너지는

$$E = h\nu, \tag{4.5}$$

이며 여기서 $h = 6.626 \times 10^{-34}$으로서 플랑크 상수(Planck constant)라 한다. v는 방사선의 주파수이다. 단위는 Hz이다. '파동'으로 간주할 때는, 전자기파 방사선은 다음의 파장을 가지고 있다.

$$\lambda = c/v, \tag{4.6}$$

여기서 $c = 3.0 \times 10^8 \text{meter/sec}$로 빛의 속도이다.

표 4.2는 의학영상과 관련 있는 전자기파 스펙트럼의 주파수, 파장, 광자 에너지를 요약해서 보여 주고 있다. 라디오파는 아주 저주파이며, 매우 긴 파장을 갖는 전자기파 방사선이다. 광자 에너지는 10^{-10}에서 10^{-2}eV이다. 라디오파의 광자 에너지는 13.6eV 이하이므로 전리 방사선으로 분류하지 않는다. 가시광선은 중간 정도의 주파수와 파장을 갖는 전자기파 방사선이다. 가시광선의 광자 에너지는 2eV 정도이므로 역시 전리 방사선은 아니다. 자외선에 대해서는 연습문제 4.6을 보라. 엑스선과 감마선은 높은 주파수를 가지고 있으며, 파장이 짧은 전자기파 방사선으로 keV에서 MeV의 에너지를 갖고 있다. 엑스선과 감마선은 명백히 전리 방사선이다.

표 4.2에서 제시하고 있지만, 엑스선과 감마선은 주파수나 광자 에너지로서는 구별할 수 없다. 대신 이들은 발생 위치에 의해 구별된다. 엑스선은 원자의 전자구름(궤도)에서 생성되며, 감마선은 원자핵 내에서 생성된다. 그러므로 감마선은 방사능과 관련이 있지만 엑스선은 그렇지 않다. 감마선이 통상 엑스선보다 주파수(또는 에너지)가 높지만 의학영상에서 사용되는 엑스선과 감마선은 중복되는 영역이 넓다. 게다가 일단 생성되면 엑스선과 감마선은 전송 과정이나 물질과의 반응에서 똑같은 방식으로 행동한다. 그러므로 엑스선과 감마선 에너지 영역에서 전자기파의 전송 및 검출을 이해하는 것이 전리 방사선을 이용하는 모든 의학영상 기법의 필수적인 기초 지식이다.

의학영상 기법에서 넓은 영역의 주파수 범위를 갖는 다양한 전자기파 방사선의 발생 및 검출 모두 매우 중요하다. 가시광선은 방사선 촬영에서 엑스선 검출의 효율을 높이기 위해

표 4.2 전자기파 스펙트럼

주파수	파장	광자 에너지	종류
$1.0 \times 10^5 - 3.0 \times 10^{10}$ Hz	3 km~0.01 m	413 peV~124 μeV	라디오파
$3.0 \times 10^{12} - 3.0 \times 10^{14}$ Hz	100~1 μm	12.4 meV~1.24 eV	자외선
$4.3 \times 10^{14} - 7.5 \times 10^{14}$ Hz	700~400 nm	1.77~3.1 eV	가시광선
$7.5 \times 10^{14} - 3.0 \times 10^{16}$ Hz	400~10 nm	3.1~124 eV	적외선
$3.0 \times 10^{16} - 3.0 \times 10^{18}$ Hz	10 nm~100 pm	124 eV~12.4 keV	연 엑스선
$3.0 \times 10^{18} - 3.0 \times 10^{19}$ Hz	100~10 pm	12.4~124 keV	진단 엑스선
$3.0 \times 10^{19} - 3.0 \times 10^{20}$ Hz	10~1 pm	124 keV~1.24 MeV	감마선

출처 : Johns and Cunningham, 1983에서 수정.

사용되고 있다. 엑스선 감쇠는 투사 방사선 촬영 및 컴퓨터 단층 촬영에서 영상을 만드는 기본적인 현상이다. 마지막으로 감마선 측정은 핵의학에서 방사성 표지 물질의 위치를 알기 위해 필요하다.

4.4 전리 방사선의 성질과 특성

입자성 또는 전자기파 전리 방사선은 물질을 투과할 때 물질에게 일부 에너지를 전달하면서 에너지를 잃고 진행 방향을 전환한다. 이때 새로운 종류의 입자 또는 방사선을 생성한다. 일반적으로 (1) 영상에 사용되는 반응 또는 영상화 과정에 영향을 미치는 반응, (2) 영상에 사용되지 않지만, 방사선량에 기여하며 궁극적으로 생물학적 영향을 일으키는 반응, 이 두 가지 종류의 반응이 관심사이다. 이 두 가지 종류와 관련하여 특별한 개념들을 입자성 또는 전자기파 방사선에 대해 각각 별도로 적용할 수 있다. 표 4.3은 전리 방사선에 적용되는 반응의 종류 및 방사선 종류에 따른 특별한 개념들의 리스트이다. 의학영상을 구성하고 분석하는 데 중요한 개념들(첫째 행)부터 시작하여, 방사선의 생물학적 영상을 이해하는 데 필요한 개념들(둘째 행)까지를 논하고자 한다. 핵의학과 관련된 개념들은 고딕체로 되어 있으며 7장에서 다룬다.

4.4.1 고에너지 전자의 주요 반응

직접적으로 의학영상을 형성하는 입자들은 전자와 양전자이다.[2] 양전자는 핵의학에서만 활용되므로 양전자와 물질의 상호작용은 7장에서 다루겠다. 여기서는 고에너지 전자와 물질의

표 4.3 방사선의 주요 개념

	영상	선량
입자성	제동복사 특성 방사선 **양성자 소멸**[*] **양전자 비정**	선형 에너지 전달(LET) 비전리(SI)
EM	감쇠 광전 효과 콤프턴 산란 특성 엑스선 다중 에너지	공기 커마 선량 등가선량 유효선량 f-인자

[*] 7장에서 논의하겠음.

---

[2] 알파 입자를 위시로 다른 입자들은 핵의학에서 사용되는 방사성 추적자(radiotracer)를 생산하는 것과 관계있다(7장 참조).

상호작용에 대해서만 다룬다.

고에너지 전자는 (1) 충돌성 전달 및 (2) 방사성 전달의 두 가지 방식으로 흡수체(absorbing medium)와 반응하며 에너지를 전달한다. 충돌성 전달은 의학영상에서 사용되는 에너지 영역의 전자에서 가장 흔한 형태이며 전자의 운동 에너지의 (대체로 작은) 일부가 전자가 충돌하는 물질의 전자로 전달된다. 영향을 받은 원자는 원래 상태로 되돌아가면서 적외선을 생성하고 타깃 물질에서 열을 발생시킨다. 그림 4.4(a)에서 보다시피 입사하는 전자가 충돌의 결과로 방향을 바꾸고, 에너지를 다 소모할 때까지 여러 번의 충돌성 혹은 방사성 전달 반응을 계속 일으킨다. 가끔 전자에게 많은 에너지를 전달하는 충돌도 있는데, 이 경우 새로운 고에너지 전자가 만들어지며 이를 델타레이(delta ray)라고 부른다. 이 경우 델타레이로 인해 새로운 이온화 경로가 만들어지며 새로운 충돌성 혹은 방사성 에너지 전달을 계속한다.

방사성 전달이란 고에너지 전자가 원자와 반응하여 엑스선을 발생하는 것을 말한다. 이 과정은 두 가지 방식으로 일어나는데, **특성 방사선**(characteristic radiation)과 **제동복사선**(bremsstrahlung radiation)을 만든다.[3] 그림 4.4(b)에서 보이듯이 특성 방사선을 만들 때는 입사한 전자가 K 궤도 전자와 충돌하여 해당 원자를 전리 혹은 여기시키게 되는데, 이때 그 궤도에 빈자리를 남긴다. 이 과정은 높은 궤도에서도 일어날 수 있지만 의학영상에서는 별로 중요하지 않다. K 궤도 빈 자리는 L 궤도, M 궤도 혹은 N 궤도의 전자에 의해 채워진다. K 궤도의 전자 결합 에너지가 다른 외곽 궤도의 결합 에너지보다 크기 때문에 다른 궤도의 전자가 K 궤도의 빈자리를 채울 때 에너지의 손실이 발생한다. 즉, 다른 외곽 궤도의 전자에 의해 체험되는 이 에너지의 손실이 전자기파 방사선을 발생시키는 원인이 된다. 이 엑스선을 특성엑스선이라 한다. 특성엑스선 광자의 에너지는 정확히 두 궤도 간의 전자 결합 에너지 차에 해당한다. 사실 양자역학적 성질에 의해 약간 다른 에너지를 갖게 되는 특정한 하부 궤도(subshells, 예를 들어 LI, LII, LIII)의 전자들이 서로 구별될 수 있다. 이 전자들의 결합 에너지는 특정한 원자에 있어서 양자역학적으로 가능한 천이에 의해 결정되므로 이들 엑스선 에너지는 특정한 원자의 특성이며, 이 때문에 이 엑스선을 **특성엑스선**이라 한다. 특정한 원자들을 그것이 생성하는 특성엑스선의 고유한 성질(에너지와 비율)에 의해 확인할 수 있다.

제동복사선은 그림 4.4(c)에서 보듯이 고에너지 전자가 원자핵과 반응할 때 생성된다. 전자가 원자핵에 근접할 때 원자핵의 양전하가 전자를 끌어당겨 마치 전자가 핵 주변의 궤도를 따라가는 것처럼 전자를 휘게 만든다. 전자가 원자핵 주변에서 감속되면서 전자기파 광자(EM photon)를 방출하면서 에너지를 잃게 되는데, 이 광자를 **제동복사선**이라 한다. 전자가 실제로 원자핵과 충돌하지 않는 한, 전자가 원자를 떠날 때는 생성된 제동복사선 광자의 에너지만큼만 줄어든 운동 에너지를 갖게 된다. 원자핵과의 반응 시 드물게는 전자에너지가 모두 소멸되기도 한다. 이 경우 입사 전자의 운동 에너지와 동일한 크기의 광자를 방출한다.

---

3 역주 : 특성 방사선은 특성엑스선, 제동복사선은 제동복사 방사선 또는 제동복사 엑스선이라고도 하며, bremsstrahlung은 breaking이라는 뜻의 독일어이다.

그림 4.5
고속 에너지 전자가 타깃과 충돌하면 두 종류의 엑스선이 발생한다. 특성엑스선과 제동복사선. 이 두 종류의 저에너지의 엑스선은 물질에 의해 흡수된다.

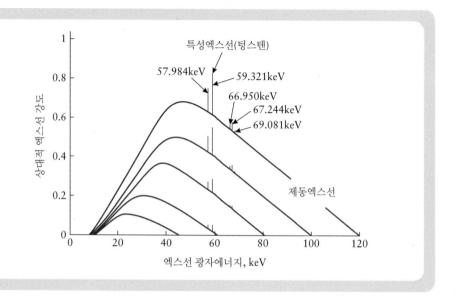

경우], 67keV(M 궤도에서 K 궤도로 천이하는 경우), 그리고 69keV(외부 궤도들에서 K 궤도로 천이하는 경우)를 포함하고 있다. L 궤도 및 M 궤도로의 천이는 더 낮은 에너지의 특성엑스선을 발생하지만 이들은 텅스텐 양극 내에서 흡수되거나 엑스선관의 필터에서 흡수된다.

4.4.2 전자기파 방사선의 주요 반응

전자기파 방사선은 입자성 방사선과는 매우 다른 방식으로 물질과 반응한다. 전자기파 전리 방사선과 물질과의 세 가지 상호 작용은 (1) 광전 효과(photoelectric effect) (2) 콤프턴 산란(Compton scattering) 그리고 (3) 쌍생성 반응(pair production)이다. 쌍생성이 일어나기 위해서는 최소 1.022MeV가 필요하지만 의학영상에서 사용되는 광자 에너지는 25~500 keV이기 때문에 광전 효과와 콤프턴 산란만 고려한다.

광전 효과와 콤프턴 산란 모두, 입사한 엑스선 광자가 원자의 전자구름(궤도 전자)과 반응한다. 두 가지 반응의 주요 차이를 살펴보면, 광전 효과에서 엑스선은 원자에 의해 흡수되어 사라지지만, 콤프턴 산란에서는 광자가 흡수되지 않고 에너지를 잃으며 진행 방향이 바뀐다. 두 가지 반응 모두 인체 조직을 영상화하는 데 기여한다. 광전 효과는 다른 조직 간의 명암 대조를 만드는 가장 중요한 반응이며 콤프턴 산란은 투사 방사선 촬영이나 단층 촬영의 엑스선 영상에서 해상도를 저하시키는 가장 중요한 반응이다. 두 가지 반응을 자세히 살펴보자.

광전 효과   광전 효과(photoelectric effect)란 $h\nu$의 에너지를 갖는 광자가 원자핵의 전기장(Coulomb field)과 반응하며 원자의 K 궤도 전자를 방출하는 것이다. 이 과정이 그림 4.6(a)와 (b)에 묘사되어 있다. 입사한 광자가 원자에 의해 완전히 흡수되고 소위 **광전자**

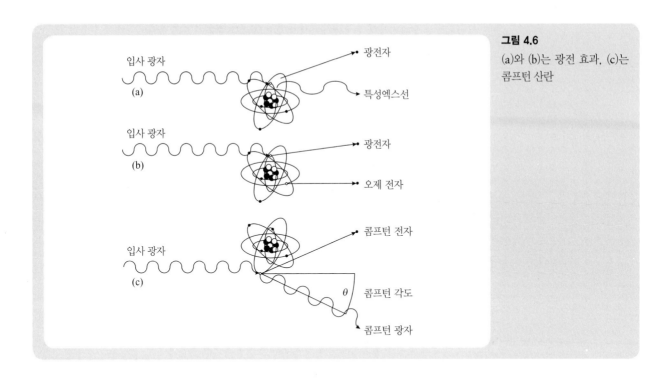

그림 4.6
(a)와 (b)는 광전 효과, (c)는 콤프턴 산란

(photoelectron)라는 전자를 방출한다. 광전자의 에너지는

$$E_{e^-} = h\nu - E_B , \qquad (4.7)$$

여기서 E_B는 방출된 전자의 결합 에너지이다. 남은 원자는 보통 K 궤도에 빈자리를 갖고 있는 이온이 된다. 이 빈자리는 더 높은 궤도에 있는 전자에 의해 채워지는데, 이때 그림 4.6(a)처럼 특성엑스선을 방출한다. 때때로 특성엑스선은 자신의 에너지를 외곽 궤도 전자, 소위 오제 전자(Auger electron)에 전달하는데, 오제 전자는 그림 4.6(b)에서 보듯이 남은 전자 궤도가 재조정된 후 원자로부터 방출된다. 방출된 광전자와 오제 전자는 앞 절에서 기술한 바와 같이 물질과 상호작용한다. 아래에서 언급하겠지만, 이들 고에너지 전자들은 환자의 방사선량에 기여함으로써, 전자기파 전리 방사선의 유해한 생물학적 영향에 기여한다.

콤프턴 산란 그림 4.6(c)에서 보이듯이 **콤프턴 산란**에서 에너지 $h\nu$를 갖고 있는 광자가 외곽 전자를 방출하는데, 이 새로운 고에너지 전자를 **콤프턴 전자**라 한다. 이 반응의 결과, 입사한 광자는 콤프턴 전자에게 일부 에너지를 전달하며 진행 방향을 바꾼다. 산란된 광자, 소위 **콤프턴 광자**의 에너지는 다음과 같다.

$$h\nu' = \frac{h\nu}{1 + (1 - \cos\theta)h\nu/(m_0 c^2)} , \qquad (4.8)$$

여기서 $m_0 c^2 = 511\text{keV}$이며 전자의 정지 질량 m_0와 같다. 그리고 θ는 광자가 산란되는 각도이다. 그림 4.6(c)를 보라. 남은 콤프턴 광자의 에너지는 산란각에 의해 결정된다. 광자가 더 많이 휠수록, 더 많은 에너지를 잃는다. 그러므로 광자가 선원 방향으로 산란할 때, 즉 180° 방향으로 **역산란**(back scatter)하는 경우, 가장 많은 에너지를 잃는다. 콤프턴 전자의 에너지는 다음과 같다.

$$E_{e^-} = h\nu - h\nu'. \tag{4.9}$$

예제 4.3

콤프턴 산란은 의학영상에서 보통 바람직하지 않은 반응이다. (8장) 평판형 신티그래피에서 광자의 에너지는 광자가 검출기에 도달하기 전에 산란을 일으켰는지 알아내는 데 사용된다.

문제 $h\nu = 100\text{keV}$ 에너지를 갖는 광자가 물질에 입사한 후 에너지 $h\nu'$을 가지고 방출되는 것을 가정해 보자. 검출기에서 측정한 $h\nu' > 98\text{keV}$이면 전자는 산란이 일어나지 않았다고 간주한다. 광자가 산란하지 않고 거의 직선으로 운동하는 것처럼 간주되지만 실제로 일어날 수 있는 최대 산란각은 얼마인가?

해답 콤프턴 산란 후 광자의 에너지는
입-출력식이 다음과 같은 연속 시스템에서

$$
\begin{aligned}
h\nu' &= \frac{h\nu}{1 + (1 - \cos\theta)h\nu/(m_0 c^2)} \\
&= \frac{100 \text{ keV}}{1 + (1 - \cos\theta)100 \text{ keV}/(511 \text{ keV})} \\
&= 98 \text{ keV} \\
\theta &= \cos^{-1}\left(1 - \frac{511}{100 * 49}\right) \\
&= 26.4°
\end{aligned}
$$

그러므로 이 검출기는 26.4°의 산란각을 갖는 산란 광자를, 광자가 대상체를 뚫고 나온, 즉 산란하지 않고 투과한 것으로 평가할 가능성이 존재한다.

전자기파 방사선의 반응 확률 광전 효과와 콤프턴 산란이 더 잘 일어나게 만드는 인자들에 대해서 고려해 보자. 이 주제가 중요한 여러 가지 이유가 있다. 다음 장에서 다루겠지만, 예를 들어 투사 영상은 환자 몸을 투과하는 엑스선 빔의 광전 효과와 콤프턴 산란에 의한 **감쇠 차이**에 의해 결정된다. 또 다른 예를 들면, 광전 효과는 입사하는 광자를 완전히 흡수하므로 만일 광전 효과의 가능성을 증가시키는 방법을 찾아낸다면, 전자기파 전리 방사선으로부터 대상체 (혹은 환자나 스태프, 그리고 내과의사)를 **차폐**하거나 **보호**할 수 있다. 납이 왜 엑스선 차폐에 유용하며 플라스틱은 왜 그렇지 않은지, 또 왜 납이 저에너지 방사선보다 고에너

지 방사선에 더 효과적인지를 잘 알 수 있다. 또 다른 예를 들면, 콤프턴 산란이 영상에서 중요한 이유는 광자를 직선에서 벗어나게 만들기 때문이다. 콤프턴 산란이 어떤 조건에서 증가하는지 알 수 있다면 그 효과를 상세할 수 있도록 장비를 설계할 수 있기 때문이다. 또한 환자 영상의 질에 영향을 주는 콤프턴 산란을 최소화하기 위한 에너지를 선택할 수도 있다.

고정된 두께를 가지고 있는 얇은 판형 물체(slab)를 생각해 보자. 입사하는 광자는 이 물체를 투과하거나 광전 효과 또는 콤프턴 산란을 일으킬 수 있다. 어떤 요소가 광전 효과를 더 잘 일으키게 하는가? 광전 효과는 원자핵에 의한 전기장과의 반응 결과이므로 만일 원자핵 내부에 양전기를 띠는 양성자를 더 많이 보유하는 경우 광전 효과 가능성이 높아진다. 즉, 광전 효과가 일어날 확률은 원자번호 Z와 관계가 있다. 여러 가지 다른 원소로 구성된 화합물에서는 어떤 의미에서 평균 원자번호라고 간주할 수 있는 소위 유효 원자번호, Z_{eff}를 정의할 수 있다. 광전 효과를 일으킬 확률은 대략 Z_{eff}^4에 비례한다.[4]

광전 효과의 확률에 영향을 미치는 또 다른 인자는 입사 광자의 에너지이다. 직관적으로 고에너지 광자가 더 잘 투과한다고 생각할 수 있다. 즉, 물체 내에서 광자가 흡수되기 전에 더 긴 거리를 통과한다. 이 직관은 올바르다. 즉, 광전 효과의 확률은 (다른 변수가 모두 동일하다면) $1/(h\nu)^3$에 비례한다. 이 두 가지를 종합하면,

$$\text{Prob[photoelectric event]} \propto \frac{Z_{eff}^4}{(h\nu)^3}. \tag{4.10}$$

마지막으로 광자 에너지가 L 궤도나 K 궤도 전자의 결합 에너지보다 클 때, 실험적으로 광전 효과를 일으킬 확률이 갑자기 증가했다가 에너지가 더 증가하면 줄어드는 것을 알 수 있다. 이 갑작스런 증가는 특정 에너지에서 원자로부터 떨어져 나갈 수 있는 전자가 갑자기 많아지기 때문이다. 이 특성은 투사 촬영이나 단층 촬영에서 **조영제**를 사용하는 데 있어서 매우 중요하다.

다음 질문을 생각해 보자. 어떤 요인들이 콤프턴 산란 반응을 더 잘 일으키는 데 기여하는 가? 콤프턴 산란은 광자가 느슨하게 결합된 외곽 궤도 전자 혹은 자유 전자들과 반응할 때 잘 일어나므로, 중요한 변수는 단위 kg당 전자의 개수, 즉 전자 밀도(electron density : ED)이다.

$$\text{ED} = \frac{N_A Z}{W_m}, \tag{4.11}$$

여기서 N_A는 아보가드로 수(Avogadro's number)(atoms/mole), Z는 원자번호(electrons/atom)이며 W_m은 원자의 분자량(grams/mole)이다. 표 4.4에서 보다시피 수소 원자를 제외하고는 생물학적 물질들의 전자 밀도는 거의 모두 3×10^{26}electron/kg이다(연습문제 4.7

---

4 Z가 큰 원자에서는 (인체 조직과는 달리) Z_{eff}^3에 비례한다.

참조). 그러므로 콤프턴 산란을 일으킬 확률은 (실제 또는 유효) 원자번호와 거의 무관하다. 콤프턴 산란 확률에 영향을 주는 또 다른 인자는 운동 에너지이다. 클라인-니시나 공식 (Klein-Nishina formula)이라고 불리는 꽤 복잡한 관계식이 있어서 에너지가 증가할 때 콤프턴 산란 확률이 떨어지는 것을 알 수 있게 해 준다. 그러나 이러한 감소는 매우 점진적인 것이어서 의학영상에서 사용하는 가장 높은 에너지 이상에서 일어난다. 엑스선 영상에서 중요한 에너지 영역에서는 상수이다. 요약하면 다음과 같다.

$$\text{Prob[Compton event]} \propto ED . \tag{4.12}$$

광전 효과와 콤프턴 산란이 서로 다른 방식으로 영상에 영향을 주기 때문에, 인체 내 조직에서 이 두 가지 사건이 일어날 상대적인 빈도를 이해하는 것이 중요하다. 두 가지 방법이 있다. 상대적인 빈도 혹은 사건의 백분율(%), 혹은 특정한 사건에 의해 축적되는 에너지의 백

표 4.4 주요 물질의 물리량

물질	밀도(kg/m^3)	Z_{eff}	전자 밀도(electrons/kg)
수소	0.0899	1	5.97×10^{26}
탄소	2,250	6	3.01×10^{26}
공기	1,293	7.8	3.01×10^{26}
물	1,000	7.5	3.34×10^{26}
근육	1,040	7.6	3.31×10^{26}
지방	916	6.5	3.34×10^{26}
뼈	1,650	12.3	3.19×10^{26}

출처 : A. B. Wolbarst, p. 119, 1993.

표 4.5 물에서의 광전 반응과 콤프턴 반응 비교

광자 에너지(keV)	콤프턴 산란, 백분율(%)	콤프턴 에너지, 백분율(%)
10.0	3.2	0.1
15.0	11.8	0.4
20.0	26.4	1.3
30.0	58.3	6.8
40.0	77.9	19.3
50.0	88.0	37.2
60.0	93.0	55.0
80.0	97.0	78.8
100.0	98.4	89.6
150.0	99.5	97.4

출처 : Johns and Cunningha에서 수정.

분율이 그것들이다. 표 4.5는 이러한 두 가지 특성을 관심의 대상인 진단 영역에서 요약한 것이다. 진단 엑스선 에너지가 증가할 때 콤프턴 산란은 그 상대적 반응 빈도가 증가하다가 30keV의 에너지 범위에서는 가장 중요한 반응이 된다. 그러나 60keV에서 콤프턴 반응이 일어날 확률이 90% 이상이지만, 이 반응으로 인체 조직에 축적하는 에너지는 전체의 55%에 그친다. 이러한 차이는 광전 효과는 광자 에너지를 모두 인체에 축적시키지만, 콤프턴 산란은 광자 에너지의 단지 일부만을 축적시키기 때문이다.

4.5 전자기파 방사선의 감쇠

감쇠란 전자기파 방사선 빔의 강도가 줄어드는 과정이다. 조직에 따른 감쇠 차이는 방사선 촬영에서 명암대조(contrast, 명암 대비)를 만들어 내는 주요 요인이다. 감쇠는 실제적으로 통계적인 과정이지만 여기서는 결정론적 과정으로 다루겠다. 5장에서 투사 방사선 촬영 사진의 잡음에 대해 논의할 때 자연스럽게 통계적 특성을 다루겠다.

4.5.1 엑스선 빔 강도의 측정

방사선 촬영은 엑스선 빔이라 불리기도 하는 엑스선의 짧은 버스트(burst)와 관계가 있다. 여러 이유로 인해 엑스선 버스트의 '강도'에 대해서도 관심을 가져야 한다. 예를 들면, 영상을 만드는 엑스선 검출기 시스템을 설계할 때, 내부 잡음을 평가하기 위해서 또 검출기 시스템의 대역폭을 조정하기 위해서 엑스선 빔의 강도를 평가하는 것이 매우 중요하다. 전리 방사선의 유해한 생물학적 효과를 평가하기 위해서 역시 엑스선 빔의 강도를 측정하여야 한다. 전리 방사선은 잠정적으로 유해하기 때문에 이 점이 특히 중요하다. 예를 들면, 고선량을 받으면 화상이나 백내장을 유발할 수 있다. 저선량에서도 암 발병의 위험성이 존재한다. 엑스선의 강도를 정의하고 측정하는 다양한 방법이 존재한다. 이 절에서는 엑스선 빔의 강도를 측정하는 가장 보편적이고 중요한 몇 가지 방법을 살펴보겠다.

　엑스선 버스트의 강도를 가장 간단히 기술하는 개념이 버스트 내부의 광자 개수이다. 또한 광자가 분산되는 면적을 고려하는 것도 중요하다. 따라서 광자 선속(photon fluence) Φ를 단위 면적당 광자 개수 N으로 정의한다.

$$\Phi = \frac{N}{A},\tag{4.13}$$

여기서 면적 A는 엑스선 빔이 진행하는 방향과 직각으로 놓여 있어야 한다. 주어진 시간 Δt 동안 측정이 진행되기 때문에 시간을 측정하는 것도 때로 매우 중요하다. 따라서 광자 선속률(photon fluence rate) ϕ는 다음과 같이 정의된다.

$$\phi = \frac{N}{A\Delta t}.\tag{4.14}$$

버스트에는 어느 정도의 에너지가 담겨 있으며, 만일 버스트가 어떤 물질에 완전히 흡수되다면 어느 정도의 에너지를 축적시킬 수 있는지 궁금하다. 만일 버스트 내의 모든 광자가 동일한 에너지 hv를 가지고 있다면 ─ 즉, 단일 에너지 빔(monoenergetic beam)이라면 ─ 버스트의 총에너지는 단순히 Nhv이다. 에너지 선속(energy fluence) Ψ와 에너지 선속률(energy fluence rate) ψ는 다음과 같다.

$$\Psi = \frac{Nhv}{A}, \tag{4.15}$$

$$\psi = \frac{Nhv}{A\Delta t}. \tag{4.16}$$

에너지 선속률은 다른 말로 엑스선 빔의 **강도**(intensity)라고도 하며 기호 I로 표현된다. 식 (4.14)와 식 (4.16)에서

$$I = E\phi, \tag{4.17}$$

여기서 $E = hv$이다. 강도의 단위는 단위 시간당, 단위 면적당 에너지이다.

엑스선 촬영에서 사용하는 광자 버스트는 주로 제동복사선이므로 다중 에너지(polyenergetic)이다. 이론상 만일 광자 계수치(photon count)만이 중요하다면, 광자 선속률이 광자 강도의 적절한 측정치가 될 수 있다. 그러나 실제로 광자 선속률은 별로 중요하지 않다. 그 이유는 엑스선 촬영에서는 광자를 계수하는 것이 아니라 광자의 총 에너지를 측정하기 때문이다. 그러므로 다중 에너지 선원에서는 강도(에너지 선속률) 개념을 이해하는 것이 더 중요하다.

각각의 엑스선 광자는 고유의 에너지를 가지고 있기 때문에, 다중 에너지 선원의 경우 E(에너지)의 함수로 N(개수)을 표현한 것이 **선 스펙트럼**(line spectrum)이다. 제동복사선의 무작위적 성질 때문에, 선 스펙트럼의 세부 내용은 매 광자 버스트마다 변화한다. 그러나 주어진 선원에 대해서 **선 밀도**(line density) ─ 예를 들면 에너지 E의 함수로서 단위 에너지당 광자 개수 ─ 는 일정하다. 엑스선 스펙트럼(x-ray spectrum) $S(E)$는 단위 면적당, 단위 시간당 선 밀도이다. 엑스선 스펙트럼의 예시가 그림 4.5에 나타나 있다. $S(E)$ 값이 큰 에너지는 그 에너지에서 단위 에너지당 광자 개수가 많다는 뜻이다.

$S(E)$의 정의와 식 (4.14)로부터 선 밀도의 적분이 선들의 개수를 나타내기 때문에, 스펙트럼의 적분은 광자 선속률을 나타내며

$$\phi = \int_0^\infty S(E')\, dE', \tag{4.18}$$

에너지에 따라 변하는 값은 아니다. 식 (4.17)과 유사하게 다중 에너지 선원의 강도(에너지

선속률)를 정의할 수 있다.

$$I = \int_0^\infty E' S(E') \, dE' .$$ (4.19)

예제 4.4

다중 에너지 엑스선 빔을 단일 에너지 선원으로 모형화하는 것이 바람직할 수 있다.[5]

문제 실제 다중 에너지 선원과 같은 강도를 가지며 같은 광자 개수를 갖는 가상의 단일 에너지 선원의 에너지는 얼마인가?

해답 면적 A와 시간 폭 Δt가 주어지면, 다중 에너지 선원의 광자 개수는

$$N_p = A \Delta t \int_0^\infty S(E') \, dE' .$$

다중 에너지 선원의 강도는

$$I_p = \int_0^\infty E' S(E') \, dE' .$$

등가 단일 에너지 빔은 다음의 강도를 갖는다.

$$I_p = E \frac{N_p}{A \Delta t} .$$

그러므로 이 등가 빔의 에너지는 다음과 같다.

$$E = \frac{\int_0^\infty E' S(E') \, dE'}{\int_0^\infty S(E') \, dE'} .$$

위 수식은 익숙해 보인다. 즉, 질량 밀도 $S(E)$를 갖는 얇은 물체의 무게 중심에 관한 수식이다. 또 다르게 표현하자면, 분자는 마치 확률 밀도 함수(probability distribution function : PDF)가 $S(E)$인 어떤 무작위 변수 E의 평균에 대한 수식이며, 분모는 분자에서 사용되고 있는 $S(E)$를 규격화하기 위한 적분이므로 이들의 비는 E의 평균값이다. 이 방법으로 계산된 에너지는 때때로 다중 에너지 선원의 평균 에너지 또는 유효 에너지(effective energy)라 부른다. 6장에서 다른 정의를 살펴보겠다.

4.5.2 협폭의 빔, 단일 에너지 광자

그림 4.7(a)에서 보듯이 얇고 균질한(homogeneous) 판형 물체에 입사하는 N개의 단일 에너지 광자 빔을 생각해 보자. 그림의 구조는 광자 빔의 폭이 광자를 검출하거나 계수하는 검출기의 폭보다 작기 때문에 **협폭의 빔 구조**(narrow beam geometry)라 부른다. 이 경우, 만

---

[5] 단일 에너지 빔에서 모든 광자는 동일한 에너지 $h\nu$를 갖는다.

그림 4.7
감쇠를 연구하기 위한 두 종류의 빔 구조. (a) 협폭의 빔 구조 및 (b) 광폭의 빔 구조

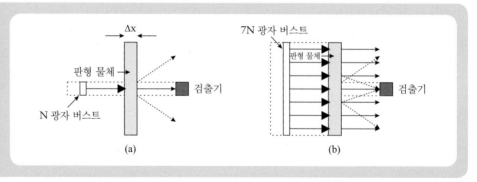

일 판형 물체가 없다면 (그리고 통계적 영향과 검출기 효율을 무시한다면) 검출기는 N개의 광자를 측정할 것이다. 그러나 물체가 존재한다면, 몇 개의 광자는 물체에서 광전 효과에 의해 흡수될 것이고 또 몇 개는 콤프턴 산란을 일으켜 검출기를 벗어날 것이다. 전체적으로 검출된 개수 N'는 N보다 작을 것이며 이것이 감쇠의 기본적 특성이다. 자세히 살펴보자.

만일 위 실험에서 사라진 광자 개수를 n이라고 해 보자. 판형 물체의 두께 Δx가 작은 값이라고 가정하면, Δx를 2배로 증가시키면 n이 2배가 되며, N을 2배로 증가시켜도 n이 2배가 된다. 다른 말로 n은 N과 Δx에 비례한다.

$$n = \mu N \Delta x, \tag{4.20}$$

여기서 μ는 비례상수로서 **선형감쇠계수**(linear attenuation coefficient)라고 한다. 식 (4.20)을 재배열하면 선형감쇠계수의 정의를 내릴 수 있으며

$$\mu = \frac{n/N}{\Delta x}, \tag{4.21}$$

이것은 단위 두께당 잃게 되는 광자 수의 비율이라고 해석할 수 있다.

판형 물체와 반응할 때 변화하는 광자 수는

$$
\begin{aligned}
\Delta N &= N' - N \\
&= -n \\
&= -\mu N \Delta x.
\end{aligned}
\tag{4.22}
$$

만일 판형 물체를 매우 얇게 만들고 N을 연속 함수로 간주하면, 다음의 미분 방정식을 얻게 된다.

$$\frac{dN}{N} = -\mu\, dx, \tag{4.23}$$

이 식을 적분하면(연습문제 4.9 참조)

$$N = N_0 e^{-\mu \Delta x}, \tag{4.24}$$

여기서 N_0는 $x = 0$에서 광자의 개수이다. 이 식은 **기본광자감쇠공식**(fundamental photon attenuation law)이라 불리며 엑스선 촬영 분야 전체에서 가장 기본적인 식이다. 단일 에너지의 경우 이 식은 다음과 같이 강도에 대해서도 적용할 수 있다.

$$I = I_0 e^{-\mu \Delta x}, \tag{4.25}$$

여기서 I_0는 초기 빔의 강도이다.

식 (4.24)를 사용하면 무한히 얇은 균질한 물질 층에서 정지하거나 투과하는 (단일 에너지) 광자의 비율을 계산할 수 있다. 다음과 같은 질문을 할 수 있다. 입사하는 광자를 반으로 줄이는 데 필요한 물체의 두께는 얼마인가? 이 두께를 **반가층**(half value layer : HVL)이라 하며 다음 식을 만족시킨다.

$$\frac{N}{N_0} = \frac{1}{2} = e^{-\mu \text{HVL}}. \tag{4.26}$$

식 (4.26)을 다소 변경하면

$$\text{HVL} = \frac{\ln 2}{\mu} = \frac{0.693}{\mu}. \tag{4.27}$$

예제 **4.5**

7장에서 보겠지만, 140keV 감마선이 Tc-99m(Technetium)에 의해 생성되며 요오드화나트륨(Sodium iodide, NaI) 결정(crystal)이 감마선 검출기로 사용된다. NaI 결정의 140keV에서의 반가층은 0.3cm이다.

문제 감마선의 몇 퍼센트가 1.2cm 두께의 NaI 결정을 투과하는가?

해답 계산해 보자.

$$\begin{aligned} \text{투과 백분율} &= 100\% \times \frac{N}{N_0} \\ &= 100\% \times e^{-\mu 1.2 \text{ cm}} \end{aligned}$$

$\mu = \ln 2/\text{HVL}$이므로

$$\text{투과 백분율} = 100\% \times e^{-\ln 2(1.2 \text{ cm})/(0.3 \text{ cm})}$$
$$= 100\% \times e^{-4\ln 2}$$
$$= 6.25\%.$$

만일 판형 물체가 균질하지 않다고 생각해 보자. 이 경우, 선형감쇠계수는 위치(깊이 방향 위치) x에 따라 변하며 다음 식을 풀어야 한다.

$$\frac{dN}{N} = -\mu(x)\,dx.\tag{4.28}$$

직접 적분을 하면 위치 x에서의 광자 개수는

$$N(x) = N_0 \exp\left\{-\int_0^x \mu(x')\,dx'\right\},\tag{4.29}$$

여기서 x'은 적분을 위한 임시 변수이다. 강도를 위한 유사한 관계식은

$$I(x) = I_0 \exp\left\{-\int_0^x \mu(x')\,dx'\right\}.\tag{4.30}$$

이 식이 기본광자감쇠공식의 적분형이다. 이 식은 투사 촬영과 단층 촬영에 있어서 가장 중요한 물리적 모델이다. 또한 핵의학 기술에서 감마선의 감쇠를 기술하는 공식이다.

4.5.3 협폭의 빔, 다중 에너지 광자

협폭의 빔 구조에서 (어떤 에너지이든지) 광자는 검출기에 의해 완전히 흡수되거나 산란된다. 그러므로 협폭의 빔에서 감쇠 원리가 단일 에너지 경우와 다중 에너지 경우 모두 똑같이 적용되지만 다중 에너지 경우 각 에너지 구간에서 독립적으로 적용된다.

일반적으로 선형감쇠계수는 물질에 따라 다르며 같은 물질이라도 에너지에 따라 다르다. 뼈, 근육, 지방에 있어서 선형감쇠계수가 그림 4.8에 도식화되어 있다. 이 그림에서 뼈가 근육보다, 근육은 지방보다 더 많은 감쇠를 일으키는 것을 알 수 있다. 이 그림에서 고에너지 엑스선이 덜 감쇠되므로 고에너지에서 투과가 더 많이 일어날 것이라는 것을 알 수 있다. 다중 에너지 빔에 대해서는 선형감쇠계수를 에너지의 함수, 즉 $\mu(E)$로 표현해야 한다.

두께가 Δx이며 균질한 판형 물체에 스펙트럼 $S_0(E)$를 갖는 엑스선이 조사된다고 가정해 보자. 선형감쇠계수가 에너지에 따라 변한다는 점을 제외하고는 단일 에너지 경우[식 (4.25) 참조]와 마찬가지로 물체를 투과할 때 동일한 법칙에 의해 감쇠된다.

$$S(E) = S_0(E)e^{-\mu(E)\Delta x}.\tag{4.31}$$

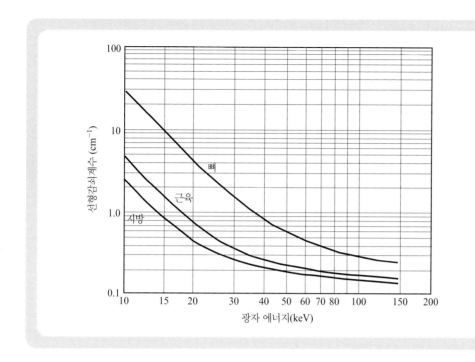

그림 4.8
입사하는 엑스선의 에너지 함
수로서의 뼈, 근육 및 지방의
선형감쇠계수

비균질(heterogeneous) 판형 물체의 경우, 선형감쇠계수는 레이(ray)의 진행 선상의 위치 (position along the line)와 에너지에 따라 다르다. 이 경우 감쇠 공식의 적분형은

$$S(x; E) = S_0(E) \exp \left\{ - \int_0^x \mu(x'; E) \, dx' \right\} . \tag{4.32}$$

만일 빔의 강도를 계산하고자 하면, 식 (4.19)와 (4.31) 그리고 (4.32)를 함께 사용하여

$$I = \int_0^\infty S_0(E') E' \exp \left\{ -\mu(E') \Delta x \right\} dE' \tag{4.33}$$

또한

$$I(x) = \int_0^\infty S_0(E') E' \exp \left\{ - \int_0^x \mu(x'; E') \, dx' \right\} dE' . \tag{4.34}$$

식 (4.34)는 인체를 포함한 비균질 물체에 대해 정확한 모델이지만, 엑스선 영상 기기를 위한 영상 방정식(imaging equation)들을 유도하는 데는 유용하지 않다. μ의 에너지 의존성이 기본적인 영상 특성을 이해하는 데는 도움이 되지만, 수학적 관점에서는 다루기 힘든 변수이다. 다음에서 보겠지만 유효 에너지 개념(예제 4.4 참조)이 보다 더 유용한 변수이다.

4.5.4 광폭의 빔

그림 4.7(b)의 광폭의 빔 구조(broad beam geometry)를 그림 4.7(a)의 협폭의 빔 구조와 비교하여 살펴보자. (b)에서 엑스선 빔은 7배 넓으며 광자 수도 7N이다(여기서 7이란 수는 비교 목적으로 제시되었다). 판형 물체를 제거하면, (a) 경우와 폭이 같은 검출기는 단지 N개의 광자만 검출하고 나머지는 검출기를 벗어난다. 판형 물체가 존재하면, 검출기를 향하던 광자는 협폭의 빔 경우와 마찬가지로 광전 효과에 의해 흡수되거나 콤프턴 반응에 의해 산란된다. 그러나 여기에 또 다른 가능성이 있다. 검출기의 시야선(line-of-sight) 밖에 있던 광자들이 콤프턴 반응에 의해 검출기 방향으로 산란되어 검출될 수 있다.

그래서 광폭의 빔 경우 단일 에너지 협폭의 빔 경우에 비해 더 많은 광자들이 검출된다. 이 경우 일반적인 감쇠 공식[식 (4.24) 및 (4.25)]이 적용되지 못하고 엑스선의 직선 운동 가정이 무너진다. 더구나 콤프턴 산란 과정은 광자 에너지를 감소시키기 때문에 검출된 광자 버스트는 더 이상 단일 에너지가 아니다. 이런 경우에 엑스선 빔의 평균 또는 유효 에너지가 감소하는데, 이 과정을 빔 연화(beam softening, 빔 스펙트럼 연화)라고 부른다.

다행히도 대부분의 엑스선 영상 장치들은 검출기측 콜리메이터(detector-side collimator)를 사용하므로 검출기에 비스듬히 들어오는 엑스선 개수를 줄여 준다. 그러므로 영상 관점에서 협폭의 빔 가정은 여전히 정확하다고 볼 수 있다. 이 책 전체에서 협폭의 빔 가정을 활용하겠다. 그러나 환자 선량을 계산하거나 방사선 전문의나 방사선사를 보호하기 위한 납 차폐체(lead shield) 두께를 계산하는 문제에서는 광폭의 빔 구조가 고려되어야 한다. 즉, 영상 처리와 관련하여 '인간 검출기(human detector)'에는 검출기측 콜리메이터라는 것은 존재하지 않는다.

4.6   방사선량 평가

방사선의 존재나 양을 기록하는 여러 가지 방법이 있다. 앞에서 선속(fluence)이나 강도(intensity)를 정의할 때 광자나 에너지의 흐름과 관련하여 개념을 설명하였다. 그리고 의학 영상의 생성이라는 점에 초점을 맞추어 살펴보았다. 방사선은 유해한 생물학적 영향을 끼치기도 한다. 그래서 전자기파 방사선이 무엇이냐 하는 점보다도 인체에 무엇을 할 수 있느냐 하는 점을 살펴보고자 한다. 그 핵심이 선량(dose)이라는 개념이다.

4.6.1 조사선량

정의상, 전리 방사선은 수소 원자를 이온화시킬 수 있다. 그러므로 공기 중에서 이온을 생성할 수 있다. 방사선은 두 장의 평판 사이에 존재하는 공기를 이온으로 만들기 때문에 일정한 전압을 인가한 두 장의 평판 사이에 흐르는 전류를 측정하는 이온함(ion chamber) 검출기를 만들 수 있고 이것을 교정하는 일도 매우 용이하게 할 수 있다.

X라는 기호를 사용하는 **조사선량**(exposure)이란 용어는 전자기파 방사선에 의해 특정한 부피의 공기 중에서 생성된 이온 쌍의 개수를 의미한다. 조사선량의 국제 단위는 공기 1kg당 전하량(C/kg)이다. 그러나 의학영상에서는 R(Roentgen, 뢴트겐) 단위를 더 유용하게 사용하는데, 이 값은 2.58×10^{-4}C/kg이다. 두 값 사이의 환산은 1C/kg = 3,876R을 사용한다.

예제 **4.6**

방사선 관점에서 선원으로부터 거리 d 떨어진 곳의 조사선량은 역자승 법칙(inverse square law)을 따른다.

문제 만일 한 점 선원(point source)으로부터 $d = 30$cm 떨어진 곳의 조사선량이 1R이라면 같은 점 선원에서 $d = 5$cm 떨어진 곳의 조사선량은 얼마인가?

해답 $d = 5$cm에서의 조사선량은 $d = 30$cm 거리의 조사선량의 $36((30/5)^2 = 36)$배이므로, $d = 5$cm 거리의 조사선량은 $X_5 = 36X_{30} = 36$R이다.

4.6.2 선량 및 커마

전자기파 전리 방사선이 물질을 투과할 때, 광전 효과와 콤프턴 산란 두 가지 현상에 의해 물질에 에너지를 전달한다. 이 개념이 선량이다. **흡수선량**(absorbed dose)의 단위는 rad(radiation absorbed dose의 약어, 라드)인데, 단위 gram당 물질에 100ergs의 에너지가 흡수된 것으로 정의한다. 그 기호는 D이다. 이 단위는 전체 에너지양보다는 에너지 축적 농도(energy-deposition concentration)를 의미한다. 흡수선량의 SI 단위는 Gy(Gray, 그레이)이다. 1Gy = 1J/kg = 100rad이다. 생물학적 선량 평가에서 요구되는 정확도를 위해 조사선량 1R은 연조직에서 흡수선량 1rad를 생성한다고 본다.

선량과 관련하여 또 하나의 개념은 **커마**(kinetic energy release in matter, kerma)인데 기호는 K이다. 커마는 특정 물질 내에서 전자에게 직접 전달된(imparted) 단위 질량당 에너지양으로 정의된다. 커마 역시 Gy 단위로 측정된다. 실질적으로 진단용 엑스선 에너지에서는 커마와 선량은 근본적으로 등가이다. 교정 목적으로 공기 중에서의 커마가 사용될 때는 이 값을 **공기 커마**(air kerma)라고 부르며 기호는 K_{air}이다.

4.6.3 선형 에너지 전달

선형 에너지 전달(linear energy transfer : LET)은 방사선이 단위 거리를 이동할 때 방사선이 물질에 전달하는 에너지로서 정의된다. 고 LET 방사선은 더 유해한 생물학적 결과를 초래한다. **비전리**(specific ionization : SI)란 단위 거리당 생성된 이온쌍(ion pair)의 수이다. LET와 SI는 하나의 이온 쌍을 형성하는 데 필요한 평균 에너지(종종 W라 명명된다)에 의해 연관되는데, 이 값은 물질의 고유한 성질이다.

4.6.4 f-인자

방사선장(radiation field)에서 조사선량을 측정하고 이를 동일한 방사선장에 위치한 사람이 받는 선량으로 표현할 수 있다면 매우 유용하다. 뢴트겐과 라드의 정의를 생각하면 공기 중 조사선량과 공기가 받은 선량과의 관계식을 쉽게 유도할 수 있다. 1R = 0.87rad이다. 공기 외의 일반적인 물질에 대한 선량을 계산할 때는 f-인자(f-factor)를 변환 인자로 사용한다.

$$D = fX. \tag{4.35}$$

f-인자는 다음과 같이 정의된다.

$$f = 0.87 \frac{(\mu/\rho)_{\text{material}}}{(\mu/\rho)_{\text{air}}}, \tag{4.36}$$

여기서 μ는 선형감쇠계수이며 ρ는 해당 물질과 공기의 질량 밀도(mass density)이다. (μ/ρ)는 질량감쇠계수(mass attenuation coefficient)라고 부른다.

4.6.5 선량당량

인간은 우주선, 토양과 건축 자재의 방사능, 그리고 인체 내부의 방사능으로 인해 전리 방사선에 노출되어 살고 있다. 선량은 잘 정의된 개념이지만, 다른 종류의 방사선이 같은 값의 선량을 주었더라도 인체는 다른 영향을 받을 수 있다. 이러한 현상을 고려하여 기호 H로 표시하는 선량당량(dose equivalent) 개념이 사용된다. 선량당량은 다음과 같이 정의된다.

$$H = DQ, \tag{4.37}$$

여기서 Q는 소위 선질 계수(quality factor)로서 방사선의 종류에 따른 (생물학적) 특성을 나타낸다. 예를 들면, 엑스선, 감마선, 전자, 베타 입자들의 선질 계수 $Q \approx 1$이며, 반면에 중성자와 양성자는 $Q \approx 10$ 그리고 알파입자는 $Q \approx 20$이다.

의학영상에 사용되는 방사선의 경우 $Q \approx 1$이므로 선량당량은 흡수선량과 같다. D는 rad 단위로 표시하지만 H는 rem(roentgen equivalent to man의 약어, 렘) 단위로 표시한다. SI 단위에서 선량은 Gy로 표시된다. 1Gy의 선량을 받았고, $Q = 1$이면 선량당량은 SI 단위로 1Sv(Sievert, 시버트)이다. 1Sv = 100rem이다.[6]

---

6 역주 : 1990년 ICRP 권고 이후에는 등가선량(equivalent dose) 개념을 기존의 선량당량(1977년 ICRP 권고) 개념을 대체하여 사용하고 있다. 등가선량은 방사선 가중계수와 방사선에 대한 장기나 조직의 흡수선량의 곱의 총합이다.

$$H_T = \sum_R W_R D_{T,R}$$

여기서 H_T : 조직 T의 등가선량, W_R : 방사선 가중계수, $D_{T,R}$: 방사선 종류 R에 의한 조직 T의 흡수선량.
　두 개념의 차이는 선량당량이 한 종류의 방사선에 의한 것이고, 등가선량은 모든 종류의 방사선에 의한 선량당량의 총합이란 점이다. 등가선량의 단위 역시 Sv를 사용한다.

예제 4.7

20keV를 사용하는 흉부 엑스선 촬영을 생각해 보자. 단순성을 위해서 폐를 제외한 모든 조직을 무시하자.

문제 흡수선량을 10mrad(즉, 0.01rad) 이하로 한정할 때, 조사선량의 한계치는 얼마인가?

해답 표 4.6에서 20keV에서

$$(\mu/\rho)_{air} = 0.78 \text{ cm}^2/\text{g},$$

이며

$$(\mu/\rho)_{lung} = 0.83 \text{ cm}^2/\text{g}.$$

그래서 f-인자는

$$f = 0.87 \frac{(\mu/\rho)_{lung}}{(\mu/\rho)_{air}} = 0.93.$$

흡수선량은 식 (4.35)에 의해 조사선량과 연관되어 있다. 만일 선량을 10mrad로 제한하려 한다면, 노출량은 10/0.93 = 10.8mR이다.

표 4.6 주요 물질의 엑스선 질량감쇠계수

물질	20keV (dm^2/g)	100keV (dm^2/g)
공기	0.7779	0.1541
물	0.8096	0.1707
뼈	0.4001	0.1855
근육	0.8205	0.1693
폐	0.8316	0.1695
뇌	0.8281	0.1701

출처 : Hubbell and Seltzer, NIST online tables.

4.6.6 유효선량

전리 방사선을 위험도(risk)와 연관짓는 일은 (피폭된 장기의) 선량당량 혹은 등가선량 개념을 연장하여 만일 전신이 균일하게 조사되었다면 받았을 수 있는 선량을 표현하는 데 사용된다. 유효선량(effective dose)은 인체의 장기들이나 조직들이 받은 등가선량을 가중치를 주어 합으로 표시하는데, 여기에서 가중치란 만일 인체가 불균일하게 방사선으로부터 조사되었다면 방사선에 기인한 개체적 위험도와 유전적 위험도에 비례한 값을 제공하도록 결정된 (주요 장기별) 수치들이다. 유효선량은 다음과 같이 표현된다.

$$D_{\text{effective}} = \sum_{\text{organs}} H_j w_j \qquad (4.38)$$

여기서 $D_{\text{effective}}$는 유효선량(단위는 Sv 혹은 rem을 사용함)이며, H_j는 조직 j에 대한 등가선량, w_j는 조직 j에 대한 가중치(weighting factor for organ j)이다. 모든 조직에 대한 총합은

$$\sum_{\text{organs}} w_j = 1. \qquad (4.39)$$

이런 방법으로 위험도는 방사선과 조직에 따라 서로 비교할 수 있다.

평균적으로 일반인의 (의료방사선 피폭을 제외하고) 연간 유효선량은 대략 300mrem (3mSv)이다. 의학영상촬영은 고유한 절차에 따라 다르지만 광범위한 선량치를 부가한다. 저선량의 예로서 흉부엑스선 촬영은 3~4mrem을 부가하며, 고선량의 예로서 투시영상 (fluoroscopy, 플로로스코피) 진단은 수 rem을 부가할 수 있다.

의학영상과 관련한 전리 방사선 선량의 위험도는 암의 발병이다[방사선 기인 발암 (radiogenic carcinogenesis)]. 실제로는 임의 수준의 방사선 조사도 암 발병의 위험도를 증가시키나 고선량일수록 위험도가 더 커진다. 잠정적 위험도가 있으므로 의사와 환자가 어느 정도의 방사선 촬영을 수행할지 보통 함께 결정한다.[7]

4.7   요약 및 핵심 개념

전리 방사선은 투사 방사선 촬영 및 컴퓨터 단층 촬영을 포함하여 여러 의학영상 기법에 쓰이고 있다. 이들 기술에서 입자성 방사선의 영향은 엑스선을 생성하는 일이며 엑스선은 환자의 신체와 반응하여 영상을 만들어낸다. 이 장에서는 다음의 핵심 개념들을 이해하기 바란다.

1. 전리란 원자로부터 궤도 전자를 방출하는 일이며, 전리 방사선이란 전리를 일으킬 수 있는 충분한 에너지를 가진 방사선을 말한다.
2. 전리 방사선은 입자성 또는 전자기파 방사선이다. 의학영상에서 관심 있는 주요한 전리 방사선에는 엑스선, 감마선, 고에너지 전자, 양전자들이 있다.
3. 입자성 전리 방사선은 충돌성 전달과 방사성 전달(제동복사선을 만든다)을 통해 타깃 물질에게 에너지를 전달한다.
4. 방사성 전달(radiative transfer) 확률은 입자성 방사선이 통과하는 물질의 유효 원자번호가 증가할수록 커진다.

---

[7] 피폭-효과 자료들에 의하면 100mSv 이하에서는 자연 암 발병과 비교하여 유의할 만한 방사선 기인 암 발병을 확증할 수 없으나 방사선 방호 관점에서 보수적으로 ALARA(as low as reasonably achievable, 합리적으로 도달 가능한 가장 낮은) 개념을 적용하여 LNT(linear no threshold, 임계치 없는 선형) 모델 채택을 권고하고 있다.

5. 의학영상에서 전자기파 전리 방사선은 광전 효과와 **콤프턴 산란**을 통해 에너지를 전달한다.

6. 전자기파 방사선이 물질을 통과할 때 반응 확률은 광자의 에너지, 유효 원자번호, 밀도, 그리고 물질의 분자량에 따라 달라진다.

7. 전자기파 방사선에 있어서 빔 강도의 감쇠란 단일 에너지 관계로 기술될 수 있으며 물체의 두께와 선형감쇠계수의 함수이다. 선형감쇠계수 자체 역시 물질과 광자 에너지의 함수이다.

8. 인체 조직의 방사선 선량은 유효선량으로 평가하며, 이 개념은 전달된 에너지와 해당 전리 방사선의 생물학적 효과 그리고 각 조직들의 상대적 방사성 민감도에 따라 달라진다.

참고문헌

Attix, F.H. *Introduction to Radiological Physics and Radiation Dosimetry*. New York, NY: Wiley, 1986.

Bushberg, J.T., Seibert, J.A., Leidholdt, E.M., and Boone, J.M. *The Essential Physics of Medical Imaging*, 3rd ed. Philadelphia, PA: Lippincott Williams and Wilkins, 2012.

Carlton, R.R. and Adler, A.M. *Principles of Radiographic Imaging: An Art and a Science*, 5th ed. Clifton Park, NY: Delmar Cengage Learning, 2012.

Hubbell, J.H. and Seltzer, S.M. *Tables of X-Ray Mass Attenuation Coefficients and Mass Energy-Absorption Coefficients*, version 1.4. Online at *http://physics.nist.gov/xaamdi*, Gaithersburg, MD: National Institute of Standards and Technology, 2004.

Johns, E.J. and Cunningham, J.R. *The Physics of Radiology*. 4th ed. Springfield, IL: Charles C Thomas Publisher, 1983.

Wolbarst, A.B. *Physics of Radiology*, 2nd ed. Norwalk, CT: Appleton and Lange, 2005.

연습문제

원자 물리

4.1 양성자, 중성자, 전자의 정지 질량은 각각 $1.67262171 \times 10^{-27}$kg, $1.67492728 \times 10^{-27}$kg, $9.1093826 \times 10^{-31}$kg이다.

   (a) 원자 질량 단위(atomic mass unit, amu)는 실제 탄소-12 원자 질량의 1/12로 정의한다(핵적으로나 전기적으로 바닥 상태에 있는 중성원자일 때). 탄소-12의 질량은 그 구성 성분들의 질량의 합보다 작다. 이러한 질량의 차이를 질량 결손(mass defect)이라고 한다. 질량 결손을 계산하라(kg 혹은 amu 단위로).

   (b) 결합 에너지는 질량 결손 에너지와 같다. 탄소-12의 결합 에너지는 얼마인가?

4.2 **(a)** 정지 상태의 전자의 질량-등가 에너지를 계산하라.

   (b) 전자가 음극과 양극 사이에서 가속되어 광속의 1/10에 해당하는 속도를 얻을 수

있는 음극과 양극 간의 전압 차를 구하라.

(c) 상대론적 방정식을 이용하여, 120kV의 전위 차에서 가속되는 전자의 속도를 구하라.

4.3 한 입자의 속도 v가 광속보다 매우 작을 경우, 입자의 운동 에너지는 공식 $KE = mv^2/2$을 사용하여 계산될 수 있음을 보이라.

전리 방사선

4.4 특성 방사선과 제동복사방사선을 비교하라.

4.5 (a) 13.6eV 이하 에너지의 방사선은 왜 전리 작용을 고려하지 않는지 설명하라.

(b) 전리 작용와 여기 작용의 차이점들은 무엇인가?

4.6 자외선은 4~400nm의 파장 범위를 가진 전자기파(EM wave)로 정의된다.

(a) 자외선의 주파수 범위를 구하라

(b) 자외선의 광자 에너지 범위를 구하라

(c) 자외선의 전리 방사선 여부를 결정하라.

4.7 (a) 수소의 전자 밀도가 거의 6×10^{26}electrons/kg인 이유를 설명하라.

(b) 다른 모든 낮은 원자번호의 물질들의 전자 밀도가 거의 3×10^{26}electrons/kg인 이유를 설명하라.

(c) 물질들의 전자 밀도가 3×10^{26}electrons/kg과는 약간 다른 이유를 추론하라.

4.8 (a) 선형감쇠계수가 μ일때, 물질에 입사하는 방사선의 99.5%를 차폐하기 위해 필요한 차폐체의 두께를 구하라.

(b) 비정거리(range)는 선형감쇠계수 (μ)를 반영하여 정의된다. 이는 빔 강도가 초기 강도의 1/e로 줄었을 때의 위치를 나타낸다. 그렇다면 인체 조직에서 전리 빔의 비정거리는 대략적으로 어느 정도가 바람직한가? 마이크론? 밀리미터? 센티미터? 미터? 킬로미터? 그 이유를 설명하라.

4.9 식 (4.24)를 증명하라.

4.10 두께 0.4cm의 막대 팬텀(bar phantom)이 단일 에너지 엑스선 광자에 의해서 균일하게 조사되고 있고, 팬텀의 뒤쪽에 엑스선을 측정하기 위한 스크린이 놓여 있다. 막대 팬텀들은 HVL이 0.1cm인 물질로 되어 있다. 막대 사이의 공간은 엑스선 광자가 감쇠 없이 지나간다. 영상의 강도가 단위 면적의 스크린에 반응한 엑스선 광자 수에 비례한다면, 결과 영상의 명암대조도 값은 얼마인가?

4.11 광자의 콤프턴 산란은 엑스선에서 갈라져 나온 2차 엑스선 때문에 이미지를 흐릿하게 만든다. 당신은 엑스선 검출기 시스템을 설계하고 있고, 결과 영상의 질을 높이기 위해서 25° 이상으로 산란되는 광자들을 모두 제거하기를 바란다. 당신은 파장이 8.9×10^{-2}인 광자를 방사하는 단일 에너지 엑스선원을 사용하고 있다. 당신의 검출기는 펄스의 높이를 측정하여 입사된 광자의 에너지를 구별한다. 당신의 검출기가 측정할

수 있는 광자 에너지의 범위는 얼마인가?

4.12 에너지가 $hv = 100\text{keV}$인 광자들이 어떤 물질에 입사되고 일부는 산란되고 있다고 가정하자.

(a) 만약 산란 후 광자의 에너지가 $hv' > 99\text{keV}$라면 검출기는 광자가 산란되지 않는 것으로 결정한다. 이때, 광자가 직선으로 이동했다고 생각할 수 있는 최대 산란각은 얼마인가?

(b) 당신은 25° 이상으로 산란된 모든 광자들을 제거할 수 있는 검출기 시스템을 설계하고 있다면, 당신의 시스템이 수용할 수 있는 에너지의 범위는 얼마인가?

4.13 요오드화나트륨(NaI) 결정은 엑스선을 감지하는 데 사용된다. NaI 결정의 선형감쇠계수가 2.31cm^{-1}에서 140keV이라고 할 때,

(a) 140keV에서 NaI 결정의 HVL은 얼마인가?

(b) 에너지가 $E = 140\text{keV}$인 엑스선 광자가 NaI 결정과 부딪히고 90°로 산란되었다. 이때 산란 후 엑스선의 에너지 E'는 얼마인가?

(c) 산란된 광자들은 입사된 광자들보다 더 잘 흡수되는지 아닌지 여부를 설명하라 (요오드는 33 keV에서 단일 K-edge를 갖는다는 것을 기억하라).

4.14 90%의 입사 방사선을 차폐하기 위해서는 1.5cm 두께의 특별한 차폐 물질이 필요하다.

(a) 이 물질의 HVL은 얼마인가?

(b) $E = 102.2\text{keV}$인 광자가 차폐 물질 안에서 90°로 산란되었다. 산란된 광자의 에너지 E'는 얼마인가?

4.15 협폭의 빔 구조를 생각해 보자. 강도가 I_0인 엑스선이 두께가 1cm인 물질에 입사하고 있다. 여기서 $\mu = 0.3\text{cm}^{-1}$이다.

(a) 엑스선의 강도는 얼마인가?

(b) 입사 엑스선의 1/2을 차폐하기 위해서는 필요한 동일한 물질의 두께는 얼마인가?

(c) 만일 광폭의 빔 구조일 경우, 측정되는 엑스선의 강도는 더 커지는지 작아지는지 여부를 설명하라.

방사선량 평가

4.16 20keV의 에너지의 점 선원(point source)으로 작동되는 흉부 엑스선 촬영을 생각해 보자. $d = 1\text{cm}$에서의 조사선량은 10R이다. 등가선량을 10mrem 이하로 유지하고 싶을 경우, 환자를 엑스선원으로부터 얼마나 떨어뜨려 놓아야 하는가(폐 외의 다른 조직은 무시하고 폐의 크기도 무시하라)?

4.17 엑스선으로 촬영한 손 이미지를 생각해 보자. 단순히 손은 오직 뼈와 근육으로만 구성되어 있다고 가정하라. 각각의 가중치는 $w_{\text{bone}} = w_{\text{muscle}} = 0.002$이다. 20keV의 엑스선의 조사선량이 $X = 1\text{R}$일 때, 유효선량은 얼마인가?

5 투사 방사선 촬영

5.1 서론

일반 방사선 촬영(conventional radiography) 혹은 투사 방사선 촬영(projection radiography)은 엑스선을 이용하는 가장 보편적인 의학영상 기법이다. 투사 방사선 촬영 사진은 3차원인 신체를 2차원에 투사하여 영상화한 것이다. 아래에서 엄밀히 정의하겠지만, '투사(projection, 투영)'란 개념적으로 인체를 투과한 엑스선 빔의 강도를 나타낸다. 이것은 인체 내에서 산란 및 흡수 반응으로 인하여 발생하는 엑스선 빔 에너지의 손실량을 가중하여 만들어지는 값이다. 기본적으로 투사 엑스선 영상이란 투과한 엑스선 빔 강도의 2차원적 분포를 가시화한 것으로 인체 내 조직에 따라 엑스선의 투과도가 다르기 때문에 만들어지는 그림자라고 생각하면 유용하다.

많은 종류의 투사 방사선 촬영 시스템이 사용되고 있다. 이들은 시스템 구조 측면에서는 보편적인 요소들로 구성되어 있지만, 서로 다른 차이는 임상적 요구 조건(clinical specification)이 다르다는 점에 기인한다. 그림 5.1에서 임상적 요구 조건이 다른 세 가지 시스템이 예시되어 있다.

투사 촬영의 장점은 전체적으로 짧은 조사 시간(0.1초), 넓은 촬영 면적(14×17인치, 최근에서 17×17인치), 낮은 가격, 낮은 방사선 피폭량(흉부 엑스선 1회 촬영 시 3~4mR으로 의료 방사선 사용을 제외한 일반인 연간 백그라운드 피폭량의 1/100 정도), 높은 명암대조도(contrast, 명암 대비) 및 높은 공간 해상도(spatial resolution)이다. 투사 촬영은 결핵, 심장질환, 폐질환, 골절, 종양 및 혈관질환 등의 검진 및 진단에 사용된다. 특히 '흉부 방사선'

그림 5.1
(a) 일반 투사 방사선 촬영 시
스템, (b) 형광 투시 촬영 시
스템, (c) 유방암 촬영 시스템
(GE Healthcare에서 제공)

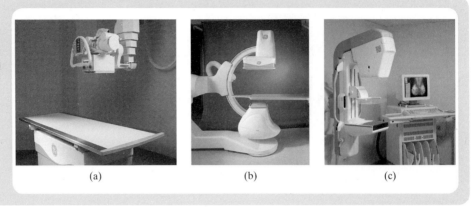

(a)   (b)   (c)

은 병원에서 가장 보편적으로 사용하고 있는 검사법이다. 투사 촬영의 가장 큰 단점은 깊이
정보의 손실이다. 즉, 앞뒤로 위치한 조직들의 그림자들을 한 면에 중첩하여 나타내는 것으
로 중요한 정보가 숨겨지거나 명암대조도의 제한이 있을 수 있다.

이 장에서는 표준 투사 촬영 시스템의 구성 요소를 설명하고, 영상의 형성을 특징짓는 수
학적 모델들을 제시하며 영상의 질에 영향을 주는 요소들 및 몇 가지 응용 분야와 특별한 기
술들에 대해 살펴보겠다.

5.2 기기

그림 5.2는 투사 방사선 촬영 시스템의 개요도이다. 엑스선관은 짧은 엑스선 펄스를 빔
(beam) 형태로 만들어 방출하고, 이 빔은 환자를 투과한다. 환자를 투과한 엑스선 광자나
다른 곳에서 산란되어 검출기로 입사한 엑스선 광자들이 필름이나 전자식 검출기와 반응하
여 영상을 만들어낸다. 이 섹션에서 영상 시스템의 각 요소들을 자세히 살펴보자.

그림 5.2
일반적인 투사 방사선 촬영
시스템

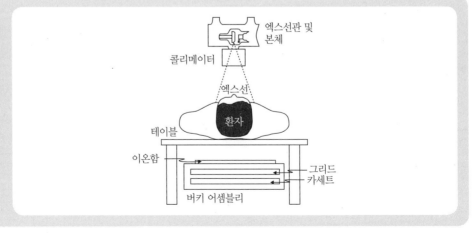

5.2.1 엑스선관

엑스선은 투사 방사선 촬영과 단층 촬영에서 모두 사용되는데, 그 이유는 인체를 잘 통과하며 파장이 짧아 선명한 영상을 만들 수 있기 때문이다. 엑스선은 그림 5.3에서 보여 준 엑스선관(x-ray tube)에서 만들어진다. 엑스선관의 동작 원리는 그림 5.4에 간략히 나타나 있다. 음극 어셈블리(cathode assembly) 내의 필라멘트(filament)라고 불리는 토륨 텅스텐 전선에 보통 6~12volt 전압이 인가되면, 필라멘트에 3~5ampere의 전류가 흐른다. 전기적 저항이 필라멘트를 달구고 열이온 방출(thermionic emission)이라 불리는 과정을 통해 필라멘트가 전자를 방출하여 주변에 전자구름을 형성한다.

이 전자들은 양의 전압이 인가된 양극으로 흘러가면서 (가속되면서) 흔히 mA로 불리기도 하는 관전류(tube current)를 만든다. 필라멘트 전류는 관전류를 직접 조절하는 데 왜냐하면 필라멘트 전류가 필라멘트 열을 제어하고 이는 다시 방출 전자 개수를 결정하기 때문이다. 엑스선 제어반(control console)은 50~1,200mA 범위 내 값을 갖는 관전류에 따라 교

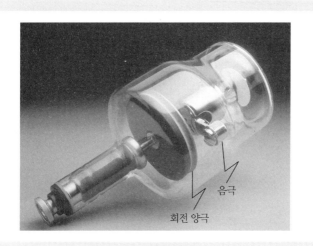

그림 5.3
엑스선 튜브

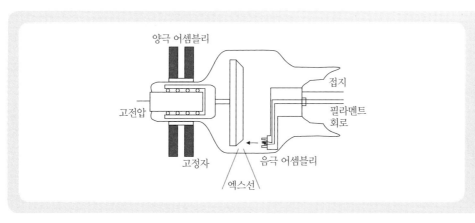

그림 5.4
엑스선 튜브의 개략도

정(calibration)된다.

고압의 관전압(tube voltage)이 인가되어 있다면, 음극 필라멘트 주변의 전자가 양극 방향으로 가속된다. 필라멘트를 포함하고 있는 음극 어셈블리 내의 오목한 모양의 작은 포커싱 컵(focusing cup)은 전자 빔을 양극 내의 특정한 한 지점으로 집중시키는 데 도움이 되도록 모양이 설계되어 있다. 전자 빔의 충돌 타깃(혹은 초점)은 양극 디스크의 경사면에 위치해 있으며 레늄-텅스텐 합금으로 코팅되어 있다. 유방 엑스선 촬영기에 사용되는 엑스선관의 경우, 양극 디스크 그 자체는 몰리브데늄으로 만들어져 있으며 타깃 영역 역시 몰리브데늄으로 되어 있다. 타깃에 충돌하는 고에너지 전자들은 충돌성 혹은 방사성 전달 두 가지 방식으로 에너지를 전달한다. 그 결과 (4장에서 언급되었듯이) 특성 엑스선(characteristic x-ray)과 제동복사선(bremsstrahlung radiation) 두 가지가 생성된다. 그림 5.5에서 보듯이 엑스선관에서 생성되는 대부분의 엑스선은 제동복사선이다.

가속된 전자빔이 충돌하는 양극에서는 엑스선 외에도 열이 생성된다. 사실 전자 빔 에너지의 약 1% 정도만이 엑스선으로 변환되고, 나머지 99%는 열로 전환된다. 그러므로 필라멘트에 전류가 흐름과 동시에, 엑스선관 유리 하우징 외부에 위치한 유도 모터의 고정자 자석에 교류가 인가되어, 양극이 회전하도록 설계되어 있다. 유도 모터의 회전자는 유리 하우징 내부의 양극에 부착되어 있으며 양극이 자유롭게 회전할 수 있도록 베어링 시스템이 설치되어 있다. 가속된 전자로부터 양극 타깃에 많은 에너지가 전달되기 때문에 타깃이 녹지 않도록 거의 모든 진단용 엑스선 촬영기는 회전 양극 구조를 사용한다. 대부분의 회전 양극은 3,200~3,600rpm으로 회전을 하며 때로는 더 효과적인 열 소멸을 위해 더 높은 회전 수가 사용되기도 한다.

엑스선 관전압(tube voltage, kVp)이 인가되고 있을 때, 일정한 관전류(tube current,

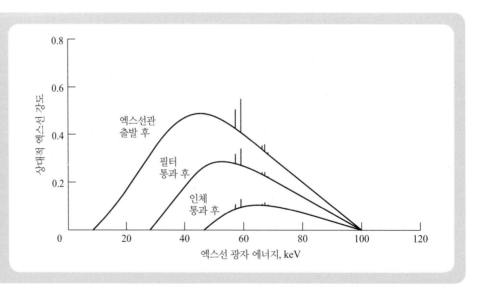

그림 5.5

튜브, 필터, 환자를 투과한 직후 빔의 스펙트럼

mA)를 유지하기 위해서 (열이온 방출이 일정하게 일어나도록) 필라멘트 주변의 전자구름을 일정하게 유지하는 필라멘트 회로를 잘 제어해야 한다. 그러면 총 조사선량은 튜브 전압이 인가된 시간에 의해 결정되며 이는 고정 타이머 회로나 AEC(automatic exposure control, 자동 노출 제어) 타이머에 의해 제어된다. 고정 타이머는 보통 마이크로프로세서에 의해 시간이 조정되는 SCR(silicon-controlled rectifier) 스위치이다. 이런 회로의 시간 정확도는 대략 0.001초이다. AEC 타이머 시스템은 환자 테이블과 필름-스크린 카세트 사이에 놓인 5mm 두께의 이온 전리함(ion chamber)을 포함하고 있다(그림 5.2 참조). 이온 전류함은 공기 분자가 전류함을 지나가는 엑스선에 의해 이온화된 후 자유 전자와 이온이 각각 일정한 전압이 인가된 양극과 음극판으로 끌려 갈 때 전류를 발생시키는 방사선 검출기이다. 이 때 양 극판을 가로질러 얻어지는 방사선 검출 신호 전압이 SCR을 트리거시켜 관전압을 끔으로써 엑스선 발생을 중단시킨다.

관전류와 조사 시간의 곱이 조사선량(exposure dose)을 결정하는 mAs 값이다. 고정 타이머 시스템에서는 방사선 기사가 mA와 조사 시간을 각각 조절하여 mAs, 즉 조사선량을 결정한다. AEC 타이머 시스템에서는 방사선 기사가 mAs를 설정하면 AEC 회로에 의해 조사 시간과 관전류가 자동으로 결정된다. 이 경우, AEC 회로가 오동작을 하거나 이온 전리함이 빠져 있거나 잘못 놓여 있는 경우에 발생할 수 있는 과피폭 사고를 방지하기 위해 최대 조사 시간이 정해져 있다.

5.2.2 엑스선 필터링과 빔 모양 제한

양극 내에서 발생하는 제동복사선 전부가 환자에게 조사되지 않으며, 환자에게 조사된 모든 방사선도 전부 환자를 투과하지는 못한다. 이 절에서는 환자 인체에 엑스선이 조사되기 전에 가해지는 조작들을 다룬다. 엑스선 필터링(filtration, 엑스선 스펙트럼 변형)이란 엑스선 빔이 환자에게 조사되기 전에 저에너지 엑스선을 제거하는 조작 과정이다. 빔 모양 제한(restriction)은 필요한 조사 시야 밖의 엑스선을 제거하는 조작 과정이다. 이 두 과정에 대해 알아보자.

필터링 엑스선관에서 방출되는 엑스선 광자의 최대 에너지는 관전압에 의해 결정된다. 예를 들어, 관전압이 100kVp이면 최대 광자 에너지는 100keV이다(eV의 정의를 상기해 보라). 하지만 그림 5.5 엑스선 스펙트럼에서 보다시피, 제동복사선에 해당하는 낮은 에너지의 광자 스펙트럼이 넓은 에너지에 걸쳐 존재한다. 예를 들어 맨 위쪽 곡선은 50keV에서 상대 빔 강도를 0.5로 규격화한 제동복사선의 이론적인 스펙트럼 분포를 보여 준다. 그림 5.5에서 보이는 '스파이크(spike)'들은 특성 방사선이며, 4장에서 기술했듯이 양극(anode)의 원자에서 특정한 전자 궤도 사이의 전자 천이에 의해 발생한다. 이처럼 의학영상에서 사용하는 엑스선관에서 발생하는 엑스선은 다양한 에너지 스펙트럼을 가지고 있으므로 다중 에너지(polyenergy) 선원이라 부른다.

실제로 저에너지 광자들은 대부분 인체 내에서 흡수되므로, 환자 피폭에는 기여하지만 영상에는 기여하지 못한다. 그러므로 이들은 애초에 인체 내로 입사되는 것이 바람직하지 않다. 그림 5.5에서 보듯이 투사 촬영에서는 인체 내로 조사되는 저에너지 엑스선 광자들이 제거되는 중요한 3단계 필터링 과정이 존재한다. 첫째, 텅스텐 양극에서 발생한 엑스선이 양극을 떠나기 전에 저에너지 엑스선 광자 대부분이 양극에 의해 자체 흡수·제거된다. 둘째, 엑스선관의 유리 하우징과 하우징을 둘러싸고 있는 유전체 오일(dielectric oil)에 의해 저에너지 광자들이 또 한 번 흡수·제거된다. 또한 텅스텐 필라멘트에서 반복적인 열 발생에 의해 텅스텐이 서서히 증발하여 유리 하우징 내면에 필름으로 쌓이기 때문에, 시간이 지날수록 이 현상은 심해진다. 이 두 가지 과정은 엑스선관 자체에 의해 발생하므로 내부 필터링(inherent filtering)이라 한다.

세 번째 필터링 과정은 추가 필터링(added filtering)이라고 하는데, 그 이유는 튜브 밖에서 엑스선 빔 경로에 금속 물체를 설치함으로써 이루어지기 때문이다. 가장 보편적인 필터링 금속은 (1~3mm 두께) 알루미늄이며 표준 물질로 사용하고 있다. 다른 필터 물질들은 종종 동등한 감쇠 효과를 내는 등가 알루미늄(Al/Eq)이란 용어로 평가되고 있다. 고에너지 시스템에서는 같은 두께에서 알루미늄보다 감쇠 효과가 큰 구리가 사용되기도 한다. 구리 필터는 종종 구리 자체가 만들어 내는 8keV 특성엑스선을 제거하기 위해 구리 필터 뒷면에 알루미늄 필터를 부착하여 함께 사용하기도 한다. 또한 (다음 장에서 보겠지만) 콜리메이터 내부에 놓이는 은 거울(silvered mirror)이 필터 효과를 일으키기도 한다. 이 거울은 보통 1.0mmAl/Eq의 추가 필터링 효과를 가져온다.

그림 5.5는 빔이 여러 물질을 단계적으로 투과하면서 변화하는 스펙트럼 모양들을 보여 준다. 이 과정에서 빔의 '유효 에너지(effective energy)'가 증가하는 현상을 (예제 4.4 참조) 빔 경화(beam hardening)라고 한다. 빔 경화 또는 빔 스펙트럼 경화는 대부분의 물질에서 저에너지 광자가 잘 흡수되기 때문에 발생한다(그림 4.8 참조). 이러한 물질에는 위에서 논의한 필터들뿐만 아니라 투과 후 빔 선질을 더욱 경화시키는 인체 조직들도 포함된다.

예제 5.1

70kVp 이상에서 동작하는 투사 촬영 시스템에 있어서, 미국 방사선방호측정심의회가 추천하는 엑스선관 출구에서 총 필터의 최소 두께는 2.5mmAl/Eq이다. 이 필터는 저에너지는 물론 고에너지의 엑스선도 감쇠시키므로, 검출기의 신호를 충분히 크게 확보하기 위해 조금 더 장시간의 조사가 필요할 수 있다. 환자 인체에서 모두 다 흡수되는 저에너지 엑스선을 줄여 주기 때문에 궁극적으로 환자의 전체 피폭선량은 줄어든다.

문제 80kVp에서 2.5mm 알루미늄과 등가인 구리의 두께는 얼마인가?

해답 80kVp에서의 알루미늄의 질량감쇠계수는 $\mu/\rho = 0.02015\text{m}^2/\text{kg}$이다. 알루미늄의 밀도는 $\rho = 2,699\text{kg/m}^3$이다. 그러므로

$$\mu(\text{Al}) = 0.02015 \text{ m}^2/\text{kg} \times 2,699 \text{ kg/m}^3$$
$$= 54.38 \text{ m}^{-1}.$$

80kVp에서 구리의 질량감쇠계수는 $\mu/\rho = 0.07519 \text{m}^2/\text{kg}$, $\rho = 8,960 \text{kg/m}^3$이다. 그러므로

$$\mu(\text{Cu}) = 0.07519 \text{ m}^2/\text{kg} \times 8,960 \text{ kg/m}^3$$
$$= 673.7 \text{ m}^{-1}.$$

감쇠는 지수함수 $e^{-\mu\Delta x}$에 의해 결정되므로, 만일 지수가 같으면 감쇠율도 같다. 그래서 다음 관계가 만족되어야 한다.

$$\mu(\text{Al})x(\text{Al}) = \mu(\text{Cu})x(\text{Cu}).$$

80kVp에서 2.5mm 알루미늄과 동등한 구리 두께는 다음과 같다.

$$x(\text{Cu}) = \frac{54.38 \text{ m}^{-1} \times 2.5 \text{ mm}}{673.7 \text{ m}^{-1}}$$
$$= 0.2 \text{ mm}.$$

[앞에서 언급했지만, 구리에서 발생하는 8keV의 특성 광자를 멈추게 하기 위해 알루미늄 박막층을 (통상 1mm 두께의) 구리 뒷면에 함께 사용하여야 한다.]

빔 모양 제한　엑스선관은 모든 방향으로 엑스선을 발생시킨다. 많은 광자들이 양극 자체에서 흡수되며 또 일부는 튜브 하우징에 의해 흡수된다. 엑스선관의 방출창(tube window)을 통해 방출되는 엑스선은 통상 측정하고자 하는 인체 부위보다 더 넓은 콘 모양을 갖도록 설계된다. 측정이 필요치 않은 인체 부위에 조사되는 것을 막고, 콤프턴 산란에 의한 영향을 최소화하기 위해 출구 측에서 빔의 모양을 다시 제한한다.

　빔 모양 제한 장치(beam restrictors)에는 기본적으로 다음 세 가지가 있다 — 다이어프램(diagphragm), 콘 혹은 실린더(corns or cylinders), 마지막으로 콜리메이터(collimator). 다이어프램은 가운데로 엑스선이 통과하는 홀이 뚫려 있는 납작한 납 조각으로 되어 있으며, 그림 5.6(a)와 같이 엑스선관 방출창에 가장 가까이 설치된다. 이것들은 간단하고 저렴하지만 한 가지 목적 (예를 들어 흉부 엑스선 촬영)에만 이용하도록 고정된 구조를 가지고 있다. 콘 혹은 실린더는 그림 5.6(b)에서 보다시피 그 구조가 고정되어 있는 단점은 있지만 일반적으로 다이어프램보다 더 우수한 빔 제한 특성을 보여 준다. 마지막으로 **콜리메이터**는 가장 고가이지만 매우 다양하고 보다 우수한 특성을 나타내므로 대부분의 투사 촬영 시스템에서 사용된다. 그림 5.6(c)에서 보이듯이 콜리메이터는 위치를 조정할 수 있는 납으로 구성된 소위 변형 가능한 다이어프램이다. 통상 두 세트의 콜리메이터를 사용하는 데 한 세트는 엑스선관 가까이에, 다른 한 세트는 엑스선관에서 가능한 한 멀리 떨어뜨려 설치한다. 통상 이 두 콜리메이터 사이에 정렬 격자(alignment grid)가 표시된 거울이 놓여 있어 측면에서 들어온 빛이 이 격자 패턴을 두 번째 콜리메이터를 통해 인체의 관측시야(field of view :

그림 5.6
다양한 빔 모양 제한 장치

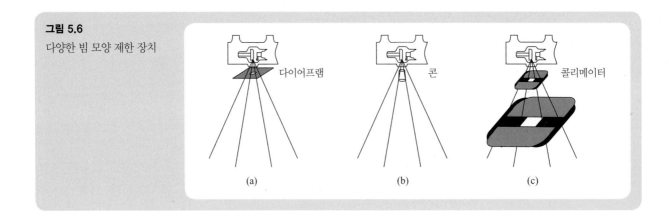

FOV)에 비추도록 하고 있다.

5.2.3 보상필터 및 조영제

감쇠란 관측시야 내로 조사되어야 할 엑스선이 인체나 다른 물체들에 의해 흡수되거나 방향을 바꾸는 (산란) 현상을 의미한다. 각 인체 조직들은 밀도 차이 및 엑스선 에너지 함수인 선형감쇠계수(linear attenuation coefficient) 차이로 인해 엑스선을 감쇠시키는 정도가 다른데, 이 차이가 엑스선 영상에서 명암대조도(contrast)를 만들어 낸다. 즉, 조직들을 구분하게 해 준다. 특별한 상황에서는 엑스선을 검출하기 전에 인체에 의한 자연 감쇠율을 인위로 변화시킬 필요가 있는데, 이러한 목적을 위해 사용되는 것이 보상필터(compensation filter)와 조영제(contrast agent)이다.

보상필터   조직이 두껍거나 금속이나 뼈처럼 밀도가 높은 경우에는 상대적으로 엑스선이 더 많이 감쇠된다. 예를 들어 흉부의 중앙 부위는 가장자리에 비해 더 두껍기 때문에 엑스선을 더 많이 감쇠시킨다. 엑스선 검출기 신호의 대역폭이 제한되어 있기 때문에 광자가 많이 투과한 영역과 그렇지 않은 영역 모두를 한 검출기에서 한 번 촬영으로 동시에 선명하게 측정하기는 어렵다. 보통 한 영역이 과다 피폭되거나 다른 영역이 과소 피폭되기 쉬우며 때로는 두 영역 영상 모두 진단에 사용할 수 없도록 질이 저하될 수 있다.

이 경우에 알루미늄이나 납으로 코팅된 플라스틱을 이용하여 특별한 모양으로 제작한 보상필터를 엑스선 선원과 환자 사이에 또는 환자와 검출기 사이에 배치할 수 있다. 그림 5.7은 몇 종류의 보상필터를 보여 준다. 대역폭이 작은 검출기를 사용하기 위해서는 두께가 얇은 인체 영역에는 두꺼운 보상필터를 사용하고, 반대의 경우에는 얇은 필터를 사용하기도 한다.

조영제   인체 내의 감쇠 차이가 엑스선 영상의 대조를 만들어 낸다. 다른 말로, 엑스선 촬영에서 해부학적 구조 차이를 보기 위해서는 물체들이 서로 다른 엑스선 감쇠율을 가지

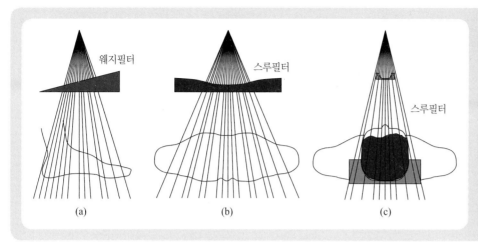

그림 5.7
다양한 보상필터(Carton and Adler, 2001과 Wolbarst 1993에서 수정)

고 있어야 한다. 그러나 가끔 어떤 연조직(soft tissue)들은 기본적인 명암대조도 차이가 작아서 영상으로 나타내기가 어렵다. 이러한 상황은 **조영제**를 사용함으로써 개선할 수 있는데, 조영제란 특정 해부학적 조직 내의 엑스선 흡수율을 높여 줌으로써 (조영제가 투입되지 않은 영역과 비교하여) 엑스선 영상에서 명암대조도가 높아지도록 인체에 주입하는 화학적 합성물질이다. 엑스선 진단에서 가장 많이 사용되는 조영제는 요오드 (Z = 53)와 바륨 (Z = 56)이다. 요오드와 바륨은 원자번호(atomic number)가 상대적으로 높을 뿐만 아니라 그들의 K 궤도 전자의 결합 에너지가 진단 엑스선 에너지 범위에 속한다. 요오드의 경우 $E_k = 33.2keV$이며 바륨의 경우 $E_k = 37.4keV$이다. 앞에서 언급했듯이 엑스선 광자의 에너지가 K 궤도 전자의 결합 에너지보다 약간 클 경우, 광전 반응 확률은 매우 높아진다. 광전 반응은 엑스선이 K 궤도에 완전히 흡수되면서 전자를 방출하는 반응이다. K 궤도 흡수 (K-edge absorption)라고도 불리는 이 반응은 K 궤도 에너지보다 약간 높은 에너지를 가진 엑스선의 물질 내 감쇠 반응을 크게 증가시킨다. 그림 5.8에는 뼈, 근육, 지방 조직 및 요오드와 바륨 기반의 두 가지 조영제의 선형감쇠계수들이 표시되어 있다. 그림에서 보이는 감쇠계수의 급격한 증가가 일어나는 부분을 소위 K 흡수 에지(K absorption edge)라고 부르며, 그 에너지는 조영제의 특성엑스선 에너지와 직접 관련되어 있다. K 에지보다 약간 높은 에너지에서는 엑스선 흡수가 갑작스럽게 커지는데, 이 현상이 조영제와 주변 물질 간의 흡수 차를 크게 만든다. 이러한 물리적 특성들이 요오드와 바륨을 이상적인 엑스선 조영제 물질이 되게 한다.

요오드는 갑상선샘에 원래 풍부하게 존재하기 때문에 갑상선은 엑스선 영상에서 자주 보인다. 다행히도 요오드는 정맥 주사나 흡입을 통해 인체 내에 안전하게 주입할 수 있는 안정된 화합물로 합성할 수 있다. 요오드 조영제는 엑스선 영상(투사 촬영이나 단층 촬영)에서 혈관의 모양, 심장, 종양, 감염 그리고 이상 현상들을 강조하기 위해 사용된다. 이러한 요오드 화합물은 신장에서 축적되어 소변으로 배설되므로 엑스선 영상을 이용하여 신장이나 방

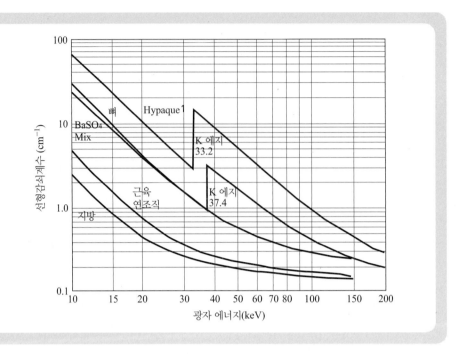

그림 5.8
뼈, 근육, 지방 및 두 가지 조영제의 선형감쇠계수(Johns and Cunnings, 1983에서 발췌)

광의 문제를 진단하는 데도 사용한다.

바륨은 소화 기관의 조영제로 사용된다. 바륨은 위장이나 창자에서 흡수되지 않으며 이들의 기본 기능에도 영향을 주지 않고 흘러가는 특성을 가지고 있다. 바륨은 일반 엑스선 진단에서 위, 소장 및 대장의 표준 조영제이다.

공기도 조영제로 사용된다. 공기는 엑스선을 거의 흡수하지 않기 때문에 요오드나 바륨과는 정반대적인 조영제 역할을 한다. 예를 들면, 폐에 공기를 충전하면 공기는 폐 조직을 위한 조영제 역할을 한다. 공기와 바륨을 함께 사용하면 바륨 또는 공기를 포함하는 창자 영역들에 대한 이중 조영제 역할을 한다.

5.2.4 격자, 에어갭 및 스캐닝 슬릿

엑스선이 선원(엑스선관의 양극)에서 출발한 후 진행하면서 흡수 반응이나 산란 반응을 일으키지 않는 경우, 엑스선 광자들은 투사선을 따라 직선으로 검출기에 도달한다. 그러나 만일 엑스선 광자가 산란을 일으키고도 검출기에 도달한다면, (만일 비현실적으로 여러 번의 산란이 일어난다면 모르지만) 해당 광자의 최종 진행 방향을 검출기로부터 역으로 연장한 직선은 선원상의 최초 위치(초점)와 일치하지 않을 것이다. 산란 반응은 무작위적인 현상이므로 만일 보정하지 않는다면 획득한 영상의 명암대조도를 감소시키는 무작위성 '안개(fog)' 영상을 만든다(5.4.3절 참조).

핵의학 진단에서는 본질적으로 단일 에너지 방사선을 사용하므로 에너지 민감형 검출기는 1차 방사선(primary radiation)과 이에 비해 에너지가 낮아진 산란 방사선(scattered

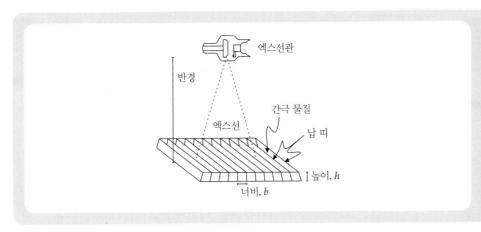

그림 5.9
일반적인 엑스선 격자(초점형
격자)

radiation)을 구별할 수 있다. 그러나 이 개념은 전통적인 엑스선 촬영에서는 사용할 수 없다. 왜냐하면 엑스선관에서 방출하는 엑스선은 본질적으로 다중 에너지이며, 엑스선 촬영에서는 빔 강도에 대한 적분식 측정(integrated measurement)을 사용하기 때문이다. 하지만 엑스선 투사 촬영에서는 산란을 줄이기 위해서 (1) 격자(grid), (2) 에어갭(air gap) 그리고 (3) 스캐닝 슬릿(scanning slit)의 세 가지 방법을 사용한다. 이들을 살펴보자.

격자 산란 제거 격자는 납과 같이 엑스선이 잘 투과하지 않는 물질과 알루미늄 또는 플라스틱과 같이 엑스선이 잘 투과하는 물질(interspace material, 간극 물질)들의 얇은 띠들을 교대로 배치한 형상을 가지고 있다. 전통적인 격자들의 모양이 그림 5.9에 나타나 있다. 선형 격자(linear grid)나 초점형 격자(focused grid)들은 납 띠들이 평행선을 이루나 각각의 띠는 엑스선관 초점을 향해 경사지게 배치되어 있다. 격자를 잘 설치하면, 선원에서 검출기를 향해 방출된 엑스선 광자들은 대부분 간극 물질을 투과하므로 격자에 의한 감쇠가 매우 적다. 그러나 환자 몸에서 콤프턴 산란을 일으켰던 광자들은 대부분 투사선을 벗어나므로 격자의 납 띠에 의해 흡수·제거된다.

다른 구조의 격자들이 사용되기도 한다. 예를 들어 '크로스해치 격자(crosshatch grid, 망상형 격자)'는 단어 뜻 그대로 [구스타브 버키(Gustav Bucky)의 최초 설계처럼] 납 띠들이 2차원 격자 패턴을 이루고 있다. 평행 격자(parallel grid)는 납 띠들이 서로 평행선을 이루고 있으며 그래서 초점 반경이 무한하다. 그러나 선형 격자는 엑스선 빔이 격자 라인 방향으로는 경사져 있는 장점이 있으며 이 각도를 조절할 수 있다. 게다가 초점에 맞추어 경사진 초점형 격자는 실제 격자에 의해 차단되는 비산란 엑스선의 수가 매우 적다는 장점을 가지고 있다.

산란선을 줄이는 격자의 효과는 격자 비(grid ratio)라는 함수로 표현되며, 다음과 같이 정의된다.

$$격자 비율 = \frac{h}{b}, \qquad (5.1)$$

여기서 h는 납 띠들의 높이이며, (그림 5.9에서 보듯이) b는 납 띠들 간의 간격이다. 이 비에서 분모는 보통 1로 규격화되어 있다. 격자 비율 6 : 1에서 16 : 1까지가 일반 엑스선 촬영 시스템에서 사용되며, 유방 촬영 시스템에서는 2 : 1까지 낮아질 수 있다. 격자 간격을 보통 그 역수로 표현하는데, 이것을 격자 주파수라 하며 일반 엑스선 시스템의 60cm^{-1} 정도부터 유방 촬영기의 80cm^{-1}까지 커질 수 있다.

납 띠가 두껍거나 혹은 간격이 촘촘하면(높은 격자) 격자들은 산란 방사선을 더 잘 차단한다. 하지만 격자를 사용하기 위해서는 댓가를 지불해야 한다. 납 띠를 두껍게 하거나 더 촘촘히 배열하면 산란방사선이 검출되는 것을 줄여 주지만 동시에 영상을 만드는 비산란 방사선(primary radiation) 빔도 일부 제거한다. 이러한 빔 손실은 영상 잡음을 키우는 역할을 할 수 있다. 고품질의 영상을 유지하기 위해서는 격자에 도달하는 방사선 양을 늘릴 필요가 있는데, 이것은 다시 환자의 피폭선량을 증가시키는 원인이 된다. 격자 전환 인자(grid conversion factor : GCF)는 특정한 격자를 사용하기 위해서 추가해야만 하는 방사선량을 결정한다. GCF는 다음과 같이 정의된다.

$$GCF = \frac{격자 \ 사용 \ 시 \ mAs}{격자 \ 사용 \ 안 \ 할 \ 시 \ mAs} \qquad (5.2)$$

일반적인 GCF 값은 3~8 사이이다.

GCF 값이 3~8이라는 것은 어떤 격자는 많은 방사선을 흡수할 수 있다는 것을 의미하기 때문에 격자의 효과를 무시해서는 안 된다. 콤프턴 산란 현상은 저에너지에서 등방성을 띠므로 저에너지 엑스선에 대해서 격자를 사용하는 것이 불필요할 수 있다. 일반 엑스선 촬영에서 튜브 전압이 60kVp 이상일 때 격자를 사용하는 것이 일반적인 규칙이다. 신체 두께가 두꺼울수록 콤프턴 산란도 더 많이 일어난다. 일반 엑스선 촬영에서 또 하나의 규칙은 피사체 두께가 10cm 이상일 때 격자를 사용하는 것이다.

격자는 고정형(stationary)으로 장착되거나 조사 시간 동안 계속 움직이는(진동하는) 포터-버키 다이어프램(Potter-Bucky diaphragm)과 함께 사용되기도 한다. 포터-버키 격자가 더 바람직한 이유는 고정형 격자―특히 간격이 좁은 격자―경우에 눈에 거슬리는 (선 또는 격자 선 모양의) 왜곡이 영상에 맺기 때문이다. 포터-버키 다이어프램은 조사 시간 동안 직선 또는 회전 궤도를 따라 2~3cm 격자를 움직이게 한다. 격자 내의 납 띠들이 조사 시간 동안 계속 움직이고 있으므로 격자의 그림자 역시 영상 평면에서 움직이게 되어 결국 격자 그림자 영상은 흐려져서 사라지게 된다. 환자 영상은 흐려지지 않고 뚜렷해진다.

격자는 거의 모든 엑스선 검사에서 사용되고 있다. 검사의 종류에 따라 격자의 종류도 다르다. 예를 들어, 얇은 인체 부위(예 : 말단부)는 두꺼운 인체 부위(예 : 복부나 가슴)와는 달리 산란이 적게 일어나므로, 복부 검사에 비해 말단부 검사에는 낮은 변환율의 격자가 사용될 수 있다.

에어갭 검출기와 대상체의 물리적 격리─즉, 환자와 검출기 사이에 에어갭을 둠─는 산란선을 제거하는 효과적인 방법 중의 하나이다. 1차 빔 광자들은 선원을 기점으로 퍼지지만, 산란된 광자들은 대상 체내의 산란 지점을 기점으로 사방으로 퍼지므로, 선원과 검출기 사이를 멀리 띄우면 검출기 면(detector plane)에 도달하는 산란된 광자가 상당량 줄어들게 된다. 이 현상은 간단한 구조도에서 쉽게 알 수 있다. 에어갭을 이용한 산란 제거 방법의 대가는 영상의 기하학적 배율이 커지는 점과 엑스선 초점의 크기로 인해 영상이 흐려지거나 선명도가 떨어지는 점이다(5.4절 참조).

스캐닝 슬릿 환자 앞이나 뒤 또는 두 곳 모두에 설치하는 납으로 만든 스캐닝 슬릿 장치도 그 효과가 있는 것으로 평가되어 여러 시스템에서 사용되고 있다. 이 슬릿들은 엑스선 조사 시간 동안 환자를 선스캔하는 것처럼 모두 함께 움직인다. 엑스선 빔 폭이 얇은 선 모양으로 시준되기 때문에 산란되는 양이 줄어들며, 검출기 역시 같은 선 모양으로 시준되어 있기 때문에 실제 검출되는 산란선 역시 줄어든다. 그러므로 이러한 시스템은 95% 이상의 산란선 제거 효과가 있다. 단지 시스템이 복잡해지고 추가 비용이 들며 조사 시간이 더 길어지는 단점이 있다.

5.2.5 필름-스크린 검출기

1895년 뢴트겐은 엑스선을 발견하고 엑스선을 사진건판에 직접 조사함으로써 최초의 엑스선 영상을 얻었다. 엑스선은 현재의 일반 사진용 필름을 직접 노출시킬 수 있지만, 이 방법은 엑스선 영상을 만드는 매우 비효율적인 방법이다. 단지 1~2%의 엑스선만이 필름에 의해 검출되므로, 필름을 직접 조사시켜 엑스선 영상을 만드는 것은 환자에게 불필요한 방사선 조사를 유발한다.

검출 효율을 크게 개선하기 위해서 필름 기반의 엑스선 진단은 주로 방사선용 필름 앞뒤에 증감지(intensifying screen)를 부착하여 촬영한다. 증감지는 엑스선 대부분을 정지시켜 빛으로 전환하여 필름을 노출시킨다. 이 과정은 매우 효율이 높으며 증감지 자체로 인해 영상이 추가적으로 흐려지는 정도는 많은 경우에 무시할 만큼 낮다.

이 절에서는 먼저 발광 현상을 설명하고 현재의 증감지 구조와 규격을 설명하고자 한다. 그리고 방사선용 필름의 광학적 성질에 대해 논하겠다. 마지막으로 증감지와 필름을 담는 엑스선용 카세트에 대해서도 논하겠다.

증감지 전형적인 방사선 증감지 단면이 그림 5.10에 나타나 있다. 증감지는 보통 방사선용 필름의 앞이나 뒤에 설치하며 형광체(phosphor)를 제외한 필름의 모든 부분은 방사선에 대

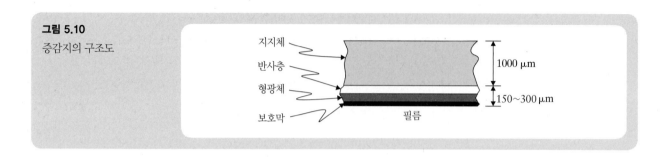

그림 5.10
증감지의 구조도

지지체
반사층
형광체
보호막

$1000 \, \mu m$
$150 \sim 300 \, \mu m$

필름

해 가급적 반응하지 않아야 한다. 형광체는 증감지의 핵심 부분으로 그 목적은 엑스선 광자를 가시광선으로 전환하는 일이다. 가시광선은 필름으로 전송되어 필름을 노출시키고 최종적으로 **잠상**(latent image)을 만든다. 잠상이란 필름에 만들어지는 가상의 영상으로 아직 우리 눈으로 관측할 수 있는 영상은 아니다.

스크린의 지지체(base)는 기계적 안정성을 제공할 수 있어야 하지만 동시에 필름에 밀착시킬 수 있어야 하므로 다소 유연성이 있어야 한다. 보통 폴리에스테르(polyester) 플라스틱으로 만든다. 형광체에서 발생한 빛이 지지체에서 손실되지 않고 필름으로 재반사되도록 반사층이 삽입되어 있다. 반사층은 대략 $25 \mu m$ 두께이며 산화마그네슘(magnesium oxide)이나 이산화티타늄(titanium dioxide)으로 만들어진다. 플라스틱 보호막이 필름쪽에 코팅되어 필름과의 탈부착을 여러 번 하는 과정에서 증감지를 보호하는 역할을 한다.

형광체는 **발광**(luminescence)하는 물질의 한 종류이다. 즉, 에너지를(이 경우에는 엑스선을) 빛으로 변환한다. 발광은 두 종류로 대별한다. **형광**(fluorescenec)은 자극을 받은 후 1×10^{-8}초 내에 빛을 내는 현상이며, 인광(phosphorescence)은 빛의 발생이 지연될 수 있으며 긴 시간 동안 발생한다. 증감지로서는 형광이 인광보다 클수록 바람직하다. 형광을 이용할 경우, 엑스선 조사 직후의 움직임이나 이전 촬영에 의해 발생한 빛에 의한 잔광(afterglow) 현상이 촬영 자체를 망칠 가능성을 줄일 수 있다.

여러 발광 물질 중에서, 우수한 증감지용 형광체란 엑스선 감쇠가 크며 흡수되는 각 엑스선 광자마다 많은 양의 빛을 방출하는 물질이다. 그러므로 가장 좋은 형광체는 원자번호가 커야 하며(그래야 선형감쇠계수가 높다) **변환 효율**(conversion efficiency)이 커야 한다. 변환 효율이란 입사한 엑스선 광자당 발생되는 가시광선 광자 수에 관한 척도이다. 일반적인 변환 효율은 형광체의 종류나 두께에 따라서 5~20% 사이이다.

현재 통상적인 변환 효율을 갖는 증감지는 50keV 광자 1개당 1×10^3개의 가시광선을 생성한다. 이 수치는 입사 엑스선의 에너지에도 영향을 받는데, 고에너지 엑스선 광자는 더 많은 빛을 만들기 때문이다. 총 광 출력(total light output)은 주어진 엑스선 에너지에서 물질 내의 감쇠와 그 에너지에서의 변환 효율이 결합하여 결정된다. 증감지의 스피드란 변환 효율의 또 다른 계량적 표현이다. 변환 효율이 높으면 증감지가 '빠르다'라고 하는데, 형광체에서 방출되는 광자 수가 많아 그만큼 필름이 빨리 노출되기 때문이다.

토머스 에디슨(Thomas Edison)은 1900년대 초에 방사선 촬영에 쓰일 것을 염두에 두고 많은 형광체를 탐구하였다. 그는 칼슘 텅스테이트($CaWO_4$)가 방사선 촬영 용도에 매우 우수하다는 것을 밝혀냈다. 거의 최근까지, 거의 모든 증감지를 칼슘 텅스테이트로 만들었다. 1970년대 후반에 희토류(rare earth) 형광체가 소개되었으며 더 높은 변환 효율 때문에 현재는 희토류가 더 널리 사용되고 있다.

엑스선 필름 뢴트겐이 신비롭게 빛나는 형광체를 관찰함으로써 엑스선을 발견한 이후, 곧바로 엑스선이 사진용 유화액(emulsion)을 감광시킬 수 있다는 것이 알려지게 되었다. 현재 디지털 검출기가 급속히 발달하고 널리 사용되고 있으나(5.2.7절 참조), 필름은 여전히 방사선 촬영에서 엑스선 검출 장치나 영상 저장 매체로(디지털로 얻어진 영상의 경우라도) 널리 사용되고 있다. 중감지의 사용이 보편화되고 있으므로 엑스선 필름(radiographic film)은 필름을 사이에 두고 양편에 놓인 증감지에 의해 형성된 광 영상을 측정하는 단순한 광학적 기능만을 하게 되었다. 미국에서 통상적인 필름의 크기는 14×17, 14×14, 11×14, 10×12, 8×10 및 7×17인치이다.

응용에 따라 여러 스피드의 필름이 사용된다. 필름의 세부 광학적 특성은 최종적으로 현상된 영상의 화질에 큰 영향을 미친다. 또한 화학적 현상 과정의 상세한 조건도 필름의 최종 화질에 매우 중요한 역할을 한다. 이 주제들은 최종 필름 영상에 엑스선 조사가 미치는 광범위한 이슈를 이해하기 위해서 필요한 만큼만 개략적으로 기술하겠다(5.3.4절 참조).

방사선 카세트 방사선 카세트(radiographic cassette)는 단지 필름을 사이에 끼운 두 장의 증감지를 담는 기구이다. 카세트의 한쪽은 방사선적으로 투명하게 하고 다른 쪽은 보통 납 포일을 부착한다. 그러므로 카세트는 한 방향으로만 엑스선 장치에 장착한다. 카세트 내부 최소한 한쪽에는 스펀지를 가지고 있어야 하는데, 이 물질이 증감지에 균일한 압력을 가해서 필름과 증감지의 모든 부분이 균일하게 접촉되게 한다. 증감지 외부에 광학 거울들이 안쪽을 향하도록 설치되어 있어서 증감지에서 발생한 거의 모든 빛들이 필름을 조사시키게 되어 있다. 유방암 촬영기와 같이 특별히 높은 분해능을 요구하는 시스템들은 단지 1개의 증감지만을 사용하지만 카세트 내부에서 필름이 단일 증감지에 밀착되게 하는 원리들은 동일하게 적용된다.

실수로 빛에 노출되는 것을 피하기 위해 필름은 암실에서 장착한다. 카세트는 여행 가방이나 서류 가방처럼 방사선 필름을 넣기 위해 필요한 만큼만 열린다. 이렇게 함으로써 먼지나 다른 이물질이 카세트 안에 들어가는 것을 최소화한다. 카세트가 닫히면 내부 압축 스펀지에 압력이 가해져서 증감지들과 필름이 균일하게 부착된다. 영상에 영향을 줄 오염을 피하기 위해서 카세트와 증감지를 주기적으로 청소한다.

5.2.6 엑스선 영상증배관

엑스선 영상증배관(x-ray image intensifier : XRII)은 저선량 실시간(low dose real time) 투사 방사선 촬영이 필요한 형광 투시 촬영(fluoroscopy)에 사용된다. 통상적인 엑스선 시스템이 50~1200mA의 필라멘트 전류를 사용하는 데 반해 형광 투시 촬영은 단지 0.5~5.0mA의 필라멘트 전류를 사용하므로 엑스선관을 연속으로 동작시킬 수 있다. 이처럼 낮은 강도의 엑스선이 일반 형광체와 반응하여 생성되는 가시광 광량은 실내 조명에서 인간의 시각으로 관찰하기에는 너무 낮으므로 이 광신호를 증폭하기 위해 엑스선 영상증배관이 개발되었다. 영상증배관을 보여 주는 다이어그램이 그림 5.11이다.

엑스선은 두께 0.25~0.5mm인 알루미늄이나 티타늄으로 만들어진 입사창(input window)을 통과한다. 이 물질들은 엑스선 광자의 손실을 최소화하면서 진공을 유지할 수 있다. 이후 엑스선은 두께가 0.5mm이고 직경이 15~40cm인 원판형 **입력측 형광체**[input phosphor, 보통 CsI(Na)]와 충돌한다. 입력측 형광체에 흡수된 엑스선 광자들은 광음극(photocahtode)을 향해 기둥 구조의 입사 형광체 내부 채널을 따라 이동한다. 역방향으로 입사창을 향해 이동하는 광자들은 형광체를 지지하는 0.5mm 두께 알루미늄 시트에 의해 반사된다.

엑스선 영상증배관의 나머지 부분들은 야시경 장비에서 사용하는 것과 같은 표준 영상증배관과 유사하다. 입력측 형광체에서 생성된 가시광 광자들이 광음극에 충돌하면 광음극은 진공관 내부로 자유 전자를 방출한다. 이 전자들은 음극에 비해 상대적으로 25~35kV 전위가 높은 일련의 **중간전극**(dynode)들을 통과하면서 양극을 향해 가속된다. 광증배관(photomultiplier : PMT)과는 달리 자유 전자들이 중간전극과 직접 충돌하지는 않는다(8장 참조). 그 대신 전자들은 중간전극에 의해서 영상증배관에 입사하는 엑스선 강도 공간 분포 영상과는 역상(inverted)인 전자 강도 영상을 만들게 된다. 중간전극의 전압은 영상증배율(magnification)을 가변시키기 위해 변경할 수 있다(어떤 시스템에서는 연속적으로 변경

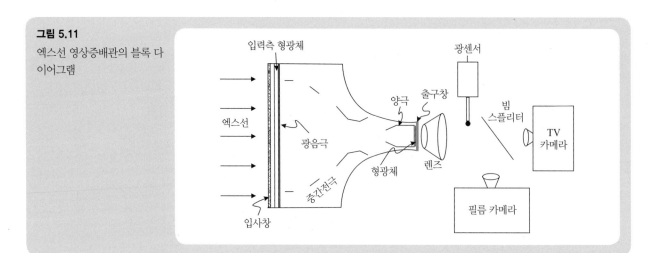

그림 5.11
엑스선 영상증배관의 블록 다이어그램

할 수 있으며, 다른 시스템에서는 단계적으로 변경할 수 있다). 예를 들면 직경 40cm 엑스선 영상증배관은 20cm 영상을 가시화할 수 있다.

전자들은 양극이나 **출력측 형광 스크린**(output phosphor screen)에 의해 흡수될 때까지 영상증배관 내에서 가속된다. 출력측 형광체로서 직경 25~35mm 유리 출구창 위에 15mm 크기로 증착한 P20-type 형광체를 사용한다. 형광체 안쪽(음극쪽) 면에 있는 얇은 알루미늄 필름은 양극이자 출력측 형광체의 반사체로서 역할하게 되는데, 반사체가 없다면 (출력측 형광체의 빛이 음극으로 재입사되어) 광음극에서 2차 전자 발생의 원인이 될 수 있다.

엑스선 영상증배관에서 증배된 광 영상은 여러 가지 방식으로 사용되고 있으며 그중 세 가지가 그림 5.11에 나타나 있다. 첫째, 중간에 장착된 광센서로 영상의 상대적 강도를 측정하여 일정한 영상 강도를 유지하기 위해 자동이득조정(automatic gain control : AGC) 기능을 동작시키는 데(엑스선 관전류에 대한 피드백을 통해서) 사용될 수 있다. 둘째, 투시 촬영의 기본적 기능인 광 영상을 TV 카메라로 내보낸다. TV 카메라는 카메라 신호를 다시 표준 TV 모니터에 보냄으로써 실시간 관측 영상(동영상)을 제공한다. 마지막으로 스플리터를 사용하여 주요 영상을 필름 카메라에도 제공함으로써 선택된 정지 영상을 필름에 담을 수 있게 한다.

5.2.7 디지털 라디오그래피

디지털 라디오그래피 시스템(digital radiography system)이 필름-스크린 결합 시스템을 급속도로 대체해가고 있다. 디지털 시스템은 1980년대에 소개되었지만, 필름 기반 시스템과 성공적으로 경쟁하기 위해서는 가격이 낮아지고 화질이 충분히 개선될 때까지 20년 이상이 소요되었다. 이 절에서 현재 임상에서 사용되는 네 종류의 디지털 시스템을 알아보겠다.

CR 시스템 CR(computed radiography, 전산화 방사선 촬영) 시스템은 광민감형 이미징 플레이트(photostimulable imaging plate : PSP)에 엑스선 잠상(latent image)을 저장한 후, 이를 촬영 장치에서 꺼내어 CR 리더기로 옮긴 후 레이저 스캐닝을 통해 디지털 영상을 복원해내는 시스템을 말한다. 광민감형 형광체(photostimulable phosphor)는 바륨 플루오로헬라이드 브로마이드나 요오드(Barium fluorohalide bromides or iodes)에 약간의 유로퓸 활성제(europium activator)를 첨가하여 만든 형광 물질이다. 엑스선 광자들은 원자로부터 전자들을 떼어 내는 광전 효과에 의해 검출기, 즉 형광체 내에 흡수된다. 발생된 전자들의 절반이 (전형적인 증감지처럼) 다시 이온들과 결합하여 빛을 낸다. 나머지 절반의 전자들은 유러퓸에 정공을 만들면서 플루오로헬라이드에 일시적으로 갇히게 된다. 이 정공들이 PSP에 보존되는 잠상을 만든다. 잠상은 수 시간 정도는 지속되지만 전자들이 이 정공들과 재결합하기 때문에 수일을 저장할 경우 잠상 복원이 불가능해진다.

PSP는 잠상을 복원하기 위해서 처리 과정을 거치게 된다. 영상의학과의 작업 플로우 관점에서 CR의 이 복원 과정은 필름 기반 방사선 촬영 시스템과 매우 유사한 점을 가지고 있기

그림 5.12
CR의 카셋트(GE Healthcare
에서 제공)

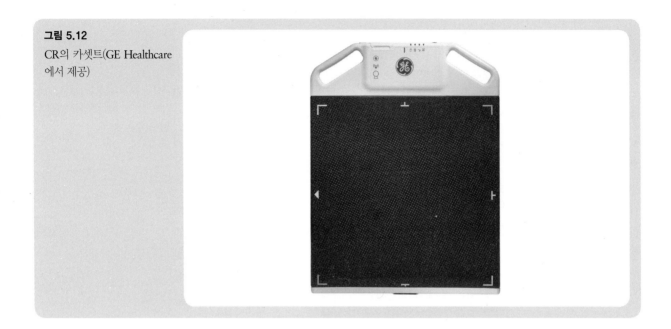

때문에 CR이 필름 기반 시스템에서 디지털 라디오그래피로 전환될 때 가장 자연스럽게 먼저 도입되었다. 전환이 더 쉬웠던 이유는 그림 5.12의 CR 카세트가 기존 시스템의 필름-스크린 카세트를 종종 직접 대체할 수 있기 때문이기도 하다. 그러나 필름과는 달리 CR에서 방사선 영상을 복원하는 데에는 아무런 화학약품을 필요로 하지 않는다. 대신 PSP를 읽기 위해, 즉 갇히게 된 전자들을 자극하여 정공들과 재결합하게 함으로써 빛을 만들기 위한 집속 레이저(focused laser)의 사용이 필요하다. 이 과정을 위해 레이저 프린터의 종이 롤러와 같은 기계적 장치가 사용된다. 집속된 레이저가 PSP 한 줄을 스캔할 수 있도록 PSP를 이동하여야 한다. 이후 다시 PSP를 새로운 위치로 보내 새로운 줄이 스캔되도록 하고 이를 반복한다. 대략 700mm 파장, 즉 붉은색 레이저를 이용한다. PSP 각 위치에서 트랩된 전자가 레이저 조사에 의해 트랩에서 풀려나는 수에 비례하여 푸른색 빛이 발생한다. 이 빛들이 거울에 의해 푸른색 빛에만 반응하는 광센서에 보내져서 전기적 신호를 만들고 ADC(analog digital converter)에 의해 디지털화된다. ADC는 레이저에 의해 읽혀지고 있는 PSP 한 점 위치에 조사되었던 엑스선 강도에 비례한 디지털 값, 즉 픽셀 값을 생산한다.

　PSP는 설계상 한 줄씩 라스터 스캔(raster scan)을 하게 되어 있으므로 데이터는 디지털 영상의 직선 샘플들로 구성되어 있다. 이들은 컴퓨터에 의해 직접 처리되고 저장되며 디지털 디스플레이(컴퓨터 화면)에 표시될 수 있다. 스캔하는 동안 샘플의 공간 밀도는 시스템의 공간 해상도에 영향을 주며, ADC의 픽셀당 비트 수는 시스템의 전체 생동 폭(dynamic range)에 영향을 준다. 예를 들면, 고해상도 시스템은 10pixels/mm로 샘플링되며 각 픽셀 값은 16비트 디지털 값을 갖는다. PSP를 스캔하여 생성되는 디지털 영상의 생동 폭은 촬영되는 해부학적 조직의 차이 이외에도 촬영 기사가 선택하는 kVp와 mAs 값 차이에 의해서도 크게 달라진다.

높은 엑스선 조사량에서 포화되는 필름과는 달리 PSP는 입사하는 엑스선의 광범위한 조사량에 대해서도 완벽하게 사용 가능한 잠상을 보유할 수 있다. 이것은 엑스선관 파라미터의 조작을 잘못하여 질 나쁜 잠상을 얻음으로써 촬영을 망치는 경우는 거의 없다는 것을 의미하지만, 단점은 아주 다른 생동 폭을 갖게 될 수도 있다는 점이다. 앞의 필름 기반 라디오그래피 절에서 기술한 바와 같이, 대부분의 시스템은 AEC(automatic exposure control, 자동노출제어) 기능을 수행하기 위해 공기 전리 광전지(air ionization photocell)를 사용한다. 촬영 기사는 환자 크기와 촬영하려는 해부학적 부위에 따라 적절한 조사량을 선택하여야 한다. 많은 종류의 시스템에서 스캔 영상을 해당 환자의 최종 기록으로 확정하기 전에, 영상의 수치값들을 예상 규정량에 따라 추가적으로 세밀하게 조정하는 몇 가지 전처리 과정을 허락하고 있다. CR 촬영에서 거의 대부분의 영상이 잘못되어 버려지지 않고 사용될 수 있다는 이론과는 달리 실제로는 CR의 단점으로 저노출이 양자 잡음(quantum noise) 문제를 일으키고, 고노출이 신호 대 잡음 비(signal-to-noise ratio : SNR)를 높여 주기 때문에 CR 촬영 기사는 고노출을 사용하려 경향이 있다. 하지만 고노출은 환자의 방사선 피폭량을 높이기 때문에 위와 같은 경향을 줄이는 것이 매우 중요하다.

PSP를 읽어내는 과정에서 플레이트에 저장된 전자들이 다 방출되지 않는다는 사실은 잘 알려져 있다. 사실상 PSP에 저장된 정보는 한 번 이상 스캔이 가능하다. 플레이트를 재사용(새로운 촬영)하기 위해서 먼저 플레이트를 모두 지워야 한다. 이 과정은 단순히 밝은 빛에 노출시키면 된다. 통상 이 과정은 플레이트를 읽는 CR 리더기에서 이루어진다.

CCD 기반 디지털 라디오그래피 시스템 CCD(charge coupled device, 전하 연계 소자) 검출기는 입사광에 비례한 전하량을 저장하는 광민감형 커패시터(light-sensitive capacitor)의 집합과 저장된 전하를 정밀하게 읽어 들이는 전하 전송 소자인 CCD가 결합되어 구성된다. 2차원 CCD 검출기 어레이는 2차원 광 영상을 포착할 수 있으며, 오늘날 고화질 카메라에 사용된다. 엑스선을 가시광으로 바꾸는 섬광체로 보통 CsI(Tl)를 사용하면 CCD로 엑스선 촬영이 가능하다. CCD를 대면적 투사 방사선 분야에서 사용하는 데 있어서 가장 큰 문제는 CCD의 크기가 작다는 점이다. 이 문제를 해결하는 가장 손쉬운 방법은 섬광체에 맺힌 영상을 축소(demagnification)시켜 CCD 어레이의 입사창에 맞추는 방법이다. 통상의 관측 시야와 통상의 CCD 검출기 크기를 고려하면 10 : 1 축소가 필요하다. 예를 들어 44cm×44cm 촬영 시야를 4cm×4cm CCD(3,000×3,000 화소 수, 0.013mm×0.013mm 화소 크기에 맞추려면 11배의 축소율(demagnification factor)이 필요하다. 그러나 이런 정도의 축소에는 99%가 넘는 많은 양의 광 손실(loss of light)이 일어난다. 그 결과 영상은 심각한 양자 잡음(quantum noise)을 보인다. 엑스선 선량을 높이는 방법으로는 빛의 손실을 보상할 수 없는데, 왜냐하면 현실적인 가격의 디지털 엑스선 시스템을 만드는 데 저가 CCD를 사용하기 때문이다. CCD 검출기를 이용하는 다른 방법은 슬롯-스캔(slot-scan) 구조이다.

이 구조에서는 다중의 CCD 검출기 어레이를 관측시야(예를 들어 흉부의 최대 폭 너비) 전체를 커버할 만큼 길게 한 줄로(수평으로) 배열한다. 축소가 필요하더라도 그 비율은 낮은 편(대략 2 : 1 혹은 3 : 1)이며, 또한 광섬유(fiber optic) 다발 즉 '라이트 파이프(light pipes)'를 사용하여 축소하기 때문에 광손실은 매우 낮은 편이다. 예를 들어, 5.5cm×1.1cm의 검출기 8개를 한 줄로 배열하여 44cm×1.1cm 한 개의 완전한 검출기를 만들 수 있다. CCD 검출기 1개는 수평 방향으로 342개, 수직 방향으로 68개의 화소를 가지고 있다. 엑스선이 팬빔(fan beam, 부채꼴 빔) 형태로 시준되어 CCD 검출기에 입사하면 각 CCD 검출기는 다수의 (예를 들어 68개) 수평선 화소 데이터를 동시에 수집한다. 다음 수평선 데이터를 획득하기 위해 ─ 엑스선원, 콜리메이터, 검출기 ─ 전체가 함께 (수직 방향으로) 병진 운동(translation)하거나 단순히 선원쪽 콜리메이터와 검출기만 병진 운동한다. 병진 운동은 관측시야의 크기에 따라 8초 내지 15초가 걸린다. 이 종류의 흉부 엑스선 시스템에서는 호흡에 의한 움직임 왜곡(motion artifact)을 최소화하기 위해 스캔하는 동안 환자는 호흡을 멈추어야 한다.

TFT 기반 디지털 라디오그래피 시스템 CCD 검출기는 화소가 작으며 크게 만들 수 없는데, 그 이유는 검출기가 대면적인 경우 화소가 크면 신호 전하 전달 과정에서 잡음이 추가되기 때문이다. 필름과 PSP에 의해 얻어질 수 있는 전 시야 검출기(full field detector)를 만들 수 있을 만큼 커다란 대면적 CCD 검출기를 구성하는 일이 기술적으로 가능하더라도, 가격, 방사선 영향에 따른 민감도, 복잡성, 낮은 속도 및 보정 문제들로 인해 이 방식은 비현실적이다. 그렇지만 CCD 카메라에서 제공 가능한 직접 디지털 리딩의 장점은 명백하다. TFT(thin film transistor, 박막 트랜지스터) 방식의 디지털 라디오그래피 시스템이 이 성능들을 제공할 수 있다. TFT는 유리 기판 위에 반도체, 절연체 그리고 금속 박막을 증착함으로써 만들어진다. 현재의 LCD 및 LED 텔레비전에 사용되기 때문에 잘 알려진 평판형 디스플레이(flat panel display : FPD)에는 트랜지스터들이 2차원 격자 형태로 배열되어 있으며, 각 화소는 수평 및 수직선에 의해 지정된다. 그 때문에 액티브 매트릭스(active matrix, 능동 매트릭스) 기술이라고 부른다. 엑스선 평판형 검출기(x-ray flat panel detector)에서 TFT 액티브 매트릭스는 엑스선에 의해 각 화소에 축적된 전하를 읽어내는 데 사용된다.

TFT 기반 평판형 검출기를 완벽히 기술하려면, 어떻게 엑스선이 검출되고 전하가 쌓이는 지 이해해야 한다. 소위 **간접** 및 **직접** 검출 방법이라는 두 가지 방법이 존재하는데, 이 두 방법 모두 각 영상 화소에 연결된 커패시티에 전하가 쌓인다. 간접 검출 방법은 이미 기술한 바 있다. 엑스선 선원과 TFT 매트릭스 사이에 놓이는 섬광체, 보통 CsI(Tl)는 측정된 엑스선으로부터 광자를 만들어 낸다. 그러면 비정질 실리콘(a-Si, amorphous silicon) 광다이오드(photodiode)가 섬광체에서 방출되는 광자를 전하로 변환하여 커패시티에 저장한다. 한편, 직접 검출 방법은 비정질 셀레늄(amorphous selenium)을 이용하여 엑스선을 직접 전자로 변환하여 셀레늄 기판에 인가한 전압을 이용하여 저장 커패시티로 이동한다. 현재는 간접 검출 방법에 기반한 평판형 검출기가 속도가 빠르고 [형광 투시 촬영과 같은 동영상 촬영에는 높은 광출력과 짧은 잔광(afterglow) 시간이 중요함], 잡음이 작기 때문에 더욱 보편적으로 활용되고 있다. 그러나 직접 검출 방법은 기본적으로 공간 해상도가 좋으며, 저잡음 설계가 가능한 물질들이 개발되고 있기 때문에 향후 유망하다.

CMOS 기반 디지털 라디오그래피 시스템   CMOS(complementary metal-oxide semiconductor) APS(active pixel sensor)는 일반 소비자 카메라에서 가장 보편적인 광센서이다. 엑스선 분야에서의 활용은 상대적으로 최근의 일이며, 기술이 계속 발전하고 있기 때문에 장점과 단점이 계속 드러나고 있다. 현재 CMOS 센서의 픽셀이 CCD 픽셀보다 크며, 저가격이고, 출력 소모도 작고, 엑스선에 더 잘 견디며, 속도도 빠른 장점들이 있다.

CMOS APS의 각 화소는 1개의 광다이오드(photodiode)와 3개 이상의 MOSFET(MOS field-effect transistor)로 구성되어 있다. 빛이 입력으로 사용되기 때문에 간접 방식 검출기이며, a-Si TFT 검출기처럼 섬광체와 결합되어야만 한다. TFT처럼 CMOS APS 내의 화소들도 행(column)을 결정하는 선택선(acess enable line)에 전압을 가해 선택하고, 열(row)을 결정하는 출력선을 읽어 내는 방식으로 동작한다. CMOS PPS(passive pixel sensor, 트랜지스터를 1개만 사용하는 초기 설계)와 대조적으로 CMOS APS는 신호를 출력하기 전에 잡음을 줄이고 고속으로 읽어낼 수 있도록 신호를 증폭하기 위해 추가의 트랜지스터들을 사용한다.

CMOS 센서의 화소는 CCD의 화소보다 훨씬 크게 만들 수 있다. 보통의 화소 크기는 0.075mm×0.075mm이고 몇 개의 화소를 모아서 하나의 커다란 '수퍼 화소(super pixel)'를 이룰 수 있으며[화소 결합(binning) 기능, 예를 들어 4×4개가 모여서 0.3mm×0.3mm 화소가 됨] 실시간 측정을 위해 고속으로 읽혀질 수 있다. CCD 어레이처럼 CMOS 영상 어레이도 반도체 기판에서 가공되어야만 하므로 이 점이 TFT 기반 검출기에 비해 하나의 제약이다. 2세대 크기는 5cm×10cm 기판까지 커졌으며 이들을 타일링(tiling)하여(CCD 타일링보다 훨씬 쉽다) 더 큰 패널로 만들 수 있으며, 현재는 290mm×230mm까지 크게 만들 수 있어 유방암 촬영에도 적절하다.

무선 재충전 가능한 DR 검출기   고해상도란 점 외에도 작업 절차의 편리성 때문에 CR이 디지털 엑스선 분야에서 가장 먼저 도입된 가장 중요한 이유이다. 특히 기존의 엑스선 시스템에서 필름-스크린 카트리지 대신 CR 카트리지를 사용할 수 있도록 재조정할 수 있어서 화학적 필름 현상기를 대신할 CR 리더기만을 따로 구매하면 된다. 초기 DR 시스템들은 ─단순히 검출기만이 아니라─ 기존의 엑스선 시스템을 모두 바꾸도록 판매되므로 상당한 재정적 투자가 요구되었다.

현재의 DR 검출기들은 완벽한 이동형 플레이트나 카트리지 형태로서 자체에 고유의 재충전 배터리 전원이 있으며 무선 이터넷(ethernet) 연결이 가능하다. 검출기들이 플라스틱 케이스에 완벽하게 내장되어 있어 청소가 용이하고 약한 충돌에도 손상되지 않는다. 이러한 검출기는 여러 촬영실이나 엑스선 시스템에서 공유하여 사용 가능하며, 기존의 테이블이나 벽부착형 시스템에 잘 들어 맞도록 제작할 수 있다. 영상 데이터는 이들 검출기로부터 판독 장치나 부서의 PACS(picture archiving and communication system, 화상 저장 및 통신 시스템)에 직접 전송할 수 있다. 이러한 편리성 및 개선된 해상도와 신호 대 잡음 비, 그리고 영상을 읽고 지우는 별도의 과정이 필요 없다는 점들로 인해 현재의 영상의학과에서 CR을 대체하기 시작하였다.

5.2.8 마모그래피

마모그래피(mammography), 즉 유방 촬영술은 아주 특별하고 널리 사용되는 투사 방사선 촬영 기법이어서 여기서 따로 기술하겠다. 유방 촬영은 초기 유방암 진단을 하거나, 영상에서 종양을 직접 측정하거나, 때로는 유방암의 존재를 알려 주는 미세 석회(작은 칼슘 덩어리)를 검출하는 데 사용된다. 전형적인 유방촬영기는 전통적인 투사 방사선 촬영 시스템에 기초하고 있으며, 그 크기는 유방에 맞추어져 있다. 저에너지(30kVp 부근) 엑스선이 가장 보편적으로 사용된다. 이 시스템의 중요한 특징은 패들(paddle)을 통해 압축을 가하여 유방 조직의 두께를 줄이고 또한 균일하게 만들어 영상을 획득한다는 점이다. 이 방식으로 유방은 검출기와 패들 사이에서 압축되어 영상을 찍는 동안 움직임이 줄어든다. 대부분의 전형적인 유방 촬영 시스템의 또 하나의 중요한 특징은 검출기 조사량을 최적화하는 자동 강도 조절 시스템[automated intensity(exposure) control system]이다.

전시야 디지털 마모그래피(full field digital mammography)의 출현으로 인해 모든 마모그래피의 50% 이상이 현재는 직접 방식의 디지털 라디오그래피 시스템이다. 초기 디지털 시스템은 70μm 픽셀을 사용하고 있으며 공간해상도가 3.5lp/mm(필름-스크린 기반 시스템의 12~20lp/mm와 비교하여) 정도이다. 현재는 6~8lp/mm이다. 그렇지만 디지털 시스템은 필름에 비해 높은 조사 생동 폭(dynamic range)을 가지고 있어서 저노출(under-exposure)이나 과피폭(over-exposure)의 문제들을 피할 수 있다. 영상의 디지털 디스플레이는 밝기나 명암대조도를 조절할 수 있다. 더구나 디지털 시스템은 영상을 판독하는 방사선 전문의들을 위해 명암대조도 개선이나 작은 구조체 영상 개선 및 컴퓨터 지원 검출 및 컴퓨터 보조 진단(computer aided diagnostics : CAD) 알고리듬 등을 적용할 수 있다.

가장 진보한 마모그래피 시스템들은 토모신세시스(tomosynthesis)나 스테레오 디지털 마모그래피 기법을 사용한다. 후자에서는 5~10° 이동시킨 2장의 유방암 사진을 획득하고 디지털 방식으로 융합하고 재현한다. 전자에서는 50° 원호 내에서 여러 방향의 영상(보통 7~12개 장)을 획득하고 볼륨 데이터 세트를 재구성하고 그로부터 개별적인 단층 슬라이스를 추출하여 재현한다. 대부분의 토모신세시스는 선형 토모그라피(linear tomography) 개념을 기반으로 하고 있으며 가장 발전된 전시야 디지털 마모그래피 시스템에서 구현하고 있다. 현재 이 기술은 널리 받아들여지고 있어서, 더 많은 마모그래피 시스템들이 토모신세시

스를 갖출 것이며, 몇몇 시스템은 선량을 줄일 수 있고 미세 석회 형상화를 개선할 수 있는
반복적 영상 재구성 방법을 사용할 것이다.

영상의 형성

5.3.1 기본 영상 방정식

엑스선관은 필터링(엑스선 스펙트럼 변형)과 빔 모양 제한 후 환자에 입사되는 엑스선 버스
트(burst)를 방출한다. 이 엑스선은 인체를 통과하면서 인체의 선형감쇠계수에 따라 특별한
패턴을 가지도록 감쇠된다. 그림 5.13에서 보다시피 엑스선 원점(초점)에서 시작하여 인체
를 투과하여 검출기 면(detector plane) (x, y) 위치에서 끝나는 특별한 레이의 진행선 선분
을 가정해 보자. 선형 감쇠는 보통 x, y와 z의 함수이며, 원점으로부터 거리 s의 함수라고 생
각할 수 있다. 선분의 길이 $r = r(x, y)$라고 하자. 이 수식은 선분의 길이가 위치 (x, y)의 함
수라는 것을 표현하고 있다. 식 (4.34)를 이용하여 검출기 위치 (x, y)에 입사하는 엑스선의
강도는 다음과 같이 표현된다.

$$I(x, y) = \int_0^{E_{max}} S_0(E')E' \exp\left\{-\int_0^{r(x,y)} \mu(s; E', x, y)ds\right\} dE', \qquad (5.3)$$

여기서 $S_0(E)$는 초기 엑스선의 스펙트럼이다. 다른 레이의 진행선이 주어지면, 그 레이는 다
른 물질을 통과하므로 선형감쇠 함수는 통상 달라진다. 여기서 왜 μ가 x와 y에 명시적으로
의존하는지 알 수 있다. 그러므로 만일 위 식의 이중 적분을 계산하려면, 선택한 레이의 진
행선에 대해 우선 함수 $\mu(s; E, x, y)$를 먼저 결정하고 그 후 적분을 수행해야 한다. 인체를
통과하면서 살아남은 광자는 검출기(카세트 혹은 디지털 검출기)와 충돌하여 검출기 자체에

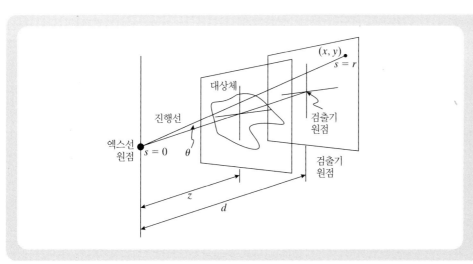

그림 5.13
일반적인 투사 방사선 촬영
시스템의 구조

흡수되거나, 검출기 후면의 납판을 포함한 검출기 패키지에 흡수되거나, 임의 방향으로 산란되거나 아니면 검출기 후면으로 빠져나가는 과정 중 하나를 거친다.

5.3.2 기하학적 효과

엑스선 영상은 발산하는(diverge) 엑스선 빔으로부터 만들어진다(그림 5.13 참조). 이러한 발산성은 그 기하학적 구조로 인해 여러 가지 원치 않는 효과를 유발한다. 이러한 효과들은 곱셈적(multiplicative)이다. 이 효과들을 차례로 살펴보자.

역자승 법칙   역자승 법칙(inverse square law)은 원점으로부터 거리가 r인 점에서 광자 순 플럭스(net flux of photon, 단위 면적당 광자)가 $1/r^2$로 감소한다는 것을 말해 준다. 선원을 둘러싸는 하나의 작은 가상의 구 표면 전체에 대하여 빔 강도를 적분한 값이 I_S라고 가정해 보자. 그림 5.13에서 보다시피 선원과 검출기 사이의 거리를 d라고 하자. 검출기면의 수직 방향 직선이 엑스선 선원을 지나게 되는 검출기상의 한 점을 검출기 원점($x = 0$, $y = 0$)이라고 가정하자. 그리고 선원과 검출기 사이에 빔의 감쇠를 일으키는 물질이 없다고 가정하면, 검출기 원점에서의 엑스선 강도는 다음과 같다.

$$I_0 = \frac{I_S}{4\pi d^2}\,. \tag{5.4}$$

검출기 위 임의의 점 (x, y)에서의 강도는 검출기 원점에서의 강도보다 작다. 왜냐하면 원점으로부터 더 멀기 때문이다. $r = r(x, y)$를 원점과 검출기상의 한 점 (x, y)와의 거리라고 하자. 그러면 (x, y)에서의 강도는

$$I_r = \frac{I_S}{4\pi r^2}\,, \tag{5.5}$$

위 식에서 감쇠를 일으키는 물체가 없다고 가정하였다. 이 관계들과 $\cos\theta = d/r$(그림 5.13 참조)로부터

$$I_r = I_0 \frac{d^2}{r^2} = I_0 \cos^2\theta\,. \tag{5.6}$$

그래서 역자승 법칙은 물체에 의한 감쇠가 없더라도 검출기 원점으로부터 멀어짐에 따라 $\cos^2\theta$ 비율만큼의 감소를 유발한다. 보정을 하지 않으면, 이 효과는 검출기 원점 주위의 원형 패턴으로 흔하게 나타나는 대상체에 의한 감쇠 현상이라고 잘못 해석할 수 있다.

예제 5.2

엑스선 촬영에서 역자승 법칙은 실제적으로 매우 쓸모가 있다. 사용 가능한 흉부 사진 1장을 1m 떨어진 곳에서 80kVp에서 30mA로 조사하여 얻었다고 가정해 보자. 또 1.5m에서 80kVp로 1장을 찍는 것을 요청받았다고 가정해 보자.

문제 동일한 양의 방사선을 조사하려 한다면, 몇 mA 세팅이 필요한가?

해답 동일한 양의 방사선을 조사한다면, 검출기에서의 방사선 강도가 일정해야 한다.

$$I_{\text{old}} = \frac{I_S(\text{old})}{4\pi d_{\text{old}}^2} = I_{\text{new}} = \frac{I_S(\text{new})}{4\pi d_{\text{new}}^2}$$

혹은

$$I_S(\text{new}) = I_S(\text{old}) \frac{d_{\text{new}}^2}{d_{\text{old}}^2},$$

여기서 I_s는 엑스선 선원에서의 강도이다. 엑스선 선원에서의 강도는 mAs에 직접 비례하는데, mAs는 튜브 전류와 조사 시간의 곱이다. 그러므로

$$
\begin{aligned}
\text{mAs(new)} &= \text{mAs(old)} \frac{d_{\text{new}}^2}{d_{\text{old}}^2} \\
&= 30 \text{ mAs} \times \frac{(1.5 \text{ m})^2}{1 \text{ m}^2} \\
&= 67.5 \text{ mAs} .
\end{aligned}
\tag{5.7}
$$

식 (5.7)은 밀도 유지 공식(density maintenance formula)이라 부른다. 이것은 환자와의 거리를 변화시킬 때 등가 엑스선 조사량을 유지하는 실제적인 매우 유용하다.

경사 경사(obliquity)는 검출기 원점으로부터의 빔 강도를 감소시키는 두 번째 요인이다. 경사 효과는 (검출기 원점을 제외하고) 검출기 표면이 엑스선 전달 방향과 직각이 아니기 때문에 발생한다. 그림 5.14에서 보다시피, 이 사실은 엑스선 진행 방향에 대해 직각인 단위 면적을 통과하는 엑스선이 사실상 더 넓은 검출기 면적을 지나게 된다는 점을 의미한다. 그래서 엑스선속이 낮아져서, 검출기 표면에서 측정된 엑스선 강도가 낮아지는 결과를 가져온다.

엑스선 진행 방향과 직각인 면 A가 있다면, A가 검출기 표면에 투사된 그림자 면의 면적은 $A_d = A/\cos\theta$이다. 그러므로 경사로 인하여 측정되는 강도는

$$I_d = I_0 \cos\theta ,
\tag{5.8}$$

이며, 여기서 역시 물체에 의한 감쇠는 없다고 가정하고 있다.

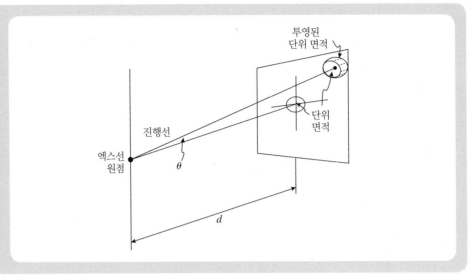

그림 5.14
경사가 스폿의 크기에 미치는 영향

빔 발산 현상 및 평판 검출기 빔 발산(beam divergence)과 평판 검출기 효과는 함께 (1) 역자승 법칙 효과에 의한 빔 강도의 감쇠[식 (5.6)], (2) 경사로 인한 빔 강도의 감쇠[식 (5.8)]의 두 가지 방법으로 검출기에서의 강도를 감소시킨다. 이 두 가지 효과의 결합 방식은 곱셈적(multiplicative)이다. 그래서 물체에 의한 감쇠가 없다고 가정하면, 검출기 원점에서의 강도 I_0에 비해 상대적인 전체 빔 강도는 다음과 같다.

$$I_d(x, y) = I_0 \cos^3 \theta . \tag{5.9}$$

만일 θ가 작다면, $\cos^3\theta \approx 1$이며, 두 효과는 무시된다. 이것은 대부분의 투사 촬영에서 정당한 근사이다. 왜냐하면 튜브가 검출기로부터 멀리 떨어져 있거나, 검출기 크기가 작아 검출기 가장자리라 하더라도 θ가 작기 때문이다.

예제 5.3

14inch×17inch 필름을 이용하여 17yard 떨어져서 흉부 엑스선을 찍는다고 해 보자.

문제 필름 전체에서 가장 작은 I_d/I_0가 얼마인가(물체는 없다고 가정하라)?

해답 필름의 코너는 검출기 원점에서 r_d만큼 떨어져 있으며 그 값은

$$r_d = \sqrt{7^2 + 8.5^2} = 11.0 \text{ in.}$$

이 지점이 빔이 만드는 가장 큰 각도의 코사인 값이므로,

$$\cos\theta = \frac{d}{\sqrt{d^2 + r_d^2}} = \frac{72}{\sqrt{72^2 + 11^2}} = 0.989$$

그러므로 가장 작은 강도의 비는

$$\frac{I_d}{I_0} = \cos^3\theta = 0.966\,,$$

으로 대략 3% 변화를 나타낸다. 만일 다른 효과들―양극 힐 효과, 투과 길이, 깊이에 따른 증배, 잡음 그리고 산란―이 주어진다면, 위(검출기 코너) 효과는 필름 전역에 걸쳐 무시할 만큼 작은 강도의 변동에 지나지 않는다.

___

양극 힐 효과 엑스선관에서 나오는 빔을 균일한 강도를 갖는 콘으로 모사해 왔다. 그러나 양극 힐 효과(anode hill effect)는 음극 방향으로 강도가 더 높고, 음극-양극 방향에 대해 직각인 방향에서는 차이가 없다는 것을 말한다. 그 이유는 그림 5.4에서 보이는 양극의 구조 때문이다. 원자 수준에서는 양극 내부 엑스선 발생은 등방적(isotropic)이지만, 후방으로 방출되는 엑스선들보다는 전방으로(음극에서 양극 방향, 즉 전자와 같은 방향으로) 방출되는 엑스선들은 양극을 통과하기 위해 양극 물질을 더 두껍게 통과해야 한다. 그래서 빔 강도는 음극 방향이 더 높게 된다. 양극방향에 비해 45%까지 차이가 날 수 있다. 그래서 양극 힐 효과는 경사 효과나 역자승 법칙의 효과보다 검출기 표면에서 강도의 균일도에 미치는 영향이 훨씬 더 크다.

양극 힐 효과는 양극 방향보다는 음극 방향으로 더 두꺼운 필터를 사용함으로써 보상할 수 있다. 만일 필터로 해결이 안 되면, 환자를 위치시킬 때 엑스선관 방향을 반드시 고려하여야 한다. 한편, 양극 힐 효과는 인체의 엑스선 감쇠 형태의 자연스러운 경사에 대한 내재적인 보상 방식으로 사용할 수 있다. 예를 들면, 족부 엑스선을 찍을 때 발가락이 얇기 때문에 발가락을 양극 쪽으로 위치시키고, 발의 더 두꺼운 뒷부분을 음극 쪽으로 위치시키면 더 양질의 영상을 얻을 수 있다. 이 원리는 인체 전체에 대해서도 적용할 수 있다. 엑스선 영상 방정식을 유도할 때, 양극 힐 효과는 필터에 의해서 보상된다고 가정할 수 있다.

투과 길이 그림 5.15와 같이 선형감쇠계수 μ가 상수이며 검출기 면과 평행하도록 놓인 두께 L을 갖는 판형 물체(slab)를 생각해 보자. 기본적인 분석을 위해서 엑스선 스펙트럼을 단색광이라 해 보자. 엑스선 빔의 중심선(central ray)―대상체의 중심과 검출기 원점을 지나는 직선―이 대상체를 투과하는 순 투과 길이를 L이라 하자. 그러므로 $(x, y) = (0, 0)$에서 엑스선 강도는 $I_0\exp(-\mu L)$이며 여기서 I_0는 만일 판형 물체가 없다면 검출기 원점에 도달할 빔의 강도이다.

그러나 검출기 면상의 한 점(x, y)로 향해가는 엑스선은 판형 물체의 다른 투과 길이를 경험하게 된다. 엑스선 선원과 점 (x, y) 위치 사이의 여러 레이(ray)들이 판형 물체를 통과할 때 투과 길이는

$$L' = \frac{L}{\cos\theta}\,. \tag{5.10}$$

L' > L이기 때문에, 엑스선이 중심선을 따라갈 때보다 이 레이들을 따라갈 때 더 많이 감쇠되며, 검출기에서의 엑스선 강도는 약해진다. 역자승 법칙, 경사 효과, 그리고 양극 힐 효과까지 무시하면, 강도는 다음과 같다.

$$I_d(x, y) = I_0 e^{-\mu L/\cos\theta} . \tag{5.11}$$

만일 역자승 법칙과 경사 효과, 투과 길이가 모두 고려된다면, 강도는 다음과 같다.

$$I_d(x, y) = I_0 \cos^3\theta\, e^{-\mu L/\cos\theta} . \tag{5.12}$$

만일 양극 힐 효과가 필터에 의해 보상된다면, 식 (5.12)는 관측시야 내에서 검출기 평면과 평행하며 균질한 판형 물체에 대해 영상 방정식을 근사적으로 나타낸 것이다.

 육안 또는 자동영상분석기술 중 어느 것을 이용하더라도 엑스선 사진을 판독하기 위해서는 식 (5.12)와 양극 힐 효과(보상이 안 된 경우)가 제공되어야 한다. 감쇠가 많은 물질의 경우 라이트 박스(light box, 필름을 관찰하기 위한 광상자)상에서(디지털 디스플레이 경우 컴퓨터 화면상에서) 더 밝게 나타나기 때문에 이러한 영향들은 균질한 매질 내에 그늘 왜곡(shading artifact)을 일으킨다. 이로 인해 대상체 내의 감쇠가 달라지거나 대상체 두께가 달라지는 것으로 잘못 해석할 수 있다. 이 경우는 매우 모호한 상황이 될 수 있다. 방사선 전문의들은 국부적인 밝기를 보고 방사선 영상을 판독하도록 교육을 받는 것이지 화면 전체에 걸친 영상의 절대값을 비교하도록 교육받지는 않는다. 하지만 앞의 경우는 컴퓨터 기반의 자동영상분석법에서는 바람직한 상황이 아니다. 왜냐하면 일반적으로 자동영상분석법은 국부적인 밝기 비교 분석법을 적용할 경우 매우 복잡해지기 때문이다.

그림 5.15
균일한 판형 물체의 영상

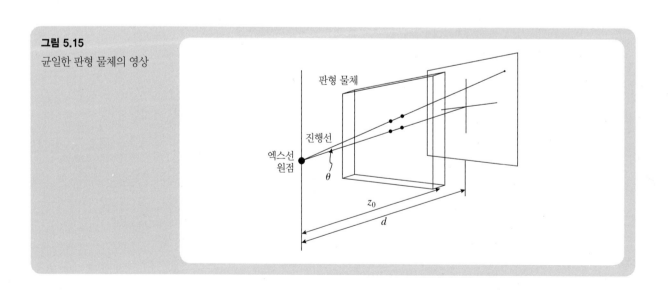

깊이에 따른 확대 엑스선의 발산성에 의한 또 하나의 결과는 대상체의 확대 효과이며 특별히 방사선 사진에서 대상체 깊이에 따른 확대(depth-dependent magnification) 효과라고 한다. 그림 5.16에서 보이는 높이 w인 막대 물체를 고려해 보자. 기하학적 구조에 의해 명백하게 대상체는 항상 실제 크기보다 검출기 면에서 더 크게 보이게 된다. 게다가 검출기 면에서 대상체의 크기(영상에서의 크기)는 관측시야상에 있는 대상체의 위치에 따라 달라진다.

닮은꼴 삼각형 개념을 사용하여, 대상체가 깊이 위치 z에 있을 때, 검출기 면에서의 높이 w_z는

$$w_z = w \frac{d}{z}.$$ (5.13)

여기에서, **확대율** $M(z)$는 다음과 같다.

$$M(z) = \frac{d}{z}.$$ (5.14)

확대율은 z의 함수이며, 이것이 왜 확대율이 깊이에 따라 변하는지를 말해 준다.

깊이에 따른 확대에는 세 가지 결과가 있다. 첫째, 인체 내 같은 크기의 두 물체가 방사선 사진에서 다른 크기로 보인다. 그래서 어떤 해부학적 구조체의 상대적 크기는 지식을 기반으로 주의해서 결정하여야 한다. 둘째, 여러 달 또는 여러 해 동안 동일한 환자에 대해 찍은 방사선 사진들에서 횡적 판독, 즉 시간적 변화를 관찰하고자 하는 해부학적 특성들은 동일한 방사선 촬영 조건과 동일환 환자 위치에서 찍은 경우에만 그 크기를 비교할 수 있다. 예를 들어 환자의 무게 변화는 생리학적 표지물의 엑스선 선원에 대한 상대적인 위치를 다르게 변화시킴으로써 질병이 진행되는 것으로 잘못 이해될 수도 있는 괄목할 만한 크기 변

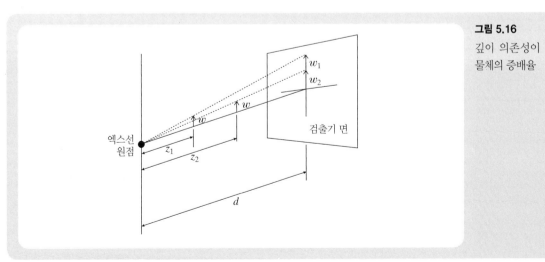

그림 5.16
깊이 의존성이 있는 막대형 물체의 증배율

화를 야기할 수 있다. 세 번째, 단일 대상체의 경계는 대상체의 '앞'이 '뒤'보다 방사선 사진에 가까이 있다는 사실만으로도 흐려질 수 있다. 소위 깊이에 따른 퍼짐(depth-dependent blurring) 효과로 알려진 이 현상을 다음 장에서 살펴보자.

예제 5.4

그림 5.17에 보이는 직육면체 프리즘을 영상화하는 것을 생각해 보자. 직육면체는 다음 식으로 정의할 수 있다.

$$\mu(x, y, z) = \mu_a \, \text{rect}(y/W) \, \text{rect}(x/W) \, \text{rect}([z - z_0]/L), \qquad (5.15)$$

여기서 [식 (2.16) 참조]

$$\text{rect}(x) = \begin{cases} 1 & |x| \leq 1/2 \\ 0 & \text{그 이외} \end{cases} .$$

문제 직육면체 프리즘이 엑스선 사진에서 어떻게 보일까?

해답 그림 중심에서는 영상의 모습이 역자승 법칙, 경사, 그리고 투과 길이 차이에 의해 지배받기 때문에 식 (5.12)를 적용하면

$$I_d(x, y) = I_0 \cos^3 \theta \, e^{-\mu_a L / \cos \theta} .$$

그러나 엑스선이 대상체의 경계면을 투과한다면, 대상체 투과선 길이의 손실이 존재하고 이에 따라 감쇠율의 저하가 일어난다. 프리즘의 경계가 z'에 있는 대상체를 투과하는 레이(ray, 광선)를 생각해 보자. 단순한 삼각법을 이용하면 프리즘을 투과하는 투과 길이는 $[z' - (z_0 - L/2)]/\cos\theta$이다(만일 $z' = z_0 + L/2$라면, 투과 길이는 위에서 보다시피 $L/\cos\theta$이다). 이 경우,

$$I_d(x, y) = I_0 \cos^3 \theta \, e^{-\mu_a(z' - (z_0 - L/2))/\cos \theta} .$$

세 번째 가능성은 레이가 프리즘을 완전히 벗어나는 것이다. 이 경우

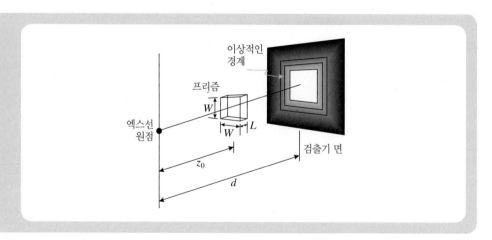

그림 5.17
직육면체 프리즘의 영상화

$$I_d(x, y) = I_0 \cos^3 \theta \, .$$

검출기 면의 (x, y)에서 이 분석법을 완성하는 데 필요한 것은 세 가지 범주 중 어느 것을 활용하여야 하는지와 만일 경계라면 z'값은 얼마인지를 결정하는 것이다. 이 분석법은 연습문제 5.9(a)에서 연습할 수 있도록 독자들에게 남겨 두겠다.

이 예제는 발산되는 레이들이 엑스선 사진을 볼 때 알아야 할 추가적인 퍼짐 효과인 경계면 퍼짐 효과(edge blurring)를 만들어 낸다는 것을 보여 준다. 이 현상은 엑스선 선원을 검출기로부터 멀리 띄워 놓거나, 대상체(환자)를 검출기에 가까이 둘 때 줄어든다. 예를 들면, 일상적인 흉부 엑스선 촬영에서 엑스선과 검출 기간 거리는 약 180cm이다. 그러나 사지 말단부와 같은 부위를 검사할 경우 선원과 검출 기간 거리를 훨씬 더 가깝게 할 수 있다.

기하학적 효과를 고려한 영상 방정식 이 절에서 기술하고 있는 기하학적 효과를 고려한 영상 방정식을 전개하는 것은 유용한 일이다. 이 일을 위해, 무한히 얇으며, 좌표 z'에 위치하고 엑스선 감쇠가 x와 y의 함수로 표현될 수 있는 이상적인 대상체 $t_z(x, y)$를 이용한다. 이 대상체는 그림 5.13에 그림으로 표현되어 있듯이 납을 얇게 침윤시킨 종이 한 장으로 생각할 수 있다.

감쇠보다는 투과성(transmittivity) 함수 $t_z(x, y)$를 생각해 보자. 이것은 μ 그 자체보다는 지수함수 전체를 대체한다. 따라서 만일 대상체가 검출기 표면에 위치하기 때문에 확대가 일어나지 않는다면 측정되는 강도는

$$I_d(x, y) = I_0 \cos^3 \theta \, t_d(x, y) \, , \tag{5.16}$$

여기서

$$\cos \theta = \frac{d}{\sqrt{d^2 + x^2 + y^2}} \, . \tag{5.17}$$

일반적으로, 만일 대상체가 $0 < z \le d$ 범위에서 임의의 z에 위치한다면, 확대율 또한 고려되어야 한다. 이 스케일링 효과는 단지 대상체 크기를 변화시킨다.

$$I_d(x, y) = I_0 \cos^3 \theta \, t_z(x/M(z), y/M(z)) \, . \tag{5.18}$$

식 (5.18)과 식 (5.14), (5.17)을 함께 결합하면

$$I_d(x, y) = I_0 \left(\frac{d}{\sqrt{d^2 + x^2 + y^2}} \right)^3 t_z(xz/d, yz/d) \, . \tag{5.19}$$

이 방정식은 z방향으로는 감쇠율 차이가 없으며 확대율이 동일한 상대적으로 얇은 대상체에 대한 적절한 근사식이다. 이 방정식에서(인체와 같이) 두꺼운 대상체를 통과하는 레이의 적분 효과는 고려하지 않았다.

5.3.3 퍼짐 효과

발산되는 레이는 진행 방향의 투과 두께가 두꺼운 대상체의 경계를 퍼지게 할 수 있다는 점을 위에서 설명하였다. 그러나 대상체 z방향의 두께가 없더라도 대상체를 퍼지게 하는 두 가지 효과가 있다. 확장된 선원 및 검출기 두께 효과이다. 여기서 검출기란 필름 기반 시스템에서 증감지, CR 시스템에서 PSP 형광체, CCD, TFT 그리고 CMOS 기반 디지털 검출기에 있어서 형광체나 비정질 셀레늄을 의미한다. 이러한 효과들 모두 영상 분해능을 감소시키는 전통적인 효과들로서 모델링할 수 있다. 이 효과들은 식 (5.18), (5.19)에 나타나 있지 않다. 이들 방정식 내에는 무한히 얇은 대상체 $t_z(x, y)$에 대한 확대율이나 강도 차이만이 존재한다. 이 두 현상을 깊이 살펴보자.

확장된 선원 투사 방사선 사진의 또 다른 특징은 엑스선원의 유한 크기, 즉 양극에서 엑스선이 실제 방출되는 초점의 유한한 크기에서 오는 퍼짐 현상이다. 그림 5.18에서 보다시피 이 퍼짐은 관측시야의 경계면에서의 퍼짐과 대상체 경계면의 퍼짐 두 가지 모두를 만든다. 여기서 대상체에 미치는 퍼짐에 대해 논해 보자. 확장된 선원 효과(extended source effect)는 선원의 모양과 대상체 모양의(확대율 또한 고려하여서) 콘볼루션(convolution)으로 표현할 수 있다. 이 때문에 확장된 선원은 엑스선 영상의 분해능에 큰 손실을 끼친다(이 문제는 양극 물질의 방출열 제거 요구 조건으로 인해 양극 내 초점 크기를 무한히 줄이지 못하기 때문에 발생한다). 확장된 선원에 의해 야기된 물리적 퍼짐의 크기는 선원 초점의 크기와 대상체의 위치에 따라 결정된다. 예를 들어 그림 5.19에서 보이는 점 구멍의 영상을 생각해 보자. 기하학적 구조로부터 만일 선원이 직경 D라면, z 위치에 놓인 점 구멍의 영상은 직경 D'을 갖게 될 것이다.

$$D' = \frac{d - z}{z} D. \tag{5.20}$$

식 (5.20)에서 D에 곱해지는 인자는 다음 식에서 기술되는 선원 확대율(source magnification) $m(z)$이다.

$$m(z) = -\frac{d - z}{z}. \tag{5.21}$$

선원 확대율은 그림 5.19를 관찰함으로써 알 수 있듯이 선원 영상을 뒤집기 때문에 음수이다. 식 (5.14)에서 깊이에 따른 대상체의 확대율 $M(z)$와 선원 확대율 $m(z)$는 다음 식과 같이

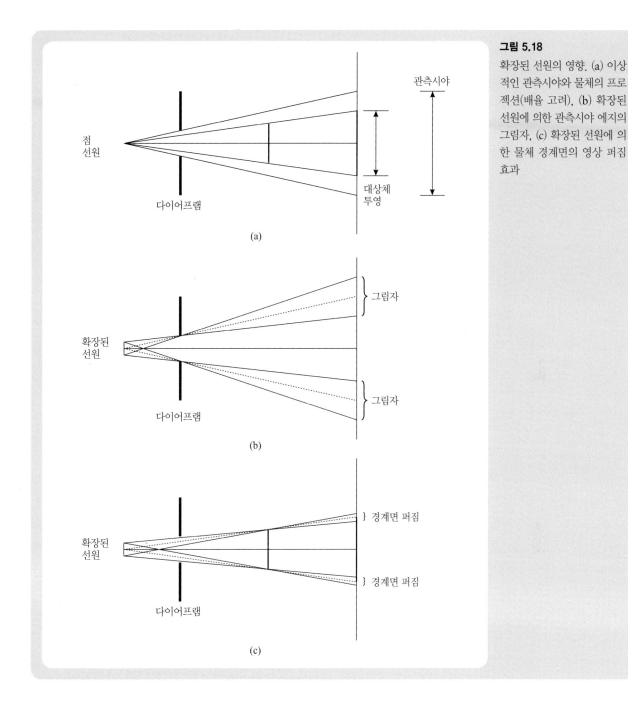

그림 5.18
확장된 선원의 영향. (a) 이상적인 관측시야와 물체의 프로젝션(배율 고려), (b) 확장된 선원에 의한 관측시야 에지의 그림자, (c) 확장된 선원에 의한 물체 경계면의 영상 퍼짐 효과

상호 연관되어 있다.

$$m(z) = 1 - M(z). \qquad (5.22)$$

선원 확대율을 포함한 영상 방정식을 전개하기 위해 그림 5.19에서 보이는 z축상의 점 구

그림 5.19
선원 증배율의 원리

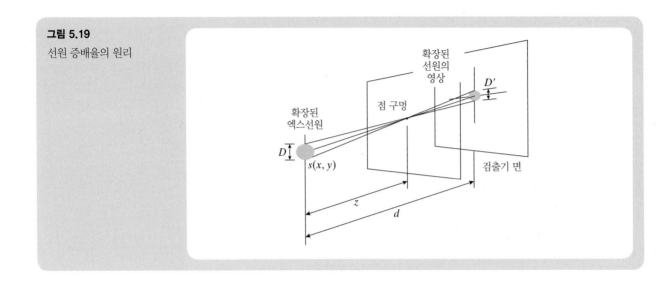

멍 영상을 생각해 보자. 엑스선관 선원 초점은 선원 강도 분포 $s(x, y)$로 표현되는데, 모든 위치에서 엑스선이 방출되는 디스크로 간주할 수 있다. 기하학적 효과를 무시하면, 영상은 역상(inverteded image)이며, 선원 강도 분포에 따라 공간적으로 스케일링(확대)된 버전이다. 사실 강도 분포는

$$I_d(x, y) = ks(x/m, y/m),$$ (5.23)

여기서 m은 식 (5.21)에서 주어진 것처럼 z 위치의 한 점에 대한 선원 확대율이다. 특히 m이 음수이므로 I_d는 s의 대칭 영상이 될 것이다.

진폭 스케일링 항인 식 (5.23)의 k를 구해야 한다. 검출기 면에서의 적분된 강도가 z축상의 한 점 구멍의 위치와는 무관하게 상수이어야 한다는 사실을 이용하여 결정되어야 한다. 달리 말해서, z와는 무관하게

$$\iint ks(x/m(z), y/m(z)) \, dx \, dy = \text{constant},$$ (5.24)

그러나 k는 z에 따라 결정된다. 푸리에 변환을 이용하면

$$km^2(z)S(0, 0) = \text{constant},$$ (5.25)

이 식의 의미는

$$k \propto \frac{1}{m^2(z)}.$$ (5.26)

이 식의 의미는 확장된 선원에 의한 퍼짐의 크기는 검출기 면에서 대상체의 상대적인 위치에 따라 달라진다는 점이다. 특히 대상체가 검출기에 가까우면, $m(z) \to 0$이며,

$$\frac{s(x/m, y/m)}{m^2} \to S(0,0)\delta(x, y)\,. \tag{5.27}$$

이 경우 진폭이나 분해능의 손실이 없다. 확장된 선원의 영상은 사실상 완벽하다.

위 분석법은 동일한 z 평면상의 어느 곳에 놓여 있는 점에 대해서도 적용 가능하다. 앞에서 대상체가 증폭[식 (5.19) 참조]되는 촬영 상황을 묘사하는 데 사용되었던 투과율 함수 $t_z(x, y)$를 이용하여, 감쇠율이 주어진 z평면 내에서 공간적으로 분포되어 있는 대상체의 행동을 이해하기 위해서 중첩(superposition)의 원리[식 (2.33) 참조]를 사용할 수 있다. 이 분석법은 확장된 대상체와 확장되고 스케일링된 선원 함수 간의 콘볼루션인 영상 방정식으로 연결된다.

$$I_d(x, y) = \frac{\cos^3\theta}{4\pi d^2 m^2} s(x/m, y/m) * t_z(x/M, y/M)\,. \tag{5.28}$$

항 $4\pi d^2$은 역자승 법칙 때문에 선원 강도의 손실이 있다는 사실을 고려하기 위해 포함되었다. 검출기에 가까운 대상체에 대해서는 $M \approx 1$이며 $m \approx 0$, 즉 대상체의 증폭율이 1이며 어떠한 크기의 선원에 대해서도 선원 초점에 의해 영상 퍼짐이 생기지 않는다. 이 이유로 인해 환자를 검출기에 접촉하여 촬영하면 좋은 영상이 얻어진다.

필름-스크린과 디지털 검출기 퍼짐 효과 필름-스크린(필름-증감지)의 자세한 구조가 그림 5.20에 나타나 있다. 필름이 두 장의 형광체—증감지의 활성 영역—사이에 샌드위치처럼 위치해 있다. 형광체에 의해 흡수(광전 흡수)된 각각의 엑스선 광자(x-ray photon)가 많은 수의 저에너지 가시광 광자(light photons)를 만들어 낸다. 엑스선 광자와는 달리 가시광 광자들은 필름 유액에 의해 효율적으로 검출된다(5.2.5절 참조). 가시광 광자들은 그림 5.20처럼 엑스선이 흡수된 점에서부터 (대략) 등방적으로 발산한다. 그러고는 엑스선이 흡수된 위치와는 많이 떨어진 위치에서 필름에 흡수된다. 검출기 가시광 광자 집단은 필름에 '스폿(spot)'을 형성하는데, 이것은 사실상 엑스선 '임펄스'에 대한 임펄스 응답이다. 중첩의 원리를 이용하면, 필름-스크린 퍼짐 효과를 포함한 영상방정식을 쉽게 유도할 수 있다. 대략적으로, 식 (5.28)에 필름-스크린 임펄스 응답 함수 $h(x, y)$를 추가적으로 콘볼루션한 것과 같다.

$$I_d(x, y) = \frac{\cos^3\theta}{4\pi d^2 m^2} s(x/m, y/m) * t_z(x/M, y/M) * h(x, y)\,. \tag{5.29}$$

그림 5.20
필름-스크린 검출기

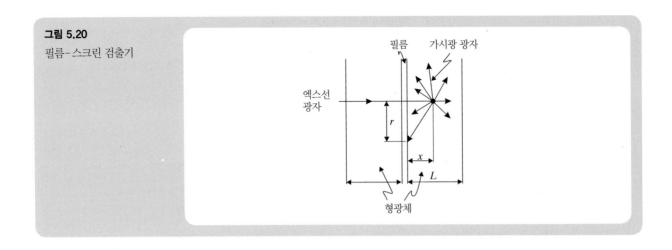

그림 5.21
일반적인 필름-스크린 검출기의 MTF 값

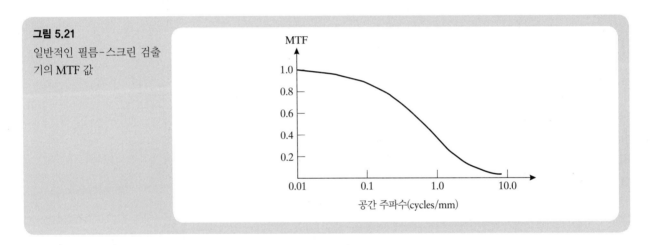

일반적으로 필름-스크린 검출기 시스템의 임펄스 응답은 회전 대칭이다. 전형적인 필름-스크린 검출기의 변조 전달 함수(modulation transfer function : MTF)는 그림 5.21에 나와 있다. 더 얇은 형광체를 사용하면 필름-스크린 퍼짐 효과가 덜 일어난다. 그러나 얇은 필름은 엑스선을 충분히 정지시킬 수 없으므로 검출기 효율이 떨어진다. **검출기 효율**(detector efficiency) η는 평균적으로 검출기에 측정되는 광자의 비율로 정의된다. 칼슘 텅스테이트(calcium tungstate)는 엑스선 광자를 정지시킬 수 있는 높은 효율을 가지고 있으므로 종종 증감지로 사용된다($\eta \approx 0.30$). 일반적으로 증감지가 두꺼울수록 검출기 효율은 좋아지나 분해능은 떨어진다. 5.4.1절에서 보듯이 높은 효율을 유지하는 것이 영상 잡음을 줄이는 좋은 방법이다. 그래서 얇은 증감지가 분해능을 높이지만, 잡음도 증가시키므로 이로 인해 분해능 개선의 하한선이 결정되는 상충성(tradeoff)이 존재한다.

디지털 검출기는 검출기의 퍼짐 효과를 만드는 다른 메커니즘이 존재한다. 필름-스크린 퍼짐 효과처럼, 섬광체(사용될 경우)의 두께에서 유도되는 효과가 있다. 몇 이산 검출기 시스템(discrete detector system)에는 검출기 내의 특정 크기 영역에 대해 전하량이 합산되는 '빈(bin)' 효과가 추가적으로 존재한다. 개략적으로 모든 디지털 시스템은 식 (5.29)와 각각의 고유한 점확산함수(point spread function : PSF) $h(x, y)$의 콘볼루션에 의해 모델링될 수 있다.

5.3.4 필름 특성

5.2.7절에서 알 수 있듯이, CR(computed radiography)과 DR(digital radiography) 시스템은 기존의 필름-스크린 방식을 대체하였다. 그렇더라도 필름의 기본적 기술과 특성을 이해하는 것은 중요하다. 왜냐하면 비슷한 개념이 CR과 DR에도 적용될 수 있기 때문이다.

필름의 공간 분해능은 일반적으로 필름-스크린 시스템의 분해능보다 매우 우수하다. 그래서 대부분의 상황에서 필름의 공간 주파수 특성은 무시할 수 있다. 만일 필요하다면, 필름의 공간 분해능은 위에서 언급한 검출기 퍼짐 효과와 유사하게 점분포함수로 모델링할 수 있다. 전체적인 성능은 식 (2.46), (3.29) 및 (3.30)에서 볼 수 있듯이 하부 시스템 성능의 연쇄 결합(cascade of subsystems)에 의해 결정된다. 여기서 중요하게 관심 가져야 할 점은 필름의 공간 분해능이 아니라 필름의 강도 변형 성질에 대한 것이다.

필름은 엑스선 직접 검출 효율이 낮기 때문에, 엑스선 자체에 의해 필름에 영상이 형성되는 것은 무시하고 필름에 이웃한 형광체에서 생성된 가시광에 의해 형성된 영상만을 고려한다. 관심 변수는 명암대조도 혹은 **필름 감마(gamma of the film)**와 생동 폭 혹은 **관용도(latitude)**이다. 이 용어들은 추후 정의하겠다. 엑스선 검사 상황에 따라 명암대조도와 관용도가 다른 필름을 사용한다. 만일 여러분이 아마추어 사진 작가라면 필름 특성을 이해하는데 실제적으로 도움이 될 것이다.

필름에 입사한 광량(amount of light)과 필름이 노출·현상된 후 라이트 박스상에 만들어진 영상과의 관계를 생각해 보자. 필름에 흡수된 가시광선은 필름에 **잠상(latent image)**을 만든다(잠상은 바로 보이지 않는다). 필름이 현상될 때 잠상은 필름을 흑화(blackening)시킨다. 그러므로 필름의 특성은 빛 조사량과 필름의 흑화 정도 사이의 변형 함수로 표현되며 흑화도는 필름의 **광학 밀도(optical density)**에 의해 결정된다.

현상된 필름을 라이트 박스상에서 판독할 때 어두운 부분은 필름이 박스의 빛을 더 흡수해서 눈으로 판독할 때 짙은 회색으로 보이게 된다. **광학적 투과율(optical transmissivity)**은 노출된 필름을 투과하는 광의 투과 비율(fraction of light transmission)로 정의된다.

$$T = \frac{I_t}{I_i}, \tag{5.30}$$

여기서 I_i는 입사광의 조사량이며, I_t는 투과광의 조사량으로서 두 가지 모두 시간·면적당 에너지 단위로 표현한다. 투과율 값의 예를 들면, 필름의 어두운 부분이 0.1이고 투명한 부분이 0.9이다. **광학적 불투명도(optical opacity)**는 광학적 투과율의 역수이며 **광학 밀도**

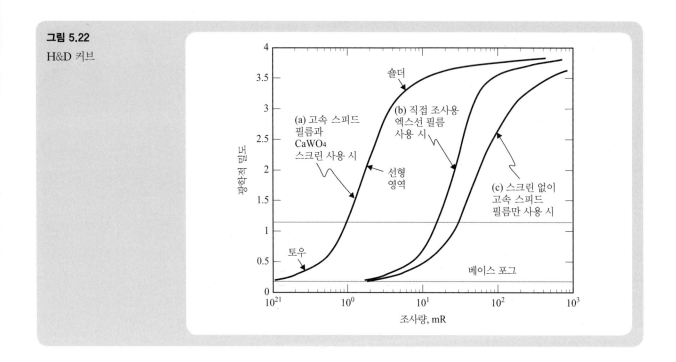

그림 5.22

H&D 커브

(optical density)는 광학적 불투명도의 상용 로그(common logarithm)로 정의한다.

$$D = \log_{10} \frac{I_i}{I_t}. \qquad (5.31)$$

광학 밀도는 필름이 얼마나 어두운가를 로그 스케일로 표현한 것이다. 광학 밀도 범위는 0.25~2.25가 보통 사용되며 인간의 눈은 1.0 < D < 1.5 범주의 밀도만을 잘 구별할 수 있다.

엑스선 필름을 조사하고 현상한 후 영상은 광학 밀도 $D(x, y)$의 공간 분포에 의해 결정된다는 것을 알게 되었다. 다음에는 어떻게 엑스선 조사량(X-ray exposure)이 광학 밀도와 관련되는지 알아보자. 첫째로, 4장에서 설명하였듯이 엑스선 조사량은 뢴트겐 단위(R)로 측정되며 공기 1kg에 1C(Coulomb, 쿨롱)의 전하량을 만들기 위해서는 3,876R이 필요하다. 전하는 엑스선과 반응하여 만들어진 이온들이 가지고 있다. (증감지 없이) 직접 조사하면 보통 D < 2이고, D는 X와 직접 비례한다. 증감지가 사용되고 D > 2이면, X와 D의 관계는 비선형적이며 그림 5.22에서 보듯이 전통적인 H&D(Hurter와 (Driffield, 처음으로 이 함수를 기술한 사람들) 커브에 의해 기술될 수 있다. 전형적인 H&D 커브는 낮은 조사량-낮은 D 토우(toe, 발가락) 부분, 선형적인 부분 그리고 높은 조사량-높은 D 숄더(shoulder, 어깨) 부분 등, 세 부분으로 구성된 S자형 곡선(S-shaped curve)이다. D는 결코 0이 될 수 없으며, 방사선 조사를 하지 않더라도 기본적인 광학 밀도, 즉 베이스 포그(base fog)가 항상 존재한다.

H&D 커브의 선형 영역에서 조사량의 상용로그와 광학 밀도 간의 관계식은 대략 다음과

같다.

$$D = \Gamma \log_{10}(X/X_0), \tag{5.32}$$

여기서 Γ는 H&D 곡선의 선형 영역의 기울기이며, X_0는 선형적인 부분의 연장선이 수평 축 ($D = 0$)과 만날 때의 조사량이다.

Γ는 필름 감마(film gamma)라 부른다. 그것은 특정한 필름과 그 필름을 현상하는 특정한 방법에 대해 유일하게 결정되며 (즉, 현상액, 온도, 현상 시간의 함수임) 보통 0.5~3 범위의 값을 갖는다. 필름의 감마를 증가시키면 명암대조도가 좋아지지만, 광학 밀도 응답 함수가 선형적인 조사 범위(range of exposure)가 줄어든다. 어떤 필름에 대한 정확한 노출은 H&D 곡선의 선형적인 범위에서 이루어져야 한다. 필름의 속도(speed)는 노출의 역이며, 이때 $D = 1 + $ fog level이다. 그림 5.22의 방사선 필름들을 보자. 명확히 알 수 있듯이, 필름-스크린 조합 (a)는 가장 빠른 시스템이다. 엑스선 직접 조사용 필름 (b)는 다음으로 빠르며 가장 큰 감마와 가장 낮은 관용도(latitude)를 갖고 있다. 마지막으로 스크린을 사용하지 않는 표준 고속 광 필름 (c)는 가장 느리다. 즉, 통상적인 광학 밀도 값의 범위 1~1.5를 얻기 위해서 세 가지 필름 중 가장 큰 엑스선 조사를 필요로 한다.

5.4 잡음 및 산란

지금까지는 엑스선 선원과 대상체 조성의 영향들만 고려하였다. 묵시적으로 검출기 면(detector plane)에서 엑스선 빔의 강도는 검출기에 의해 그대로 재생된다고 가정하였다. 실제로 검출기는 입사하는 강도 분포를 충실히 재생하지 못한다. 게다가 엑스선은 불연속적인 에너지 패킷(4.3.2절의 양자 혹은 광자) 형태로 조사된다. 엑스선 조사의 불연속적인 성질로 인해 영상의 변동이 발생한다. 다음 절에서 엑스선 물리 및 영상 기록 장치에 관한 몇 가지 추가적인 요인들을 소개하겠다.

5.4.1 신호 대 잡음 비

확대 배율이 1인 경우에 무한히 작은 선원 크기를 가정하면, 그림 5.17에 보이는 직육면체 물체는 물체와 같은 크기를 갖는 직사각형 그림자를 만든다. 검출기 면의 1차원 슬라이스 강도는 식 (2.19)에 의해 정의되고 그림 5.23에서 보인 바와 같은 직사각형 함수이다. I_b를 백그라운드 강도(background intensity)라 하고 I_t를 검출기 면에서 대상체(target, 타깃)의 강도(object intensity)라 가정하자, 이 예제에서 $I_t > I_b$이다. 3.2절에서 논의했듯이 이 대상체의 국소 명암대조도(local contrast, 국소 명암대비)는 검출기 면에서

$$C = \frac{I_t - I_b}{I_b}. \tag{5.33}$$

그림 5.23
사각형 물체에 의한 검출기
강도

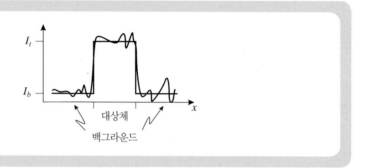

엑스선이 불연속적인 양자(광자) 형태로 조사되므로, 3.4절에서 논의하였듯이 검출기의 각 작은 면적에 조사되는 광자의 갯수는 무작위로 변동하며 잡음(noise)의 원인이 된다. 이 현상을 양자 모틀(quantum mottle)이라 부르며 검출기에 의한 엑스선 강도 측정 값의 부정확성(imprecision)을 의미한다.

3.5절에서 제시된 신호 대 잡음 비(signal-to-noise ratio : SNR) 개념을 사용하여 영상 형성에 대한 잡음의 효과를 정량화할 수 있다. SNR이 높을수록 이 양자 현상에 기인한 영상의 응어리짐(granularity)이 줄어든다. 이 시나리오에서 신호는 $I_t - I_b$, 즉 타깃 강도와 백그라운드 강도의 차이이다. 잡음은 백그라운드상에서 양자성에 기인한 변동이며, 표준편차 σ_b에 의해 특성 값을 묘사할 수 있다. 그러므로 이 장에서는 기본적인 SNR을 다음과 같이 표현한다.

$$\text{SNR} = \frac{I_t - I_b}{\sigma_b} = \frac{CI_b}{\sigma_b}. \tag{5.34}$$

검출기에 도달하는 모든 광자들이 모두 같은 에너지 $h\nu$를 갖는다고 가정해 보자. 이 에너지는 실제 다중 에너지 엑스선 빔의 유효 에너지(effective energy)라고 부른다(예제 4.4 참조). 이 경우 엑스선 강도는 [식 (4.14) 및 (4.17)을 결합한] 다음 식에 의해 광자 수와 관련되어 있다.

$$I = \frac{Nh\nu}{A\Delta t}, \tag{5.35}$$

여기서 A는 검출기 면의 작은 면적—예를 들어 픽셀—이며 Δt는 엑스선 버스트의 지속시간이다. 광자 수 N은 푸아송 무작위 변수(Poisson random variable)이며 백그라운드에서 단위 면적당 버스트당 평균 광자 수를 N_b라고 표현할 수 있다.

$$I_b = \frac{N_b h\nu}{A\Delta t}. \tag{5.36}$$

또한 백그라운드에서 단위 면적당 버스트당 광자 수의 분산(variance)은 다음과 같다.

$$\sigma_b^2 = N_b \left(\frac{hv}{A \Delta t} \right)^2 . \tag{5.37}$$

식 (5.34), (5.35), (5.36) 및 (5.37)들로부터 국소 SNR(local SNR)은 다음과 같다.

$$\text{SNR} = C \sqrt{N_b} . \tag{5.38}$$

식 (5.38)은 엑스선 영상에서 기본적인 상충성을 보여 준다. 엑스선 영상에서 기본적인 구조에 대한 가시성을 높여 주기 위해서, 구조체의 명암대조도를 높이거나 아니면 가시화나 분석할 때 사용하는 광자 수를 늘려야 한다. 구조체의 명암대조도는 엑스선의 에너지를 바꾸거나, 조영제를 사용하거나, 이중 에너지 기법을 사용함으로써 높일 수 있다. 광자 수는 다음 몇 가지 방법으로 증가시킬 수 있다. 필라멘트 전류나, 엑스선 펄스 폭, 엑스선 에너지를 높이거나(이 경우 인체를 더 잘 통과하도록), 더 넓은 면적(픽셀) 혹은 더 좋은 효율의 검출기를 사용함으로써 광자 수를 증가시킬 수 있다(연습문제 5.20 참조).

엑스선관은 낮은 에너지부터 양극에 인가하는 피크 kV에 의해 결정되는 최고 에너지까지 넓은 스펙트럼을 제공한다는 점을 상기해 보자. kVp를 바꿈으로써 엑스선 에너지를 변화시킬 수 있다. kVp를 변화시키면 명암대조도, SNR, 그리고 환자 피폭 선량이 달라진다. 예를 들어, 서로 다른 인체 조직의 감쇠계수는 에너지가 낮을수록 그 차이가 크므로, 낮은 kVp, 즉 저에너지에서는 명암대조도가 커진다. 그러나 저에너지에서는 인체의 엑스선 투과도가 떨어지므로 더 적은 수의 엑스선 광자가 인체를 통과한다. 그래서 비록 C는 커지지만 N이 작아진다. 즉, SNR이 낮아진다. 인체는 이러한 낮은 에너지 엑스선을 잘 흡수하므로 환자 선량도 높아진다.

높은 에너지에서는 반대로 여러 종류의 인체 조직의 감쇠계수가 비슷해지므로 명암대조도는 낮아진다. 높은 에너지에서 인체는 투과가 잘되므로 뢴트겐당 엑스선 광자 수는 감소하며 따라서 선량 및 SNR도 높은 에너지에서는 낮아진다. 높은 에너지와 낮은 에너지의 중간에서 SNR을 최대로 만드는 에너지 값이 존재하며, 이때 조직 대조도도 대체로 양호하고, 인체에 대한 엑스선 투과도도 상대적으로 높으며, 뢴트겐당 광자 수도 높다.

몇 가지 추가적인 개념을 부가하면 SNR을 상세히 기술할 수 있다. SNR은 검출기 단위 면적당 광자 수에 비례하기 때문에 단위 면적이 늘어나면 광자 수도 늘어난다. 그러므로 SNR에 대한 자세한 표현은 다음과 같다.

$$\text{SNR} = C \sqrt{\Phi A R t \eta} , \tag{5.39}$$

여기서 Φ는 뢴트겐당 단위 면적당 광자 수이며, A는 면적(cm^2), R은 뢴트겐 단위로 표시한 인체 방사선 조사선량(exposure), t는 인체를 투과한 광자 분율이며, η는 검출기 효율이다.

예제 **5.5**

일반적인 흉부 엑스선 촬영에서 사용하는 다음 변수를 생각해 보자.

$$\Phi = 637 \times 10^6 \text{ photons R}^{-1} \text{ cm}^{-2}$$
$$R = 50 \text{ mR}$$
$$t = 0.05$$
$$\eta = 0.25 \ (25\% \text{ efficiency})$$
$$A = 1 \text{ mm}^2$$

문제   10% 명암대조도($C = 0.1$)를 갖는 병소(a lesion)의 SNR은 얼마인가?

해답   식 (5.39)를 이용하면 SNR = 16 dB

5.4.2 양자 효율 및 검출 양자 효율

투사 방사선 촬영에서 인체에 의해 흡수되지 않은 엑스선은 모두 검출되어야 한다. 이상적으로 검출기에 도달하는 모든 광자는 반드시 검출되어야 하며 그들의 위치와 에너지, 그리고 도착 시간 등이 측정되어야 한다. 그러나 이러한 것을 모두 측정할 수 있는 검출기는 없다. 대신에 검출기 설계는 다른 목표들을 희생시키고 특정한 성능이 강조되며, 이러한 상충성은 측정된 방사선 사진의 품질에 영향을 미친다. 이 절에서 검출기의 특성을 평가하는 한 방법으로 검출기가 만들어 내는 영상의 SNR과 직접 관련이 있는 **검출 양자 효율**(detective quantum efficiency : DQE)의 개념을 설명한다.

양자 효율   이상적으로 검출기에 입사하는 모든 광자들은 측정되어야 한다. 이 말은 사실상 무슨 뜻일까? 검출되기 위해서 입사하는 광자는 검출기와 반응 — 예를 들어 광전 반응에 의해 소멸되어야 한다 — 하여야 하며, 이러한 반응을 통해 측정 가능한 출력 — 예를 들어 섬광, 이온화된 원자의 수집, 혹은 전류 — 이 생성되어야 한다. **양자 효율**(quantum efficiency : QE)이란 검출기에 입사하는 단일 광자가 검출될 확률(detection probability)을 의미한다. 이것은 모든 엑스선 검출기의 기본적 성능이다.

높은 QE를 가진 검출기가 반드시 더 좋은 영상을 만드는 것은 아니다. 동일한 두께와 동일한 선형감쇠계수를 갖는 2개의 검출기를 생각해 보자. 이들은 입사한 광자로부터 동일한 비율만큼 정지시킬 수 있는 능력을 가지고 있다. 즉, 기본적인 정지능(stopping power)이 같다. 만일 첫 번째 검출기에서는 측정된 사건의 출력이 매우 예측 가능하지만 두 번째 검출기에서는 출력이 매우 변동적이라고 가정해 보자. 직관적으로 첫 번째 검출기가 더 좋다고 생각한다. 검출기의 품질을 더 정확하게 평가하기 위해서 단일 사건일 경우 검출기 출력의 변동을 고려하여야 한다. 이 점이 변수 DQE를 정의하는 목적이다.

검출 양자 효율 검출기 성능을 더 잘 평가하기 위해서, **검출 양자 효율**(detectve quantum efficiency : DQE)은 검출기 입력 측의 SNR을 출력 측의 SNR로 변환하는 정도를 평가한다. 이런 방법대로, DQE는 QE가 단순히 광자를 세는 것(counting)과는 달라야 한다. DQE는 다음과 같이 정의된다.

$$DQE = \left(\frac{SNR_{out}}{SNR_{in}} \right)^2, \tag{5.40}$$

여기서 SNR_{in}은 입사 방사선의 고유 SNR이며 SNR_{out}은 측정된 양의 SNR이다. 측정된 양이란 예를 들어, 섬광량, 검출기 전압, 필름 밀도 등이다. DQE는 검출 과정에 기인한 SNR 저하의 측정치라고 볼 수 있다. 또한 올바로 검출된 광자의 비율이라고도 볼 수 있다. 일반적으로 DQE≤QE≤1이다.

예제 5.6

QE = 0.5이고 검출기에 의해 정지된 모든 광자를 완벽히 국소화(localize)할 수 있는 능력을 가진 가상적인 검출기를 생각해 보자.

문제 이 검출기의 DQE는 얼마인가?

해답 평균 $\overline{N}$개의 광자가 검출기에 입사하는 광자 버스트를 생각해 보자. 입력 SNR은 단지 광자 버스트의 자체 SNR이며 다음과 같다.

$$SNR_{in} = \sqrt{\overline{N}}.$$

QE = 0.5이므로 $0.5 \times \overline{N}$개의 광자가(평균적으로) 검출기에 의해 정지된다. 이 광자들은 완벽히 국소화되는데, 국소화의 의미는 픽셀 분해능이 어느 정도로 요구되든지 검출기가 완벽한 측정 계수와 모든 측정된 광자들의 위치 정보를 제공할 수 있다는 것이다. 그러므로 출력 SNR은

$$SNR_{out} = \sqrt{0.5\overline{N}},$$

이며, DQE는

$$\begin{aligned}
DQE &= \left(\frac{SNR_{out}}{SNR_{in}} \right)^2 \\
&= \left(\frac{\sqrt{0.5\overline{N}}}{\sqrt{\overline{N}}} \right)^2 \\
&= 0.5.
\end{aligned}$$

이 경우 DQE = QE이며, 그 이유는 측정된 모든 광자들이 가상적으로 완벽하게 국소화되었기 때문이다.

예제 5.7

엑스선관이 검출기에 $n = 10,000$개의 광자 버스트를 방출하도록 셋업되었고, 검출기 출력 x가 x_i, $i = 1,...,n$으로 기록되었다. 만일 $\{x_i\}$의 평균 및 분산이 $\bar{x} = 8,000$이고 $\sigma_x^2 = 40,000$이라고 해 보자.

문제 이 검출기의 DQE는 얼마인가?

해답 $\bar{x} = 8,000$을 검출기 출력에서 평균 광자 수에 대한 평가치(측정치)라고 가정해 보자. 만일 검출기가 단순한 광자 계수기라면 광자 계수치는 푸아송 무작위 변수(Poisson random number)이므로 분산 역시 8,000이다. 그러나 측정된 분산값은 40,000, 즉 푸아송의 5배이다. 이것은 측정된 광자에 대한 검출기 반응도의 변화가 존재한다는 결정적 증거이다. 입력의 SNR은 단순히 광자 버스트의 자체 SNR이며,

$$\text{SNR}_{\text{in}} = \frac{10,000}{\sqrt{10,000}} = 100.$$

출력의 SNR은

$$\text{SNR}_{\text{out}} = \frac{8,000}{\sqrt{40,000}} = 40.$$

그러므로 이 검출기의 DQE는

$$\text{DQE} = \left(\frac{40}{100}\right)^2 = 0.16.$$

단지 16%의 입사 광자만이 정확하게 측정되는 것이다.

5.4.3 콤프턴 산란

앞에서 콤프턴 산란이 영상의 질을 저하시킨다고 했다. 그 이유는 콤프턴 광자는 이상적인 직선 경로에서 벗어나서 멀리 떨어진 곳에서 측정되기 때문이다. 이 현상은 영상의 명암대조도 및 SNR을 저하시킨다.

영상 명암대조도에 대한 영향 콤프턴 산란은 영상의 명암대조도에 부정적인 영향을 미친다. 국소 명암대조도(local contrast)[식 (3.12) 참조]가 다음과 같은 타깃을 생각해 보자.

$$C = \frac{I_t - I_b}{I_b}.$$

콤프턴 산란은 일정한 강도 I_s를 타깃과 백그라운드 강도에 더해져서 명암대조도를 다음과 같이 새롭게 변화시킨다.

$$C' = \frac{(I_t + I_s) - (I_b + I_s)}{I_b + I_s}$$

$$= C\frac{I_b}{I_b + I_s}$$

$$= \frac{C}{1 + I_s/I_b} \,. \tag{5.41}$$

그러므로 산란의 영향은 명암대조도를 인자 $1/(1 + I_s/I_b)$로 감소시킨다. 비율 I_s/I_b는 산란선 대 일차선 광자 비(scatter-to-primary ratio)라고 하며 명암대조도를 보존하기 위해서는 가능한 낮게 유지하여야 한다.

산란 포함 신호 대 잡음 비 콤프턴 산란이 있는 경우 SNR 식의 유도를 위해 콤프턴 산란이 없는 식에서 출발해 보자.

$$SNR' = \frac{I_t - I_b}{\sigma_b}$$

$$= C\frac{I_b}{\sigma_b}$$

$$= C\frac{N_b}{\sqrt{N_b + N_s}}$$

$$= \frac{C\sqrt{N_b}}{\sqrt{1 + N_s/N_b}} \,. \tag{5.42}$$

여기서 기호 N_s는 검출기 면에서 단위 면적당 버스트당 콤프턴 산란 광자 수이며, 기호 C는 (콤프턴 산란에 의해 저하된 명암대조도가 아닌) 기본 명암대조도(underlying contrast)이다.

식 (5.42)는 콤프턴 산란에 의해 SNR이 저하됨을 보여 준다. 콤프턴 산란을 포함하는 SNR은 콤프턴 산란이 없는 SNR과 다음과 같이 연관되어 있다.

$$SNR' = SNR\frac{1}{\sqrt{1 + I_s/I_b}} \tag{5.43}$$

그래서 콤프턴 산란의 영향은 명암대조도의 저하 외에 SNR에서도 $1/\sqrt{1 + I_s/I_b}$ 만큼의 추가 저하가 존재한다.

예제 5.8

입사하는 엑스선의 20%가 검출기에 도달하기 전에 어떤 물질에 의해 산란한다고 가정해 보자.

문제 산란선 대 일차선 광자 비는 얼마인가? SNR이 어느 정도 저하되는가?

해답 백그라운드 강도에 기여하는 엑스선 광자들은 콤프턴 산란 없이 검출기를 두들기는 광자이다. N을 입사하는 광자 수라 할 때, $0.8N$은 백그라운드 광자 수이다. 산란 광자 수는 $0.2N$이다. 왜냐하면 영상의 강도는 측정된 광자 수에 비례한다.

$$I_b \propto 0.8N, \quad I_s \propto 0.2N.$$

산란선 대 일차선 광자 비는

$$\frac{I_s}{I_b} = \frac{0.2N}{0.8N} = \frac{1}{4}.$$

식 (5.42)에서 SNR의 저하는 $1/\sqrt{1 + I_s/I_b}$이다. 그러므로 콤프턴 산란은 11%의 SNR 저하를 유발한다.

5.5 요약 및 핵심 개념

엑스선 투사 촬영은 가장 오래되고 가장 기본적인 의학영상 기법이다. 이 기법은 엑스선관과 필름 혹은 디지털 검출기를 사용하여 인체 조직에 의해 생성된 그림자(shadow) 영상을 기록한다. 이 장에서 다음과 같은 핵심 개념들을 이해해야 한다.

1. 투사 촬영은 엑스선 사진을 생성하는데, 이는 3차원 물체의 2차원적 투사 영상이다.
2. 투사 촬영 시스템은 엑스선관, 빔 필터링 및 빔 모양 제한 도구, 보상 필터, 격자, 그리고 필름-스크린 혹은 디지털 검출기로 구성되어 있다.
3. 기초 영상방정식은 엑스선 빔이 환자를 투과할 때 시스템에 의해 생성되는 에너지 기반 혹은 물질 기반 감쇠를 기술한다.
4. 기초 영상 방정식은 역자승 법칙, 경사, 빔 발산, 양극 힐, 투과 길이 그리고 깊이에 따른 확대 등을 포함한 여러 가지 기하학적 효과에 의해 수정된다.
5. 필름-스크린 검출기는 필름에 광학적 영상을 만든다. 필름의 흑화도, 즉 광학 밀도는 H&D 곡선에 의해 비선형적으로 특징지어지는 필름 조사량에 의해 결정된다.
6. 디지털 검출기는 엑스선을 직접 혹은 간접적으로 전자적 신호로 전환하여 직접 컴퓨터에 입력한 후 컴퓨터 디스플레이에 의해 영상을 보여 준다.
7. 엑스선 발생과 투과라는 두 무작위적 성질에 의해 생성되는 잡음은 영상의 SNR을 저하하며 나아가 시스템의 검출 양자 효율도 저하시킨다.
8. 콤프턴 산란 광자를 흡수함으로써 영상 명암대조도와 SNR 두 가지가 모두 저하된다.

참고문헌

Bushberg, J.T., Seibert, J.A., Leidholdt, E.M., and Boone, J.M. *The Essential Physics of Medical Imaging*, 3rd ed. Philadelphia, PA: Lippincott Williams and Wilkins, 2012.

Carlton, R.R. and Adler, A.M. *Principles of Radiographic Imaging: An Art and a Science*, 5th ed. Clifton Park, NY: Delmar Cengage Learning, 2012.

Johns, E.J. and Cunningham, J.R. *The Physics of Radiology*, 4th ed. Springfield, IL: Charles C Thomas Publisher, 1983.

Macovski, A. *Medical Imaging Systems*, Englewood Cliffs, NJ: Prentice Hall, 1983.

Webster, J.G. *Medical Instrumentation: Application and Design*, 4th ed. New York, NY: Wiley, 2009.

Wolbarst, A.B. *Physics of Radiology*, 2nd ed. Norwalk, CT: Appleton and Lange, 2005.

연습문제

계측 장치

5.1 그림 5.13에서의 투사 방사선 촬영 장치는 선형성인가? 또한 이동 불변성인가?

5.2 (a) 무엇이 엑스선관에서 방출되는 엑스선 광자의 최대 에너지를 결정하는가? 무엇이 엑스선 광자의 에너지 스펙트럼을 결정하는가?

　　(b) 방사선 영상에서 왜 저에너지 광자는 바람직하지 않은가? 또한 인체에 조사되는 저에너지 광자를 줄이기 위해서는 어떤 방법을 사용할 수 있는가?

　　(c) 빔 경화(beam hardening)란 무엇인가? 또한 빔 경화의 원인은 무엇인가?

5.3 엑스선관 설계 시 가벼운 필터를 사용하려고 한다. 구리와 신물질(밀도가 5,000kg/m^3이고 80kVp에서의 질량감쇠계수가 0.08m^2/kg임)이 있을 때, NCRP(National Council on Radiation Protection and Measurents, 미국방사선방호측정위원회)의 권고 기준 80kVp에서 2.5mm Al/Eq에 맞추기 위해서는 구리와 신물질 중 무엇을 사용해야 하는지 설명하라.

5.4 (a) 일반적으로 요오드나 바륨이 조영제로 잘 쓰이는 이유를 설명하라.

　　(b) 산란된 광자를 제거하기 위해서 에어갭이 사용되는 이유를 다이어그램을 이용하여 설명하라. 에어갭의 가장 큰 문제점은 무엇인가?

5.5 (a) 콤프턴 산란이 투사 방사선 촬영으로 얻어진 영상에 나쁜 영향을 주는 이유는 무엇인가?

　　(b) 필름의 H&D 곡선이 주어질 때 왜 넓은 선형 영역의 엑스선 노출 범위를 갖는 것이 더 좋은 이유는 무엇인가?

　　(c) 엑스선원으로부터의 엑스선을 필터링해야 하는 이유는 무엇인가?

　　(d) 납 띠(lead strip)는 방사선 촬영 시스템에서 산란을 줄이기 위해 사용된다(예 : 격자). 격자의 높이가 폭의 8배라면, 광자가 격자를 빠져나가지 못할 때, 최대 산란

각은 얼마인가(방향은 격자 선에 수직이다)?

이미지 형성

5.6   완벽한 점 선원의 흉부 엑스선 촬영 시스템이 균일한 감쇠계수를 가지는 판형 물체의 영상을 찍을 때, 5% 미만의 강도 편차를 가진다면 허용할 만한 품질의 영상을 제공할 수 있다고 가정하자. 선원과 측정 장치 사이의 거리가 2m라고 할 때, 영상의 최대 크기는 얼마인가?

5.7   (a) 투사 방사선 촬영에서 얇은 대상체의 확대에 대한 단순식을 유도하라. 엑스선원과 대상체 그리고 선원과 검출기 사이의 거리는 임의로 가정하라.

   (b) 실제로 엑스선 기사가 투사 방사선 촬영 시스템에서의 확대·왜곡 현상을 줄이기 위해 사용하는 간단한 전략은 무엇인가?

5.8   이산 검출기 어레이(array of discrete detectors)로 이루어진 디지털 엑스선 검출기를 설계하고 있다. 당신은 빔이 발산되는 현상을 검출기의 결과에 적당한 가중치를 두어 보정할 수 있다고 결정하였다. 이러한 방법으로 실제 빔 강도는 전체 영상에서 일정해야만 한다.

   (a) 검출기들이 충분히 작고 가깝게 배열되어 있으며, 검출기 판과 엑스선원과의 거리는 d이다. 빔 발산 변이를 보정할 수 있는 적당한 가중치(r_d의 함수)를 찾으라.

   (b) 이러한 조작은 영상의 질을 향상시키는가? 이유를 설명하라.

5.9   예제 5.4에서의 프리즘의 방사선 영상을 생각해 보자.

   (a) 프리즘 영상의 강도 $I_d(x, y)$의 표현식을 구하라.

   (b) 검출기 평면에서 $y = 0$ 선을 따라 강도 프로파일을 그리라.

   (c) 제시된 프리즘의 방사선 촬영에서 영상에 대한 표현식을 쓰라.

5.10   기본 원리로부터 식 (5.28)을 유도하라.

영상 품질

5.11   엑스선 영상증배관에 입사하는 각각의 광자는 다른 광자들과는 독립적으로 확률 p로서 검출된다(QE : 양자 효율). 시간 간격[0, t) 사이에 검출기에 도달하는 광자의 수 $N(t)$가 평균 μt값을 갖는 푸아송 분포를 따른다고 할 때, 시간 간격 [0, t) 사이에서 검출된 광자의 수 $D(t)$의 확률 질량 함수(probability mass function : PMF)를 구하라.

5.12   2개의 1D 함수를 생각해 보자.

$$h_1(x) = e^{-x^2/5} \text{ 그리고 } h_1(x) = e^{-x^2/10}.$$

   (a) $h_1(x)$는 투사 방사선 촬영 시스템에서 $z = 3d/4$(d는 선원과 검출기 사이의 거리)에 위치한 대상체에 대한 확장된 선원의 점확산함수(point spread function : PSF)이다. 확장된 선원의 PSF를 z에 대한 함수로 표현하면 어떻게 되는가?

(b) 같은 투사 방사선 촬영 시스템에서 증감지로 인한 퍼짐 효과를 $h_2(x)$로 모델링할 수 있다. 시스템 전체의 흐릿함을 나타내는 변조전달함수(modulation transfer function : MTF)를 선원 확대율의 함수로 구하라.

(c) 시스템의 반치 폭(FWHM)을 선원 확대율의 함수로 구하라.

5.13 기록된 산란 분율이 0.35~0.8까지 증가하는 것이 신호 대 잡음 비(SNR)에 미치는 영향을 조사해 보자. 1mm 두께의 뼈가 0.08의 산란 없는 물체(scatter-free subject) 명암대조도를 나타내고, 1,000광자/mm²이 수집된다고 가정하자. 만약 검출기의 흡수효율이 반이 된다면 어떻게 되겠는가?

5.14 검출기의 양자 효율(QE)이 항상 검출 양자 효율(DQE)보다 큰 이유는 무엇인가?

$$DQE \leq QE.$$

5.15 엑스선관이 가동 시 엑스선 영상증배관에 초당 10,000개의 광자가 검출된다고 하자. 검출기가 평균 초당 10,000개의 광자 계수치를 제공한다면, DQE의 함수로 출력되는 검출기의 결과에 대한 분산을 계산하고 그리라. 출력 분산이 2,000이기 위한 DQE 값은 얼마인가?

5.16 점확산함수(PSF)가 다음과 같은 비이상적인 검출기(nonideal detector)의 검출 양자 효율(DQE)을 (u, v)의 함수로 구하라. 검출기로 들어오는 입력은 푸아송 잡음(poisson noise)으로 가정한다.

$$h(x, y) = \frac{1}{2\pi} e^{-(x^2+y^2)/2},$$

5.17 그림 P5.1은 탈축, 진공, 플라스틱 원통의 투사 방사선 촬영 영상이다. 선원과 검출기에 대한 원통의 위치와 방향을 간단하게 그리고, 이미지의 왜곡에 대해서 설명하라.

그림 P5.1
플라스틱 실린더의 투사 촬영 사진(A. Macovski, Medical Imaging Systems; 1983 제공)

5.18 그림 P5.2와 같은 투사 방사선 촬영 장치가 있다. 두 물체 O_1과 O_2의 프로젝션의 확대율 $m_{12} = s_1/s_2$를 s, ϕ, d, d_1, 그리고 d_2로 표현하라. 만일 $s = 5$cm, $\phi = 45°$, $d = 120$cm, $d_1 = 40$cm, $d_2 = 80$cm라면 m_{12} 값은 얼마인가?

5.19 그림 P5.3과 같은 투사 방사선 촬영 장치가 있다. A, B의 선형감쇠계수는 각각 μ_A와 μ_B이다. 검출기는 물체 A, B를 촬영하기에 충분히 크다. 기하학적 영향은 무시할 수 있고, 엑스선은 평행하고 수평이며 또한 물체들을 촬영하기에 충분히 넓다.

(a) 입사하는 엑스선의 빔 강도를 I_p라고 가정하자. $|y| \leq a$ 조건에서 검출기에 입사하는 빔 강도 분포 $I(d, y)$를 구하라.

그림 P5.2

깊이에 따른 확대율의 모식도

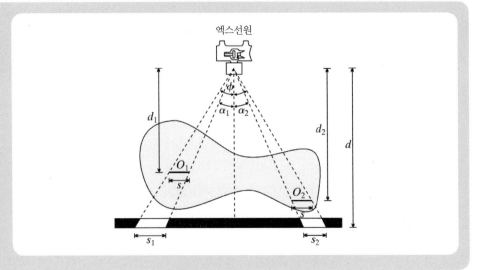

그림 P5.3

연습문제 5.19에 관한 그림

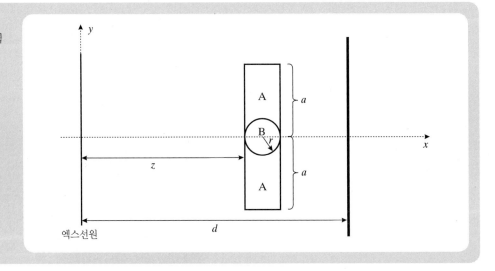

(b) 검출기 면에서 물체 B의 국소명암대조도는 얼마인가? ($y = 0$에서 빔 강도를 타깃 강도로 사용하라)

(c) 물체 B의 국소 명암대조도가 양의 값을 갖기 위한 조건은 무엇인가?

이제 기하학적 구조를 생각해 보자. 엑스선 점 선원이 원점 $(0, 0)$에 위치해 있다.

(d) 산란은 무시하고 역자승 법칙, 경사, 투과 길이를 고려해 보자. 물체 A와 물체 B가 없다고 가정할 때, 검출기의 중심 (x축)의 빔 강도는 I_0이다. 검출기상의 점 $\left(d, \dfrac{r}{\sqrt{z^2 + 2rz}} d\right)$에서의 빔 강도는 얼마인가?

(e) 물체 A, 물체 B의 중심선(예 : $x = z + r$) 위의 어느 y점이 검출기 면상의 빔 강도 $I(d, y_0)$에 기여하는가?

응용

5.20 때때로 두 가지 에너지의 엑스선 영상을 촬영하여 인체 조직의 흥미로운 특성이 밝혀지기도 한다. 두 장의 흉부 엑스선 영상을 얻기 위해서 하나는 최대 에너지가 30keV이고 다른 하나는 최대 에너지가 100keV인 엑스선을 각각 이용한다고 가정하자.

(a) 두 장의 영상을 얻기 위해서는 어떤 물리적 매개변수를 변화시켜야 하며, 어떤 값들로 설정해야 하는가?

(b) 아무 것도 바꾸지 않았다면, 어떤 영상이 다른 영상에 비해 더 노출될 것으로 예상하는가? 그 이유를 설명하라.

(c) 콤프턴 산란이 어떤 에너지에서 더 문제가 되는가? 영상에 어떤 영향을 주는지 설명하라.

(d) 어떤 에너지가 환자에게 더 높은 흡수선량을 주는가?

(e) 노출된 필름이 2개 있다. 그리고 이들의 광학 밀도 차이를 구해 세 번째 영상을 얻었다. $D(x, y) = D(x, y; E_h) - D(x, y; E_l)$. $D(x, y)$가 무엇을 측정하는지 수학적으로 설명하라.

5.21 20cm의 판형 물체가 있다. 50~150keV 에너지 대역(energy band) 중에서 이 물체를 (평균적으로) 통과하는 엑스선의 분율 $t(E)$를 측정하고 이 관계를 다음과 같은 식으로 나타내었다.

$$\log_{10} t(E) = -\frac{(E[\text{keV}] - 150)^2}{5,000}.$$

(a) 이 물체의 선형감쇠계수를 엑스선 에너지 E의 함수로 표현하라. 판형 물체의 중심에서 한 변의 길이가 5cm인 정육면체의 원래 물질을 한 변의 길이가 5cm인 두 번째 정육면체 물질로 교체했다. 두 번째 물질의 선형감쇠계수는 75keV에서 0.15cm^{-2}이라고 가정하자.

(b) 75keV에서 판형 물체에 관하여 새로운 물체의 고유 명암대조도(intrinsic contrast)는 얼마인가? (고유 명암대조도는 마치 그 값을 직접 영상화할 수 있는 것처럼 선형감쇠계수만으로 정의된다.)

(c) 새로운 물체가 75keV의 표준 방사선 촬영 시스템으로 촬영되었다면, 명암대조도는 얼마인가(광자 잡음, 검출기 효율, 빔 발산, 산란, 확대 효과는 무시한다)?

5.22 엑스선의 에너지 60keV일 때, 정확히 10^4개의 광자를 방출하고, 65keV일 때, 정확히 10^5개의 광자를 방출하는 가상적인 엑스선관을 설계하였다.

(a) 엑스선 펄스와 관련된 에너지 스펙트럼을 그리라. 또한 스펙트럼에서 숫자 10^4 및 10^5과 관련된 단위가 photon-keV이여야만 하는 이유를 설명하라.

이어지는 문제로 위 엑스선관이 그림 P5.4에서 보이는 팬텀을 촬영하기 위한 촬영 시스템에 사용된다고 가정하자. 또한 단순화를 위해 다음과 같이 가정해 보자.

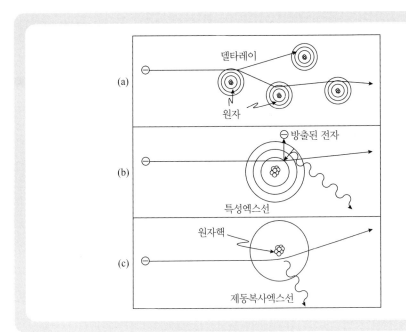

그림 4.4

고속 에너지의 전자는 (a) 에너지를 다 소모할 때까지 다른 전자와 충돌하거나, (b) K 궤도 전자를 방출하고 특성엑스선을 발생하거나 (c) 원자핵에 의해 제동되어 제동복사선을 방출한다.

그렇지 않은 대부분의 경우에는 방출되는 광자는 입사하는 전자의 에너지보다는 작은 에너지를 갖는다. 제동복사방사선의 발생 강도는 입사하는 전자의 에너지 및 반응하는 원자의 원자번호에 비례한다.

5장에서 기술하겠지만, 제동복사선은 엑스선관(x-ray tube)의 주 방사선이다. 그 이유는 엑스선관이란 진공관의 일종으로 전자들을 인가 전압 차만큼 가속시키는 장치이기 때문이다. 전자들이 주로 텅스텐으로 제작된 타깃(target) 혹은 양극(anode)과 충돌할 때, 충돌성 및 방사성 전달에 의해 에너지를 잃는다. 즉, 열, 특성엑스선, 제동복사선이 생성된다. 그림 4.5에서 보다시피 특성엑스선과 제동복사선은 스펙트럼 특성이 다르다. 제동복사선 스펙트럼은 때로 연속 스펙트럼이라 부르는데, 그중 최고의 에너지는 양극과 음극의 전압 차와 동일한 에너지이다. 이 그림에서 여러 다른 전압 차(45kV, 61kV, 80kV, 100kV 그리고 120kV)들이 예시로 제시되어 있다. 전압이 고정되면, 드물지만 최고 에너지를 갖는 엑스선이 고에너지 전자가 양극의 원자핵과 직접 충돌할 때 발생한다. 이보다 낮은 에너지의 제동복사선이 발생할 가능성이 훨씬 크다. 발생 확률은 대략 고에너지에서 저에너지로 가면서 주파수에 선형으로 비례한다. 아주 낮은 에너지에서도 제동복사선이 발생할 수 있지만 양극 자체에서 흡수되므로 실제적으로 스펙트럼 값은 제로에 가깝다.

특성엑스선은 입사한 전자가 내부 궤도 전자를 쳐낼 만한 충분한 에너지를 가지고 있을 때만 발생한다. 텅스텐을 양극으로 사용하는 경우 K 궤도의 결합 에너지는 69.5keV이며 L 궤도는 12keV 그리고 M 궤도는 3keV 이하이다. 그러므로 텅스텐의 특성엑스선은 모두 70keV 이하이며 그림 4.5에서 보다시피 58keV[L 궤도에서 K 궤도로 천이(transition)하는

그림 P5.4
엑스선 시스템에 의한 팬텀 영상화. 연습문제 5.22 참조.

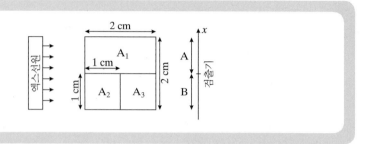

- 확장된 선원에서부터 균일한 분포를 가지고 평행하게 방출되는 엑스선 빔
- 팬텀을 통과한 엑스선은 광전 효과만을 수반한다. 즉, 콤프턴 산란 효과는 무시한다.

팬텀은 표시된 바와 같이 세 영역 A_1, A_2, A_3로 구성되어 있다. 세 영역에 해당하는 선형감쇠계수는 각각 μ_1, μ_2, μ_3이며(단위는 cm^{-1}), 엑스선 빔의 에너지에 따른 그 값은 다음 표에 주어져 있다.

선형감쇠계수(cm^{-1})

	E_1	E_2
μ_1	0.2	0.4
μ_2	0.3	0.1
μ_3	0.5	0.4

(b) 검출기에 충돌하는 총 엑스선 광자의 개수, photons/cm를 위치 x의 함수로 그리라.

(c) 엑스선의 빔 강도는 광자의 수에 비례한다고 가정하자. A가 표적이고 B가 배경이라고 가정할 때, 검출기에 관찰된 영상의 명암대조도를 x의 위치 함수로 구하라.

(d) 엑스선 필름이 검출기로 사용되었다고 가정할 때, 대략적인 광학 밀도의 모습을 위치 x의 함수로 그리라. 어떤 부분의 영상이 더 투명한가?

5.23 엑스선 촬영 시스템이 보이는 바와 같이 그림 P5.5처럼 설치되어 있다. 그림과 다음 수식에서 사용된 모든 길이의 단위는 cm이다. 전체 시스템 응답 함수는 다음과 같이 정형화될 수 있다.

$$I_d(x_d, y_d) = Ks(x_d/m, y_d/m) * t(x_d/M, y_d/M),$$

여기서, x_d와 y_d는 검출기 면에서의 좌표를 의미하고 m과 M은 각각 선원과 물체의 확대율이다. K는 상수, $s(x, y)$는 엑스선원의 분포를, $t(x, y)$는 물체(두께는 무시)의 공간 투과 함수(spatial transmission function : STF)를 나타낸다. 엑스선원은 다음

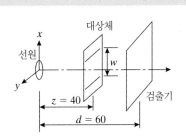

과 같은 1D 가우스 분포로서 정형화될 수 있다.

$$s(x, y) = S_0 e^{-x^2} \delta(y),$$

여기서, S_0는 상수이다.

(a) 대상체의 확대율 M을 구하라.

(b) 선원의 확대율 m을 구하라.

이상적인 선형 팬텀은 아래 주어진 투과 함수를 갖는 시스템에 의해 영상화된다.

$$t(x, y) = \delta(x - \frac{w}{2}) + \delta(x + \frac{w}{2}).$$

(c) 검출기 면에서 위 팬텀의 영상을 구하라.

(d) 검출기 면상의 두 선의 이미지가 서로 구분될 때, w의 최솟값을 구하라.

5.24 그림 P5.6에서 보이는 바와 같이, 중앙에 혈관이 지나가는 판형 연조직은 엑스선 영상 시스템으로 영상화할 수 있다. 계산의 편의를 위해서, 그림에서처럼 혈관과 연조직 모두 정사각형의 단면을 가지고 있다. 엑스선원은 15keV, 40keV에서 $N_i = 4 \times 10^6$개만큼의 광자를 발생시키며, 광자들은 인체 조직의 옆면으로 균일하게 비추고 있다고 가정하자.

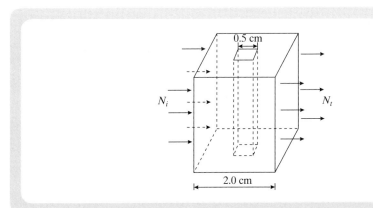

두 에너지 레벨에서의 연조직, 혈액, 방사선 촬영 조영제의 선형감쇠계수 μ는 다음 표에 나타나 있다.

선형감쇠계수(cm^{-1})			
에너지(keV)	연조직	혈액	조영제
15	4.0	3.0	5.0
40	0.4	0.2	20

광자 잡음, 검출기 효율, 빔 발산, 산란, 비정, 확대 효과는 무시한다.

(a) 두 에너지 레벨에서의 잔존하는 광자의 총 개수를 각각 구하라. 어떤 에너지 레벨에서 광자들이 더 잘 흡수되는가?

(b) 각 에너지 레벨에서 혈관의 국소 명암대조도를 계산하라. 어떤 에너지 레벨에서의 국소 명암대조도가 더 나은가?

(c) 위 표에서 주어진 선형감쇠계수를 가진 조영제를 혈관에 투여했다고 하자. 주입 후 15keV에서의 국소 명암대조도가 크게 달라지겠는가? 40keV에서는 어떠할까 (계산할 필요는 없으나, 수학적으로 이유를 대라)?

(d) 조영제의 선형감쇠계수가 15keV에서보다 40keV에서 훨씬 클 것이라고 예측하는 이유를 설명하라.

5.25 막대 팬텀을 영상화하기 위한 엑스선 촬영 시스템은 그림 P5.7에서 보이는 바와 같다. 검출기는 $z = 0$ 평면에 놓여 있다. 막대 팬텀은 2개의 검은 막대와 함께 $z = z_0$에 놓여 있고, 엑스선원은 $z = 3z_0$에 놓여 있다. 팬텀 위의 2개의 검은 막대는 두께 w를 가지며, w의 간격으로 분리되어 있다. 엑스선원은 단일 엑스선 빔을 팬텀에 균일하게 비추고 있다.

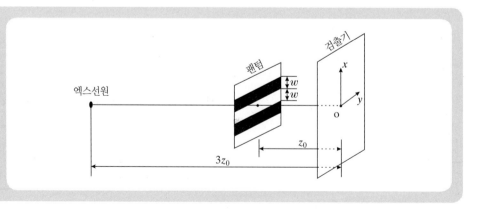

그림 P5.7
의학영상 시스템 및 막대 팬텀. 연습문제 5.25 참조.

팬텀 위의 검은 막대는 팬텀을 통과하는 광자 중 75%를 흡수하고, 하얀 막대는 모든 광자들이 통과시킨다. 산란, 역자승 법칙, 경사 그리고 이미지 잡음은 무시한다.

(a) 이상적인 점 선원이고 팬텀의 두께를 무시할 때, $y = 0$인 경우 검출기 면에서 빔 강도의 모양을 x의 함수로 그리라. 축의 레이블에 주의하라.

(b) 검출기 면에서 영상의 명암대조도는 무엇인가? 검은 막대가 표적이라고 가정하라.

(c) 검출기 면에서 영상은 디지털화된다. 필름–스크린의 조합은 점 샘플링에 앞서 다음의 점확산함수(PSF)에 따라 영상이 흐려진다.

$$h(x, y) = \text{sinc}(\alpha x)\,\text{sinc}(\beta y), \ \alpha > 0, \ \beta > 0 \,.$$

에일리어싱이 없는 샘플링(aliasing–free sampling, 위신호 없는 샘플링)을 할 수 있는 가장 큰 샘플링 구간(x와 y방향에서)은 얼마인가?

(d) 이번에는 팬텀이 일정한 두께를 가진 판형 구조체라고 생각하자. 검은 막대는 아래의 에너지 E의 함수로 표현되는 선형감쇠계수에 따라 엑스선 광자를 감쇠시킨다.

$$\mu(E) = \ln\left(\frac{640 \text{ keV}}{E}\right) \text{cm}^{-1}, \quad 100 \text{ keV} \le E \le 160 \text{ keV},$$

엑스선원은 $E = 160\text{keV}$에서 단위 면적당 한 번의 버스트에서 N개의 광자를 방출한다. 검은 막대가 75%의 광자를 흡수하는 팬텀의 두께는 얼마인가?

5.26 필름–스크린 검출기를 사용하는 엑스선 촬영 시스템이 있다. 필름의 생동 폭의 제한으로, 필름이 적절하게 노출되기 위해서는 일정한 엑스선 빔강도가 필수적이다. 간단하게, 영상 검출기 위에 단위 면적당 일정한 갯수의 광자가 입사한다는 것을 의미한다.

(a) 다른 요소들이 모두 일정할 때, 최적의 영상 노출을 위해서 엑스선관의 kV를 증가시키고 노출 시간을 적절하게 조정한다면, SNR에 어떤 영향을 미치겠는가? 설명하라.

(b) (a)와 같은 조건에서, 환자의 선량에는 어떤 영향을 미치겠는가? 설명하라.

(c) 다음과 같은 변화를 주었을 때, 다음 기호들을 사용하여 대상체 명암대조도에 미치는 영향을 보이라. I = 증가, D = 감소, N = 영향 없음

- 환자의 두께를 키운다.
- kV를 줄인다.
- 검출기 효율을 높인다.
- 엑스선 장(field)의 크기를 줄인다.
- 원자번호가 높은 조영제를 사용한다.

(d) 산란 분율을 줄이는 데 있어서, 어떤 조건에서의 에어갭(환자와 영상 검출기 사이의 공간)이 가장 효율적인가?

(e) 엑스선 영상 시스템에서 명암대조 민감도의 궁극적인 한계점은 무엇인가? 기하학적 불선예도(geometric unsharpness), 디스플레이 감마, 영상 잡음, 산란 분율?

(f) 다중 에너지 엑스선 스펙트럼의 감쇠는 광자들의 평균 에너지로 대략적으로 결정 된다. 주어진 엑스선관에서는 광자의 평균 에너지는 주로 다음의 어떤 조건에 의 해서 결정되는가 ─ 빔 전류, 엑스선 스펙트럼의 푸리에 변환, 빔 경로의 물질, 산란 분율?

5.27 엑스선 투사 방사선 촬영 시스템이 그림 P5.8에서 보이는 바와 같다. 그림에서 $L = 1m$, $D = 4m$, $w = 1cm$, $h = 3cm$, $R = 0.1m$ 그리고 $D_{td} = 10cm$이다. 조영제는 종양(tumor) 영상의 질을 향상시키기 위해서 사용된다. 엑스선원은 35keV(단일 에너지)이고 선형감쇠계수는 다음 표와 같다.

선형감쇠계수(cm^{-1})			
에너지(keV)	조직	종양	조영제가 있는 종양
35	1	0.75	10

그림 P5.8

종양을 촬영하고 있는 투사 촬영 시스템(스케일이 안 된 그림). 연습문제 5.27 참조.

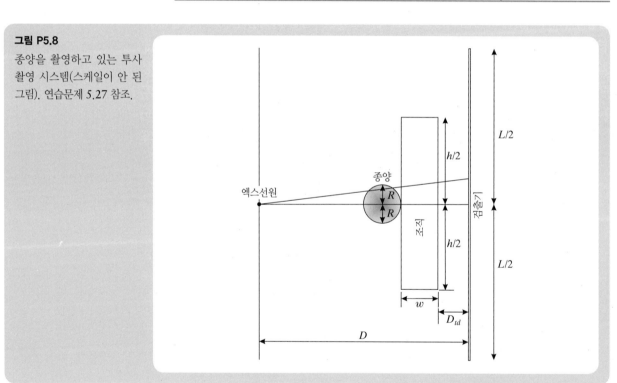

(a) 요오드와 바륨의 K 궤도 에너지는 각각 33.2keV, 37.4keV이다. 두 물질 모두 종양까지 도달할 수 있는 화합물로 만들어질 수 있을 때, 어느 쪽이 더 사용하기 에 좋은 물질일까? 또 그 이유는 무엇인가?

(b) 종양의 국소 명암대조도는 $C = (I_t - I_b)/I_b$로 정의된다. 여기서, I_t는 종양 중심부 에서의 빔 강도, I_b는 종양 외각에서의 빔 강도이다. 콤프턴 산란을 무시할 때, 조

영제를 사용하기 전의 종양의 국소 명암대조도 C_1과 조영제를 사용한 후 종양의 국소 명암대조도 C_2를 구하라.

다음 문제들에서는 조직에서 콤프턴 산란이 일어난다고 가정하고, 편의를 위해, $w \approx 0$이다.

(c) 가능한 가장 낮은 에너지로 검출기에 충돌하는 광자들의 경로를 그리라(단일 콤프턴 산란만 일어난다).

(d) (c)에서의 콤프턴 산란된 광자의 에너지를 구하라(광자는 문제의 영상 촬영 구조에서 검출될 수 있는 가능한 가장 낮은 에너지를 갖는다).

컴퓨터 단층 촬영

6.1 서론

단층 영상(tomogram)이란 인체 내부의 특정한 단면이나 슬라이스를 영상화한 것이다. 일반 방사선 사진(radiograph, 투사 방사선 영상) 역시 2차원 영상이지만, 단층 영상이라 하지 않는다. 방사선 사진의 데이터는 인체 내부의 특정한 단면에서 획득한 것이 아니기 때문이다. 엑스선 컴퓨터 단층 촬영(x-ray computed tomography), 즉 CT는 일반 방사선 사진에서 흔히 보이는 인체 내 장기들이 중첩되어(overlay) 나타나는 영상 왜곡이 없는 순수한 슬라이스 영상들을 제공하기 때문에 매우 유용하다. 그림 6.1은 일반적인 CT 스캐너 사진이다. CT의 기본 원리를 이해하기 위한 방법으로, 여러 장의 흉부 엑스선 사진을 촬영하는 것을 상상해 보자. 각 흉부 사진들은 머리와 발을 연결하는 축(z축)을 중심으로 환자를 조금씩 회전시켜가면서 360° 회전될 때까지 촬영하여 얻은 것들이다. 한 세트의 각 흉부 사진들은 동일한 인체 부위(3차원 피사체, 3D body)의 2차원적 투사 영상, 즉 2차원 프로젝션(2D projection, 2D 투영)들이지만, 모두 조금씩 서로 다른 각도에서 촬영되었기 때문에 서로 다른 정보를 가지고 있다. 그 중 한 각도에서 찍은 한 장의 흉부 엑스선 사진(x-z 2차원 영상)에서 수평 라인(horizontal line) 한 줄(z 좌표 값이 일정한 위치)의 데이터는 환자 몸에서 축 방향 특정 좌표(z 좌표)에서 직각으로 절단한 얇은 슬라이스(2차원 피사체)의 1차원 프로젝션(1D projection, 1D 투영)을 의미한다. 세트 내 모든 흉부 사진들에 있어서 동일한 높이(z 좌표 값)의 수평 라인 데이터들 역시 환자의 동일한 축 방향 슬라이스에 관한 다른 각도에서의 정보들이다. 이들 프로젝션 데이터(projection data, 투영 데이터)들로부터 단면 영상, 즉

그림 6.1

일반적인 CT 스캐너(GE Healthcare 제공)

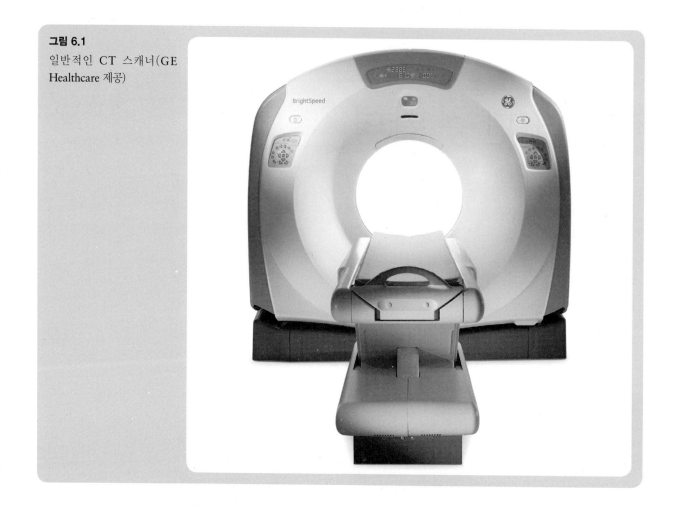

단층영상(tomogram)을 재구성(reconstruction, 재건)한다.

한 축 방향 단면(axial cross-sectioin, 슬라이스)에 대해 여러 각도에서 얻은 1차원 프로젝션 세트로부터 생체 조직에 대해 무엇을 알 수 있을까? 사실 매우 많은 것을 알아낼 수 있으며, 이 점이 CT의 기본적인 전제이다. 한 2차원 피사체(2D object)로부터 여러 각도에서 1차원 프로젝션을 구하는 수학적 변환을 2차원 라돈 변환(2D Radon transformation)이라 하며, 그 역변환도 수학적으로 존재한다. 즉, 이론상 프로젝션 데이터 세트가 얻어지면, 축 방향 슬라이스의 단면 영상을 재구성할 수 있다. 2차원 라돈 역변환은 실제 CT에서 다양한 방법으로 구현되고 있다. 그러므로 CT 스캐너에서 프로젝션(투영)을 어떻게 측정하는지(흉부 엑스선 사진을 풀 세트로 찍는다는 것은 사실상 비현실적인 일이다)를 먼저 이해한 후 2차원 라돈 변환과 실제 사용되는 역변환들에 대해 자세히 알아보자.

1960년대 중반 출현한 이후 현재까지 계속 발전하고 있는 CT로 인하여 의학영상 진단은 엄청난 변화를 맞이하고 있다. 일반 엑스선 촬영에서 잘 보이지 않는 많은 것들(medical conditions)이 CT에서는 잘 보이고 있다. 따라서 많은 질병의 진단과 관찰을 CT만 가지고도 할 수 있다. 예전에 병소(leison)를 찾을 목적으로 행했던 많은 수술들을 피할 수 있게 되었다. 측정 장비로서도 CT 스캐너는 첫 개발 이후 많은 변화를 겪고 있다. 다양한 스캐너 기종이나 여러 실제 촬영 상황들과는 무관하게 현재의 CT 스캐너는 표준 교정 절차를 통해 CT 넘버(CT치, CT수)를 Hounsfield 단위로 측정하고 있다.

개발 초기부터 CT의 중요성이 크게 부각됨에 따라 CT 제조사들은 스캐닝 시간과 영상 재구성 시간을 줄이기 위해 끊임없이 노력해왔다. 그 결과 초기 임상 장비들의 경우 한 환자를 스캔하여 영상을 얻는 데까지 걸리는 시간이 수 시간가량 걸리다가 현재는 0.1초 이내로 줄어들게 되었다. 헬리컬 CT(helical CT, 나선형 스캔 방식 CT)와 다중 검출기 CT(multiple row detector CT : MDCT)의 개발로 인해 많은 단면 영상이 동시에 빠르게 획득할 수 있게 되었다. 이로 인해 즉각 활용 가능한 3차원 데이터 세트가 얻어질 수 있게 되었다. 학문적 혹은 산업적인 영역에서 중요한 현재 연구 개발 주제에 3차원 CT 데이터의 디스플레이와 분석이 포함된다.

이 장에서는 엑스선 CT 영상의 기초를 다룬다. 이미 5장에서 엑스선의 발생, 측정, 인체와의 상호작용 등과 같은 엑스선의 성질에 대해 논의를 했으므로, 이 장에서는 CT 스캐너에서의 다양한 기하학적 구조와 영상 재구성을 위한 여러 알고리듬(algorithm)들의 수학적 표현(수식)에 대해 알아보자. CT 원리의 간결한 수학적인 표현, 즉 수식화가 필요한데 그 이유는 현재 사용되는 많은 임상용 스캐너들에서 소프트웨어 또는 하드웨어적으로 구현되고 있는 다양한 실제 방법들을 손쉽게 이해할 수 있게 해 주기 때문이다. 또한 같은 수식과 방법들이 SPECT(single photon emission computed tomography, 단일 광자 방출 단층 촬영)와 PET(positron emission tomography, 양전자 방출 단층 촬영) 및 MRI(magnetic resonance imaging, 자기공명 영상)에 적용될 수 있다.

6.2 CT 기기

CT 스캐너에서 가장 기본적인 측정은 엑스선 선원에서 엑스선 검출기까지 연결한 직선들을 따라가면서 일어나는 엑스선의 감쇠에 대한 측정이다. 하나의 2차원 프로젝션(투영)을 만들기 위해서는 해당 슬라이스상에 존재 가능한 모든 레이(ray)에 대해서 엑스선 감쇠율 측정치 세트가 필요하다. 이 기초적인 데이터를 얻기 위해 CT는 7세대 디자인까지 발전하였다. CT는 7세대까지 계속 발전하면서 전체적인 성능이 향상되었지만, 한마디로 말해서 단면 데이터와 볼륨 데이터를 더 빨리 수집하는 방향으로 주로 발전되어 왔다. 1세대와 2세대 스캐너는 더 이상 임상에서 사용되지 않지만 그 기하학적 구조를 이해하는 일은 여전히 중요하다. 특히 1세대 스캐너에서 사용되는 평행빔 구조(parallel ray geomtry)는 모든 CT 스캐너의 기초가 되는 영상 재구성(재건) 알고리듬을 이해하는 데 유용하다. 표 6.1은 CT 스캐너들의 특성을 각 세대별로 비교하고 있으므로 참고하면 다음 절에서 각 세대별 CT를 이해하는 데 도움이 될 것이다.

6.2.1 세대별 CT

1세대(1G) 스캐너는 더 이상 생산되지 않지만, 그 기하학적 구조는 영상 재구성의 이론적 개념을 설명하는 데 사용된다. 그림 6.2는 1세대 스캐너의 기하학적 구조이다. 이 스캐너는 엑스선을 가는 선 모양의 펜슬빔(pencil beam)으로 성형, 즉 시준(collimation)하고 있는 단일 선원과 단일 검출기로 구성되어 있다. 선원과 검출기가 가상적인 환자 외부 동심원의 접선 방향으로 일제히 직선 이동하면서 스캔을 수행한다. 첫 스캔을 마친 후에는 선원-검출기 기구부가 일정 각도(회전각)만큼 조금 회전 이동한 후 다시 스캔하는 작업을 계속해서 반복한다. 1세대 구조의 장점은 한 각도에서 프로젝션 데이터를 획득할 때 레이(선원과 검출기를 연결하는 직선)의 수를 임의로 결정할 수 있다는 점과 임의의 회전각 단위로 스캔할 수 있다는 점이다. 또 다른 장점은 인체 내에서 산란된 엑스선들이 거의 모두 검출기를 빗겨 가기 때문에 검출되지 않는다는 점이다. 이로 인해 빔의 감쇠율은 전적으로 레이가 관통하는 조직에 의해서만 발생한다는 점이다.

그림 6.3에서 보다시피 2세대(2G) 스캐너는 여러 개의 검출기를 선형 혹은 구형으로 배열한 검출기 어레이가 사용된다. 1세대와 마찬가지로 2세대 스캐너도 관측시야(FOV)의 확보를 위해 선원과 검출기가 일제히 선형 이동한다. 하지만 1세대와는 달리 2세대 스캐너의 선원은 팬빔(fan beam) 형태로 시준하므로 엑스선이 두께 방향으로는 슬라이스 내로 제한되지만, 폭 방향으로는 검출기 어레이 전체를 향해 방사형으로 발산한다. 그러므로 어레이 중앙에 위치한 검출기는 1세대 CT와 동일한 프로젝션 데이터를 스캔하게 되지만, 주변의 타 검출기들은 여러 다른 각도의 프로젝션 데이터를 동시 획득하게 되는 것이다.

2세대 스캐너 구조에서는 선 스캔(linear scan) 후 1세대보다 더 넓은 각도 간격의 회전 이동이 가능하기 때문에 전체 스캔 시간이 줄어들어 속도가 개선된다. 그러나 2세대 스캐너 설계 시에는 산란 방사선 영향을 고려하여야 하는데, 왜냐하면 한 레이로부터 산란되는 방사선이 다른 위치의 검출기에 도달 가능하기 때문이다. 이런 이유로 2세대 스캐너의 검출기에는 보통 한 방향의 방사선만 받을 수 있도록 콜리메이터(collimator)를 같이 사용한다. 그러나 사용하는 방사선량이 일정하다고 가정하면, 검출기 위치에서의 콜리메이터는 검출 효율을 감소시키고 잡음을 증가시킨다. 그러므로 선량(dose)이 제한되어 있고 프로젝션 개수 및 프로젝션당 측정 샘플 수가 동일하다면 1세대 스캐너가 2세대보다 더 우수한 영상을 제공한다. 하지만 2세대 스캐너에서 스캔 시간 감소가 워낙 큰 장점이므로 콜리메이터의 단점을 상쇄시키기 위한 약간의 방사선량 증가는 감수할 만한 가치가 있다.

표 6.1 세대별 CT 비교

세대	선원	선원쪽 시준	검출기	검출기쪽 시준	선원-검출기 운동	장점	단점
1G	단일 엑스선관	펜슬빔	단일 검출기	없음	일체의 선형 및 회전 운동	산란에너지 불검출	저속
2G	단일 엑스선관	팬빔, 관측시야보다 작은 크기	다중 검출기	선원 방향 시준	일체의 선형 및 회전 운동	1G보다 고속	검출기쪽 콜리메이터로 인한 저효율 및 고잡음
3G	단일 엑스선관	팬빔, 관측시야 이상 크기	다수 검출기	선원 방향 시준	동기화 회전 운동	2G보다 고속, 슬립링을 이용한 연속 회전	2G보다 고가, 저효율
4G	단일 엑스선관	팬빔, 관측시야 이상 크기	고정링 검출기	시준 불가	검출기 고정, 선원 회전 운동	3G보다 고효율	시준이 없어 산란 많음
5G(EBCT)	단일 대형 튜브 내 다중 텅스텐 양극	팬빔	고정링 검출기	시준 불가	회전 부품 없음	초고속, 심장 박동이 정지-운동 영상화	고속, 교정이 어려움
6G(나선형 CT)	3G/4G	3G/4G	3G/4G	3G/4G	3G/4G + 환자 테이블 선형 운동	고속 3D 영상	약간 고가
7G(MDCT)	단일 엑스선관	콘빔	다중 어레이 검출기	선원 방향 시준	3G/4G/6G 운동	고속 3D 영상	고가

그림 6.2
1세대 CT 스캐너의 구조

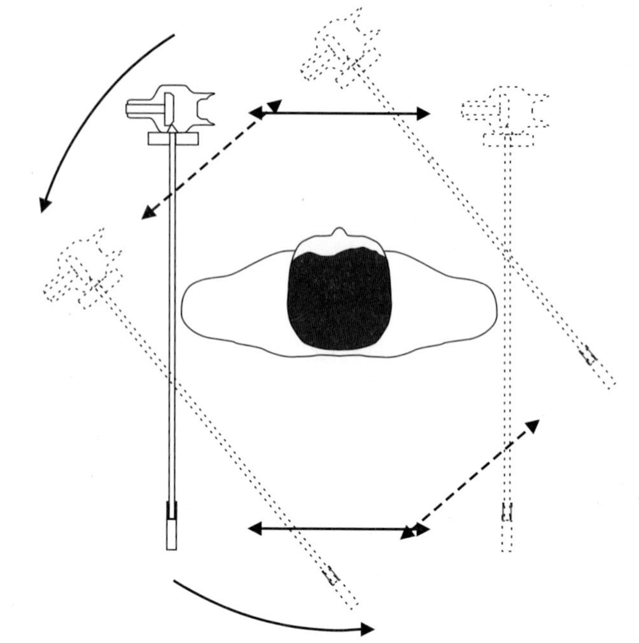

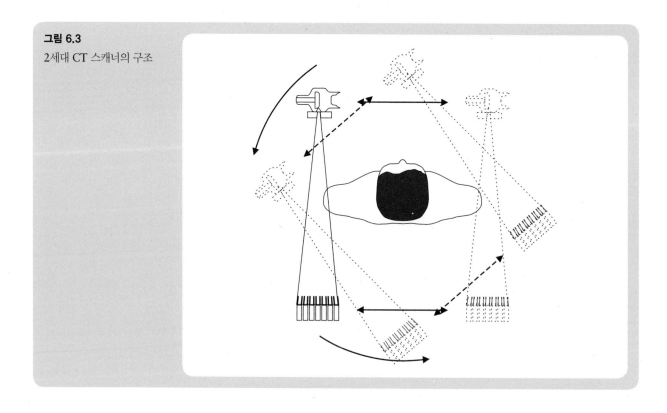

그림 6.3
2세대 CT 스캐너의 구조

예제 6.1

선원-검출기 기구부(source-detector apparatus)를 1.0m/s 속도로 선형적으로 이동할 수 있으며 관측시야의 반지름이 0.5m인 1세대 혹은 2세대 스캐너를 가정해 보자. 또한 180° 회전하는 동안 360개의 프로젝션(투영)을 얻으며 선원-검출기 기구부가 일정한 회전각만큼 회전 이동할 때마다 각도 크기와 상관없이 0.5초 걸린다고 가정하자.

문제　1세대 스캐너라면 스캔 시간은 얼마나 걸리는가? 9개의 검출기가 0.5°씩 떨어져 있는 2세대 검출기에서는 얼마나 걸리는가?

해답　한 프로젝션을 얻는 데 0.5/1.0 = 0.5초 걸린다. (360개의 프로젝션 전체를) 측정하는 데 걸리는 시간은 360×0.5초 = 180초가 필요하며, 360번의 회전 이동 횟수가 필요하므로 360×0.5 = 180초가 걸린다. 그러므로 1세대 스캐너의 전체 스캔 시간은 180 + 180 = 360초, 즉 6분 걸린다. 2세대 스캐너에서는 9개의 프로젝션이 동시에 얻어진다. (필요한 증가각은 180°/360 = 0.5°이며, 검출기 분리각과 동일하다.) 그러므로 360/9 = 40회전 이동 횟수만이 필요하므로 40×0.5초 = 20초 걸린다. 팬 각(fan angle, 부채꼴 각) 전체를 빠짐없이 측정하기 위한 약간의 중첩 스캔을 무시한다면 매 선 스캔 시간은 동일하게 0.5초이다. 그러므로 40×0.5 + 20 = 40초 걸린다.

3세대(3G) 스캐너의 기하학적 구조는 그림 6.4와 같이 선원이 한 위치에 있을 때 팬빔이 측정 영역 전체를 커버한다. 그러므로 선원과 검출기 어레이를 선 스캔 시킬 필요가 없다. 단지 동시에 회전 이동만 하면 된다. 팬빔 프로젝션당 충분한 샘플 수를 얻기 위해 많은 수의 검출기가 필요하므로 2세대보다 3세대 스캐너는 더 많은 비용이 든다. 그러나 간단한 회전 운동 및 우수한 동시 측정 능력으로 인하여 스캔 시간이 대폭 줄어든다. 전형적인 스캐너는 500~700개의 검출기 및 30~60°의 팬빔각(fan beam angle)을 가지고 있어 1,000개의 프로젝션을 1~10초에 획득한다. 2세대처럼 3세대 시스템의 검출기도 산란 왜곡(scattering artifact)을 감소시키는 검출기 전방 콜리메이터를 사용하므로 검출기 측정 효율의 감소가 다소 발생한다. 또한 1세대나 2세대에 비해 검출기 크기가 작으므로 효율도 낮다. 그러므로 1세대나 2세대와 동일한 화질을 얻기 위해서는 약간 더 높은 선량이 필요하다.

그림 6.5에서 보다시피 4세대(4G) 스캐너(the fourth generation scanner)는 회전 선원 한 개와 선원 바깥으로 커다란 원을 이루는 고정형 검출기 어레이로 구성되어 있다. 또 다른 변형으로는 검출기 바깥에서 회전하면서 검출기들 틈새로 엑스선을 내보낼 수 있는 선원을 가진 구조도 있다. 4세대 구조에서는 콜리메이터를 사용하지 않는데, 그 이유는 여러 위치로 이동하는 선원으로부터 방출되는 엑스선을 검출기가 받을 수 있어야 하기 때문이다. 콜리메이터가 없고 검출기가 커다란 링 위에 존재하기 때문에 검출기를 물리적으로 더 크게 만들 수 있다. 그래서 3세대 스캐너보다 4세대 스캐너 검출기의 검출 효율이 더 높다. 하지만 콜리메이터가 없기 때문에 산란에 의한 영향을 더 받는다. 이 때문에 4세대 시스템의 화질은 3세대와 유사할 순 있으나 그보다 더 향상된 성능을 갖지는 못한다. 최초의 4세대 CT 스캐너

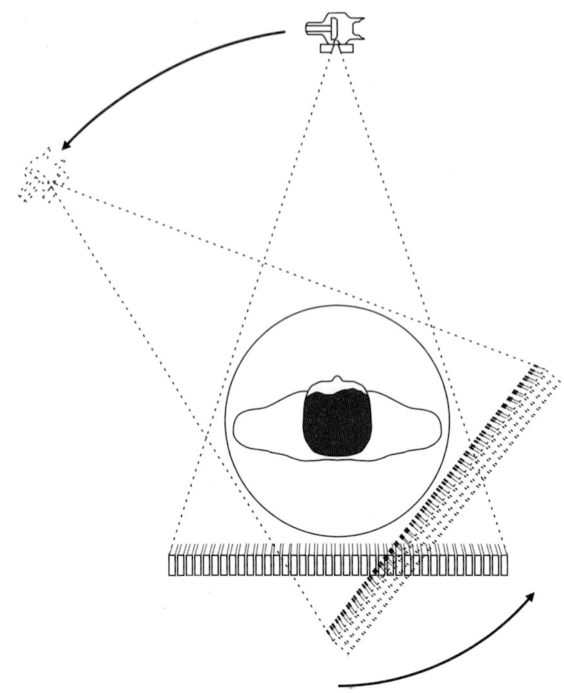

그림 6.4
3세대 CT 스캐너의 구조

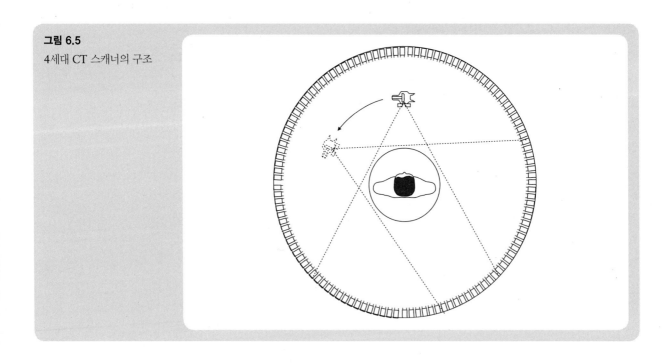

그림 6.5
4세대 CT 스캐너의 구조

들은 공통적으로 단 하나의 엑스선관만을 장착하도록 디자인되어 있다. 그 주된 이유는 엑스선관이 고가이며 사이즈가 크고 주기적으로 교정해야 한다는 점 때문이었다. 엑스선관 및 검출기 어레이와 같은 커다란 물체를 회전시켜야 하기 때문에 전반적으로 스캐너의 속도를 키우는 데 한계가 있다.

이 문제를 해결하기 위해 5세대(5G) 스캐너가 고안되었다. 전자빔 CT(electron beam CT : EBCT)라고도 알려진 5세대 CT는 현재 상업적으로 판매되고는 있지만, 가격이 높아서 임상적으로 널리 보급되지는 않고 있다. EBCT에서 비행하는 전자빔은 환자를 에워싸고 있는 4개의 띠 모양 텅스텐 양극들 중 하나를 때리도록 전자기장에 의해 조종된다. 전자빔이 텅스텐 양극과 충돌하여 엑스선이 발생하면 콜리메이터를 통해 팬빔 형태로 성형되어 환자를 투과한 후 반대편에서 4세대 CT처럼 고정된 링 형태의 검출기에 의해 측정된다. 양극과 검출기가 고정되어 있어서 움직이는 부품이 전혀 없으므로 약 50msec 내에 모든 팬빔 투영 데이터를 얻는다. 매우 고가인 EBCT는 아주 짧은 스캔 시간 때문에 심전계(electrocardiographic : ECG) 게이팅(gating) 없이도 뛰고 있는 심장의 정지 영상을 획득할 수 있다.

빠르게 볼륨 데이터를 얻어야 하는 필요성 때문에 6세대(6G) 스캐너라고 부르는 나선형 혹은 헬리컬 CT가 1980년대 말에 개발되었다. 오늘날 미국 내의 대부분의 CT 스캐너는 나선형 CT이다. 그 이유는 단순하다. 60cm 길이의 몸통을 스캔하는 데는 대략 30초가 걸리며, 24cm의 폐를 스캔하는 데는 12초, 15cm 혈관 조영 촬영에는 30초면 충분하기 때문이다. 이러한 속도면 환자가 숨을 참음으로써 움직임 왜곡을 줄이거나 제거할 수 있고 심하게 중증인 환자도 빠르게 스캔할 수 있다. 기본급 사양에서 일반 CT가 대략 350,000달러인데 비해 나선형 CT는 50만 달러 정도이다. 최고급 사양의 나선형 CT는 백만 불에 이른다.

나선형 CT는 3세대나 4세대 CT에서 볼 수 있는 전형적인 엑스선 선원과 검출기 배치 구조를 가지고 있다. 튜브가 회전하면서 투사 데이터를 획득함과 동시에 환자 테이블이 이동하면서 환자 몸이 선원-검출기 평면(source-detector plane)을 투과해 가도록 해 준다. 이러한 구조와 동작의 결과로서 선원이 환자 주위로 나선형의 운동을 하는 형태가 된다. 무거운 엑스선 선원 및 검출기를 연속적으로 회전시키면서 고정된 하드웨어 시스템과 통신하기 위해서는 소위 슬립링(slip ring) 기술이 필요하다. 특히 전력이 링과 브러시(brush)를 통해 공급되는 동시에 데이터는 광을 이용하여 전송된다. 현재의 스캐너들은 회전 주기가 보통 0.3~0.5초이다.

7세대(7G) 스캐너, 즉 MDCT는 다중검출기(multiple row detector)의 출현과 함께 등장하였다. 두꺼운 팬빔이 사용되며 축 방향으로 다중의 검출기가 배열되어 팬빔 형태의 엑스선을 동시에 측정한다. 일부 스캐너는 팬빔의 폭이 넓어 콘빔(cone beam)으로 간주하기도 한다. 이러한 구조에서는 기본적으로 다중의(320열까지) 1차원 프로젝션(투영) 등이 동시에 획득된다. 이 구조에서는 선원쪽에서 납 차폐에 의해 제거되는 엑스선이 거의 없기 때문에 엑스선을 보다 경제적으로 이용한다고 볼 수 있다. 또한 엑스선관과 검출기가 충분히 멀리 떨어져 있다고 가정하면, 여러 평행면에서의 데이터가 여러 평행 검출기 어레이에 의해 동시에 획득된다. 이는 넓은 폭을 가지는 판형 물체(slab)처럼 여러 단면 영상이 동시에 획득된다는 뜻이다. 다중검출기가 나선형 스캐너와 결합하면 나선 피치(the pitch of the helix)가 넓어져 3차원 풀 스캔이 더 빠르게 이루어진다.

나선형 CT 및 MDCT를 위해서 새로운 데이터 처리 장치 개발이 절대적으로 필요하게 되었다. 이를테면 기존 CT에서는 관심 영역을 40여 개의 슬라이스로 재구성하지만 나선형 CT 및 MDCT는 더 짧은 시간에 80~120개의 슬라이스를 재구성한다. 한 연구에서는 500개의 슬라이스까지 재구성하고 있는데, 예를 들면 결장(colon)을 영상화하는 데 50cm를 1mm 간격으로 영상화한다. 현재에는 이처럼 많은 슬라이스를 읽거나 의학적으로 해석하는 것 자체가 큰 부담이며 시간도 많이 든다. 나선형 CT로서 신장 병변(kidney lesion)을 검출하는 한 연구가 진행되었다. 이 연구에서 판독자가 모든 데이터를 사용할 경우 병변의 86~92%를 찾을 수가 있었지만, 하나 건너 하나씩의 슬라이스만을 사용할 경우 82~85%만 찾을 수 있었다. 대부분의 임상의는 가상현실과 같은 영상 처리 기술 및 컴퓨터 비전 기술이 방대한 데이터를 읽는 데 걸리는 시간을 줄여 줄 것으로 기대하고 있다. 아울러 진단 정확도 역시 상당히 개선될 것으로 기대하고 있다.

6.2.2 엑스선 선원 및 시준

상용화된 대부분의 의료용 CT 스캐너는 초기 비용과 엑스선관의 유지 보수 비용 때문에 하나의 엑스선 선원만을 이용하고 있다. CT 스캐너의 엑스선관은 많은 점에서 일반 투사 촬영 시스템의 엑스선관과 같다. 둘 다 회전형 양극(rotating anode)을 이용하며, 양극의 열 손상을 피하기 위해 오일 냉각 방식을 택하고 있다. 일부 CT 스캐너는 엑스선관을 펄스 모드(pulse mode)로 가동하지만, 대부분은 데이터 획득 시간 내내 연속 모드(continuous mode)로 가동하고 있다. 열에 의한 엑스선관의 파손을 피하기 위해 냉각 주기를 두고 있다. 그렇다 하더라도 하루에 20~30번의 검사와 매 검사당 20~30번 방사선을 조사하므로 1년 이내에 마모된다.

CT 시스템에서 발생된 엑스선은 시준과 필터링을 거치는데, 이것들은 엑스선 투사 촬영 시스템의 경우와는 다소 차이가 있다. 엑스선 투사 촬영에서는 콘빔 구조를 사용하는 데 비해, CT에서는 팬빔 구조를 사용한다. 보통 30~60°의 팬각을 갖는 팬빔을 만들기 위해서는 2장의 납을 이용하여 슬릿(slit)을 만들어 시준시킨다. 콜리메이터는 보호용 플렉시글라스 튜브(plexiglass tube) 바로 밖에 설치하되 가능한 한 환자 가까이 위치시켜 팬빔이 환자를 투과할 때 가능한 일정한 두께를 유지하게 하여야 한다. 환자 내부에서 팬빔의 두께(fan thickness, fan height)가 보통 1~10mm가 되도록 모터를 이용하여 슬릿을 조정한다. MDCT에서는 단일 슬라이스 CT와는 달리 팬빔 두께가 다중검출기 전체를 커버할 수 있도록 4~16cm인 점만 다르고 기본 원리는 같다. 콜리메이트된 엑스선 빔은 빔의 위치와 두께를 환자 몸 위에 빛으로 표시해 주는 조준(alignment) 거울을 통과하도록 되어 있다.

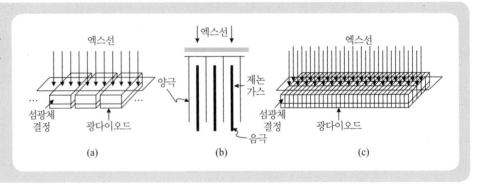

그림 6.6

(a) 고체형 검출기, (b) 제논 가스 검출기 및 (c) 다중 (고체형) 검출기 어레이

터를 가지고 있으며, 각 검출기의 효율은 두꺼운 결정을 사용할수록 증가한다. 하지만 4세대 시스템은(4세대 스캐너 구조에서 요구되는 것과 같이) 비스듬히 입사하는 광자를 검출할 수 있어야 하므로(방향성이 작은) 얇은 결정을 사용하기 때문에 검출 효율이 낮다.

3세대 스캐너에서는 입사면이 작고 방향성(directional)이 큰 검출기가 요구된다. 앞에서 언급한 고체형 검출기나 그림 6.6(b)와 같은 제논 가스 검출기(xenon gas detector)가 이러한 디자인 스펙을 만족시키는 검출기이다. 제논 가스 검출기는 가늘고 긴 튜브에 압축 제논 가스를 채워 사용하는데, 방사선에 의해 전리되면 높은 전압 차가 걸린 양극과 음극 사이를 흐르는 전류가 만들어진다. 이 검출기는 고체형 검출기보다는 효율이 낮지만 방향성이 크기 때문에 3세대 스캐너의 구조에 적합하다. 고체형 검출기들은 (산란선 차폐를 위해) 필요한 큰 방향성을 확보하기 위해 외부 콜리메이터를 사용한다. 단일 검출기 CT(single-row detector CT : SDCT)에서 높은 공간분해능과 높은 효율을 동시에 확보하기 위해서 통상 1.0mm×15mm 입사 면적을 갖는 결정을 사용한다.

검출기 치수와 관련하여 중요한 개념이 슬라이스 두께(slice thickness)이다. 일반적인 CT 스캐너에서 Z축의 축 방향 응답 함수(axial response function)는 슬라이스 두께와 같은 폭을 갖는 직사각형 함수이다. SDCT에서 슬라이스 두께의 최대치는 검출기 두께와 같은 15mm이다. 슬라이스 두께를 더 얇게 하려면 엑스선관 쪽의 콜리메이터의 날을 이동시켜 빔의 두께를 더 제한한다. 슬라이스 두께는 콘솔(console)에서 조정하며 1mm부터 밀리미터 단위로 조정 가능하다.

그림 6.6(c)와 같은 MDCT 시스템에서는 개별 고체형 검출기가 보통 1.0mm×1.25mm 면적을 갖는다. 이러한 시스템에서 슬라이스 두께는 검출기 높이(detector height) 및 축 방향 빔폭(axial beam width) 두 가지에 의해 결정된다. 특히 MDCT 시스템은 실제 단위 검출기 높이의 배수로 검출기 크기를 합성할 수 있도록 검출기를 그룹화할 수 있는 스위치 어레이(switch array)를 가지고 있다. 이에 따라 검출기 높이의 배수로 슬라이스 두께가 결정되면 필요한 축 방향 스캔 두께를 커버하도록 빔폭을 결정한다. 예를 들면 만일 16열의 검출기가 있고 각 열의 높이가 1.25mm라면, 1.25mm 두께의 프로젝션 16개를 동시에 얻을

수 있거나 2.5mm 두께의 프로젝션 8개를 동시에 얻을 수 있다. 뒤에서 보겠지만, 슬라이스 두께와 결정되는 화질 사이에는 상충성(tradeoff) 문제가 존재하며 늘 최대로 얇은 슬라이스를 얻는 것이 항상 최선은 아니다.

6.2.5 갠트리, 슬립링, 환자 테이블

CT 시스템의 갠트리(gantry)에는 엑스선관과 검출기가 부착되어 있으며 갠트리는 환자 주위를 빠르게 반복적으로 회전한다. 팬 각도, 검출기 어레이 크기, 그리고 엑스선관 및 검출기 어레이 간의 거리는 기본적으로 50cm 관측시야를 영상화할 수 있도록 정해져야 한다. 1초 내에 2차원 스캔 전체가 가능해야 한다. 축 방향이 아닌 비스듬한 슬라이스 영상도 찍을 수 있도록 갠트리를 경사지게 조정할 수 있어야 한다.

대부분의 현재 스캐너들은 선원과 검출기를 역회전(rewinding)시킬 필요 없이 한 방향으로 계속 회전 가능하게 설계되어 있다. 엑스선관에 수천 볼트 전압을 걸어 주어야 하며, 검출기로부터 수백 개의 신호를 전송시켜야 하므로, 연속 회전 기능을 위해서 기계적 · 전기적 설계에 특별한 요구 사항이 필요한데, 그 해결책이 슬립링 기술(slipring technique)이다. 슬립링은 거대한 실린더 외면에 그루브를 만들고 실린더가 회전 시 브러시를 통해 외부와 전기적으로 연결되도록 하는 기술이다. 엑스선관과 검출기는 실린더 내부에 설치되어 있으면서도 외부에 고정된 제어 및 데이터 처리 하드웨어와 전기적으로 연결되어 있다.

환자 테이블(patient table)은 단순히 환자가 놓이는 장소 이상이다. 나선형 스캐너에서 테이블은 선원과 검출기의 회전 운동에 맞추어 정교하게 동기화되어 부드럽게 움직임으로써 데이터를 획득하는 하드웨어 장치의 핵심적인 부품이다. 싱글 슬라이스 스캐너라 해도 테이블 위치 설정 기능은 매우 다양해야만 한다. 일반적으로 테이블은 병원 침대로부터 테이블로 환자를 쉽게 옮길 수 있도록 갠트리로부터 충분히 빼낼 수 있어야 하며 높이를 낮출 수 있어야 한다. 갠트리는 스캐너에 탈부착(docking)될 수 있어야 하며 환자의 위치를 모터로 조정 가능해야 한다. 보통은 기사를 위한 위치 표시등이 있어서 환자의 몸에서 측정할 슬라이스의 위치를 알려주는 빛이 켜지고 그다음 테이블이 표시등 아래로 환자를 이동시켜 원하는 영상을 얻는다.

6.3　영상 형성

6.3.1 선적분

(일반적으로 팬빔 구조의) CT 시스템에서 엑스선관으로부터 순간적으로 발생하는 엑스선은 환자의 단면을 통과하게 된다. 이때 엑스선 선원에서 각 검출기까지의 연장선(ray)을 따라 (감쇠가) 적분된 최종 엑스선 빔이 검출기에 의해 측정된다. 5장(5.3절)에서 설명한 바와 같이, 임의의 검출기에 적분된 엑스선 강도(x-ray intensity)는 다음과 같다.

$$I_d = \int_0^{E_{max}} S_0(E) E \exp\left[-\int_0^d \mu(s; E) ds\right] dE, \tag{6.1}$$

여기서 $S_0(E)$는 엑스선 스펙트럼(x-ray spectrum)이며 $\mu(s; E)$는 선원과 검출기 사이의 연장선상의 선형감쇠계수이다.

CT 영상 재구성(재건)을 위한 식 (6.1)에서 에너지 적분은 물리학적으로 정확하지만 수학적으로 아주 다루기 힘든 형태이다(6.3.3절에서 다시 다루겠다). 이 문제를 해결하기 위해 유효 에너지(effective energy), $\overline{E}$ 개념을 다음과 같이 정의할 수 있다. 투과 물질이 정해져 있을 때, 다중 에너지 선원을 사용하여 실제로 측정된 강도와 같은 크기의 강도를 단일 에너지 선원으로부터 얻을 수 있을 때의 단일 에너지 값으로 정의한다. 이 개념은 예제 4.4에서 처음으로 소개된 바 있다. 이 개념을 사용하여, 다음과 같이 기술할 수 있다.

$$I_d = I_0 \exp\left[-\int_0^d \mu(s; \overline{E}) ds\right]. \tag{6.2}$$

측정치 I_d와 I_0에 대한 정보로부터, 식 (6.2)는 기본적인 프로젝션 측정치 g_d를 구하기 위해 다음과 같이 재배열될 수 있다.

$$g_d = -\ln\left(\frac{I_d}{I_0}\right) \tag{6.3}$$

$$= \int_0^d \mu(s; \overline{E}) ds. \tag{6.4}$$

이로부터 CT 스캐너의 수식에 대한 매우 중요한 점을 알아낼 수 있다. 즉, CT 스캐너의 기본 측정량은 유효 에너지에서의 선형감쇠계수의 선적분(lne integrals) 값이다.

실제 시스템에서는 기준 강도(reference intensity) I_0가 모든 검출기마다 측정되어야만 하며 이 과정을 교정 단계(calibration step)라 한다. 팬빔 시스템에서 검출기 어레이 끝에 있는 검출기들에 대한 보조적인 측정이 필요한데, 이 위치는 검출기와 선원 사이에 항상 공기층만이 존재하는 위치이다. 이 측정치와 사전에 공기층에서 측정한 모든 검출기들의 교정 데이터와 비교하여 다른 검출기들의 기준 강도들이 결정될 수 있다.

6.3.2 CT 넘버

CT 스캐너는 일련의 절차를 통해서 한 단층면의 화소별 μ값을 재구성하는 것이다. 하지만 개별 스캐너는 서로 다른 엑스선관을 사용하므로 유효 에너지 값이 달라질 수 있다. 그래서 동일한 물체라 하더라도 다른 스캐너에서는 다른 μ값이 생성될 수 있다. 더욱이 사용도가 높은 CT 스캐너의 엑스선관은 매년 새롭게 교체하므로 동일한 CT 스캐너에 동일한 대상체라 하더라도 다음 해에는 다른 스캔 값이 얻어질 수 있다. 이런 현상은 전혀 바람직하지 않다.

서로 다른 스캐너들로부터 얻은 데이터 값의 상호 비교를 할 때, 엑스선 선원이 다르면 유효 에너지가 다를 수 있으므로, 각 화소에서의 선형감쇠계수의 측정치로부터 구해지는 CT 넘버를 계산하여 사용한다. CT 넘버는 다음과 같이 정의한다.

$$h = 1,000 \times \frac{\mu - \mu_{\text{water}}}{\mu_{\text{water}}}, \tag{6.5}$$

단위는 HU(Hounsfield unit)로 표시한다. 자명하지만 물에 대해서는 $h = 0$HU이며 공기에 대해서는 $\mu = 0$이므로 $h = -1,000$HU이다. 인체에서 발견할 수 있는 최대의 CT 넘버는 뼈의 평균치인 $h \approx 1,000$HU이다. 금속이나 조영제의 경우 $h \approx 3,000$HU를 넘을 수 있다. CT 넘버는 정수로 표시하도록 반올림되며, 보통 각각의 스캔이나 다른 스캐너 사이에 ± 2HU 오차 이내로 재생된다.

6.3.3 평행빔 영상 재구성

앞에서 언급했듯이 CT의 기본 측정 물리량은 어떤 단층면 내에서 유효 선형감쇠계수의 선적분 값이다. 그러나 선적분 값이 우리가 궁극적으로 원하는 것이 아니고, 단층면 전체의 μ의 분포 영상, 즉 등가적으로 CT 넘버, h의 분포 영상이다. 그러므로 중요한 것은 다음 질문이다. 선적분 값 전체 집합이 얻어졌을 때 μ에 관한 영상을 재구성할 수 있을까? 그 답은 "예"이며, 이 섹션에서는 평행빔 구조(parallel-ray geometry)에서 프로젝션으로부터 단명 영상을 재구성하는 이론과 실제를 논하겠다.

구조 x와 y를 평면상의 직교 좌표(rectlinear coordinate)라 가정하자. 이 평면상의 한 직선의 식은 다음과 같이 쓸 수 있다.

$$L(\ell, \theta) = \{(x, y) | x \cos \theta + y \sin \theta = \ell\}, \tag{6.6}$$

여기서 ℓ은 이 직선의 측선상 위치(lateral position)이며 θ는 이 직선의 x축에 대한 경사각이다. 이것은 그림 6.7에서 볼 수 있으며 2.10절에서 처음 소개되었다. 함수 $f(x, y)$의 선적분은 다음과 같다.

$$g(\ell, \theta) = \int_{-\infty}^{\infty} f(x(s), y(s)) \, ds, \tag{6.7}$$

여기서

$$x(s) = \ell \cos \theta - s \sin \theta, \tag{6.8}$$

$$y(s) = \ell \sin \theta + s \cos \theta. \tag{6.9}$$

그림 6.7
평행빔 구조에서 레이 및 프
로젝션

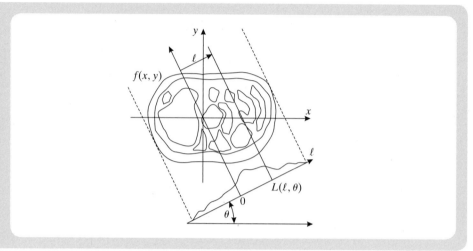

이들은 선적분의 매개변수 방정식이며 달리 표현하면 다음과 같다.

$$g(\ell, \theta) = \int_{-\infty}^{\infty} \int_{-\infty}^{\infty} f(x, y) \delta(x \cos \theta + y \sin \theta - \ell) \, dx \, dy \,. \tag{6.10}$$

여기서, 1차원 임펄스 함수, $\delta(\cdot)$의 이동 특성(shifting property)은 피적분량을 직선 $L(\ell, \theta)$를 제외한 공간에서 제로로 만든다. $f(x, y)$ 값을 오직 직선상에서만 적분함으로써 위 적분은 임펄스 함수에 대해 작용을 한다. 즉, 선적분 값을 취하는 것과 동일하다.

θ가 고정되면, $g(\ell, \theta)$를 **프로젝션**(projection, 투영)이라 부른다. 모든 ℓ과 θ에 대해 $g(\ell, \theta)$는 $f(x, y)$의 2차원 **라돈 변환**(2D Radon transformation)이라 부른다. 대상체 $f(x, y)$에 대한 프로젝션의 관계는 그림 6.7에서 보여 준다. 다음과 같이 치환한다면

$$f(x, y) = \mu(x, y; \overline{E}), \tag{6.11}$$

$$g(\ell, \theta) = -\ln\left(\frac{I_d}{I_0}\right), \tag{6.12}$$

CT 측정 상황을 정확히 기술하는 수식적 표현이 된다. 다음으로 $g(\ell, \theta)$는 측정치와 일치하고 $f(x, y)$는 미지의 함수, 즉 재구성해야 할 대상체와 일치한다. 프로젝션에 대한 정의가 평행선에 대한 선적분의 집합과 일치하는 점에 주목하라. 그러므로 이들을 **평행빔 프로젝션**(parallel-ray projection)이라 하며 1세대 CT 스캐너의 구조와 일치한다. 그러나 6.3.4절에서 곧 알 수 있듯이, 이 장에서 전개하는 평행빔 구조에 관한 수식 및 방법론은 3세대 팬빔 구조에 대한 재구성 방법으로 직접적으로 안내해 주는 역할을 한다.

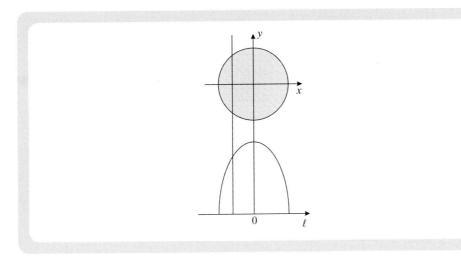

그림 6.8
원판의 투영(디스크의 투사
영상)

예제 6.2

다음과 같이 표현되는 하나의 원반을 상상해 보자.

$$f(x, y) = \begin{cases} 1 & x^2 + y^2 \leq 1 \\ 0 & \text{나머지 구간} \end{cases}.$$

문제 이것의 2차원 라돈 변환은 무엇인가?

해답 이 함수는 원형 대칭(circularly symmetry)이기 때문에 프로젝션이 각도에 무관하다. 그러므로 측선 방향 변이 ℓ이 수평이고 선적분이 수직인 그림 6.8과 같이 $\theta = 0°$인 경우의 프로젝션을 계산하는 것으로 충분하다.

따라서

$$g(\ell, \theta) = \int_{-\infty}^{\infty} f(\ell, y)\, dy.$$

여기서 $|\ell| > 1$일 때, $g(\ell, \theta) = 0$. 만일 $|\ell| \leq 1$이면, 적분 값은 단위 원의 내부 모든 점에서의 함수 값이 1인 단위 디스크를 적분해야 한다. 따라서

$$g(\ell, \theta) = \int_{-\sqrt{1-\ell^2}}^{\sqrt{1-\ell^2}} dy.$$

적분을 수행하고 범위 바깥의 값을 넣으면, 바라던 결과가 얻어진다.

$$g(\ell, \theta) = \begin{cases} 2\sqrt{1-\ell^2} & |\ell| \leq 1 \\ 0 & \text{나머지 구간} \end{cases},$$

시노그램 ℓ과 θ를 직교 좌표로 하는 $g(\ell, \theta)$의 영상을 **시노그램**(sinogram)이라 부른다. $f(x,$

그림 6.9
(a) 피사체, (b) 시노그램

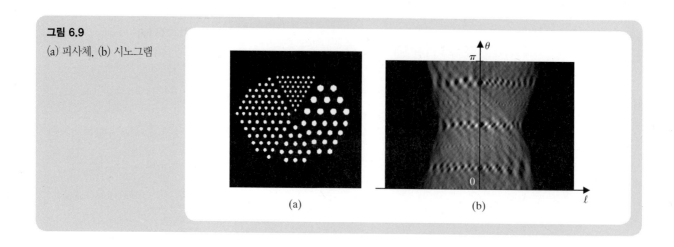

(a)   (b)

y)의 라돈 변환을 그림으로 표현한 것이며, $f(x, y)$를 재구성하기 위한 데이터이다.

그림 6.9는 한 대상체와 그것의 시노그램을 보여 주고 있다. 이 시노그램에서 몇 가지 특징을 찾아내는 것은 중요하다. 이 교재의 규약은 시노그램 맨 밑줄을 $\theta = 0°$인 경우의 프로젝션으로 표시하고 있다. 그림 6.7을 참조하면, 이것은 대상체의 수직한 방향의 적분치로 구성되어 있다. 그림 6.9(a)의 대상체는 수평선 방향으로 넓은 객체이므로 그림 6.9(b)에서 보다시피 $\theta = 0°$에서 프로젝션이 넓게 나타난다.

그림 6.9(b)의 맨 밑 줄에서 위로 올라가면서 프로젝션이 점점 좁아지다가 각도 $\theta = \pi/2$일 때 가장 좁아진다. 이 라인이 그림 6.9(a)의 수평 방향으로의 적분치로 구성되는 프로젝션이다. 시노그램의 맨 위쪽 라인은 $\theta = \pi$인 각도에 해당하며 수직선 방향으로 구성된 프로젝션과 같다. 이 각도 이상으로 진행할 필요가 없는데, 그 이유는 그 이상의 프로젝션은 중복되기 때문이다.

그림 6.9(b)에는 다른 재미있는 형상들이 있다. 시노그램에서 수직 방향으로(엄밀히는 사선 방향으로) 쓸어내린 것 같은 문양들이 그것이다. 이러한 형상들은 글자 그대로 실제 사인곡선(sine curve) 모양을 띠고 있으며 축을 옆으로 회전하면 이들을 삼각함수로 표현할 수 있다. 이 때문에 '시노그램'이란 이름이 만들어졌다. 이들 각 형상들이 영상에서 각각 개별적인 개체에 대응한다는 것은 손쉽게 알아볼 수 있다. 작은 점들의 라돈 변환은 시노그램상에서 수직 방향의 사인 곡선을 띤다. 그림 6.9(b) 시노그램의 몇몇 라인들에는 밝은 흰색 점들이 누적되어 나타나 있다. 그림 6.9(a)를 주의 깊게 살펴보면, 시노그램의 밝은 점들이란 대상체의 밝은 점들이 평행한 직선으로 배열되는 특별한 각도에서 만들어진 프로젝션에 해당한다는 것을 쉽게 알 수 있다. 달리 표현하자면, 영상에서 특별한 형상들이 일정한 방향에서 보았을 때 규칙적으로 배열해 있으면 프로젝션에서 밝은 점들로 표현되고 시노그램에서 조직적인 형상으로 나타난다.

시노그램은 확실하게 해석이 가능하지만 그것이 대상체의 영상을 나타낸다고 할 수는 없다. 명백히 표현하면, 시노그램 데이터를 이용하여 그것들의 기원이 되는 단면 영상이 만들

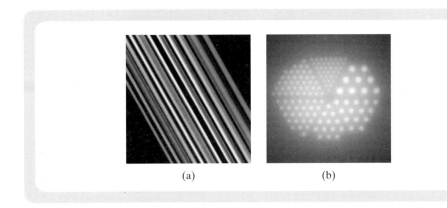

그림 6.10
(a) 백프로젝션 영상, (b) 백
프로젝션 합산 영상

어지도록 처리하여야 한다. 이 과정을 재구성이라고 한다.

백프로젝션 $g(\ell, \theta)$를 $f(x, y)$의 2차원 라돈 변환이라고 가정하고 $\theta = \theta_0$에서의 프로젝션을 고려해 보자. 일반적으로 이러한 프로젝션을 만들 수 있는 $f(x, y)$는 무한대로 많은 수가 있으므로 단 하나의 프로젝션을 이용해서는 $f(x, y)$를 한 가지로 결정할 수는 없다. 직관적으로는 $\ell = \ell_0$에서 $g(\ell, \theta_0)$가 큰 값을 가지면 $f(x, y)$값 역시 직선 $L(\ell_0, \theta_0)$상에서(직선상의 어딘가에서) 큰 값을 가져야 한다. 이런 성질을 갖도록 영상을 만드는 한 가지 방법은 $L(\ell_0, \theta_0)$상의 모든 점들이 $g(\ell_0, \theta_0)$ 값을 갖도록 하는 것이다. 우리가 모든 ℓ에 대해 이 과정을 반복한다면 그 결과 함수를 **백프로젝션 영상**(backprojection image, 역투사 영상, 역투영 영상)이라 부르며 다음과 같이 공식화할 수 있다.

$$b_\theta(x, y) = g(x \cos \theta + y \sin \theta, \theta).$$ (6.13)

그림 6.9의 백프로젝션 영상 $b_{30°}(x, y)$를 그림 6.10(a)에 나타내었다. 간단히 말해서 각도 θ_0에서의 백프로젝션 영상은 같은 각에서의 프로젝션과 동일하며, 그 값들은 영상 강도의 분포에 대한 사전 정보 없이 정해진다.[1]

다른 각도에서의 프로젝션에 관한 정보를 추가하기 위해서는 그것들의 백프로젝션 영상을 단순히 누적시키면 다음과 같은 '백프로젝션 합산 영상(backprojection summation image)'이 얻어진다.

$$f_b(x, y) = \int_0^\pi b_\theta(x, y)\, d\theta,$$ (6.14)

이것을 '라미노그램(laminogram)'이라고 부른다. 백프로젝션 합산 영상의 한 예시가 그림

---

1 (만일 도메인이 무한 평면이라면) 백프로젝션 영상은 무한한 에너지를 갖게 되고, 각도 θ_0에서의 프로젝션도 무한하다. 그러므로 백프로젝션이 프로젝션과 실제적으로 일치하는 것은 아니다.

6.10(b)이다. 초기 스캐너들은 적분에 대해 이산 근사법(discrete approximation)을 이용하여 이 과정을 수행하였다. 그러나 분석 결과 이 과정에는 잘못이 있다는 것이 곧 밝혀졌다. 예컨대 그림 6.10(b)의 퍼지는(blurriness) 현상을 보면 알 수 있다. 그러나 다음에서 설명하겠지만 올바른 과정도 비록 여과된(filtered) 버전의 프로젝션을 사용한다는 점을 제외하고는 동일하게 백프로젝션을 사용하기 때문에 이 개념 자체는 유용하다고 할 수 있다.

예제 6.3

문제 $h(\ell, 45°) = \text{sgn}(\ell)$을 생각해 보자. 여기서 $\ell \leq 0$이면 $\text{sgn}(\ell)$은 -1이며, $\ell > 0$이면 $+1$이다. $\theta = 45°$일 때의 백프로젝션 영상 $b_\theta(x, y)$는 무엇인가?

해답

$$b_{45°}(x, y) = g(x\cos 45° + y\sin 45°, 45°)$$
$$= g\left(x\frac{\sqrt{2}}{2} + y\frac{\sqrt{2}}{2}, 45°\right)$$
$$= g\left(\frac{\sqrt{2}}{2}(x + y), 45°\right).$$

$x + y$가 음수일 때는 $g = -1$이며, 양수일 때는 $g = +1$이다. 수학적으로 표현하자면

$$b_{45°}(x, y) = \begin{cases} -1 & x + y \leq 0 \\ +1 & x + y > 0 \end{cases},$$

이것은 올바른 결과이며 그림 6.11처럼 나타낼 수 있다.

프로젝션-슬라이스 정리 이 절에서는 프로젝션의 1차원 푸리에 변환(1D Fourier transform)과 대상체의 2차원 푸리에 변환(2D Fourier transform)에 관한 매우 중요한 관련성을 논의하겠다.

임의의 ℓ에 대한 프로젝션의 1차원 푸리에 변환을 취하면 다음과 같다.

그림 6.11
백프로젝션 영상

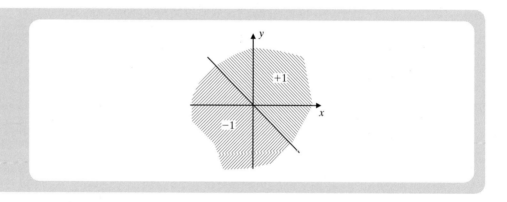

$$G(\varrho,\theta) = \mathcal{F}_{1D}\{g(\ell,\theta)\} = \int_{-\infty}^{\infty} g(\ell,\theta)e^{-j2\pi\varrho\ell}\,d\ell, \tag{6.15}$$

여기서 ϱ은 공간 주파수(spatial frequency)를 의미한다(임의의 방향이라는 점을 제외하면 u 나 v와 같다).

식 (6.10)의 $g(\ell,\theta)$에 대한 해석적 표현을 대입하고 이를 정리하면,

$$
\begin{aligned}
G(\varrho,\theta) &= \int_{-\infty}^{\infty}\int_{-\infty}^{\infty}\int_{-\infty}^{\infty} f(x,y)\delta(x\cos\theta + y\sin\theta - \ell)e^{-j2\pi\varrho\ell}\,dx\,dy\,d\ell \\
&= \int_{-\infty}^{\infty}\int_{-\infty}^{\infty} f(x,y)\int_{-\infty}^{\infty}\delta(x\cos\theta + y\sin\theta - \ell)e^{-j2\pi\varrho\ell}\,d\ell\,dx\,dy \\
&= \int_{-\infty}^{\infty}\int_{-\infty}^{\infty} f(x,y)e^{-j2\pi\varrho(x\cos\theta+y\sin\theta)}\,dx\,dy, \tag{6.16}
\end{aligned}
$$

여기서 마지막 단계는[식 (2.6)에서 보듯이] 델타 함수(delta function)의 이동 특성(shifting property)을 이용하고 있다.

식 (6.16)에서 $G(\varrho,\theta)$에 대한 마지막 수식은 다음과 같이 정의되는 $f(x,y)$의 2차원 푸리에 변환을 연상케 한다.

$$F(u,v) = \int_{-\infty}^{\infty}\int_{-\infty}^{\infty} f(x,y)e^{-j2\pi(xu+yv)}\,dx\,dy, \tag{6.17}$$

여기서 u와 v는 방향 x와 y에 대한 각각의 주파수 변수(frequency variable)이다. 사실상 $u = \varrho\cos\theta$와 $v = \varrho\sin\theta$를 대입하면 다음의 매우 중요한 등가 관계식을 얻는다.

$$G(\varrho,\theta) = F(\varrho\cos\theta, \varrho\sin\theta). \tag{6.18}$$

식 (6.18)은 프로젝션-슬라이스 정리(projection-slice theorem)라고 알려져 있으며, 다음에 소개할 세 가지 중요한 재구성(재건) 방법의 기초가 된다. 이 관계식은 프로젝션의 1차원 푸리에 변환은 대상체 슬라이스의 2차원 푸리에 변환이 됨을 알려준다. 달리 표현하자면, 한 프로젝션의 1차원 푸리에 변환은 대상체의 2차원 푸리에 변환에서 원점을 통과하면서 해당 프로젝션을 얻는 각도로 진행하는 레이 직선상의 데이터와 등가이다. 그 도식적 풀이가 그림 6.12에 나타나 있다. ϱ과 θ는 2차원 푸리에 변환의 극좌표(polar coordinates)로 해석할 수 있다.

그림 6.12

기하학적으로 보는 프로젝션-슬라이스 정리

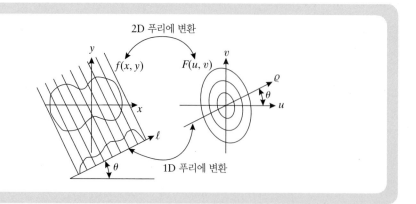

예제 **6.4**

프로젝션-슬라이스 정리는 샘플링 각도가 어떻게 재구성에 영향을 주는지 이해하는 데 도움이 된다. $i = 1, \cdots, 7$까지 8개의 각도 $\theta_i = \pi(i + 0.5)/8$에서만 프로젝션을 얻을 수 있다고 가정해 보자. 그림 6.13은 이러한 프로젝션들에 상응해서 푸리에 데이터를 얻는 위치들을 보여 주고 있다.

문제 이러한 각도에서는 함수 $f(x, y) = \cos x$가 보이지 않음을 증명하라. 즉, 이러한 각도에서는 프로젝션의 값이 0임을 증명하라.

해답 $\cos x$의 2차원 푸리에 변환은

$$F(u, v) = \pi \left[\delta(2\pi u - 1) + \delta(2\pi u + 1) \right] \delta(v)$$

로서 그림 6.13에서 보이듯이 u축상의 2개의 2차원 임펄스 함수이다. 한편, 프로젝션-슬라이스 정리에 의하면, $i = 1, \cdots, 7$까지 8개의 직선 $\{(\varrho \cos \theta_i, \varrho \sin \theta_i) \mid -\infty < \varrho < \infty\}$ 위에서만 f의 푸리에 변환을 알 수 있다. 이 직선들이 $[0, \pi]$ 구간에서 등각으로 배열되어 있지만 u축은 포함되어 있지 않다. 그러므로 그 직선들에서 푸리에 값들은 0이며, $\cos x$는 보이지 않는다고 할 수 있다.

그림 6.13

예제 6.4 참조

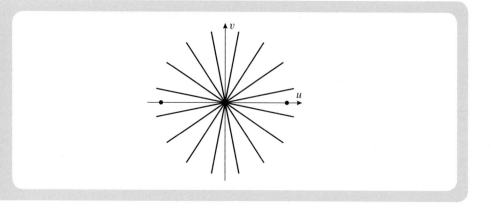

푸리에 방법 프로젝션-슬라이스 정리로부터 직접 도출될 수 있으며 개념적으로도 단순한 재구성 방법이 푸리에 방법(Fourier method)이다. 각 프로젝션의 1차원 푸리에 변환을 취한 다음, 2차원 푸리에 평면상에서 해당 각도에 맞게 모두 삽입하고, 2차원 푸리에 역변환을 취하는 방법이다. 이를 종합하면,

$$f(x,y) = \mathcal{F}_{2D}^{-1}\{G(\varrho,\theta)\}. \tag{6.19}$$

푸리에 방법은 CT에서 잘 쓰이지 않는다. 그 이유는 극좌표 데이터를 직교 좌표계로 변환하는 문제와 상대적으로 시간이 많이 드는 2차원 푸리에 역변환을 필요로 하기 때문이다. 그러나 식 (6.19)를 조금 더 가공하면 다음과 같은 더 나은 방법을 도출할 수 있다.

필터드 백프로젝션 방법 $F(u, v)$의 푸리에 역변환은 극좌표에서 다음과 같이 쓸 수 있다[식 (6.17) 참조].

$$f(x,y) = \int_0^{2\pi} \int_0^\infty F(\varrho\cos\theta, \varrho\sin\theta)e^{j2\pi\varrho(x\cos\theta + y\sin\theta)}\varrho\, d\varrho d\theta\,. \tag{6.20}$$

프로젝션-슬라이스 정리를 이용하면,

$$f(x,y) = \int_0^{2\pi} \int_0^\infty G(\varrho,\theta)e^{j2\pi\varrho(x\cos\theta + y\sin\theta)}\varrho\, d\varrho d\theta\,, \tag{6.21}$$

이로부터 몇 가지 정리하고 $g(\ell, \theta) = g(-\ell, \theta+\pi)$를 이용하면

$$f(x,y) = \int_0^\pi \int_{-\infty}^\infty |\varrho|G(\varrho,\theta)e^{j2\pi\varrho(x\cos\theta + y\sin\theta)}\, d\varrho d\theta\,, \tag{6.22}$$

ϱ 공간에서 적분 시 식 (6.22)의 $(x\cos\theta + y\sin\theta)$은 상수이며 ℓ과 같다. 그러므로 식 (6.22)는 다음과 같이 쓸 수 있다.

$$f(x,y) = \int_0^\pi \left[\int_{-\infty}^\infty |\varrho|G(\varrho,\theta)e^{j2\pi\varrho\ell}\, d\varrho \right]_{\ell = x\cos\theta + y\sin\theta} d\theta\,. \tag{6.23}$$

식 (6.23)의 내부 적분항은 1차원 푸리에 역변환(1D Fourier inverse transformation)이며, 여기서 $|\varrho|$ 항은 식 (6.23)을 필터링 함수(filtering function)로 만드는 역할을 한다. 여기서 프로젝션 $g(\ell, \theta)$의 푸리에 변환($G(\varrho, \theta)$)은 주파수 필터(frequency filter) $|\varrho|$과 곱해진 뒤 역변환된다. 역변환한 후 필터링된 프로젝션을 백프로젝션(backprojection, 역투사, 역투영)한다(이 작업은 ℓ을 $x\cos\theta + y\sin\theta$로 대체함으로써 이루어진다). 그 후 모

든 필터드 프로젝션이 합산(summation)된다. 이 재구성 방법을 필터드 백프로젝션(filtered backprojection : FBP)이라 하며 계산 속도나 유연성 면에서 푸리에 방법에 비해 월등히 나은 방법이다. 여기서 $|\varrho|$항을 푸리에 공간에서의 모양을 따라서 램프 필터(ramp filter)라고 한다.

램프 필터의 역할을 직관적으로 이해하기 위해 그림 6.13을 보기 바란다. 여기서 푸리에 방법의 직접적인 응용은 ϱ에 반비례하도록 샘플링(sampling)하는 것이다. 고주파에서 샘플링이 성기게(sparse) 되는 것을 보상하기 위해 추가적인 면적이나 '무게'가 필요하다.

콘볼루션 백프로젝션 푸리에 변환의 콘볼루션 정리에 의해서 식 (6.23)을 다음과 같이 쓸 수 있다[식 (2.91) 참조].

$$f(x,y) = \int_0^\pi \left[\mathcal{F}_{1D}^{-1}\{|\varrho|\} * g(\ell,\theta) \right]_{\ell = x\cos\theta + y\sin\theta} d\theta \,. \tag{6.24}$$

그리고, $c(\ell) = \mathcal{F}_{1D}^{-1}\{|\varrho|\}$라고 정의하면,

$$f(x,y) = \int_0^\pi [c(\ell) * g(\ell,\theta)]_{\ell = x\cos\theta + y\sin\theta} d\theta \tag{6.25}$$

$$= \int_0^\pi \int_{-\infty}^\infty g(\ell,\theta) c(x\cos\theta + y\sin\theta - \ell) \, d\ell d\theta \,, \tag{6.26}$$

여기서 식 (6.26)은 콘볼루션 적분항의 치환으로부터 만들어졌으며 **콘볼루션 백프로젝션** (convolution backprojection : CBP) 방정식이라 한다. 만일 임펄스 응답 함수(impulse response function)가 좁은 분포를 가지고 있으면 필터링 연산을 하기보다는 콘볼루션을 수행하는 것이 훨씬 더 효과적이다. 이 경우에도 마찬가지로 일반적으로 대부분의 CT 스캐너는 필터드 백프로젝션보다는 (일종의) 콘볼루션 백프로젝션을 활용하고 있다.

불행히도 $|\varrho|$이 적분 가능하지 않기 때문에 $c(\ell)$이 존재하지 않는다(그러므로 푸리에 역함수도 존재하지 않는다). 하지만 일반화된 함수(예를 들어, 델타 함수나 그 미분 함수)나 함수의 한계치를 포함하는 다양한 형태의 수식들이 개발되었다. 이러한 수식들이 이론적인 체계에서는 유용하지만, 실제 CT 스캐너에서 사용할 수 있는 임펄스 함수를 설계할 수 있는 실제적인 방안들이 필요하다. 이것은 정방형(square), 해밍(Hamming), 혹은 코사인 윈도우와 같은 적절한 윈도우 함수(windowing function) $W(\varrho)$을 이용하여 $|\varrho|$을 윈도윙(windowing)함으로써 해결할 수 있다. 여기서 윈도윙이란 관찰된 프로젝션을 수정하기 위해 램프 필터(ramp filter) 외에 또 하나의 필터를 사용하는 것을 의미한다. 그러므로 콘볼루션 백프로젝션(CBP) 알고리듬이란 실제로 다음과 같은 근사적인 임펄스 반응 함수를 이용하는 것이다.

$$\tilde{c}(\ell) = \mathcal{F}_{1D}^{-1}\{|\varrho|W(\varrho)\}. \qquad (6.27)$$

정확한 재구성 영상 평균값을 만들기 위해 $\varrho = 0$일 때 필터 함수 값을 일반적으로 0이 아닌 값으로 세팅한다.

3단계의 재구성 식 (6.23)의 필터드 백프로젝션은 시노그램으로부터 영상을 재구성하기 위해 (1) 필터링, (2) 백프로젝션(역투사), 그리고 (3) 합산의 3단계를 이용한다. 식 (6.24)의 콘볼루션 백프로젝션은 필터링 단계를 콘볼루션으로 대체하는 것을 제외하고는 동일한 3단계를 이용한다. 이 두 가지 방법에서 얻은 재구성 영상은 수치적으로 현실화하는 과정에서 발생하는 절삭 오차(round-off error)를 제외하고는 동일하다.

그림 6.14는 필터링 혹은 콘볼루션 단계를 도식적으로 보여 준다. 그림 6.14(a)에서 시노그램의 각 열에 윈도우 램프 필터(windowed ramp filter)를 적용하여 그림 6.14(b)의 필터드 시노그램(filtered sinogram)이 만들어졌다. 램프 필터는 기본적으로 고주파 필터이며 $f = 0$(제로 주파수)에서 그 값이 0이다. 그 결과 고주파 부분이 강조되고, 백그라운드 값(background value)이 0(필터드 시노그램에서 회색)이 되며, 음수 값(필터드 시노그램에서 어두운 부분)들이 존재한다. 또한 이 그림은 비교를 위해 프로젝션과 필터드 백프로젝션을 함께 보여 주고 있다.

이미 앞에서 백프로젝션 연산을 보았다. 여기서 원래의 프로젝션보다는 필터드 프로젝션

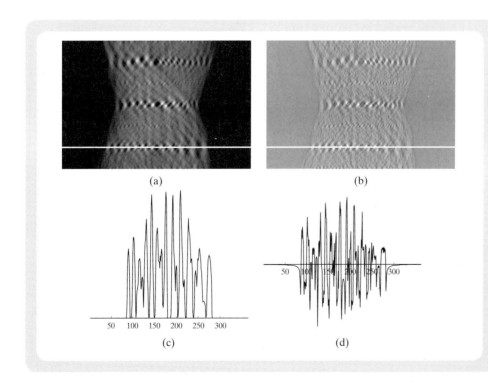

그림 6.14
콘볼루션 단계 : (a) 원 시노그램, (b) 필터링 후 시노그램, (c) 시노그램 행의 프로파일 및 (d) 필터링 후 시노그램 행의 프로파일

그림 6.15
백프로젝션 단계 : (a) 선택한 필터 적용 후 프로젝션, (b) 필터드 프로젝션에 의해 생성된 백프로젝션 영상

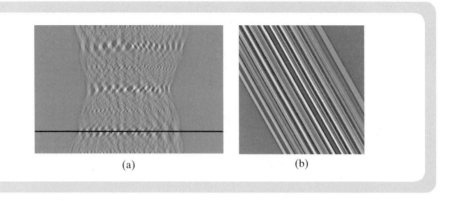

을 가지고 백프로젝션을 수행하였다. 그림 6.15는 한 가지 예를 보여 준다. 필터드 프로젝션 값이 양수와 음수 둘 다 존재하므로 백프로젝션 영상 역시 양수와 음수 값을 가지게 된다. 직관적으로 알 수 있듯이 음수 값의 존재는 대상체 영역 바깥에서 재구성 값이 0이 되도록 해 준다. 물론 이렇게 되기 위해서는 많은 백프로젝션 영상들이 합산되어야 한다.

재구성의 마지막 단계는 합산 단계이며 그림 6.16에 도식화되어 있다. 합산 단계는 '적산자(accumulator)'라는 연산자 개념을 통해서 이루어진다. 처음에 '제로 영상(zero image)'으로 시작하여, 첫 (필터드) 백프로젝션이 더해진다. 다음으로 두 번째 백프로젝션이 더해지

그림 6.16
합산 단계 : (a) 40, 80 및 120개(총 240개에서)의 프로젝션을 이용한 부분 합산 영상, (b) (a)에서 보이는 부분 합산에 이용된 필터드 프로젝션들, (c) 240개 모든 필터드 프로젝션을 이용하여 재구성된 영상

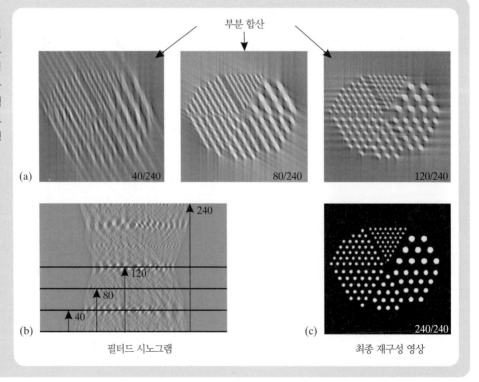

고 이어서 이러한 연산이 계속된다. 수백 개의 백프로젝션 영상을 저장할 필요는 없다. 필터드 백프로젝션 전 과정은 시간과 메모리 사용에 매우 효율적일 수 있어서 지난 30여 년간 많이 활용되어 왔다.

6.3.4 팬빔 영상 재구성

6.2절에서 논의되었듯이 현재의 모든 상용 스캐너들은 팬빔(부채꼴 빔) 선원-검출기 배열(a fan-beam source-to-detector arrangement)을 가지고 있다. 그러므로 실제로는 평행빔 프로젝션이 아닌 팬빔 프로젝션으로부터 영상 재구성을 할 수 있어야 한다. 이 절에서 팬빔 구조에 적용할 수 있는 CBP 재구성 알고리듬을 전개하겠다.

구조 기본적인 세 가지 팬빔 구조를 고려해 보자 — (1) 측정되는 레이 궤적(ray-path) 간의 등각도(equal angle) 간격을 가지는 구조 (2) 검출기 간극(detector spacing)이 일정한 구조 (3) 등각도 및 검출기 등간극(equal spacing)을 가지는 구조. 세 번째 구조는 검출기가 선원을 중심으로 하는 원주(circular arc)상에 있을 때만 가능하다. 이 절에서는 검출기가 원호에 놓여 있는 등각도 경우만 고려하겠다. 검출기가 직선상에서 등간격으로 놓여 있는 경우는 비슷한 방법으로 재구성 공식을 개발할 수 있다.

그림 6.17에서 보여 주고 있는 팬빔 구조를 고려해 보자. 이것은 소위 '아이소센터(isocenter)'라고 불리는 고정된 원점을 중심으로 선원과 검출기가 함께 회전하는 3세대 구

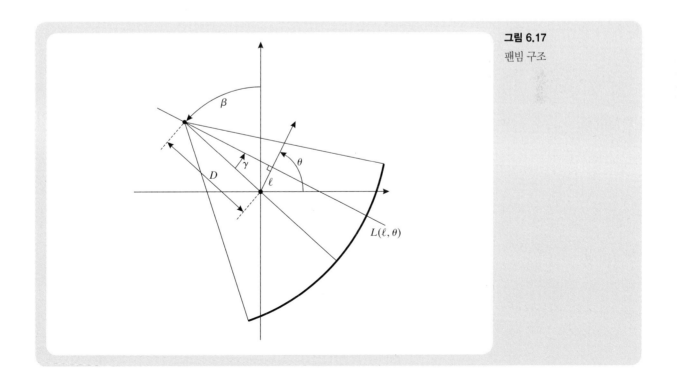

그림 6.17
팬빔 구조

조이다. 회전하는 선원의 각 조사 위치에서 측정한 팬빔 프로젝션을 $p(\gamma, \beta)$[$g(\ell, \theta)$와 대비해서]라 표시하면 여기서 γ는 그림 6.17에서 보이듯이 검출기의 회전각이며 β는 선원의 회전각이다. γ와 β 두 각도 모두 반시계 방향으로 측정되는 점을 주목하라. 그러나 이들의 원점이 다르므로 이들의 기본 방향(각도가 0이 되는 물리적 방향)도 다르다는 점을 알아야 한다. 특히 β는 아이소센터를 중심으로 선원의 위치를 나타내며 선원이 +y축상에 있을 때 0°이다. 한편 γ는 선원을 회전 원점으로 해서 레이가 검출기의 중심을 지날 때를 0°로 정의한다.

이미 알고 있는 평행빔 재구성에서 시작하면 팬빔 CBP를 유도하는 것이 쉬워진다. 그림 6.7의 팬빔 프로젝션에서 선 $L(\ell, \theta)$를 보면 앞에서 정의한 바와 같이 ℓ은 측선 방향 거리(lateral displacement)이며 θ는 방향 각도(angular orientation)이다. 이 직선 매개변수 ℓ과 θ는 팬빔 매개변수와 다음과 같은 관계를 갖는다.

$$\theta = \beta + \gamma, \tag{6.28}$$
$$\ell = D \sin \gamma, \tag{6.29}$$

여기서 D는 선원에서 원점(아이소센터)까지의 거리이다.

팬빔 재구성 공식 팬빔 재구성 공식(Fan-Beam Reconstruction Formula)을 유도하기 위해서 평행빔 CBP에서 시작해 보자. 우선 공식 (6.26)을 다시 쓰면,

$$f(x, y) = \int_0^\pi \int_{-\infty}^\infty g(\ell, \theta) c(x \cos \theta + y \sin \theta - \ell) \, d\ell \, d\theta. \tag{6.30}$$

평행빔 토모그래피 구조로부터

$$f(x, y) = \frac{1}{2} \int_0^{2\pi} \int_{-T}^{T} g(\ell, \theta) c(x \cos \theta + y \sin \theta - \ell) \, d\ell \, d\theta, \tag{6.31}$$

여기서 $|\ell| > T$인 경우 $g(\ell, \theta) = 0$을 가정하고 있다. 그래서 식 (6.31)은 원점을 중심으로 반경 T인 원반의 바깥은 0인 대상체와 완전한 1회전을 상정하고 있다.

(r, ϕ)가 평면에서의 극좌표라 가정하자. 그러면 $x = r \cos \phi$, $y = r \sin \phi$ 그리고 $x \cos \theta + y \sin\theta = r \cos \phi \cos \theta + r \sin \phi \sin \theta = r \cos(\theta-\phi)$이다. 마지막 식을 식 (6.31)에 대입하면

$$f(r, \phi) = \frac{1}{2} \int_0^{2\pi} \int_{-T}^{T} g(\ell, \theta) c(r \cos(\theta - \phi) - \ell) \, d\ell \, d\theta, \tag{6.32}$$

위 식은 f에 관한 평행빔 재구성 공식이 극좌표로 쓰인 것이다.

ℓ과 θ 대신 γ와 β에 대해 적분을 해야 한다. 이것은 좌표 변환이며 식 (6.28)과 (6.29)에

6.3절에서 보겠지만, CT 영상 구현을 위해서는 엑스선 선원을 단일 에너지 선원이라고 가정한다. 실제 CT용 엑스선 선원을 단일 에너지에 가깝게 만들기 위해 투사 촬영 시스템에 비해 더 많은 필터를 사용한다. 일반적으로 구리와 알루미늄을 사용하여 환자에 조사되기 전에 엑스선 에너지 스펙트럼의 폭을 좁게(빔 경화 효과를 이용하여) 만든다. 이러한 필터링은 5.2.2절에서 다루었다.

6.2.3 이중 에너지 CT

이중 에너지 영상(dual-energy imaging)이란 모든 조직들의 감쇠계수가 엑스선 에너지의 함수이므로 조직의 특성에 관한 더 많은 정보를 얻기 위해 활용하는 하나의 기법이다. 이 방식은 이미 골다공증(osteoporosis) 진단에서 골 무기질 밀도 측정을 위해 이중 에너지 엑스선 흡수 스캔(dual-energy x-ray absorptiometry projection scanning : DEXA)에서 사용되어 왔으며, 현재는 다양한 임상용 CT에 도입되고 있다. 예전에는 80kVp 및 140kVp와 같이 서로 다른 두 가지 kVp를 이용하여 같은 대상을 두 번 스캔하거나 한 번의 스캔 시 펄스 방식으로 두 가지 kVp를 교대로 발생시킴으로써 이중 에너지 CT 데이터를 얻었다. 임상적 유용성에도 불구하고 이러한 방식들은 스캔 시간의 증가 및 다른 기술적 난제들로 인해 널리 활용하는 데 성공적이지 못하였다.

최근 엑스선관을 2개 사용하는 이중 선원 CT(dual source CT)의 도입과 함께 상황이 바뀌었다. 빠른 단일 에너지 스캔 기능과 이중 에너지 동시 스캔이 가능한 많은 스캐너들이 보급되어 임상에 일상적으로 활용하게 되었다. 두 가지 다른 영상이 얻어지므로 임상의들은 PET/CT처럼 서로 다른 이중 영상을 판독하거나, 이들을 하나로 융합한 영상 혹은 두 가지 에너지에서의 선형감쇠계수(linear attenuation coefficient)를 기초로 하여 조직 특성 차이를 드러나게 할 수 있는 영상 등을 판독할 수 있게 되었다.

6.2.4 CT 검출기

현재 대부분의 스캐너들은 그림 6.6(a)에서 보이는 것처럼 고체형 검출기(solid-state detector)를 사용하고 있다. 이러한 검출기는 앞쪽에 섬광 결정(scintillation crystal), 이를테면 카드뮴 텅스테이트(cadmium tungstate) 및 요오드화 나트륨(sodium iodide), 비스무트 저머네이트(bismuth germanate), 이트륨 기반이나 요오드화 세슘(cesium iodide) 등의 결정을 사용한다. 엑스선이 결정과 반응할 때, 증감지의 형광물질에서 일어나는 반응과 유사하게 광전자를 생성하는 광전 효과 반응을 주로 일으킨다. 이 전자들은 여기되었다가 다시 자연적으로 안정화되면서 가시광(visible light)을 방출한다.

이와 같은 광자의 순간적 방출 현상을 섬광(scintillation)이라 한다. 이들 광자는 섬광체에 결합되어 있는 고체형 광다이오드(solid-state photodiode)를 통해 전류로 전환된다[일부 4세대 및 5세대 스캐너들은 광자를 전류로 전환하기 위해 광증배관(photomultiplier tube)을 사용하는데, 8.2.3절에서 설명하겠다]. 1, 2, 3세대 시스템들은 검출기 앞에 선형 콜리메이

제시되어 있다. 이 변환의 자코비안(Jacobian)은 $D \cos \gamma$이며 직접 대입하면

$$f(r, \phi) = \frac{1}{2} \int_{-\gamma}^{2\pi - \gamma} \int_{\sin^{-1} \frac{-T}{D}}^{\sin^{-1} \frac{T}{D}} g(D \sin \gamma, \beta + \gamma)$$

$$\times c(r \cos(\beta + \gamma - \phi) - D \sin \gamma) D \cos \gamma \, d\gamma \, d\beta \, . \quad (6.33)$$

이 적분에 대해 다음과 같이 단순화가 적용될 수 있다.

- 함수들이 변수 β에 대해 주기 2π를 갖는 함수들이므로, 외부 적분의 구간은 0(하한치)과 2π(상한치)로 교체될 수 있다.
- $\sin^{-1} \frac{T}{D}$는 대상체가 반경 T의 원반 내부로 제한될 때 최대 각도 γ_m을 나타낸다. 그래서 내부 적분의 상한과 하한치를 γ_m과 $-\gamma_m$으로 교체할 수 있다.
- 팬빔 프로젝션은 다음과 같이 표현될 수 있다.

$$p(\gamma, \beta) = g(D \sin \gamma, \beta + \gamma) \, . \quad (6.34)$$

그러므로 기본적인 팬빔 재구성 공식은 다음과 같다.

$$f(r, \phi) = \frac{1}{2} \int_0^{2\pi} \int_{-\gamma_m}^{\gamma_m} p(\gamma, \beta) c \left(r \cos(\beta + \gamma - \phi) - D \sin \gamma \right) D \cos \gamma \, d\gamma \, d\beta \quad (6.35)$$

팬빔 콘볼루션 백프로젝션 이 절에서는 식 (6.35)의 팬빔 재구성 공식을 일반적인 CBP와 유사한 형태로 유도해 보자.

그림 6.18에서 보이는 (r, ϕ) 극좌표로 주어지는 단면 내의 임의의 점을 생각해 보자. 그림에서 보이다시피 그 점은 선원과 검출기에 대한 상대적인 위치인 각도 γ'와 반경 D'으로 표시될 수 있다. (몇 삼각함수 관계식을 적용한 후) 이 좌표를 이용하여 $c(\cdot)$의 변수를 더 단순한 형태로 표시할 수 있다.

$$r \cos(\beta + \gamma - \phi) - D \sin \gamma = D' \sin(\gamma' - \gamma) \, , \quad (6.36)$$

여기서 γ는 그림 6.17에 나타난 임의의 각도이다. 그래서

$$f(r, \phi) = \frac{1}{2} \int_0^{2\pi} \int_{-\gamma_m}^{\gamma_m} p(\gamma, \beta) c(D' \sin[\gamma' - \gamma]) D \cos \gamma \, d\gamma \, d\beta \, , \quad (6.37)$$

여기서 D'과 γ'은 r과 ϕ에 의해 결정된다.

위 식에서 적분 내부항 관련하여 다음과 같이 쓸 수 있다(연습문제 6.18 참조).

그림 6.18
팬빔 구조를 위한 회전하는
극좌표계

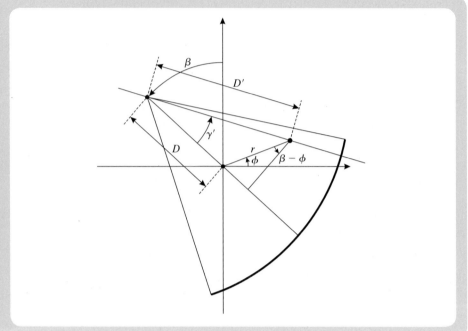

$$c(D' \sin \gamma) = \left(\frac{\gamma}{D' \sin \gamma} \right)^2 c(\gamma) \,. \tag{6.38}$$

이로부터, 식 (6.37)을 고려하여 다음과 같이 정의한다.

$$c_f(\gamma) = \frac{1}{2} D \left(\frac{\gamma}{\sin \gamma} \right)^2 c(\gamma) \,. \tag{6.39}$$

이 정의와 함께 식 (6.37)과 (6.38)을 결합하면, 다음과 같다.

$$f(r, \phi) = \int_0^{2\pi} \frac{1}{(D')^2} \int_{-\gamma_m}^{\gamma_m} \tilde{p}(\gamma, \beta) c_f(\gamma' - \gamma) \, d\gamma \, d\beta \,, \tag{6.40}$$

여기서 $\tilde{p}(\gamma, \beta) = \cos \gamma \, p(\gamma, \beta)$이며 위 식이 최종적인 팬빔 재구성 공식이다.

'콘볼루션' 부분과 '백프로젝션' 부분을 쉽게 알아볼 수 있도록 식 (6.40)을 다음과 같이 2개로 나누어 보자.

$$q(\gamma, \beta) = \tilde{p}(\gamma, \beta) * c_f(\gamma) \,, \tag{6.41}$$

$$f(r, \phi) = \int_0^{2\pi} \frac{1}{(D')^2} q(\gamma', \beta) \, d\beta \,. \tag{6.42}$$

여기서 $q(\cdot)$는 단순한 하나의 필터드 프로젝션이며 이 경우 임펄스 응답 함수 $c_f(\cdot)$는 보통의 (근사화된) 램프 필터[식 (6.27)에서처럼] $c(\cdot)$의 가중된 (윈도우 처리된) 버전이다. 하지만 D'가 영상 좌표 (r, ϕ)나 (x, y)에 의존하기 때문에 백프로젝션 연산자(operator)가 다소 다르다. 그러므로 각 필터드 프로젝션은 적분 레이 경로(ray-path)에 따라 역투사하지만, 선원으로부터 거리에 따라 다른 가중치를 적용하여 역투사한다. 그러므로 프로젝션이 팬빔일 때 콘볼루션이 가중화된 백프로젝션(convolution weighted-backprojection)이란 용어를 상기해야 한다.

6.3.5 나선형 CT 재구성

단일 검출기 어레이(single detector array)가 탑재되어 있으며 환자 테이블이 연속적으로 갠트리 내부로 이동해 들어가는 나선형 CT 시나리오를 고려해 보자. 이 경우 획득한 데이터의 성질은 단일 슬라이스 CT와는 다르다. 엑스선 속도가 빛과 동일하게 빠르므로, 획득되는 프로젝션은 환자 내의 한 평면에서 얻어진다. 그러나 환자가 연속적으로 움직이므로 어느 프로젝션도 동일한 평면에서 얻어진 것이 아니다. 주어진 (팬빔) 프로젝션의 길이 방향 위치 z_j는 환자 위치와 상대적으로 측정 가능하되 유일하게 결정된다. 인덱스 j는 프로젝션의 위치 z_j를 결정할 뿐만 아니라 프로젝션의 각도 β_j도 결정한다.

360° 동안 M개의 각도에서 측정을 한다고 가정해 보자. 그러면 측정 각도는 계속해서 반복되므로 $\beta_j - \beta_{j+M} = 0$이다. 회전하는 동안 환자가 얼마나 이동할까? 이것은 나선의 피치(pitch of the helix)로 결정되며 다음과 같다.

$$\zeta = z_{j+M} - z_j, \tag{6.43}$$

이것은 다시 갠트리 회전 운동 속도와 테이블 속도로부터 결정된다.

길이 방향 위치 z에서 한 장의 재구성 영상을 얻고 싶다고 가정해 보자. 재래식(단일 슬라이스) 토모그래피에서는 단일 z축 위치에서 여러 각도로 많은 프로젝션을 얻어야 한다. 하지만 나선형 구조에서는(임의의 n에 대해 z는 z_n과 일치하지 않을 수 있으므로) 그러한 프로젝션을 단 하나라도 얻을 수 있다고 보장되지는 않는다. 필요한 프로젝션을 인근 슬라이스에서 측정한 슬라이스로부터 보간법으로 '창출'해 내는 것이 표준화된 절차이다. 예를 들면, 각도 β_j에 해당하는 프로젝션이 필요하다고 해 보자. 각도 β_j에서의 프로젝션은 여러 축 방향 위치 z_{j+kM}에서 필요하다. 여기서 $k = 0, 1, 2, \cdots$이다. $z_{j+kM} \le z \le z_{j+[k+1]M}$인 k는 바로 찾을 수 있다. 우리는 스캐너가 z_{j+kM}과 $z_{j+[k+1]M}$의 2개의 다른 축 방향 위치이지만 각은 동일한 β_j에서 프로젝션을 얻는다는 것을 알고 있다. 원하는 프로젝션을 이 두 위치 사이에서 선형 보간법(linear interpolation)으로 계산할 수 있다.

$$\hat{p}_z(\gamma, \beta_j) = \frac{z - z_{j+kM}}{\zeta} p_{z_{j+[k+1]M}}(\gamma, \beta_j)$$
$$+ \frac{z_{j+[k+1]M} - z}{\zeta} p_{z_{j+kM}}(\gamma, \beta_j), \tag{6.44}$$

이 식은 프로젝션 내 임의의 위치 γ에서 사용 가능하다. 이 과정은 모든 $j = 1, \cdots, M$에 반복적으로 사용 가능하지만, k값의 선택은 z와 j 두 가지에 의해 결정된다는 점을 알아야 한다. 이런 방식으로 z 위치에서의 2차원 슬라이스를 팬빔 재구성 방법으로 계산하기 위한 프로젝션 풀 세트를 창출할 수 있다. 그런 다음 슬라이스 영상을 재구성하기 위해 팬빔 재구성 방법을 적용할 수 있다.

나선형 CT 영상의 화질에 많은 요소가 영향을 미친다. 특히 보간법으로 계산된 데이터는 나선 피치에 의해 영향을 받는다. 피치는 갠트리 회전 속도와 테이블 이동 속도에 의해 결정된다. 만일 팬 두께가 얇은데 피치가 너무 크면 에일리어싱 왜곡(aliasing artifacts, 위신호 혹은 주파수 반복에 의한 울긋불긋한 영상 왜곡 현상)이 발생한다. 보상하기 위해서 팬을 두껍게 하여 자연스럽게 아날로그 저주파 필터링이 되게 할 수 있다. 그러면 영상에서 에일리어싱은 제거되지만 여전히 흐린 부분이 존재한다. 오늘날의 임상용 스캐너에서는 특정한 진단을 위해서 미리 작성된 프로토콜(protocol)을 스캐너에 입력해 둔다. 이러한 프로토콜들은 관측시야의 크기에 따른 영상 화질과 영상 획득 속도처럼 상충하는 요구 사항 사이에서 균형있게 결정되어 있다.

6.3.6 콘빔 CT

3차원 볼륨에 대한 빠른 데이터 획득과 재구성을 위해서(팬빔과 선형 어레이 검출기보다는) 2차원 면적 검출기(area detector)와 콘빔 방사선(cone beam radiation)의 사용을 고려하는 것은 자연스러운 결과이다. 예를 들면, 표준 투시촬영(standard fluoroscope)은 콘빔 선원과 2차원 검출기가 인체 주위로 회전할 수 있어서 여러 각도에서 2차원 프로젝션 영상을 촬영하고 전자적으로 기록할 수 있다. 또한 넓은 검출기를 장착한 MDCT 시스템 구조는 콘빔 형태라고 간주해도 무방하다. 이 두 가지 중 어떤 경우든, 회전 운동선원이 만드는 평면상의 데이터는 통상적인 팬빔 CT 스캐너로 얻은 것과 정확히 일치한다. 그래서 이 중앙 평면에 대해서는 통상적인 방법으로 영상을 재구성할 수 있다. 인체가 엑스선 콘 밖으로 삐져나갈 경우 프로젝션이 잘리기 때문에 상황은 더욱 복잡해진다.

이러한 복잡함에도 불구하고 콘빔 재구성 알고리듬이라는 우수한 3차원 재구성 방법이 개발되었다. 펠드캠프 알고리듬(Feldkamp algorithm)은 가장 널리 알려진 것으로 앞에서 언급한 구조에 대해서 영상 재구성을 정확하게 계산해낸다.

6.3.7 반복적 영상 재구성

지난 40년간 상업용 CT는 모두 CBP 재구성 방법의 한 변형을 사용하고 있다. 그러나 현재의 시스템은 반복적 재구성(iterative reconstruction) 방법을 빠르게 개선해가고 있는데, 이 방법은 상당히 낮은 선량에서도 등질의 (혹은 더 나은) 재구성 영상을 제공한다. 9장 방출형 단층 촬영에서 반복적 재구성에 대해 더 논의하겠다.

반복적 재구성 방법들은 CBP보다 전산학적으로 더욱 까다롭다. 방출형 단층 촬영의 데이터 양은 대부분의 다른 영상기기들에 비추어 매우 적기 때문에(3차원 볼륨을 표현하기 위해 더 큰 부피 화소를 사용하면 부피 화소의 개수는 줄어들기 때문에) 반복적 재구성 방법이 20여 년 전에 이 분야에서 처음 도입되었으며 현재는 충분히 발전되어 있다. 대부분의 다른 영상 기기와 비교해서 방출형 단층 촬영은 잡음에 의해 큰 영향을 받는데, 반복적 영상 재구성 방법이 잡음을 제거하는 효과가 탁월하다.

CT에 적용된 반복적 영상 재구성 방법은 개념상 특별히 복잡할 것이 없으며, 9장의 방출형 단층 촬영에서 소개하는 것과 같은 방식으로 적용된다.

6.4 CT의 화질

앞 장에서 언급한 이론들이 CT 시스템의 이상적인 동작을 기술했다면, 실제로 얻을 수 있는 성능에는 한계가 있다. 임의로 설정한 고분해능 목표를 달성하는 것이 불가능하진 않지만, 검출기가 유한한 폭을 가지고 있기 때문에 프로젝션 개수와 프로젝션당 레이 경로(ray-path)의 개수에 대하여 샘플링의 한계가 있다. 또한 엑스선이 환자에게 흡수되므로 임의로 큰 선량을 사용할 수 없기 때문에 신호 대 잡음 비(SNR)도 한계가 있다. 세 번째 문제는 빔 경화인데, (5.2.2절에서 언급되었듯이) 인체 조직에 의해 엑스선의 에너지가 선택적으로 흡수되는 현상이다. 이 절에서는 이러한 현상들을 기술하고 어떻게 CT의 재구성 영상에 영향을 주는지 살펴보자.

6.4.1 공간 분해능

필터드 백프로젝션[식 (6.23) 참조]은 라돈 역변환의 정확한 수식적 표현이다. 식 (6.27)에서 보였듯이, 이상적인 (램프) 필터 $|\varrho|$는 실현 불가능하므로 윈도우 함수 $W(\varrho)$을 이용하여 근사적인 필터인 $W(\varrho)|\varrho|$이 적용되어야 한다. 게다가 검출기의 유한한 크기 때문에 선적분 그 자체만으로는 정확한 영상을 획득할 수 없다. 사실 CT 검출기는 실제 신호를 국소적으로 적분하는 면적 검출기(area detector)이므로, 검출기를 기술하는 함수 $S(\ell)$의 푸리에 변환인 필터 $S(\varrho)$를 추가로 사용하여 검출기 영향을 모델화할 수 있다. 이러한 영향들을 포함하면 필터드 백프로젝션은 다음과 같게 된다.

$$\hat{f}(x,y) = \int_0^\pi \left[\int_{-\infty}^\infty G(\varrho,\theta) S(\varrho) W(\varrho) |\varrho| e^{j2\pi\varrho\ell} \, d\varrho \right]_{\ell = x\cos\theta + y\sin\theta} d\theta \,. \qquad (6.45)$$

식 (6.45)에서 재구성은 근사적이며, 결과 함수는 퍼지는(blurred) 버전의 $f(x, y)$이다. 식 (6.45)를 조작하면 $\hat{f}(x, y)$와 $f(x, y)$의 관계식을 찾을 수 있다.

먼저 식 (6.45)는 다음 함수의 라돈 역함수라는 것을 인지하라.

$$\hat{g}(\ell, \theta) = \mathcal{F}^{-1}\{G(\varrho, \theta)S(\varrho)W(\varrho)\}. \tag{6.46}$$

1차원 콘볼루션 정리(1D convolution theorem)에 의하면,

$$\hat{g}(\ell, \theta) = g(\ell, \theta) * \tilde{h}(\ell), \tag{6.47}$$

여기서

$$\tilde{h}(\ell) = s(\ell) * w(\ell). \tag{6.48}$$

필터드 백프로젝션의 결과는 흐려진 프로젝션(blurry projection) $\hat{g}(\ell, \theta)$의 라돈 역함수로 해석될 수 있다.

흐려진 프로젝션이 대상체 영상을 얼마나 퍼지게 하는지 알아보기 위해서, 라돈 변환의 콘볼루션 특성을 알아보자. 특별히 두 함수의 콘볼루션의 라돈 변환은 각 함수의 라돈 변환의 콘볼루션과 같다(연습문제 6.9 참조).

$$\mathcal{R}\{f * h\} = \mathcal{R}\{f\} * \mathcal{R}\{h\}. \tag{6.49}$$

식 (6.49)의 왼쪽 콘볼루션 항은 2차원이지만 오른쪽은 1차원이다. 식 (6.47)과 (6.49)를 비교하면 다음을 알 수 있다.

$$\mathcal{R}\{h\} = \tilde{h}(\ell), \tag{6.50}$$

그러므로 양쪽 항에 라돈 역변환을 취하면

$$h(x, y) = \mathcal{R}^{-1}\{\tilde{h}(\ell)\}. \tag{6.51}$$

식 (6.49) 라돈 변환의 콘볼루션 특성으로부터 재구성 대상체는 다음과 같이 계산된다.

$$\hat{f}(x, y) = f(x, y) * \mathcal{R}^{-1}\{\tilde{h}(\ell)\}. \tag{6.52}$$

그러므로 재구성된 추정치 $\hat{f}(x, y)$가 $f(x, y)$의 흐려진 버전이며, 시스템의 분해능은 점분포 함수 (PSF) $\mathcal{R}^{-1}\{\tilde{h}(\ell)\}$에 의해 평가될 수 있다.

$h(x, y)$를 찾기 위해, 식 (6.18)의 프로젝션-슬라이스 정리를 사용하여, $\tilde{h}(\ell)$의 푸리에 변

환을 계산하면

$$\tilde{H}(\varrho) = S(\varrho)W(\varrho),\qquad (6.53)$$

이것은 θ에 대해 무관하다. 따라서 $h(x, y)$의 2차원 푸리에 변환은 반드시 원형 대칭(circularly symmetry)하여야 하며 다음과 같다.

$$H(q) = S(q)W(q).\qquad (6.54)$$

이로부터 PSF 역시 명백히 원형 대칭이며 한켈 역변환으로부터 다음과 같이 계산된다.

$$h(r) = \mathcal{H}^{-1}\{S(\varrho)W(\varrho)\}.\qquad (6.55)$$

마지막으로 재구성된 영상은

$$\hat{f}(x,y) = f(x,y) * h(r),\qquad (6.56)$$

여기서 $r = \sqrt{x^2 + y^2}$이다. PSF는 원형 대칭이며 전폭반고치(full width at half maximum : FWHM)에 의해 평가된다. 이는 $S(\varrho)$을 결정하는 검출기 폭과 램프 필터 윈도우 함수인 $W(\varrho)$ 두 가지에 의해 결정된다.

예제 6.5

폭이 d인 직사각형 검출기와 최대 주파수가 $\varrho_0 \gg 1/d$인 사각 윈도우 함수가 주어진 CT 시스템을 상상해 보자.

문제 이 CT 시스템의 근사적인 PSF는 무엇인가?

해답 폭이 d인 직사각형 검출기는 원래의 프로젝션을 퍼지게 하는데 그때의 임펄스 응답 함수(impulse response)는 다음과 같다.

$$s(\ell) = \text{rect}\left(\frac{\ell}{d}\right).$$

주파수 영역에서 이것은 다음 형태의 필터로 표현된다.

$$S(\varrho) = d\,\text{sinc}(d\varrho).$$

램프 필터의 윈도우 함수는 다음과 같이 쓸 수 있다.

$$W(\varrho) = \text{rect}\left(\frac{\varrho}{2\varrho_0}\right).$$

$S(\varrho)$의 첫 해는 주파수 $\varrho = 1/d$이다. $\varrho_0 \gg 1/d$이므로, 검출기에 의해 정의되는 컷오프 주파수(cutoff frequency)는 램프 필터의 컷오프보다 매우 작으며, 램프 필터의 윈도우 함수는 무시할 수 있다. 그러므로(원형 대칭인) 2차원 전달함수(2D transfer function)는 (대략적으로) 다음과 같다.

$$H(q) \approx d \, \text{sinc}(dq).$$

표 2.3에서

$$\mathcal{H}\{\text{sinc}(r)\} = \frac{2 \, \text{rect}(q)}{\pi \sqrt{1 - 4q^2}}.$$

한켈 정변환 및 역변환(forward and inverse transformation)이 동일한 형태라는 사실과 다음 식[식 (2.120) 참조]

$$\mathcal{H}\{f(ar)\} = \frac{1}{a^2} F(q/a),$$

을 이용하여 다음의 (대략적인) 임펄스 반응식을 유도할 수 있다.

$$
\begin{aligned}
h(r) &= \mathcal{H}^{-1}\{d \, \text{sinc}(d\varrho)\} \\
&= d \frac{1}{d^2} \frac{2 \, \text{rect}(r/d)}{\pi \sqrt{1 - 4(r/d)^2}} \\
&= \frac{2 \, \text{rect}(r/d)}{\pi \sqrt{d^2 - 4r^2}}.
\end{aligned}
$$

6.4.2 잡음

측정 통계   CT 검출기는 환자를 통과하면서 감쇠되는 엑스선 펄스의 강도를 측정한다. 이런 측정에는 내재적인 고유 잡음이 존재하는데, 엑스선의 푸아송 특성이 그것이다[식 (3.52) 참조]. 게다가 인체로 인한 감소와 검출 효율의 제한성으로 인해 측정되는 광자 수는 줄어들고 잡음은 늘어난다.[2] 이 장에서 CT 영상의 잡음을 적절히 유용하게 표현하기 위해 많은 근사법을 수행할 것이다. 첫 번째, CT 시스템이 스캐너의 유효 에너지인 $\overline{E}$에서 작동하는 단일 에너지라는 근사법을 가정하는 것이다. 이 경우 주어진 검출기 I_d의 관측된 정보를 관측된 광자수 $N_d = I_d A \Delta t / \overline{E}$로 전환함으로써 스캐너의 통계적 특성을 이해할 수 있다. i번째 검출기와 j번째 각도의 기본 CT 측정식은 다음과 같다.

$$g_{ij} = -\ln\left(\frac{N_{ij}}{N_0}\right), \tag{6.57}$$

여기서 N_0는 입사하는 광자 수이며 N_{ij}는 검출된 광자 수이다. 하지만 광자 흡수는 통계적 현상이기 때문에 같은 실험을 반복하면 아마도 다른 측정 결과를 낳게 될 것이다. 사실상,

---

2 엑스선 빔 자체는 무작위 과정을 통해서 발생하므로 빔 내부의 엑스선 개수는 푸아송 무작위 변수이다. 인체를 통한 감쇠와 검출기 효율은 이 엑스선의 (통계학 용어로) 무작위 결손을 가져오므로 검출된 빔의 엑스선 개수 역시 푸아송 무작위 변수이다.

N_{ij}는 평균값이 다음과 같은 푸아송 무작위 변수이다.

$$\overline{N}_{ij} = N_0 \exp\left(- \int_{L_{ij}} \mu(s)\,ds \right), \qquad (6.58)$$

여기서 L_{ij}는 j번째 프로젝션에서 선원으로부터 i번째 검출기를 향하는 레이 경로이다.

식 (6.58)은 단지 식 (6.1)에서 소개된 선적분을 기술하는 다른 방법일 뿐이다. 평균값은 입사하는 광자의 개수에 의존하며 선원과 검출기 사이의 레이 경로를 따라서 이루어진 선형 감쇠계수의 선적분에도 의존한다. 사실상 평균이 원하는 측정치이다.

그러나 g_{ij}는 무작위 변수인 N_{ij}의 변환일 뿐이지 N_{ij}의 평균의 변환은 아니다. 그러므로 g_{ij}는 무작위 변수이며, N_0가 크다고 가정하면 그것의 평균 $\bar{g}_{ij}$와 분산 $\mathrm{var}(g_{ij})$는 다음과 같다.

$$\bar{g}_{ij} \approx -\ln\left(\frac{\overline{N}_{ij}}{N_0} \right), \qquad (6.59)$$

$$\mathrm{var}(g_{ij}) \approx \frac{1}{\overline{N}_{ij}}. \qquad (6.60)$$

무작위 변수 N_{ij}를 독립적이라고 가정하면, 무작위 변수 g_{ij} 역시 독립적이다. 이러한 기본적인 CT 측정의 2차적 특성이 주어진다면, 측정치로부터 만들어 낸 영상들의 2차적 통계를 결정할 수 있다. 2차적 통계는 영상 재구성의 질을 측정하는 기준인 재구성 영상의 SNR을 정의할 수 있게 해 준다.

영상 통계 이 징에서는 재구성된 선형감쇠계수의 평균과 분산에 대한 표현법을 논한다. 단순성을 위하여 평행빔 구조를 가정하자. 다음 식과 같이 주어지는 식 (6.26)의 콘볼루션 백 프로젝션(CBP) 적분을 수행할 때 이산적인 근사치를 사용하는 것은 수학적으로 편리하다.

$$\hat{\mu}(x,y) = \frac{\pi T}{M} \sum_{j=1}^{M} \sum_{i=-N/2}^{N/2} g_{\theta_j}(iT)\,\tilde{c}\left(x\cos\theta_j + y\sin\theta_j - iT\right), \qquad (6.61)$$

위 식에서 M은 범위 $(0, \pi)$에서의 프로젝션 개수이고, $N+1(\mathrm{odd})$는 프로젝션당 레이 트랙의 개수이며, T는 검출기 간의 물리적 공간이고, $g_{ij} = g_{\theta_j}(iT)$이다. $\tilde{c}(\cdot)$는 램프 필터의 실현 가능한 근사치이다. 재구성 영상의 평균치는 다음과 같다.

$$\mathrm{mean}[\hat{\mu}(x,y)] = \frac{\pi T}{M} \sum_{j=1}^{M} \sum_{i=-N/2}^{N/2} \bar{g}_{ij}\,\tilde{c}\left(x\cos\theta_j + y\sin\theta_j - iT\right), \qquad (6.62)$$

N_0, M 그리고 N이 큰 수일 때, 이것은 우리가 정확히 원하던 것이다. 그러므로 CBP는 측정의 질이 증가할 때 재구성 영상의 평균값이 재구성 영상의 정답으로 수렴하는 바람직한 성질을 가지고 있다.

g_{ij}가 독립적인 무작위 변수라고 가정하면, 합의 분산 값은 다음 식으로 주어지는 분산 값의 합[식 (3.56) 참조]과 같다.

$$\sigma^2(x,y) = \text{var}[\hat{\mu}(x,y)] \tag{6.63}$$

$$= \frac{\pi^2 T^2}{M^2} \sum_{j=1}^{M} \sum_{i=-N/2}^{N/2} \text{var}[g_{ij}] \left[c\left(x\cos\theta_j + y\sin\theta_j - iT \right) \right]^2 \tag{6.64}$$

$$= \frac{\pi^2 T^2}{M^2} \sum_{j=1}^{M} \sum_{i=-N/2}^{N/2} \frac{1}{\overline{N_{ij}}} \left[c\left(x\cos\theta_j + y\sin\theta_j - iT \right) \right]^2 . \tag{6.65}$$

식의 전개를 위해 다소 과감한 가정을 해 보자. $\overline{N_{ij}} \approx \overline{N}$ 검출되는 광자의 평균 개수가 상수 값이라는 것은 거의 모든 대상체에 대해 명백히 오류지만, 위 가정을 이용하면 위 식의 합계식 안에 숨어 있는 몇 가지 중요한 관계를 밝힐 수 있다.

$$\sigma^2(x,y) = \sigma_\mu^2 = \frac{\pi^2 T^2}{M^2 \overline{N}} \sum_{j=1}^{M} \sum_{i=-N/2}^{N/2} \left[c\left(x\cos\theta_j + y\sin\theta_j - iT \right) \right]^2 . \tag{6.66}$$

N과 M이 큰 값이라면, 다음과 같이 근사적으로

$$\frac{\pi}{M} \sum_{j=1}^{M} T \sum_{i=1}^{N} \left[c\left(x\cos\theta_j + y\sin\theta_j - iT \right) \right]^2$$

$$\approx \int_0^\pi \int_{-\infty}^{\infty} \left[c\left(x\cos\theta + y\sin\theta - \ell \right) \right]^2 \, d\ell d\theta \tag{6.67}$$

$$= \pi \int_{-\infty}^{\infty} \left[c\left(\ell \right) \right]^2 \, d\ell \tag{6.68}$$

$$= \pi \int_{-\infty}^{\infty} |C(\varrho)|^2 \, d\varrho , \tag{6.69}$$

여기서 마지막 등가식은 Parseval의 정리[식 (2.96) 참조]이다. 대역폭(bandwidth)이 ϱ_0인 사각 윈도우(rectangular window)에 램프 필터를 적용하면,

$$\pi \int_{-\infty}^{\infty} |C(\varrho)|^2 \, d\varrho = \pi \int_{-\varrho_0}^{\varrho_0} \varrho^2 \, d\varrho = \frac{2\pi \varrho_0^3}{3} . \tag{6.70}$$

그러므로 사각 윈도우 램프 필터와 근사식 $\overline{N}_{ij} = \overline{N}$에 대해 재구성 영상의 분산 값은 (x, y) 위치에 무관하며 다음과 같다.

$$\sigma_\mu^2 \approx \frac{\pi T}{M} \frac{1}{\overline{N}} \frac{2\pi \varrho_0^3}{3} \tag{6.71}$$

$$\approx \frac{2\pi^2}{3} \varrho_0^3 \frac{1}{M} \frac{1}{\overline{N}/T}. \tag{6.72}$$

영상의 잡음 분산에 대한 이 관계는 다음 몇 가지 결론으로 해석된다.

- 만일 사각 윈도우의 대역폭을 증가시키면, 영상의 분산도 증가한다. 이 점은 영상은 고주파에서 사라지는 경향이 있는 반면, 잡음은 고주파 성분을 가지고 있다는 직관에 따른 것이다. 방출형 토모그래피(9장)에서 보다시피 영상 선명도의 손실에 기여하는 잡음의 증가를 최적화하는 윈도우 함수의 설계는 매우 중요하다.

- 만일 검출기의 간격 T를 감소시키면, 분산도 감소한다. 그러나 만일 이것을 위해 검출기 크기를 임의로 줄이거나, 검출기 효율을 줄인다면, 줄어든 간격 효과는 줄어드는 평균 광자 수 $\overline{N}$에 의해 상쇄되어 버린다는 점을 알아야 한다.

- 만일 평균 광자 수 $\overline{N}$를 늘린다면, 분산이 감소한다. 이 점을 고려하면 일반적으로 N_0를 늘려야만 한다. 입사하는 엑스선의 에너지를 늘림으로써 엑스선 흡수량을 줄일 수 있으므로 평균 광자 수 $\overline{N}$ 역시 늘어나게 할 수도 있다. 그럴 경우, 다음 신호 대 잡음비(SNR) 섹션에서 다룰 주제인 명암대조도의 손실을 가져올 수 있다.

- 만일 M을 증가시키면, 분산이 감소한다. 그래서 각 샘플링 수가 증가하면 화질이 더 좋아진다. 이 말은 샘플링별 데이터 취득 시간이 일정하다고 가정할 때를 의미하며, 만일 전체 스캔 시간이 일정하다면 옳지 않게 된다(그러나 진체 스캔 시간이 일정하더라도 M을 증가시키면 개선된 각도 샘플링으로부터 혜택이 있다).

- $\overline{N}/T$는 검출기 어레이를 따라서 단위 거리당 광자의 평균 개수를 의미한다. 팬빔 구조에서 이 비 값이 증가하면, N_0가 증가하므로 영상 분산(image variance)이 감소한다.

영상 신호 대 잡음 비   선형감쇠계수를 측정할 때 영상 분산은 매우 중요한 개념이다. 그러나 방사선 영상에서 조직 간 명암대조도를 고려하여야 하는데, 왜냐하면 명암대조도가 영상에서 경계면을 가지는 대상체나 구조체의 가시적 효과를 만들기 때문이다. 그러므로 SNR을 유용하게 정의하려면 반드시 명암대조도와 잡음을 같이 고려하여야 한다. 여기서는 SNR을 다음과 같이 정의한다.

$$\mathrm{SNR} = \frac{C\overline{\mu}}{\sigma_\mu}, \tag{6.73}$$

여기서 C는 $\overline{\mu}$로부터 μ의 부분적 변화를 의미하며 $\overline{\mu}$는 평균 감쇠계수, σ_μ는 측정치의 표준편차(분산의 제곱근)이다. 그러므로 식 (6.73)은 (3.69)에서 소개한 미분형 신호 대 잡음 비의 CT 버전이다. 식 (6.72)와 식 (6.73)을 결합하면

$$\text{SNR} = \frac{C\overline{\mu}}{\pi} \varrho_0^{-3/2} \sqrt{\frac{3}{2}(\overline{N}/T)M} \,. \tag{6.74}$$

훌륭한 CT 스캐너의 설계에서는, $\varrho_0 \approx k/d$로 설정하되 여기서 $k \approx 1$이며, d는 검출기 폭이다. 이 경우

$$\text{SNR} \approx 0.4kC\overline{\mu}d^{3/2}\sqrt{(\overline{N}/T)M} \,. \tag{6.75}$$

사실상 만일 $d = T$(3G 스캐너에서처럼)라면,

$$\text{SNR} \approx 0.4kC\overline{\mu}d\sqrt{\overline{N}M} \,. \tag{6.76}$$

팬빔 경우에는

$$\overline{N}_f : \text{팬빔당 평균 광자 수}$$
$$D : \text{검출기 개수}$$
$$L : \text{검출기 어레이 길이}$$

그러므로 $\overline{N} = \overline{N}_f/D$이며 $d = L/D$이다. 따라서

$$\text{SNR} \approx 0.4kC\overline{\mu}LD^{-3/2}\sqrt{\overline{N}_fM} \,. \tag{6.77}$$

그러므로 팬빔 경우 검출기 개수를 증가시키면 SNR이 실제로 줄어드는 이상한 상황이 된다. 프로젝션과 램프 필터의 콘볼루션이 검출기 사이의 잡음을 결속시키는 데 검출기 개수가 증가하면 결속이 더욱 심해지기 때문이다. 왜 검출기 개수를 줄이지 않는가? 이를테면 3개나 1개로? 그런 시스템은 최고의 SNR을 가지지만 6.4.1절에서 보다시피, 분해능이 대폭 손상된다.

예제 6.6

1개의 선원, D개의 검출기, M개의 샘플링 각도 수, 그리고 $J \times J$의 재구성 영상을 갖는 팬빔 CT를 고려해 보자. 여기서 $D = M = J = 256$이라 하자. 검출기의 폭이 $d = 0.25\text{cm}$이고 컷오프(cutoff)가 $\varrho_0 = 1/d$인 사각 윈도우를 갖는 램프 필터를 사용한다고 가정하자. 스캐너로 물($\overline{\mu} = 0.15\text{cm}^{-1}$)속에 잠긴 $C = 0.005$의 병소를 영상화하고자 한다.

문제 최소 20dB 이상의 SNR을 얻고자 한다. 이 조건을 만족시키는 데 필요한 프로젝션당 검출기의 최소 광자 수는 얼마인가?

해답 $SNR(dB) = 20\log_{10}SNR$이므로,

$$SNR = 10^{20dB/20} = 10.$$

$SNR = C\overline{\mu}/\sigma_{\mu} = 10$이므로,

$$\sigma_{\mu} = \frac{0.005}{10} \times 0.15 \text{ cm}^{-1} = 7.5 \times 10^{-5} \text{ cm}^{-1}.$$

그러므로

$$\sigma_{\mu}^2 = 5.625 \times 10^{-9} \text{ cm}^{-2} = \frac{2\pi^2}{3} \frac{\varrho_0^3 T}{M\overline{N}}.$$

프로젝션당 광자 개수는

$$P_p = \overline{N}D = \frac{2\pi^2}{3} \frac{\varrho_0^3 T}{M\sigma_{\mu}^2}D.$$

$\varrho_0 = 1/d,\ T = d = 0.25\text{cm}$이고 $D = M$이므로

$$P_p = \frac{2\pi^2}{3} \frac{1}{0.25^2} \frac{1}{\sigma_{\mu}^2} = 1.87 \times 10^{10} \text{ minimum}.$$

6.4.3 왜곡

이 질에서는 CT 영상에서 볼 수 있는 왜곡 현상들을 밝히고 간단히 설명하겠다. 이들 중 몇 가지는 그림 3.15에 제시되어 있다.

위신호 효과 만일 샘플링이 충분히 많지 않다면 프로젝션은 위신호(alias)를 갖는다. 프로젝션에서의 위신호 효과는 3.6절에서 논의했다시피 고주파 영역의 정보가 저주파 영역에서 출현하는 것이다. 이러한 위신호는 영상 재구성 과정(CBP, 푸리에 방법 등)을 통해서 최종 영상의 왜곡으로 나타난다. 이러한 왜곡 중에서 가장 쉽게 생기는 것이 줄무늬 왜곡인데, 특히 영상 내 작고 밝은 물체에서 분사형으로 나타난다. 프로젝션 개수가 부족해도 위신호가 나타난다. 어떤 물체의 곡률 반경이 작은 경계점들에서 분사하는 줄무늬가 나타난다. 이 줄무늬들은 관측시야 내의 물체나 경계의 정확한 위치에 따라 밝게 때로는 어둡게 나타난다.

대상체가 유한한 주파수 범위를 갖는다면 충분한 비율로 샘플링하거나(공간 샘플링) 샘플링 이전에 저주파 필터링을 한다면 위신호 효과를 제거할 수 있다. 현재의 임상 스캐너들은 이 두 가지 모두 어느 정도 구현되어 있다. 팬빔 범위 내에 충분한 수의 검출기를 갖추거나 충분한 개수의 각도에서 샘플링을 하면 샘플링 비율을 높일 수 있다. 검출기의 물리적 크

기와 효율, 그리고 작은 검출기는 광자 수도 적게 받아 측정치의 분산이 커지는 현상들로부터 궁극적으로 검출기 개수에 제약이 생긴다. 샘플 각도 개수는 저장 용량 시간(storage capacity time, 스캔 시간과 재구성 시간) 및 선량에 의해 제한된다. 저주파 필터링은 (각 프로젝션을 따라서) 박스카 필터(boxcar filter) 역할을 하는 검출기의 물리적 구경(physical aperture)에 의해 구현된다. (한 검출기 내에서는 엑스선의 반응 위치 구분이 안되므로) 각도에 관해서는 효과적인 저주파 필터링 방법이 없다.

영상 왜곡의 또 다른 원인은 평면상의 유한한 점 (x_i, y_j)(픽셀)들에 대해 필터드 프로젝션 값을 제공해야 하는 백프로젝션–합산 과정에서 나타난다. 핵심적 이슈는 관측시야 내에 몇 개의 픽셀이 사용되느냐 하는 점과 어떤 보간법이 사용되느냐 하는 것이다. 픽셀 수가 너무 적으면 정상적인 영상의 위신호 버전이 나타나는데, 실제 존재하지 않지만 구조적으로 촘촘한 올(마치 직물처럼)이 있는 것 같은 소위 무아레 패턴(moiré pattern)이 나타난다.

CT 스캐너를 설계하는 일반적인 규칙은 검출기 개수를 프로젝션의 개수와 같게 하는 것인데, 이는 재구성 영상의 한 축의 화소 수와 대략적으로 같게 하는 것이다. 3세대 시스템의 전형적인 수치는 700개의 검출기, 1,000번의 프로젝션, 512×512 크기의 영상이다.

빔 경화 빔 경화(beam hardening)는 5.2.2절에서 기술한 바와 같이 엑스선의 에너지별 감쇠가 서로 다른 현상의 결과이며 인체를 통과할 때 엑스선 스펙트럼의 평균 에너지가 증가하는 현상을 의미한다. 그림 4.8과 같이 인체 내에서는 에너지가 증가하면 선형감쇠계수는 감소한다. 그러므로 저에너지 광자가 더 잘 흡수된다. 모든 CT 엑스선 선원이 에너지 분포(스펙트럼)를 가지고 있으므로 진행하는 빔은 고에너지 광자 수가 (상대적으로) 많아지게 된다.

6.2절에서 결론 내렸듯이 유효 에너지 개념은 다중 에너지 선원에 유용할 수 있다. 그러나 이 개념은 입사 스펙트럼이 출구 스펙트럼과 동일하다는 가정을 전제하고 있다. 만일 이 점이 사실이 아니고 표준 영상 재구성 방식이 적용된다면, 소위 골발광 위신호(interpetrous lucency aritifacts : ILA)가 나타난다. (종종 뼈에서 발생하므로 interpetrous라 한다) 특히 두부 스캔(외부 골 때문에)에서 나타나는 위신호는 뇌실질(the brain parenchyma) 주위의 후광 효과(the halo effect)를 만든다. 인체의 다른 부위에서는 특히 뼈의 끝 부분이나 인체 내 금속 조각(유산탄, 수술용 클립, 나사 등)에서는 줄무늬 위신호(streak artifact)가 나타난다. 이러한 위신호를 제거하거나 줄이기 위해 프로젝션 데이터를 미리 선처리하거나, 영상을 후처리하거나, 이중 에너지를 이용하는 등의 방법들이 있다. 일반적으로 방사선 전문의들은 이들을 감안하여 영상을 정확하게 해석하는 방법을 알고 있다.

기타 위신호 그 외의 다른 세 가지 CT 영상 위신호는 (1) 전자적 혹은 시스템적 질 저하(system drift), (2) 엑스선 산란(x-ray scatter) 그리고 (3) 움직임(motion)이다. 특히 중요한 전자적 혹은 시스템적 질의 저하 현상은 교정 오류나 이득 변화에 의한 것이다. 가장 극적인 저하는 검출기 고장에 의한 것이다. 3세대 스캐너에서 이 상황은 (보통) 검출기가 0개의 광자를 검출하게 되므로 모든 각도별 위치에서 100% 흡수하는 것으로 기록된다. 그 결과 재구성 영상에서 검출기 어레이 중심에서 손상된 검출기 위치까지의 거리를 반경으로 하는 링 위신호(ring artifact)가 나타난다.

엑스선 산란(scatter, 스캐터)은 일반적으로 각 프로젝션을 흐리게 하는 콘볼루션 효과(convolutional blurring)로 나타난다.[3] 시준이나 선택적 에너지 측정(selective energy detection)으로 산란을 방지할 수 있으나 효율의 감소를 유발한다. 역콘볼루션 (deconvolution) 방법으로 산란을 보정할 수 있으나 보통 프로젝션에서 잡음의 증가를 유발한다. 산란 양을 측정하는 하나의 방법은 프로젝션 평면 외부(off-plane) 검출기를 이용하는 방법이다.

마지막으로 환자의 움직임은 매우 어려운 문제이다. 완전한 스캔은 (보통) 0.3초(싱글 슬라이스)~10초(완전한 흉부 스캔)가량 걸리므로 이 시간 동안 심장은 많은 운동을 한다. 환자가 호흡을 멈출 수 없거나 더 오랫동안 스캔을 해야 하는 경우 호흡이 문제가 된다.

심장이나 폐 운동 주기의 특정한 주기에만 데이터를 획득하는 게이팅 방식(gating method)이 가능하다. 이 경우 반복적으로 여러 주기 동안 데이터를 얻은 다음 각 조각들을 한 주기 내로 재배열하여 동시에 얻은 것처럼 처리할 수 있다. 임상적으로 반드시 필요한 특별한 상황에서 일부 기기들은 이 방식을 활용하고 있다.

6.5 요약 및 핵심 개념

컴퓨터 단층 촬영(CT)은 투사 방사선 촬영(projection radiography)에서 중첩된 물체로 인해 명암대조도가 손상되는 문제를 직접적으로 (그리고 배타적으로) 관심 있는 단면만의 슬라이스 영상에 집중함으로써 해결해 준다. 이 전략은 공간 분해능의 손실을 대가로 명암대조도를 향상시키지만 명암대조도의 증가가 매우 중요하므로 CT는 실제 의학영상에서 널리 사용된다. 이 장에서 다음과 같은 핵심 개념을 논하였다.

1. 단층 영상(tomogram)은 인체 내부 혹은 관통하는 단면이나 슬라이스의 영상을 의미한다.
2. 엑스레이 CT는 하운스필드 수(Hounsfield number) 단위로 표현되는 선형감쇠계수의 분포 토모그램을 만든다.
3. CT 스캐너는 엑스선원과 검출기의 관계 그리고 검출기(및 환자 테이블)의 움직임과 범위 등의 설계에 따라 7세대까지 발전해 왔다.
4. 기본 영상 방정식은 투사 촬영과 동일하지만, 프로젝션의 앙상블을 이용하여 단면 영상을 재구성하는 점이 다르다.

---

3 만일 위신호가 문제라면 이 현상은 프로젝션을 저주파 필터링하는 바람직한 성질을 가질 수 있다.

5. 가장 일반적인 영상 재구성 방법은 프로젝션-슬라이스 정리에 따른 필터드 백프로젝션 방법이다.

6. 실제로 영상 재구성 알고리듬은 스캐너 구조를 고려하여야 한다 — 평행빔, 팬빔, 나선형 스캔, 혹은 콘빔 구조.

7. 투사 촬영과 마찬가지로 잡음은 영상의 신호 대 잡음 비를 제한한다.

8. 영상 왜곡은 위신호, 빔 경화 그리고 투사 촬영에서처럼 콤프턴 산란선 검출을 포함한다.

참고문헌

Carlton, R.R. and Adler, A.M. *Principles of Radiographic Imaging: An Art and a Science*, 5th ed. Clifton Park, NY: Delmar Cengage Learning, 2012.

Kak, A.C. and Slaney, M. *Principles of Computerized Tomographic Imaging*. New York, NY: IEEE Press, 1988.

Kalender, W.A. *Computed Tomography*, 3rd ed. Munich: Publicis MCD Verlag, 2011.

Hsieh, J. *Computed Tomography: Principles, Design, Artifacts, and Recent Advances*. 2nd ed. Bellingham, WA: SPIE Press, 2009.

Macovski, A. "Physical Problems of Computerized Tomography." *Proceedings of the IEEE 71*, 1983: 373–78.

Macovski, A. *Medical Imaging Systems*. Englewood Cliffs, NJ: Prentice Hall, 1983.

Mahesh, M. *MDCT Physics: The Basics*, Philadelphia, PA: Lippincott Williams and Wilkins, 2009.

Wolbarst, A.B. *Physics of Radiology*, 2nd ed. Norwalk, CT: Appleton and Lange, 2005.

Zeng, G. *Medical Image Reconstruction: A Conceptual Tutorial*, Heidelberg: Springer, 2010.

연습문제

기기장치

6.1 CT 측정 실험에서 두 가지의 하운스필드 수를 측정하였다. 물에서 $h_m^W = 10$ 그리고 공기에서 $h_m^A = -1,100$이다.

(a) 다음의 식을 만족하기 위한 a, b를 구하라.

$$ah_m^W + b = h^W,$$
$$ah_m^A + b = h^A.$$

(b) 물과 공기에서 수정한 CT 넘버 h^W, h^A는 각각 얼마인가?

(c) 이 측정 실험에서 a와 b의 값은 얼마인가?

6.2 2cm/s의 속도로 움직이는 환자 테이블을 갖춘 6세대 CT 스캐너가 있다. 엑스선원 검출기 기구부가 초당 4π라디안의 속도로 돌고 있다. 또한 이 스캐너는 하나의 프로젝션을 측정하기 위해서 1ms가 걸린다.

(a) 이 나선형 동작의 한 피치(pitch) 값은 얼마인가?

(b) 이 장치가 2π 라디안을 돌 때, 몇 개의 프로젝션을 측정하는가?

(c) 60cm의 몸통을 스캔하는 데 얼마나 걸리겠는가?

라돈 변환

6.3 라돈 변환이 선형 연산자(linear operator)임을 보이라.

6.4 $f(x-x_0, y-y_0)$의 라돈 변환이 $g(\ell-x_0\cos\theta-y_0\sin\theta, \theta)$임을 보이라.

6.5 $f(x, y) = \exp(-x^2-y^2)$의 2D 라돈 변환 $g(\ell, \theta)$를 구하라[힌트 : 적분의 간소함을 위해 $f(x, y)$의 회전 대칭적(rotational symmetry)인 특징을 이용하라].

6.6 함수 $h_\ell(\ell)h_\theta(\theta)$에서 $h_\theta(\theta)$가 상수가 아니면 2D 라돈 변환에 의해 $g(\ell, \theta)$로 나타낼 수 없음을 보이라.

6.7 (a) 2D 함수 $f(x, y) = \cos 2\pi f_0 x$의 2D 라돈 변환 $g(\ell, \theta)$를 구하라. 필터드 백프로젝션은 정확한 재구성 영상을 제공함을 보이라.

(b) $f(x, y) = \cos 2\pi a\, x + \cos 2\,\pi\, b\, y$와 $f(x, y) = \cos 2\pi(ax + by)$에 대하여 (a)의 과정을 반복하라.

6.8 1세대 CT스캐너가 정사각형 모양의 물체(예 : 한 변의 길이가 1)를 영상화하는 데 사용되었다. 이 물체는 공기로 둘러싸여 있고, 일정한 선형감쇠계수 μ_0를 갖는다. 좌표계는 물체의 중심이 중점에 오도록 되어 있으며, x와 y축은 물체의 표면과 평행하다.

(a) 선형감쇠함수 $\mu(x, y)$를 수학적으로 표현하라[힌트 : 직사각형 함수를 사용하라].

(b) $\mu(x, y)$의 푸리에 변환은 무엇인가?

(c) 프로젝션 $g(\ell, \theta)$와 $\mu(x, y)$의 수학적 관계를 구하라(관찰된 엑스선 빔 강도를 사용하여 계산하라).

(d) 프로젝션–슬라이스 정리을 사용하여 $G(\varrho, \theta)$를 구하라.

(e) $g(\ell, \theta)$의 표현을 구하기 위한 $G(\varrho, \theta)$의 푸리에 역변환을 구하라.

(f) $g(\ell, 30°)$(축을 포함)와 그 백프로젝션 영상 $b_{30°}(x, y)$를 그리라.

6.9 라돈 변환의 콘볼루션의 다음 특성을 증명하라.

$$\mathcal{R}\{f * h\} = \mathcal{R}\{f\} * \mathcal{R}\{h\}.$$

CT 재구성

6.10 '단위 정사각 함수(unt square function)'는 다음과 같이 주어진다.

$$s(x, y) = \begin{cases} 1 & -1 \le x \le 1,\ -1 \le y \le 1 \\ 0 & \text{나머지 구간} \end{cases}.$$

$g_s(\ell, \theta)$를 $s(x, y)$의 2D 라돈 변환이라 하자.

(a) $g_s(\ell, \theta + \pi/2) = g_s(\ell, \theta)$를 증명하라.

(b) $g_s(\ell, -\theta) = g_s(\ell, \theta)$를 증명하라.

(c) $-\infty < \ell < +\infty$, $0 \leq \theta < \pi/4$의 범위에서 $g_s(\ell, \theta)$를 알고 있을 때, $-\infty < \ell < +\infty$, $0 \leq \theta < \pi$의 범위에서 $g_s(\ell, \theta)$를 표현하라.

(d) $\theta = 0$, $\theta = \pi/8$, $\theta = \pi/4$일 때, $g_s(\ell, \theta)$를 그리라.

(e) $0 \leq \theta < \pi/4$에서의 $g_s(\ell, \theta)$의 표현을 구하라.

6.11 물체의 질량(mass)은 다음과 같이 정의된다.

$$m = \int_{-\infty}^{\infty} \int_{-\infty}^{\infty} f(x,y)\, dx dy$$

그리고 질량 중심(center of mass)은 $c = (c_x, c_y)$로 정의된다. 여기서,

$$c_x = \frac{1}{m} \int_{-\infty}^{\infty} \int_{-\infty}^{\infty} x f(x,y)\, dx dy,$$

$$c_y = \frac{1}{m} \int_{-\infty}^{\infty} \int_{-\infty}^{\infty} y f(x,y)\, dx dy.$$

프로젝션 질량(mass of a projection)은 다음과 같이 정의된다.

$$m_p(\theta) = \int_{-\infty}^{\infty} g(\ell, \theta)\, d\ell$$

그리고 프로젝션 질량의 질량 중심은 다음과 같이 정의된다.

$$c_p(\theta) = \frac{1}{m_p(\theta)} \int_{-\infty}^{\infty} \ell g(\ell, \theta)\, d\ell.$$

(a) $m_p(\theta) = m$임을 보이라.

(b) $c_p(\theta) = c_x \cos \theta + c_y \sin \theta$임을 보이라.

(c) 삼각함수는 다음과 같이 정의된다.

$$f(x,y) = \begin{cases} 1 & 0 \leq y \leq 1 - |x| \\ 0 & \text{나머지 구간} \end{cases}.$$

삼각함수에서 $m_p\left(\frac{\pi}{4}\right)$와 $c_p\left(\frac{\pi}{4}\right)$를 구하라.

6.12 $(x, y) = (2, 0)$, $(2, 2)$에 작은 금속 알갱이가 2개가 놓여 있고, $(0, -2)$에서 $(0, 0)$까지 와이어가 연결되어 있는 물체가 있다.

(a) 이 물체를 그리라.

평행빔 구조의 각 측선상 위치(lateral position) ℓ에서는 N개의 광자가 방출되고 있다. 편의를 위해, 각 금속들은 어떤 각으로든 입사하는 1/2의 광자를 멈추게 한다고 가정하자.

(b) $\theta = 0°$, $\theta = 90°$일 때, 예측되는 광자의 수를 ℓ의 함수에 대하여 그리라.

(c) $\theta = 0°$, $\theta = 90°$일 때, 프로젝션을 그리라.

(d) $\theta = 0°$일 때, 백프로젝션 영상을 그리라. (필터는 없다)

6.13 원점이 중심이고 한 변의 길이는 a이며, 이 중 한 변은 x축에 평행한 그림 P6.1과 같은 정삼각형의 물체가 있다. 이 물체의 선형감쇠계수 μ는 상수이며, 1G CT에 의해 영상화된다. 여기서 $\mu = 1$, $a = 6$이다.

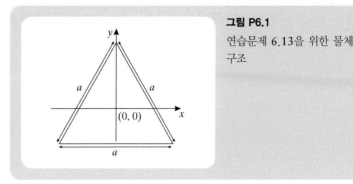

그림 P6.1
연습문제 6.13을 위한 물체 구조

(a) 프로젝션 $g(\ell, 60°)$의 공식을 찾고 그리라.

(b) $g(\ell, 60°)$에서 $b_{60°}(0, a/4)$의 값을 구하라.

(c) $F(\varrho \cos 60°, \varrho \sin 60°)$를 구하라.

6.14 필터드 백프로젝션에서 램프 필터(ramp filter)에 대한 $\tilde{c}(\ell)$의 근사치를 구하기 위해서, 다음과 같이 주어진 폭이 ϱ_0인 삼각 윈도우 함수에 $|\varrho|$를 곱하였다.

$$W(\varrho) = \begin{cases} 1 - \dfrac{|\varrho|}{\varrho_0} & |\varrho| \le \varrho_0 \\ 0 & \text{나머지 구간} \end{cases}.$$

(a) 필터 $\tilde{c}(\ell)$의 근사치에 대한 값을 유도하라.

(b) $\varrho_0 \to \infty$일 때, 일어나는 일을 설명하라.

6.15 다음을 증명하라.

$$\int_0^{2\pi} \int_0^\infty \varrho G_\theta(\varrho) e^{j2\pi \varrho \omega \cdot x} \, d\varrho \, d\theta = \int_0^\pi \int_{-\infty}^\infty |\varrho| G_\theta(\varrho) e^{j2\pi \varrho \omega \cdot x} \, d\varrho \, d\theta.$$

6.16 다음 문제에서 주어진 백프로젝션의 합산 영상에서 무엇이 '잘못' 되었는가?

$$f_b(x, y) = \int_0^\pi g(x \cos \theta + y \sin \theta, \theta) d\theta,$$

그리고 맞게 고치라.

(a) 2D 델타 함수 $\delta(x, y)$의 2D 라돈 변환이 $\delta(\ell)$임을 보이라(힌트 : 프로젝션–슬라이스 정리을 사용하라).

(b) $\delta(x, y)$의 백프로젝션 합산 영상이 $\dfrac{1}{\sqrt{x^2 + y^2}}$임을 보이라[힌트 : 극좌표 (r, ϕ)에서 (x, y)로 표현하고, 매우 작은 θ에 대해서는 $\sin\theta \approx \theta$이며, $\delta(a\ell) = \delta(\ell)/|a|$라는 사실을 이용하라].

(c) $\delta(x - x_0, y - y_0)$의 백프로젝션 합산 영상이 $1/\sqrt{(x - x_0)^2 + (y - y_0)^2}$임을 보이라. 즉, 백프로젝션 합산 연산자는 이동 불변성임을 보이라.

(d) $f_b(x, y) = f(x, y) * (1/\sqrt{x^2 + y^2})$임을 보이라.

(e) 원칙적으로, $f_b(x, y)$로부터 $f(x, y)$를 구하는 방법을 설명하라. 당신의 접근법에서 예상되는 문제점은 무엇인지 설명하라.

6.17 얻어진 각 프로젝션 $g(\ell, \theta)$(ℓ 함수의 관점에서)를 가지고 백프로젝션 영상 $b_\theta(x, y)$를 구할 수 있다.

(a) $b_\theta(x, y)$에 대한 공식을 쓰라.

알고 있는 프로젝션은 $g(\ell, 30°) = e^{-|\ell|}$뿐이라고 가정한다.

(b) $b_{30°}(1, 2)$의 값은 얼마인가?

(c) $b_{45°}(1, 2)$의 값을 결정할 수 있는가? 그렇다면 무엇인가? 혹은 그렇지 않다면 왜 그런가?

(d) $b_{210°}(1, 2)$의 값을 결정할 수 있는가? 그렇다면 무엇인가? 혹은 그렇지 않다면 왜 그런가?

(e) $b_{30°}(x, y)$를 그리라.

$g(\ell, \theta)$는 다음 값들이 알려져 있을 때만 구해진다. $g(nT, \theta)$, $-\infty < n < \infty$.

(f) 샘플링한 프로젝션 $g(n, 30°)$로부터 $b_{30°}(1, 2)$의 값을 결정할 수 있는가? 그렇다면 무엇인가? 혹은 그렇지 않다면 왜 그렇지 않은지 설명하고, 근사값을 제시하라.

(g) 샘플링한 프로젝션 $g(n, 30°)$로부터 $b_{30°}(2, 1)$의 값을 결정할 수 있는가? 그렇다면 무엇인가? 혹은 그렇지 않다면 왜 그렇지 않은지 설명하고, 근사값을 제시하라.

6.18 팬빔 구조에서, 램프 필터에 의해 충족되는 다음 관계식을 증명하라.

$$c(D' \sin \gamma) = \left(\frac{\gamma}{D' \sin \gamma} \right) c(\gamma).$$

영상 화질

6.19 CT에서, 각 프로젝션은 실제로 미소 크기의(infinitesimal) 펜슬빔 대신에 너비가 W인 일정한 주사 광선(scanning beam)을 사용하여 얻어진다. CBP가 사용되었을 때, 함수 $f(x, y)$의 추정 결과 $\hat{f}(x, y)$를 구하라.

6.20 지름 20cm의 실린더형의 물에 잠겨 있는 병소의 감쇠계수는 물의 감쇠계수와 5%의 차이를 갖고 있을 때 병소의 CT 재구성 SNR(신호 대 잡음 비)을 구하라. 촬영 선원 (scanned source)은 프로젝션당 0.1R(뢴트겐)으로 100개의 프로젝션을 제공하기 위해 사용된다. 검출기와 빔의 크기는 2.0mm×2.0mm이다. 재구성 필터에 대한 적절한 가설을 세우라. $\bar{\mu} = 0.15\text{cm}^{-1}$이고 검출기들은 서로 맞닿아 있다. 또한 1R은 $2.5 \times 10^{10}/\text{cm}^2$의 광자를 포함하고 있다고 가정하자.

6.21 Joe는 새로운 CT 스캐너를 설계하고 있다. 하나의 선원과 D개의 검출기로 구성된 팬빔 구조이다. M각도들을 사용하고, $N \times N$ 픽셀로서 영상을 재구성하며,

$D = M = N$의 법칙을 엄격히 따른다. 각 검출기의 폭 d는 D개의 검출기로 1m의 검출기 어레이를 채우기 위해 가능한 크게 설계한다. 재구성 램프 필터는 폭이 $\varrho_0 = 1/d$인 직사각형 윈도우 함수를 사용한다.

(a) Joe는 명암대조비 $C = 0.005$이며, 물($\overline{\mu} = 0.15\,\text{cm}^{-1}$)에 잠겨 있는 병소의 SNR이 적어도 20dB이 되기를 원한다. $D = M = N = 300$일 때, SNR 기준을 만족하기 위해서 검출기에 요구되는 최소의 프로젝션당 광자의 개수는 몇 개인가?

(b) 환자의 단면적은 $0.125\,\text{m}^2$이다(각 팬빔 사이에 완전히 누워 있다). 2.5×10^{10}개의 광자가 조직 $1\,\text{cm}^2$을 지나갈 때, 환자는 1R에 노출된다고 하자. 또한 rad로 표현되는 환자의 흡수선량은 뢴트겐으로 표현되는 조사선량과 같다고 생각하자. (a)에서 요구하는 SNR 기준을 만족하기 위한 최대 D는 얼마인가? 또한 전체 단면적에 대한 총 흡수선량이 2rad 이하가 되기 위한 최대 D는 얼마인가(환자에 의한 감쇠는 무시하며 검출기는 100%의 효율을 가진다)?

6.22 당신에게 주어진 문제는 3세대 CT의 SNR을 최적화하기 위해 고정된 길이 L을 가지는 검출기 어레이에 맞도록 검출기의 개수를 결정하는 일이다.

(a) 근사적인 램프 필터를 $\tilde{c}(\ell) = \mathcal{F}^{-1}\{|\varrho|W(\varrho)\}$로 가정하라. 여기서 $W(\varrho)$은 단일측 주파수 영역(single-side bandwidth) ϱ_0를 갖는 사각 윈도우 함수이다. $\varrho_0 = \min[d^{-1}, \varrho_{\max}]$이라고 가정하라. 여기서 d는 검출기 폭(width)이며, $\varrho_{\max}$는 고정된 상수이다. 프로젝션 개수 M이 $1.5D$로 주어졌다고 가정하라. D의 함수로 SNR의 값을 표현하라.

(b) $J \times J$ 픽셀 재구성 영상의 위신호 효과를 피하기 위해 $\varrho_{\max} = J/(2L)$를 선택하였다. 또한 검출기의 개수를 $1 \leq D \leq J$ 범위로 제한하였다. 최대의 SNR을 갖기 위한 D값은 무엇인가?

6.23 기계적 결함을 안고 있는 1세대 CT 스캐너가 있다. 각 프로젝션 각에서, $\ell = 0$일 때, 0값이 측정된다. 이제 균일 디스크를 촬영하려고 한다.

(a) 시노그램을 구하라.

(b) 재구성 영상은 무엇처럼 보이겠는가?

(c) 스캐너가 $\ell = \ell_0$에서 0을 측정한다면, 재구성 영상은 무엇처럼 보이겠는가?

응용 및 고급 주제

6.24 $f(x, y) = \sum_{j=1}^{n} f_j \phi_j(x, y)$이다. i번째 선적분을 $g_i = \int_{L_i} f(x, y)ds$, $i = 1, \cdots, m$으로 정의하며, i번째 측정된 잡음이 v_i일 때, 선적분은 $y_i = g_i + v_i$, $i = 1, \cdots, m$이다. 또한 아래 벡터들을 다음과 같이 정의한다. $f = [f_1 \cdots f_n]^T$, $y = [y_1 \cdots y_m]^T$, $v = [v_1 \cdots v_m]^T$. 행렬의 표기에서 H가 $m \times n$의 행렬일 때, 측정값은 $y = Hf + v$로 주어진다.

(a) (i, j)에서의 H값 H_{ij}를 구하라.

(b) 이상적인 세계에서는 $v = 0$, $m = n$ 그리고 H^{-1}이 존재한다. 이런 경우에는 다

음 식이 f의 정확한 재구성을 제공한다. $f = H^{-1}y$(라돈 변환은 고려하지 않는다). 다음의 경우들이 의미하는 바를 설명하라.

   (1) H^{-1}는 존재하나 $v \neq 0$이다.

   (2) $v = 0$이나 $m < n$이다.

   (3) $v = 0$이나 $m > n$이다.

(c) $m > n$이고 H의 위수(rank)는 n이다. $\hat{f}$의 표현식과 $E = (y - Hf)^{\mathsf{T}}(y - Hf)$를 최소로 하는 벡터 값을 구하라(힌트 : E를 전개하고 f의 각 요소들에 관하여 미분한 다음, 각각을 0으로 둔다. 답을 행렬 꼴을 사용하여 표현하고 f를 풀라).

(d) 전형적인 시스템에서는 256×256픽셀의 재구성 영상과 360×512선적분 측정값을 갖는다. 주어진 크기에서, 위의 방법으로 영상을 재구성하는 데 가장 큰 어려움은 무엇인가?

6.25 $0 \leq \theta \leq \pi/4$에서 단위 정사각 지시 함수(unit square indicator function)의 2차원 라돈 변환 $g_\theta(\ell)$을 구하라.

$$f(x, y) = \begin{cases} 1 & -1/2 \leq x, y \leq 1/2 \\ 0 & \text{나머지 구간} \end{cases}.$$

(a) $0 < \theta < \pi/4$일 때, 몇 θ에 대하여 $g_\theta(\ell)$을 그리라.

(b) $\int_{-\infty}^{\infty} g_\theta(\ell)\, d\ell$을 구하라.

(c) $\theta = 0$, $\theta = \pi/2$에서의 두 각도에서의 프로젝션만 가능하다고 할 때, 근사적 백프로젝션 합산 영상 $\hat{f}_b$의 표현식을 구하고, 결과를 그리라.

(d) 일반적으로 유한한 개수의 프로젝션만이 주어졌을 때, $f(x, y)$를 완벽하게 재구성하는 것이 가능한가? 설명하라.

6.26 1세대 CT 스캐너는 그림 P6.2의 물체를 영상화하기 위해서 사용된다(공기에 둘러 쌓여 있다). $E > 100\text{keV}$일 때,

$$\mu_1(E) = 1.0 \exp -E[\text{keV}]/100[\text{keV}]\ \text{cm}^{-1},$$
$$\mu_2(E) = 2.0 \exp -E[\text{keV}]/100[\text{keV}]\ \text{cm}^{-1}.$$

각 입사 광자는 다색광(polychromatic)이지만, 오직 두 가지 광자 에너지만을 갖는다고 가정하자. 100keV에서는 10^6개의 광자가 있고, 140keV에서는 0.5×10^6개의 광자가 있다.

(a) 엑스선 버스트의 입사 강도를 계산하라.

(b) 이 문제에서는 검출기의 크기를 무시한다. $\theta = 0°$에서 측정된 프로젝션의 강도 I_d를 x에 대한 함수로 구하고 그리라.

(c) 측정된 프로젝션 $I_d(x)$에서 중앙 정사각형의 국소 명암대조도(local contrast)를 계산하라. 프로젝션 $g(\ell, 0)$의 국소 명암대조도는 무엇인가?

(d) 검출기는 1cm의 너비를 갖는다고 하자. 이 경우에 측정된 프로젝션 $I_d(x)$[x는 연속 변수이다]를 구하고 그리라. 이 변화가 국소 명암대조도에 영향을 미치는가? 설명하라.

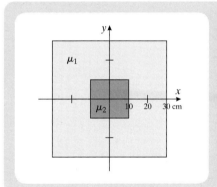

그림 P6.2
연습문제 6.26을 위한 물체 구조

6.27 CT시스템이 각 $\theta_i = \pi i/M$, $i = 0, \cdots$, $M-1$에서 $f(x, y)$의 M개의 평행빔 프로젝션을 얻도록 설계되어 있다. 이 시스템(ℓ에서는 연속하게 설계되어 있다)에 의해 측정된 프로젝션 집합은 M-프로젝션 라돈 변환(M-projection Radon transform)이 다음과 같이 되도록 정의된다.

$$\mathcal{D}_M f = \{g(\ell, \theta_i) \mid i = 0, \ldots, M-1\},$$

여기서, $g(\ell, \theta_i) = \iint f(x, y)\delta(x\cos\theta_i + y\sin\theta_i - \ell)dxdy$는 각 θ_i에서의 프로젝션이다.

(a) $\mathcal{D}_4 f$를 결정하기 위해 필요한 4개의 검출기 어레이 위치를 보여 주는 그림을 그리라.

(b) $\mathcal{D}_M f$를 아는 것은 $f(x, y)$의 푸리에 변환 $F(u, v)$에 관한 부분적인 정보를 제공한다. $F(u, v)$가 주어진 $D_4 f$일 때, $u-v$평면에서 점들의 집합을 보여 주는 그림을 그리라. 각 부분을 증가시키는 프로젝션이 어떤 것인지 말하라.

(c) $G_1 = \mathcal{D}_M f_1$이라 하자. $f_2 = \cos 2\pi f_x x \cos 2\pi f_y y$, $f_x = \cos(3\pi/16)$, $f_y = \sin(3\pi/16)$일 때, $G_2 = \mathcal{D}_M(f_1 + f_2)$라 정의하자. $M = 4$일 때, $G_1 = G_2$임을 보이라.

(d) f_2가 위와 같이 주어질 때, $G_1 \neq G_2$이기 위한 M의 최솟값을 찾으라.

(e) (c)의 결과는 한 함수를 M-프로젝션 라돈 변환 없이 원 함수에 더할 수 있다는 것을 의미한다. 이러한 함수를 유령 함수(ghost function)라고 부른다. 이 이론에서, $\mathcal{D}_M f$의 유령 함수가 없도록 M을 충분히 크게 만드는 것이 가능한가? 설명하라. 실제로는 어떠한가?

(f) 관측에서 효과적으로 프로젝션을 저주파 필터링(low-pass filtering)하는 큰 검출기를 사용하고 있다. f_2가 여전히 유령함수인가? 설명하라.

6.28 그림 P6.3에서 보이는 것과 같이, 한 변의 길이가 20cm인 정사각형 3개로 구성된 물체가 있다. 세 정사각형의 가운데 정사각형의 중심이 원점이다. 각각의 선형감쇠계수는 순서대로 $\mu_1 = 0.1\text{cm}^{-1}$, $\mu_2 = 0.2\text{cm}^{-1}$, $\mu_3 = 0.3\text{cm}^{-1}$이다. 평행빔이 사용된다고 가정하자.

그림 P6.3

연습문제 6.28을 위한 물체 구조

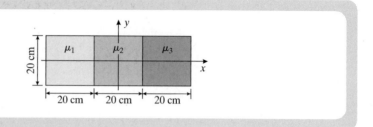

(a) $g(\ell, 0°)$를 구하라.

(b) $g(\ell, 90°)$를 구하라.

(c) $g(\ell, 45°)$를 구하라. 축에 유의하면서 이를 그리라.

(d) $b_{45°}(x, y)$를 그리고 $b_{45°}(1, 1)$의 값을 구하라.

지금부터는 3세대 CT 스캐너를 사용한다. 선원과 검출기 사이의 거리는 1.5m이다.

(e) 그림에서 보이는 물체 전체를 영상화하기 위한 최소의 원형 관측시야는 얼마인가? 이 관측시야를 커버하기 위한 최단 검출기 어레이의 길이는 얼마인가?

(f) 검출기 어레이는 256개로 구성되어 있다. CT의 '경험 법칙(rule of thumb)'을 사용하면, 얼마나 많은 각이 얻어지는가? 재구성 영상의 픽셀 크기는 얼마인가(영상은 전체 시야를 다룬다)?

6.29 한 변의 길이가 40cm인 물체는 1세대 CT스캐너에 의해 영상화된다.

(a) 선원과 검출기에는 어떤 종류의 콜리메이터가 사용되어야 하는가?

(b) 물체 전체를 다루기 위한 최소의 원형 관측시야는 얼마인가?

(c) 최소의 각 증가율은 0.25°이고, CT '경험 법칙'을 엄격하게 따른다고 할 때, 각각 몇 개의 선적분을 측정해야 하는가? 재구성 영상이 관측시야를 다룰(cover) 만큼만 크다고 하면, 픽셀의 크기는 얼마인가?

(d) 재구성 영상의 잡음이 심하다는 것을 알았다. 0.25°의 각 증가율을 변화시키지 않고, 경험 법칙을 위배하지 않으면서 SNR을 두 배로 증가시키는 것이 가능한가?

(e) 물체는 상수의 선형감쇠계수 0.1cm^{-1}를 갖는다. $g(\ell, 45°)$를 축에 유의하면서 그리라.

(f) $b_{45°}(x, y)$를 그리고 $b_{45°}(10, 10)$의 값을 구하라.

6.30 CT 스캐너를 설계 중에 있으며, $M = D = J$ 규칙을 따르고 $\varrho_0 = 1/d$이다. 직경 60cm의 원형 관측시야를 갖기 위해, 영상은 한 변의 길이가 60cm인 정사각형이다.

(a) 시스템이 1mm 간격의 두 점 선원을 구분하기 위해서, 픽셀 영역에 대한 위치와 상관없이 적어도 1개의 정사각형 픽셀이 이 안에 있어야 한다. 사용해야 하는 최소한의 검출기 개수는 얼마인가?

0.8mm 너비의 925개의 검출기를 나란히 늘어 놓기로 하였다. 또한 엑스선원은 검출

기 어레이의 중앙으로부터 180cm 떨어진 곳에 두었다(물론, 검출기 어레이와 수직이다).

(b) 관측시야가 팬(fan)의 범위 안에 있는가? 설명하라.

$\bar{\mu} = 0.2\text{cm}^{-1}$이고 각 프로젝션에서 평균적으로 1.5×10^{11}개의 광자가 검출기 어레이에 도달한다.

(c) 선형감쇠계수가 0.25cm^{-1}인 종양 덩어리의 SNR 근사값은 몇 dB인가?

6.31 슬립링 기능(엑스선 튜브와 검출기가 연속적으로 360° 회전)을 가진 중고 3세대 CT 스캐너를 운 좋게 얻었다고 가정해 보자. 오직 하나의 검출기 채널만이 작동 가능하다는 점을 제외하고는 모든 것이 잘 작동한다. 다행히 데이터를 얻기 위해서는 다른 검출기로 채널을 바꿀 수 있지만, 하나의 엑스선 튜브의 펄스마다 하나의 검출기만을 사용할 수 있다. 튜브는 밀리초(millisecond)당 하나의 펄스를 연속적으로 방출한다. 갠트리는 초당 한 바퀴 회전한다. 팬빔의 모양은 그림 P6.4에서 보이는 바와 같다.

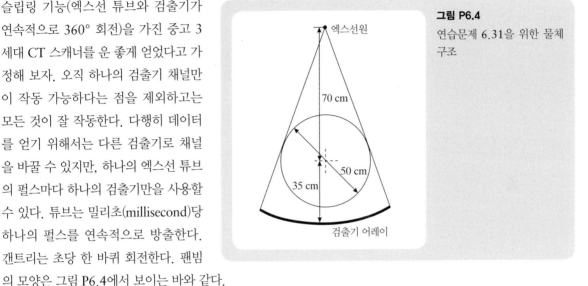

그림 P6.4
연습문제 6.31을 위한 물체 구조

(a) 그림으로부터 팬의 각을 결정하라.

(b) 그림의 검출기 어레이는 703개의 검출기로 구성되어 있다. 검출기 사이 간격을 결정하라.

(c) 갠트리가 반 시계 방향으로 한 바퀴 돌 때, 중앙의 검출기에서만 데이터를 (가능한 빠르게) 얻는다고 하자(엑스선원이 꼭대기에 있을 때부터 다시 엑스선원이 꼭대기로 돌아왔을 때까지). 어떤 선적분들이 얻어지는가? 시노그램 다이어그램에서 회전으로 얻어진 데이터의 궤도를 그려라. 어떤 선적분들이 반복되는가? 설명하라.

(d) 왼쪽 아래의 검출기를 통해서만 데이터가 얻어진다고 하자. 갠트리는 가능한 빠르게 돌고 엑스선 튜브는 펄스를 발산하며, 반 시계 방향으로 한 바퀴 돈다. 이번에는 어떤 선적분들이 얻어지는가? 시노그램 다이어그램에서의 궤적(trajectory)을 그리고 반복되는 선적분이 있는지 여부를 설명하라.

(e) (c)와 (d)를 기반으로 중복 없이 시노그램을 스캔할 수 있는 전략을 고안하라. 대략 CT '경험 법칙'을 따른 시노그램을 얻기 위해 필요한 회전 수는 얼마인가? 설명하라.

(f) 이 CT가 환자를 스캔하는 데 절대 사용되지 말아야 하는 이유는 무엇인가?

6.32 물체의 움직임은 CT 영상에서 왜곡을 야기할 수 있다. 이는 물체의 움직임이 물체에 대한 적절하지 않은 라돈 변환을 제공하기 때문에 발생한다. 레이는 평행하다.

(a) $\delta(x, y)$의 라돈 변환이 $\delta(\ell)$임을 증명하라. 이 시노그램을 그리라.

(b) 다음의 정리를 증명하라.

$$\mathcal{R}f(x - x_0, y - y_0) = g(\ell - x_0 \cos\theta - y_0 \sin\theta, \theta).$$

(c) $\delta(x-1, y)$의 라돈 변환을 구하라. 이 시노그램을 그리라.

$\theta \in [0, \pi/2]$에서 스캐너가 데이터를 얻는 동안, 물체는 $\delta(x, y)$이고 $\theta \in [\pi/2, \pi]$에서 스캐너가 데이터를 얻는 동안, 물체는 $\delta(x-1, y)$이다. 달리 말해서, 물체는 $(0, 0)$에서 $(0, 1)$까지 스캔되는 동안 움직였다.

(d) 스캔에서 얻어지는 시노그램을 그리라.

(e) 다음 식을 증명하라.

$$\int_{-\infty}^{\infty} \ell g(\ell, \theta) d\ell = q_x \cos\theta + q_y \sin\theta,$$

여기서

$$q_x = \int_{-\infty}^{\infty}\int_{-\infty}^{\infty} x f(x, y) dx dy,$$

$$q_y = \int_{-\infty}^{\infty}\int_{-\infty}^{\infty} y f(x, y) dx dy.$$

(f) 물체가 움직일 때, 스캐너에서 얻어진 시노그램은 어떤 물체의 라돈 변환도 될 수 없음을 보이라.

6.33 그림 P6.5(a)의 그래프는 광자 에너지에 따라 들어오는 다색 엑스선원의 에너지 스펙트럼과 물질의 선형감쇠계수를 표현한 그래프이다.

그림 P6.5
연습문제 6.33

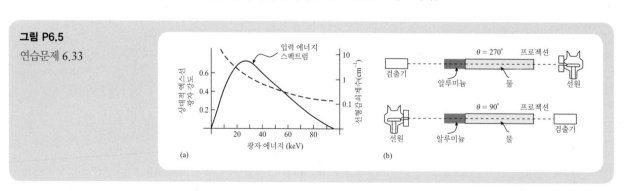

(a) 물질을 통과한 후, 엑스선 빔의 에너지 스펙트럼을 그리고 설명하라.

(b) 한 물체가 1세대 CT 스캐너에 의해 영상화된다. 그림 P6.5(b)에서 보이는 바와 같이, 같은 물체를 영상화하는 동안, 선원과 검출기가 두 가지의 다른 위치에 있다. 이 두 가지 측정 방법이 이상적으로는 같아야 하는 이유와 실제로는 그렇지 않은 이유를 설명하라.

(c) 두 가지 측정 방법이 서로 다르다는 사실은 CT 영상 재구성에서 왜곡을 야기한다. 이러한 잡음을 줄이는 방법 중 하나는 에너지가 다른 두 가지의 다른 엑스선 스펙트럼으로 측정하는 것이다. 같은 엑스선 튜브를 사용해서 두 가지 다른 방법으로 측정하는 법을 설명하라.

(d) 이중 에너지 CT라고 불리는 이 방법은 교정이 필요하다. 아래 표에서 주어진 두 가지 입사 에너지 스펙트럼을 사용하면 두 가지 시험 물체(그림 P6.6)로 네 가지의 측정이 가능하다. 표의 값들은 모두 선적분 값이다(엑스선 강도나 광자의 수가 아니다). g_{c1}^L이 g_{c1}^H보다 큰 이유를 설명하라.

그림 P6.6
연습문제 6.33

	구조 1	구조 2
고에너지(keV)	$g_{c1}^H = 2.2$	$g_{c2}^H = 4.3$
저에너지(keV)	$g_{c1}^L = 3.16$	$g_{c2}^L = 6.79$

(e) 75keV(단색광)의 엑스선원이 있다. μ(알루미늄, 75keV) $= 0.7\mathrm{cm}^{-1}$, μ(물, 75keV) $= 0.1866\mathrm{cm}^{-1}$일 때, 위 두 가지 구조에서, g_{c1}^{75}와 g_{c2}^{75}의 선적분을 구하라.

(f) 교정을 위해 계수들은 고에너지와 저에너지 스펙트럼을 사용한 측정값들이 결합되어 75keV의 단색 엑스선원으로부터 값을 예측할 수 있는 선형방정식이 될 수 있도록 결정되어야 한다. (e)의 결과로부터 식이 다음과 같을 때, 계수 a^L과 a^H를 구하라.

$$g_{c1}^{75} = a^L g_{c1}^L + a^H g_{c1}^H,$$
$$g_{c2}^{75} = a^L g_{c2}^L + a^H g_{c2}^H.$$

(g) 한 임의의 물체에서, 이중 에너지 CT 스캐너는 2개의 시노그램 $g^L(\ell, \theta)$, $g^H(\ell, \theta)$을 얻는다. 주어진 시노그램에서 재구성한 물체, μ(물체, 75keV)를 수학적으로 표현하라.

핵의학 영상

개요

이 책의 II부에서 영상을 형성하기 위하여 인체를 투과하는 광자들을 이용한 2개의 영상 기법인 투사 방사선 촬영(projection radiography)과 컴퓨터 단층 촬영(computed tomography : CT)에 대해서 살펴보았다. III부 핵의학(nuclear medicine)에서는 인체 내부로부터 방출되는 광자들을 이용한 영상 기법에 대해 다룰 것이다.

핵의학에서는 투사 방사선 촬영과 CT와는 다르게 물질의 체내 분포에 의한 생물학적인 작용이 주된 관심이 된다. 물질의 각 분자는 방사성 원소(radioactive atom)로 표지(label)되어 있다. 여기서 방사성 원소의 방사성 붕괴(radioactive decay)에 의해 방출되는 전리 방사선(ionizing radiation)은 체내 분자의 분포를 결정하는 데 이용되며, 전리 방사선 그 자체는 핵의학적 관심사가 아니다. 방사성 동위원소로 표지된 물질인 방사성 추적자(radiotracer)의 체내 분포가 인체의 생리학적·생화학적 기능에 의해 결정되기 때문에 핵의학은 기능성 영상 기법으로 여겨지며, 그림 III.1은 이러한 특성을 보여 준다. 그림 III.1(a)는 전신 골 주사(bone scan) 영상을 보여 주며, 영상의 명암 차이는 뼈의 신진 대사 작용을 반영한 방사성 추적자의 분포에 비례한다(방사성 추적자는 궁극적으로 신장을 통해 대사되기 때문에 영상의 중간에 위치한 방광에 방사능의 핫 스팟이 존재한다). 그림 III.1(b)는 상응하는 해당 영역에서 다른 환자로부터 촬영된 방사선 투과 영상을 보여 준다. 이 책의 II부에서 설명한 바와 같이 방사선 투과 영상에서 영상의 명암은 뼈와 기타 조직들을 투과한 엑스선의 흡수 차이를 반영한다.

일반적으로 방사성 추적자는 정맥주사, 흡입 또는 경구 투여를 통해 환자의 체내로 주입된다. 핵의학 영상 장비는 인체 내부에 존재하는 방사성 동위원소의 분포를 측정하여 기능적 영상을 구성하는데, 이러한 영상들은 특정 질환마다 다른 영상을 보여 준다.

통상적으로 수많은 방사성 추적자들이 핵의학에서 사용되기 때문에 실제로 다양한 핵의

그림 Ⅲ.1
(a) 핵의학 방출 영상과 (b) 방사선 투과 영상[(a) Harvey Ziessman, MD, Johns Hopkins University and Hospital. (b) courtesy of GE Healthcare에서 제공]

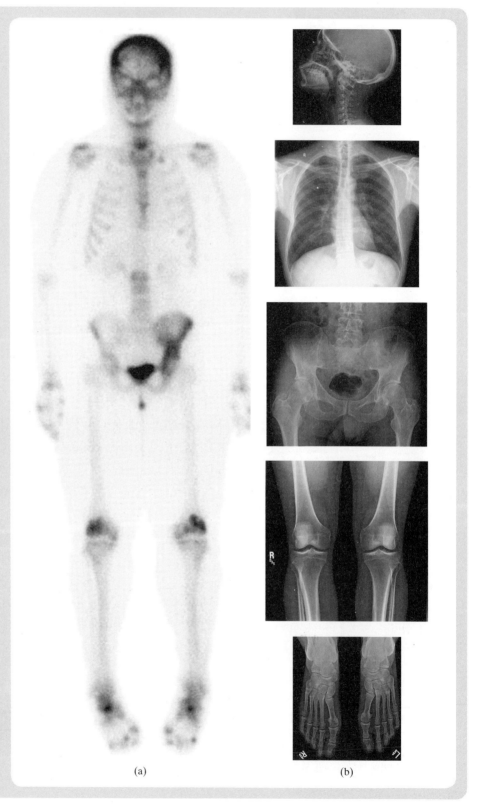

(a)   (b)

학 연구에서 인체 내부의 생리학적 과정이나 장기의 기능을 평가할 수 있다. 과거에는 핵의학 기술이 실험용 동물들에게만 허용되었으나, 현재는 인체의 기능적 영상을 얻는 데 사용된다. 방사성 추적자들의 체내 분포를 정확하게 측정하기 위해서 고분해능, 고감도를 가진 핵의학 영상 장비들이 개발되어 왔다. 디지털 영상 처리 기법은 핵의학에서 영상의 향상뿐만 아니라 생리학적 기능에 대한 정보의 획득에도 중요한 역할을 하고 있다.

핵의학 영상은 내과 전문의가 특정 장기에 대한 생리학적·생화학적 기능 정보를 필요로 할 때 이용된다. 예를 들면, 골 주사와 심근관류 영상(myocardial perfusion imaging)은 핵의학에서 가장 일반적으로 사용되는 영상 기법이다. 그림 Ⅲ.1(a)와 같이 골 주사는 뼈들의 신진대사 작용을 보여 주고, 그림 Ⅲ.1(b)와 같은 방사선 투과 영상으로부터 얻어지는 해부학적 정보를 보완한다. 즉, 골 주사는 치료 과정 동안의 능동적인 신진대사를 보여 주고, 방사선 투과 영상은 골절 상태를 보여 준다. 마찬가지로 관상 동맥들의 해부학적 구조를 영상화한 투사 방사선 촬영 기법인 관상동맥조영술(coronary angiography)은 심근에 혈액을 공급하는 혈관들을 나타내는 반면, 심근관류 영상은 근육 내 혈류의 분포를 보여 준다. 그림 Ⅲ.2는 핵의학 기법인 심근관류 영상으로 혈류를 따라 심근에 분포된 특정 방사성 추적자의 분포를 보여 준다. 이 단층 영상은 3차원 단일 광자 방출 컴퓨터 단층 촬영(3D single-photon

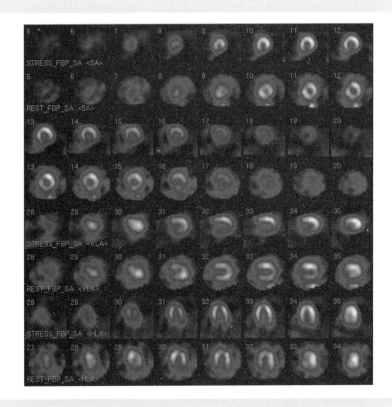

그림 Ⅲ.2
SPECT를 통한 심근관류 영상. 상위 4열 : 짧은 축 단층 영상. 다음 2열 : 수평 장축 단층 영상. 아래 2열 : 수직 장축 단층 영상[Harvey Ziessman, MD, Johns Hopkins University and Hospital에서 제공]

그림 Ⅲ.3

전신 FDG-PET 영상. 왼쪽 : 전면 재투사 영상, 중앙 : 후면 재투사 영상, 오른쪽 : 좌측면 재투사 영상(Harvey Ziessman, MD, Johns Hopkins University and Hospital에서 제공)

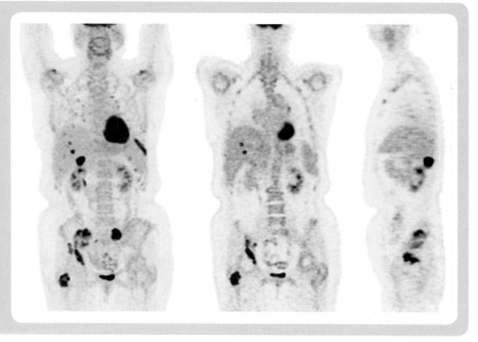

emission computed tomography : SPECT)에 의해 획득된 것으로 심장의 좌심실이 최대 혈류량을 가지므로 영상에서 가장 두드러져 보인다.

이와는 반대로, 그림 Ⅲ.1(a)는 핵의학에서 **평면 영상**(planar image) 또는 **평면 섬광계수법**(planar scintigraphy)이라고 불리는 투사 영상이다.

CT가 투사 방사선 촬영에 근거한 3차원 단층 촬영 기법(3D tomographic modality)인 것처럼, SPECT는 평면 섬광계수법을 기본으로 하는 3차원 핵의학 영상 기법이다. 그림 Ⅲ.2에서 상위 4열은 **짧은 축 단층 영상**(short axis slices)이고, 다음 2열은 짧은 축에 직교하는 **수평 장축 단층 영상**(horizontal long axis slices)이며, 아래 2열은 짧은 축과 수평 긴 축에 수직하는 **수직 장축 단층 영상**(vertical long axis slices)이다. 이러한 단층 영상들은 전신의 장축이 아닌, 심장을 기준으로 배열한 것이다.

핵의학 영상의 가장 진보된 형태는 특정 방사성 추적자와 기기들을 이용하는 **양전자 방출 단층 촬영**(positron emission tomography : PET)이다. 그림 Ⅲ.3은 글루코스 신진대사를 반영하는 포도당 유도체 불소 화합물(fluorine-18-labeled deoxyglucose : FDG)의 분포를 나타낸 전신 PET 주사의 전면, 후면 및 좌측면 재투사 영상을 보여 준다. FDG-PET 영상은 암의 발견 및 진행 단계에 초점을 맞춘 가장 일반적인 PET 영상으로, 이 재투사 영상들은 3차원으로 재구성된 데이터로부터 형성된다.

7 핵의학의 물리학

7.1 서론

핵의학은 생리적·생화학적 과정들의 시공간적인 분포를 추적하기 위해 체내에 주입되는 방사성 의약품(radiopharmaceutical)에 의존하며, 방사성 의약품은 일반적으로 생리적 또는 생화학적 과정에 영향을 주지 않을 정도의 매우 적은 양이 주입된다. 미량의 이러한 방사성 의약품은 인체에 주입되고 인체의 기능을 추적하는 역할을 수행하므로, 일반적으로 **방사성 추적자**라고 불린다. 방사성 의약품은 화학적 화합물(단어의 'pharmaceutical' 부분)과 방사성 원소(단어의 'radio' 부분)로 구성되며, 방사성 원소가 방사성 붕괴를 겪게 되면 방사선은 인체를 통과함으로써 방출된다. **섬광 카메라**(scintillation camera)와 같은 외부 영상 기기들은 환자로부터 방출되는 방사선 신호들을 기록하고, 2차원 평면 영상 또는 단층 촬영 영상들을 제공한다.

투사 방사선 촬영 또는 CT와는 달리 핵의학 영상에서는 특정 방사성 추적자를 이용하여 서로 다른 생리적·생화학적 기능들을 영상화할 수 있다. 투사 방사선 촬영 또는 CT와 같은 투과 영상 기법에서의 신호 특성은 특정 영상과 기기 변수들에 의존하는 반면, 정보의 기본적인 유형은 영상에 따라 변하지 않고 오직 조직의 감쇠 특성에만 의존한다. 하지만 핵의학에서 사용하는 여러 종류의 방사성 추적자들은 확연히 다른 생리학적 또는 생화학적 기능들을 가지고 각기 다른 영상을 생성하므로 그 자체가 제공하는 기본 정보들 역시 각각 다르다. 또한 영상을 만들기 위한 방사선이 인체를 통해 투과하는 것이 아니라 체내에 위치하는 방사성 원소로부터 발생되므로 핵의학 영상은 **방출** 영상이라 불린다.

7장에서는 방사성 핵종, 방사성 붕괴 그리고 핵의학 영상의 기초가 되는 방사성 방출에 대한 물리적 현상들을 알아보자.

7.2 명칭

4장에서 언급했듯이 원자는 핵자(nucleons)로 불리는 양성자와 중성자로 구성된 핵과 궤도를 선회하는 전자로 구성되어 있고, 모든 원자는 양성자와 중성자의 수에 의해 구별된다. 원자번호(atomic number) Z는 어떤 원소의 원자핵에 있는 양성자의 수와 같고, 질량수(mass number) A는 어떤 원소의 원자핵에 있는 양성자와 중성자를 합친 수이다. 이와 같이 원자번호와 질량수로 규정된 원자핵의 종류를 핵종(nuclide)이라고 하는데 만약 특정 핵종이 방사성 물질이고 방사성 붕괴를 일으킨다면 이러한 것들을 방사성 핵종(radionuclide)이라고 한다. 핵종들은 일반적으로 $_Z^A X$ 또는 X-A로 표시되는데, X는 원소 기호를 나타낸다.

동일한 원자번호와 다른 질량수(중성자의 수가 다름)를 가진 원자들을 동위원소(isotope)라고 한다. 예를 들어 C-11은 양전자 붕괴(positron decay)에 의해 붕괴되는 C원자의 동위원소이며 9장에서 다룰 PET에서 사용된다. 동위원소들은 동일한 수의 양성자와 전자들을 가지기 때문에, 화학적으로 동일한 성질을 가진다. 같은 질량수를 가지지만 원자번호가 다른 원자들은 동중원소(isobar)라고 한다. 예를 들어, C-11은 B-11로 붕괴하는데, 이 둘은 동중원소이다. 같은 수의 중성자를 가지는 원자들은 동중성자원소(isotone)라고 하고, 동일한 원자번호와 질량수를 가지지만 에너지 준위가 다른 원자들은 핵이성원소(isomer)라고 한다.

위에서 소개한 핵종 관련 용어들은 핵의학을 공부하는 데 있어서 매우 중요하다. 특정 원소의 방사성 동위원소들은 핵의학에서 전리 방사선원의 역할을 하기 때문에 특정 핵종의 선택은 매우 중요하다

7.3 방사성 붕괴

7.3.1 질량 결손과 결합 에너지

원자를 구성하는 양성자, 중성자, 전자들의 각 질량의 합은 원자 전체의 실제 질량보다 크다. 여기서 원자 구성 요소들의 질량의 합과 원자의 실제 질량 사이의 차이를 질량 결손(mass defect)이라고 한다.

예를 들어, 안정된 C-12는 각각 6개의 양성자와 중성자 그리고 전자들을 가지고 있다. 원자 단위에서 원자의 질량은 원자질량단위(unified atomic mass units) u로 표현되며, 1u는 정확히 C-12 원자 질량의 1/12이다. 양성자의 질량은 1.007276u, 중성자의 질량은 1.008665u 그리고 전자의 질량은 0.000548u이므로 C-12의 질량 결손은(6 ×

$1.008665) + (6 \times 1.007276) + (6 \times 0.000548) - 12 = 0.098934u$이다.

아인슈타인의 유명한 관계식 $E = mc^2$은 질량과 에너지의 관련성을 나타내는 수식으로 물질과 에너지는 생성 또는 파괴될 수 없고, 단지 다른 형태로 전환된다는 것을 나타낸다. 아인슈타인 방정식에서 질량은 에너지와 관련이 있기 때문에, 원자로부터의 질량 결손과 동일한 양의 에너지 손실이 생긴다. 여기서 손실된 **결합 에너지**(binding energy)는 $E = \Delta mc^2$을 이용하여 계산할 수 있고, Δm은 질량 결손 그리고 c는 빛의 속도(3×10^8m/s)를 나타낸다.

이 책에서 사용되는 단위는 **전자볼트**(eV)인데, 이것은 진공에서 전자 1개가 1V의 전압 전위에 의해 가속되어 움직일 때 얻게 되는 운동 에너지의 양으로 정의된다. $E = mc^2$에 의하면 1u는 931MeV와 같다.

일반적으로, 무거운 핵종은 더 많은 질량 결손을 보이고 그 결과 더 큰 결합 에너지를 가진다. 그러므로 총 결합 에너지 그 자체보다 핵자당 결합 에너지를 고려하는 것이 더 적합하다. 예를 들어, C-12의 질량 결손이 0.098934u이고, 결합 에너지는 $0.098934 \times 931 = 92.1$MeV이므로 핵자당 결합 에너지(결합 에너지/핵자)는 $92.1/12 = 7.67$MeV/nucleon이 된다. 질량수에 따른 핵자당 결합 에너지에 대한 그래프는 그림 7.1에 나타나 있

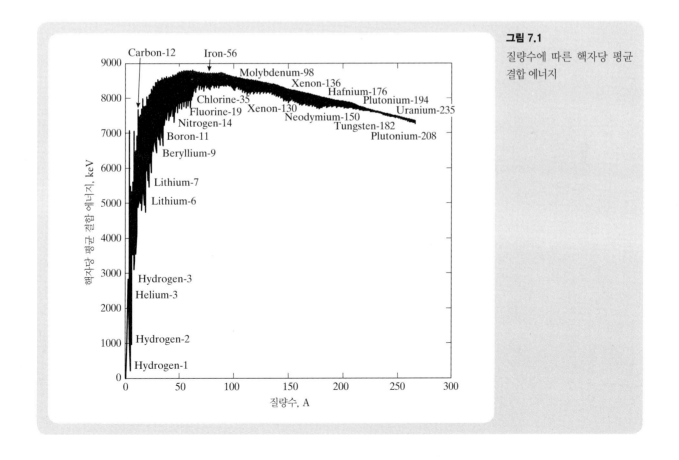

그림 7.1
질량수에 따른 핵자당 평균 결합 에너지

다. 결합 에너지는 핵 내의 양성자와 중성자 그리고 핵 외의 궤도 전자(orbiting electron)에 영향을 준다. 정전기 인력(electrostatic attractive force)은 핵에서 양전하를 가지는 양성자들과 음전하를 가지는 궤도 전자들처럼 서로 정반대의 전하를 가지는 입자들 사이에 존재한다. 내각 궤도 전자에는 이탈하려는 전자의 힘보다 더 큰 인력이 핵으로부터 작용한다. 원자로부터 전자를 완전히 제거하기 위한 에너지는 전자결합 에너지(electron binding energy)로서, 내각 궤도 전자의 경우 핵으로부터 인력이 더 크게 작용하기 때문에 핵과 가까운 궤도에 위치한 전자일수록 보다 큰 전자결합 에너지가 필요하다.

　핵 내의 양성자들은 왜 서로 밀어내려고 하는 것인가? 일반적으로, 정전기 척력은 같은 전하를 가지는 입자들 사이에 존재하는데, 양성자의 경우 핵의 지름보다 더 먼 거리로 분리되었을 때 서로 반발하는 척력이 작용한다.

　그러나 핵의 지름보다 가까운 거리에서는 중성자와 양성자 사이에 핵력(nuclear force) 또는 강한 인력이 작용한다. 핵에서 양성자와 중성자가 분리되기 위해 필요한 에너지는 핵 결합 에너지(nuclear binding energy)이다.

　방사성 붕괴는 원자가 안정화되기 위해 핵 내의 양성자와 중성자를 재배열하는 과정이다. 방사성 붕괴는 자발적으로 일어나고, 붕괴 과정에서 에너지가 방출된다. 방사성 붕괴의 결과, 방사성 모 원자(parent atom)가 가지는 에너지보다 작은 고유 에너지를 가지는 딸 원자(daughter atom)가 생성된다. 이러한 에너지의 변화는 위에서 논의한 핵 결합 에너지에 반영되는데, 결합 에너지는 원자로부터 손실된 에너지의 양이므로 딸 원자는 모 원자보다 더 높은 핵자당 결합 에너지를 가진다.

7.3.2 안정선

자연에서 발견된 양성자와 중성자들의 서로 다른 결합들은 안정된 비방사성 핵종과 불안정한 방사성 핵종들로 나눌 수 있다. 일반적으로 모든 핵자들의 수와 양성자 대 중성자 비는 핵종의 안정 또는 불안정한 상태를 결정한다.

　양성자와 중성자의 비를 나타낸 그래프에서 원자번호가 작은 원자핵은 양성자와 중성자의 수가 같을 때 안정되어 있고, 원자번호가 큰 원자핵은 중성자의 수가 양성자의 수보다 많을 때 안정하다. 그림 7.2의 곡선은 안정한 핵종들을 나타내는 안정선(line of stability)이다. 일반적으로 불안정한 방사성 핵종은 안정선에서 멀리 떨어져 존재한다. 방사성 핵종들은 방사성 붕괴를 통해 양성자 대 중성자의 비가 변하고 안정선에 가까워진다.

　핵자당 결합 에너지가 클수록 더 안정한 원소이다. 따라서 방사성 붕괴는 원자가 핵자당 결합 에너지를 증가시키면서 안정화되는 과정이다. 방사성 붕괴를 통해 모 원자가 딸 원자를 생성하는데, 딸 원자는 항상 모 원자보다 핵자당 결합 에너지가 더 높다.

　그림 7.1 또한 방사성 붕괴에서 모 원자와 딸 원자 사이의 관계를 이해하는 데 도움을 준다.

　예를 들어, radon-222는 radium-226의 딸 원자이며, radium-226은 radon-222

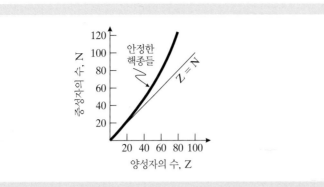

그림 7.2
안정선에 놓인 안정한 원소들은 양성자/중성자 배열을 가진다.

를 생성하기 위해 다음과 같은 방사성 붕괴를 겪는다. 붕괴하는 동안 알파 입자는 radium-226 원자의 핵으로부터 원자의 초과된 에너지를 가지고 방출된다. radium-226과 radon-222의 핵자당 결합 에너지는 각각 7.96과 7.99MeV/nucleon이다.

7.3.3 방사능

방사능(radioactivity)은 방사성 원소가 1초당 붕괴하는 수로 나타내고, 방출되는 방사선의 종류 또는 에너지와 무관하다. 방사능의 일반적 단위는 Ci이고, $1\,\text{Ci} = 3.7 \times 10^{10}\text{dps}$이며 dps(disintegrations per second)는 초당 붕괴를 의미한다.

$$1\,\text{Ci} = 3.7 \times 10^{10}\,\text{Bq}. \tag{7.1}$$

방사능의 국제 단위는 Bq로 표시하고, $1\,\text{Bq} = 1\text{dps}$이며 $1\,\text{Ci} = 3.7 \times 10^{10}\text{Bq}$이다. 핵의학에서 사용되는 핵종들의 방사능은 일반적으로 mCi 또는 MBq 정도이다.

예제 7.1

방사선원으로부터 거리 r만큼 떨어져 있는 검출기에 입사하는 방사선의 강도(intensity)는 다음과 같이 주어진다.

$$I = \frac{AE}{4\pi r^2},$$

여기서 A는 물질의 방사능이고, E는 각 광자의 에너지이다.

문제 1mCi의 방사능을 가진 Tc-99m로부터 20cm 떨어진 곳에서의 방사선 강도는 얼마인가?

해답 표 7.1에서 Tc-99m의 광자 에너지는

$$E = 140\,\text{keV}.$$

이다.

방사능은 $A = 1\text{mCi} = 3.7 \times 10^7 \text{Bq}$이므로 선원으로부터 20cm 떨어진 곳에서의 방사선 강도는

$$I = \frac{3.7 \times 10^7\ \text{Bq} \times 140\ \text{keV}}{4\pi (0.2\ \text{m})^2} = 1.03 \times 10^{10}\ \frac{\text{keV}}{\text{sec} \cdot \text{m}^2} .$$

이다.

7.3.4 방사성 붕괴 법칙

단위 시간당 붕괴하는 원자의 수 또는 방사능은 존재하는 방사성 원소의 수에 비례하므로 식 (7.2)에서 N은 방사선원 내 방사성 원소들의 수를 나타낸다.

$$-\frac{dN}{dt} = \lambda N, \tag{7.2}$$

여기서 λ는 비례 상수가 되고, 붕괴 상수(decay constant)라고 한다. 붕괴 상수의 단위는 1/시간이고, 주어진 방사성 핵종의 고유 상수가 된다. 시간 $t = 0$일 때의 원자의 수를 N_0로 가정하면, 어떤 시간 t에서 원자의 수 N_t는 식 (7.3)의 수식을 이용하여 구할 수 있다.

$$N_t = N_0 e^{-\lambda t} . \tag{7.3}$$

방사선원의 방사능 A는 단위 시간당 붕괴하는 원자의 수로 정의된다(방사선원의 방사능 A를 질량수 또는 면적소와 혼동하지 말 것). 식 (7.2)와 식 (7.3)에 A를 취해 주면 다음과 같다.

$$A = -\frac{dN}{dt} = \lambda N, \tag{7.4}$$

그리고

$$A_t = A_0 e^{-\lambda t} . \tag{7.5}$$

일반적으로 식 (7.3) 또는 (7.5)를 방사성 붕괴식(radioactive decay law)이라고 한다. 여기서 초기값 N_0 또는 A_0와 곱해지는 인수를 붕괴 인수(decay factor : DF)라고 하고 다음과 같이 주어진다.

$$\text{DF} = e^{-\lambda t} . \tag{7.6}$$

반감기(half-life) $t_{1/2}$는 방사능(방사성 원소의 개수)이 1/2로 줄어드는 데 걸리는 시간을 나타내며, 다음과 같이 정의된다.

$$\frac{A_{t_{1/2}}}{A_0} = \frac{1}{2} = e^{-\lambda t_{1/2}}. \tag{7.7}$$

양 변에 자연로그를 취하여 재배열하면 다음과 같다.

$$t_{1/2} = \frac{0.693}{\lambda}. \tag{7.8}$$

따라서 반감기와 붕괴 상수는 고정된 관계를 갖는다. 붕괴 상수와 마찬가지로, 반감기는 주어진 방사성 핵종에 대한 상수이다.

예제 7.2

두 방사성 핵종 P와 Q가 있다. P의 반감기는 Q의 반감기의 2배이고, $t = 0$일 때 $t_{1/2}^P = 2t_{1/2}^Q$라고 가정하자. 또한, 두 방사성 핵종 모두 N_0개의 원자를 갖고 있다.

문제 두 방사성 핵종의 방사능은 언제 동일해지는가?

해답 $t_{1/2}^P = 2t_{1/2}^Q$이므로, 두 방사성 핵종의 붕괴 상수는 $\lambda_P = \lambda_Q/2$의 관계를 갖는다. 따라서 $t = 0$일 때, P와 Q에 대한 방사성 핵종은 다음과 같다.

$$A_0^P = \lambda_P N_0 \qquad \text{그리고} \qquad A_0^Q = \lambda_Q N_0 = 2A_0^P.$$

방사능 붕괴 법칙에 의해서 다음과 같은 관계식을 얻을 수 있다.

$$A_t^P = A_0^P e^{-\lambda_P t} \qquad \text{그리고} \qquad A_t^Q = A_0^Q e^{-\lambda_Q t} = 2A_0^P e^{-2\lambda_P t}.$$

그리고 A_t^P와 A_t^Q를 동일시함으로써, t에 대한 식으로 정리할 수 있다.

$$e^{-\lambda_P t} = 2e^{-2\lambda_P t}.$$

따라서 $t = \frac{\ln 2}{\lambda_P} = t_{1/2}^P$일 때 두 방사성 핵종의 방사능은 동일해진다.

7.4 붕괴 유형

여러 가지 유형의 방사성 붕괴는 다양한 전리 방사선을 생성하기 때문에 매우 중요하다. 중요한 네 가지 방사성 붕괴는 (1) 알파 입자를 방출하는 알파 붕괴(alpha decay), (2) 베타 입자를 방출하는 베타 붕괴(beta decay), (3) 양전자를 방출하는 양전자 붕괴(positron decay), (4) 감마선을 방출하는 핵이성체 전이(isomeric transition) 등이다. 또한 방사성 붕괴 과정에서 방출되는 전리 방사선은 크게 입자 방사선(particulate radiation)과 전자기 방사선(electromagnetic radiation)으로 나눌 수 있다. 방사성 붕괴로 생성되는 주요한 입자 방사선으로는 알파, 베타, 양전자 등이 있다. 알파 입자는 2개의 양성자와 2개의 중성자로 이루어져 있고, 베타 입자는 원자의 핵으로부터 생성된다는 사실만 제외하면 전자와 동일하다. 양전자는 양전하를 갖는 전자이다. 방사성 붕괴로 생성되는 전자기 방사선에는 감마선이 있다. 이 중에서 우리는 의학영상에 사용되는 양전자와 감마선만을 다룰 것이다.

7.4.1 양전자 붕괴와 전자 포획

양성자 대 중성자의 비율이 작은 핵종은 안정화되기 위해서 전자 포획(electron capture) 또는 양전자 붕괴 과정을 거쳐야 하는데, 이러한 과정이 발생하지 않더라도 양성자가 중성자로 변환하면 핵종은 안정화된다. 양전자 β^+는 양전자 붕괴 과정에 의해 방출된다.

$$p \to n + \beta^+ + \nu,$$

여기서 p는 양성자, n은 중성자 그리고 ν는 중성미자(neutrino)를 나타낸다. 예를 들면 C-11은 양전자를 방출하고 B-11로 붕괴된다.

$$^{11}_{6}C \to {}^{11}_{5}B + \beta^+ + \nu.$$

양전자는 +1의 양전하를 가지고 전자와 같은 정지 질량(rest mass)을 갖는다. 양전자와 함께 방출되는 중성미자는 질량과 전하가 없는 소립자(subatomic particle)이다. 양전자 붕괴 과정을 갖는 핵종에서 양전자와 중성미자 총합의 운동 에너지는 일정하다. 그러나 양전자와 중성미자 사이에서 이러한 총 에너지의 구분은 방출 때 마다 다르다.

양전자와 전자가 만나면 특이한 원자 과정이 발생한다. 방출된 양전자는 물질 내에서 수 밀리미터를 움직이고 운동 에너지를 잃게 되는데, 이 운동 에너지는 베타 입자나 에너지를 갖는 전자와 같이 충돌과 방사성 전이(radiative transfer)를 통해 물질에 전달된다. 양전자가 조직 내의 자유전자(free electron)와 충돌하면 양전자가 전자의 반물질(antimatter electron)이기 때문에 상호 간 소멸 현상이 발생하고, 에너지 보존 법칙에 의해 511keV의 에너지를 갖는 한 쌍의 소멸 광자(annihilation photon)가 생성된다. 511keV의 에너지는 $E = mc^2$으로부터 구할 수 있는 전자 또는 양전자의 정지 질량 에너지이다. 또한 운동량 보존 법칙에 의해 두 광자는 서로에 대해 180° 방향으로 방출된다.

양전자 붕괴를 거친 원자들은 선택적으로 또 다른 하나의 붕괴를 할 수 있는데, 이는 핵이 실제로 전자를 포획하는 것이다.

$$p + e^- \to n + \nu.$$

일반적으로 내각 궤도(K 또는 L 궤도)의 전자들이 포획되는데, 이들은 핵으로부터 가장 근접한 궤도 전자들이다. 방사성 핵종 선원은 시간적으로 볼 때 일부 시간에는 전자 포획을 하고, 다른 시간에는 양성자 붕괴를 거친다. 그러나 원자는 두 가지 유형 중 한 번에 한 가지 붕괴만을 하게 된다.

7.4.2 핵이성체 전이

방사성 핵종은 원자번호와 질량수가 같은 더 안정적인 핵종으로 붕괴될 수도 있다. 모 핵종과 딸 핵종 모두 같은 원소일 뿐만 아니라 동위원소일 수도 있다. 이러한 경우, 모 핵종은 일반적으로 에너지 준위가 높은 준안정 상태(metastable state)로 존재하고 여분의 에너지는 감마선의 형태로 방출한다. 4장을 상기해 보면 감마선은 우리에게 친숙한 엑스선과 실제적으로 구분하기가 어렵다[대부분의 감마선이 엑스선보다 더 높은 에너지를 가짐에 따라 파장과 에너지를 기반으로 감마선과 엑스선을 구분하기도 하지만 감마선은 핵으로부터 엑스선은 전자구름(electron cloud)으로부터 각각 발생되므로 발생원으로 구분하는 것이 바람직하다].

핵이성체 전이의 한 예는 다음과 같다.

$$\text{Cs-137} \rightarrow \text{Ba-137m} \rightarrow \text{Ba-137} + \gamma , \tag{7.9}$$

여기서 γ는 Ba‑137m이 Ba‑137로 붕괴될 때 방출되는 662keV의 감마선 광자를 나타내고, Ba‑137m의 'm'은 준안정 상태를 나타낸다.

7.5 붕괴 통계

방사성 붕괴는 무작위 과정(random process)이라고 할 수 있다. 만약 정확히 N_0개의 원자를 갖는 동일한 2개의 방사성 핵종들을 가지고 반감기의 1,000분의 1의 시간 동안 붕괴 수(number of decay)를 측정하는 두 가지 실험을 수행한다면 틀림없이 서로 다른 결과를 얻게 될 것이다. 이렇게 상이한 결과들은 실험 오차에 의한 것이 아니고 본질적으로 무작위 성질을 갖는 방사성 붕괴 때문이다. 이는 7.3, 7.5절에서 다뤄졌던 방사성 붕괴 법칙이 평균을 기반으로 이해되어야 한다는 것을 말해 준다. 방사성 붕괴 법칙은 순간의 정확한 원자의 수 또는 방사능의 양을 예측하는 것이 아니고 그 평균값을 예측하는 것이다.

많은 수의 방사성 원소 및 반감기보다 매우 적은 시간에 대한 방사성 붕괴의 무작위 성질은 3.4.3절에 처음 소개했던 푸아송 분포(Poisson distribution)를 따르며 그 수식은 다음과 같다.

$$\Pr[N = k] = \frac{a^k e^{-a}}{k!} , \tag{7.10}$$

여기서 a는 분포 매개 변수이다. 이는 **확률 질량 함수**(probability mass function)로 실험에서 무작위 변수 N이 k가 될 확률을 나타낸다. 푸아송 무작위 변수의 평균과 분산이 식

(3.53)과 식 (3.54)에서 언급했던 분포 매개 변수 a와 동일하다는 사실을 알 수 있다.

예를 들어, N_0개의 방사성 원소가 긴 반감기를 가지고 있다고 가정해 보자. 짧은 시간 Δt 동안에 이 원자의 아주 작은 일부가 붕괴하기 때문에 우리는 이 시간 동안의 N_0는 상수라고 가정할 수 있다. 방사성 붕괴 법칙으로부터 짧은 시간 동안 정확히 $\Delta N = \lambda N_0 \Delta t$만큼의 붕괴가 일어날 것으로 기대할 수 있다[식 (7.2) 참조]. 실제로 반복 측정을 통해서 붕괴 수가 고정된 값이 아닌 변화하는 값이라는 것을 알게 될 것이다. 또한 붕괴의 **평균값**이 예상 값에 가까운 것도 알 수 있을 것이다. 이 값은 실제 방사성 붕괴의 무작위 성질을 나타내는 푸아송 분포의 평균값으로 대체될 수 있다. 이 실험을 위해 다음과 같은 수식을 구할 수 있다.

$$a = \lambda N_0 \Delta t,$$

$$\Pr[\Delta N = k] = \frac{(\lambda N_0 \Delta t)^k e^{-\lambda N_0 \Delta t}}{k!}. \tag{7.11}$$

극히 짧은 시간 동안 붕괴가 일어나지 않을 확률을 구하기 위해서 식 (7.11)에 $k = 0$을 대입하면 다음과 같다.

$$\Pr[\Delta N = 0] = e^{-\lambda N_0 \Delta t}, \tag{7.12}$$

매우 작은 Δt에 대해서는 식 (7.13)으로 표현되기도 한다.

$$\Pr[\Delta N = 0] \approx 1 - \lambda N_0 \Delta t. \tag{7.13}$$

매우 짧은 시간 동안 한 번의 붕괴 혹은 붕괴가 전혀 일어나지 않을 경우, 확률의 합은 1이 되어야 하므로 $\lambda N_0 \Delta t$를 N_0개의 방사성 원소가 Δt 동안 한 번 붕괴하는 확률로 나타낼 수 있다. 여기서 방사성 붕괴 상수 λ를 이해하는 또 다른 방법으로 λ를 짧은 단위 시간 동안 방사성 원소당 방사성 붕괴 확률로 생각할 수 있다.

만약 Δt가 매개 변수로서 변경될 수 있다면, 식 (7.11)은 **푸아송 계수 과정**(Poisson counting process)으로 알려진 시간에 따라 변하는 $\Delta N(\Delta t)$의 특성을 나타낸다. 이와 같은 방법을 이용하여 일정 시간 동안 발생되는 붕괴 수를 측정할 수 있다. 이 경우 λN_0의 크기는 **푸아송 비**(Poisson rate)로 알려져 있다[예제 3.7 참조]. 이는 초당 붕괴 수를 나타내는 단위로서 푸아송 과정(Poisson process)에서는 강도(intensity)의 한 유형으로 생각될 수 있다. 또한 붕괴 과정에 방사능 A의 양을 나타내기도 한다. 그러나 푸아송 과정은 방사성 핵종의 반감기보다 매우 적은 시간 동안에 일어난다는 것을 명심하여야 한다. 반면에 방사성 붕괴는 매우 긴 시간 동안의 방사능 A의 변화를 나타내는 것이다.

예제 7.3

환자의 검사를 위한 영상을 얻기 위해서는 10분 내에 적어도 350만 개의 광자를 측정하여야 한다.

문제 처음 1초 동안 6,000개의 광자를 측정한다고 가정하자. 검사가 성공하기 위해서 방사성 핵종의 반감기는 최소 얼마가 되어야 하는가?

해답 처음 1초 동안 측정되는 광자의 수는

$$\Delta N = \int_0^1 \lambda N_0 e^{-\lambda t} dt = N_0(1 - e^{-\lambda}) = 6 \,\text{K}.$$

10분 안에 적어도 350만 개가 필요하므로

$$\Delta N = \int_0^{600} \lambda N_0 e^{-\lambda t} dt = N_0(1 - e^{-600\lambda}) \geq 3,500 \,\text{K}.$$

위의 두 식을 이용하면

$$\frac{1 - e^{-600\lambda}}{1 - e^{-\lambda}} \geq \frac{3,500}{6}.$$

다시 부등식을 풀면

$$\lambda \leq 9.45 \times 10^{-5} \,\text{s}^{-1}.$$

최소 반감기는

$$t_{1/2} = \frac{0.693}{9.45 \times 10^{-5} \text{Sec}^{-1}} = 7,333 \,\text{s} \approx 2 \,\text{hr}.$$

7.6 방사성 추적자

알려진 방사성 핵종은 약 1,500개로 그중 200여 개가 구매 가능하다. 그러나 핵의학에 사용할 수 있는 것은 단지 12개 정도이며 그 이유는 다음과 같다. 첫째, '순수한' 감마선 방사체(emitter)가 필요하며, 순수한 감마선원은 알파나 베타 입자를 방출하지 않는다(알파와 베타입자들은 환자의 체외로 방출되지 않기 때문에 영상 형성에 도움이 되지 않고 환자가 받게되는 방사선량만을 증가시킨다). 양전자 방사체 또한 핵의학의 적용에 적합한데, 이는 양전자가 즉각적으로 전자와 함께 소멸되어 감마선을 방출하기 때문이다. 둘째, 투사 방사선 촬영이나 CT에서 영상 명암대조도(image contrast) 형성을 위해 방사선의 감쇠(attenuation)가 필요하지만 이와 다르게 핵의학에서는 방사선 감쇠가 없는 것이 더 좋다. 그 이유로 핵의학에서는 방사체의 위치를 측정해야 하기 때문이다. 방사선의 감쇠는 환자가 받는 선량을 증가시킬 뿐만 아니라 동시에 측정해야 하는 신호를 감소시킨다. 이러한 요건들로 인해 핵의학에 사용되는 감마선의 에너지는 높아야 하고 인체에 의해 작은 감쇠만을 거치고 투과되어야 한다. 반면에 감마선은 인체를 투과할 때 측정 가능할 정도로 고에너지이어야 하지만 계측기와 반응할 수 있을 정도로 낮은 에너지를 가져야 한다. 이러한 이유들로 핵의학에서 사용되는 감마선 방사체의 에너지 범위는 70~511 keV이다.

방사성 추적자의 또 다른 중요한 고려 사항은 반감기이다. 일반적으로 방사성 추적자의 반감기는 방사성 핵종의 물리적 반감기와 의약품의 생물학적 반감기에 의존한다. 이러한 생물학적 반감기는 인체의 대사 작용이나 의약품의 소멸로부터 나타난다. 유효반감기 T_e는 물리적 반감기 T_p와 생물학적 반감기 T_b로 이루어진다.

$$\frac{1}{T_e} = \frac{1}{T_p} + \frac{1}{T_b}.\tag{7.14}$$

일반적으로 우리는 초 단위가 아닌 분 단위로 영상을 얻어야 한다. 만약 방사성 핵종이 수 초 안에 붕괴한다면, 선원을 잃기 전에 화합물의 신진대사를 관찰할 수 없게 된다. 반면에 하나의 영상을 만드는 데 수 시간이 걸린다면, 환자의 움직임이 영상 형성에 심각한 문제를 줄 것이고, 원래의 대사 과정은 검사 시간 동안 인체 내의 방사성 추적자의 분포를 변화시킬 것이다. 뿐만 아니라 긴 반감기는 환자가 받는 선량을 증가시키므로 이상적인 방사성 핵종의 유효반감기는 짧아야 하지만 너무 짧아도 안 된다. 일반적으로 적당한 반감기는 약 수 분~수 시간 정도라고 할 수 있다. 일반적인 방사성 추적자의 반감기는 상대적으로 짧은 시간이 요구되기 때문에 어떤 방사성 추적자들은 근처의 방사선 약국(radiopharmacy)에서 주문하지만 대부분의 방사성 추적자들은 현장에 있는 발생기(generator) 또는 사이클로트론(cyclotron)에서 만들어진다. 흔히 사용되는 방사성 핵종의 목록과 그 특징은 표 7.1에 명시되어 있다.

방사성 핵종의 중요한 특성은 체내에서 '추적'하기에 용이하고 안전해야 하며, 방사성 핵종뿐만 아니라 첨부된 화합물 또한 그러해야 한다. 표 7.1에 표기된 몇몇 방사성 핵종은 이러한 관점에서 다른 것들보다 더 유용하다. 예를 들어, 인체에서 자연적으로 발생하는 물질인 요오드는 갑상선에 축적된다. 프로피온산나트륨(sodium salt)의 I-131 또는 I-123은 입을 통하여 복용할 수 있으며, 갑상선 기능을 평가하기 위해 사용될 수 있다. Tc-99m은 신장에서 여과된 디에틸렌 트리아민 펜타-아세트산(diethylene triamine pentaacetic acid : DTPA)을 표지하는 데 사용될 수 있고, 연속적인 영상들은 신장의 기능 평가에 사용될 수 있다. O-15에 의해 대체된 하나의 산소 원자 즉, 기체 상태의 O_2는 PET를 이용하여 혈류를 측정하고, 산소 신진대사를 평가하기 위해 사용된다. 처음 사용된 분자에 남아 있는 표지된 F-18 원자들을 제외한 포도당 유도체(fluorodeoxyglucose : FDG)는 포도당(glucose)처럼 인체에서 사용된다. 예를 들어, 뇌에서의 FDG 흡수를 영상화하는 것은 인식,

표 7.1 핵의학에서 흔히 사용되는 방사성 핵종들

	감마선 방사체		
원자번호	핵종	반감기	양전자 에너지(keV)
24	Chromium-51	28 d	320
31	Gallium-67	79.2 h	92, 184, 296
34	Selenium-75	120 d	265
38	Strontium-87m	2.8 h	388
43	Technetium-99m	6 h	140
49	Indium-111	2.8 d	173, 247
	Indium-113m	1.73 h	393
53	Iodine-123	13.3 h	159
	Iodine-125	60 d	35, 27
	Iodine-131	8.04 d	364
54	Xenon-133	5.3 d	81
80	Mercury-197	2.7 d	77
81	Thallium-201	73 h	135, 167

	양전자 방사체		
원자번호	핵종	반감기	양전자 에너지(keV)
6	Carbon-11	20.3 min	326
7	Nitrogen-13	10.0 min	432
8	Oxygen-15	2.1 min	696
9	Fluorine-18	110 min	202
29	Copper-64	12.7 h	656
31	Gallium-68	68 min	1,900
33	Arsenic-72	26 h	3,340
35	Bromine-76	16.1 h	3,600
37	Rubidium-82	1.3 min	3,150
53	Iodine-122	3.5 min	3,100

출처 : Wolbarst, 1993.

지각, 실행 작용들과 같은 정신 처리 과정의 양상을 나타내는 것으로 생각해 볼 수 있다.

감마선 방사체가 결정적으로 갖추어야 할 특성은 단일 에너지 붕괴를 해야 한다는 것이다. 단일 에너지를 방출해야 하는 이유는 에너지에 민감한 검출기가 콤프턴 산란(Compton scattering)에 의해 산란된 광자들로부터 1차 산란 광자를 구별할 수 있어야 하기 때문이다. 표 7.1에서 보듯이 일반적인 방사성 핵종의 대부분은 단일 에너지를 가진다. Tl-201과 Ga-67 같이 단일 에너지를 갖지 않는 방사성 핵종조차도 연속적인 에너지 스펙트럼을 가지는 전형적인 엑스선에 비하여, 단지 두세 개의 다른 에너지를 갖는 광자를 방출한다.

　　Tc-99m은 반감기가 67시간인 Mo-99가 포함된 발생기를 통하여 쉽게 생성되며 핵의학에서 감마선을 방출하는 방사성 핵종 중에서 가장 보편적으로 사용되는 핵종이다. Tc-99m은 체내의 다양한 생리적인 과정을 탐지하는 데 사용할 수 있는 황화 콜로이드(sulphur colloid), 글루코헵토네이트(glucoheptonate), 알부민 대응집(albumin macroaggregate) 그리고 인산염(phosphate)을 포함한 다양한 분자들과 붙어 다닌다. Tc-99m은 6시간의 반감기와 140keV의 단일 감마선 에너지를 가지고 있으며 다양한 방사성 핵종의 필요조건을 두루 갖추고 있다는 점에서 이상적인 방사성 추적자라 할 수 있다. 지금부터는 다음 장에서 설명할 평면 섬광계수법 및 SPECT와 관련되는 기기 사용에 대하여 Tc-99m이 방사선원으로서 얼마나 유용한지 예제를 통해 알아보고자 한다.

예제 7.4

Tc-99m과 Tl-201, 두 방사성 핵종을 실험에 사용하려한다. $t = 0$일 때, 두 방사성 핵종 모두 동일한 수의 원자를 가진다.

문제　Tc-99m의 계수율(count rate)이 전체 계수율의 20%보다 더 작아질 때는 언제인가?

해답　Tc-99m으로부터 방출되는 광자의 평균수는 다음 식에 의해 구할 수 있다.

$$\Delta N_{Tc}(t) = \lambda_{Tc} N_0 e^{-\lambda_{Tc}t}.$$

같은 방법으로 Tl-201은 다음과 같다.

$$\Delta N_{Tl}(t) = \lambda_{Tl} N_0 e^{-\lambda_{Tl}t}.$$

Tc-99m의 계수가 총 계수의 20%보다 더 작을 때이므로

$$4\Delta N_{Tc}(t) \leq \Delta N_{Tl}(t).$$

표 7.1로부터, 우리는 $\lambda_{Tc} = 0.693/6\text{hr}^{-1}$ 그리고 $\lambda_{Tl} = 0.693/73\text{hr}^{-1}$임을 알 수 있다. 위의 수식을 이용하여 풀이하면 다음과 같은 결과를 얻을 수 있다.

$$t = 36.65 \text{ hr.}$$

7.7　요약 및 핵심 개념

핵의학은 방사성 핵종의 방사성 붕괴에 의존하는 방사성 추적자(화학적으로 분류된 방사성 원소의 화합물)를 이용한다. 특정한 방사성 핵종의 선택과 그 작용은 방사성 추적자의 유용성에 중대한 영향을 끼친다. 이번 장에서는 다음과 같은 핵심 개념을 제시하였고, 이해해야 한다.

　1. 핵의학은 방사성 추적자의 분포를 영상화한다. 이러한 분포는 해부학적 구조에 의한 것

이 아니고, 인체의 기능에 의해 좌우된다.

2. 핵의학은 **방사성 핵종**을 이용한다. 단일 핵종으로 나타나는 방사성 원소는 자발적으로 붕괴하면서 전리 방사선을 방출한다.

3. 주어진 방사성 핵종은 방출된 전리 방사선의 유형을 결정짓는 **붕괴 방식**과 붕괴로 인해 방사성 원소의 수가 절반이 되는 데 걸리는 시간인 **반감기**에 의해 특성화된다.

4. 방사성 붕괴는 푸아송 분포에 의해 좌우되는 무작위적인 과정으로 붕괴의 통계적 특성들은 주어진 방사성 핵종의 특징인 방사성 원소의 수, 시간 그리고 **붕괴 상수**에 의해 결정된다.

5. 방사성 핵종을 사용하는 방사성 추적자는 적합한 형태의 방사선과 에너지를 방출하고, 너무 짧지도 않고 길지도 않은 반감기를 가져야 하며, 생리적 기능을 나타내기 위하여 인체 내에서 안전하게 사용될 수 있어야 한다.

참고문헌

Cherry, S.R., Sorenson, J.A., and Phelps, M.E. *Physics in Nuclear Medicine*, 4th ed. Philadelphia, PA: W.B. Saunders, 2012.

Christian, P.E. and Waterstram-Rich, K.M. *Nuclear Medicine and PET/CT: Technology and Techniques*, 7th ed. New York, NY: Elsevier/Mosby, 2012.

Rollo, F.D. *Nuclear Medicine Physics: Instrumentation and Agents*. St. Louis, MO: C. V. Mosby, 1977.

Wolbarst, A.B. *Physics of Radiology*, 2nd ed. Norwalk, CT: Appleton and Lange, 2005.

연습문제

원자의 기초

7.1 1u가 931MeV에 해당함을 증명하라.

7.2 중양자(deuteron)는 하나의 양자와 하나의 중성자로 이루어져 있으며 2.01355u의 질량을 가지고 있다. 중양자의 질량 결손과 결합 에너지를 계산하라.

방사성 붕괴와 통계

7.3 매개 변수 a를 가지는 푸아송 분포의 평균과 분산을 계산하라.

7.4 13시간의 반감기를 가지는 I-123(^{123}I) 샘플에 1×10^9개의 방사성 원자가 있다.

   (a) 초기 샘플의 방사능은 얼마인가?

   (b) 24시간 후에 얼마나 많은 방사성 원자가 존재할 것으로 예상하는가?

   (c) 24시간 후에 1×10^8개의 방사성 원자가 남아 있을 확률은 얼마인가?

7.5 예제 7.1을 참조하여, Tc-99m이 초기에 1×10^{12}의 원자를 가진다고 가정하자.

$t = 0$ 그리고 $t = 1$ 시간일 때 측정한 강도(intensity)는 얼마인가?

7.6 **(a)** 반감기가 τ라면, 방사성 샘플의 방사능이 1Ci에서 1Bq으로 붕괴되는 데 걸리는 시간은 얼마인가?

(b) 여러분이 핵의학에서 원하는 방사성 추적자의 반감기의 근사치는 얼마인가? 밀리초? 초? 분? 시간? 일? 주? 년? 답변에 대해 설명하라.

7.7 그림 P7.1에서 보이는 영상 시스템을 고려하자. $D \times D$의 면적을 가진 정방형 검출기는 x-y 평면상에 존재한다. 검출기의 중앙은 x-y 평면의 원점과 일치한다. 점 선원 S는 z축에 존재하고, 검출기 면으로부터 R의 거리만큼 떨어져 있다. 검출기의 강도는 단위 시간당 검출기의 단위 면적에 검출된 광자의 에너지로서 결정된다. 시간 $t = 0$ 일 때, 방사선원의 방사능을 A_0라 하자.

(a) 검출기 면에 있는 각 점에서의 강도를 시간의 함수로서 나타내라.

(b) 평면에서의 평균 강도를 시간의 함수로 나타내라.

그림 P7.1
방사선원과 평면 검출기로 이루어진 간단한 영상 시스템

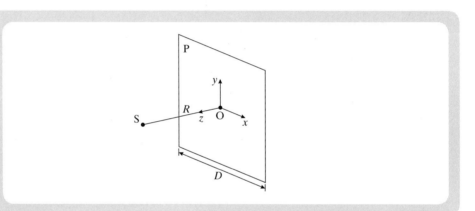

7.8 **(a)** 붕괴 인자 DF가 다음 식을 이용하여 반감기와 관련이 있다는 것을 보이라.

$$DF = e^{0.693t/T_{1/2}} .$$

(b) 방사능 샘플의 평균 존재 시간 τ는 $\tau = 1/\lambda$로 주어진다. 반감기의 관점에서 τ에 대해 수식으로 표현하라.

7.9 Tc-99m이 들어 있는 약병에 '2mCi/ml@8a.m.'이라고 표기되어 있다.

(a) 당일 오후 4시에 샘플의 방사능은 얼마인가?

(b) 환자에게 주입할 1.5mCi 주사를 준비하기 위해 당일 오후 4시에 회수되어야 하는 용량은 얼마인가?

7.10 **(a)** 10^8개의 원자들(N_0)이 방사성 붕괴를 하고 있다고 가정하자. 만약 864,000초 (10일) 후에 모 원자가 9.9212×10^6개 남았다면, 이 핵종의 반감기는 얼마인가?

(b) 만약 실험을 위한 푸아송 비(초당 붕괴 수)가 267.42라면, 0.01초 후의 평균 붕괴 수는 얼마인가?

(c) 이 시간 이후에 두 번 이상 붕괴할 확률은 얼마인가?

7.11 오후 1시 현재, 반감기가 2시간인 $^{21}_{11}\text{Ms}$를 8g 가지고 있다. 오후 5시까지 몇 번 붕괴하는가?

7.12 방사성 원소에 '3mCi/ml@8a.m.'이라고 표시되어 있다. 1시간 후 이 방사성 원소의 방사능은 1mCi/ml이다.

(a) 이 원소의 반감기는 얼마인가?

(b) 같은 날 오후 12시에 방사성 원소의 방사능은 얼마인가?

(c) 환자에게 1.5mCi의 방사능을 주입하기 위하여 같은 날 오후 12시에 추출해야 하는 양은 얼마인가?

방사성 추적자

7.13 (a) 다음에 나열된 각각의 방사성 추적자들이 의학영상에 좋은지 나쁜지 설명하라.

(i) $E\gamma = 30\text{keV}$, $t_{1/2} = 7\text{hours}$

(ii) $E\gamma = 150\text{keV}$, $t_{1/2} = 5\text{hours}$

(iii) $E\gamma = 200\text{keV}$, $t_{1/2} = 10\text{days}$

(b) $t = 0$일 때 방사능은 $4 \times 10^{10}\text{dps}$이고, 5시간 후에 1×10^{10}으로 감소한다. $t = 0$일 때의 예상되는 방사성 원자의 수를 계산하라.

7.14 의사가 특정 방사성 추적자를 사용한 SPECT 검사를 받은 환자를 참고하였다. 검사에 사용된 방사성 추적자는 실험실에서 사용할 수 없지만 동일한 방출 광자 에너지와 반감기를 가지는 타 방사성 추적자는 이용 가능하다. 방사선사는 대체할 방사성 추적자 물질을 만들 수 있는가? 이에 대하여 설명하라.

8 평면 섬광계수법

8.1 서론

진단 엑스선 영상처럼 핵의학 영상도 투사 영상(projection imaging)에서 단층 촬영 영상(tomographic imaging)으로 발전하였다. 그러나 진단 엑스선 영상과 다르게 핵의학에서의 투사 연구는 평면 섬광계수법(planar scintigraphy)이라 부르며 항상 전자적 검출기 형태의 앵거 섬광 카메라(Anger scintillation camera)를 사용한다. 단층 촬영 영상을 대체하는 단일 광자 방출 컴퓨터 단층 촬영(single photon emission computed tomography : SPECT)은 다양한 각도에서 투사 데이터를 얻기 위해 회전하는 앵거 카메라를 이용하며, 방사성 원자핵의 붕괴에 의해 단일 감마 광자를 직접 생성하는 방사성 원소로 표지된 방사성 추적자(radiotracer)를 사용한다. 또 다른 영상 기법인 양전자 방출 단층 촬영(positron emission tomography : PET)은 방사성 원자핵의 붕괴로 생성된 양전자가 즉시 소멸된 후, 2개의 감마 광자를 방출하는 원자로 분류된 방사성 추적자를 사용하여 단층 촬영을 수행하고, 투사 영상법은 사용하지 않는다. SPECT와 PET을 종합하여 방출 컴퓨터 단층 촬영(emission computed tomography)이라 부르며 다음 장에서 기술한다. 이번 장에서는 2차원 투사 영상인 평면 섬광계수법을 중심으로 다룰 것이다.

8.2 기기 구성

핵의학에서 세 가지 기본적인 영상 방식인 평면 영상(planar imaging), SPECT, PET은 논

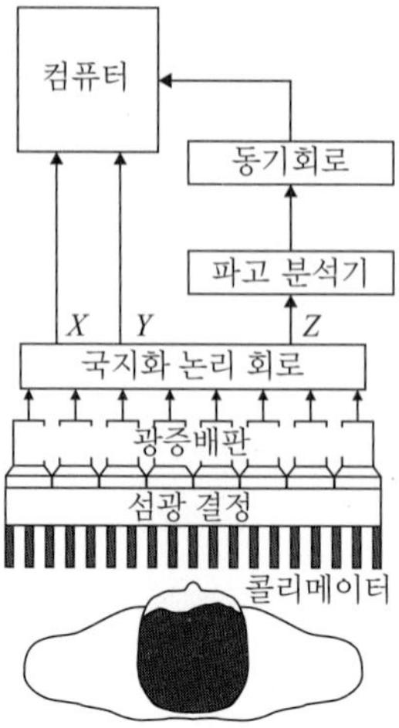

그림 8.1

앵거 섬광 카메라의 구성 요소

리적으로 두 가지 방법으로 분류할 수 있다. 평면 영상과 SPECT는 감마선 방사체를 방사성 추적자로 사용하는 반면에, PET은 양전자를 방출하는 방사성 추적자를 사용한다. 다른 한 편으로, SPECT와 PET은 CT와 같은 단층 촬영 영상 재구성 기술을 요구하지만, 평면 영상은 투사 방사선 촬영처럼 투사에 의해 영상을 구성한다. 이번 장에서는 평면 섬광계수법에 의한 계측을 설명하고, 9장에서는 SPECT에서 사용되는 평면 섬광계수법에 대해 더 자세히 설명할 것이다. 양전자 붕괴의 특수한 성질 때문에 PET 스캐너는 상당히 상이한 계측 방법을 가지므로 이 부분 또한 9장에서 설명하도록 하겠다.

Ⅲ부의 개요에서 설명한 것처럼 핵의학 영상은 방사능의 분포를 기반으로 한다. 그러므로 투사 방사선 촬영과 CT와는 달리, 핵의학에서는 총 강도(total intensity)가 아닌 전형적으로 시간당 계수(counts per time)로 표현되는 선원의 붕괴율(decay rate)에 관심을 둔다. 따라서 핵의학 영상은 이벤트 대 이벤트(event-by-event)로 형성된다.

앵거 섬광 카메라 또는 감마 카메라는 1950년대 후반에 U. C. 버클리의 Donner 실험실에서 Hal Anger에 의해 발명되었다. 이것이 오늘날 가장 일반적으로 사용되는 핵의학 영상 기기이다. 그림 8.1과 같이 완전한 카메라 시스템은 멀티-홀 납 콜리메이터(multi-hole lead collimator), 10~25인치의 원형, 정방형 또는 직사각형의 요오드화나트륨(sodium iodide, NaI[Tl]) 섬광 결정(scintillation crystal), 광증배관(photomultiplier tube : PMT)의 배열, 국지화 논리네트워크(positioning logic network), 파고 분석기(pulse height analyzer), 동기회로(gating circuit)와 컴퓨터로 구성된다. 이제 이러한 각각의 구성 요소들에 대해 상세히 알아보도록 하자.

8.2.1 콜리메이터

콜리메이터(collimator)는 기하학적으로 배열된 구멍(hole)을 가진 1~2인치의 두께를 갖는 납판으로 그 면적은 섬광 결정과 같다. 콜리메이터에서 각각의 구멍으로 분리되어 있는 납판은 격막(septum)이라 부른다(복수형은 septa로 표현된다). 콜리메이터는 환자와 섬광 결정 사이에 위치하며, 납에서 흡수되지 않고 구멍을 통과하는 감마 광자(gamma photon)들이 결정과 상호작용할 수 있도록 해당하는 방향으로의 이동을 허용한다. 따라서 콜리메이터는 감마 광자의 이동 방향을 기반으로 광자를 구별하여 통과시키며, 결정의 광자 수용 범위를 제한한다. 이러한 점에서 콜리메이터는 광자의 경로를 조절하거나 초점을 맞추는 기능을 하지 않기 때문에 렌즈와는 수행하는 역할이 다르다.

평행-홀(parallel-hole), 집속형(converging), 확산형(diverging) 그리고 핀-홀(pin-hole)과 같은 몇몇 형태의 콜리메이터가 앵거 카메라에 사용되고 있다(그림 8.2). 가장 일반적으로 사용되는 콜리메이터는 그림 8.2(a)처럼 결정 표면에 서로 평행한 구멍들이 수직으로 배열된 콜리메이터이다. 이러한 **평행-홀 콜리메이터**를 이용하면 결정 표면의 영상은 물체의 크기와 같아진다. 콜리메이터는 물결 모양의 납 시트(corrugated lead sheet)를 이용하여 주조되거나 조립된다. 과거 콜리메이터의 구멍들은 횡단면으로 볼 때 항상 원형이었으나 오늘날 콜리메이터는 원형뿐만 아니라 정방형, 육각형 혹은 삼각형의 구멍들을 가지고, 각 구멍들 주위에 있는 격막은 균일한 두께를 가진다.

집속형 또는 확산형 콜리메이터의 경우 실제로 많이 사용되지는 않는다. 그림 8.2(b)와 같이 **집속형 콜리메이터**는 구멍의 크기가 점차 작아지는 배열을 가지며 이러한 구멍들은 콜리메이터 전면 가까이에 위치한 **초점**을 향한다. 섬광 결정에 나타나는 영상은 실제 물체의 크기를 확대한 것이다. 그림 8.2(c)와 같이 **확산형 콜리메이터**는 본질적으로 집속형 콜리메이터를 거꾸로 한 것이다. 확산형 콜리메이터는 결정 뒤에 가상의 초점으로부터 거꾸로 된, 크기가 점차 작아지는 구멍의 배열을 가진다. 이 경우, 결정 표면에 나타나는 영상은 실제 물체보다 작아진다. 집속형과 확산형 콜리메이터는 서로 반대의 구조를 가지기 때문에, 몇몇의 콜리메이터들은 삽입물을 사용하여 두 가지 방식 모두 사용 가능하도록 설계되는 경우도

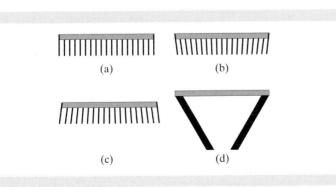

그림 8.2
콜리메이터의 다양한 형태 (a) 평행-홀, (b) 집속형, (c) 확산형, (d) 핀-홀

있다.

예제 8.1

집속형 또는 확산형 콜리메이터가 앵거 카메라에서 사용될 때, 섬광 결정 표면에서의 영상은 측정하고자 하는 물체와 같은 크기가 아니다.

문제 z_f의 초점 길이를 가지는 확산형 콜리메이터를 사용한다고 가정하자. 콜리메이터의 표면으로부터 거리 z만큼 떨어진 곳에 결정의 표면과 평행하도록 평면의 물체가 놓여 있을 때 영상의 크기와 실제 물체 사이의 비율은 어떻게 되는가?

해답 확산형 콜리메이터로 인해, 초점 방향으로 이동하는 광자들만이 검출될 수 있다(나머지 광자들은 콜리메이터의 격막에 의해 흡수될 것이다). 콜리메이터의 높이를 무시하고 기하학을 이용하면, 영상의 크기와 실제 물체 사이의 비율은 다음과 같은 수식으로 나타낼 수 있다.

$$\frac{S_i}{S_o} = \frac{z_f}{z + z_f}.$$

핀-홀 콜리메이터는 다양한 종류의 콜리메이터를 포함한다. 그림 8.2(d)에서와 같이, 하부의 중심에 2~5mm의 구멍이 있는 두꺼운 원추형 콜리메이터가 있다고 하자. 물체가 핀-홀로부터 멀어지면 섬광 결정에서 얻어지는 영상은 작아진다. 사실상, 카메라 영상은 콜리메이터의 표면에서 콜리메이터의 길이와 동일한 거리까지 확대되고, 더 먼 거리에서는 점차적으로 더 작아진다.

집속형 및 핀-홀 콜리메이터에 의한 확대는 영상화할 물체가 카메라가 인지하는 영역인 관측시야(field of view : FOV)보다 상당히 작을 때와 물체의 크기 또는 물체 내의 디테일이 시스템의 고유 분해능에 미치지 못할 때에 유용하다. 확대 시, 카메라의 촬상면에 나타난 상은 실물 크기보다 크게 되며, 이는 카메라의 촬상면에 나타난 물체의 실제 크기가 카메라의 고유 분해능보다 크기만 하면 물체의 디테일이 카메라의 분해능보다 더 작더라도 구분할 수 있다는 것을 의미한다. 즉, 물체가 너무 작아 육안으로 확인하기 힘들 때 확대경을 사용하면 물체의 디테일을 세밀하게 볼 수 있는 것과 같은 이치이다.

8.2.2 섬광 결정

핵의학에서는 **섬광 검출기**를 일반적으로 사용하는데, 이는 가스가 들어 있는 검출기보다 전자기 방사선에 더 민감하기 때문이다. 이러한 검출기는 전리 방사선이 결정 내에 에너지를 부여했을 때 가시광선 영역의 파장을 가지는 빛 광자(light photon)를 방출하는 결정의 몇 가지 특성을 기반으로 한다. 핵의학 영상 기기에서 가장 일반적으로 사용되는 섬광 결정은 탈륨(thallium)을 도핑한 NaI[Tl]이다. NaI[Tl] 결정은 공기로부터 습기를 흡수하기 때문에 알루미늄 용기에 밀봉하여야 하며, 알루미늄이 알파와 베타를 흡수하기 때문에 NaI[Tl] 검출기는 일반적으로 엑스선과 감마선만을 검출하기 위해 사용된다.

감마 카메라에 사용되는 섬광 결정은 일반적으로 직경이 10~25인치 그리고 두께는 1/4~1인치이다. 얇은 결정은 저에너지 감마선 측정을 위해 사용되는 반면에, 두꺼운 결정은 고에너지 감마선 측정을 위해서 사용된다. 물론 카메라는 1개의 결정만을 사용하므로 사용자는 목적에 적합한 두께의 결정을 선택·구매할 수 있다. 투사 방사선 촬영에서 사용되는 스크린처럼, 두꺼운 결정은 얇은 결정보다 더 많은 방사선을 제동하지만 분해능은 더 나쁘다. 그러므로 투사 방사선 촬영에서처럼 효율성과 분해능 사이에 상충성(tradeoff)을 가진다고 할 수 있다. 이에 관한 사항은 8장의 후반부에서 설명할 것이다.

8.2.3 광증배관

섬광 결정에서 광전 효과(photoelectric effect)나 콤프턴 산란(Compton scattering) 과정에 의해 상호작용하는 각 감마 광자는 결정에서 수천 개의 빛 또는 섬광 광자(scintillation photon)를 발생시킨다. 발생된 빛은 유리판을 통해 결정의 뒤쪽으로 반사 및 전달되며, 광증배관(PMT) 배열에 입사된다. 그림 8.3에서 보는 바와 같이 PMT는 진공관 내에 2개의 중요한 구성요소를 가지는데, 하나는 빛 광자를 받아들여 통과시키는 PMT의 전면부인 광전음극(photocathode)이고, 다른 하나는 전극이 연속으로 배열된 다이노드(dynode)이다. PMT는 광 신호를 전기 신호로 변환하고, 이 전기 신호를 증폭시키는 두 가지 중요한 기능을 수행한다.

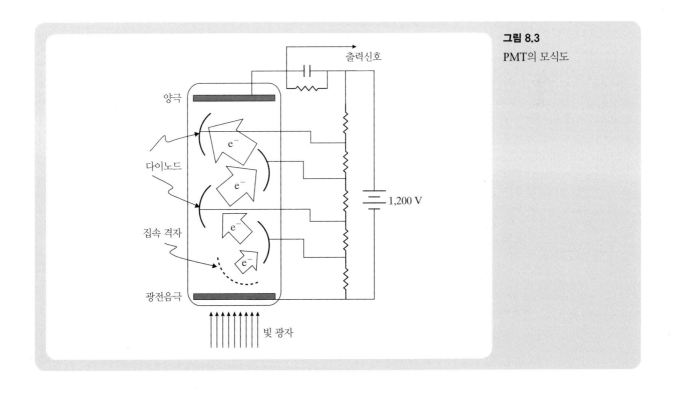

그림 8.3
PMT의 모식도

PMT의 전면부에는 빛이 투과할 수 있는 투명한 창(window)이 있는데, 이는 세슘 (cesium)과 안티몬(antimony)으로 구성된 얇은 합금층인 광전음극의 감광성 표면과 투과 된 빛을 반응시키기 위한 것이다. 광전음극으로 입사되는 4~5개의 광자당 하나의 전자가 광전 효과에 의해 광전음극에서 발생하게 된다.

광전음극에서 발생된 광전자(photoelectron)들은 첫 번째 다이노드로 가속된다. 다이노드 는 양전하를 띤 전극으로 광전음극으로부터 짧은 거리에 위치한다. 첫 번째 다이노드에 도 달한 각각의 전자는 3~4개의 전자를 방출한다. 두 번째 다이노드는 첫 번째 다이노드의 전 압보다 더 큰 전압을 가진다. 따라서 첫 번째 다이노드에서 방출된 전자들이 두 번째 다이노 드로 가속된다. 각각의 전자들은 두 번째 다이노드에서 3~4개의 전자를 차례로 내보낸다. PMT 내에서 이러한 과정은 10~14개의 연속적인 다이노드를 통해 반복되고, 10^6~10^8개 의 전자가 양극(anode)에 도달하게 된다.

이러한 전자들은 PMT에서 펄스 형태의 전류로 생성된다. PMT는 감마 광자가 NaI[Tl] 결정과 상호작용하고, 그 에너지를 비축할 때마다 펄스를 연속적으로 출력하게 된다. 전 류 펄스는 수 mV~V 범위의 전압 펄스를 제공하기 위해 신호를 증폭시키는 전치증폭기 (preamplifier) 회로에 연결되어 있다.

앞서 언급했던 것처럼 PMT의 배열은 섬광 결정의 뒷부분과 연결되는데, 이러한 배열은 섬광 결정 내에서 발생되는 빛이 어디에서 발생되었는지를 파악하기 위한 것으로 이벤트 (event) 위치를 측정하는 데 사용되는 신호를 발생시키기 위해 필요하다. 최초의 앵거 카메 라는 7개의 PMT를 가졌는데, 그림 8.4와 같이 최신 감마 카메라는 육각형 형태로 배열된 37~91개 또는 그 이상의 PMT를 가지고 있다. 일반적으로, 더 좋은 PMT라는 의미는 더

그림 8.4
원형 앵거 카메라의 전면부에 위치한 61개의 PMT 배열 예 시. 오늘날에는 정방형 섬광체 (rectangular scintillator)가 흔히 사용되고 섬광체의 모양 에 따라 PMT가 배열된다.

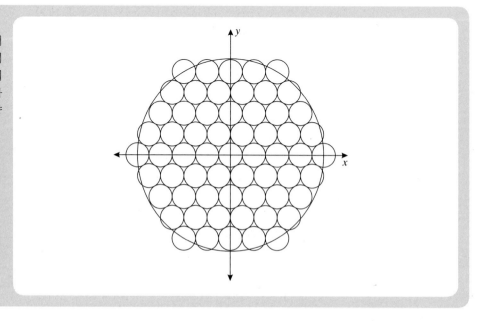

높은 공간 분해능과 영상 균일성을 가진다는 것이지만 가격이 비싸고, 교정 절차가 복잡하며 유지 비용이 많이 들게 된다.

사용되는 PMT의 총 수는 결정과 각 PMT의 크기 및 모양에 따라 결정된다. 물론 섬광 결정에 PMT를 더 많이 배열하기 위해서는 PMT의 크기가 더 작아져야 한다. 초창기의 PMT는 둥근 횡단면을 가졌는데, 최근의 PMT는 관 사이의 틈을 없애고 섬광 결정을 완전히 덮기 위해서 육각형의 횡단면을 갖는다.

8.2.4 국지화 논리

감마 광자가 결정과 상호작용을 할 때, 수천 개의 섬광 광자가 생성되고 PMT에 의해서 출력 펄스로 발생된다. 앵거 카메라의 **국지화 논리회로**(positioning logic circuit)의 목적은 결정의 어느 표면에서 이벤트(감마 광자와의 충돌)가 발생되었는지[그림 8.4 참조]와 모든 관에서의 혼합된 출력 신호에서 어떤 신호가 결정의 광 출력 신호인지를 결정하는 것이다. 이러한 출력 신호들은 이벤트의 2차원적 위치를 추정하여 X와 Y로, 전체 광 출력을 Z로 표시한다(Z는 감마 광자에 의해 결정 내부에 집적된 전체 에너지에 비례한다). PMT 출력의 진폭은 광전음극에서 받은 광량(섬광 광자의 수)에 정확하게 비례한다. PMT와 가장 가까운 곳에서 발생한 섬광 이벤트는 출력 펄스가 가장 크고, 그와 반대로 PMT와 멀리 떨어진 곳에서 발생한 섬광 이벤트일수록 출력 펄스는 점점 작아진다. 펄스 높이의 공간 분포를 분석함으로써 단일 섬광 이벤트의 위치(X, Y)를 다소 정확하게 결정할 수 있다. 이러한 과정은 뒤에서 자세히 설명할 것인데, 여기서 알아두어야 할 것은 (X, Y, Z) 신호의 비율 또는 카메라로부터 발생한 펄스가 전체 방사능에 비례한다는 것과 (X, Y, Z)가 나타내는 이벤트에서 각 Z-펄스의 크기나 높이가 감마 광자로 인해 섬광 결정 내에 축적된 에너지에 비례한다는 것이다.

8.2.5 파고 분석기

앵거 카메라의 주 목적은 환자의 체내에 위치하는 방사성 동위원소의 방사능 분포(위치와 방사성 원자의 수)를 영상화하는 것이다. 콜리메이터는 섬광 결정 내에서 상호작용하기 위해 결정된 방향으로 진행하는 광자만을 통과시키기 때문에, 가장 가까운 콜리메이터 구멍과 결정 내에서 발생한 섬광 이벤트의 위치를 연결한 선은 환자의 체내에 투여된 방사성 동위원소로부터 발생한 감마 광자의 본래 위치와 만나게 된다. 만약 감마 광자가 환자의 체내에서 콤프턴 산란을 일으켰다면, 산란 방향으로 그어진 선은 본래의 위치와 만나지 않게 될 것이고, 결정 내로 산란된 광자는 환자의 체내에서 콤프턴 상호작용이 발생된 곳의 방사능과 다르게 계측될 수 있다. 따라서 산란된 광자는 영상의 분해능과 명암대조도를 떨어뜨리므로 이를 이용하여 최종 영상을 구성하는 것은 바람직하지 않다. 섬광 결정과 충돌하는 감마 광자들의 대부분이 환자의 몸에서 산란된 것이라는 것을 명심하여야 한다.

다행히 Z-펄스를 통해 섬광 결정에 축적된 에너지를 분석함으로써 콤프턴 산란된 광자는 일직선으로 도달한 광자와 구별할 수 있다(Z-펄스의 높이는 결정 내에서 축적된 전체 에너지와 비례한다). 사실상, 영상을 촬영하기 위해 선택된 방사성 핵종의 붕괴 특성에 대하여 이해하고 있으므로 방사성 추적자로부터 방출된 감마 광자의 에너지를 알고 있다. 만약에 이러한 에너지가 모두 결정에 축적되었다면, 감마 광자는 환자의 체내에서 콤프턴 산란을 겪지 않았을 것이고, 이는 콤프턴 산란 과정에서 그 에너지의 일부가 소실되었기 때문이다. 물론, 감마 광자는 환자의 체내에서 상호작용을 하지 않은 상태로 모든 에너지를 가지고 환자로부터 방출될 수 있고, 결정 내에서 콤프턴 산란 과정을 통해 그 에너지의 일부만을 축적하게 할 수도 있다. 위와 같은 이벤트와 환자의 체내에서 콤프턴 산란된 후에 광전 효과를 통해 결정에 모든 에너지를 축적한 감마 광자를 구별할 수는 없다. 사실상, 결정 내에 모든 에너지가 축적된다면 감마 광자는 산란되지 않았고, 단지 영상을 형성할 수 있는 이벤트라고 확신할 수밖에 없다.

방사선원의 에너지 스펙트럼(energy spectrum)을 획득하기 위해 섬광 분광법(scintillation spectrometry) 또는 파고 분석법(pulse height analysis)에 섬광 계수 시스템(scintillation counting system)을 사용한다. 에너지 스펙트럼은 그림 8.5(a)처럼 주어진 펄스 높이(파고)에 따른 펄스의 수를 나타낸 것이다. 측정된 스펙트럼은 선원에 의해 발생된 감마선 에너지의 함수이고, 체내에서 방출되는 감마 광자와 결정 사이의 상호작용에 의존한다. 만약 카메라가 정확하게 보정되어 에너지의 단위(keV)를 잴 수 있다고 하더라도 일반적으로 x-축에서 펄스 높이는 임의의 단위(arbitrary unit : AU)를 사용한다.

그림 8.5(a)에서처럼 파고 스펙트럼(pulse height spectrum)은 2개의 주요 성분인 넓은 콤프턴 플래토(Compton plateau)와 가장 높은 펄스 높이에서의 광전피크(photopeak)를 가진다. 넓은 플래토는 인체 또는 결정 내에서 콤프턴 산란 작용에 의해서 나타나며, 이러한 에너지의 광범위한 분포는 콤프턴 산란각의 무작위적인 기질에 기인한다. 플래토의 가장 오른쪽에 나타나는 **콤프턴 에지**(Compton edge)는 입사되는 감마 광자가 결정 내에서 180° 후방 산란될 때 나타나며, 단일 콤프턴 상호작용(single Compton interaction)에 의해 최대 에너지를 축적한 것이다. 광전피크는 선원에서 곧바로 결정으로 입사한 감마 광자를 나타내고, 이러한 감마 광자들은 단일 광전 효과(single photoelectic interaction) 또는 그 이후 발생되는 콤프턴 상호작용을 통하여 모든 에너지를 축적시킨다. 감마 광자는 단일 콤프턴 산란 이벤트를 통해 모든 에너지를 잃지 않기 때문에, 콤프턴 플래토와 광전피크 사이는 분리된다.

추후에 언급하겠지만 섬광 검출기는 불완전한 에너지 분해능을 가진다. 그 결과 매우 얇은 수직선이 되어야 하는 광전피크는 퍼지게 되며, 이러한 퍼짐의 정도는 점확산함수(point spread function : PSF)가 공간 분해능과 관련되는 것과 유사하게 에너지 분해능과 연관된다.

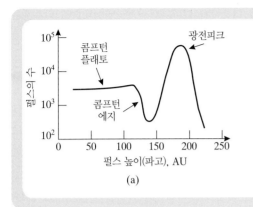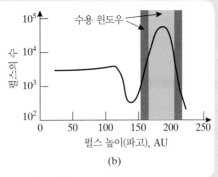

그림 8.5

Tc-99m의 파고 스펙트럼 (파고 또는 에너지에 따른 펄스의 수 또는 계수율)

예제 8.2

파고 분석기는 콤프턴 산란을 일으킨 광자를 배제하기 위해 사용된다.

문제 파고 윈도우(pulse height window)의 20% 안에 수용될 수 있는 140 keV 광자의 최대 산란각은 얼마인가?

해답 20% 파고 윈도우는 양쪽으로 10%를 말한다.

$$140\,\text{keV} \times 0.1 = 14\,\text{keV},$$

$$140\,\text{keV} - 14\,\text{keV} = 126\,\text{keV}.$$

위 수식을 이용하면

$$h\nu' = \frac{h\nu}{1 + \frac{h\nu}{m_0 c^2}(1 - \cos\theta)},$$

$$126\,\text{keV} = \frac{140\,\text{keV}}{1 + \frac{140\,\text{keV}}{511\,\text{keV}}(1 - \cos\theta)}.$$

계산하여 θ를 구하면 $\theta = 53.54°$

8.2.6 동기회로

Z-펄스는 감마 광자에 의해 결정 내에 축적된 전체 에너지에 비례하고, 콤프턴 산란 광자와 구별하기 위해서 파고 분석기가 사용된다. 파고 분석기는 그림 8.5(b)처럼 광전피크(사용되고 있는 특정 방사성 추적자의 주요 에너지) 주위에 수용 윈도우(acceptance window)를 설정하기 위해 사용된다.

윈도우의 낮은 문턱값(threshold)은 낮은 에너지를 갖는 콤프턴 이벤트를 구별하기 위해 사용되고, 높은 문턱값은 단일 이벤트보다 더 큰 에너지를 갖는 합산된 이벤트를 구별하기 위해 설정된다. 섬광 검출기는 불완전한 에너지 분해능을 가짐에 따라 수용해야 할 이벤트인 실제 광전피크 이벤트를 제외시킬 수 있기 때문에 매우 좁은 윈도우를 사용하는 것은 바람직하지 않다. 하지만 윈도우는 한정된 폭을 가지기 때문에 몇몇의 산란 광자들은 여전히 윈도우 내에 수용된다. 예를 들어 140keV의 광자는 50°까지 산란되지만 주로 사용되는 20% 윈도우(즉, 광전피크 에너지 주변의 ±10%의 윈도우)에 의해 수용될 수 있다. 실제로 광전피크와 중심이 맞지 않는 윈도우는 대부분의 카메라에서 응답의 필드 균일성을 떨어뜨릴 수 있기 때문에 적절한 윈도우의 설정이 필요하며, 이는 각각의 PMT에서 광 신호 수집 효율(light collection efficiency)을 조금이나마 향상시키는 결과를 가져온다.

　마이크로프로세서에 기반을 둔 교정 회로를 가지고 있는 최신 카메라들은 오프셋(offset) 파고 윈도우를 가지므로 좋은 균일성을 유지한다. 이러한 카메라들은 산란을 더욱 줄이기 위해서 광전피크의 중간보다 더 낮은 부분에서 나타나는 콤프턴 산란 광자를 제거함으로써 광전피크의 끝 부분을 더욱 돋보이게 한다. 몇몇의 카메라들은 특정 방사성 핵종(예를 들어 Ga-67)의 다중 방출(multiple emissions)을 동시에 영상화하기 위해서 2~3개의 분리된 파고 윈도우를 가진다. 이 방법은 다중 에너지 방출을 활용함으로써 보다 짧은 시간 내에 계수(count)할 수 있게 한다.

8.2.7 영상 획득

동기회로를 포함하는 파고 분석기와 국지화 논리는 에너지 판별 윈도우(energy discrimination window) 내에서 발생되는 각 섬광 이벤트의 추정된 위치 (X, Y)를 결정하는 데 사용된다. 최초의 앵거 카메라는 아날로그 방식이었으며, 사진 영상의 형성에 사용되었다. 이 시스템에서 파고 분석기를 거친 각각의 Z-펄스와 관련된 X와 Y 펄스는 음극선관(cathode ray tube) 표면에서 광 신호의 위치를 결정하는 데 사용되었다. 완전한 영상을 얻기 위해서는 수 분의 긴 시간이 필요하기 때문에 영상을 기록하기 위하여 여러 종류의 사진 필름이 사용되었다. 사진을 촬영하기 위한 카메라는 음극선관에 설치되어 있고, 셔터는 전체 영상 획득 시간 동안 열려 있게 되며, 필름을 현상함으로써 방사능 분포 영상을 얻게 되었다.

　일반적으로 오늘날의 앵거 카메라들은 컴퓨터에 연결된다. 컴퓨터를 통해 아날로그 영상 신호들이 디지털 신호로 변환되는 동안, (X, Y, Z) 신호들은 16비트로 디지털화되고, 전용 소프트웨어에 의해 영상화된다. 즉, 그림 8.1에 나타낸 바와 같이 각 PMT의 출력은 아날로그-디지털 변환기(analog-to-digital converter : ADC)에 의해 디지털화되고, 국지화 논리와 영상 형성 역시 모두 디지털 방법으로 수행된다. 그러므로 컴퓨터와 소프트웨어는 CT에서처럼 평면 섬광계수법 영상 형성 과정에 있어서도 필수적이다. 8.3절에서는 컴퓨터를 이용한 영상 형성 과정에 대해 설명할 것이다.

8.2.8 반도체 기반의 카메라와 새로운 유형의 카메라

앵거 섬광 카메라는 여전히 핵의학 영상 장비로 주로 사용되고 있으나, 새로운 유형의 검출기들이 급속도로 출시되고 있다. 이들 중, 반도체 기반의 카메라(solid state camera)는 앵거카메라의 최대 경쟁자가 되고 있다. 참고로 검출기로서 사용되는 반도체(semiconductor)는 감마 광자가 반도체에 축적될 때 곧바로 전류를 생성한다. 따라서 반도체 검출기는 섬광 결정과 PMT가 결합된 것과 같은 기능을 가진다. 가장 흔히 사용되는 반도체는 CZT(cadmium-zinc-telluride)이며, CZT는 기존의 섬광 검출기보다 더 좋은 에너지 분해능 및 계수율을 가지고 있다. 반도체 검출기의 신호는 방사선이 검출기를 통과할 때 이온화에 의해 발생되는 전자-정공 쌍에 의해 생성된다. 주어진 전계에서 각각의 전자-전공 쌍은 전기 신호를 발생시킨다. 대부분의 반도체는 두께 방향으로 1~3mm 화소(pixel)들의 배열로 나누어져 있으며, 이렇게 처리된 화소 배열은 이벤트의 위치를 결정하기 위한 알고리듬에 용이하게 사용된다.

섬광 결정과 PMT를 사용하는 전통적인 방식의 카메라와 반도체 검출기를 이용하는 카메라가 혼재된 하이브리드 방식의 새로운 카메라는 결정 형태의 NaI 섬광체(continuous sodium iodide) 대신에 다발 형태의 CsI 섬광체(pixelated cesium iodide) 그리고 PMT 대신에 광다이오드(photodiode)를 이용한다. 이는 CT에 대하여 6.2.4절에서 논의한 것과 유사하다. 이러한 유형의 시스템은 반도체 검출기를 사용하지 않지만 시장에서는 반도체 방식으로 종종 표기되며, 결정 형태이든 다발 형태이든 또는 반도체 방식이든 아니든 간에 영상형성을 위한 기본적인 접근법은 유사하다.

이러한 발전에도 불구하고, 기존의 감마 카메라가 새로운 유형의 카메라보다 가격 대비성능이 좋고, 더 넓은 FOV를 가지기 때문에 여전히 핵의학 영상에서 많이 사용되고 있다.

8.3 영상 형성

평면 섬광계수법에서 영상을 만들기 위한 최우선의 메커니즘은 앵거 카메라의 전면에서 발생하는 개별 섬광 이벤트들의 위치를 검출하고 추정하는 것이다. 이번 절에서는 이벤트가발생하는 위치들이 어떻게 추정되는지, 영상을 만들기 위해 위치 정보를 어떻게 결합할 것인지 그리고 이러한 영상들이 인체 내부의 방사능 분포를 수학적으로 어떻게 나타내는지에대해 서술할 것이다.

8.3.1 이벤트 위치 추정

하나의 섬광 이벤트는 앵거 카메라에 결합되어 있는 PMT들의 출력을 만드는 빛을 발생시킨다. PMT들의 출력 진폭(펄스 높이, 파고)은 섬광 이벤트로부터의 거리에 비례하고, 이는 섬광 이벤트의 위치 (X, Y)로 부호화된다. 이번 절에서는 일반적인 수학의 테두리 내에서 이벤트의 위치를 추정하기 위한 논의를 시작하고, 아날로그와 디지털 카메라로 상세하게 설명할 것이다.

섬광 결정의 중심을 원점 (0, 0)으로 하는 좌표계를 생각해 보자. PMT들을 각각 $k = 1,$ $\cdots, K$로 명명하면 PMT들의 위치는 (x_k, y_k)로 표현할 수 있다. 섬광 이벤트에 의한 PMT들의 출력 진폭은 a_k로 가정한다. 이러한 진폭들은 빛의 2차원 분포를 나타내는 표본들로 표시되고, 이 분포의 최댓값 위치는 이벤트의 위치 (X, Y)로 나타낼 수 있다.

(X, Y)를 여기서는 최대 진폭을 가지는 PMT의 위치로 정하였지만, 이는 단지 PMT의 크기와 유사한 해상도를 산출하는 위치에 대한 개략적인 추측만을 제공한다. 대신에 감마 카메라는 (X, Y)를 추측하기 위해 집합체의 중심(center of mass)을 계산한다. PMT 응답들의 집합체 중심을 계산하기 위해 첫 번째로 식 (8.1)을 이용할 수 있다.[1]

$$Z = \sum_{k=1}^{K} a_k, \tag{8.1}$$

이것은 이벤트에서 발생된 빛 분포의 집합체를 나타낸다. 이 신호는 섬광 이벤트로부터 발생하는 총 광 출력에 비례하고 Z-펄스로 불리며, 앞에서 논의한 파고 해석 회로에 사용된다. 모든 집합체 Z로 주어진 집합체 중심의 구성 요소 (X, Y)는 다음과 같이 계산된다.

$$X = \frac{1}{Z} \sum_{k=1}^{K} x_k a_k, \tag{8.2}$$

$$Y = \frac{1}{Z} \sum_{k=1}^{K} y_k a_k. \tag{8.3}$$

이러한 세 가지 값 (X, Y, Z)은 앵거 카메라의 핵심으로서 섬광 이벤트의 위치 (X, Y)와 이벤트에서 발생하는 총 광 출력인 Z-펄스 또는 이와 동등한 총 에너지를 제공한다.

이벤트의 위치 추정에 대한 몇 가지 중요한 사항들은 다음과 같다. 첫 번째로 a_k는 각각의 PMT에서 연속적으로 생성되는 전자들을 야기하는 섬광 이벤트로부터 발생한 짧은 시간의 파형 즉, 펄스를 의미한다. X, Y 그리고 Z 각각의 숫자는 짧은 시간의 프레임들을 적분한 것 또는 펄스들의 최댓값으로부터 얻어진 값들을 나타낸다. 두 번째로 이벤트로부터 멀리 떨어진 PMT에서 발생되는 작은 신호들은 위치 추정을 방해할 수 있다. 그러므로 X와 Y를 추측하기 위해 필요한 특정 레벨 이상의 신호만을 받아들이는 문턱값 회로(threshold circuit)가 추가된다. 식별 회로(discriminator circuit)라고도 불리는 이 회로는 모든 PMT들의 출력을 이용하는 Z값을 추측하는 데 사용되지 않는다. 즉, 이러한 식별 회로를 비콤프턴,

---

1 상대적으로 적은 수의 PMT와 광다이오드 또는 하나의 카메라로부터 출력된 다른 신호들을 받아들이기 위하여 적분 대신에 이산적 합산(discrete summation)을 통하여 식 (8.1)~(8.3)을 도출하였다.

비다중성 이벤트(non-Compton and nonmultiple event)인지를 구별하기 위한 충분한 범위 내에 Z 신호가 있는지 없는지를 결정하는 파고 동기 회로(pulse height gating circuit)와 혼동하지 않도록 주의해야 한다.

오늘날의 앵거 카메라에서 이벤트 위치 추측은 디지털화되어 있다. 대부분의 카메라 설계에서 각 PMT의 출력들은 일반적으로 최소 16비트의 정밀도를 가지는 각각의 아날로그-디지털 변환기로 보내진다. 그 후, 프로그램이 가능한 판독 전용 기억장치(programmable read-only memory : PROM)에 포함된 소프트웨어는 위에서 제시한 집합체 중심에 관한 식을 이용하여 이벤트 위치를 결정한다. 디지털 위치 추정 시스템의 잠재적인 장점은 대안적인 알고리듬들이 쉽게 만들어질 수 있다는 것이다.

예제 8.3

그림 8.6과 같이 9개의 정방형 PMT들이 3×3 배열로 정렬된 앵거 카메라가 있다고 가정하자. 각각의 PMT는 숫자가 부여되어 있고, 순서대로 PMT에 의해 기록된 펄스 높이는 5, 10, 15, 10, 40, 30, 0, 5, 10이다.

문제 Z-펄스 값과 이벤트의 위치를 계산하라.

해답 Z-펄스 값은 각각의 PMT에서 출력된 파고들의 합으로 구할 수 있다.

$$Z = 5 + 10 + 15 + 10 + 40 + 30 + 0 + 5 + 10 = 125 .$$

PMT들의 중심들은 다음과 같고,

$$c_1 = (-2, 2), \quad c_2 = (0, 2), \quad c_3 = (2, 2),$$
$$c_4 = (-2, 0), \quad c_5 = (0, 0), \quad c_6 = (2, 0),$$
$$c_7 = (-2, -2), \quad c_8 = (0, -2), \quad c_9 = (2, -2).$$

추정되는 이벤트의 위치는 다음과 같다.

$$X = \frac{1}{Z} \sum_{k=1}^{K} x_k a_k = 80/125 = 0.64 \text{ mm},$$

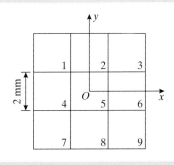

그림 8.6

앵거 카메라 내에 위치한 9개 정방형 PMT의 배열

$$Y = \frac{1}{Z} \sum_{k=1}^{K} y_k a_k = 30/125 = 0.24 \text{ mm}.$$

8.3.2 수집 모드

광전피크 에너지 윈도우 내에 위치하는 펄스 높이를 가지는 각 섬광 이벤트를 측정하기 위해 앵거 카메라는 이벤트의 추정 위치 (X, Y)와 시간 그리고 Z-펄스의 최댓값들을 제공한다. 목록 모드 수집(list mode acquisition)에서 (X, Y) 신호들은 그림 8.7(a)에 나타낸 것처럼 (X, Y) 좌표들의 목록 형태를 가지고 컴퓨터 메모리로 바로 전송된다. (X, Y) 신호들 외에 Z-펄스 역시 기록되며, 10ms마다 시간이 표기된다. 그리고 환자의 심전도(electrocardiogram : ECG) 모니터로부터 알 수 있는 R-파와 같은 생리학적인 트리거 마커 또한 삽입된다. 목록 모드 수집에서는 수집하는 시간 동안 컴퓨터 메모리에 매트릭스

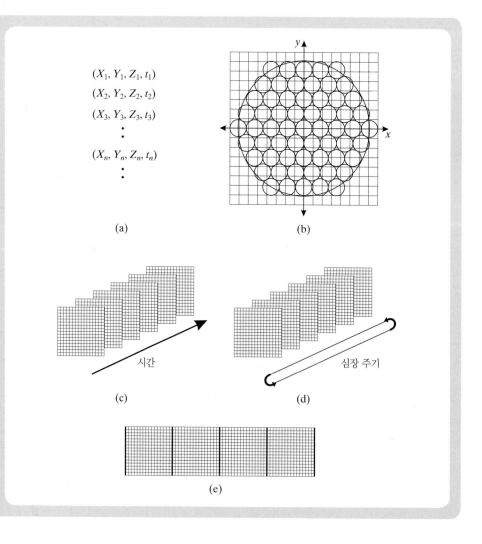

그림 8.7
앵거 카메라의 수집 모드 :
(a) 목록 모드, (b) 정적 프레임 모드, (c) 동적 프레임 모드, (d) 다중 순차 수집, (e) 전신 수집

(matrix)와 영상들이 생성되지 않는데, 비록 영상들이 바로 생성되지 않더라도 (X, Y) 신호들은 컴퓨터 메모리에 영원히 기록되고, 순차적으로 디지털 매트릭스들 안으로 유연하게 구성되기 때문에 목록 모드 수집은 유용하다. 이벤트 위치의 정밀도는 오직 X와 Y 위치들을 저장하는 비트의 수에 의해서만 제한되는데, 단점이라면 하나의 단순한 연구를 위해서도 거대한 저장 공간이 필요하다는 것이다.

그림 8.7(b)에 나타낸 정적 프레임 모드 수집(static frame mode acquisition)은 2.2절에서 소개된 것처럼 화소들의 집합체인 컴퓨터 매트릭스로서 앵거 카메라의 전면을 보여 준다. 따라서 각각의 화소는 카메라 전면의 특정 구역에 상응하고, (X, Y) 신호 값들이 표시된다. 영상은 스캔의 초기에 제로 영상(zero image)으로부터 시작되어 만들어지고, 각 섬광 이벤트의 (X, Y)를 포함하는 화소가 증가하기 시작한다. 만약 40만 개의 이벤트들이 측정되면, 최종 영상에서 모든 화소값들의 합은 40만이 될 것이고 이는 스캔에서 **총 계수**(total counts)로 불린다.

그림 8.7(c)의 동적 프레임 모드 수집(dynamic frame mode acquisition)은 프레임 모드 영상들의 일시적인 연속을 보여 주는 것이다. 첫 번째 영상이 생성되고 저장된 후, 버퍼(buffer) 매트릭스는 0이 되고, 또 다른 영상은 동일한 형태로 축적된다. 이 모드는 방사성 추적자의 섭취, 배출 또는 재분포와 같은 일시적인 생리학적 변화를 연구하는 데 사용된다. 동적 과정의 연속 동영상은 프레임을 추가하고, 수집이 완료된 후 재생함으로써 만들어질 수 있다.

각각의 화소에서 상대적으로 낮은 잡음(noise)을 가지고 더 많이 계수하기 위하여 동적 프레임 모드 영상에서 화소의 수는 적어야 한다(잡음을 줄이기 위해 화소의 크기를 크게 하는 것은 식 (5.37)에서 보듯이 투사 방사선 촬영에 관한 내용에서 이미 논의하였다).

그림 8.7(d)에 나타낸 다중 순차 수집(multiple-gate acquisition)은 프레임 모드 수집을 더욱 확장한 것이다. 이 모드에서는 카메라에서 생성된 데이터들이 연속적으로 컴퓨터 메모리 내의 연속된 매트릭스에 분배된다. 일반적으로 심전도의 R-파와 같은 생리학적인 트리거 신호는 매트릭스 사이에서 데이터의 분포를 조절한다. 트리거 직후, 카메라에서 생성된 데이터는 고정된 시간 간격을 위해 첫 번째 매트릭스에 위치하게 된다. 동일한 시간 간격을 두고 일정 시간이 경과되었을 때, 데이터는 두 번째 매트릭스에 위치하게 된다. 이 과정은 시간 데이터 분배가 첫 번째 프레임에서 시작하는 새로운 트리거 신호가 발생할 때까지 또는 새로운 트리거 신호의 발생 때까지 아무런 데이터를 받지 못하는 경우인 컴퓨터 메모리에 할당된 모든 매트릭스들이 사용될 때까지 계속된다.

다중 순차 수집은 반복적인 동적 과정을 연구하는 데 사용된다. 예를 들어, 방사성 물질이 포함된 혈류와 박동하는 심방을 검사하는 심장 동기 혈액 저류 연구(cardiac gated blood pool study)에서, 신호를 수집하는 동안 수많은 심박동의 응답 위상으로부터 얻어진 데이터는 중첩되고, 결과적으로 영상의 연속은 하나의 평균 심장 주기를 의미한다. 일반적으로 심장 주기는 16~64 프레임으로 나뉘고, 각각의 프레임은 주기의 1/16~1/64로 나타낸다.

전신 수집(whole body acquisition)은 정적 프레임 모드 수집의 또 다른 변형이다. 이 모드에서 환자의 인체는 그림 8.7(e)에 나타난 것처럼 화소들의 매트릭스로 나누어진다. 연속된 정적 프레임들은 순서대로 촬영되어 인체로부터 수집되고, 카메라와 침대 중 하나를 선택하여 연속적으로 움직이게 할 수 있다. 즉, 카메라와 마주한 환자의 위치는 유지되고, 카메라는 전신을 스캔할 수 있으므로 환자의 전신 영상을 획득할 수 있다.

2차원 매트릭스의 크기는 1,024×1,024까지 가능하지만, 핵의학에서 가장 흔히 사용되는 매트릭스의 크기는 64×64, 128×128 그리고 256×256이다. 카메라가 가지는 고유한 성능의 한도 내에서 매트릭스의 크기가 커질수록 영상에서의 디지털 공간 해상도는 좋아진다. 아날로그 영상에서 공간 해상도를 유지하기 위해 필요한 디지털 샘플링 요건들은 3.6절의 나이퀴스트 정리(Nyquist theorem)에 의해 주어진다. 나이퀴스트 정리는 신호를 정확하게 표현하기 위해 샘플링 주파수를 신호에서 나타난 최대 주파수의 두 배로 정하였다. 따라서 화소 크기는 앵거 카메라의 공간 해상도의 1/2보다 더 작아야 한다. 실제로 화소의 크기는 2~6mm이다.

예제 8.4

다중 순차 수집 모드는 박동하는 심장을 연구하는 데 사용된다. 이 모드에서 심전도의 R-파에 의해 트리거되는 각각의 수집 주기는 그림 8.8에 나타나 있다.

문제 심박수를 50bpm(beats per minute)이라고 가정하자. 각각의 프레임이 75ms 동안 지속된다면 프레임들의 전체 수는 얼마인가?

해답 심박수가 50bpm이므로 각각의 심장 박동은 60/50 = 1.2초 동안 지속되고, 그 각각의 프레임은 75ms 동안 지속된다. 그러므로 전체 프레임 수는 다음과 같다.

$$N = \frac{1.2 \text{ second}}{75 \text{ ms}} = 16 \text{ frames.}$$

그림 8.8
심장 박동의 한 주기는 프레임으로 나누어진다. 심전도 신호의 R-파는 다중 순차 프레임 모드에서 트리거 수집을 위해 사용된다.

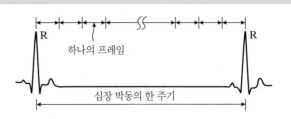

8.3.3 앵거 카메라 영상 방정식

환자의 체내로부터 방출되는 광자가 생성되었다고 가정할 때, 통계적으로 광자는 어떤 방향으로든 동일한 확률로 퍼져나간다고 할 수 있다. 그림 8.9에서 보듯이 광자는 체내에 곧바로 흡수되거나(a), 산란된 후 흡수되거나(b), 때로는 산란 혹은 흡수되지 않고 인체로부터 벗어난다(c, d, e). 만약 광자가 인체로부터 방출된다면, 몇몇의 광자는 앵거 카메라로 향하게 되지만(d, e), 대부분의 광자는 다른 방향으로 진행할 것이다(c). 감마선이 카메라와 충돌하게 되면, 대부분의 감마선은 잘못된 방향으로 진행함에 따라 콜리메이터의 구멍을 통과하지 못하고, 콜리메이터 내의 납에 흡수될 것이다. 영상 방정식의 개발에서 콤프턴 산란은 무시하고, 광자는 직선으로 진행한다고 가정한다.

　방사성 추적자를 구성하는 방사성 원자들은 단위 부피당 방사성 원자의 수로 주어지는 농도가 공간적으로 변함으로써 체내에 분포된다. 식 (7.4)에 방사능 붕괴 상수 λ를 곱하면 단위 부피당 방사능이 된다. 핵의학에서는 $f(x, y, z)$로 나타낸 방사선 추적자 **방사능 농도 함수**(activity concentration function)와 기본적인 양의 단위로 Bq/m^{3}가 일반적으로 쓰인다. 이에 따라 미분 부피 요소 $dxdyxz$에서 방사능은 다음과 같이 주어진다.

$$dA(x, y, z) = f(x, y, z)dxdydz. \tag{8.4}$$

감마 카메라는 검출기와 충돌하는 각각의 광자들을 계수하며, 강도(intensity, I)를 이용하는 CT와는 달리 핵의학에서는 식 4.14에 나타낸 광자 선속률(photon fluence rate, Φ)을 이용한다. 광자의 진행 경로에서 거리역자승의 법칙(inverse square law)과 감쇠(attenuation)를 고려하면, 검출기가 위치한 점$(x_d, y_d, 0)$에서 미분 광자 선속률 $d\phi(x_d, y_d)$은 점(x, y, z)에 위치한 미분 선원 때문에 다음과 같이 주어진다.

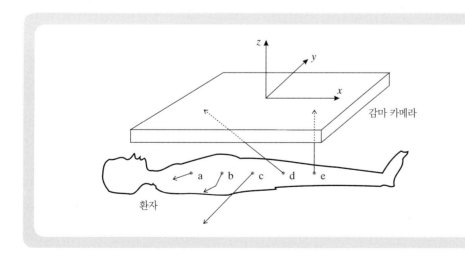

그림 8.9
그림은 5개 광자들(a, b, c, d, e)의 경로와 카메라가 중앙에 위치한 좌표 시스템을 보여준다.

$$d\phi(x_d, y_d) = \frac{dA}{4\pi r^2} \exp\left\{-\int_0^r \mu(s; E)\, ds\right\}. \tag{8.5}$$

여기서 선의 시작($s = 0$)을 점(x, y, z) , 끝을 점$(x_d, y_d, 0)$라고 가정하면, 선원에서 검출기까지 광자가 이동하는 총 거리(r)는 다음과 같다.

$$r = \sqrt{(x - x_d)^2 + (y - y_d)^2 + z^2}.$$

총 광자 선속률을 구하기 위해서는 검출기가 놓인 점$(x_d, y_d, 0)$에서의 선속에 물리적으로 영향을 끼치는 모든 미분 방사능 요소들을 적분해야 한다. 이는 콜리메이터가 검출기 전면의 시야를 제한하도록 설계되었기 때문에, 콜리메이터를 반드시 고려해야 한다는 것을 의미한다.

그림 8.9에 나타낸 것처럼 단순하게 평행-홀 콜리메이터와 투사(projection)의 범위 내에 있는 구멍 위에 위치한 검출기의 응답만을 고려해 보자. 또한 콜리메이터의 구멍을 Z-축 방향으로 광자가 생성된 위치까지 이음으로써 생성되는 가상의 원통형 튜브에 의해 만들어지는 지점에서 인체의 일부분만이 보인다고 가정하자. 그러면 적용되는 적분식은 다음과 같이 주어진다.

$$\phi(x_d, y_d) = \iiint_{\text{Tube}} \frac{f(x, y, z)}{4\pi r^2} \exp\left\{-\int_0^r \mu(s; E)\, ds\right\} dx\, dy\, dz. \tag{8.6}$$

이 적분식은 원칙적으로 산출될 수 있지만, 우리가 원하는 본질적인 상황에 더욱 적합하도록 단순화하기 위한 추가적인 근사화가 필요하다. 먼저 방사능 농도 $f(x, y, z)$와 선형감쇠계수(linear attenuation coefficient) $\mu(x, y, z)$가 주어진 깊이 z에서 튜브를 따라 일정하다고 가정한다. 다음으로 동일한 튜브 내에 있는 미분 방사능 요소에 대해 $r \approx |z|$라고 가정하자. 이러한 가정들은 부피 적분에 관한 식을 상당히 단순화시켜 준다.

$$\phi(x_d, y_d) = A_h \int_{-\infty}^0 \frac{f(x_d, y_d, z)}{4\pi z^2} \exp\left\{-\int_z^0 \mu(x_d, y_d, z'; E)\, dz'\right\} dz, \tag{8.7}$$

여기서 A_h는 콜리메이터의 구멍의 넓이이며, 그림 8.9에 나타낸 구조는 적분 범위를 규정하기 위해 사용된다.

식 (8.7)은 주어진 가정하에 검출기의 특정 지점에서의 광자 선속률을 나타낸다. 그러므로 평면 섬광계수법 영상의 화소에서 예상되는 계수값은 결정될 수 있다. 먼저 광자 선속은 광자 선속률 Φ에 영상 획득 시간 T를 곱해줌으로써 계산된다. 다음으로 카메라의 전면부에 주어진 화소에 부딪히는 광자의 평균 개수는 화소로 정의된 모든 영역에서의 광자 선속을 적분한 값이다. 광자 선속이 화소 내에서 일정하다는 가정을 하는 것은 화소의 넓이에 광자 플루언스를 단순히 곱하는 것만으로 광자의 계수값을 획득할 수 있다는 것을 의미한다. 따라서 화소 k에서의 평균 광자 계수값은 다음과 같다.

$$\bar{n}_k = \epsilon T A_k \phi(x_k, y_k) \tag{8.8}$$

$$= \epsilon T A_k A_h \int_{-\infty}^{0} \frac{f(x_k, y_k, z)}{4\pi z^2} \exp\left\{-\int_{z}^{0} \mu(x_k, y_k, z'; E)\, dz'\right\} dz, \tag{8.9}$$

여기서 (x_k, y_k)와 A_k는 화소 k의 위치와 넓이를 각각 나타낸다. 검출기 효율 계수 ϵ은 콜리메이터와 섬광체 손실을 비롯한 수많은 요소들로 인하여 예상되는 계수값의 손실을 계산하기 위하여 이용되어 왔다.

평면 섬광계수법 영상의 화소에서 계수하는 것은 근본적으로 방사능 농도의 투사에 의한 것임을 식 (8.9)를 통해 알 수 있다. 이 식은 투사 방사선 촬영에서의 식 (5.3)과 유사하지만 중요한 차이점을 가지고 있다. 식 (8.9)는 단일 에너지만을 고려하기 때문에 방사선 사진술이나 CT에서처럼 에너지 스펙트럼을 적분할 필요가 없으므로 매우 간단하다. 다른 한편으로는, 방사선원과 검출기 사이의 물질에 의존적인 감쇠와 거리역자승의 법칙과 같은 깊이에 따른 신호의 손실 때문에, 식 (8.9)는 $f(x, y, z)$의 간단한 선 적분이 아니다. 이러한 영향 때문에 카메라에 가까운 방사능이 카메라에서 멀리 있는 동일한 방사능보다 계수에 영향을 더 미칠 것으로 추측할 수 있다. 이는 인체의 한쪽 면에서 얻어진 영상이 반대쪽 면에서 얻어진 영상과 매우 다르다는 것을 의미한다. 즉, 두 영상들은 단순히 거울에 비친 영상이 아니라는 것이다. 이러한 사실은 인체에서의 감쇠가 더 크기 때문에 낮은 에너지의 방사성 추적자에 있어서 특히 중요하다. 물질에 의존적인 감쇠와 인체 해부학에 대한 지식을 가지고 핵의학에서 평면 영상을 판독하여야 한다. 특히 물질에 의존적인 감쇠는 SPECT에서 문제를 일으킬 수 있기 때문에 CT에 적용된 유효 에너지 모델처럼 컴퓨터를 이용하여 다루기 쉬운 좀 더 간단한 영상 모델을 필요로 하게 될 것이다.

평면 선원　위에서 앵거 카메라에 형성된 영상이 깊이에 의존적인 영향을 가진 인체 내 방사능의 투사임을 확인하였다. 투사 방사선 촬영의 경우와 같이, 깊이에 의존적인 영향 없이 영상을 보기 위해서 평면 선원을 고려하는 것은 유용하다. 이러한 개념은 다음 장에서 흐려짐(blurring)과 잡음과 같은 다른 영향들을 다루기 시작할 때 부분적으로 활용된다.

핵의학 영상에서 선원 또는 측정 대상은 방사능의 농도 $f(x, y, z)$이다. $z = z_0$인 평면으로 제한된 방사능을 가지는 평면 선원 $f_{z_0}(x, y)$를 정의하면 다음과 같다.

$$f(x, y, z) = f_{z_0}(x, y)\delta(z - z_0). \tag{8.10}$$

$\delta(z)$의 단위가 길이의 역수(m^{-1})이기 때문에 새로운 선원 $f_{z_0}(x, y)$는 평면 방사능 농도의 단

위(Bq/m^2)를 가진다. 물론 그림 8.9의 형상을 따르기 위해 $z_0 < 0$이어야 한다. 식 (8.10)을 식 (8.7)에 대입하고, 식 (2.6)을 적용하면 다음 식이 산출된다.

$$\phi(x_d, y_d) = A_b f_{z_0}(x_d, y_d) \frac{1}{4\pi z_0^2} \exp\left\{-\int_{z_0}^{0} \mu(x_d, y_d, z'; E)\, dz'\right\}. \qquad (8.11)$$

식 (8.8)을 이용하면 화소 k에서 평균 화소 계수(mean pixel count)는 다음과 같다.

$$\overline{n}_k = \epsilon T A_k A_b f_{z_0}(x_k, y_k) \frac{1}{4\pi z_0^2} \exp\left\{-\int_{z_0}^{0} \mu(x_k, y_k, z'; E)\, dz'\right\}. \qquad (8.12)$$

식 (8.12)는 평면 선원의 영상에서 평균 화소 계수가 세 가지 요소에 의해 조정된 평면 선원 내에서의 평면 방사능 농도를 나타낸다는 것을 보여 준다. 첫 번째 요소인 $\epsilon T A_k A_b$는 넓이를 제어할 수 있는 영상 수집 또는 장비 설계 변수이다. 더 많이 계수하기 위하여, 효율, 수집 시간, 화소 크기 또는 콜리메이터 구멍의 크기를 증가시키는 방법이 있다. 그러나 이 변수들 중 어느 하나를 선택할 때 영상의 질 관점에서 반드시 고려되어야만 하는 상충성 (tradeoff)이 있을 수 있다. 두 번째 요소인 $1/(4\pi z_0^2)$은 거리역자승의 법칙에 의한 신호의 감소를 나타낸다. 신호의 감소는 z_0에 의존하는 반면, 평면에서는 일정하고 x와 y에 독립적 이므로 검출기의 평면에 나타난 방사능 선원들의 상대적인 진폭에 영향을 미치지 않는다. 세 번째 요소는 평면 $z = z_0$에서 평면 $z = 0$까지 이동한 광자들의 적분된 감쇠의 영향이다. $\mu(x, y, z\,;E)$가 $z \in [z_0, 0]$의 영역에서 x와 y에 독립적이지 않다면 이 요소는 일정하지 않게 되고, 영상 평면에 상대적인 선원 진폭의 변화를 야기한다. 이는 평면 섬광계수법 영상 내 다른 부분에 위치한 선원들 사이의 상대적인 강도를 비교하는 데 있어서 이상적인 평면 선원도 고유의 어려움이 있음을 강조한다.

8.4 영상 품질

공간 분해능, 민감도 및 균일성을 포함하여 앵거 카메라의 성능에 영향을 주는 요소들은 많다. 이러한 요소들에 의한 영향을 개선하기 위해 최근의 앵거 카메라들은 보정 회로를 갖추고 있다. 지금부터 평면 섬광계수법의 영상 품질에 영향을 주는 위 요소들과 그 외의 다른 요소들에 대해 알아보자.

8.4.1 분해능

광자의 상호작용 위치를 알아내기 위한 앵거 카메라의 성능은 3.3절에서 논의한 바 있는 반치 폭(full width at half maximum : FWHM)으로 정의되는 분해능을 이용하여 평가된다. 분해능에 영향을 많이 미치는 가장 중요한 두 가지 요소들은 콜리메이터 분해능(collimator

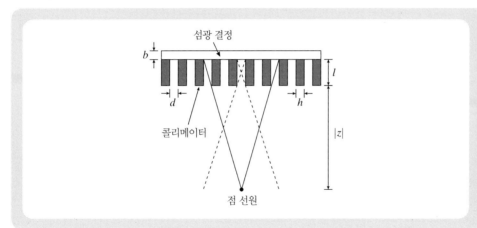

그림 8.10
분해능의 깊이 의존성을 보여
주는 콜리메이터 구조

resolution, R_c)과 고유 분해능(intrinsic resolution, R_I)이라고 할 수 있고, 두 요소들에 의해 앵거 카메라의 시스템 분해능이 결정된다고 할 수 있다. 섬광계수법 영상 촬영 시 스캔 시간이 길어질 수 있기 때문에 환자의 움직임은 분해능에 영향을 주는 또 다른 요소가 되는데, 여기서는 환자의 움직임에 의한 경우는 언급하지 않을 것이다.

콜리메이터 분해능 평행-홀 콜리메이터가 가장 보편적으로 사용되고 있으므로 이 콜리메이터의 성능에 대해서 중점적으로 알아보도록 하겠다. 그림 8.10을 참고해서 콜리메이터 분해능은 다음 식과 같이 표현할 수 있다[연습문제 8.14 참조].

$$R_C = \frac{d}{l}(l + b + |z|),\qquad(8.13)$$

여기서 d는 콜리메이터 구멍(hole)의 직경을 나타내고, l은 콜리메이터 구멍의 깊이, b는 섬광체의 유효 깊이를 나타내며, $|z|$는 콜리메이터 표면에서부터 환자까지의 거리를 나타낸다. 위 수식의 가장 중요한 특징은 반치 폭이 거리 $|z|$, 즉 $R_C = R_C(|z|)$에 의존한다는 것이다. 특히 $|z|$가 커질수록 콜리메이터의 분해능은 더 떨어지게 된다. 그러므로 표적이 멀어질수록 흐릿한 영상을 얻게 된다.

예제 8.5

콜리메이터 구멍을 더 깊게 하면 콤프턴 산란 광자들을 제거할 수 있는데, 이것 또한 영상 시스템의 분해능에 영향을 주게 된다.

문제 만약 콤프턴 산란 광자들을 더 많이 제거하기 위해 구멍의 깊이를 두 배로 한다면 콜리메이터 분해능은 어떻게 되는가? 콜리메이터 분해능의 한계는 있는가?

해답   식 (8.13)에서

$$R_C = \frac{d}{l}(l + b + r) = d + \frac{b+r}{l}d.$$

콜리메이터 구멍의 깊이가 두 배로 될 때, 콜리메이터 분해능은 다음과 같다.

$$R_C' = \frac{d}{2l}(2l + b + r) = d + \frac{b+r}{2l}d < R_C.$$

그러므로 구멍의 깊이를 두 배로 하면 콜리메이터의 분해능 또한 향상된다. 만약 구멍의 깊이를 무한대로 만든다면 콜리메이터 분해능은 분해능의 한계인 구멍의 직경 d에 가까워진다. 다음에 설명하겠지만 구멍이 깊어질수록 콜리메이터의 민감도는 낮아지게 된다.

콜리메이터 분해능을 평면 선원에 대한 영상 수식의 요소로 넣을 수 있다. 식 (8.13)은 콜리메이터의 점확산함수(point spread function : PSF)에 대한 정확한 수식은 아니지만 PSF가 반치 폭(FWHM = R_C)과 같이 가우스 분포를 갖는다고 볼 수 있으므로 일반화할 수 있다[예제 3.4, 3.5 참조].

$$\text{FWHM} = 2\sigma\sqrt{2\ln 2}.$$

FWHM = R_C이므로 콜리메이터 PSF에 대한 근사치는 다음과 같다.

$$h_C(x, y; |z|) = \exp\left\{-4(x^2 + y^2)\ln 2/R_C^2(|z|)\right\}, \tag{8.14}$$

여기서 표적 거리 $|z|$에 대한 의존성은 명확하다.

앞 절에서 논의한 평면 선원에 대한 수식 $f(x, y, z) = f_{z_0}(x, y)\delta(z - z_0)$를 고려해 보자. 모든 콜리메이터로부터 선원의 거리를 $r = |z_0|$로 가정하고, 식 (8.14)를 식 (8.11)에 대입하면 다음과 같은 식을 얻을 수 있다.

$$\phi(x, y) = A_b f_{z_0}(x, y)\frac{1}{4\pi z_0^2}\exp\left\{-\int_{z_0}^{0}\mu(x, y, z'; E)\,dz'\right\} * h_C(x, y; |z_0|) \tag{8.15}$$

x-y 평면에서 콜리메이터는 공간적으로 같기 때문에 이 경우, PSF의 흐려짐(blurring)은 정합(convolution)으로 표현된다. 그러나 기본적인 영상 수식과 콜리메이터 PSF는 모두 깊이에 대해서 의존성이 있으므로 3D 선원에 대하여 3D 정합을 사용하지는 않을 것이다.

식 (8.13)은 광자가 항상 콜리메이터의 격막에 의해 흡수된다는 가정을 전제로 하고 있다. 실제로 몇몇 광자들은 격막을 투과하므로, R_C는 예상했던 것보다 커지는 원인이 될 수 있다. 격막 투과를 설명하기 위한 간단한 방법은 식 (8.13)에서 구멍의 깊이가 실제보다 조금 작다고 가정하는 것이다[연습문제 8.5 참조]. 유효 구멍 깊이(effective hole length, l_e)는 다음과 같이 정의된다.

$$l_e = l - 2\mu^{-1} \, , \tag{8.16}$$

여기서 μ는 일반적으로 납으로 구성된 콜리메이터의 광자 에너지에 따른 선형감쇠계수이다. 유효 구멍 깊이는 실제보다 짧고 광자의 에너지가 높을수록 투과가 더 잘되기 때문에 광자의 에너지가 가장 높을 때 가장 짧다(μ는 에너지가 높을수록 작아진다). 위의 정의를 이용하여 콜리메이터 분해능 수식에 적용하면 다음과 같다.

$$R_C = \frac{d}{l_e}(l_e + b + r) \, . \tag{8.17}$$

이 수식은 사용되는 방사성 추적자의 에너지에 따라 콜리메이터의 공간 분해능이 변한다는 것을 나타낸다. 특히 저에너지의 방사성 추적자를 위해 제작된 콜리메이터는 고에너지 방사성 추적자를 사용할 때 더 낮은 분해능을 갖게 된다. 이는 고에너지 광자가 격막에 흡수되지 않고 투과하기 때문이다. 섬광 결정의 유효 두께(b) 역시 에너지 의존성을 가지므로 알아두어야 한다. 평균적으로 고에너지 광자들은 섬광 결정 내에서 더 많이 투과된 이후에 흡수되므로, 콜리메이터의 분해능은 더욱 낮아지게 된다(이 경우 R_C는 더욱 커지게 된다).

고유 분해능 콜리메이터 분해능은 콜리메이터의 기하학적 구조와 광자의 에너지 의존적인 격막 투과 둘 다 반영한다. 그러나 추가적인 흐려짐은 섬광체 자체에서 발생하며, 이러한 과정은 앵거 카메라의 고유 분해능에 의해 규정된다.

고유 분해능은 방사선 사진술에서 사용하는 증감지(intensifying screen)의 분해능과는 다소 차이가 있다. 투사 방사선 촬영과 평면 섬광계수법 두 경우 모두 섬광체 또는 형광체에 광자가 흡수되었을 때 섬광빛(scintillating light)을 방출한다. 투사 방사선 촬영에서, 확산된 섬광빛은 필름 혹은 반도체 검출기에 영구히 기록되고, 빛의 확산된 정도는 영상의 흐려짐으로 나타난다. 평면 섬광계수법의 경우, 섬광빛의 확산은 단일 흡수 이벤트(single absorption event)의 위치를 추정하는 데 사용되는데, 평면 섬광계수법의 불완전한 고유 분해능 때문에 (X, Y)를 정확히 추정하는 것은 어렵다.

앵거 카메라에서 (X, Y)를 정확하게 추정하는 것이 어려운 두 가지 이유가 있다. 첫 번째 이유는 흡수된 광자의 진행 경로와 관련이 있다. 4장에서 언급했듯이 광자는 마지막으로 흡수되기 전에 몇 번의 콤프턴 산란을 겪은 후 광전 효과에 의해 흡수된다. 섬광체에서 발생하는 콤프턴 산란은 섬광빛을 생성하게 되는데, 이 빛은 광자의 마지막 흡수로 생성되는 빛보다 작은 광 강도를 가지고 여러 방향으로 퍼지게 된다. 이러한 섬광빛은 배열된 PMT에 의해 검출되고, 광자의 진행 경로에 따라 섬광빛의 최댓값 분포를 흐트러트림으로써 (X, Y)를 추정하는 데 어려움을 준다.

(X, Y)를 정확히 추정하는 것이 어려운 두 번째 이유는 잡음 또는 통계적 변동이다. 광자가 콜리메이터 구멍을 직선으로 통과하여 곧바로 한 번의 광전 효과로 흡수되었다고 가정해 보자. 콜리메이터의 기하학적 구조를 피하거나 혹은 콤프턴 산란이 발생하지 않게 하는 것은 '꿈'에 가까운 일이며 이상 세계에서 살 수 있다면 가능할 것이다. 사실 물리학과 전자공학에서는 고유의 통계적 변동이 항상 발생한다. 우선, 광전 효과에 의해 발생되는 섬광 광자의 수와 공간적 분포는 모두 무작위이다. 비록 섬광체의 물리학적 세밀한 분석이 발생되는 섬광빛의 평균값을 예측하는 데에는 좋은 모델이 될 수 있으나 정확한 수는 예측할 수 없다. 따라서 PMT로 입사되는 섬광 광자의 수와 공간적 분포 또한 무작위이다. PMT 내에서 발생하는 전자 사태(electron cascade) 과정 또한 무작위적이므로 상황은 점점 더 악화된다. 이것들은 모두 PMT 배열에서 최대 펄스 높이(a_k, $k = 1, \cdots, K$)의 통계학적 변수가된다. 이러한 변수들은 (X, Y)를 추정하는 데 관련 있는 통계적 오차 분산(statistical error variance)을 초래하고, 통계적 오차 분산은 방사선원의 위치를 영상화하는 데 있어 추가적인 흐려짐을 야기한다.

앵거 카메라의 고유 분해능은 또 다른 반치 폭인 R_I로도 표현할 수 있다. 여기서 R_I는 섬광과정에서 발생하는 변수를 포함한다. 가우스 함수에 의해 위 과정과 관련된 앵거 카메라의 고유 PSF는 다음과 같다[식 (3.23) 참조].

$$h_I(x, y) = \exp\left\{-4(x^2 + y^2)\ln 2/R_I^2\right\},\qquad(8.18)$$

콜리메이터 분해능과는 다르게 고유 분해능은 방사선원이나 광자의 이동 거리에 의존하지 않는다. 평면 선원에 대한 영상 수식에 고유 분해능 요소를 추가하면 다음과 같다.

$$\phi(x, y) = A_h f_{z_0}(x, y)\frac{1}{4\pi z_0^2}\exp\left\{-\int_{z_0}^{0}\mu(x, y, z'; E)\,dz'\right\} * h_C(x, y; |z_0|) * h_I(x, y).$$

$$(8.19)$$

일반적으로 특정 영상 깊이에서 고유 분해능이 콜리메이터 분해능보다 훨씬 좋다($R_I \ll R_C$). 그러므로 콜리메이터의 기하학적 특성이 유효 분해능을 좌우하게 된다.

8.4.2 민감도

위에서 언급했듯이 인체에서 나오는 모든 감마선이 카메라로 향하는 것은 아니다. 가능하면 수직 방향에서 카메라로 곧바로 입사하는 것들을 검출하려고 하는데, 이러한 검출을 방해하는 두 가지 요소가 있다. 첫 번째는 콜리메이터에 의해 광자가 흡수되는 것이고, 둘째는 광자가 콜리메이터와 섬광 결정 모두를 투과하는 것이다. 민감도 또는 효율성이 매우 뛰어난 카메라는 대부분의 광자를 검출할 것이고, 민감도가 낮은 카메라는 대부분의 광자를 받아들이지 않거나 놓치게 될 것이다. 대부분의 카메라는 이 중간에 있게 되는데, 지금부터 민감도에 대해 더욱 자세히 알아보도록 하자.

콜리메이터 민감도   식 (8.13)으로부터 콜리메이터 구멍이 더 깊을수록 분해능이 더 좋아진다는 것을 알 수 있다(R_C는 더 작아진다). 그러나 구멍이 깊어질수록 콜리메이터에 부딪치고 통과하여 섬광 결정에 도달하는 감마 광자들의 수는 더 줄어들게 된다. 이는 콜리메이터의 효율성 또는 민감도가 떨어진다는 뜻이다. **콜리메이터 민감도**라고도 불리는 콜리메이터 효율 ϵ은 다음과 같다.

$$\epsilon = \left(\frac{Kd^2}{l_e(d+h)} \right)^2, \tag{8.20}$$

여기서 K는 약 0.25이다. ϵ의 크기는 콜리메이터를 통과하여 카메라로 향하는 각각의 방출된 광자들의 평균화된 비율을 나타낸다. 다른 모든 조건들이 비슷하기 때문에 ϵ을 가능한 크게 하는 콜리메이터의 파라미터를 선택해야 한다.

　평행-홀 콜리메이터의 분해능은 식 (8.13)을 보면 알 수 있듯이 콜리메이터 표면에서 가장 좋고, 거리 $|z|$에 따라 점점 떨어진다. 반면 식 (8.20)에서 민감도는 선원과 콜리메이터 간의 거리와는 상관없음을 알 수 있다. 언뜻 보기에는 거리역자승의 법칙에 모순되는 것처럼 보이지만 사실은 그렇지 않다. 거리가 멀어짐에 따라 각 구멍의 관측시야는 넓어지게 된다. 다시 말해서 각각의 구멍은 거리가 멀어질수록 더 많은 영역을 볼 수 있게 된다[그림 8.10 참조]. 다른 관점으로 보면 방사선원이 콜리메이터로부터 충분히 멀리 있다면 더 많은 구멍들이 같은 선원을 볼 수 있게 된다. 방사선원이 콜리메이터의 표면에서 멀어지게 되면 콜리메이터의 중심에 있는 구멍을 통한 계수율은 거리역자승의 법칙에 따라 감소하게 된다. 그러나 더욱더 많은 구멍들이 선원을 인지할 수 있게 되며 이에 따라 최종 계수율은 일정해질 것이다. 더 많은 구멍들이 선원을 보기 때문에 콜리메이터를 투과한 광자들은 섬광 결정의 표면으로 넓게 퍼지면서 영상은 점점 더 나빠지게 될 것이다. 따라서 거리가 멀어짐에 따라 분해능은 나빠지게 된다. 전반적인 민감도가 위와 동일한 방법으로 영향을 받지 않는 이유는 선원으로부터 방출된 광자가 손실되어 계수값이 낮아지는 것이 아니라 광자가 카메라의 다른 부분으로 향하여 분포되기 때문이다.

　$|z| \gg l_e + b$를 만족하는 고정 선원 거리 $|z|$를 고려하자.

$$R_C \approx \frac{d}{l_e} |z|, \tag{8.21}$$

그리고 위 수식을 식 (8.20)에 대입하면 다음의 수식을 얻는다.

$$\epsilon \approx \left(\frac{R_C K d}{|z|(d+h)} \right)^2. \tag{8.22}$$

표 8.1 콜리메이터의 종류에 따른 분해능 및 민감도

콜리메이터	d(mm)	l(mm)	h(mm)	분해능 @ 10cm(mm)	상대 민감도
LEUHR	1.5	38	0.20	5.4	12.1
LEHR	1.9	38	0.20	6.9	20.5
LEAP	1.9	32	0.20	7.8	28.9
LEHS	2.3	32	0.20	9.5	43.7

LEUHR = 저에너지 최대 분해능(low energy ultra-high resolution)
LEHR = 저에너지 고분해능(low energy high resolution)
LEAP = 저에너지 범용(low energy all purpose)
LEHS = 저에너지 고민감도(low energy high sensitivity)

앞의 식은 분해능과 민감도가 양립할 수 없는 상충 관계임을 보여 준다. 따라서 이미 격막 투과에서 차이를 보이는 고에너지, 중간 에너지, 저에너지 콜리메이터의 구분에 관한 필요성에 대해 인지하고 있지만, 동일한 에너지대에서 분해능과 민감도를 결정하기 위한 콜리메이터에 대해서도 고려해야 할 필요가 있다. 예로서 표 8.1은 몇몇의 저에너지(140keV용) 콜리메이터들과 각각의 분해능 및 민감도를 보여 준다.

예제 8.6

예제 8.5를 통하여 더 깊은 구멍을 가진 콜리메이터를 사용함으로써 콤프턴 산란 광자를 줄이고 콜리메이터의 분해능을 높일 수 있다는 것을 확인하였다.

문제 만약 다른 변수들은 고정한 채 구멍의 깊이를 두 배로 한다면 민감도는 어떻게 되겠는가?

해답 간단히 $l_e = l$로 가정하면 콜리메이터의 민감도는 다음과 같다.

$$\epsilon = \left(\frac{Kd^2}{l_e(d+h)} \right)^2.$$

콜리메이터 구멍의 길이가 두 배가 되면 다음과 같이 표현할 수 있다.

$$\epsilon' = \left(\frac{Kd^2}{2l_e(d+h)} \right)^2 = \epsilon/4.$$

그러므로 콜리메이터 구멍의 깊이를 두 배로 하면 민감도는 75% 감소한다.

검출기 효율 감마선이 검출기에 입사한 후 섬광 결정과 상호작용하지 않으면 어떠한 에너지도 축적시키지 않고 통과하게 된다. 검출기를 거치는 모든 감마선이 검출기 내의 섬광 결정에 에너지를 축적시키는 것은 아니며, 만약 에너지가 축적되지 않는다면 아무런 신호도 발

생되지 않을 것이다. 섬광 검출기들은 전자기 방사선에 대해 10~50%의 효율을 가지고 있는데, 이렇게 검출기 효율의 범위가 넓은 이유는 광 변환 효율, 분해능, 감마선 에너지 등이 다르기 때문이다.

앵거 카메라에 사용되는 섬광 결정의 직경은 10~25인치로 다양하며, 두께는 0.25~1인치 정도이다. 일반적으로 두꺼운 섬광 결정은 입사 광자와 상호작용할 가능성이 더 커지며 그 에너지를 축적하여 검출될 수 있기 때문에 카메라의 민감도를 향상시킨다. 그러나 너무 두꺼운 섬광 결정은 결정, PMT, 광도파관(light pipe) 사이의 복잡한 상호작용으로 인해 공간 분해능을 저하시킨다. 일반적으로 광도파관은 섬광 결정과 PMT를 광학적으로 결합하는 데 사용된다. 0.25인치 두께의 결정은 0.5인치 두께의 결정보다 더 나은 고유 분해능을 가진다. Tl-201과 같은 저에너지 방사성 동위원소에서 방출되는 감마선의 계수 시에는 민감도의 변화가 없지만, Tc-99m을 계수할 경우에는 0.25인치 두께의 결정이 0.5인치 두께의 결정보다 15% 낮은 민감도를 갖게 된다. 일반적으로 높은 에너지에서 민감도의 차이는 더욱 커진다.

8.4.3 균일성

필드 균일성(filed uniformity)은 방사능의 균일한 분포를 표현하는 카메라의 성능을 나타낸다. 불균일한 응답은 결정의 민감도 변화에 의해 일어나는 것으로 불균일성을 보정하기 위해 플러드(flood) 혹은 시트(sheet) 방사선원이 영상화되고, 기록되며 그 기준으로 사용된다. 임상에서 사용하는 영상은 수집 과정에서 다른 영역에 비해 계수가 너무 낮은 곳은 계수를 더하고, 너무 높은 곳은 빼 주는 방식으로 보정된다.

카메라 불균일성의 대부분은 공간 분해능 때문에 나타나는데, 이는 광자의 상호작용 위치를 잘못 표시되게 할 수 있다. 즉, (X, Y) 위치를 결정하는 데 오류가 발생한다. 이러한 왜곡을 보정하기 위해 기준 영상이 수집되고, 디지털 보정 좌표 함수들이 생성되며 저장된다. 각각의 좌표 함수들은 (X, Y) 보정 상수를 가지고 있다. 정교한 마이크로프로세서 회로는 영상을 실시간으로 수집하는 동안에 이와 같은 보정 상수를 이용하여 계수값을 재배치한다. 현재 사용되고 있는 많은 카메라들은 환자의 영상화를 위해 사용되는 동일한 방사성 핵종을 가지고, 보정 지도(correction map)를 만들어 사용한다. 몇몇의 카메라들은 핵의학과에서 사용하는 모든 방사성 핵종과 환자 연구를 위해 선택된 몇 개의 보정 지도를 컴퓨터에 저장시켜 놓는다.

파고 윈도우를 가지는 카메라의 서로 다른 면적으로 인한 펄스 위치 변동 또한 불균일성의 원인이 될 수 있는데, 이와 같이 공간에 의존적인 에너지 변동은 마이크로프로세서 회로로 보정할 수 있다. 에너지 변동과 공간 왜곡은 공간 분해능의 감소와 선형성 및 균일성의 저하를 야기한다. 최근의 카메라들은 공간 왜곡을 보정한 후 곱셈 인수를 사용하여 명확한 균일성 보정을 수행한다.

8.4.4 에너지 분해능

파고 분석은 영상의 명암대조도를 감소시키는 산란 광자의 제거를 위해서 중요하다. 그러므로 파고 분석기의 성능, 특히 에너지 분해능이 중요한데 이상적인 검출기의 경우, 방출된 엑스선 혹은 감마선의 에너지를 나타내는 파고에서 광전피크는 하나의 수직선으로 나타나야 한다. 실제로는 광 방출이 통계적이고, 파고 분석기가 유한한 분해능을 가지므로 수직선이 아닌 종 모양(bell-shape)의 광전피크가 나타난다. 본질적으로 계측된 파고 스펙트럼은 시스템의 에너지 충격 응답 함수(energy impulse response function)를 가지는 이상적인 스펙트럼의 정합으로 표현될 수 있다.

파고 분석기의 낮은 에너지 분해능은 광전피크를 넓어지게 한다. 에너지 분해능은 반치 폭을 사용하여 공간 분해능의 특성을 나타냈던 것과 유사하게 광전피크의 반치 폭으로 정량화할 수 있다. 반치 폭은 처음 광전피크의 최고점에서 계수를 하고, 최대 계수값의 절반에 해당하는 광전피크 양쪽을 연결한 폭의 길이로서 결정된다. 마지막으로 이 폭을 광전피크의 펄스 높이로 나누면 에너지 분해능이 되는데, 일반적으로 % 단위를 사용한다. 반치 폭이 더 작은 값일수록 더 좋은 에너지 분해능을 뜻하는데, 일반적으로 섬광 검출기는 평균 8~12% 의 반치 폭을 가진다. 섬광 검출기에서 시간 분해능 역시 에너지 분해능과 관계가 있는데, 시간 분해능 내에 2개의 섬광이 발생한다면 각각의 펄스가 더해져 1개의 신호가 생성될 것이다. 윈도우에 관한 내용은 8.2.6절과 그림 8.5에 나타나 있다.

파고 분석기를 정확히 보정하기 위해서는 축적된 에너지와 펄스 높이와의 정량적 관계가 정립되어, 알려져 있는 에너지 선원의 광전피크가 원하는 펄스 높이에 위치할 때까지 PMT에 공급된 전압 또는 증폭기의 증폭도가 조절되어야 한다. PMT에 공급되는 전압을 조절하면 PMT의 증폭도와 검출기에서 나오는 펄스의 크기를 바꿀 수 있다. 각각의 다이노드에 걸리는 전압이 커지면 이전 다이노드에서 벗어난 전자들은 더욱 큰 운동 에너지를 갖게 되고, 다음 다이노드와 충돌함으로써 더 많은 전자들이 방출된다. 이러한 과정을 통해 PMT는 더 큰 신호를 만들게 되고, 증폭기의 증폭도를 조절하여 각 신호의 크기를 직접 바꿀 수도 있다.

8.4.5 잡음

감마선 방출에서부터 PMT에서의 전자 사태까지 영상 처리 전반에 걸쳐(3.4.3절에서 언급했듯이) 푸아송 확률 법칙(Poisson probability law)이 적용된다. 특히 검출된 단위 영역당 광자의 수는 푸아송 랜덤 변수(Poisson random variable)이다. 푸아송 과정(Poisson process)에서 분산은 투사 방사선 촬영에서 잡음 분석을 간단히 하는 데 사용하는 평균과 같다. 평면 섬광계수법에 있어서 이러한 사실들이 가지는 의미를 알아보자.

신호 대 잡음 비 투사 방사선 촬영과 평면 섬광계수법은 결국 영상을 형성하는 데 기여하는 단위 영역당 총 광자의 수에 의해 제한되기 때문에 신호 대 잡음 비(signal-to-noise ratio : SNR)의 계산은 본질적으로 두 경우에 있어서 동일하다. 5장에서 투사 방사선 촬영의 경우, 총 광자의 수와 강도를 연관시켰다[식 (5.35) 참조]. 이와 관련된 식은 식 (4.16)에 나타내었으며, 여기서는 강도 대신 에너지 선속률(energy fluence rate)을 사용하였다. 5.4.1절과 비슷한 방법으로 수집된 총 광자의 평균수 $\overline{N}$를 중점적으로 살펴볼 것이다.

카메라의 고유 SNR(intrinsic SNR)은 다음과 같다.

$$\mathrm{SNR} = \frac{\overline{N}}{\sqrt{\overline{N}}} = \sqrt{\overline{N}}. \tag{8.23}$$

검출되는 광자의 수를 증가시킴으로써 영상의 고유 SNR은 커지게 되며, 이는 투사 방사선 촬영의 경우와 동일하다.

프레임 모드에서 앵거 카메라의 전면부는 화소의 수직 격자로 나뉜다. 카메라의 전면부를 둘러싼 $J \times J$의 화소들로 배열된 정방형의 격자를 가정해 보자. 그리고 선원에 대한 사전 지식 없이 모든 J^2 화소에 $\overline{N}$만큼 검출된 광자가 고르게 퍼져 있다고 본다면 화소당 고유 SNR은 다음과 같이 주어진다.

$$\mathrm{SNR}_p = \sqrt{\frac{\overline{N}}{J^2}} = \frac{\sqrt{\overline{N}}}{J}. \tag{8.24}$$

위의 수식으로부터 알 수 있듯이 화소당 SNR은 화소 크기가 작아질수록 작아지는 것을 알 수 있다. 그러므로 평면 섬광계수법 영상에 512×512 매트릭스를 사용하는 것이 항상 좋다고 말할 수 없다. 카메라가 화소 분해능만큼 충분한 분해능을 가질 수 없다는 사실 이외에도 SNR이 급격히 작아지면 영상의 질이 떨어질 수 있다.

종종 백그라운드(background)로부터 핫스팟(hot spot)이나 콜드스팟(cold spot)을 이해하는 것은 매우 유용하다. 이를 위해서는 3.2절에서 언급했던 명암대조도 C에 대한 개념이 필요하다. 여기서 명암대조도는 백그라운드로부터의 여러 화소들 또는 화소에서 계수의 부분적인 변화를 말한다. 만약 $\overline{N}_b$가 평균 백그라운드 계수(mean background count)이고, $\overline{N}_t$가 평균 표적 계수(mean target count)라고 한다면 명암대조도는 다음과 같이 나타낼 수 있다.

$$C = \frac{\overline{N}_t - \overline{N}_b}{\overline{N}_b}. \tag{8.25}$$

국소 SNR(local SNR)은 다음과 같이 정의할 수 있으며

$$\mathrm{SNR}_l = \frac{\overline{N}_t - \overline{N}_b}{\sqrt{\overline{N}_b}}, \tag{8.26}$$

다음과 같이 간략화할 수 있다[식 (5.38) 참조].

$$\mathrm{SNR}_l = C\sqrt{N_b}. \tag{8.27}$$

실질적으로, 확률 질량 함수(probability mass function)의 파라미터는 알려져 있지 않기 때문에 평균 계수는 알 수 없다. 대신 평균에 근접한 값이 사용된다. 예를 들어 t_n이 N화소의 표적 계수를 나타내고 b_m이(표적 주위의) M화소의 백그라운드 계수를 나타낸다면 평균값은 다음과 같이 나타낼 수 있다.

$$\hat{\bar{N}}_t = \frac{1}{N} \sum_{n=1}^{N} t_n, \tag{8.28}$$

$$\hat{\bar{N}}_b = \frac{1}{M} \sum_{m=1}^{M} b_m. \tag{8.29}$$

이러한 추정값들은 식 (8.27)에 사용되어 국소 SNR을 추정하는 데 사용된다. 이러한 종류의 계산은 실제로 기기의 검출감도(detectability)를 평가하는 데 사용되며 콜리메이터, 영상화 시간, 화소 크기 등을 선택하는 데 도움을 준다.

8.4.6 계수율에 영향을 미치는 요소들

이전 절에서 검출되는 광자의 수를 증가시키면 즉, 계수값이 커지면 앵거 카메라의 효율이 향상된다는 사실을 알 수 있었다. 효율을 향상시키기 위한 가장 간단한 방법은 영상 수집 시간을 늘리는 것이지만, 핵의학에서 사용하기에 적절한 방법이 아니며 그 이유는 다음과 같다. 영상 수집 시간이 길어질수록 환자가 움직일 확률도 커지며 움직임에 의해 영상이 흐려진다. 또한 영상 수집 시간이 길어질수록 생리적 또는 생화학적 과정에 의해 방사성 추적자의 분포가 바뀔 확률이 커지게 된다. 마지막으로 영상 수집 시간이 길어지면, 근무 시간 동안 핵의학 영상을 촬영할 수 있는 환자의 수는 더 적어질 것이고, 이에 따라 각각의 환자들이 겪는 불편함은 커질 것이다.

만약 실현 가능한 값으로 영상 수집 시간을 유지시키고자 한다면, 총 계수를 증가시킴으로써 계수율을 높여야 한다. 이는 투사 방사선 촬영의 경우와 유사하며 검출기 효율의 향상 또는 선량의 증가를 비롯한 해결 방안도 동일하다. 그러나 평면 섬광계수법은 투사 방사선 촬영과 다르므로 실질적으로 고려해야 할 사항이 있다. 예를 들어 평면 섬광계수법에서 콜리메이터 효율을 증가시키면 곧바로 공간 분해능의 손실을 가져오게 된다. 그러므로 의료 목적으로 요구되는 공간 분해능을 유지하기 위해서는 콜리메이터 효율을 특정 값 이상으로 증가시킬 수 없다.

또한 검출되는 광자의 수를 늘리기 위해 검출기 효율을 향상시키는 방법이 있다. 만약 검출기 물질을 동일한 기하학적 구조를 가지지만 감마선 저지능(stopping power)이 더 높은 물질로 바꿔서 검출 효율이 향상된다면 좋을 것이다. 현재까지 수많은 연구를 통해 매우 효율적인 검출기 물질들이 개발되었지만 앞으로 이 연구가 얼마나 더 진행될지는 아직 명확하지 않다. 검출기 효율을 향상시킬 수 있는 명확한 방법은 검출기의 두께를 두껍게 하는 것이지만 이는 분해능을 떨어뜨리게 된다.

투사 방사선 촬영처럼 선량을 증가시킬 수도 있는데, 그러려면 많은 양의 방사성 추적자를 환자의 체내에 주입시켜야 한다. 이렇게 하면 환자에게 전리 방사선의 선량을 증가시키게 되는 것 외에도 투사 방사선 촬영과는 다르게 평면 섬광계수법에서는 방사능을 증가시킴에 따라 단위 시간당 카메라에 입사되는 광자의 수가 크게 늘어나 이를 제어하는 데 어려움이 따른다. 특히 검출기에 에너지를 축적한 후 섬광 광자가 발생하는 데 일정 시간이 걸리며, 전자기기가 계수하는 데 또 일정 시간이 소요된다. 이러한 시간을 앵거 카메라의 불감시간(dead time) 또는 분해시간(resolving time, τ)이라고 하며, 검출기는 추가되는 에너지의 축적에 대해서 부분적으로만 반응한다. 분해시간의 역수는 카메라의 최대 계수율(maximum counting rate)이 되며 다음과 같이 표현할 수 있다.

$$\text{Maximum counting rate} = \frac{1}{\tau}. \tag{8.30}$$

임상에서 분해시간은 일반적으로 $10\sim15\mu s$이고, 최대 계수율은 초당 6만~10만 개(counts per second : CPS)이다. 또한 앵거 카메라의 기능이 마비될 수 있는데, 이는 측정된 계수율이 $\frac{1}{\tau}$에서 안정 상태를 유지하지 못하고, 실제로는 방사능이 증가함에 따라 계수율이 점차 감소한다는 것을 의미한다.

뿐만 아니라, 최대 계수율을 초과하는 것은 **펄스 산적**(pulse pileup)을 야기할 것이고, 이러한 현상은 2개 또는 그 이상의 광자들이 섬광 결정 내에서 각각의 이벤트로 계수되기에는 너무 가까운 거리에서 흡수될 때 발생된다. 이럴 경우, 광자들은 2개 또는 그 이상의 광자들에 의해 축적된 에너지들의 총합을 갖는 단일 이벤트로 간주되며, 에너지 윈도우(energy window)로 인해 광자들이 계수되지 않을 수도 있다. 대안적으로 첫 번째 이벤트를 계수하기 위해 시간을 할애함으로써 두 번째 이벤트만 제거할 수도 있다. 둘 중 어느 경우라도 신호는 손실되고, 환자에게는 불필요한 선량을 주게 된다.

8.5 요약 및 핵심 개념

핵의학은 인체 생리학과 생화학 관련 기능 영상들을 제공한다. 평면 섬광계수법은 핵의학 기법으로서 앵거 섬광 카메라를 이용하여 방사성 추적자들의 분포를 2차원 투사 영상으로 보여 준다. 이 장에서는 다음과 같은 핵심 개념들을 소개하였다.

1. 평면 섬광계수법은 투사 방사선 촬영과 유사한 핵의학 기법이다.
2. 평면 섬광계수법에서는 콜리메이터, 섬광 결정, PMT, 국지화 논리, 파고 분석기로 구성된 앵거 섬광 카메라와 영상 획득 장비를 사용한다.
3. 일반적으로 콜리메이터는 평행-홀, 집중형, 분산형 및 핀-홀의 형태를 가진다.
4. 광자와 섬광 결정이 충돌하는 이벤트의 위치 결정은 방사선 사진술에서의 영상 형성과는 다르게 질량 중심 계산에 기반을 둔다.
5. 기본 영상 방정식은 방사능과 감쇠 항들을 포함하고, 이 둘은 분리될 수 없다.
6. 영상의 질은 카메라의 콜리메이터 분해능 및 고유 분해능과 시스템의 민감도 및 주입된 방사능, 그리고 수집 시간이 영향을 주는 잡음 그리고 계수율에 의존한다.

참고문헌

Cherry, S.R., Sorenson, J.A., and Phelps, M.E. *Physics in Nuclear Medicine*, 4th ed. Philadelphia, PA: W. B. Saunders, 2012.

Christian, P.E. and Waterstram-Rich, K.M. *Nuclear Medicine and PET/CT: Technology and Techniques*, 7th ed. New York: Elsevier/Mosby, 2012.

Rollo, F.D. *Nuclear Medicine Physics: Instrumentation and Agents*. St. Louis, MO: C. V. Mosby, 1977.

연습문제

기기 구성

8.1 (a) 앵거 감마 카메라의 구성과 기능을 그림으로 설명하라.

(b) 영상에 사용되는 방사성 핵종을 선택할 때 물리적으로 고려해야 할 사항은 무엇인가?

8.2 앵거 카메라에 사용할 콜리메이터를 설계한다고 가정하자. 방사성 추적자가 140keV의 감마선을 방출하고 콜리메이터와 환자 간의 거리(r)는 10cm이다.

(a) 감마선이 45°각도로 입사될 때, 격막 투과를 60% 이하로 하는 격막의 최소 두께(h)는 얼마인가?

(b) 콜리메이터의 분해능과 민감도가 다음과 같이 주어진다고 가정하자.

$$\text{분해능} = d\left(1 + \frac{r}{l}\right), \qquad \text{민감도} = \frac{d^4}{l^2(d+h)^2},$$

여기서 d는 콜리메이터 구멍의 직경이고, l은 콜리메이터 구멍의 길이이다. $h = 0.2$mm라고 가정할 때, 분해능과 민감도가 각각 7.8mm, 28.9×10^{-4}이 되려면 l과 d의 값은 각각 얼마가 되어야 하는가?

(c) 설계에서 다른 부분의 변화 없이 구멍의 길이만을 길게 할 때의 장단점을 서술하라.

(d) 섬광체를 교체함으로써 구멍이 길어진 것에 대하여 보정할 수 있는가?

8.3 광자는 콤프턴 산란으로 진행 방향이 바뀌고 에너지를 잃는다. 핵의학 영상에서 파고 분석은 이러한 산란 광자들을 제거하기 위해 사용된다. 파고 윈도우는 파고 스펙트럼의 광전피크 주위에 대칭으로 설정되며, 윈도우의 최대 폭은 광전피크 에너지의 백분율로 나타난다.

(a) 140keV 광자가 산란될 수 있는 최대 각도를 계산하고, 150keV를 중심으로 하는 20% 오프셋 윈도우 내에 위치할 수 있는지 확인하라.

(b) 광전피크를 중심으로 하는 20% 윈도우를 사용할 경우, 140keV와 364keV의 에너지를 가지는 광자가 윈도우 내에 위치할 수 있는 최대 산란 각도를 구하라.

(c) 주파수의 함수로서 앵거 카메라의 방향 선택성에 대한 결론을 유도하라.

8.4 앵거 카메라가 구멍이 하나인 평행–홀 콜리메이터를 가진다고 가정하자. 측정된 강도는 단위 영역당 단위 시간당 축적된 에너지이다. 구멍의 직경은 d, 방사능이 A인 점 선원(point source)이 구멍의 바로 아래에 카메라로부터 r만큼 떨어져 있다.

(a) 측정된 강도는 얼마인가?

(b) 구멍의 직경을 두 배로 한다면 강도는 어떻게 되는가?

(c) 카메라와 선원 사이의 거리를 두 배로 한다면 강도는 어떻게 되는가?

8.5 광자는 콜리메이터의 격막을 투과할 수 있다. 이는 광자가 하나의 콜리메이터 구멍으로 들어가서 때로는 다른 구멍에서 검출될 수 있다는 것을 의미한다. 콜리메이터의 구조와 분해능에 대해 격막 투과 효과를 고려하고, 구멍의 직경을 d, 격막의 두께를 b, 구멍의 길이를 l이라고 하자. 여기서 콤프턴 산란과 섬광체의 두께는 무시하라.

(a) 광자가 하나의 구멍으로 들어가서 인접한 다른 구멍에서 검출될 때, 격막을 투과하는 최소 거리 w는 얼마인가? $l \gg 2d + b$로 가정하여 표현을 간소화하라.

(b) 격막의 두께가 최소 거리 w를 투과하는 광자를 95% 제거할 만큼 충분히 두껍다고 가정할 때, 이를 만족하는 b에 대한 부등식은 어떻게 되는가?[(a)의 간소화된 표현을 이용하라]

(c) 격막 투과는 콜리메이터의 분해능에 얼마만큼 영향을 주는가?

8.6 140keV 감마선을 방출하고 방사능 A mCi를 갖는 방사성 펠릿(pellet)이 감마 카메라로부터 1m 떨어져 있고, 총 붕괴의 1/4만큼이 검출기를 통과한다. 펠릿의 반감기는 6시간이고, Z–펄스 높이는 광전피크로서 입사되는 광자의 에너지와 같다고 가정하자.

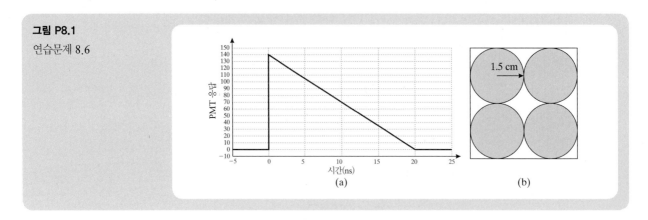

그림 P8.1

연습문제 8.6

(a) 30°보다 더 큰 각도로 콤프턴 산란된 광자들을 배제하기 위하여 광전피크 주변에 설정되는 수용 윈도우의 범위(%)는 얼마가 되어야 하는가?

이 문제를 풀기 위해, 오직 비콤프턴 산란 광자(non-Compton scattered photon)만을 고려하자. 시간 $t = 0$일 때, 카메라와 충돌하여 흡수되는 광자에 대한 카메라의 Z-펄스의 응답 시간은 그림 P8.1(a)에서처럼 주어진다. 또한 서로 다른 아주 짧은 시간 동안 다중 흡수된 광자들에 대한 카메라의 네트 응답(net response)은 각 광자의 개별 응답에 지연된 변화가 추가된 것으로 가정하자.

(b) 시간이 $t = 0\text{ns}$와 $t = 5\text{ns}$일 때 흡수된 두 광자에 대한 카메라의 Z-펄스 네트 응답을 그래프에 표시하라.

Z-펄스가 광전피크의 80%를 초과할 때, 광자 검출 회로와 국지화 논리 회로가 동작하고, 80% 이하일 경우에는 동작하지 않는다고 가정하자. 광전피크 주변에 설정된 20% 수용 윈도우 내에서 검출 회로가 동작할 때, Z-펄스의 최댓값은 광자에 의한 단일 이벤트인 것으로 고려된다.

(c) 감지된 두 광자들이 서로 분리된 이벤트로서 검출되기 위한 이들 사이의 최소 시간 간격은 얼마인가?

(d) (c)에서 주어진 시간 간격 내에 적어도 하나의 붕괴를 가질 확률이 50%가 되려면 방사성 펠릿의 방사능은 얼마가 되어야 하는가?

그림 P8.1(b)는 배열된 PMT의 구조를 보여 준다. 감지된 광자에 대한 4개의 PMT의 응답은 왼쪽 위에서부터 시계 방향으로 80, 30, 5, 20이다.

(e) Z-펄스 높이를 계산하고, 이벤트의 x, y 좌표를 계산하라.

영상 형성

8.7 (a) 집속형 콜리메이터를 사용하는 앵거 카메라를 위한 영상 수식을 유도하라.

(b) 확산형 콜리메이터를 사용하는 앵거 카메라를 위한 영상 수식을 유도하라.

8.8 1cm×1cm 크기의 PMT 9개가 그림 P8.2과 같이 3×3으로 배열되어 있고, 섬광 이벤트에 대한 각 PMT의 출력은 다음 수식과 같이 모델링되어 있다.

$$a_i = 20 \exp\left(-\frac{(x-x_i)^2 + (y-y_i)^2}{5}\right), \qquad \text{(P8.1)}$$

여기서 (x, y)는 섬광 이벤트의 위치를 나타내고 (x_i, y_i)는 i번째 PMT의 중심을 나타낸다.

(a) 섬광 이벤트가 $(-0.5, 0.5)$cm에서 발생했을 때, 각 PMT의 출력을 구하라.

(b) 섬광 이벤트가 발생한 곳으로 추정되는 위치는 어디인가?

(c) 추정된 위치와 실제 위치가 동일한가? 그렇지 않다면 이유를 설명하라.

8.9 PMT로부터 일련의 섬광 이벤트가 검출되었다. 기록된 펄스들은 180의 높이를 가지는 광전피크를 중심으로 하고 있다. 그림 P8.3(a)와 같이 펄스 높이는 섬광 결정에 축적되는 에너지와 비례 관계를 가진다.

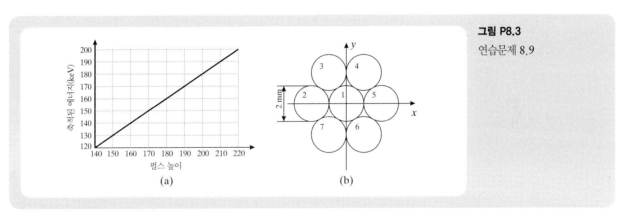

그림 P8.3
연습문제 8.9

(a) 50° 이상의 각도로 콤프턴 산란되는 광자들을 배제하기 위해 광전피크 주위에 수용 윈도우를 설정하려고 한다. 수용 윈도우에 수용되는 광자 에너지의 범위는 얼마인가?

그림 P8.3(b)와 같이 앵거 카메라에 7개의 PMT가 x-y 좌표를 가지고 위치한다고 가정하자. PMT의 직경은 2mm이고, 각각의 PMT는 1번부터 7번까지 표기되어 있다. 하나의 섬광 이벤트는 PMT들로부터 하나의 응답을 산출하며, 번호순에 따라 40, 5, 15, 15, 20, 45, 30을 기록한 7개의 PMT를 제외하고, 다른 PMT들의 펄스 높이는 0으로 기록되었다.

(b) Z-펄스를 계산하라. 이 펄스는 수용 윈도우에 수용되는가?

(c) 이벤트 (X, Y)의 위치를 추정하라.

(d) 최대 응답을 갖는 PMT의 위치와 동일한 (X, Y)를 설정하지 못하는 이유를 설명하라.

8.10 앵거 카메라를 이용하여 방사성 동위원소를 영상화하고자 한다.

(a) 180AU에서 140keV의 광자를 위한 광전피크를 파고 스펙트럼에 작성하라.

(b) 광자들이 10% 파고 윈도우 내에 있을 때의 최대 산란각을 구하라. (c)와 (d)에서 PMT 배열과 그에 해당하는 펄스 높이는 그림 P8.4에 나타낸 것과 동일하다고 가정하자.

(c) Z-펄스를 계산하라.

(d) 발생된 이벤트의 (X, Y) 위치를 계산하라.

(e) 이벤트 위치에서 오차가 발생되는 원인은 무엇인가?

그림 P8.4
연습문제 8.10

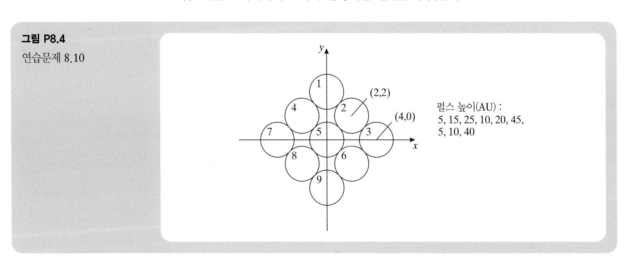

펄스 높이(AU) :
5, 15, 25, 10, 20, 45,
5, 10, 40

영상 품질

8.11 치료 핵의학 영상에서 실제 공간 분해능은 세 가지 요인 즉, 카메라의 고유 분해능 (I), 콜리메이터 분해능(C), 환자에 의한 영향(P)에 의해 결정된다. 충격 응답(impulse response)은 세 가지 선형 이동 불변 시스템의 접속(cascade of three linear shift-invariant systems)으로부터 발생되는 것으로 모델링된다고 가정하자.

(a) 각 시스템은 정방형 함수(rect function)에 의해 주어지는 충격 응답을 가진다고 가정하고, 각각의 너비가 r_I, r_C 그리고 r_P일 때, 접속 시스템의 SNR을 구하라.

(b) 각 시스템이 가우스 충격 응답 함수(Gaussian impulse response function)를 가진다고 가정하고, 각각의 표준편차를 σ_I, σ_C 그리고 σ_P라고 할 때, 접속 시스템의 SNR을 구하라.

8.12 2시간에 걸쳐 수많은 영상을 얻기 위해 필요한 연구를 실시하고 있다. 각 영상의 수집은 10분 동안 지속되고, 연구에서는 Tc-99m가 방사성 추적자로 사용된다. 영상들은 128×128 배열을 가진 프레임 모드로 기록되고, 만족스러운 품질의 영상을 얻으려면, 적어도 각 영상에서 2백만 개의 계수가 필요하다.

    (a) 이 연구에서 충분한 계수를 가지는 마지막 영상을 얻기 위해서는 처음 1분 동안 몇 개의 계수를 가져야 하는가?

    (b) 영상의 수에 따른 화소당 SNR은 얼마인가?

    (c) 10% 명암대조도로 종양이 있다고 가정하자. 마지막 영상에서 종양이 5dB의 국소 SNR을 가지고 있다면 첫 번째 영상에 대한 대략적인 계수값은 얼마인가?

8.13 앞서 공부하였던 예제 8.4의 심장 관련 연구에서 각각의 영상 프레임이 64×64 행렬을 가진다고 가정한다면, 연구가 종료될 때 평균적으로 각 화소에 대해 1,000개의 계수가 필요하다. 모든 카메라는 초당 최대 128,000개의 광자를 검출할 수 있다.

    (a) 얼마나 많은 심장 박동수가 필요한가?

    (b) 이 연구가 완료될 때까지 얼마나 오랜 시간이 걸리는가?

    (c) 각 화소당 SNR은 얼마인가?

    (d) 두 배의 SNR을 얻기 위해서 연구 시간을 연장한다면 완료되기까지 얼마나 오래 걸리겠는가?

8.14 기하학적 논점에 따라 식 (8.13)의 콜리메이터 분해능 공식을 유도하라.

8.15 그림 P8.5에 나타낸 바와 같이 2D 시스템인 평면 섬광계수법 영상 시스템이 콜리메이터와 함께 구성되어 있다.

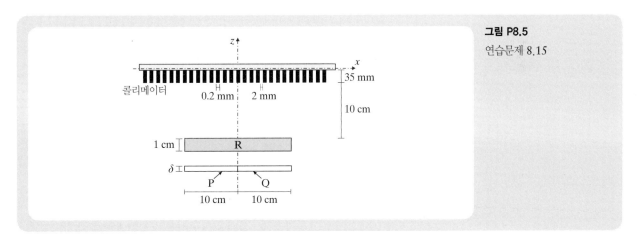

그림 P8.5
연습문제 8.15

시스템에서 P, Q, R은 서로 다른 3개의 물질들로 구성되어 있고, 각각 $\mu_P = 0$, $\mu_Q = 0$, $\mu_R = 0.1mm^{-1}$의 감쇠 상수를 갖는다. $\delta \approx 0mm$라고 가정하자. 방사성 핵종 A(반감기 $t_{1/2}^A = 3$시간)의 N_0개 원자들이 P에 균일하게 분포되어 있고, 방사성 핵종 B(반감기 $t_{1/2}^B = 6$시간)의 $\frac{1}{2}N_0$개 원자들이 Q에 균일하게 분포되어 있다.

(a) 시간이 각각 $t = 0$, $t = t_{1/2}^A$일 때, $[s^{-1}cm^{-1}]$의 단위를 가지는 투사 $\phi(x)$를 계산하라.

(b) 신호의 절대값 차이 $|\phi(5)-\phi(-5)|$가 최대가 될 때의 시간 t_{max}를 구하라.

(c) 콜리메이터의 효율과 분해능은 얼마인가?

(d) 콜리메이터 효율을 고려하여 시간 $t = 3$일 때, 신호의 절대값 차이는 얼마인가?

(e) 시스템 분해능이 콜리메이터 분해능에 영향을 받는다고 가정할 경우, 마지막 영상에서 P의 길이는 얼마인가?

8.16 앵거 카메라의 콜리메이터가 다음과 같은 규격을 가진다고 하자. 격막의 두께 $b = 6mm$, 높이 $l = 10cm$, 구멍의 직경 $d = 3mm$이다. 검출기의 두께 $b = 2.5cm$이고, 물체와 떨어진 거리 $z = 0.5m$이다.

(a) 주어진 거리에서의 콜리메이터 분해능을 계산하라.

(b) 앵거 카메라의 고유 분해능을 0.2mm라고 가정하자. h_c와 h_I가 가우스 함수를 가질 때, 주어진 거리에서 앵거 카메라의 전반적인 PSF에 대한 표현식을 작성하라.

그림 P8.6과 같이 광자들이때때로 격막을 뚫고 지나가 원래의 콜리메이터의 구멍이 아닌 다른 구멍에서 검출이 되는 경우가 있다.

그림 P8.6
감마 광자의 격막 투과(연습문제 8.16)

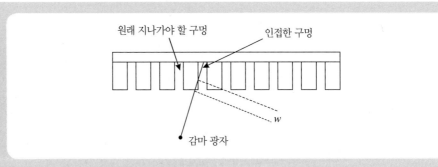

(c), (d) 그리고 (e)에서 콜리메이터 설계와 분해능에 대한 격막 투과의 영향을 고려해야 한다. 납에 대한 선형감쇠계수를 μ라고 하자.

(c) 광자가 콜리메이터 격막을 뚫고 인접한 구멍에서 검출되었다고 가정하자. 격막을 통과하는 광자의 최소 경로 w는 몇 mm인가?

(d) 최소 경로 w를 통과하는 광자의 95%가 멈출 수 있는 충분히 두꺼운 격막을 설계하고자 한다. l과 d를 고정했을 때, 설계를 만족시키기 위한 b의 부등식은 어떻게 되는가?

(e) 격막 투과는 콜리메이터의 분해능에 어떠한 영향을 미치는가?

(f) 격막을 통과하고 인접한 구멍에서 검출되는 광자들을 배제하기 위해 수용 윈도우를 사용할 수 있는가?

(g) Z-펄스가 너무 작을 경우, 광자는 배제될 수 있다. 작은 값을 가지는 Z-펄스를 야기하는 물리적인 이벤트는 무엇인가?

8.17 방사성 추적자가 담긴 펠릿이 원래의 자리에 위치된 2D 시나리오를 가정하자. 펠릿은 x-y 평면에 감마선을 방출하고, 그림 P8.7(a)와 같이 펠릿의 방사능은 $A = 0.54\text{mCi}$이다. 검출기는 두께 $b = 2\text{cm}$이고, 선형감쇠계수 $\mu = 0.64\text{cm}^{-1}$인 물질로 구성되어 있다.

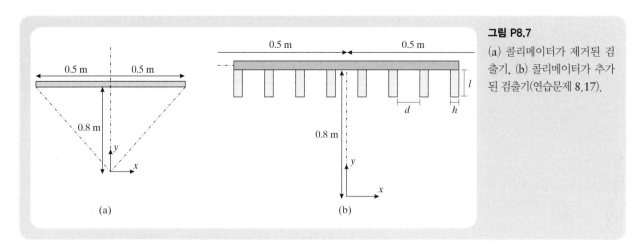

그림 P8.7
(a) 콜리메이터가 제거된 검출기, (b) 콜리메이터가 추가된 검출기(연습문제 8.17).

(a) 초당 검출기에 부딪히는 광자의 평균 비율은 얼마인가?

(b) $x = 0$일 때, 검출기 중심에서의 효율을 구하라.

그림 P8.7(b)는 격막 두께 $h = 2.5\text{mm}$, 높이 $l = 8\text{cm}$ 그리고 구멍의 지름 $d = 5\text{mm}$를 갖는 평행-홀 콜리메이터가 검출기에 결합된 경우를 보여 준다.

(c) 콜리메이터 분해능 R_C는 얼마인가?

(d) 검출기의 고유 분해능이 1mm라고 가정하자. h_C와 h_I가 가우스 함수를 가질 때, 카메라의 전반적인 PSF는 얼마인가?

(e) 주어진 구조에서, 검출기와 충돌할 수 있는 방사선을 받아들이는 구멍의 개수는 몇 개인가?

(f) 만약 l이 점점 커진다면, 어떤 지점에서 방사선은 오직 하나의 구멍을 통해 검출기에 부딪히게 될 것이다. 이러한 현상이 발생할 때 $l = l_0$인 최솟값을 구하라. 이때, R_C는 얼마인가?

(g) 콜리메이터 구멍의 유효 높이가 l이라고 가정할 경우, 만약 카메라의 민감도가 $l = 8\text{cm}$일 때 ϵ이라 하면, $l = l_0$일 때는 민감도가 얼마인가?

적용

8.18 앵거 카메라의 중심에 위치하고, 지름이 d인 1개의 구멍을 가지는 표준 콜리메이터를

사용한다고 가정하자(즉, $x = 0$, $y = 0$). 낮은 방사능을 가지는 점 선원이 카메라의 중심으로부터 20cm 앞에 위치하고 있다.

(a) 감마 광자가 콜리메이터의 구멍을 통과할 때, 카메라는 응답을 산출한다. 이 광자에서 일어나는 현상과 X와 Y 신호, Z 펄스를 생성하기 위한 이벤트의 순서는 어떻게 되는지 설명하라.

(b) X 신호는 다음 광자가 카메라에 충돌할 때까지 일정하다고 가정하자[그러므로 시간에 대하여 신호 $X(t)$는 불연속적으로 일정한 값을 가진다]. 구멍이 작은 지름을 가질 때를 $X_1(t)$, 큰 지름을 가질 때를 $X_2(t)$라고 할 때, 각각에 대하여 $X(t)$를 유도하라. 또한, 구멍의 지름이 커질 때의 변화를 설명하고, 신호를 같은 크기의 수평, 수직면 위에 그리라.

(c) 구멍의 지름이 커지게 되면 Z-펄스를 생성하기 위한 이벤트의 순서가 변하는가?

(d) 구멍의 지름을 두 배로 할 때, 카메라가 동일한 민감도를 가지려면 구멍의 길이는 어떻게 해야 하는가?

8.19 평면 섬광계수법 보정 실험은 '균일한 면을 가지는 팬텀(uniform flood phantom)' 팬텀을 사용하여 수행된다. 이 팬텀을 사용하면 64×64 화소를 가지는 앵거 카메라의 각 화소는 평균적으로 초당 4개의 감마 광자와 충돌한다.

(a) 카메라 전체에서 2×10^6개가 계수되는 것이 이상적이라고 한다면, 보정 스캔을 완료하는 데에는 평균적으로 얼마나 걸리겠는가?

섬광체로부터 방출되는 빛(Z-펄스)은 매번 감마선이 부딪히는 짧은 순간 동안 발생한다. 그림 P8.8에서 보듯이 방출된 섬광빛 Z-펄스의 피크 높이가 A(예를 들어, 전압)이고, 0까지 250μs 동안 선형적으로 감소하는 삼각형 모델을 가정하자. 파고 분석기는 피크를 계측하고, 그 피크 전압을 기록하므로 그림에서 보이는 펄스에 대해서는 파고 분석기가 값 A를 기록한다. 2개 또는 그 이상의 감마선의 응답은 도달 시간(time-of-arrival)에 따라 지연되는 Z-펄스의 합이라 가정하자.

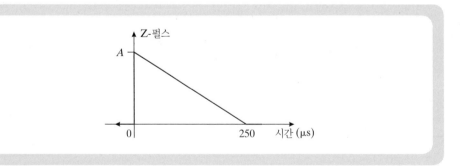

그림 P8.8
Z-펄스의 파형(연습문제 8.19)

(b) 시간이 각각 $t = 0$, $t = 100\mu$s일 때 카메라에 부딪힌 2개의 광자로부터 발생한 결합된 Z-펄스를 그리라. 파고 분석기의 출력은 어떻게 되는가? 광전피크는 A에

설정되고, $\pm 20\%$의 식별 윈도우(discriminator window)가 사용되었다고 가정하자.

(c) 만약 첫 번째 광자가 부딪힌 후, 짧은 시간 안에 두 번째 광자가 부딪힌다면 식별 윈도우 때문에 두 번째 광자는 계측되지 않을 수도 있다. 차례대로 두 번째 광자가 독립된 이벤트로서 계측되기 위하여 요구되는 구분 시간을 결정하고, 설명하라.

(d) (a)에서 여러분이 계산한 시간 내에 실험을 완료하는 것이 이론적으로 가능한가?

(e) Z-펄스의 높이가 너무 낮아 광자가 무시될 수 있는 상황에 관하여 설명하라.

(f) 시간에 관계없이 2백만 개가 계수될 때 실험이 종료된다고 가정하면, 하나의 화소에서의 고유 SNR은 얼마인가?

8.20 방사성 추적자로 가득 채워져 있는 작은 펠릿이 원점에 위치해 있다[그림 P8.9(a)에서 왼쪽]. 펠릿이 x-y 평면에서만 감마선을 방출하고, 방사능 $A = 0.027\text{mCi}$인 2D 시나리오를 가정하자.

(a) 1D 앵거 카메라의 검출기에 부딪히는 광자의 평균 비율은 얼마나 되는가? 검출기는 $\mu = 0.644\text{cm}^{-1}$인 NaI(Tl)로 이루어져 있고, 두께 $b = 2.5\text{cm}$라고 가정하자.

(b) 검출기의 중심에서 검출기 효율은 얼마인가?

(c) 만약 앵거 카메라가 원점 주위를 단계적으로 회전하고, 각 방향에서 2×10^5개가 검출되어 계수된다면, 10초 동안 얼마나 많은 방향이 수집될 수 있는가(회전 시간은 무시하라)? 두께 $h = 5\text{mm}$, 높이 $l = 12\text{cm}$, 직경 $d = 5\text{mm}$를 갖는 평행-홀 콜리메이터가 그림 P8.9(b)에서 보는 바와 같이 카메라에 장착되어 있다.

(d) 펠릿의 범위에서 콜리메이터 분해능 R_c는 얼마인가?

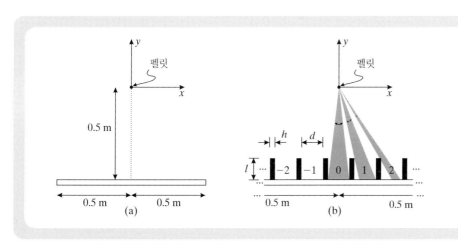

그림 P8.9
연습문제 8.20

(e) 콤프턴 산란이 발생하지 않고, 격벽은 부딪힌 감마선을 항상 흡수한다고 가정하자. 중심에 있는 3개의 구멍을 통해 검출기로 입사되는 광자들의 비율을 구하고, 구멍의 번호 $n = -1, 0, +1$에 대한 함수를 그리라.

(f) (e)의 결과로부터 추론한 대략적인 분해능 $\hat{R}_c$은 얼마인가? R_c와 비교하고 예상되

는 차이점들을 추측하라.

8.21 앵거 카메라의 콜리메이터가 다음과 같은 규격을 가진다고 하자. 격벽 두께 $h = 6$mm, 격벽 높이 $l = 10$cm, 구멍의 직경 $d = 3$mm이다. 검출기의 두께 $b = 2.5$cm 이고, 물체와 떨어진 거리 $z = 0.5$m이다.

(a) 콜리메이터 분해능을 계산하라.

(b) 앵거 카메라의 고유 분해능이 0.2mm라고 하자. 가우스 분포를 가지는 고유 PSF 에 대한 식을 작성하라.

(c) 앵거 카메라의 전반적인 분해능을 계산하라.

앵거 카메라의 최종 영상(정적 프레임 모드)은 그림 P8.10에 나타내었다.

그림 P8.10
연습문제 8.21

0	0	0	0	0	0	0	0	0
0	0	0	0	0	0	0	0	0
0	0	3	3	3	3	3	0	0
0	0	3	8	8	8	3	0	0
0	0	3	8	8	8	3	0	0
0	0	3	8	8	8	3	0	0
0	0	3	3	3	3	3	0	0
0	0	0	0	0	0	0	0	0
0	0	0	0	0	0	0	0	0

$\times 10^6$

(d) 스캔된 총 계수를 계산하라.

(e) 카메라의 중심에서 국소 SNR과 명암대조도를 각각 계산하라.

방출 컴퓨터 단층 촬영

핵의학에서 평면 섬광계수법은 직접 영상화 기법으로 프레임 모드 수집의 마지막 단계에서 직접적으로 한 장의 영상을 획득하게 된다. 이에 반해 단일 광자 방출 컴퓨터 단층 촬영(single photon emission computed tomography : SPECT)과 양전자 방출 단층 촬영(positron emission tomography : PET)은 컴퓨터 단층 촬영(computed tomography : CT)의 영상 재구성 방법을 사용하게 된다. 이 두 영상 기법들은 CT와 같이 투사 정보를 필요로 하며, 정보들은 가로 또는 세로의 단층 영상으로 재구성된다. SPECT 시스템은 사용자의 필요에 따라서 검출기들을 배열할 수 있으나, 일반적으로 다른 각도 방위를 가지는 여러 개의 투사 영상들을 획득하기 위해서 1개 혹은 여러 개의 고품질 앵거 카메라를 기반으로 신체 주위를 회전할 수 있도록 설계된다. 이렇게 획득한 데이터를 이용하여 인체의 다중 단면층을 재구성할 수 있다. 다열 검출기 CT가 투사 방사선 촬영(projection radiography)의 일종이라면, SPECT는 평면 섬광계수법에 속한다고 할 수 있다.

그러나 PET은 고유하게 분류되며 다른 어떤 영상 기법에도 포함되지 않는다. PET은 양전자가 소멸되면서 생성되는 2개의 511keV 감마 광자들에 의해서 만들어지는 선의 위치를 측정한다. 수많은 **동시 발생 선**을 축적한 후, 방사능의 선적분(line integrals) 데이터를 생성한다. 그리고 CT의 영상 재구성 방법을 직접적으로 이용하게 된다.

PET은 물리적으로나 화학적으로 고유하다. PET에서 가장 많이 사용되는 방사성 핵종인 C-11, N-13, O-15, F-18은 생체분자에서 자연적으로 생성되는 동위원소이다[불소는 예외적이나, 수소에 대한 생등입체성 치환자(bioisosteric substitute)로 사용된다]. 그 결과, 방사성 의약품 합성은 간소화되고, 분자에 작은 변화를 주어서 추적이 가능해지도록 하는 추적자 특성을 더욱 만족시킬 수 있게 되었다. 실제로 유용한 PET 방사성 의약품들은 생체 내(in vivo)로 혈류, 산소, 포도당과 지방산 신진대사, 아미노산 운반과 신경수용체 밀도와 같은 중요한 생리적·생화학적 프로세스를 측정하는 데 사용이 가능하다. 또한 이러한 방사성 핵종들은 짧은 반감기(C-11 : 20분, N-13 : 10분, O-15 : 2분, F-18 : 110분)를 가지므로 사전 주입에 의한 잔류 방사능의 영향 없이 같은 날 연속적인 검사가 가능하다.

PET의 물리적 특성은 정확도와 정밀도를 향상시킨다. 크기가 작은 고밀도의 검출용 결정은 공간 분해능을 향상시키고(현재 사용되고 있는 PET 스캐너의 최대 해상도는 4mm 정도이다), 광자의 방향을 결정하기 위한 시준(collimation)의 제거는 PET의 민감도를 급격히 증가시킨다. 마지막으로 동시 검출은 수학적으로 정확하게 감쇠에 대한 정확한 보정을 가능하게 한다.

9장에서는 방출 컴퓨터 단층 촬영 시스템(emission computed tomography : ECT)에 포함되는 SPECT와 PET의 기기 구성, 영상 재구성 방법들과 영상의 질에 대해서 공부할 것이다.

9.1 기기 구성

9.1.1 SPECT 기기 구성

SPECT는 표준 핵의학 방사성 의약품(예를 들어 붕괴 시 하나의 광자를 방출하는 의약품)을 사용하는 횡단면 단층 촬영(transaxial tomography)을 의미하고, 특화된 구조의 검출기 시스템 또는 회전 앵거 카메라를 사용한다. SPECT에서 가장 대표적인 측정 시스템은 특수 받침대 위에 설치된 환자 주위를 360° 회전하는 한 대 혹은 여러 대의 회전 앵거 카메라이다. 그림 9.1은 일반적인 회전 앵거 카메라 시스템을 보여 주고 있다.

단일 헤드 시스템(single-head system)의 경우, 회전 앵거 카메라[혹은 '헤드'로 지칭]는 180° 또는 360°로 회전이 가능하다. 각 각도에서 투사 영상(표준 평면 영상)이 수집되므로, 신체의 다른(인접한) 단면으로부터 다중 일차원 투사 영상을 동시에 획득할 수 있다. 카메라 회전을 멈춘 후에, 각 단면은 정합 역투사(conversion backprojection) 혹은 반복 재구성 방법(iterative reconstruction method)을 이용하여 독립적으로 재구성되고, 횡단면 영상들이 수집되어 용적의 형태로 재구성된다. 이러한 내용은 9.2절에서 자세히 다룰 것이다.

회전 카메라 SPECT 시스템에는 두 가지 종류의 콜리메이터가 사용된다(8.2.1절 참조). 가장 일반적으로 평행-홀 콜리메이터(parallel-hole collimator)가 사용되는데, 이는 CT의 평행 빔 구조의 것에 해당하고, 동일 평면 내(in-plane)에서 그리고 회전축 방향에 대해서 모두 평행한 구조를 갖는다. 경우에 따라서는 팬-빔 콜리메이터(fan-beam collimator)가 사용되는데, 이 콜리메이터는 집속형 콜리메이터(converging collimator)와 같이 동일 평면 내에서 집속 형태이지만 축 방향에 대해서는 평행-홀 콜리메이터의 구조를 가진다. 팬-빔 시준의 경우, 각 인접한 1차원 투사에서 '스택(stack)'은 팬-빔 구조에 따르지만 각 단면은

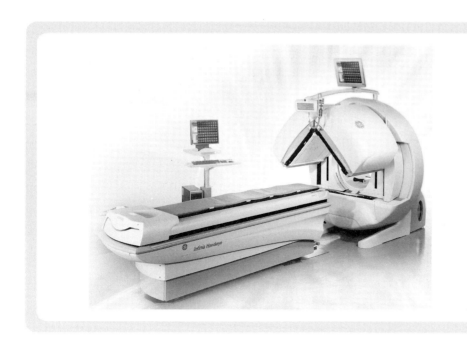

그림 9.1
이중 헤드 SPECT 시스템(GE Healthcare에서 제공)

평행한 구조를 가진다. 드물게 더 정교한 영상 재구성 알고리듬이 필요한 복잡한 구조의 콜리메이터 검출기 시스템이 사용되기도 한다. 이러한 시스템은 다음에서 간략히 다루도록 하겠다.

　가장 일반적으로 이용되고 있는 임상의 SPECT 시스템에서 최근의 가장 큰 진보는 다중 앵거 카메라 검출기를 사용한 것이다. 그림 9.1은 이중 헤드 시스템(dual-head system)을 보여 주고 있다. 표 9.1에서 보는 것과 같이 추가된 카메라 헤드들은 민감도를 높여 주게 된다. 특히 이중 헤드 가변 각도 시스템은 90°와 180°에 헤드를 위치할 수 있어 가장 일반적인 핵의학 절차인 전신 골 주사(bone scan)와 심장 SPECT를 수행하는 데 많이 사용된다. 이러한 검사는 모든 핵의학 영상 절차 중 적어도 70%를 차지한다. 심장 SPECT는 심장 주위의 180° 아크 모양의 투사 데이터만을 사용하는 반면, 대부분의 SPECT는 360° 투사 데

표 9.1 동일한 카메라 헤드와 콜리메이터를 사용한 단일-다중 헤드 시스템의 상대 민감도와 획득 시간 비교

	360°		180°	
	획득 시간	상대 민감도	획득 시간	상대 민감도
단일	30	1	30	1
이중(헤드 @180°)	15	2	30	1
이중(헤드 @90°)	15	2	15	2
삼중	10	3	20	1.5

이터를 이용한다. 이는 20여 년 동안 논쟁적인 이슈였다. 광자 감쇠로 인하여 '전면' 180°의 데이터와 '후면' 180°의 데이터가 동일하지 않기 때문이다. 그러므로 경우에 따라서는 360° 데이터 전체를 사용하는 것이 도움이 되고(예를 들어 심장과 같은 관심 있는 장기가 전면 또는 후면을 향해 위치하는 경우), 다른 경우에는 360° 데이터 전체를 사용하는 것은 영상의 질에 해로울 수 있다.

다중 헤드 시스템에 의한 민감도 향상은 크게 세 가지 방법으로 활용될 수 있다. 첫째, 단일-헤드 시스템과 동일한 데이터 수집 시간 동안 사용할 경우 잡음을 감소시키는 데 사용할 수 있다. 둘째, 단일-헤드 시스템과 동일한 수의 데이터 수집에 있어서 획득 시간을 감소시키는 데 사용될 수 있다. 데이터 획득 시간의 감소는 더욱 많은 환자에게 핵의학 시술을 제공하고, 환자의 움직임에 의한 오차를 감소시킴으로써 영상의 질 향상에 도움을 주며, 시간 경과에 따라 주입된 추적자의 농도 저하로 인해 수학적으로 일치하지 않는 투사 데이터 세트(dataset)로 이어질 수 있는 영향을 줄일 수 있다. 셋째, 민감도 향상으로 인해 높은 분해능/낮은 민감도의 콜리메이터의 사용이 가능해지고 그로 인해 더 높은 분해능을 얻을 수 있다.

예제 9.1

다목적 콜리메이터를 사용한 단일-헤드 시스템으로 30분 동안 스캔하여 N개를 계수한다고 하자. 또한 이중-헤드 시스템을 가지고 동일한 연구를 수행하는데, 여기에 사용되는 콜리메이터는 단일-헤드 시스템에서 사용했던 다목적 콜리메이터보다 민감도가 25% 감소된(즉, 분해능이 향상된) 콜리메이터를 사용한다고 가정하자.

문제 이중-헤드 시스템에서 단일-헤드 시스템과 같은 수를 계수하는 데 걸리는 시간은 얼마인가? 그리고 영상의 질은 같은가?

해답 30분 동안 각각의 고분해능 헤드는 $0.75 \times N$개를 모은다. 그러므로 이중-헤드는 30분 동안 $2 \times 0.75 \times N$개를 계수한다. 시간 t는 단지 N개를 모으기 위한 시간이므로

$$\frac{t}{30분} = \frac{N}{2 \times 0.75 \times N},$$

그러므로

$$t = \frac{30분}{1.5} = 20분$$

두 시스템의 총 계수량은 같지만, 이중-헤드 시스템의 분해능이 더 높기 때문에 20분 안에 획득된 이중-헤드 시스템의 영상의 질이 더 좋을 것이다.

다중-헤드 시스템은 일반적으로 30분 안에 SPECT 스캔을 수행한다. 이 시간은 매우 중요한데, 그 이유는 30분이 지나면 환자의 움직임이 영상의 질에 매우 중요한 요소가 되기 때문이다. 3-헤드 시스템은 현존하며 3-헤드 이상의 M-헤드 시스템은 머지않아 개발될 것

이다. 그러나 기하학적 구조의 제한(많은 수의 헤드를 환자에 근접시키는 것), 품질 조정 문제(모든 검출기들을 어떻게 보정할 것인가?) 그리고 가격(M-헤드는 M개의 콜리메이터와 헤드 구성물들을 요함)은 이러한 설계 및 제작을 어렵게 하는 요소들이라 할 수 있다. 높은 감도를 위해서는 아래에서 설명하는 바와 같이 제조업체들은 특화된 구조로 시스템을 구성한다.

SPECT에서 앵거 카메라의 성능은 평면 섬광계수법에서보다 훨씬 좋아야 한다는 연구 결과들이 발표되어 왔다. 예를 들어, 재구성 왜곡(reconstruction artifact)을 피하기 위해서는 불균일성을 1% 이내로 감소시켜야 하며, 이는 차후 컴퓨터 불균일성 보정을 위해 균일한 필드에서 $30 \sim 120 \times 10^6$ 카운트의 기준 영상이 필요하다. (균일성 보정에서 상대적 푸아송 변동이나 잡음이 $1\%(\sqrt{10,000}/10,000)$보다 작게 하기 위해서는 화소당 약 10,000개의 카운트가 필요하기 때문에 128×128 수집보다 64×64 수집은 더 긴 기준 스캔을 요구한다.) 또한 카메라 영상은 컴퓨터 행렬 내에서 자동적으로 정확히 정렬되거나 회전축 보정이 이루어져야 하며, SPECT를 양적으로 정확하게 하기 위해 몇몇 다른 요소들 역시 계측되어야 한다. 과거에는 SPECT 영상의 주관적인 해석을 야기하는 감쇠, 산란 그리고 공간 분해능 보정의 필요성에 대한 논의가 있었지만, 현재는 이러한 보정이 시각적 해석과 정량 분석을 위해 일반적으로 필요하다고 받아들여진다.

특화된 SPECT 시스템 몇몇 제조업체들은 영상화 성능과 검출 민감도 향상을 위하여 신형 검출기를 이용한 특화된 구조의 SPECT 시스템을 출시했다. 이러한 시스템들은 8.2.8절에서 언급된 고체 검출기, CZT(cadmium-zinc-telluride)를 이용하였다. CZT는 NaI보다 더 높은 계수율과 에너지 분해능을 가지고 있으며, 1×1mm 화소들로 구성된 2mm 이하의 고유 공간 분해능을 가지는 검출기로 제조할 수 있다. 특화된 SPECT 시스템은 다중 헤드와 다중 핀-홀 배열처럼 CZT 또는 다른 검출 물질과 고유의 시준 방법을 함께 사용한다. 그림 9.2는 이러한 시스템 중 하나를 보여 준다.

드물게 이러한 방법 중 일부는 검출기 및 콜리메이터의 이동 기능을 포함한다. 특화된 구조의 대부분은 특히 심장의 영상화에 최적화되어 있으며, 최대 8배 이상의 높은 검출 민감도를 가지고 있다. 이렇게 향상된 민감도는 선량, 영상화 시간, 영상 잡음을 감소시킬 수 있다. 이러한 고유 방법들은 특화된 재구성 방법을 필요로 한다.

SPECT/CT의 결합 강조한 바와 같이, 각각의 영상 기법은 임상적으로 유용하고 불필요한 부분이 없으며 매우 다른 유형의 신호를 형성한다. 핵의학 영상은 해부학적 또는 구조적인 부분보다 기능적인 부분(예를 들어 생리학적 또는 생화학적 과정의 활동)을 보여 준다. 하지만 핵의학 영상에서 공간 분해능은 수 mm 정도이며, 방사성 추적자의 분포는 해부학적 영역과 정확히 부합하는 것은 아니므로 해부학적 위치 파악을 어렵게 만든다. 따라서 방출 단층 촬영(특히, PET 또는 SPECT)에서 CT를 같이 결합하기 위한 노력이 이루어져 왔다. 이러한

그림 9.2
GE Discovery NM 530c 심장 SPECT 시스템(GE Healthcare에서 제공)

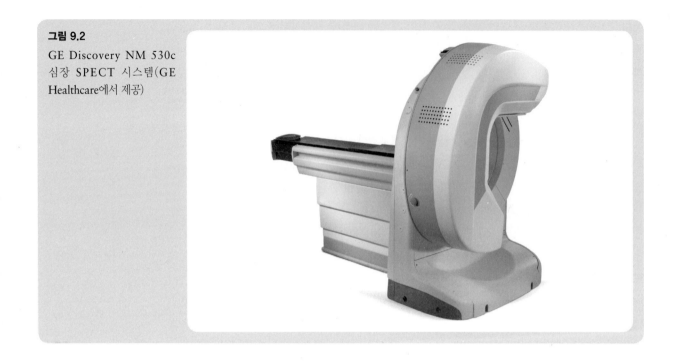

시스템에서는 PET 또는 SPECT와 CT가 일치된 단층들을 얻게 되는데, 방출 방사능은 컬러로, CT는 회색 음영으로 묘사되어 중첩된다. 이러한 유형의 디스플레이로 방사능이 증가 또는 감소된 범위에 대한 해부학적 위치를 쉽게 알 수 있다.

첫 번째 SPECT/CT 결합 시스템은 상대적으로 낮은 품질의 CT 영상(제한된 공간 해상도와 기존의 진단 CT 영상보다 더 높은 잡음을 가지는 영상)을 만들어 내는 저출력 엑스선 튜브를 사용하였다. 이 시스템은 단지 해부학적 위치를 보기 위해 사용될 뿐 진단에 사용되지 않았다. 현재 쓰이고 있는 대부분의 SPECT/CT 시스템들은 고출력 튜브를 사용하고 보통의 진단 품질의 CT 영상을 생성한다.

중요한 것은, CT 영상들은 방사성 추적자로부터 방출된 광자의 감쇠를 결정하는 데 이용될 수 있다는 것이다. 방사능의 측정을 방해하는 감쇠 효과는 SPECT 영상의 본질적인 문제이다[식 (9.2), (9.6) 참조]. 다음 9.2.1절에 설명되어 있듯이, CT 영상들은 재구성에 사용하기 위한 송신 데이터 세트를 제공한다.

9.1.2 PET 기기 구성

PET는 양전자를 방출하는 방사성 핵종을 사용한다. 방사성 의약품의 사용으로 인하여 핵의학 영상 기법으로 포함되고, 기능성 영상화(functional imaging)가 가능하다. 그림 9.3은 전형적인 PET 시스템을 보여 주고 있다. PET 시스템의 외부가 플라스틱으로 처리되어 있어 CT나 MRI 시스템처럼 보이지만 하드웨어 측면에서 많은 차이점을 가지고 있다.

양전자–방출 방사성 의약품이 환자의 몸 안에 분포되어 있다고 가정하고 그림 9.4를 살

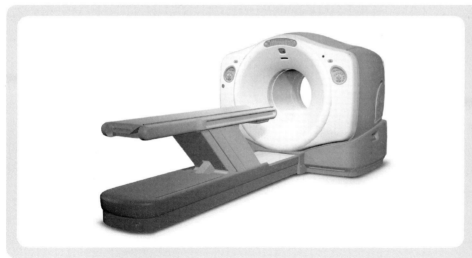

그림 9.3
PET 시스템

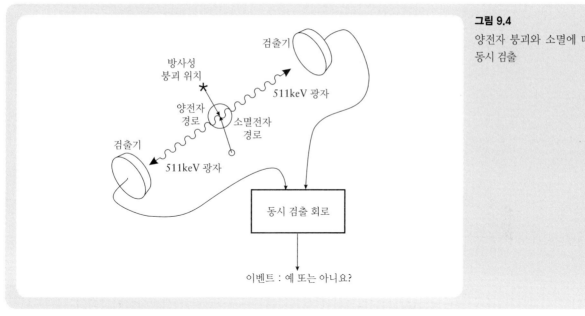

그림 9.4
양전자 붕괴와 소멸에 따른
동시 검출

퍼보자. 양전자가 방출되면 인체 조직에 운동 에너지를 부여하며 수 밀리미터를 이동하게
된다. 양전자가 체내에서 자유전자와 만나면 상호간의 소멸이 발생하게 되는데, 이때 에너
지 보존 법칙이 성립하여 511keV(전자 또는 양전자의 정지질량 에너지)의 에너지를 가지는
한 쌍의 소멸 광자(annihilation photon)가 생성된다. 그리고 운동량 보존의 법칙에 의하여
2개의 511keV의 광자들은 소멸 장소로부터 180° 반대 방향으로 방출된다.
　단일-헤드 앵거 카메라는 양전자-전자의 소멸에 의해 방출된 2개의 511keV 감마선 광
자들 중 하나를 개별적으로 검출하는 데 사용될 수 있다. 여기서 영상은 평면 섬광계수법 또

는 SPECT의 재구성 방법을 이용하여 형성된다. 다중-헤드 시스템의 경우, 두 광자는 콜리메이터를 통과하여 180° 방향에 위치한 2개의 앵거 카메라에 의해 검출되고, 이 경우 마찬가지로 섬광계수법 또는 SPECT 기술이 영상을 형성하기 위해 사용된다.

양전자 소멸은 두 감마선을 동시에 발생시킨다는 장점을 가지고 있으며, PET는 이러한 511keV 광자 쌍을 동시에 검출하기 위해서 소멸 동시 검출(annihilation coincidence detection : ACD)이라 불리는 전자 회로(그림 9.4)를 사용한다. 그러므로 오직 동시에 발생하는 감마선들만이 이벤트로 인식되고, 다른 모든 이벤트들은 무시된다. 검출된 2개의 광자들은 최근 스캐너에서 사용되고 있는 2~20ns의 시간 윈도우(time window)에 의해서 '동시 발생'인지 아닌지가 결정된다.

이때 중요한 것은, 만약 서로 반대에 위치한 두 검출기들이 511keV의 감마선들을 동시에 검출한다면, 소멸 이벤트는 반드시 두 검출기를 잇는 선상에서 발생된다는 것이다. 다르게 말하면, 소멸 동시 검출은 본질적으로 광자들의 이동 방향에 대한 정보를 제공한다는 것이다. 여기서 검출기 시준은 불필요하다. 그 이유는 시준이 검출기의 민감도를 감소시키고, 검출기가 고정되어 있을 경우, 검출기 시준에 의해 방향 의존성을 야기할 수 있기 때문이다.

PET에서 통상의 이중-헤드 SPECT 스캐너가 소멸 동시 검출 회로와 함께 사용될 수 있는데, 이 경우 2개의 헤드를 서로 180° 방향에 위치시키고 콜리메이터들은 제거된다. 헤드는 환자 주위 모든 각도에서의 방출을 검출하기 위해 회전하게 되고, 단층 촬영 재구성 방법은 단면 영상을 재구성하기 위해 사용된다(9.2절 참조). 511keV의 광자들을 효율적으로 검출하기 위해서 일반적으로 앵거 카메라 내부에 있는 NaI[Tl] 결정을 두껍게 만들 필요가 있으나, 낮은 에너지의 SPECT를 위해 동일한 카메라를 사용한다면 위치 불확실성을 증가시킬 수 있다. 이러한 경우와 더불어 비효율적인 각도 수집 문제 때문에 이중-헤드 SPECT 스캐너는 PET를 위한 최선의 선택이 될 수 없으며, 이를 기반으로 상용화된 PET 시스템들은 오랜 시간 동안 사용할 수 없었다.

완전한 PET 시스템은 그림 9.5에서와 같이 다중 링 검출기로 환자를 둘러싸게 되는데, 각 링의 직경은 약 100cm이다. 각 검출기는 소멸 동시 검출 회로를 통해 다른 모든 검출기와 전기적으로 연결되어 있다. 오래된 시스템들은 기본 검출기로서 PMT에 연결된 단일 섬광 결정을 사용하였다. 그러나 더 나은 해상도를 위해 앵거 카메라 원리에 기반을 둔 **검출기 블록**이 개발되었다. 예를 들어, 각 검출기 블록은 그림 9.6과 같이 2×2 행렬로 배열된 4개의 PMT에 하나의 섬광 결정이 결합되어 있다. 섬광 결정은 일반적으로 8×4, 8×7 또는 8×8과 같이 작은 결정들의 배열로 나누어지고, 이러한 하위 결정들 하나하나는 각 섬광 이벤트에 의해 생긴 빛을 부분적으로 분리시킨다. 상대적인 PMT 신호의 강도는 앵거 카메라에서처럼 질량 중심 계산(center of mass calculation)의 근사로 이벤트가 일어난 하위 결정을 확인하기 위해 사용된다(연습문제 9.7 참조).

블록 검출 방식에서 전체 PET 스캐너는 다수의 블록으로 구성된다. 예를 들어, PET 스캐너는 총 144개(= 링 3개×검출기 블록 48개)의 검출기 블록을 형성하기 위해 48개의 검출

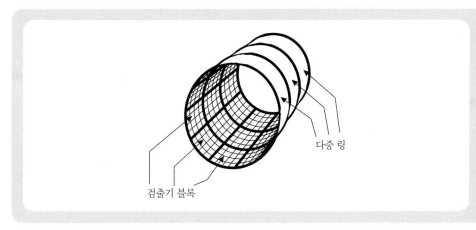

그림 9.5
다중 링 PET 시스템의 구조

다중 링

검출기 블록

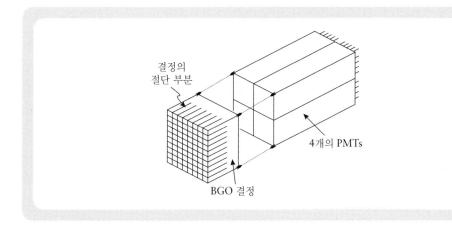

그림 9.6
PET 검출기 블록의 구조

결정의
절단 부분

4개의 PMTs

BGO 결정

기 블록이 있는 3개의 링으로 구성될 수 있다. 각 검출기 블록은 4개의 PMT로 결합되는 64개의 하위 결정을 가지며, 이러한 PET 스캐너는 24개(= 링 3개×하위 결정 8개)의 링과 각각의 링에 384개(검출기 블록 48개×하위 결정 8개)의 검출기를 가진다고 할 수 있다.

더 나은 공간 해상도에 대한 요구가 계속됨에 따라, 현재 블록 검출 방식의 효율성, 해상도, 명암대조도 등의 한계는 매우 중요해졌다. 따라서 8.2.8절에서 논의된 평면 섬광계수법에서의 반도체 기반 방식과 같은 최첨단 방식이 개발되고 있다.

드물지만 PET 스캐너는 종종 검출기 링 사이에 납 또는 텅스텐 격막(septa)들을 가진다. 격막의 목적은 2차원 단층 방향으로 광자들을 시준하기 위해서이다. 여기서 PET의 재구성 방법은 서로 분리된 각 단층 또는 단면에 적용된 2차원 재구성으로 줄어든다. 이러한 구조는 SPECT의 구조와 매우 유사한데, 단층 사이에 산란된 광자들의 영향을 줄이는 역할을 하게 된다. 격막들이 제거되면 스캐너는 3차원 방식으로 작동되고, 쌍을 이루는 결정들로 동시 이벤트가 획득된다. 격막이 없는 온전한 3차원의 수집과 재구성 방법은 큰 발전이다. 이러한 3차원 모드는 민감도를 5~10 정도 증가시켜 준다. 높은 민감도로 인하여 산란 이벤트의 검출도 증가하였지만 3차원 PET에는 산란 교정을 위한 정확한 소프트웨어 알고리듬이 존재한다.

초기의 PET 스캐너는 평면 섬광계수법과 SPECT에서와 같이 섬광 결정으로 NaI[Tl]를 이용하였다. 511keV의 광자들은 평면 섬광계수법과 SPECT에 사용되는 낮은 에너지의 광자들보다 투과도가 높기 때문에, 다음 세대의 PET 시스템은 섬광 결정으로 NaI[Tl] 대신에 BGO(bismuth germanate)를 사용한다. 511keV 광자에 대한 BGO의 선형감쇠계수는 $0.964cm^{-1}$이고, NaI[Tl]의 선형감쇠계수는 $0.343cm^{-1}$이다. 그러므로 BGO 검출기는 NaI[Tl] 두께의 약 1/3로 동일한 저지능(stopping power)을 가질 수 있다. 예를 들어, 일반적인 BGO 결정의 두께는 약 3cm이다. 각각의 결정은 6×6mm의 크기를 갖는 더 작은 하위 결정들로 구성된다. BGO의 단점은 광 변환 효율이 NaI[Tl]와 비교했을 때 12~14%에 불과하다는 것이다.

NaI[Tl]와 BGO는 각각 230ns와 300ns의 섬광 붕괴 시간을 갖는 비교적 느린 섬광체들이다. 여기서 섬광 붕괴 시간은 섬광빛의 출력이 초기 값의 e^{-1}으로 감소하는 데 걸리는 시간이다. 더 빠른 섬광체들은 소멸 동시 검출 회로에 사용함에 있어서 좁은 시간 윈도우를 가진다는 장점이 있다. 보다 좁은 시간 윈도우는 실제 2개의 서로 다른 소멸 이벤트로부터 발생한 광자들을 동일한 소멸 이벤트에서 발생한 것으로 간주하는 무작위 동시 발생(random coincidence)으로 가려낼 수 있을 것이다. 따라서 현재 PET 시스템들은 다른 검출기 물질을 사용하는데, 대표적으로 단일 결정 무기 섬광체로서 세륨(cerium)이 첨가된 LSO(lutetium oxyorthosilicate)와 GSO(gadolinium oxyorthosilicate) 등이 있다. LSO와 GSO의 붕괴 시간은 50ns로 NaI[Tl]와 BGO에 비해 매우 빠르다. 이 결정들은 비슷한 감쇠 계수와 좋은 저지능을 가지고 있으므로 높은 공간 분해능을 위해서 비교적 작게 만들어 사용할 수 있다.

평면 섬광계수법처럼 PET 검출기의 출력은 에너지 판별 회로에 의해 분석된다. 보통 에너지 판별 윈도우는 광 피크의 중심에 맞춘다. 이러한 방식으로 인체 내에서 콤프턴 산란된 광자들은 무시되고, 광자의 다중 동시 검출 역시 무시된다. 때때로, 콤프턴 플래토(plateau)를 포함시키기 위해 판별 윈도우를 낮추기도 한다. 검출기에서 콤프턴 상호작용이 일어나서 상당한 양의 에너지가 부여되는 것이 일반적이지만, 모든 에너지의 부여 없이 검출기를 빠져나가는 광자들도 존재하기 때문이다. 이러한 경우, 1차 콤프턴 이벤트의 위치가 양전자 소멸에 의해 발생되는 511keV의 광자 쌍 중 하나의 위치를 나타낸다면 콤프턴 이벤트는 실제로 검출되어야 하는 이벤트이다. 더 낮은 윈도우 문턱값(threshold)의 설정으로 인해서 환자의 체내에서 발생하는 콤프턴 이벤트와 섬광체 결정에서 발생하는 콤프턴 이벤트가 계수될 수 있다. 두 가지 형태의 콤프턴 이벤트 중 후자의 경우만이 계수되어야 하는 이벤트이다. 일반적으로 낮은 에너지의 문턱값은 300~350keV 정도이다.

비행 시간법 PET   이 장에서 다뤄지는 내용의 대부분은 511keV의 에너지를 가지는 2개의 소멸 광자들이 동시 시간 윈도우 내에 존재할 경우, 이 두 광자의 도착 시간의 차이는 고려되지 않는다. 그러나 중요한 점은 소멸 이벤트가 **정확하게** 두 검출기 사이의 중심에서 발생하는 경우에만 대칭을 이루는 두 검출기에 2개의 광자가 정확히 같은 시간에 도착한다는 것이다. 한 쌍의 광자들 중 다른 것보다 먼저 검출기에 도착하는 광자에 의해 어떠한 오프셋이 반영될 것이다. 이러한 도착 시간의 차이는 동시 발생 선상에 이벤트를 위치시키기 위해 사용될 수 있으며 잠재적으로 재구성된 영상에서 더 나은 공간 분해능과 높은 신호 대 잡음(signal-to-noise)을 야기할 수 있다.

두 소멸 광자들이 빛의 속도로 이동하고 있기 때문에 비행 시간법(time-of-flight : TOF)의 정보를 이용하기 위해서는 매우 높은 시간 분해능이 필요하다. TOF-PET에서 도착 시간의 차이는 기록되어 재구성 과정에서 사용된다. 이러한 도착 시간의 차이는 소멸 이벤트가 동시 발생선의 중심으로부터 더 멀리 있을수록 커지게 된다. 중요한 것은, 재구성 없이 TOF 정보만을 이용하여 이벤트의 정확한 위치를 알기 위해서는 스캐너의 시간 분해능이 대략 25ps가 되어야 한다는 것이다. 유감스럽게도, 현재의 스캐너들은 수백 ps의 시간 분해능을 가지는데, 이는 소멸 이벤트 위치를 찾기 위해서 TOF 정보만을 사용한다면 수 cm의 공간 분해능을 가지는 것과 같다. 따라서 추가적인 재구성 과정이 여전히 필요하다. 그러나 TOF 정보는 재구성 알고리듬을 제한하는 데 사용될 수 있다.

TOF를 사용함으로써 대략적으로 향상된 SNR(signal-to-noise ratio, 신호 대 잡음 비)은 다음과 같다.

$$\mathrm{SNR_{TOF}} = \sqrt{\frac{2D}{c\Delta t}}\,\mathrm{SNR_{non\text{-}TOF}}, \tag{9.1}$$

D는 영상화되는 대상체의 직경이고, c는 빛의 속도, 그리고 Δt는 스캐너의 시간 분해능이다. 다른 모든 값이 동일할 때, 대상체의 크기가 클수록 도착 시간에 더 큰 차이가 발생하기 때문에 큰 대상체에서 SNR이 더 많이 향상된다. Δt를 향상시키기 위해서 $LaBr_3$(lanthanum bromide)와 같이 붕괴 시간이 짧은 새로운 검출기들이 이용된다.

PET/CT 결합 시스템 앞에서 언급한 바와 같이, 핵의학을 논의할 때, 우리는 항상 영상 데이터의 기능적인 성질을 강조한다. 핵의학 검사, 특히 PET의 임상적 해석은 CT나 MRI의 해부학적 영상으로부터 많은 도움을 받았다. 과거에 의사들은 PET 영상을 컴퓨터 화면에 준비하고 CT 필름을 라이트박스 위에 두고 상상으로 두 영상을 결합하였다. 이것은 습득된 영상의 영상 정합(image registration)과 영상 융합(image fusion)을 위한 소프트웨어의 개발을 유도하였다. 이러한 과정은 일반적으로 두 가지 절차로 컴퓨터에서 처리된 영상들을 필요로 한다. 여기서 PET 영상은 공통 체적소 사이즈가 적용되고 CT 결과와 함께 정합되어 융합된 영상으로 표시된다.

이론상으로 PET와 CT를 정합하는 최고 방법은 하나의 공통된 갠트리와 환자 테이블이 결합된 통합 시스템을 이용하는 것이다. 따라서 거의 모든 PET 장비 제조업자들은 PET/

CT 결합 시스템을 개발했고, 이는 오늘날 PET 시스템 중에서 가장 많이 판매되는 시스템이 되었다.

PET/CT 결합 시스템에서, PET와 CT 검사는 환자의 이동 없이 수행된다. 이러한 결합 시스템은 각각의 장비를 사용했을 때보다 더 높은 위치 정확도로 정합되며 융합될 수 있는 기능적·해부학적 영상을 제공한다. PET/CT 결합 시스템의 경우, 환자가 하나의 테이블에서 동일한 곳에 위치하기 때문에 향상된 정합 정확도를 가진다. 그러나 호흡과 복부의 움직임과 같은 생리적인 움직임은 피할 수 없다. 이러한 움직임은 정합 정확도를 감소시키고, CT 지도를 사용하여 감쇠가 보정된 PET 영상에서 왜곡을 생성한다. CT 검사는 일반적으로 호흡을 멈춘 동안 이루어지지만, PET 검사는 호흡 운동이 허용된다는 것에 주목할 필요가 있다. 향상된 위치 정확도와 더불어, PET와 CT가 하나의 시스템으로 결합된 이후로 결합 시스템이 가진 융합 소프트웨어를 통해 PET와 CT의 자료를 모두 쉽게 이용할 수 있게 되었다.

SPECT/CT 결합 시스템과 마찬가지로, CT 영상들은 해부학적 위치를 위해 사용될 뿐만 아니라 PET 영상에서 감쇠 보정을 위한 감쇠 지도로서 사용될 수 있다. 언급된 바와 같이, SPECT 대비 PET의 이론적인 장점 중 하나는 측정된 조직의 감쇠 값을 방출 데이터에서의 감쇠 영향을 정확히 보정하는 데 사용할 수 있다는 것이다. 이러한 관점에서, CT는 나선형의 빠른 스캔으로 높은 해상도와 명암대조도, 그리고 낮은 잡음을 갖는 감쇠 지도를 제공하게 된다. SPECT와 마찬가지로, 감쇠 보정을 위해서는 저에너지, 연속 엑스선 빔으로 측정된 감쇠 값들을 511keV 단일 에너지에 대한 감쇠 값으로 변환해야 한다.

PET/MRI 결합 시스템 후에 다시 다루겠지만, MRI는 CT를 능가하는 장점들을 제공한다. 따라서 제조업자들은 PET/MRI 결합 시스템 역시 개발하였으며 현재 상업적으로 이용되고 있다. 하지만 PET와 MRI의 결합은 기술적으로 쉽지 않다. 시스템의 MRI 부분에서 발생되는 높은 정자기장, 빠르게 변하는 경사장, 그리고 무선 주파수 신호는 광증배관과 PET 기기를 방해하고, 이는 PET 영상에 나쁜 영향을 준다. 반대로 PET 검출기는 MR 영상에 영향을 주는 전자기 방해와 MRI 자기장의 불균일성을 야기한다.

이러한 문제를 해결하기 위해서 하나의 공통된 침대에 2개의 분리된 스캐너의 사용, MRI 스캐너에 PET 검출기를 접목, 섬광빛을 MRI 시스템 외부로 가이드, 맞춤형 자기 구조물의 이용, 애벌랜치 광다이오드(avalanche photodiode) 등의 새로운 PET 검출기의 사용과 같은 방법들이 사용되고 있다.

9.2 영상 형성

방출 단층 촬영에서 재구성 시, 우리는 횡단면을 선적분하여 2차원 단면 영상으로의 재구성하는 것에 초점을 두고자 한다. 이러한 접근법은 2차원 PET, SPECT와 일치하며, 6장에서의 CT 재구성 방법의 전개와 완벽하게 유사하다고 할 수 있다.

9.2.1 SPECT 영상 형성

좌표계 첫 번째로 해야 할 일은 간편한 좌표계를 만드는 것이다. 그림 9.7에서처럼 SPECT 는 앵거 카메라가 회전하므로 실험실 좌표계와 회전 좌표계 모두 필요하다. 그림에서의 표기법은 회전 요건과 이전에 정의된 단면 재구성 표기법으로 인하여, 8장의 평면 섬광계수법에서 사용했던 카메라 중심 표기법과는 다르게 사용되었다.

평면 섬광계수법에 대한 영상 방정식을 전개할 때 사용하는 동일한 근사치를 적용하여 (8.3절 참조), 감마 카메라의 각 화소에서 광자 선속률은 일정하다고 가정한다. 그러므로 그림 9.7의 구조에서 고정된 z축에서 얻어진 횡단면의 영상은 카메라 위의 z에 위치한 화소들을 사용해야 한다. 이 화소들은 z축 단면 내에만 존재하는 방사성 추적자의 방사능 농도를 $f(x, y, z)$로 측정하는 것이므로 재구성된 이미지는 $f_z(x, y)$로 정의할 수 있다. 그림에서 x축의 양의 값은 오른쪽 방향이고 y축의 양의 값은 위쪽 방향일 때, 이는 마치 대상체의 발에 서서 대상체 몸의 단면을 보는 것과 같다. 이것이 단면 영상을 기존의 방사선 촬영 관점에서 본 것이다.

이론상으로, 앵거 카메라를 사용하는 SPECT의 투사 영상 방정식은 평면 섬광계수법의 영상 방정식과 동일하다[식 (8.9) 참조]. 그러나 실험실 좌표계의 사용으로 인해서 8장에서 사용한 것과는 다르게 앵거 카메라에서의 좌표계를 사용할 필요가 있다. 그러므로 다른 형태의 영상 방정식이 다뤄질 것이다. 그림 9.7에서와 같이 회전각 θ가 0일 때, x축과 일치하는 변수 ℓ을 사용한다. 방향에 상관없이 실험실 좌표 z와 일치하는 카메라 상의 또 다른 좌표는 z가 된다. 추가적으로 앵거 카메라가 원점으로부터 고정된 거리 R에 위치한다고 가정하면 좌표 ℓ은 선 적분의 측면 지점(lateral position)을 나타낼 것이다. 그리고 SPECT에서

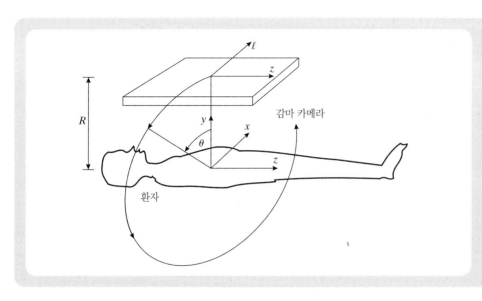

그림 9.7
SPECT 시스템의 구조

단면의 재구성에 사용된 구조는 CT의 경우와 동일하다.

영상 방정식   평행 레이 구조를 의미하는 평행-홀 콜리메이터가 있다고 가정한 후, 카메라가 $\theta = 0$인 원에 위치하고 있으면 평면 섬광계수법에서 사용되는 좌표계를 SPECT의 좌표계에 적용시킬 수 있다. $x \to z$, $y \to \ell$, 그리고 $z \to y$라 하면(그림 8.9와 그림 9.7을 비교), 식 (8.7)은 다음과 같이 고쳐 쓸 수 있다.

$$\phi(z, \ell) = A_h \int_{-\infty}^{R} \frac{f(x, y, z)}{4\pi(y-R)^2} \exp\left\{-\int_{y}^{R} \mu(x, y', z; E)\, dy'\right\} dy. \tag{9.2}$$

위 식에서 표기된 f는 방사능의 함수, μ는 감쇠계수를 의미한다. 비록 카메라가 회전하는 동안 모든 z축에 대한 데이터를 획득할지라도 모든 단면의 2차원 재구성 과정은 동일하다. 다음 수식에서 z에 대한 부분은 누락되어 있지만 카메라에서 각각의 z좌표에 대한 재구성이 있다는 것을 명심해야 한다.

카메라가 회전할 때, 적분 선들은 더 이상 y방향이 아니다. 이러한 적분 선들은 CT의 경우와 동일하다[식 (6.6) 참조].

$$L(\ell, \theta) = \{(x, y) \mid x\cos\theta + y\sin\theta = \ell\}. \tag{9.3}$$

식 (9.2)의 지수 함수 때문에 선 적분의 형태를 사용할 수 없고, 대신에 식 (6.8), (6.9)에서 소개한 매개 변수를 사용할 수 있다.

$$x(s) = \ell\cos\theta - s\sin\theta, \tag{9.4}$$
$$y(s) = \ell\sin\theta + s\cos\theta. \tag{9.5}$$

그림 9.8은 적분 구조의 예를 보여 준다. 평균 화소 카운트는 $\overline{n}_k = \epsilon T A_k \phi(x_k, y_k)$의 광자 선속률과 관련이 있고, 대입하면 다음 식을 산출한다.

$$\overline{n}_k(\ell, \theta) = \epsilon T A_k A_h \int_{-\infty}^{R} \frac{f(x(s), y(s))}{4\pi(s-R)^2} \exp\left\{-\int_{s}^{R} \mu(x(s'), y(s'); E)\, ds'\right\} ds, \tag{9.6}$$

여기서, $\overline{n}_k(\ell, \theta)$는 측면 위치 ℓ과 각도 θ에서 평균 화소 카운트를 의미한다.

식 (9.6)은 SPECT 영상 방정식을 위한 출발점이 되지만, 불행히도 영상 방정식으로서 다루기 힘든 2개의 복잡한 요소들이 있다. 첫 번째 요소는 두 번째 미지의 함수, 선형감쇠계수 $\mu(x, y)$가 존재한다는 것이다. 이 문제에 대해 많은 연구들이 진행되어 왔다. 비록 μ를 측정, 추론, 또는 근사를 통해 구할 수 있다 하더라도 닫힌 해석해(closed-form analytic solution)가 없는 피적분 함수의 추가 항은 재구성을 비교적 어렵게 만든다. 두 번째 요소는

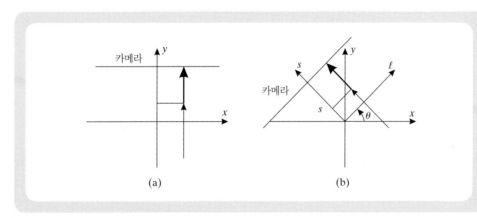

그림 9.8
SPECT 영상 방정식을 위한
적분 구조

피적분 함수에서 위치 의존 요소(거리역자승의 법칙과 광자 감쇠)이다. 또한 8.4.2절에서 논의되었던 콜리메이터 민감도 고려 사항들이 여기에 다시 적용되는 것을 명심해야 한다.

직접적으로 식 (9.6)을 푸는 대신, 피적분 함수에서 거리역자승의 법칙과 감쇠 항을 무시하여 영상 재구성을 위한 단순한 형태의 식으로 전개할 수 있다. 식을 간략히 나타내면 다음과 같다.

$$\overline{n}_k(\ell, \theta) = \epsilon T A_k A_b \int_{-\infty}^{\infty} f(x(s), y(s)) \, ds, \tag{9.7}$$

콜리메이터의 후면이 $f = 0$이기 때문에 적분의 상한 값은 무한대(∞)가 된다. 상수항으로 나누어 나타내면 다음과 같다.

$$g(\ell, \theta) = \frac{\overline{n}_k(\ell, \theta)}{T A_k A_b \epsilon}, \tag{9.8}$$

위 식은 식 (9.7)로부터 방사능 농도의 선적분 형태임을 알 수 있다. 그러므로 임펄스 함수[식 (2.3) 참조]와 식 (9.7), (9.8)을 사용하여 다음 수식으로 나타낼 수 있다.

$$g(\ell, \theta) = \int_{-\infty}^{\infty} \int_{-\infty}^{\infty} f(x, y) \delta(x \cos \theta + y \sin \theta - \ell) \, dx \, dy, \tag{9.9}$$

위 식은 CT 영상 방정식의 형태를 보여 준다[식 (6.10) 참조]. CT와 SPECT의 중요한 차이점은 SPECT 영상 방정식은 라돈 변환 관계(Radon transform relation)에 이르는 간단한 스케일링 인자와 실제 광자의 카운트를 사용하는 반면, CT는 관측된 엑스선 강도의 로그 변환을 필요로 한다.

재구성 SPECT에서도 CT에서처럼 동일한 CBP 재구성 공식을 사용할 수 있다[식 (6.26)

참조].

$$\hat{f}(x,y) = \int_0^\pi \int_{-\infty}^\infty g(\ell,\theta)\tilde{c}(x\cos\theta + y\sin\theta - \ell)\,d\ell d\theta . \qquad (9.10)$$

이 역 공식(inverse formula)은 반복 재구성(9.2.3절 참조)을 위한 시작점으로 SPECT에서 일반적으로 사용된다.

식 (9.10)에서, $\tilde{c}$는 식 (6.27)에서 정의된 근사 경사 필터(ramp filter)이고, 편의를 위해 다음과 같이 사용한다.

$$\tilde{c}(\ell) = \mathcal{F}_{1D}^{-1}\{|\varrho|W(\varrho)\} . \qquad (9.11)$$

CT의 경우 경사 윈도우 필터 $W(\varrho)$의 정의가 크게 중요하지 않다. 차단 주파수 ϱ_0가 충분히 높으면 영상의 품질이 거의 저하되지 않기 때문이다. 그러나 SPECT에서 윈도윙 필터(windowing filter)는 영상의 질에 매우 중요한 영향을 미치는 요소이다. 특히 너무 많은 고주파들이 통과하게 된다면 경사 필터에서 고주파의 강세로 인해 SPECT 영상은 잡음에 의해 큰 영향을 받을 것이다. 반면에, 만약 $W(\varrho)$가 매우 낮은 주파수만을 통과시킨다면 영상의 디테일은 떨어질 것이다. 버터워스 필터(Butterworth filter) 같은 로우 패스 필터가 결합된 경사 필터는 흔하게 사용된다. 식은 다음과 같이 정의된다.

$$W(\varrho) = \frac{1}{\sqrt{1 + \left(\frac{\varrho}{\varrho_c}\right)^{2n}}} , \qquad (9.12)$$

여기서 ϱ_c는 필터의 임계 주파수 또는 차단 주파수이고 n은 필터의 차수(the order)이다.

감쇠 보정   감쇠는 절대적으로 혹은 상대적으로 영상 내 방사능의 분포에 큰 영향을 준다. 그러므로 비록 영상의 절대적인 정량값보다 주관적 시각의 해석만 사용하더라도 이 영향을 바로잡는 것이 중요하다. 식 (9.10)의 SPECT에 대한 정합 역투사 방정식을 유도하기 위하여 감쇠의 영향을 포함하지 않는 단순한 영상 방정식 식 (9.7)을 사용했다. 이는 방사능 농도 f와 감쇠 요소의 영향을 식 (9.6)으로부터 분리할 수 없기 때문에 어쩔 수 없는 선택이었으므로 실제 관측된 화소 카운트를 이용하여 f를 확인하기 위한 닫힌 형태의 해가 존재하지 않는다. 하지만 일단 방사능 농도 f의 대략적인 영상이 식 (9.10)을 사용하여 재구성되면 영상의 모습과 정량화를 향상시킬 수 있는 일차 **감쇠 보정 계수** $a(x,y)$를 추론하는 것은 간단하다.

CT를 사용하여 관심 영역의 평면에서 선형감쇠계수 $\mu(x,y;E)$를 안다고 가정하고 이 대상체에 방사능이 $f(x,y)=1$로 균등하게 분배되어 있다고 가정하자. 식 (9.6)으로부터, 대상체에 의해 생성된 이론적 예상값 $\bar{n}_k(\ell,\theta)$를 계산할 수 있고, 식 (9.9)를 사용하여 대상체의 영상을 개산하여 재구성할 수 있다. $a(x, y)$를 이용하여 인위적으로 균일한 영역의 재구성 영상을 나타내 보자. 감쇠가 수치적으로 적용되기 때문에 $a(x, y)$의 값들이 1보다 작아질 것이다. 이 재구성된 영상은 전반적으로 더 높아진 감쇠 때문에 깊은 내부에서 더 낮은 값들을 갖는 '컵 모양'이 될 것이다. 측정값을 계산함에 있어서 거리역자승의 법칙과 선형감쇠계수와 같은 감쇠 요소들이 포함되기 때문에 재구성된 영상 $a(x, y)$는 실제 방사능 분포처럼 이러한 요소들에 의해 저하될 것이다. 시뮬레이션의 경우, $a(x, y)$로 나누어 쉽게 $f(x, y) = 1$을 얻을 수 있다.

일차 보정으로, 실제 재구성된 영상에 동일한 보정 요소를 적용할 수 있고, 이로써 감쇠 보정된 영상을 산출할 수 있다.

$$\hat{f}_c(x, y) = \frac{\hat{f}(x, y)}{a(x, y)} . \tag{9.13}$$

비록 식 (9.13)이 겉보기에는 유효한 보정 방법으로 보이지만 이 식은 근사 함수일 뿐이다. 관측 방정식이 완전한 선적분이 아니므로 역 라돈 변환은 이 문제에 대해 이론적으로 정확하지 않기 때문이다. 하지만 예상되는 관측값들을 계산하는 것은 매우 효과적인 개념이고 이는 반복 재구성 방법들(9.2.3절 참조)의 기본을 구성한다. 이 방법들에서 감쇠 보정은 반복적으로 사용될 수 있다.

감쇠 보정 접근법은 선형감쇠계수의 분포에 대한 지식을 요구한다. 이 분포는 보통 전송 데이터 세트로부터 얻어진다. SPECT/CT 결합시스템에서 CT, 또는 선 선원(방사선원들이 환자를 가로질러 선의 형태로 분포)을 스캔하는 것으로부터 얻을 수 있다. CT에서 측정된 하운스필드(Hounsfield) 유닛은 방사성 추적자의 방출 에너지(예를 들어 Tc-99m의 140keV)에서 감쇠 계수로 변환되어야 한다. 이 변환은 일반적으로 이차 또는 삼차 선형 함수이다. CT의 큰 이점은 속도와 낮은 잡음, 그리고 SPECT/CT 결합 시스템의 경우 방출과 투과 영상들 사이에서 정합이 완벽하다는 점이다. 선 선원을 스캔하면서, 수의 변환은 크게 필요하지 않다(방출 방사성 추적자로 대략적으로 같은 에너지 광자들을 방출하는 방사성 핵종이 선택되었기 때문에). 그러나 선 선원을 스캔하여 나온 투과 영상들은 CT 영상들보다 잡음이 상당히 심하고, 이 잡음은 감쇠가 교정된 방출 영상으로 전송된다. 선 선원 스캔으로 획득된 투과 영상들의 공간 해상도는 CT보다 나쁘지만 최종 보정된 SPECT 영상은 어쨌든 CT가 아닌 SPECT의 해상도를 가지기 때문에 큰 문제는 아니다.

9.2.2 PET 영상 형성

좌표계 앞에서 언급한 바와 같이 현대의 상업적인 PET 시스템은 대부분 3차원 모드에서 작동한다. 그러나 여기서는 2차원 PET 및 하나의 축 검출기 링 내에서 수집된 자료를 이용한 축 단면의 재구성 방법에 대해서만 알아보도록 하겠다. 3차원 투사 데이터 세트의 경우, 예를 들어 푸리에 재배열(rebinning)을 통해서, 데이터를 근접 2차원 사이노그램(sinogram)으로 변환할 수 있다. 근접 2차원 데이터 세트로 시작한다면, 고정된 z 평면에서 검출할 수 있는 단 하나의 검출기 링만을 고려할 필요가 있다. 이러한 평면에서의 구조는 CT와 SPECT에서처럼 기존의 단면 x-y 좌표계로 볼 것이다.

응답선 PET은 평면 섬광계수법과 SPECT와 같이 검출된 광자들의 수를 세지만 단일 감마선 검출보다 소멸 동시 검출에 기초를 두게 된다. 그림 9.9와 9.10에서 소멸 동시 검출을 위해 서로 반대편에 위치한 검출기들을 연결하는 선을 응답선(line of response : LOR) 또는 동시 발생 선(coincidence line)이라 한다. 고방사능 영역은 저방사능 영역보다 더 많은 동시 발생 선, 동시 이벤트 또는 동시 카운트를 발생시킬 것이다. 응답선상의 동시 카운트의 총수는 총 방사능의 적분으로 나타낼 수 있다. 여기서 TOF-PET를 제외하고 응답선상에서 소멸이 발생한 위치를 아는 것은 불가능하다. 그 결과 특정한 선에서 측정된 카운트의 수는 그 선에서의 방사능의 적분으로 표현되고, SPECT와 같이 PET에서도 방사능의 선 적분을 측정하게 된다.

영상 방정식 양전자 소멸이 일어나는 곳에서 어떤 현상이 발생하는지 생각해 보자. 2개의 감마선이 발생되어 서로 반대 방향으로 진행할 것이고, SPECT에서와 마찬가지로 각각의 감마선은 잠재적으로 서로 다른 상호작용을 할 것이다. 감마선은 체내에 흡수되고, 산란되어 검출기와 충돌하거나 벗어나게 된다(2차원 PET만 고려해 보자). SPECT에서도 사용되는 평면 섬광계수법의 영상 방정식 전개처럼, 광자들의 산란은 무시하고 이들이 오직 직진 운동만을 한다고 가정한다. 평면 섬광계수법과 SPECT와는 다르게 각각의 PET 검출기는 고정된 공간에 위치하며 반드시 쌍으로 이루어져야 한다.

방사성 추적자의 방사능 농도 $f(x, y, z)$의 체내 또는 샘플 내에서 방사능 분포를 생각해 보자. 검출기들의 중심을 연결하는 선의 절반 거리에 위치한 미분화된 부피 $dx\,dy\,dz$도 고려하자. 간단히 말해서, 각각의 검출기들이 이 지점으로부터 R만큼 떨어져 있다고 가정

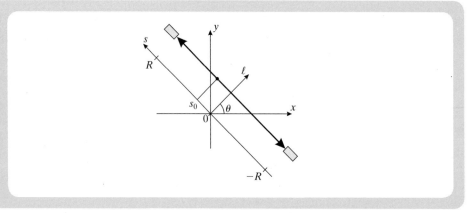

그림 9.9
PET 영상 방정식을 위한 적분 좌표

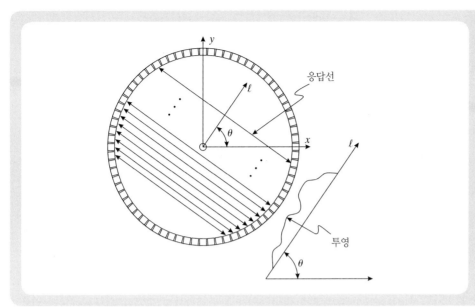

그림 9.10
평행 레이 투사에 위치한 응답선

한다. 미분된 선원(differential source)의 방사능이 식 (8.4)에서 주어졌으므로 미분 선원 $dA = f(x, y, z)dx \, dy \, dz$에 의한 각 검출기의 (x_d, y_d)에서 광자 선속률은 다음과 같이 나타낼 수 있다.

$$d\phi(x_d, y_d) = \frac{dA}{4\pi R^2} \, . \tag{9.14}$$

PET에서 광자는 쌍으로 오기 때문에 광자가 검출기 하나와 부딪힐 때 동시에 반대편 검출기에도 부딪힌다는 걸 예상할 수 있다. 그러나 만약 어느 한 광자가 감쇠로 인해 검출기에 도달하지 못한다면 PET 시스템은 그 이벤트를 카운트할 수 없다. 이는 감쇠 때문에 광자 선속률이 줄어든 것과 같다.

　선속에서 이러한 감소와 연관된 요소를 결정하기 위해서 잠시 사고 실험(thought experiment)을 할 수 있다. 각각의 소멸이 카운트되기 위해서는 2개의 광자가 반드시 목표물에 도달해야 하기 때문에, 감쇠는 두 가지 경우로 생각할 수 있다. 즉, $s = 0$에서 $s = R$ 그리고 $s = 0$에서 $s = -R$일 때 감쇠는 카운트 값을 감소시킬 수 있다. 사실 두 과정이 서로 선형 관계이기 때문에 이 광자 쌍에 의한 총 감쇠는 하나의 광자가 $s = -R$에서 시작해서 $s = 0$을 거치고 $s = +R$로 진행하면서 겪는 감쇠와 같다. 따라서 감쇠를 포함하는 광자 선속률은 다음과 같이 정리할 수 있다.

$$d\phi(x_d, y_d) = \frac{dA}{4\pi R^2} \exp\left\{ -\int_{-R}^{R} \mu(s; E) ds \right\} \, . \tag{9.15}$$

이 식은 동시 검출을 위해 손실 요소를 결정하기 위한 전체 경로에 대한 감쇠식이다. 즉, 미분된 선원이 이 선 어디에 위치하는지는 중요하지 않고, 동시 카운트에 대한 감쇠의 효과는 동일할 것이다.

이제 가상의 검출기를 연결하는 튜브상에서 미분된 선원이 $s \neq 0$이 아닌 위치로 움직일 때를 고려해 보자(하지만 아직 두 검출기 사이의 중심축 위에 존재하고 있다). 이제 하나의 검출기를 미분된 선원으로부터 멀리하면 거리역자승의 법칙에 의해 간단하게 선속이 낮아지는 것을 알 수 있을 것이다.

$$d\phi(x_d, y_d) = \frac{dA}{4\pi(R + |s|)^2} \exp\left\{-\int_{-R}^{R} \mu(s'; E)ds'\right\}, \qquad (9.16)$$

여기서 (x_d, y_d)는 반드시 결정되어야 하고 선원 위치는 반대편 검출기와 맞아야 한다.

이제 다시 선원이 $s = 0$으로 돌아가서 중심축에서 벗어나 움직인다고 생각해 보자. 두 검출기 사이의 동시 응답선은 두 검출기의 전면을 가로질러서 존재할 수 없도록 하자. 옮겨진 선원에 의해 두 검출기 사이의 유효 광자 선속률은 더 많이 감소하게 될 것이다. 이처럼 간단한 검출기 구조에서조차 감소 요인을 찾기가 어렵고, 우리의 목적에는 불필요하다. 오히려 두 검출기를 연결하는 튜브 사이에 방사능 농도를 상수로 모델링한 경우, 이 유효 방사능은 중심점에서의 방사능과 튜브 단면적과의 곱의 생성물이 될 수 없다는 것을 간단하게 인식할 수 있다. 보다 간단하게 하기 위해, 두 검출기 사이에 놓인 튜브의 유효 단면적을 $\tilde{A}_b$라 표기하자. 이런 가정하에, 미분된 방사능은 튜브 내 위치의 함수가 된다.

$$dA(s) = \tilde{A}_b f(x(s), y(s), z)ds, \qquad (9.17)$$

ds는 검출기들을 잇는 $[x(s), y(s)]$에 의해 선 방향으로 매개 변수화된 미분된 요소이다[식 (9.4), (9.5) 참조]. 그 다음, (x_d, y_d)에서의 총 선속은 식 (9.17), (9.16)을 결합하여 튜브 전체를 적분하여 얻어지고 다음과 같다.

$$\phi(x_d, y_d) = \tilde{A}_b \int_{-R}^{R} \frac{f(x(s), y(s))}{4\pi(R + |s|)^2} \exp\left\{-\int_{-R}^{R} \mu(s', E)ds'\right\} ds, \qquad (9.18)$$

이 2차원 분석은 각각 z에 대하여 독립적으로 이루어질 수 있기 때문에, z에 대한 f의 의존성은 무시한다.

검출기 면적 A_b와 영상 수집 시간 T를 고려하면, (ℓ, θ)에서 LOR에 대해 추정되는 동시 검출 수를 다음과 같이 쓸 수 있다.

$$\bar{n}(\ell, \theta) = \epsilon T A_b \tilde{A}_b \int_{-R}^{+R} \frac{f(x(s), y(s))}{4\pi(R + |s|)^2} \exp\left\{-\int_{-R}^{R} \mu(x(s'), y(s'); E)ds'\right\} ds, \qquad (9.19)$$

이 식에서는 추가적으로 검출기 효율 상수 ϵ이 포함되었다. 식 (9.19)에서 지수 인자는 s에 의존하지 않기 때문에, s에 관한 적분으로부터 이를 제거할 수 있다. 또한 방사능을 포함하는 관측시야(field of view : FOV)는 R에 비해 매우 작고($[s] \ll R$), 거리역자승의 법칙 또한 제거된 근사치를 만들 수 있다. 이를 이용한 PET의 최종 영상 방정식은 다음과 같다.

$$\overline{n}(\ell, \theta) = \frac{\epsilon T A_b \tilde{A}_b}{4\pi R^2} \int_{-R}^{R} f(x(s), y(s))ds \exp\left\{ -\int_{-R}^{R} \mu(x(s'), y(s'); E)ds' \right\} \qquad (9.20)$$

식 (9.20)은 SPECT에 대한 식 (9.6)과 비슷하지만, 방사능 농도와 선 감쇠의 적분항들이 분리되어 있는 점은 PET에서 감쇠 보정을 가능하게 해 준다.

이미지 재구성   여기에서는 2차원 재구성에 초점을 두었다. 실제로 많은 PET 데이터는 높은 민감도 때문에 3차원 모드에서 얻어진다. 3차원 데이터는 3차원 방법으로 재구성될 수 있지만, 푸리에 재배열과 같은 다양한 기술을 통하여 3차원 투사 데이터를 2차원 투사 데이터 세트로 변환하여 사용하는 것은 흔한 일이다. 2차원에서 동시 카운트들은 평행 레이 또는 팬빔 투사로 구성될 수 있다. 여기서는 그림 9.10에서처럼 평행 레이 투사들만 고려한다. 식 (9.20)에서는 방사능 농도 $f(x, y)$뿐만 아니라 감쇠 $\mu(x, y)$ 또한 공식에 포함되어 있다.

SPECT의 경우처럼 감쇠를 무시하여 다음과 같은 영상 수식을 얻을 수 있다.

$$\overline{n}(\ell, \theta) \approx K \int_{-R}^{R} f(x(s), y(s))\, ds, \qquad (9.21)$$

$$K = \frac{\epsilon T A_b \tilde{A}_b}{4\pi R^2} \exp\left\{ -\int_{-R}^{R} \mu(x(s'), y(s'); E)ds' \right\}. \qquad (9.22)$$

따라서 조정된 측정값을 정의하면 다음과 같다.

$$g(\ell, \theta) = \frac{\overline{n}(\ell, \theta)}{K}, \qquad (9.23)$$

다음으로 PET 스캐너가 방사성 추적자의 방사능 농도 $f(x, y)$의 라돈 변환을 측정하므로 다음과 같이 표현할 수 있다.

$$g(\ell, \theta) \approx \int_{-R}^{R} f(x(s), y(s))\, ds. \qquad (9.24)$$

따라서 6장에서 $f(x, y)$의 근사 재구성을 얻기 위해 사용된 CBP와 같은 재구성 방법을 사용할 수 있다.

감쇠 교정 SPECT와 다르게 PET은 직접적인 방법으로 감쇠를 다룰 수 있다. $\mu(x, y)$의 값을 정확히 알고 있다고 가정하면, 식 (9.20)을 사용하여 다음과 같이 감쇠가 교정된 측정값으로 표현할 수 있다.

$$g_c(\ell, \theta) = \frac{\overline{n}(\ell, \theta)}{K} \exp \left\{ \int_{-R}^{R} \mu(x(s'), y(s'); 511 \text{ keV}) \, ds' \right\}. \tag{9.25}$$

식 (9.25), (9.20)을 통하여, $g_c(\ell, \theta)$는 정확히 선 $L(\ell, \theta)$를 따르는 방사능의 적분 값이 된다.

$$g_c(\ell, \theta) = \int_{-R}^{R} f(x(s), y(s)) \, ds. \tag{9.26}$$

보정된 측정치들은 더 정확한 방사능 농도의 영상을 얻는 데 이용된다. 여기서 이용 가능한 CBP 공식을 예로 들면 다음과 같다.

$$\hat{f}(x, y) = \int_{0}^{\pi} \int_{-\infty}^{\infty} g_c(\ell, \theta) \tilde{c}(x \cos \theta + y \sin \theta - \ell) \, d\ell d\theta. \tag{9.27}$$

CT 및 SPECT에서 $\tilde{c}(\ell)$은 적절한 윈도우 함수를 사용함으로써 정의되는 근사 경사 필터이다[식 (9.11) 참조]. 비록 CBP가 검출기의 물리적 크기에 의한 흐려짐(blurring)과 상대적으로 낮은 광자 계수에 의한 통계적 잡음을 무시해도 이는 수년 동안 PET 재구성의 일반적인 방법으로 사용되어 왔다.

식 (9.25)으로부터 PET 계수를 교정하는 데 필요한 것은 $\mu(x, y)$의 실제 영상이 아닌 $\mu(x, y)$의 선적분이라는 것을 알 수 있다. 그러므로 실제 $\mu(x, y)$를 재구성할 필요는 없다. 대신 보정된 측정값 $g_c(\ell, \theta)$를 계산할 수 있도록 각 LOR에서 감쇠의 선 적분을 측정해야 한다. 위에서 언급한 바와 같이, PET/CT 결합 시스템을 이용하여 PET 데이터와 함께 CT 데이터를 획득하는 것이 일반적이다. CT 데이터들은 비선형 변환을 통해 511keV에서의 $\mu(x, y)$로 변환되고, 여기서 $\mu(x, y)$의 선 적분을 구할 수 있다. PET/MRI 시스템에서 MR 데이터는 쉽게 $\mu(x, y)$로 변환될 수 없다. 대신에 현존하는 방법들은 분할과 아틀라스 기반(atlas-based)의 방법들을 통하여 MR로 정의된 해부학적 구조를 511keV에서의 $\mu(x, y)$로 변환하는 기존의 데이터베이스에 의존하고 있다.

9.2.3 반복 재구성

CBP는 수년 동안 SPECT와 PET에서 가장 일반적으로 사용되는 재구성 알고리듬이며, 지금도 여전히 사용되고 있다. CBP는 효율적으로 활용될 수 있으며, 영상 프로세스를 방해하는 물리적 요소에 대하여 상대적으로 영향을 적게 받는다. 여기서 물리적 요인으로는 제한된 검출기의 분해능, 콤프턴 산란(SPECT에 국한), 감쇠 및 잡음을 예로 들 수 있다. 그러나

CBP를 사용하는 것은 영상 방정식이 정확할 경우에 한해서 최적의 방법이다. 앞에서 논의한 PET과 SPECT의 경우는 변형된 물리적 프로세스로 인해서 CBP가 최적의 방법이라고 할 수 없다. SPECT와 PET에서는 실제를 반영하기 위하여 이러한 물리적 프로세스를 모델링하는 것이 가능하다. 이러한 정확하고 정교한 영상화 모델로 인해서, CBP보다 더 나은 재구성을 위해 많은 알고리듬들이 개발되어 왔다. 대체적으로 이러한 알고리듬은 반복 재구성 알고리듬(iterative reconstruction algorithms)이라는 알고리듬의 클래스로 분류된다.

반복 재구성 알고리듬에서 방사능 분포의 초기 추정은 CBP를 사용하여 자주 만들어진다. 초기 추정을 $f^{(0)}(x, y)$라고 해 보자. 만약 이 값이 체내에서의 실제 방사능 농도라면, 결과적으로 $g^0(\ell, \theta)$라고 하는 특정 투사 값을 개산해야 한다. 이 개산 값들은, 예를 들어 영상 방정식 (9.20), (9.23)처럼, 영상화 구조와 기기를 고려하여 구할 수 있다. 주어진 선원의 개산 측정값을 계산하는 것을 전방 투사(forward projection) 또는 정문제(forward problem) 풀이라고 한다. 이러한 새로운 개산된 전방(forward-estimated) 사이노그램은 측정된 사이노그램 $g(\ell, \theta)$와 비교할 수 있다. 만약 재구성과 영상 취득 과정이 정확하게 모델화되었고 초기 추정이 정확하다면 이 사이노그램들은 실제와 일치할 것이다. 그렇지 않다면, 초기 추정에 오류가 있다는 것이고 이를 수정하여 두 번째 추정 $f^{(1)}(x, y)$를 산출하게 된다. 반복적으로 향상된 대상체 추정의 개념은 반복 재구성에서 필수적이다.

많은 다양한 반복 재구성 알고리듬들이 발전되고 실행되어 왔다. 이러한 반복 재구성 알고리듬들은 추정 투사 값과 관측 투사 값의 차이에 따라 추정 분포를 수정하는 방법이 다르다. 간단히 말해서, 각각의 알고리듬은 예상되는 단면의 시퀀스($f^{(i)}(x, y)$, $i = 0, 1, 2, \cdots$)를 조건(몇몇 반복 정지 규칙을 충족시키는)이 만족할 때까지 만들어 낸다. 이 중 조건을 만족하는 마지막을 임상적으로 재구성에 사용된다. 본질적으로 반복 재구성은 측정 사이노그램과 더 유사한 추정 전방 사이노그램을 만들어 내는 연속 추정에 기초하고 있다. 이제 행렬 방정식을 풀기 위해 카츠마르츠 방법(Kaczmarz method)을 이용하여 대수적 영상 구성 기법(algebraic reconstruction technique : ART)이라고 불리는 매우 기본적인 알고리듬에 대하여 알아보자.

대수적 영상 구성 기법　방사능 농도가 화소 값 f_j, $j = 1, \cdots, m$으로 표현된다고 가정하자. 지시 함수 $p_j(x, y)$, $j = 1, \cdots, m$은 각 화소의 위치와 모양을 나타낸다고 가정하면 대상체는 다음 식에 의해 나타낼 수 있다.

$$f(x, y) = \sum_{j=1}^{m} f_j p_j(x, y). \tag{9.28}$$

화소 j에서 관측된 방사능은 얼마인가? 선원에 대한 $g(\ell, \theta)$를 결정하기 위하여 SPECT의 식 (9.6), (9.8) 또는 PET의 식 (9.20), (9.23)에서 $f_j p_j(x, y)$를 $f(x, y)$로 대체함으로써 그 해답

을 찾을 수 있다. 특정 선 $L(\ell_i, \theta_i)$에 대한 관측값은 $g_i = a_{ij}f_j$로 쓸 수 있고, 여기서 a_{ij}는 화소 j에 위치한 단일 방사능 농도에 대한 응답을 나타낸다. 만약 한 화소 이상에 걸쳐서 방사능이 분포하면 각 화소들은 중첩하여 측정할 것이고, 이는 개별 관측 방정식을 도출한다.

$$g_i = \sum_{j=1}^{m} a_{ij}f_j \,. \tag{9.29}$$

일반해는 각각의 중첩 값들을 벡터로 나타낸다면 더 알기 쉽다. 따라서 $\mathbf{g} = (g_1, \cdots, g_n)$, $\mathbf{f} = (f_1, \cdots, f_m)$ 그리고 $\mathbf{a}_i = (a_{i1}, \cdots, a_{im})$으로 나타낸다면

$$g_i = \mathbf{a}_i \cdot \mathbf{f}, \tag{9.30}$$

여기서 '·'는 내적(inner product)을 나타낸다. 그리고

$$\mathbf{g} = A\mathbf{f}, \tag{9.31}$$

여기서 $A = [a_{ij}]$는 모든 영상의 화소 값을 측정값으로 변환하는 방법을 간결하게 표현하는 행렬이다. 앞서 언급한 바와 같이 식 (9.30)은 전방 투사 프로세스의 수학적 표현이다.

앞에서 말한 표기와 개념 설정을 감안하여 행렬 A를 역행렬로 변환 후, 수식을 정리하면 다음과 같다.

$$\mathbf{f} = A^{-1}\mathbf{g}\,. \tag{9.32}$$

그러나 일반적으로 측정값의 개수가 미지수의 개수보다 크고, A를 정방행렬이라고 가정할 수 없다. 하지만 미지수보다 많은 측정값이 주어지면 대상체의 추정치 $\hat{\mathbf{f}}$는 선형 대수학에서 최소제곱법으로 구할 수 있으며 다음과 같이 나타낼 수 있다.

$$\hat{\mathbf{f}} = (A^T A)^{-1} A^T \mathbf{g}, \tag{9.33}$$

여기서 위 첨자 T는 행렬의 전치를 의미한다. 이 방법은 $\mathbf{f}$의 의사역행렬(pseudoinverse) 추정으로 알려져 있으며, 방정식은 표준 방정식(normal equation)으로 알려져 있다. 이는 매우 작은 문제에 대해서만 가능한 현실적인 해결책으로서 그렇지 않은 경우 역행렬을 계산할 때 큰 부담이 있다. 이로써 반복 해를 좀 더 편리하게 다룰 수 있다.

카츠마르츠 방법으로 다음 식을 이용하여 식 (9.31)을 풀 수 있다.

$$\hat{\mathbf{f}}^{(k)} = \hat{\mathbf{f}}^{(k-1)} - \frac{(\mathbf{a}_i \cdot \hat{\mathbf{f}}^{(k-1)} - g_i)}{\mathbf{a}_i \cdot \mathbf{a}_i} \mathbf{a}_i\,, \tag{9.34}$$

이는 각 관측값 g_i에 대하여 수행되며 수렴할 때까지 반복된다.[1] 이러한 반복은 $\hat{\mathbf{f}}$를 갱신하기 위해 한 번에 하나의 측정치를 사용하고 역행렬을 필요로 하지 않으므로 계산하기 쉽다. 식 (9.34)에서 괄호 안의 값은 현재 영상 추정에 적용되는 전방 투사 프로세스(내적)를 포함하고 이는 감해져서 실제 관측값과 비교된다. 따라서 계산된 측정값들과 모든 측정에 대한 측정값들이 일치하면 아무런 변화가 없을 것이고 해답을 얻게 된다. 일반적으로 더 작은 기준 (거의 변화가 없는 $\hat{\mathbf{f}}$를 내는 반복)이 더 적당한 정지 기준이 된다.

기대값 최대화에 의한 최대우도　ART 방법은 반복 재구성의 기본 개념을 수학으로 표현한다. 하지만 SPECT와 PET 시스템에 내재된 고유의 무작위 요소를 고려하지 않기 때문에 실제로는 사용되지 않는다. 행렬 A가 검출기의 크기, 모양, 효율 그리고 대상체 감쇠와 같은 결정 요소들을 어떻게 포함하는지는 대체적으로 알 수 있지만, 광자 계수의 푸아송 기질(Poisson nature)이나 산란과 무작위 동시 발생과 같은 요소들을 어떻게 포함하는지는 바로 알기 힘들다. 기대값 최대화에 의한 최대우도(maximum likelihood by expectation maximization : ML-EM)는 이러한 내용에 대해서 다루고, 결정적/확률적인 요소를 전부 포함할 수 있기 때문에 방출 단층 촬영의 임상적 재구성 알고리듬으로 가장 많이 쓰인다.

ML-EM 방법은 검출기에서 예상되는 광자 계수를 직접적으로 표현하는 영상 방정식으로부터 시작한다. 예를 들어 SPECT와 PET에 대한 각각의 식 (9.6), (9.20)이 이에 해당한다. 식 (9.28)에서의 동일한 화소를 토대로 하고 앞에서 언급된 ART에서처럼 관측의 수는 유한하다고 가정하면, 방사능 f_j를 가지는 화소를 측정값 g_i로 변환하는 계수 a_{ij}를 얻을 수 있다. 또한 산란과 무작위 동시 발생으로 인하여 검출기 i에서 예상되는 실험적 계수 $\bar{r}_i$를 추가하면 개별 영상 방정식에 대한 수식은 다음과 같다.

$$\bar{n}_i(\mathbf{f}) = \sum_{j=1}^{m} a_{ij} f_j + \bar{r}_i . \tag{9.35}$$

추가 계수 $\bar{r}_i$의 추정은 9.3.2와 9.3.3절에서 다룰 것이다.

$\bar{n}_i(\mathbf{f})$가 카운트의 평균을 나타낸다면, 실제 관측된 계수는 이 평균값의 푸아송 랜덤 변수 형태이다. 푸아송 확률 질량 함수(Poisson probability mass function)의 형태는 우도 함수에 사용될 수 있다. 우도 함수에서 실제 관측값은 알고 있는 값이고 영상 값들은 미지수라고 가정한다. 최대 우도(ML)의 개산은 우도 함수 또는 우도 함수의 대수를 최대화하는 영상 화소 값 $\mathbf{f}$(또는 f_j, $j = 1, \cdots, m$)의 집합으로 정의된다. 다양한 알고리듬들이 ML 해를 찾기 위해 사용되고 있지만 가장 많이 쓰고 계산적으로 편리한 방법은 ML-EM 방법이다.

ML-EM 알고리듬은 아래의 푸아송 우도 목적 함수(object function)의 대수를 최대로 하는 영상 화소 값 $\mathbf{f}$를 구한다.

---

[1] 반복 재구성에서 수렴은 더 이상의 반복이 재구성된 영상을 실질적으로 향상시키지 않는 상태에 도달한 것을 의미한다.

$$L(\mathbf{f}) = \sum_{i=1}^{m} n_i \ln \overline{n}_i(\mathbf{f}) - \overline{n}_i(\mathbf{f}) . \qquad (9.36)$$

다음의 ML-EM 반복 함수는 ML 해로 수렴하게 된다.

$$f_j^{(k+1)} = \frac{f_j^{(k)}}{a_j} \sum_{i=1}^{n} a_{ji} \frac{n_i}{\overline{n}_i(\mathbf{f}^{(k)})} \qquad (9.37)$$

여기서 $\mathbf{f}^{(k)}$는 k번째 영상의 개산을 의미하게 되고, 아래 식은 측정된 집합에 대한 각각의 복셀 민감도를 특징짓는 민감도 요소이다. (만약 몇몇 j에 대하여 $a_j = 0$이면 시스템의 지오메트리로 f_i를 계산할 수 없고, 이 화소는 모델에 포함되어야 한다.)

$$a_j = \sum_{i=1}^{n} a_{ij}, \quad j = 1, \ldots, m \qquad (9.38)$$

비록 관측에 대한 비교를 차이보다 비율로 이용하였지만, ML-EM 알고리듬 식 (9.37)은 $\overline{n}_i(\mathbf{f}^{(k)})$를 통한 전방 모델을 이용한다. 식 (9.38)로 인하여 만약 모든 i에 대해서 $n_i = \overline{n}_i(\mathbf{f}^{(k)})$이면 영상 개산은 변하지 않는다.

과거에 ML-EM 방법은, 특히 상당한 잡음과 직면하여, 긴 재구성 시간을 필요로 하고 실용적인 해로 수렴하는 데 어려움이 있었다(수렴의 어려움은 반복 횟수의 증가로 이어지고, 그에 따라 전반적인 재구성 시간도 늘어난다). 이 점에 있어서는 Hudson과 Larkin이 반복 재구성을 가속시키기 위해 배열된 부분집합을 활용하여 **배열된 부분집합 기대값 최대화** (ordered subsets expectation maximization : OSEM) 알고리듬을 개발함으로써 비약적인 발전을 이루었다. 이러한 방법에서 관측값들은 부분집합이나 블록들의 배열들로 이루어져 있다. 예를 들어, 투사의 전체 세트가 360개의 영상으로 이루어져 있고 15개의 부분 집합을 가진다면 각각의 부분집합은 24개의 영상으로 이루어져 있다. 중요한 것은 이러한 부분집합들은 투사 데이터의 상호 배타적·전체 포괄적 사용을 나타내며 이들은 개별적으로 병렬로 처리된다. 알고리듬을 한 번 반복하는 것은 모든 부분집합을 통해 한 번 처리되는 것이다. 하지만 재구성된 영상은 모든 부분집합마다 갱신되고 이러한 과정은 수렴을 가속시킨다.

배열된 부분집합은 반복 재구성의 연장이다. Hudson과 Larkin의 연구에서 그들은 Shepp과 Vardi의 기대값 최대화 접근법을 사용하였다. 이는 표준 EM 알고리듬과 마찬가지로, 역투사-투사-역투사의 순서로 이루어진다. 각 반복에서 이전 반복으로부터의 재구성은 새로운 시작점이 되고, OSEM에서 표준 기대값 최대화 알고리듬은 각각의 부분집합에 적용된다. 이러한 접근법은 SPECT와 PET 영상에 모두 적용 가능하다. SPECT에서 부분집합은 (예를 들어 3-헤드 시스템에서 각 헤드와 같이) 투사 데이터들의 있는 그대로의 그룹화에 해당한다. 유사한 방식으로 PET에서는 블록들 또는 부분집합들을 정의하기 위해서 투사 데이터가 신호 수집 후에 재편성될 수 있다. OSEM은 SPECT와 PET을 포함하는 방출 단층 촬영에서 선호하는 재구성 방법이 되었다.

9.3 SPECT와 PET의 영상 품질

물리학 관점에서 보면, 방출 단층 촬영에서 영상 품질과 절대 방사능의 정량화에는 다섯 가지 요소가 주로 영향을 미친다. 여기에는 한정된 공간 해상도(예를 들어, SPECT 또는 PET 스캐너의 동일 면과 축의 공간 해상도), 조직에 의한 광자의 감쇠, 산란된 광자의 검출, PET 영상화에만 적용되는 랜덤(쌍이 아닌) 광자의 우발적인 동시 발생 계수 그리고 방사능 붕괴의 통계로부터 나온 잡음이 포함된다.

9.3.1 공간 해상도

3장에서 처음으로 소개한 것처럼 작은 대상체를 해상하기 위한 모든 영상 시스템의 능력은 한정적이다. 방출 단면 촬영 시스템의 공간 해상도는 2개의 작은 방사성 점 선원이 영상에서 서로 분리되어 구별되기 위해 떨어져 있는 거리로 생각할 수 있다. SPECT 시스템의 공간 해상도는 (8.4.1절에서 논의된 요인들에 의해서 결정된) 투사 데이터에서의 해상도와 [식 (9.11)로 주어진 근사 경사 필터가 잡음 감소를 위해 보통 저역 통과 필터 $W(\varrho)$를 포함하기 때문에 특정 필터의 사용에 따른] 재구성의 결과에 의해 주로 결정된다.

PET 시스템의 공간 해상도는 각 검출기 구성요소의 물리적인 단면 크기와 재구성의 결과에 의해 주로 결정된다. 게다가 PET는 본질적으로 양전자의 방출 위치보다는 오히려 소멸 위치를 사용하기 때문에 양전자가 소멸 전에 이동하는 거리인 **양전자 비정**(positron range)은 해상도를 제한한다. 특히 양전자 비정은 양전자의 초기 에너지에 의존한다. 방출되는 양전자들의 에너지는 범위를 가지므로 양전자의 비정은 분포를 이룬다. PET 스캐너의 유효 공간 분해능은 양전자 비정의 분포와 스캐너의 내부 **점확산함수**(point spread function : PSF)의 합성곱으로 모델링될 수 있다.

실제로, 선형 이동 불변(linear shift-invariant : LSI) 시스템의 종속으로 SPECT와 PET의 해상도를 모델링할 수 있다[식 (2.46) 참조]. SPECT와 PET 해상도의 전개는 CT 해상도의 경우와 동일하며, 6.4.1절에 모두 유도하였다. 재구성된 영상과 대상체 사이의 최종 관계식은 식 (6.56)과 동일하다.

$$\hat{f}(x, y) = f(x, y) * \text{h}(r), \tag{9.39}$$

여기서, $r = \sqrt{x^2 + y^2}$이다.

CT에서 $h(r)$은 (종속된) PSF를 나타내고, SPECT에서 $h(r)$은 (1) 동일 평면에서 1차원 투사 PSF[y는 0으로 설정하고, $x = \ell$인 식 (8.14)] 그리고 (2) w[식 (6.48)에서 w와 동일]를 포함한다. PET에서 $h(r)$은 (1) 양전자 비정 함수, (2) 검출기 너비를 위한 직사각형 함수(rect function)[식 (6.48)에서 s와 동일] 그리고 (3) w를 포함한다.

SPECT와 PET에서 한정된 공간 해상도는 두 가지 중요한 결과를 가져온다. 첫 번째는 영상이 흐려지는 것으로 흐려짐의 정도는 공간 해상도에 의존한다. 흐려짐은 큰 구조의 가장자리 윤곽을 모호하게 하고, 작은 대상체의 구별을 어렵게 한다. 두 번째는 인접한 부분이 희미해지고 서로 평균화된다. (예를 들어 명암대조도 감소와 같이) 방사능이 큰 부분에서 측정된 값은 감소되고, 상대적으로 적은 방사능이 있는 부분에서의 측정값은 증가된다. 다른 방식으로 말해서, 앞의 식 (3.1)을 참조하면 f_{max}의 감소와 f_{min}의 증가로 명암대조도가 감소된다. 이런 식으로, 한정된 공간 해상도는 큰 방사능을 가지는 작은 구조물에서의 방사능을 과소평가하게 되고 더 나아가 그 구조물 더 작게 과소평가하게 된다. 이 영향은 대상체의 크기가 영상 시스템 해상도의 약 3배가 될 때까지 지속된다. 이러한 영향들은 단층 촬영 스캐너의 축 해상도에도 적용되며 **부분 용적 효과**(partial volume effects)라고 불린다.

9.3.2 감쇠와 산란

핵의학 영상에서 검출된 광자들은 전자기 방사선이다. 그러므로 4장에서 논의한 것과 같이 광자는 인체 조직 내에서 두 가지 주요 상호작용(광전 효과, 콤프턴 산란)을 겪게 된다. 광전 효과는 광자를 완전히 흡수시키며 관측되는 계수율을 감소시키는 반면 산란된 광자들은 계속해서 검출된다. 감쇠는 광전 효과에 의한 흡수와 콤프턴 산란에 의한 산란을 결합한 것으로, 보정 기법은 이러한 감쇠 프로세스를 독립적 또는 공통적으로 처리할 수 있다. 투사 방사선 촬영에 대한 5.4.3절에서의 논의와 같이, 큰 각의 산란은 영상에서 저레벨의 배경 흐려짐(low-level background haze)을 만들어 내며, 이것은 명암대조도를 감소시킨다(식 5.41 참조). 앞에서 식 (3.1)과 해상도의 영향에 대해 언급된 문맥처럼 이러한 명암대조도 감소는 본질적으로 f_{max} 감소 또는 f_{min} 증가보다는 산란 배경의 추가로부터 발생한다. 그림 9.11에 나타낸 이벤트 C는 PET에서의 산란 동시 발생을 나타낸다.

흡수는 점진적으로 몸의 가장자리부터 중심부까지 몸의 크기, 광자의 에너지 그리고 SPECT나 PET 검출에 따라 [식 (9.6)과 식 (9.20)을 비교하면 SPECT는 단일 광자가 몸의 일부를 통과하는 반면, PET는 2개의 소멸광자가 이동한 거리를 더한 것이 항상 완벽한 몸의 두께이기 때문에] 약 5~50배까지 방사능의 과소평가를 발생시킨다. SPECT가 아닌 PET에서 물리학과 수학을 이용하여 보다 이론적으로 완벽한 감쇠 보정이 가능하다. 이것은 PET과 SPECT에서 사용되는 방사성 핵종의 광자 에너지에 의한 차이점이다. PET에서 사용하는 광자 에너지와 물에서의 선형감쇠계수는 각각 511keV와 0.095cm^{-1}인 반면에 SPECT에서는 각각 140keV와 0.145cm^{-1}이다. 주목해야 할 점은 광자의 에너지의 차이는 3.7배이지만, 감쇠 계수의 차이는 약 50%라는 것이다. PET에서 더 높은 감쇠를 고려해야 하는 이유는 두 광자들이 환자의 몸으로부터 빠져나와야 하고, 동시에 검출되어야 하기

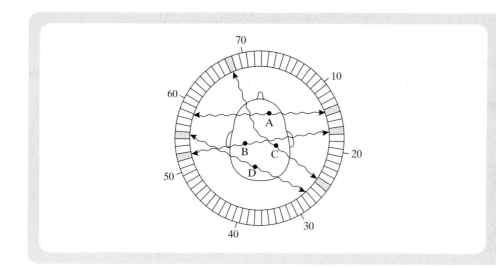

그림 9.11
PET에서의 동시 계수. B는 실제 동시 발생, A와 D는 임의 또는 우발적 동시 발생, C는 산란 동시 발생.

때문이다. 이는 SPECT보다 전체 감쇠 경로 길이가 동시발생 영상을 위해 더 길어야 한다는 것을 의미한다. 이러한 차이는 환자의 사이즈에 따라 기하급수적으로 증가한다. 예를 들어, PET에서 직경 30cm의 환자는 16의 평균 감쇠 보정 계수가 필요하며, 40cm 직경의 환자는 50의 보정 계수를 필요로 한다. 참고로 광자들이 20cm의 조직을 통과하는 심장 SPECT 영상에서 감쇠 보정 계수는 20이다. 위에서 이야기한 것과 식 (9.25), (9.27)과 같이 PET에서는 감쇠에 대한 정확한 보정이 가능하지만, SPECT에서는 불가능하다. SPECT와 PET 모두, 산란은 스캐너와 환자의 특성을 포함하는 산란 프로세스의 모델을 사용하여 보통 투사 레벨에서 개산된다. 이러한 개산은 재구성 프로세스에서 산란을 보정하기 위해 사용된다.

9.3.3 무작위 동시 발생

PET에서는 무작위 또는 우발적 동시 발생이 모두 일어날 수 있다. 무작위 또는 우발적 동시 발생은 하나의 전자–양전자 소멸 이벤트로부터 생성된 하나의 소멸 광자와 다른 전자–양전자 소멸 이벤트로부터 생성된 다른 소멸 광자가 동시에 검출될 때 발생한다. 그림 9.11에서 이벤트 A와 D는 무작위 또는 우발적 동시 발생을 나타낸다.

무작위 동시 카운트 비는 동시 발생에서 동시 시간 윈도우와 서로 반대편에 위치한 2개의 검출기로부터의 개별적인 단일 카운트 비의 곱에 의해 주어진다.

$$R = 2\tau S^+ S^-, \tag{9.40}$$

이때, 2τ는 동시 시간 윈도우 너비이고, S^+와 S^-는 서로 반대편에 위치한 검출기들의 개별 카운트 비이다.

관측시야에서 방사능이 증가할수록 실제 동시 발생률은 선형적으로 증가하지만, 무작위 동시 발생률은 방사능 증가의 제곱만큼 증가한다. 민감도는 동시 시간 윈도우의 너비가 증가함으로써 증가될 수 있지만, 더 많은 무작위 동시 발생들이 수집된다. 동시 발생 영상화에서 중요한 것은 시간 윈도우 세팅의 최적화로 무작위 동시 발생과 민감도의 균형을 잡는 것이다.

몇몇 업체는 윈도우를 시스템의 시간 분해능으로 명기하였고, 다른 업체들은 일반적으로 실제 윈도우 폭을 나타내는 시간 분해능의 두 배로 명기하고 있다. 일반적으로 2~20ns 범위의 시간 윈도우는 검출기 구성 물질의 속도에 의해 주로 결정된다.

실제로 무작위 또는 우발적 동시 발생은 식 (9.40)을 통한 관측된 투사 데이터로부터 개산되고 재구성 과정에 포함된다. 대안으로 보상 동시 시간 윈도우는 무작위 동시 비율을 직접 측정하기 위해 사용할 수 있다.

9.3.4 명암대조도

한정된 공간 분해능과 산란의 영향을 고려하는 과정에서, 이러한 영향에 의한 SPECT와 PET에서의 영상 대조도에 주목하였다. 두 경우 모두, 명암대조도는 식 (3.1)에 처음으로 소개된 부분을 따르고, 식 (8.25)에서 평면 영상화를 위해 구체적으로 고쳐졌다. SPECT과 PET에서 명암대조도의 정의는 같지만, f_{max}와 f_{min}은 재구성된 영상으로부터 존재한다. 국소 명암대조도의 정의 또한 마찬가지로 동일하고 앞쪽과 배경의 강도 값들은 적절한 위치에서 재구성된 영상으로부터 얻어진다.

9.3.5 잡음과 신호 대 잡음 비

이러한 결정적인 효과들은 영상의 SNR의 신호 성분에만 영향을 끼친다. 다르게 말하면 오직 수치적 정확성에만 영향을 준다. 잡음은 방사성 붕괴의 무작위적 통계적 기질, 잠재적으로 영상 하드웨어와 특정 영상 처리 공정으로부터 발생하고 SNR의 잡음 성분에 영향을 준다. 다시 말해서, 정밀도에 영향을 준다. SPECT와 PET에서 투사 데이터의 잡음은 평면 섬광계수법에서의 상황과 일치하고, 8.4.5절에 주어진 전개에 따른다. 그러나 재구성 프로세스는 투사 방사선 촬영과 비슷한 CT에서의 재구성이 잡음을 바꾸는 방법과 유사하게 잡음의 크기와 상관관계를 다소 변화시킨다.

실제로 재구성된 SPECT나 PET 영상에서의 잡음을 개산하는 것은 어렵다. 일반적으로 체계화하기 위해 CT에서의 분산에 대한 식을 유도했던 것과 동일한 가설을 세우자. (1) 측정된 선 적분들은 통계상 독립이고, (2) 선 적분들이 기본적으로 같으므로 대상은 충분히 일정하다. 이처럼 단순한 가정들과 함께, 6.4.2절에 제시된 것과 동일한 재구성된 SPECT나 PET 영상에서의 분산 유도는 (x, y) 위치에 독립적이고, 식 (6.72)에 의해 주어진다.

PET에서 잡음 등가 계수 비율(noise equivalent count rate : NEC)로 불리는 강력한 개념은 PET의 특정 핵심(무작위 동시 발생과 같은)을 포함하고 이 개념을 반영한다. NEC는 다음 수식으로 주어진다.

$$\text{NEC} = \frac{T^2}{T + S + 2R}, \tag{9.41}$$

여기서 T는 실제 동시 카운트 비율이고, S는 산란 카운트 비율 그리고 R은 무작위 동시 카운트 비율을 나타낸다. NEC는 주어진 산란과 무작위 동시 카운트 비율에 대한 실제 시스템으로 동일한 SNR의 결과를 내는 이상적인 시스템(어떠한 산란이나 무작위 동시 발생이 없는 시스템)의 등가 실제 카운트 비율로 생각할 수 있다.

궁극적으로 병변 검출감도 또는 수치적 정확성과 정밀도 같은 주요 성능 파라미터는 SNR 또는 전체 오차에 의존한다. 명암대조도와 잡음은 CT와 SPECT/PET에서 같은 방법으로 정의되기 때문에, 식 (6.73)에서 CT를 위해 제시된 SNR 식과 마지막 SNR 식은 식 (6.74)로 동일하다.

9.4 요약 및 핵심 개념

핵의학 영상에서는 SPECT와 PET을 이용하여 단층 촬영 영상을 형성한다. SPECT는 회전하는 앵거 카메라 또는 카메라를 이용하며 PET는 검출기의 하나 또는 여러 개의 링을 포함하는 전용 영상 시스템을 이용한다. 여기에서 이해해야 할 핵심 개념들을 다음과 같이 제시하였다.

1. 방출 컴퓨터 단층 촬영으로 SPECT와 PET이 있다.
2. SPECT는 각각 기존의 평면 섬광계수법으로 얻어진 투사 영상들을 기반으로 한다.
3. PET는 투사 신호를 가지지 않고, 양전자–전자 소멸을 겪는 쌍으로 이루어진 감마선(소멸 광자)의 동시 검출에 기반을 둔다.
4. SPECT는 흔히 쓰이는 다중 카메라 시스템과 회전 앵거 섬광 카메라들을 이용하여 실행되고, 현재 특화된 구조 시스템은 특히 심장 영상에 대해 높은 민감도를 갖는다.
5. PET는 항상 전용 PET 스캐너와 같이 작동한다. 이러한 스캐너들은 여러 개의 단면으로 나누고 일반적으로 3차원 모드에서 작동한다.
6. 복합적인 SPECT와 PET 시스템은 흔하다. 이러한 시스템들은 해부학적 위치와 감쇠 보정이 가능한 CT 또는 MRI를 포함한다.
7. 본질적으로, 기초적인 SPECT 영상 방정식은 재구성 시 고려 사항을 반영하는 표기법상 발생하는 변화를 제외한 평면 섬광계수법의 식과 동일하다. 재구성은 CT에 적용된 방법들을 따른다.
8. 기초적인 SPECT 영상 방정식에서 방사능과 감쇠 부분은 식으로부터 분리되지 않기 때문에 SPECT에서 감쇠 보정을 위한 닫힌 해는 없다.
9. 기초적인 PET 영상 방정식은 한 가지만 제외하고는 SPECT의 영상 방정식과 유사하다. 동시 발생 검출의 사용은 적분 한계가 전신에 미치는 감쇠를 초래한다. 따라서 PET는

감쇠 보정을 위한 닫힌 해를 갖는다.

10. 반복 재구성은 붕괴의 무작위적 기질을 함축적으로 고려하는 최신 컴퓨터 집중적 방법이고 감쇠, 산란, 흐려짐의 표본을 결합할 수 있다.

11. SPECT와 PET에서 영상의 질은 해상도, 산란과 잡음에 의해 저하된다.

참고문헌

Bendriem, B. and Townsend, D.W. *The Theory and Practice of 3D PET*, Dordrecht, Netherlands: Kluwer Academic Publishers, 1998.

Cherry, S.R., Sorenson, J.A., and Phelps, M.E. *Physics in Nuclear Medicine*, 4th ed. Philadelphia, PA: W. B. Saunders, 2012.

Christian, P.E. and Waterstram-Rich, K.M. *Nuclear Medicine and PET/CT: Technology and Techniques*, 7th ed., New York, NY: Elsevier/Mosby, 2012.

Hudson, H.M. and Larkin, R.S. "Accelerated Image Reconstruction Using Ordered Subsets of Projection Data," *IEEE Transactions on Medical Imaging*, 13(4):601–609, 1994.

Shepp, L.A. and Vardi, Y. "Maximum Likelihood Reconstruction for Emission Tomography," *IEEE Transactions on Medical Imaging*, MI-1(2):113–122, 1982.

연습문제

SPECT

9.1 그림 P9.1에서와 같이 세 부분(R1, R2, R3)으로 구성되어 있는 2차원 단면을 생각해 보자.

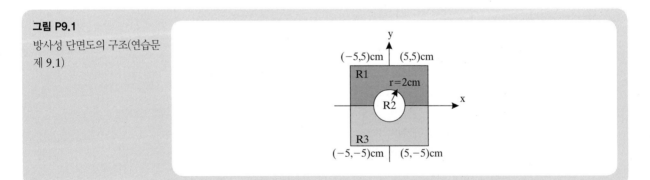

그림 P9.1
방사성 단면도의 구조(연습문제 9.1)

(a) 511keV 감마선을 방출하는 방사성 핵종을 포함하는 $0.5mCi/cm^3$의 농도를 가지는 용액이 R2에 채워져 있다고 가정하자. 2차원 SPECT 스캐너를 이용하여 영상화할 때, $g_{SPECT}(\ell, 0°)$와 $g_{SPECT}(\ell, 180°)$에 대한 식을 구하라[여기서 거리역자승의 법칙은 무시한다].

(b) (a)의 방사성 핵종을 이와 동일한 농도를 가지고 양전자를 방출하는 방사성 핵종으로 대체한 뒤 2차원 PET 스캐너로 영상화할 때, $g_{PET}(\ell, 0°)$와 $g_{PET}(\ell, 180°)$에 대한 식을 구하라.

(c)와 (d)에서 $\mu_1 = 0.3\text{cm}^{-1}$, $\mu_2 = 0.4\text{cm}^{-1}$, $\mu_3 = 0.2\text{cm}^{-1}$이다.

(c) $g_{SPECT}(0, 0°)$와 $g_{SPECT}(0, 180°)$를 계산하라.

(d) $g_{PET}(0, 0°)$와 $g_{PET}(0, 180°)$를 계산하라.

9.2 그림 P9.2에서와 같이 150keV의 감마선을 방출하는 방사성 용액으로 채워져 있는 두 부분으로 구성된 물체의 단면을 생각해 보자.

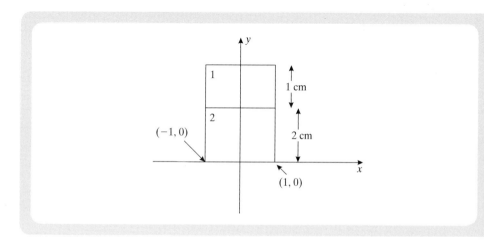

그림 P9.2
두 부분으로 이루어진 물체
(연습문제 9.2)

주어진 용액의 선형감쇠계수는 $\mu_1(150\text{keV}) = 0.2\text{cm}^{-1}$, $\mu_2(150\text{keV}) = 0.4\text{cm}^{-1}$, $\mu_1(511\text{keV}) = 0.1\text{cm}^{-1}$ 그리고 $\mu_2(511\text{keV}) = 0.3\text{cm}^{-1}$이다. 용액의 농도 f(단위 부피당 dps)는 $f_1 = 0.2\text{mCi/cm}^3$, $f_2 = 0.4\text{mCi/cm}^3$이다.

SPECT 스캐너를 이용하여 물체를 영상화하고, 100% 효율을 가지는 이상적인 콜리메이터를 가정하자.

(a) $g(\ell, 180°)$와 $g(\ell, 90°)$의 투사를 구하라(여기서 거리역자승의 법칙은 무시한다).

(b) (a)의 용액을 이와 동일한 농도를 가지고 2개의 양전자를 방출하는 용액으로 대체한 뒤 PET 스캐너로 시스템을 영상화할 때, $g(\ell, 0°)$를 구하라(콜리메이터는 100% 효율을 가지는 것으로 가정하자).

(c) PET 영상 재구성 시 감쇠에 대한 보정 방법에 대하여 설명하라. SPECT에 적용되는 것과 동일한 방법인가? 영상 방정식으로 설명하라.

(d) 만약 이상적인 콜리메이터 대신 실제로 사용되는 콜리메이터를 적용한다면 (a)와 (b)의 결과가 어떻게 달라지는지 설명하라.

9.3 두 종류의 방사성 추적자 P와 Q가 있다고 가정하자. 시간이 0일 때, 각각의 초기 원

그림 P9.3

정방형 팬텀(연습문제 9.3)

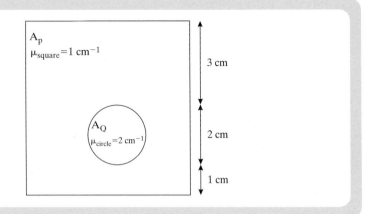

자 수 $N_0 = 1 \times 10^{15}$개이다.

(a) 1시간 후에, P의 $\frac{1}{3}N_0$와 Q의 $\frac{2}{3}N_0$가 각각 남아있다면 P와 Q의 반감기는 얼마인가?

(b) 1시간이 경과되었을 때 방사능 A_P와 A_Q는 각각 Ci인가?

그림 P9.3에서와 같이 너비가 6cm인 정방형 팬텀 내에 반지름이 1cm인 원이 있다. 이 원은 **(b)**의 방사능 A_Q를 갖는 방사성 추적자 Q로 채워져 있고, 원을 제외한 정방형 팬텀은 **(b)**의 방사능 A_P를 갖는 방사성 추적자 P로 채워져 있다. 이러한 구성을 가지는 팬텀을 SPECT 시스템에 적용하자.

(c) 만약 감쇠가 발생하지 않는다면, 투사 $g(\ell, 180°)$의 국소 명암대조도는 얼마인가 [원 내에서의 피크값은 개체 강도로 사용되고 이는 **(d)**에도 적용된다]?

(d) 만약 감쇠가 발생한다면 문제 9.3(c)에 대한 결과는 어떻게 되는가? 원을 제외한 정방형 팬텀의 선형감쇠계수는 $\mu_{\text{square}} = 1\text{cm}^{-1}$이고, 원의 선형감쇠계수는 $\mu_{\text{circle}} = 2\text{cm}^{-1}$이다.

(e) 감쇠를 고려하여 투사 $g(\ell, 180°)$의 국소 명암대조도의 절대값($|C|$)이 $g(\ell, 0°)$의 국소 명암대조도의 절대값보다 큰지 작은지 추정하라.

9.4 그림 P9.4에서와 같이 2개의 삼각형으로 구성되어 있는 2차원 물체에 대해 생각해 보자. 511keV 감마선을 방출하는 방사성 핵종을 포함하는 $f = 0.5\text{mCi/cm}^3$의 농도를 가지는 용액이 아래에 위치한 삼각형 부분에 채워져 있다고 가정하자. 두 영역에 대한 선형감쇠계수는 각각 $\mu_1 = 0.1\text{cm}^{-1}$와 $\mu_2 = 0.2\text{cm}^{-1}$이다(어떠한 경우에도 완벽하게 검출된다고 가정하고, 거리역자승의 법칙은 무시한다).

(a) 2차원 SPECT 스캐너를 이용하여 영상화할 때, 투사된 방사능 $g_{\text{SPECT}}(\ell, 0°)$와 $g_{\text{SPECT}}(\ell, 180°)$를 계산하라. 카메라는 $\theta = 0°$일 때, $+y$축에서 아래 방향으로 위치하고 있다.

(b) **(a)**에서의 방사성 핵종을 이와 동일한 농도를 가지고 양전자를 방출하는 방사성

핵종으로 대체하고, 두 영역에서의 선형감쇠계수가 (a)와 동일하다고 가정하자. 2차원 PET 스캐너를 이용할 때, $g_{PET}(\ell, 0°)$와 $g_{PET}(\ell, 180°)$를 계산하라.

(c) PET에서 감쇠는 왜 큰 문제가 되지 않는지 설명하라.

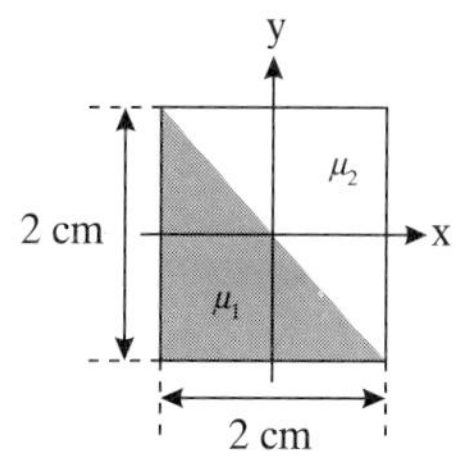

그림 P9.4
2개의 삼각형으로 구성된 물체(연습문제 9.4)

9.5 거리역자승의 법칙과 감쇠를 무시할 경우, SPECT 영상을 위한 재구성 근사값은 다음과 같이 주어진다.

$$\hat{f}(x,y) = \int_0^\pi \int_{-\infty}^\infty g(\ell, \theta)\tilde{c}(x\cos\theta + y\sin\theta - \ell)d\ell\,d\theta\,,$$

여기서 $\tilde{c}(\ell) = \mathcal{F}_{1D}^{-1}\{|\varrho|W(\varrho)\}$와 $W(\varrho)$는 $\varrho = \varrho_0$에서 차단하기 위한 정방형 윈도우 필터이다. $[0, \pi)$의 범위와 투사마다 $N + 1$(odd) 레이 경로에서 일정한 간격을 두고 있는 M 투사($\theta_1, \theta_2, \cdots, \theta_M$)을 사용한다고 가정하자. 검출기 사이의 공간을 T, $g_{ij} = g_{\theta_j}(iT)$라고 가정하자.

$\hat{f}(x, y)$의 재구성에 대한 이산 근사값은 다음과 같다.

$$\hat{f}(x,y) = \frac{\pi T}{M} \sum_{j=1}^M \sum_{i=-N/2}^{N/2} g_{ij}\tilde{c}(x\cos\theta_j + y\sin\theta_j - iT)\,.$$

(a) g_{ij}는 각도 θ_j에서 검출기 i에 부딪히는 광자의 수에 비례한다. $g_{ij} = kN_{ij}$이고, N_{ij}가 평균 $\overline{N}_{ij}$인 푸아송 랜덤 변수이며, 서로 다른 i와 j에 대해서 독립적이라고 가정할 때, 재구성된 영상의 평균$[\hat{f}(x, y)]$과 분산$[\hat{f}(x, y)]$을 구하라.

(b)

$$\frac{\pi}{M} \sum_{j=1}^M T \sum_{i=-N/2}^{N/2} [\tilde{c}(x\cos\theta_j + y\sin_j\theta - iT)]^2$$

앞 식이 $\frac{2\pi\varrho_0^3}{3}$에 근접한다는 것을 보이라.

CT에서처럼 $\overline{N}_{ij} \approx \overline{N}$로 가정한다.

(c) (b)의 결과를 사용하여 분산$[\hat{f}(x, y)]$을 구하라.

(d) SNR $\frac{\text{mean}[\hat{f}(x,y)]}{\sqrt{\text{var}[\hat{f}(x,y)]}}$이다. 광자 계수를 두 배, 즉 $\overline{N}' = 2\overline{N}$로 한다고 가정하자. 두 배로 하기 전의 SNR은 SNR_1, 두 배로 한 후의 SNR을 SNR_2라고 한다면, 비율 $\frac{\text{SNR}_2}{\text{SNR}_1}$는 얼마인가?

PET

9.6 2×2로 배열된 4개의 정방형 광증배관과 슬릿을 통해 8×8의 개별 검출기들로 나누어진 BGO 단일 결정으로 구성된 PET 검출기를 가정해 보자. 각각의 광증배관과 검출기들은 동일한 면적을 가지며, 각 광증배관의 크기는 2×2인치이다. 문제에서 제시한 구조는 그림 P9.5에 나타나 있다. 광증배관의 중심과 하위 결정의 중심 사이 거리 r에 의존하는 특정 하위 결정에서 발생한 이벤트에 대한 광증배관의 응답은 다음과 같다.

$$\text{PMT 응답} = \exp[-r/\tau],$$

여기서 $\tau = 1$인치이다.

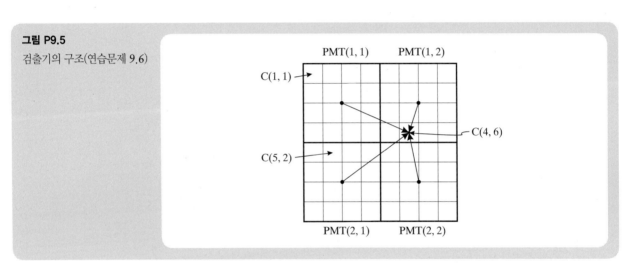

그림 P9.5
검출기의 구조(연습문제 9.6)

(a) 결정 $C(k, l)$에서의 이벤트에 대한 PMT(i, j) 응답의 일반식을 구하라.

(b) 결정 C(4, 6)에서의 이벤트에 대한 각각의 수치 응답을 계산하라.

(c) 잡음의 발생 가능성을 무시하고, 이벤트가 발생한 결정을 확인하는 순서를 생각해 보자.

(d) PMT의 신호에 잡음이 미세하게 추가되어 이벤트의 위치 추정에 오차를 발생시킬 수 있는 최악의 경우에 대해 생각해 보자.

9.7 NaI(Tl)와 BGO는 PET 검출기로 사용될 수 있다. BGO의 경우 511keV의 광자가 충돌할 때의 선형감쇠계수가 0.964cm^{-1}인 반면, NaI(Tl)의 경우에는 0.343cm^{-1}이다. 그리고 BGO는 NaI(Tl)만큼 효율적으로 감마선 광자를 가시광선 광자로 전환시키지 못하며, 전환 효율은 대략 13%이다. 여기서 하나의 검출기는 NaI(Tl)를 이용하고, 다른 하나는 BGO를 이용하는 2개의 검출기가 있고, 이 두 검출기는 모두 결정과 충돌하는 511keV의 에너지를 가지는 광자들 중 75%를 정지시킬 수 있도록 제작되었다고 가정하자.

   (a) NaI(Tl)과 BGO를 사용하는 각 검출기의 두께를 계산하라.

   (b) NaI(Tl)에서의 광 방출은 BGO에서보다 더 높은 고유 SNR을 가진다. NaI(Tl)와 BGO 사이의 고유 SNR을 계산하라.

9.8 1.5m의 간격을 두고 서로 마주 보는 가로, 세로 길이가 모두 30cm인 2개의 정방형 앵거 카메라를 가진 이중 헤드 SPECT로부터 PET 스캐너를 직접 개발하기로 결정하였다.

   (a) 낮은 에너지 콜리메이터와 높은 에너지 콜리메이터 중에서 어떤 콜리메이터를 사용할 것인가? 아니면 콜리메이터를 전혀 사용하지 않을 것인가? 그 이유를 설명하라.

   (b) PET 스캐너처럼 작동시키기 위하여 어떤 종류의 전자 부품들을 SPECT의 회로부에 추가시킬 것인가?

   (c) 마주 보는 앵거 카메라에서 나오는 X, Y 신호들을 어떻게 사용할 것인지 설명하라. 만약 Z-펄스를 이용한다면 그 이유에 대해 설명하라.

   (d) 스캔하는 동안 어느 지점에서 앵거 카메라가 회전할 것이다. 이때, PET 재구성을 위한 전체 각도 범위를 얻기 위해 필요한 두 카메라의 각 위치(angular position)의 최솟값은 얼마인가?

   (e) 인체 내 방사성 추적자의 밀집 분포를 고려하자. 실제 PET 스캐너에 비해 이 문제에서 제시한 임시의 PET 스캐너에서 높은 선량, 낮은 선량 또는 동일한 선량이 필요한지를 예상할 수 있는가? 그 이유를 설명하라.

9.9 그림 P9.6에서와 같이 세 부분(R_1, R_2, R_3)으로 이루어진 2차원 단면을 고려하자.

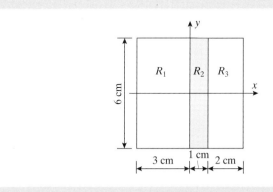

그림 P9.6
물체의 구조(연습문제 9.9)

   (a) R_1과 R_3는 비방사성 용액을 포함하고, R_2에만 511keV 감마선을 방출하는 방사성 핵종을 함유한 0.3mCi/cm³의 농도를 가진 용액이 채워져 있다고 가정하자. 세 영역에서의 511keV에 대한 선형감쇠계수는 각각 $\mu_1 = 0.2\text{cm}^{-1}$, $\mu_2 = 0.3\text{cm}^{-1}$ 그리고 $\mu_3 = 0.1\text{cm}^{-1}$이다. 물체의 외부에서 2차원 SPECT 스캐너를 이용하여 방사능을 영상화한다고 가정하면, 투사된 방사능 $g_{\text{SPECT}}(\ell, 90°)$와

$g_{SPECT}(\ell, 270°)$는 각각 얼마인가?

(b) (a)에서의 방사성 핵종을 동일한 농도를 가지고 양전자를 방출하는 방사성 핵종으로 교체했다고 가정하자. 세 영역에서의 선형감쇠계수가 동일하다고 간주하고, 2차원 PET 스캐너를 이용하여 영상화하면 $g_{PET}(\ell, 90°)$와 $g_{PET}(\ell, 270°)$는 얼마인가?

(c) 방사성 핵종 농도의 정확한 영상을 재구성하기 위해 PET 스캐너에서 감쇠를 어떻게 보정할 것인지 설명하라. SPECT 스캐너의 경우에도 동일한 보정 방법이 적용되는가?

9.10 1,000개의 검출기가 밀집해있는 지름 1.5m의 원형 PET 스캐너가 있다고 가정하자.

(a) 각 검출기들의 대략적인 크기(너비)는 얼마인가? 깊거나 얕은 (길거나 짧은) 검출기 사이의 상충성(tradeoff)에 대해 설명하라.

(b) PET에서 동시 검출을 하는 목적은 무엇인가? PET에서 동시 '이벤트 윈도우(event window)'로 정의된 명목상의 시간 간격(time interval)이란 무엇인가? 이벤트 윈도우를 (1) 작게 또는 (2) 크게 만드는 것은 왜 바람직하지 않은지 설명하라.

(c) PET의 갠트리가 흔들리거나 둘로 나눠지는 움직임이 없다고 가정하자. 스캐너의 중심에서(CT의 경우 기호 T로 표시되는) 선 적분 샘플링 간격은 얼마인가? CT로부터 경험에 의한 일반적인 샘플링을 가정한다면 전형적인 PET 영상에는 얼마나 많은 화소들이 있는가? 그리고 PET 갠트리의 작동이 정확해야만 하는 이유를 설명하라.

(d) PET 스캐너의 해상도가 스캐너의 중심으로부터 멀어질수록 낮아지는 이유를 설명하라.

9.11 그림 P9.7은 PET-CT 시스템을 보여 준다. 감마선이 $L(0, 0°)$로 이동하는 원의 원점에서 N_0 양전자 소멸이 일어난다. 양전자 소멸에서 N^+는 검출기 A로, N^-는 검출기 B로 각각 이동한다.

(a) N_0, N^+, 그리고 N^-의 함수로서 검출될 원의 중심에서 양전자 소멸로부터 발생되는 동시 발생 이벤트 N_c의 개수에 대한 방정식을 구하라.

(b)에서 (d)까지 방사능은 어디에서나 동일하고 $g(\ell_1, 0°)$의 값이 $g(0, 0°)$ 값의 2/3라고 가정하자.

(b) μ_{square}와 μ_{circle} 사이의 관계를 나타내는 방정식을 구하라.

(c) 비율 $g(\ell_2, 0°)/g(0, 0°)$를 구하라.

(d) 0° 투사에서 국소 명암대조도는 얼마인가(원에서의 피크값을 개체 강도로 둔다)?

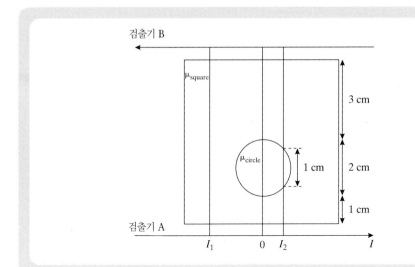

그림 P9.7
연습문제 9.11

초음파 영상

개요

앞 부분에서 방사선 기반 영상 기법에 대하여 탐구하였다. 방사선 영상에서는 이온화 방사선의 여러 원리에 따라 인체의 구조적, 또는 기능적인 영상을 구할 수 있다. 이러한 영상 기법은 의학적으로 효용이 뛰어나 임상에서 자주 사용하게 된다. 그러나 방사선은 위험을 수반한다. 의학영상에서 사용되는 방사선 선량(dose)은 암 유발 가능성을 내포하고 있다. 비록 진단 영상에서 사용되는 방사선 선량에 의하여 암이 발생할 확률은 극도로 낮기는 하지만 전혀 없는 것은 아니다. 특히 자궁 내 태아를 진단할 때 이러한 사실에 유의하여야 한다.

IV부에서는 완전히 비침습적이며 위험 요소가 전혀 없다고 여겨지는 초음파 영상에 대하여 탐구하고자 한다. 투사 방사선 촬영과 CT에서는 인체를 투과하는 빔이 관심 대상이었다. 즉, 방사선 빔이 신체의 각 조직 부위를 투과하며 나타나는 상이한 감쇠 현상에 따라 달라지는 신호를 분석하였다. 반면 초음파 영상에서는 신체 내 음파의 반사가 탐구 대상이다. 즉, 신체 조직 각 부위에서 다양한 형태로 반사되어 오는 음파 신호를 분석하여 영상을 구성하게 된다.

기본적인 초음파 영상 시스템은 음파변환기, 이를 제어하는 전자부, 그리고 화면 표시 장치로 구성되어 있다. 음파변환기는 초음파 에너지를 송·수신하는 두 가지 모두의 역할을 한다. 전자부에서는 빔의 방향을 조절하여 신체 내부를 부채꼴 형태의 이차원 영상으로 형성하여 보여 준다. 많은 최신 시스템들은 3차원 기능을 갖고 있으며, 이는 서로 다른 연속적인 2차원 영상을 결합하여 3차원 볼륨 영상을 구성하는 것이다. 따라서 관심 영역 내 해부학적 구조의 형태와 크기를 보여 주는 데 초음파 영상이 활용된다.

초음파 영상이 가장 많이 적용되는 대상은 자궁 내 태아와 심장이다. 대표적 심초음파 영상의 예가 그림 IV.1(a)이다. 이때 음파변환기는 심장의 뾰족한 부분(apex)에 위치하여 심장 내부 4개의 심방·심실을 보여 주고 있다. 의사가 진료실에서 즉각적으로 시행할 수 있고 박

그림 Ⅳ.1

임상에서 흔히 볼 수 있는 두 가지 초음파 영상. (a) 심초음파 영상, 심장의 4개 심방·심실의 모습(Philips Healthcare 제공), (b) 태아 초음파 영상, 잉태 3기의 정상적 태아의 모습(GE Healthcare 제공)

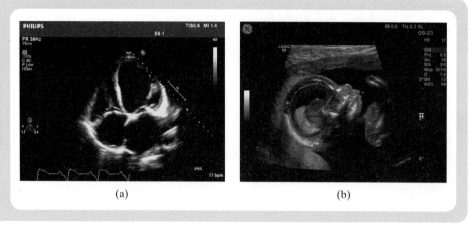

(a)   (b)

동 중인 심장 단면 영상을 비침습적으로 얻을 수 있다는 장점이 2차원 심초음파 영상이 널리 사용되는 이유이다. 초음파 영상을 취득할 때에는 음파변환기를 손으로 조정하기 때문에 시술자에게 전문적인 교육이 필요하다. 이는 취득된 영상의 품질, 위치, 각도 등이 시술자의 지식과 경험에 의하여 결정되기 때문이다.

태아와 산모 모두에게 완전히 안전한 영상 기법이기에, 산부인과에서 초음파 영상이 활발히 사용되고 있다. 그림 I.1(c)와 같은 태아 초음파 영상은 거의 모든 독자들에게 익숙할 것이다. 그림 Ⅳ.1(b)는 잉태 3기 중 취득된 또 다른 태아 영상이다. 영상의 각도가 적절한 경우 태아의 성별도 감별할 수 있다.

초음파 영상의 핵심적 특성은 책의 뒷부분에서 고찰하게 될 영상의 특이적 질감(texture)이다. 이는 인체 조직 내에 위치한 미세한 반사체들의 구조적 특성과 파동 영상의 물리적 특성이 결합되어 나타나며 스페클(speckle, 반점) 현상으로 명명된다. 그림 Ⅳ.2의 2개의 영상

그림 Ⅳ.2

상세 초음파 영상 검사. (a) 유방 종괴와 (b) 신장(GE Healthcare 제공)

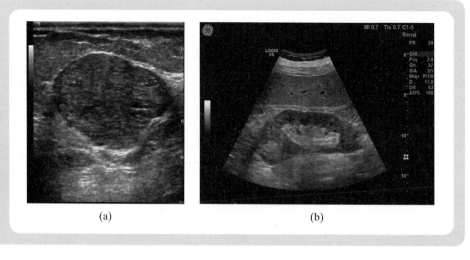

(a)   (b)

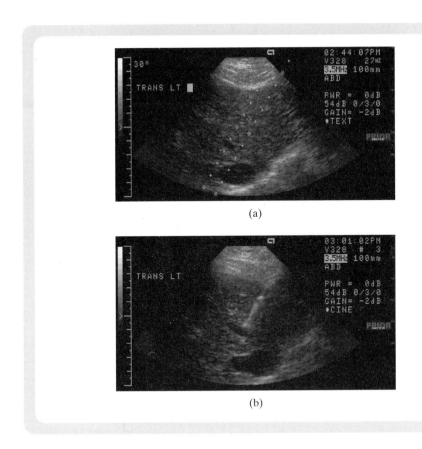

(a)

(b)

그림 IV.3

간 조직 검사를 위한 초음파 영상 가이던스(Johns Hopkins 대학, Dr. Avneesh Chhabra 제공). (a) 바늘 삽입을 위한 계획에서의 영상 가이던스, (b) 삽입 후 바늘 위치 시각화

들은 (a) 유방 종괴와 (b) 신장으로 해부학적 형태 이외에도 여러 종류의 질감을 보여 준다. 훈련된 의사들은 초음파 영상의 서로 다른 질감을 조직 특성 판별 및 진단에 활용한다. 이는 초음파 영상이 단순히 해부학적 차이를 기반으로 하는 진단을 넘어선 또 다른 차원의 진단 기법이 될 수 있음을 의미한다.

시스템이 구현되던 초기부터 알려진 바와 같이, 초음파 영상의 또 하나의 중요 특성은 실시간 영상이라는 점이다. 실시간이라는 점과 완전히 안전하다는 점에서, 초음파 영상은 수술 시 영상 가이던스(guidance)로 널리 사용되고 있다. 초음파 영상이 간 조직 검사의 계획에 적용되는 것을 그림 IV.3(a)가 일례로 보여 주고 있다. 조직 검사를 위한 바늘이 삽입된 후, 초음파 영상을 이용하여 그 위치를 확인하고 조절하는 모습이 그림 IV.3(b)의 영상이다.

음파의 반사에 의한 조직 형상 획득과 더불어, 초음파는 혈관 내 혈액과 같은 생체 내에서 이동 중인 물질의 속도를 보여 줄 수 있다. **도플러 영상 기법**을 활용하면 혈액의 흐름을 정량적으로 측정하는 것이 가능하다. 완전 비침습적으로 이러한 해부학적 · 기능적 정보들을 제공하기 때문에 초음파 영상은 널리 적용되고 있다. 심장 승모판(mitral valve)과 그 주변의 혈액 흐름이 그림 IV.4에 나타나 있다. 왼쪽은 승모판의 흉골연 긴-축(parasternal long-axis) 단면 영상이며, 오른쪽은 그 영역 혈류의 속도를 원래 영상에 덧씌운 영상이다. (흰 선

그림 IV.4

도플러 초음파를 통한 심장 승모판 폐쇄부전(역류) 진단 (Philips Healthcare 제공 영상)

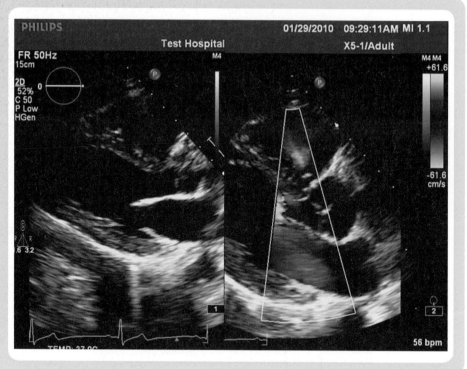

으로 표시된 부채꼴 영역) 도플러 영상은 항상 컬러로 표시되며, 흑백 영역은 움직임이 없는 부분, 빨간색 영역은 음파변환기 쪽으로 이동하는 흐름, 파란색은 음파변환기로부터 멀어지는 흐름을 표시한다. 이 책에서는 영상들이 모두 흑백으로만 인쇄되었기 때문에 승모판 부근의 덧씌워진 색을 확인할 수 없으나, 이미 인터넷에 상당히 많은 예들이 있어 찾아볼 수 있다.

초음파 물리

10

10.1 서론

초음파란 인간이 감지할 수 있는 영역보다 높은 주파수의 소리를 의미한다. 즉, 20kHz 이상의 모든 소리를 초음파라 할 수 있다. 의료용 초음파 시스템은 일반적으로 1~10MHz를 사용하나 경우에 따라서는 70MHz까지 활용하는데, 이에 대하여 10장과 11장에서 상세히 설명하게 될 것이다. 초음파의 전달은 주파수와 관계없이 일반적 음파 전달 방식을 따르며, 그 이론은 음향학을 통하여 이해할 수 있다. 초음파는 매질의 수축과 팽창을 통하여 파동 형태로 전달되며, 매질의 특성에 따라 일정한 속도로 전파된다. 더불어 초음파는 흡수, 굴절, 초점의 형성, 반사 및 산란 등의 현상을 통해 이해될 수 있다.

초음파를 이용하는 경우 신체의 해부학적 구조를 비침습적으로 영상화할 수 있다. 전기 신호를 음파 신호로 변환시켜주는 **음파변환기**(transducer)는 초음파 펄스를 생성하며, 이는 환자의 체내로 보내진다. 신체 기관의 경계면과 복잡한 조직 내에서 반사 혹은 산란되어 되돌아온 음파는 음파변환기를 통하여 다시 전기 신호로 전환된다. 초음파 영상 시스템은 이렇게 되돌아온 음파 신호를 처리하여 인체의 해부학적 정보를 명암(grayscale) 기반으로 나타낸다. 구현된 영상에서 각 점의 밝기는 그 위치에 해당하는 해부학적 구조체에서 반사된 음파의 강도를 보여 준다. 초음파 진단 영상이 가장 많이 사용되는 분야는 산부인과, 종양학과, 심장학과, 소화기병과 등이다.

초음파는 1950년대 중반 진단 영상에 활용되기 시작되었으며, 1970년대 초기에 2차원 실시간 영상이 가능한 초음파 스캐너가 등장함에 따라 그 사용 빈도가 급속히 늘어났다. 그

후 의료 초음파 분야의 이정표로 1980년대 초반의 위상 배열(phased array) 시스템, 1980년대 중반의 컬러 플로우(color flow) 영상, 1990년대의 3차원 영상 시스템 등을 생각할 수 있다. 각 제조사들은 여러 종류의 초음파 영상 기기를 제공하고 있으며, 개개의 시스템은 상호 교체가 가능한 음파변환기들과 다양한 동작 모드들을 제공한다. 이는 서로 다른 인체 기관을 영상화하는 데 필요한 요건이 각기 다르기 때문이다.

이 장에서는 초음파와 생체 조직에 관련된 물리적 현상에 대하여 공부하게 될 것이다. 이러한 배경 지식은 11장에서 논의하게 될 의료용 초음파 영상 기기를 이해하는 데 기초가 될 것이다.

10.2 파동 방정식

음파는 매질의 수축과 팽창을 통하여 전달되는 압력의 파동이다. 작은 조직의 부피를 수축시켰다가 놓아 주면 음파를 생성할 수 있다. 물질의 탄성 특성에 따라 수축된 부피가 본래 평형 상태의 부피로 되돌아가려고 하지만 실제적으로는 평형 상태보다 크게 팽창하게 되며, 이는 다시 주변 조직을 수축시키게 된다. 이러한 현상이 인근 조직에 연속적으로 나타남에 따라 음파가 형성된다.

음파가 진행함에 따라 매질은 음파에 의한 수축과 팽창을 하게 되며 매질 내 미세 입자들이 그에 맞춰 앞뒤로 운동하게 된다. 의료 초음파의 경우 대부분 연조직(soft tissue) 내부의 음파 전달로 제한되며, 미세 입자들은 음파 이동 방향과 같은 앞뒤 방향으로만 운동한다. 이러한 경우를 **종파**라고 한다. 반면 좀더 단단한 매질의 경우 음파의 진행 방향에 수직인 방향으로 미세 입자가 운동하는 **횡파**도 존재한다. 그러나 이러한 횡파는 의료 초음파에서 고려 대상이 아니다.

10.2.1 3차원에서의 음파

압축률(compressibility) κ와 매질의 밀도 ρ를 질량 보존의 법칙과 운동량 보존의 법칙에 따라 정리하면 음파의 파동 방정식을 직접적으로 유도할 수 있다. [$B = 1/\kappa$로 체적탄성률(bulk modulus)]. 음파는 음파의 속도 c로 전달되는데, 이는 다음과 같이 주어진다.

$$c = \sqrt{\frac{1}{\kappa\rho}}. \tag{10.1}$$

표 10.1은 다양한 매질과 생체 조직에서 음파의 속도 및 기타 정보를 제공하고 있다. 일반적으로 음파는 생체 조직에서 1,540m/s의 속도로 그리고 공기에서 330m/s의 속도로 진행한다.

음파를 수학적으로 표현할 때 여러 가지 특성에 대하여 이해할 필요가 있다. 첫째, 음파는

표 10.1 다양한 물질의 음향학적 특성

물질	밀도, ρ [kgm^{-3}]	속도, c [ms^{-1}]	특성 임피던스, Z[kgm^{-2}s^{-1}] ($\times 10^6$)	흡수계수, α [dBcm^{-1}] (at 1MHz)	주파수의 변환에 따른 α의 증가비율
공기(기준 온도, 압력)	1.2	330	0.0004	12	f^2
알루미늄	2,700	6,400	17	0.018	f
황동	8,500	4,490	38	0.020	f
피마자유	950	1,500	1.4	0.95	f^2
수은	13,600	1,450	20	0.00048	f^2
폴리에틸렌	920	2,000	1.8	4.7	$f^{1.1}$
폴리에틸-메타크릴산염	1,190	2,680	3.2	2.0	f
물	1,000	1,480	1.5	0.0022	f^2
혈액	1,060	1,570	1.62	[0.15]	
뼈	1,380~1,810	4,080	3.75~7.38	[14.2~25.2]	
뇌	1,030		1.55~1.66	[0.75]	
지방	920	1,450	1.35	[0.63]	
신장	1,040	1,560	1.62	–	
간	1,060	1,570	1.64~1.68	[1.2]	
폐	400		0.26	[40]	
근육	1,070		1.65~1.74	[0.96~1.4]	
췌장	1,060		1.65~1.67	–	
물	1,000	1,484	1.52	[0.0022]	

출처 : 표의 상부 자료는 P. N. T. Wells, *Biomedical Ultrasonics*, (New York : Academic Press, 1977)에서, 하부 자료는 A. B. Wolbarst, *Physics of Radiology* (Norwark, CT : Appleton and Lange, 1993)에서 발췌.

3차원 현상으로 공간 변수의 함수라는 점에 주목하여야 한다. 예를 들어, 일상적인 연설에서 생성되는 소리는 모든 방향으로 퍼져 나가며 이에 따라 사람들은 여러 방향에서 연사의 목소리를 들을 수 있다. 또한 음파는 시간에 따라 변화한다. 같은 예로 연설에서 외침 등은 시간이 지남에 따라 사라지게 된다. 따라서 소리의 파동을 표현하는 어떠한 물리량을 사용하더라도, 공간 변수 x, y, z와 시간 변수 t를 모두 사용하여야 한다.

위에 언급된 바와 같이 주어진 매질에서 음파가 전달될 때, 매질을 구성하는 미세한 입자들이 앞뒤로 움직이며 수축과 팽창을 함으로써 음파가 생성된다. 전통적으로 음향학에서 음파를 수학적으로 표현할 때 사용되는 물리량으로는 수축과 팽창에 따른 입자의 변위 $\vec{u}(x, y, z, t)$가 있다. 또한 입자의 변위를 시간 변수로 일차 미분한 결과인 입자의 속도 $\vec{v}(x, y, z, t)$도 음파를 표현하는 데 자주 사용된다. 이 책에서는 음파가 종파에 대한 논의로 제한됨에 따라, 각 방향 성분을 포함한 벡터를 대신한 변위 크기 $u(x, y, z, t)$와 속도의 크기 $v(x, y, z, t)$로도 충분히 표현된다. 이는 위에 표현된 각 물리량의 방향이 언제나 음파의 진행 방향과 같기 때문이다. 여기서 더 나아가 국소 부위에서의 부피적 수축과 팽창은 실질적으로 해당 부위 매질에 인가되는 압력과 관련 있다. 따라서 음파는 시간과 공간의 함수인 압력 $p(x, y, z, t)$로도 표현될 수 있으며, 이때 이를 **음향 압력**이라 부른다. 음향 압력은 음파가 존재하지 않는 경우 0이며, 이미 존재하는 대기압을 배제한 변동된 양만을 의미한다.

종파에 있어서는 음향 압력과 입자의 속도 간에 관계는 단순하다. 이 둘은 서로 다음과 같은 선형적 관계를 갖는다.

$$p = Zv, \tag{10.2}$$

$$Z = \rho c \tag{10.3}$$

여기서 Z는 특성 임피던스(characteristic impedance)라 불린다. 입자의 속도 v와 음파의 속도 c는 전혀 다른 물리량으로 일반적으로 일치하지 않는다. 이 점은 논리적 이해의 혼란과 계산 실수를 유발하는 주요 요인이다. 임피던스라는 용어는 전기회로 혹은 전자기장의 송전선 모델에서 유추되었다. 실질적으로 음향 압력은 전압, 그리고 입자의 속도는 전류와 유사하다고 할 수 있다. 밀도의 단위가 kg/m^{3}이고 속도의 단위가 m/s이므로, 특성 임피던스의 단위는 kg/m^{2}s이다. 이를 다시 *rayls*(레일)라 정의하는데, 이는 영국 Rayleigh경의 이름에서 파생된 단위이다.

이 장과 다음 장에서는 음향 압력을 기준으로 종파인 음파를 설명할 것이며, 필요에 따라 입자의 속도와 변위를 활용하게 될 것이다(경계면 조건을 사용할 경우). 물리적으로 보면 음향 압력 p는 다음의 3차원 파동 방정식을 충족시킨다.

$$\nabla^2 p = \frac{1}{c^2}\frac{\partial^2 p}{\partial t^2}, \tag{10.4}$$

이때 ∇^2은 3차원 라플라시안(Laplacian) 연산자로 다음과 같이 주어진다.

$$\nabla^2 = \frac{\partial^2}{\partial x^2} + \frac{\partial^2}{\partial y^2} + \frac{\partial^2}{\partial z^2}. \tag{10.5}$$

일반적으로 파동 방정식은 압력을 시간에 대한 편미분한 값과 공간에 대한 편미분한 값 간의 상관관계를 정리한 편미분 방정식이다. 주어진 방정식을 풀기는 일반적으로 어려우나, 두 가지 특별한 경우에 대하여 다루는 것으로 이 책에서는 충분하며, 이는 평면파와 구면파의 경우이다.

10.2.2 평면파

만약 음파가 공간상에서 한 방향으로만 변화한다면 이를 **평면파**라 한다. 예를 들어 $p(x, y, z, t)$에서 z와 t가 고정된 값일 때 x와 y에 대하여 일정한 값을 갖는다고 하면, 그 결과는 $p(z, t) = p(x, y, z, t)$로 $+z$ 혹은 $-z$방향으로 이동하는 평면파를 나타낸다. 이 경우 식 (10.4)에 $p(z, t)$를 삽입하면 1차원 파동 방정식이 된다.

$$\frac{\partial^2 p}{\partial z^2} = \frac{1}{c^2} \frac{\partial^2 p}{\partial t^2}. \tag{10.6}$$

여기서 주의하여야 할 점은 방향이 반드시 z방향이 아니더라도 한 방향으로만 진행하면 평면파라는 것이다. 따라서 z방향을 고정된 방향으로 이해하기보다, 파의 진행 방향에 따라 축을 회전하여 표시한 일반적 파동의 진행 방향으로 이해하는 것이 편리할 것이다.

위의 식 (10.6)의 일반해는 다음과 같다.

$$p(z, t) = \phi_f(t - c^{-1}z) + \phi_b(t + c^{-1}z), \tag{10.7}$$

주어진 방정식을 식 (10.6)에 대입하여 풀어 보면 해가 됨을 증명할 수 있다. 함수 $\phi_f(t - c^{-1}z)$는 순방향 진행파(forward traveling wave)로 해석되며 이는 기본 파형 $\phi_f(c^{-1}z)$가 시간이 지남에 따라 $+z$방향으로 이동하기 때문이다. 반면 $\phi_b(t + c^{-1}z)$는 역방향 진행파(backward traveling wave)로 시간에 따라 $-z$방향으로 이동한다는 점에서 유추되었다. 함수 $\phi_f(\cdot)$와 $\phi_b(\cdot)$는 모두 2차 미분이 가능해야 한다. 그러나 이러한 제약도 미분의 일반화를 통하여 완화될 수 있다. 각각의 함수 ϕ_f와 ϕ_b가 독립적으로 파동 방정식을 충족함으로 한쪽이 0이 될 수 있다. 따라서 주어진 매질에서 순방향 파로만 구성된 경우도 구할 수 있다. 11장에서는 특정한 형태의 초음파변환기에서 생성되는 평면파를 근사화하는 과정을 탐구하게 될 것이다.

1차원 파동 방정식을 충족시키는 중요한 함수들 중 하나로 정현파 함수(sinusoidal function)를 생각할 수 있다.

$$p(z, t) = \cos k(z - ct). \tag{10.8}$$

위의 식에서 위치 변수인 z를 고정시킨 후 시간 변수 t에 대한 함수라 가정한다면, 고정된 입자 주변의 압력이 각주파수(radial frequency) $w = kc$에 따라 정현파 형식으로 변화함을 알 수 있다. 이는 주파수와 관련하여 다음과 같이 표현되며, 이때 주파수의 단위는 Hertz(Hz)로 단위 시간당 회전 수를 의미한다.

$$f = \frac{\omega}{2\pi} = \frac{kc}{2\pi}, \tag{10.9}$$

거꾸로 시간 변수인 t를 고정된 상태에서 위치 변수인 z에 대한 함수라고 가정한다면, 특정 시간의 압력이 공간상에서의 주파수 k에 따라 정현파 형식으로 변화한다. 이때 k를 파수

(wave number)라 한다. 반면 **파장** λ는 정현파의 최고점 간의 거리 혹은 최저점 간의 거리를 의미하며 이 두 인자 간의 관계는 다음과 같다. 이때 파장은 길이의 단위로 표시된다.

$$\lambda = \frac{2\pi}{k}, \tag{10.10}$$

식 (10.9)의 관계를 식 (10.10)에 대입하면 파장과 주파수 그리고 음파의 진행 속도 간의 중요한 관계식을 얻을 수 있다.

$$\lambda = \frac{c}{f}. \tag{10.11}$$

정현파의 조건을 충족하려면 무한 공간에서 무한 시간 동안의 음파가 요구됨에 따라 실제 존재가 불가능하다. 그러나 의료용 초음파 시스템에서는 정현파로 근사화하는데, 이는 매우 짧은 시간 동안 국소적인 부분만을 관측하기 때문이다. 일반적인 초음파 영상 기기가 흔히 사용하는 3.5MHz로 작동된다면 음파의 속도가 1,540m/s일 때 이에 상응하여 파장의 길이는 0.44mm가 된다. 이 장에서는 명확히 설명할 수는 없지만, 시스템에서 획득할 수 있는 해상도는 대략 파장의 길이 수준이다. 따라서 초음파 영상에서는 밀리미터 이하의 해상도(음파의 진행 방향으로의 해상도)를 획득할 수 있다는 점을 알 수 있다.

예제 10.1

정상 상태(steady state)에서 주파수가 2MHz인 정현파가 간 조직에서 $+z$방향으로 진행한다고 가정해 보자.

문제 파장의 길이는 얼마인가?

해답 표 10.1에 의거하여 간에서의 음속 $c = 1,570$m/s이다. 따라서 파장의 길이 $\lambda = 1,570\text{ms}^{-1}/(2 \times 10^6 \text{Hz}) = 0.785$mm이다.

일차원 파동 방정식의 해가 되는 또 하나의 주요 함수가 유닛 임펄스 함수(unit impulse function or unit delta function)이다.

$$p(z, t) = \delta(z - ct), \tag{10.12}$$

$\delta(\cdot)$ 함수의 특성상 일반화된 미분을 통하여 파동 방정식을 만족시킨다. 정현파와 마찬가지로 임펄스 함수는 실제적으로 존재할 수 없다. 정현파에서와 같이 임펄스 평면파도 진행 방향에 수직이며, 무한히 큰 진폭과 무한히 짧은 파의 길이를 간주한다. 이러한 가정은 일반적으로 충족될 수 없으나, 의료 초음파 시스템의 특성들을 이해하기 위하여 짧은 펄스들을 임

펄스 평면파로 근사치화하여 사용한다.

예제 10.2

초음파 음파변환기가 +z방향으로 향하고 있다. 시간 $t = 0$인 시점에, 음파변환기에서 다음과 같은 음향 펄스를 생성하였다.

$$\phi(t) = (1 - e^{-t/\tau_1})e^{-t/\tau_2}.$$

문제 음파의 속도 $c = 1{,}540\text{m/s}$로 가정할 때, 순방향 음파는 어떻게 표현되겠는가? 음파변환기로부터 10cm 떨어진 위치의 경계면에 주어진 펄스의 선행하는 부분이 닿는 시간은 언제인가?

해답 순방향 음파는 다음과 같이 나타난다.

$$\phi_f(z, t) = (1 - e^{-(t-z/c)/\tau_1})e^{-(t-z/c)/\tau_2}.$$

$0.1\text{m}/(1{,}540\text{ms}) = 64.9\mu\text{s}$ 이후에 음파가 경계면에 도달하기 시작한다.

10.2.3 구면파

등방성 매질에서 국지적 기압 변동은 구면파를 생성할 수 있다. 구면파는 시간 t와 변동의 근원지로부터의 거리 $r = \sqrt{x^2 + y^2 + z^2}$ (근원지를 원점이라고 가정하면) 두 변수에 의하여 결정된다. 식 (10.4)를 이용하여 Laplacian 연산을 r에 대하여 적용하면 방사형으로 진행되는 음파의 압력 $p(r, t)$에 대한 수식은 다음과 같이 정리된다.

$$\frac{1}{r}\frac{\partial^2}{\partial r^2}(rp) = \frac{1}{c^2}\frac{\partial^2 p}{\partial t^2}, \tag{10.13}$$

위의 수식을 **구면 파동 방정식**(spherical wave equation)이라 한다.

구면 파동 방정식의 일반해는 다음과 같으며 그 증명 역시 대입을 통하여 가능하다.

$$p(r, t) = \frac{1}{r}\phi_o(t - c^{-1}r) + \frac{1}{r}\phi_i(t + c^{-1}r), \tag{10.14}$$

파동 $\phi_o(t - c^{-1}r)$은 바깥쪽으로 진행하는 파(outward traveling wave), $\phi_i(t + c^{-1}r)$는 안쪽으로 진행하는 파(inward traveling wave)이다. 일반적으로 안쪽으로 진행하는 파를 생성하는 음원은 존재하지 않으므로 대부분의 경우 일반해는 다음과 같이 단순화된다.

$$p(r, t) = \frac{1}{r}\phi_o(t - c^{-1}r). \tag{10.15}$$

1차원 평면파의 일반해에서와 마찬가지로 함수 $\phi_o(\cdot)$가 두 번 미분이 가능하면 어떠한 함수

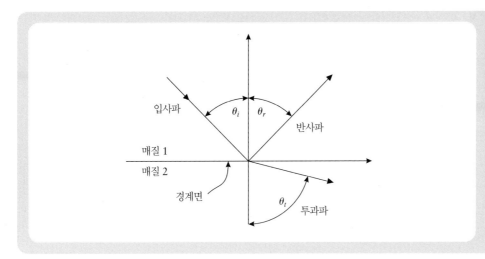

그림 10.1
입사한 평면파의 일부 에너지
는 반사되고 나머지는 경계면
반대쪽으로 투과된다.

다. 음파에서도 파워는 존재한다. 저항이 전기에너지를 열에너지로 전환시키는 것과는 달리, 음파에 있어서 파워는 10.3.4절에 설명하게 될 감쇠 현상이 없는 경우, 음파와 함께 전달된다. 음향 에너지 밀도와 **음향 강도**(intensity)는 에너지 보존 법칙에 의거하여 다음과 같이 연결하여 표현될 수 있다. 이 방정식에서도 음파의 파워가 전달되는 것이 나타난다.

$$\frac{\partial I}{\partial x} + \frac{\partial w}{\partial t} = 0 \, , \tag{10.21}$$

10.3.2 경계 평면에서 반사와 굴절

그림 10.1에서 평면파가 입사각 θ_i로 경계 평면에 입사되는 경우를 보여 주고 있다. 음파의 파장이 경계면에 비하여 충분히 작다고 가정할 때, 반사되는 파와 투과되는 파는 다음과 같이 기하 광학(geometric optics)의 법칙을 따른다.

$$\theta_i = \theta_r \tag{10.22}$$

$$\frac{\sin \theta_i}{\sin \theta_t} = \frac{c_1}{c_2} \, , \tag{10.23}$$

여기서 c_1과 c_2는 매질 1과 매질 2에서 음파의 속도를 각각 나타낸다. 식 (10.23)을 스넬(Snell)의 법칙이라 한다.

예제 10.3

매질 1은 지방이고 매질 2는 간이며 평면파가 입사각 $\theta_i = 45°$로 진행한다.

문제 반사각 θ_r과 투과각 θ_t는 각각 어떻게 되는가?

해답 $\theta_r = \theta_i = 45°$이다. $c_1 = 1{,}450\text{m/s}$이고 $c_2 = 1{,}570\text{m/s}$이므로

$$\sin \theta_t = \frac{1{,}570 \sin 45°}{1{,}450} = 0.7656 \,.$$

이다. 이를 계산하면 $\theta_t = 49.96°$가 된다. 직관적으로 보면 $c_2 > c_1$이므로 입사각에 비하여 투과각이 더 커야만 한다는 것을 알 수 있다.

경우에 따라서는 $c_2 \sin\theta_i / c_1$의 값이 1.0보다 클 수 있다. 이러한 경우 이를 충족시키는 사인 함수(sine function)의 역이 존재하지 않으므로 모든 에너지가 반사된다고 결론지을 수 있다. 각 매질에서의 음파의 전달 속도 c_1과 c_2가 주어지고 $c_2 > c_1$라면 다음에 주어진 임계각 θ_c 이상에서는 항상 전반사가 이루어진다.

$$\theta_c = \sin^{-1}(c_1/c_2) \quad \text{for } c_2 > c_1, \tag{10.24}$$

10.3.3 경계 평면에서의 투과 및 반사 계수

위에서는 평면파의 경계면에서 전파되는 기하학적 특성에 대하여 조사하였다. 여기에서는 같은 조건에서 에너지 특성을 고려하고자 한다. 입사파, 반사파, 투과파 모두 경계 평면에서 교차한다. 따라서 경계면에 위치한 입자의 속도 성분 중 경계면과 나란한 방향의 성분을 분석해 보면, 입사파에 의해 유도된 성분과 반사파 및 투과파의 합에 의해 유도된 성분이 다음과 같이 반드시 일치하여야 한다.

$$v_i \cos \theta_i = v_r \cos \theta_r + v_t \cos \theta_t \,.$$

식 (10.2)에서 보이듯 $p = Zv$이므로 속도에 이를 대입하면 위의 공식으로부터 다음의 관계를 얻을 수 있다.

$$\frac{\cos \theta_t}{Z_2} p_t + \frac{\cos \theta_r}{Z_1} p_r = \frac{\cos \theta_i}{Z_1} p_i \,. \tag{10.25}$$

또한 경계에서 압력은 연속적이어야 함으로 그 관계는 다음과 같이 나타난다.

$$p_t - p_r = p_i \,. \tag{10.26}$$

식 (10.25), (10.26)은 p_t와 p_r에 대한 방정식으로 이를 $\theta_r = \theta_i$의 관계식과 함께 정리하면 다음과 같이 해를 구할 수 있다.

$$R = \frac{p_r}{p_i} = \frac{Z_2 \cos \theta_i - Z_1 \cos \theta_t}{Z_2 \cos \theta_i + Z_1 \cos \theta_t}, \tag{10.27}$$

$$R = \frac{p_r}{p_i} = \frac{Z_2 \cos\theta_i - Z_1 \cos\theta_t}{Z_2 \cos\theta_i + Z_1 \cos\theta_t}, \tag{10.28}$$

여기서 R은 압력반사율(pressure reflectivity), 그리고 T는 압력투과율(pressure transmittivity)이라 한다.

식 (10.20)의 $I = p^2/Z$의 관계를 이용하면 강도반사율(intensity reflectivity) R_I는

$$R_I = \frac{I_r}{I_i} = \left(\frac{Z_2 \cos\theta_i - Z_1 \cos\theta_t}{Z_2 \cos\theta_i + Z_1 \cos\theta_t} \right)^2, \tag{10.29}$$

이 되며 강도투과율(intensity transmittivity) T_I는 다음과 같이 주어진다.

$$T_I = \frac{I_t}{I_i} = \frac{4 Z_1 Z_2 \cos^2\theta_i}{(Z_2 \cos\theta_i + Z_1 \cos\theta_t)^2}. \tag{10.30}$$

위의 식에 기술된 강도투과율을 구하고자 할 때에는 서로 다른 매질에서의 p_t와 p_i를 반드시 고려하여야 한다.

예제 10.4

음파가 지방/간 사이 경계면에 수직으로 입사한다고 가정하자.

문제   음향 강도는 어느 정도 반사되어 되돌아오겠는가? 지방에서 간으로 진행하는 경우와 간에서 지방으로 진행하는 경우, 각각 반사되어 돌아가는 음향 강도의 차이가 있겠는가?

해답   수직으로 입사한 경우 음향 강도 반사율은

$$R_I = \left(\frac{Z_2 - Z_1}{Z_2 + Z_1} \right)^2.$$

이다. 지방의 음향 임피던스는 $1.35 \times 10^{-6} \mathrm{kgm^{-2}s^{-1}}$이고 간의 음향 임피던스는 $1.66 \times 10^{-6} \mathrm{kgm^{-2}s^{-1}}$이다. 따라서 지방에서 입사하여 간으로 전달되는 경우 음향 강도 반사율을 계산해 보면

$$R_I = \left(\frac{1.66 - 1.35}{1.66 + 1.35} \right)^2 = 0.0106.$$

이 된다. 단지 1% 정도만의 입사한 파워가 경계면에서 반사되어 되돌아가고 거의 99%는 투과된다. 위의 식을 보면 입사한 방향이 어느 쪽이든 무관하게 같은 음향 강도가 반사됨을 알 수 있다(음파가 경계면에 수직이 아닌 각으로 입사한 경우에도 이러한 관계가 유지되겠는가?).

10.3.4 감쇠

실질적으로 음파의 진폭은 진행함에 따라 줄어든다. 감쇠(attenuation)란 흡수, 산란, 및 모드 변환 등을 포함한 모든 형태의 작용에 의하여 진폭이 감소하는 것을 나타내는 용어이다. 여기서 흡수(absorption)는 음파 에너지가 열에너지로 변환되면서 매질로 흩어져 버리는 것을 의미하며 산란(scattering)은 음파가 진행함에 따라 2차적인 구면파가 생성되는 과정을 나타낸다. 반면, 모드 변환(mode conversion)은 종파가 횡파(shear wave)로 전환되는 과정 (혹은 그 역으로 횡파가 종파로의 전환)을 의미한다. 여기서는 위의 모든 작용을 함축한 감쇠 현상을 수식화하는 데 초점을 맞추고자 한다.

+z방향으로 진행하는 평면파 $p(z, t)$의 초기 조건이 $p(0, t) = A_0 f(t)$라 가정하자. 이상적인 상황에서는 $p(z, t) = A_0 f(t - c^{-1}z)$이지만 감쇠로 인하여 얻을 수 있는 실제 압력은 다음과 같다.

$$p(z, t) = A_z f(t - c^{-1}z), \tag{10.31}$$

여기서 A_z는 진행하는 파의 실제 진폭으로 위치 변수 z에 의하여 결정된다. 이렇듯 진폭이 줄어드는 것을 수학적으로 모델화하면 **진폭 감쇠인자(amplitude attenuation factor)** μ_a를 포함하는 다음의 수식을 얻을 수 있다.

$$A_z = A_0 e^{-\mu_a z}, \tag{10.32}$$

이때 현상적 감쇠는 실질 상황에는 잘 부합하나 이론적으로 유추하기는 어려운 모델이다. 한편, 식 (10.31)에서 표현되어 나타난 압력 함수는 더 이상 파동 방정식을 만족하지 않는다.

자연 로그상에서 진폭 비율에 대한 단위는 neper(네퍼, Np)이며 μ_a의 단위는 nepers/cm 이다. 그 이유는 진폭 감쇠 인자를 다음과 같이 얻을 수 있기 때문이다.

$$\mu_a = -\frac{1}{z} \ln \frac{A_z}{A_0}. \tag{10.33}$$

진폭 변화를 증폭비(dB)로 나타내면 $20\log_{10} \frac{A_z}{A_0}$이므로 감쇠계수(attenuation coefficient) α 를 다음과 같이 정의하면 유용하다.

$$\alpha = 20(\log_{10} e)\mu_a \approx 8.7\mu_a, \tag{10.34}$$

이때 단위는 dB/cm이며 1Np = 8.686dB임에 주의하자. 진폭의 감쇠를 계산하는 데 있어 감쇠계수 α를 사용하고자 하면, 식 (10.34)를 통해 우선 α를 진폭 감쇠인자 μ_a로 전환한 후 식 (10.32)를 이용하여야 한다.

감쇠 현상이 온전히 음파 에너지가 열에너지로 변환하여 나타난 경우 감쇠계수를 **흡수계**

수(absorption coefficient)라 부른다. 대부분의 경우 감쇠의 가장 큰 요인이 흡수라 여기며, 따라서 흡수계수와 감쇠계수를 같은 의미로 사용한다. 생체 조직 및 기타 매질에서의 전형적인 흡수계수 일부를 표 10.1에서 보여 주고 있다.

매질에서의 흡수계수는 일반적으로 주파수 f에 영향을 받는다. 이러한 관계를 잘 표현하는 관계식은 다음과 같다.

$$\alpha = af^b, \tag{10.35}$$

생체 조직에 있어 b는 1보다는 약간 크다. 예를 들어 균질화한 간에서는 $a = 0.56$이며 $b = 1.12$이다. 대략적으로 근사치화하여 $b = 1$을 자주 사용하며, 이는 주파수 f와 감쇠계수 α 간의 선형적 관계로 이어진다. 표 10.2의 a는 $b = 1$을 가정하여 얻어진 값이다.

예제 **10.5**

5MHz 음파 펄스가 음파변환기로부터 2cm 지방질을 투과한 후 간과의 경계면에 수직으로 입사한다고 가정하자.

문제   음파 펄스가 간의 경계에서 반사되어 되돌아오는 데 소요되는 시간은 얼마나 되겠는가? 감쇠와 반사에서의 에너지 손실을 모두 감안할 때, 되돌아온 음파의 진폭의 감쇠는 dB 단위로 얼마가 되겠는가?

해답   표 10.1에 근거하여 지방에서의 음파의 속도는 1,450m/s이다. 반사되어 오는 파의 경우 총 진행 거리가 4cm이므로 반사파는

$$t = \frac{0.04 \text{ m}}{1,450 \text{ m/s}} = 27.6 \; \mu\text{s}.$$

후에 되돌아온다. 표 10.2에서 보면 지방의 $a = 0.63\text{dBcm}^{-1}\text{MHz}^{-1}$이다. 따라서 5MHz에서의 감쇠계수는

$$\alpha = 0.63 \text{ dB cm}^{-1} \text{ MHz}^{-1} \times 5 \text{ MHz}$$
$$= 3.15 \text{ dB cm}^{-1}.$$

이다. 이를 진폭 감쇠율로 환산하면 $\mu_a = 3.15\text{dBcm}^{-1}/(8.686\text{dB/Np}) = 0.363\text{Np/cm}$이다. 따라서 반사에 의한 감소를 무시하는 경우

$$\frac{A_z}{A_0} = \exp\{-0.363 \text{ Np/cm} \times 4.0 \text{ cm}\} = 0.234.$$

이다. 이전의 예제에서 음향 강도 반사계수가 0.0106으로 계산되었으므로 진폭 반사계수는 $\sqrt{0.0106}$ = 0.103이다. 이 모든 값을 합하여 보면 다음을 얻을 수 있다.

$$\text{dB loss} = 20 \log_{10} \frac{A_z}{A_0} = 20 \log_{10}(0.234 \times 0.103) = -32.4 \text{ dB}.$$

표 10.2 다양한 생체 조직별 감쇠의 주파수에 따른 차이	
물질	$a = \alpha/f$ [dBcm^{-1}MHz^{-1}]
지방	0.63
골격근	
근섬유와 나란한 방향	1.3
근섬유와 수직 방향	3.3
심장 근육	1.8
혈액	0.18
뼈	20.0
폐	41.0
간	0.94
신장	1.0
뇌	
백질 섬유 방향	2.5
백질 섬유 수직 방향	1.2
회백질	0.5~1.0

10.3.5 산란

인체 내 많은 반사체들은 음파의 파장에 비하여 매우 작다. 이러한 반사체에는 기하 광학에서 나타나는 반사 및 굴절 법칙이 적용되지 않는다. 오히려 이러한 반사체들은 입사된 평면파에 의하여 여기된 작은 구면체로 진동한다. 따라서 각 반사체에 입사된 음파 진폭에 비하여 상당히 작은 진폭의 구면파를 생성하게 된다.

그림 10.2에서와 같이, 감쇠를 고려한 평면파

$$p(z,t) = A_0 e^{-\mu_a z} f(t - c^{-1}z)$$

가 $(0, 0, d)$에 위치한 작은 점과 같은 반사체에 입사한다고 가정하자. 이때 파는 $+z$방향으로 진행한다는 점에 주의하여야 한다. 작은 반사체는 입사된 음파의 R배만큼의 진폭으로 구면파를 생성하는 음원처럼 작용한다. 이때 반사계수(reflection coefficient) R은 개개의 반사체와 매질의 특성에 따른다. 따라서 반사체의 위치 $(0, 0, d)$를 새로운 시작점으로 하는 산란된 파의 방정식은 다음과 같이 얻어진다.

$$p_s(r,t) = \frac{Re^{-\mu_a r}}{r} A_0 e^{-\mu_a d} f(t - c^{-1}d - c^{-1}r). \tag{10.36}$$

위의 식에서는 반사계수와 구면파의 위치에 따른 감소를 고려하였으며 입사된 음파의 감쇠 및 산란된 음파의 감쇠를 모두 포함하였다. 또한 음파가 음원으로부터 $(0, 0, d)$로 전달되는

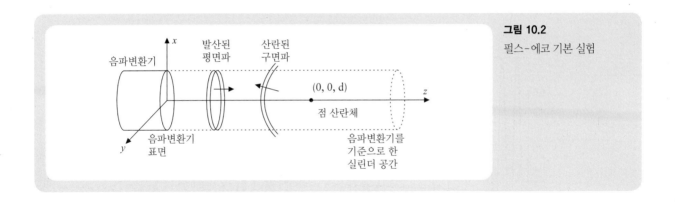

그림 10.2
펄스–에코 기본 실험

지연 시간 $c^{-1}d$도 함께 내포하였다. 이 식은 다음 장에 소개될 초음파 영상 방정식의 핵심이다.

10.3.6 비선형 파동 전달

여기까지 초음파 영상 시스템의 음파는 선형적으로 전달된다는 가정하에서 고찰하였다. 근본적으로 정현파를 발생하면 정현파가 반사되어 오며, 음파의 형태는 원형을 그대로 유지한다고 가정하였다. 그러나 진단 초음파 시스템에서 사용되는 낮은 파워에서도 이러한 가정이 맞는 것은 아니다.[1] 2장에서 주목한 바와 같이, 선형 시스템은 많은 바람직한 특징을 갖고 있어 시스템을 설계하고 분석하는 데 용이하다. 11장에서 배우게 될 것처럼, 대부분의 초음파 영상 시스템들 역시 기본적으로 선형적 원칙에 따라 설계된다. 그러나 초음파의 비선형성은 실존하며 그에 대한 이해가 필요하다. 비선형성은 초음파 조영제의 사용 혹은 암 조직의 제거 과정에서 활용되는 고온 환경에서 좀 더 확연히 나타나며, 또한 영상의 해상도를 높이는데 활용될 수도 있기 때문이다.

종파의 전달에서 비선형적 특성이 나타나는 이유는 음파 속도가 순간적인 음압에 따라 변화하기 때문이다. 비선형성을 포함한 좀 더 정확한 음파 속도의 근사치는 다음과 같다.

$$c = c_0 + \beta \frac{p}{Z_0}, \tag{10.37}$$

여기서 c_0는 식 (10.1)에서 주어진 음파의 속도이며, Z_0는 식 (10.3)의 음향 임피던스이다 (두 수치 모두 음파가 발생하지 않았을 때 조직 밀도 ρ_0를 기반으로 얻은 값이다). 또한 p는 주어진 공간과 시간에서의 순간적 음압으로 일반적으로 $p = (x, y, z, t)$로 나타낸다. 여기서 상수 β는 비선형 계수(coefficient of nonlinearity)라 하며, 그 값은 매질에 의해 결정된다. 전형적인 생체 조직에서 β는 3~6 정도이며, 물과 혈액에서 상대적으로 낮고 지방 조직에서 상대적으로 높다. 또한 항상 양의 값을 갖기 때문에 음압이 높은 영역에서는 늘 전달 속도가

---

1 고출력 초음파 치료시스템에서 음파의 비선형성이 크게 나타난다.

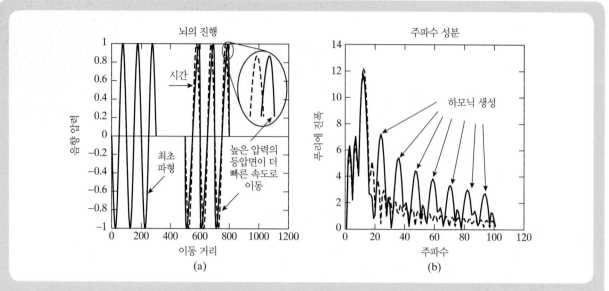

그림 10.3

음파의 비선형적 전파 모식도. (a) 최초 하나의 주기를 갖는 정형파 펄스(왼쪽 실선)가 선형적 전파하는 경우 파의 형태 변화 없으나(오른쪽 점선) 비선형적 전파의 경우 파의 형태가 왜곡된다(오른쪽 실선). (b) 비선형적 전파는 최초 펄스의 주파수 성분(점선) 이외에 고주파 하모닉 성분(실선)을 추가적으로 생성한다.

빨라진다.

음파의 비선형성에 의하여 파형은 멀리 전달될수록 더 왜곡된다. 선형적인 음파 방정식에서는 (감쇠를 무시하는 경우) 파형에 변화가 없을 것이라는 점을 예측할 수 있으며, 그에 따라 그림 10.3(a)의 점선과 같이 진행된 파형을 표시할 수 있다. 그러나 음압이 높은 점의 음파 속도가 높은 것을 고려하면, 서로 다른 압력의 등압면들이 서로 다른 속도로 전달됨을 알수 있다. 즉, 높은 압력의 등압면은 먼저 도착하고 낮은 압력의 등압면은 늦게 도착하여 특정 위치에서의 파형은 최초 생성된 파형과 달리 왜곡된다. 그림 10.3(a)의 실선은 음압이 높은 점과 낮은 점 간의 전달 속도 차이로 인하여 왜곡된 파형을 나타내며, 그 파형이 점점 톱니파처럼 됨을 보여 준다.

비선형 전달 특성에 의하여 파형이 왜곡되면, 하모닉 주파수 성분들이 발생하여 주파수 영역에서 분석하면 파형 특성이 그림 10.3(b)의 실선과 같이 된다. 만약 신호가 완전히 주기적이라면, 푸리에 시리즈의 정수 배에 해당하는 계수 성분의 증가로 나타나게 된다. 즉, 기본 주파수의 정수 배에 해당하는 성분들이 증가함을 의미한다. 이러한 현상을 하모닉 생성(harmonic generation)이라 한다. 기본 주파수가 3MHz인 경우 전파에 따라 6MHz, 9MHz, 12MHz 등의 성분이 신호에 나타나는 것을 확인할 수 있을 것이다. 그림 10.3(b)는 기본 주파수의 주기적 성분의 증가를 보여 주는 것과 동시에 유한한 펄스에 의하여 하모닉 성분 주변에 다른 주파수 성분들로도 번지는 현상을 함께 보여 준다. 따라서 전달되는 비선형적 음파 성분들은 최초 생성된 음파의 진폭, 기본 주파수, 그리고 파의 길이에 의하여 결정됨을 알 수 있다.

서로 다른 비선형계수 β를 갖는 조직들 혹은 물질들을 분별할 수 있는 방법으로 비선형적 전달 특성을 활용할 수 있을 것이다. 예를 들어, 미세 기포들은 하모닉 생성에 매우 큰 기여를 한다. 따라서 미세 기포는 비선형적 특성에 의하여 기능적 영상을 하기에 적합한 훌륭한 초음파 영상의 대조 작용제(contrast agent)이다. 또 다른 예는 전자파, 레이저, 혹은 고주파 전극을 이용하여 암 조직을 제거하는 열적 제거술을 모니터링하는 경우에서 볼 수 있다. β는 온도에 따라 변화하는 데 초음파 영상을 이용하여 하모닉 성분을 분석하면 온도 변화를 예측할 수 있다. 끝으로 초음파의 비선형적 특성은 영상의 해상도를 높이는 데 적용될 수 있다. 해상도의 향상이 어떻게 가능한지는 11장에서 다루기로 하자.

음파의 비선형적 전달에 대하여 심도 있게 고찰하면, 음압이 높은 부분의 속도가 상대적으로 빠르기 때문에 결국은 음압의 최고점이 최저점을 따라잡을 수 있을 것처럼 보인다. 따라서 최고점과 최저점이 동시에 한 곳에 생성될 수 있을 것 같지만, 물론 이것은 불가능하다. 이러한 현상이 나타나려면 충분히 멀리 전달되면서 톱니파 형태의 음파가 되어 충격파(shock wave)가 형성되어야 한다. 그러나 의료 초음파에서 이러한 현상은 거의 불가능한데 그 이유는 세 가지이다. 첫째, 조직의 비선형성은 상대적으로 작다. 둘째, 초음파 영상에서 사용되는 음압도 상대적으로 낮다. 끝으로 조직 내 감쇠가 상대적으로 크며, 특히 주파수가 높을수록 감쇠가 비례적으로 커짐에 따라 비선형성에 의해 생성된 고주파 성분들은 감쇠와 경쟁하게 된다.

10.4 도플러 효과

도플러 이동(Doppler shift)이라고도 알려진 **도플러 효과(Doppler effect)**는 음원과 수신부 간의 상대적 움직임에 따라 소리의 주파수가 변화하는 현상을 의미한다. 도플러 효과는 구급차 사이렌에서 흔히 경험할 수 있다. 음조(음의 고저)는 구급차가 가까이 다가올수록 높아지고, 멀어짐에 따라 낮아진다.

움직이는 음원과 정지된 관찰자 간의 도플러 효과는 그림 10.4(a)에 나타나 있다. 여기서 음원인 사물 O가, 소리를 관측하는 음파변환기 T로부터 멀어지는 오른쪽 방향으로 움직이고 있다. 음파변환기에서 측정되는 소리 주파수 f_T는 음원에서 생성되는 음파의 정점 간의 간격이 벌어지는 점을 고려하면 유추할 수 있다. 만약 음원에서 주파수 f_O인 정현파가 생성된다고 가정하면 음파의 정점 간 간격은 주기로 $1/f_O$이다. 하나의 주기 동안 정점이 이동하는 거리는 c/f_O가 되는데, 이때 c는 매질에서의 음파 전달 속도를 의미한다. 여기서 음원의 이동 속도가 v라고 한다면, 같은 시간 동안 음원이 이동한 거리는 v/f_O이며, 이러한 이동 후 음원에서는 새로운 정점이 생성되어 나오게 된다. 따라서 음파변환기 T에서 보았을 때 정점의 간격인 파장은 $(c+v)/f_O$이다. 그러므로 음파변환기 T에서 관측되는 주파수는 다음과

그림 10.4

도플러 효과의 기본 개념 : (a) 이동 중인 음원 O와 고정된 관측자 T, (b) 고정된 음원 T와 움직이는 관측자 O, (c) 고정된 음원/관측자 T와 이동 중인 산란체 O(음원인 동시에 관측자)

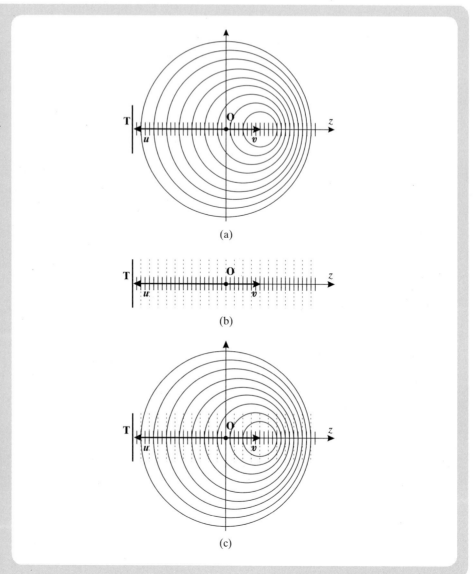

(a)

(b)

(c)

같이 결정된다.

$$f_T = \frac{c}{c+v} f_O.$$ (10.38)

이러한 현상을 임의의 관측자 이동 속도와 임의의 음원 이동 속도 간의 관계로 일반화하고자 할 때, 관측자와 음원의 이동 방향이 주파수 변화에 중요한 역할을 한다는 것을 알 수 있다. 따라서 고정된 관측자에 대하여 임의의 방향으로 움직이는 음원에서 주파수가 f_O인 음파가 발생되면, 관측자 위치에서 측정되는 주파수는 음원과 관측자 간의 방향 벡터에 대하여 음원이 이동하는 방향 간의 각도 θ를 고려하여 다음과 같이 구할 수 있다.

$$f_T = \frac{c}{c - v \cos\theta} f_O , \qquad (10.39)$$

음파변환기와 사물 간의 위치가 $\mathbf{x}_T$와 $\mathbf{x}_O$로 주어진다면, 그림 10.4에서 나타나듯 각도 θ는 사물의 이동 속도 벡터 $\mathbf{v}$와 다음에 주어지는 벡터 간의 각도이다.

$$\mathbf{u} = \mathbf{x}_T - \mathbf{x}_O , \qquad (10.40)$$

그림 10.4(a)는 $\cos\theta = -1$이 되어 식 (10.39)가 식 (10.38)로 단순화된 경우이다.

도플러 주파수(Doppler Frequency) f_D는 음원의 주파수와 관측된 주파수 간의 차이로 정의된다. 그림 10.4(a)의 이동 중인 음원의 경우, 도플러 주파수는 다음과 같이 주어진다.

$$f_D = f_T - f_O . \qquad (10.41)$$

식 (10.39)를 대입하여 식 (10.41)을 구하면

$$f_D = \left(\frac{v \cos\theta}{c - v \cos\theta} \right) f_O , \qquad (10.42)$$

이 된다. 일반적으로 v가 c에 비하여 매우 적으므로 위 식의 근사치를 다음과 같이 표현할 수 있다.

$$f_D \approx \left(\frac{v \cos\theta}{c} \right) f_O . \qquad (10.43)$$

도플러 주파수의 부호는 음원이 관측자로부터 멀어지는 방향으로 이동하는가 혹은 가까워지는 방향으로 이동하는가를 나타낸다. 그림 10.4(a)의 예를 보면 $\cos\theta = -1$이 되어 $f_T < f_O$이고 $f_D < 0$이다. 따라서 도플러 주파수가 음수가 되는 경우는 음원이 관측자로부터 멀어지는 경우이다. 이는 구급차가 멀어짐에 따라 음조가 떨어지는 듯한 인상을 갖는다는 점과 일치한다.

의료 초음파에서 도플러 효과는, 위의 설명이 확장된 상황으로 펄스-에코 모드에서 관측된다. 펄스-에코 모드에서는, 음파변환기가 음원이며 동시에 도플러 효과에 의해 변형되어 오는 반사 음파의 관측자이기도 하다. 따라서 때로는 음파변환기를 두 부분으로 나누어 한 쪽에서는 음파를 생성하고 다른 한쪽에서는 반사된 음파를 수집하는 형식으로 구현하기도 한다. 음파변환기에 수집된 음파는 이동 중인 개체로 전달된 음파가 다시 그 이동 중인 개체에서 반사되어 음파변환기로 되돌아온 것이다. 따라서 반사체는 이동 중인 수신체이며 동시

에 이동 중인 음원이기도 하다. 이를 전체적으로 이해하기 위해서, 고정된 음원과 이동 중인 수신부 간의 관계에 대하여서도 고려해야 한다. 이 경우 이전에 설명된 것과는 달리 음파변환기와 개체 간의 역할이 반대로 된다.

그림 10.4(b)에 나타난 것처럼, 고정된 음원인 음파변환기 T가 주파수 f_s로 음파를 발생하고 있으며 수신부 O가 이동 중인 경우를 생각해 보자. 음원에서 매질로 발생되는 음파의 파장 $\lambda = c/f_s$이다. 그러나 이동 중인 관측자(개체)에게는 매질에서의 음파의 전달 속도가 c와는 다르게 보이며, 이는 개체에서 관측된 음파의 정점들이 고정된 관측자가 보는 바와 달리 느리거나 빠르게 지나가는 것처럼 보이기 때문이다. 실질적으로 개체가 음파변환기로부터 멀어지는 방향으로 이동하는 경우는 음파의 속도가 느리게 보이며, 역으로 가까워지는 경우에는 음파의 속도가 빠르게 보인다. 이전과 같이 각도 θ를 이용하면, 이동 중인 개체에서 관측되는 주파수는 다음과 같아짐을 알 수 있다.

$$f_O = \frac{c + v\cos\theta}{c} f_s. \tag{10.44}$$

그림 10.4(b)에서는 $\cos\theta = -1$이 되어 $f_O < f_s$이다. 음원과 관측자 간의 거리가 멀어짐에 따라 관측되는 주파수가 음원의 주파수보다 낮아지는데, 이는 직관적 인식과 일치함을 알 수 있다.

도플러 주파수의 정의를 이용하여 현재 경우에 적용하여 보면 그 결과를 다음과 같이 얻을 수 있다.

$$f_D = f_O - f_s. \tag{10.45}$$

여기에 식 (10.44)를 대입하여 보면 그 결과는 다음과 같다.

$$f_D = \left(\frac{v\cos\theta}{c}\right) f_s. \tag{10.46}$$

그림 10.4(b)의 경우 도플러 주파수는 음수가 되지만, 만약 개체가 음파변환기에 가까운 쪽으로 이동하게 된다면 도플러 주파수는 양수가 될 것이다.

펄스-에코 모드에서는 음파변환기 T가 받아들이는 음파는 운동 중인 수신부와 운동 중인 발신부의 두 가지 효과에 의하여 주파수 이동이 있다. 이에 따라 도플러 주파수는 개개의 경우 두 배로 나타난다. 이를 입증하기 위하여 우선 음파변환기 T에서 발생한 음파의 주파수가 f_s라고 가정하자. 개체 O가 위치 벡터 u에 대하여 각도 θ의 방향인 속도 벡터 v로 이동 중이면 수신되는 음파의 주파수는 식 (10.44)에 의거하여 f_O로 결정된다. 그 개체는 수신된 음파를 반사하거나 산란시키는데, 이는 이동 중인 음원이 f_O의 주파수로 음파를 발생시키는 것과 같다. 따라서 음파변환기에서 받아들여지는 신호는 식 (10.39)에서와 같이 주어진다. 식 (10.44)를 식 (10.39)에 대입하면 다음과 같이 정리된다.

$$f_T = \frac{c + v\cos\theta}{c - v\cos\theta} f_S \tag{10.47a}$$

$$= \left(1 + \frac{2v\cos\theta}{c - v\cos\theta}\right) f_S, \tag{10.47b}$$

펄스–에코 모드에서 도플러 주파수는 다음의 수식과 같다.

$$f_D = f_T - f_S = \left(\frac{2v\cos\theta}{c - v\cos\theta} f_S\right). \tag{10.48}$$

일반적으로 $c \gg v$이므로 이러한 경우 도플러 주파수의 근사치는 다음과 같이 주어진다.

$$f_D = \frac{2v\cos\theta}{c} f_S. \tag{10.49}$$

그림 10.4(c)의 예를 적용하면 $\cos\theta = -1$이 되어 $f_D < 0$이 된다. 근사치를 이용하여 펄스–에코 모드의 도플러 주파수는 이동 중인 음원 혹은 이동 중인 수신부의 경우보다 두 배 크게 결정된다. 또한 도플러 주파수가 음수라는 것은 사물이 음파변환기로부터 멀어진다는 것을 나타낸다.

만약 산란체의 이동 각도 θ가 알려져 있고 그 값이 90°가 아닌 경우에는 측정된 도플러 주파수 f_D와 식 (10.49)를 이용하여 산란체의 이동 속도 v를 유추할 수 있다. 소위 도플러 쉬프트 속도계(Doppler Shift Velocimeter)란 이러한 원리를 이용한 것이다. 또한 태아 관측에서 인기가 있는 도플러 모션 모니터는 단순히 $|f_D|$를 시간에 따라 지속적으로 소리로 들려주는 것이다. 끝으로 각 공간에 분포된 f_D를 크기와 방향에 따라 영상으로 표시해 주는 것이 가능한데, 이것이 도플러 영상의 원리이다.

예제 **10.6**

5–MHz 음파변환기의 중심축이 혈관 내의 혈액이 흐르는 방향에 대하여 30° 기울어져 있다고 가정하자.

문제   측정된 도플러 주파수가 +500Hz인 경우 혈액의 속도는 얼마인가? 혈액은 음파변환기에 가까운 쪽으로 이동 중인가 혹은 먼 쪽으로 이동 중인가?

해답 $f_D > 0$이므로 혈액은 음파변환기 쪽으로 이동 중이다. 그 속도를 계산해 보면 다음과 같다.

$$\begin{aligned}
v &= \frac{c f_D}{2 f_S \cos\theta} \\
&= \frac{+500 \text{ Hz} \times 1{,}540 \text{ m/s}}{2 \times 5 \times 10^6 \text{ Hz} \times \cos 30°} \\
&= 0.0889 \text{ m/s}.
\end{aligned}$$

10.5 빔 패턴 형성 및 초점 형성

10.3.5절에서 산란을 설명하기 위하여 원통 내에 제한된 평면파를 사용하였다. 실질적으로는 음파변환기에서 생성된 음파 에너지는 원통에 제한적으로 존재하는 것이 아니라 원뿔 모양으로 퍼져 나간다. 음파변환기에서 정현파(sinusoidal wave)를 발생하여 정상 상태(steady state)에 이르렀을 때, 공간에 형성되는 음파 강도를 필드 패턴(field pattern)이라 부른다.

이 절에서는 정형파를 생성하는 평판에 의하여 형성되는 필드 패턴을 탐구할 것이다. 평면 음파변환기는 11.2.2절에서 다루어질 위상 배열 내 개개의 소자 모델이다. 이어서 곡면형 음파변환기 혹은 렌즈가 첨가된 음파변환기인 초점형 음파변환기의 필드 패턴에 대하여 학습할 것이다.

10.5.1 단순 필드 패턴 모델

음파가 음파변환기에서 생성된 형태 그대로 확장된 원통에 제한되어 있다는 가정을 기하학적 근사화(geometric approximation)라 한다. 이는 음파변환기에서 극단적으로 가까운 위치에만 적절한 근사치이다. 좀더 먼 거리에 위치한 경우는 프레넬 근사화(Fresnel approximation)가 적용되며, 이를 넘어선 거리에서는 프라운호퍼 근사화(Fraunhofer approximation)가 타당하다. 이런 근사화를 수학적으로 논의하기 이전에 필드 패턴의 많은 특성을 보여 주는 단순한 모델을 기하학적 관점에서 살펴보자.

그림 10.5에서 보여 주는 직경이 D이고 z축을 향하고 있는 음파변환기를 생각해 보자. 이 경우 기하학적 영역은 음파변환기의 표면에서 $D^2/4\lambda$(원반형 음파변환기) 혹은 $D^2/2\lambda$(정사각형 음파변환기)까지이다. 프레넬 영역은 이를 지나 D^2/λ까지이고, 프라운호퍼 영역은 그보다 먼 영역 전체이다. 프라운호퍼 영역은 다시 파 필드(far field)라고 불리고, 이 영역에서 음파의 빔은 퍼져나가며 빔의 폭은 $w = \lambda z/D$로 근사화할 수 있다. 이러한 관측 결과를 정리해 보면, 거리 z에 대한 빔의 폭은 다음의 수식과 같이 정리된다.

$$w(z) = \begin{cases} D, & z \leq D^2/\lambda, \\ \lambda z/D, & z > D^2/\lambda \end{cases} \quad (10.50)$$

위의 근사치는 프레넬 영역 내에서 음파의 손실을 전혀 고려하지 않은 결과이지만, 그래도 매우 유용하다.

다음 절에서 프라운호퍼 영역 내 빔 폭에 관한 공식을 수학적으로 유도할 것이다. 이때 빔의 폭이 $\lambda z/D$으로 근사화되는 것은 z축에 존재하는 최댓값의 절반이 되는 너비를 구한 것임을 알게 될 것이다. 또한 z축에서 멀어짐에 따라 음파의 에너지가 지속적으로 줄어들어 0이 되었다가 다시 상승하고 이러한 현상이 반복되는 것을 볼 수 있을 것이다. z축으로부터 벗어나 처음으로 0이 되는 양쪽 사이의 돌기를 메인로브(main lobe)라 부르며 이후에 나타

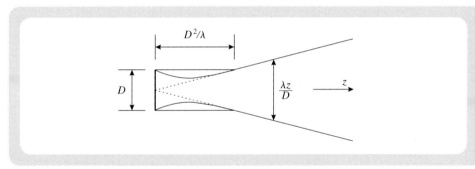

그림 10.5
단순 필드 패턴의 기하학적 구조

나는 돌기들을 모두 **사이드로브**(side lobe)라 부른다. 거의 모든 논의의 대상은 메인로브이다. 실제 영상을 구성할 때 대부분 무시되지만 사이드로브의 에너지가 높아질 때에는 영상에 나타나는 영향을 무시할 수 없게 된다.

예제 10.7

직경이 1cm인 음파변환기가 물속에서 주파수 2MHz로 사용되고 있다.

문제   5cm 위치에서의 빔폭은 얼마인가? 또한 20cm 위치에서는 어떠한가?

해답   2MHz 주파수 음파의 물에서 파장은 $\lambda = c/f = 1{,}484\text{m/s}/2 \times 10^6 s^{-1} = 0.742\text{mm}$이다. 기하학적 영역에서 파 필드로의 바뀌는 경계는 $z = D^2/\lambda = (10\text{mm})^2/0.742\text{mm} = 134.8\text{mm}$이다. $5\text{cm} = 50\text{mm} < 134.8\text{mm}$로 주어진 영역은 기하학적 영역이다. 따라서 빔폭은 약 1cm이다. 반면 20cm의 경우 위의 경계점을 넘어선다. 이러한 경우 빔의 폭은 다음과 같이 근사치로 계산된다.

$$
\begin{aligned}
w &= \frac{\lambda z}{D} \\
&= \frac{cz}{Df} \\
&= \frac{1{,}484 \text{ m/s} \times 0.2 \text{ m}}{2 \times 10^6 \text{ s}^{-1} \times 0.01 \text{ m}} \\
&= 1.48 \text{ cm}.
\end{aligned}
$$

10.5.2 회절 공식 유도

회절 공식 유도(diffraction formulation)는 평평한 판으로 구성된 음파변환기에 의하여 생성되는 필드 패턴을 좀더 정확히 모델화하기 위하여 필요하다. 공식을 유도할 때, 우선 음파변환기와 이를 구동하는 전기 회로 간의 상호작용과 음파의 발생 후 매질로 전달되는 부분의 상호작용은 무시되며, 또한 음파에 대한 근사화가 적용된다. 이러한 단순화에도 불구하고, 회절 공식 유도의 결과는 프라운호퍼 영역인 파 필드에서 매우 정확한 수식을 제공한다.

협역 펄스   협역 펄스로 발생된 음파 신호를 협역 펄스(narrowband pulse)라고 가정하는 것

그림 10.6
협역 신호와 그 엔빌롭

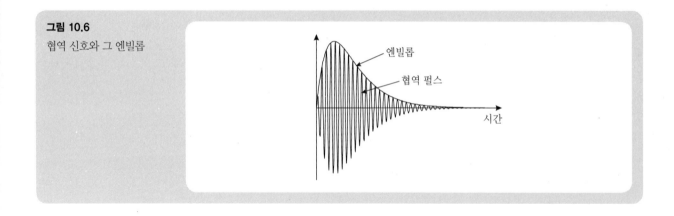

은 매우 유용하며 이를 수학적으로는 다음과 같이 표현할 수 있다.

$$n(t) = \text{Re}\{\tilde{n}(t)e^{-j2\pi f_0 t}\}, \tag{10.51}$$

여기서 $\tilde{n}(t) = n_e(t)e^{j\phi}$로 복소 엔빌롭(complex envelope)이며 $n_e(t)$는 엔빌롭이다. 엔빌롭은 협역 펄스 정점들이 연결되어 생성되는 낮은 주파수의 신호를 의미한다. 그림 10.6에서는 협역 펄스의 엔빌롭을 보여 준다. 여기서 엔빌롭이 $1/f_0$에 비하여 길어질 경우 $n(t)$가 협역이라고 할 수 있다. 그림 10.6의 경우는 위의 조건을 만족하므로 협역 펄스라 할 수 있다. 초음파 영상 시스템의 경우 실제로는 훨씬 적은 수의 고주파 신호가 엔빌롭에 포함되어 있으나(일반적으로 3~5개), 협역으로 가정하여도 일반적으로 충분한 근사치를 얻을 수 있다.

음향 시스템에서의 입력을 복소수 신호로 가정하면 편리하여 신호를 다음과 같이 표현한다.

$$\text{n}(t) = \tilde{n}(t)e^{-j2\pi f_0 t}. \tag{10.52}$$

위의 모델에서 실제 입력 신호를 얻으려면 다음과 같은 연산이 필요하다.

$$n(t) = \text{Re}\{\text{n}(t)\}, \tag{10.53}$$

그리고 입력 신호의 엔빌롭은 다음의 연산을 통하여 얻을 수 있다.

$$n_e(t) = |\text{n}(t)|, \tag{10.54}$$

여기서 $|\cdot|$는 절대값 기호이다. 음향 시스템 자체는 물리적인 시스템이므로, 출력도 역시 실수 신호이다. 따라서 복소수 신호가 입력인 시스템에서 실제 물리적 신호를 유추하려면 복소수 출력의 실수부를 취하면 된다. 같은 식으로, 출력 신호의 엔빌롭도 역시 복소수 출력의 절대값을 취함으로써 얻을 수 있다. 복소수 공식을 이용하는 주된 이유는 초음파 시스템에서는 협역 신호가 아닌 엔빌롭이 출력 신호의 주된 요소이며, 이를 공식으로 표현하는 데

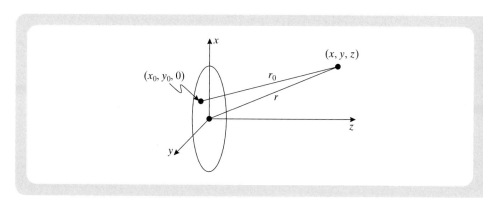

그림 10.7
필드 패턴 분석을 위한 기하
학적 형태

있어 복소수 표현법이 편리하기 때문이다.

필드 패턴에 의거한 수신 신호   그림 10.7은 우리가 고려해야 할 기하학적 형태를 보여 준다. 주어진 평판이 z방향으로 진동하고 있으며 평판상의 각 점 $(x_0, y_0, 0)$에서는 독립적으로 음파를 생성하고 있다고 가정한다. 평판위 각 음원에서 생성되는 음파는 독립적임으로 이에 의한 필드 패턴은 단순히 선형적인 합이 된다. 평판 자체가 z방향으로 진동을 하기 때문에 평판 위의 각 점은 음파적 단극이 아닌 이중극이 된다. 이에 따라, 각 점에서 생성된 음파는 구면파가 아니라 다음에 나타나는 형태의 파가 된다.

$$p(x, y, z, t) = \frac{z}{r_0^2}\mathrm{n}(t - c^{-1}r_0)\,, \qquad (10.55)$$

여기에서 $r_0 = \sqrt{(x - x_0)^2 + (y - y_0)^2 + z^2}$로 평판 위의 한 점에서부터 임의의 점 (x, y, z)까지의 거리를 의미한다. 복소수 형태의 협역 신호를 $\mathrm{n}(\cdot)$로 가정하였기 때문에 실제 신호는 실수부를 취하여야 하고 엔빌롭 신호는 절대값이다. 이중극 음원에서의 출력인 z축 방향 음파의 압력은 정확히 구면파의 공식과 일치하나 z축과 $90°$를 이루는 방향으로는 압력이 0이 된다.

점 (x, y, z)에서의 총 압력은 평판 위 모든 점에서 생성된 음파 압력의 총합이 됨에 따라 다음과 같은 적분식으로 표현된다.

$$p(x, y, z; t) = \int_{-\infty}^{\infty}\int_{-\infty}^{\infty} s(x_0, y_0)\frac{z}{r_0^2}\mathrm{n}(t - c^{-1}r_0)dx_0\, dy_0\,,$$

여기서 $s(x, y)$는 음파변환기를 함수로 표현하면 다음과 같다.

$$s(x, y) = \begin{cases} 1, & \text{음파변환기 평면 내 영역} \\ 0, & \text{음파변환기 평면 외 영역} \end{cases} \qquad (10.56)$$

이제 공간상 한 점 (x, y, z)에 반사체가 있어 압력이 $R(x, y, z)$인 구면파를 반사하고 있다고 가정하자. 이 구면파는 음파변환기로 되돌려 보내질 것이고 이때 음파변환기 표면 한 점 (x'_0, y'_0)에서의 압력은 다음과 같이 결정될 것이다.

$$p_s(x'_0, y'_0; t) = R(x, y, z)\frac{1}{r'_0}p(x, y, z; t - c^{-1}r'_0), \tag{10.57}$$

이때 r'_0은 점 (x, y, z)에서부터 $(x'_0, y'_0, 0)$까지의 거리를 나타낸다. 음파변환기의 경우 이 중극 방향으로만 감도가 좋게 작용하므로 모든 점에서의 반응은 이중극 방향에 따른 가중치를 사용하여야 한다. 이를 고려한 음파변환기 내 모든 점에서의 신호를 전부 합하여 보면 다음과 같음을 알 수 있다.

$$r(x, y, z; t) = K \int_{-\infty}^{\infty} \int_{-\infty}^{\infty} s(x'_0, y'_0)\frac{z}{r'_0}p_s(x'_0, y'_0; t)dx'_0\, dy'_0, \tag{10.58}$$

여기서의 K는 음파변환기의 발신 감도, 수신 감도 및 신호증폭기에 따른 이득 인자(gain factor)이다. 위의 공식에 이전의 수식을 대입하면 그 결과는 다음과 같다.

$$\begin{aligned} r(x, y, z; t) = {}& KR(x, y, z) \\ & \times \int_{-\infty}^{\infty} \int_{-\infty}^{\infty} s(x'_0, y'_0)\frac{z}{r_0'^2} \\ & \times \int_{-\infty}^{\infty} \int_{-\infty}^{\infty} s(x_0, y_0)\frac{z}{r_0^2}\mathrm{n}(t - c^{-1}r_0 - c^{-1}r'_0)dx_0\, dy_0\, dx'_0\, dy'_0. \end{aligned} \tag{10.59}$$

평면파 근사화   이제 근사화의 여러 단계 중 첫 번째 근사화를 적용한다. 평면파 근사화란 펄스 엔필롭이 z축에 수직인 평면에서 동시에 도착하는 평면파로 여긴다는 것이다. 이를 수학적으로 표현하면 다음의 2개의 식으로 나타낼 수 있다.

$$\mathrm{n}(t - c^{-1}r_0 - c^{-1}r'_0) \approx \tilde{n}(t - 2c^{-1}z)e^{-j2\pi f_0(t - c^{-1}r_0 - c^{-1}r'_0)}, \tag{10.60}$$

$$\mathrm{n}(t - c^{-1}r_0 - c^{-1}r'_0) \approx \mathrm{n}(t - 2c^{-1}z)e^{jk(r_0 - z)}e^{jk(r'_0 - z)}. \tag{10.61}$$

여기에 주어진 근사화를 적용하면 수신된 신호 식 (10.59)는 4중 적분식에서 2개의 똑같은 이중 적분식으로 된다. 이때 필드 패턴을 다음과 같이 정의한다.

$$q(x, y, z) = \int_{-\infty}^{\infty} \int_{-\infty}^{\infty} s(x_0, y_0)\frac{z}{r_0^2}e^{jk(r_0 - z)}dx_0\, dy_0, \tag{10.62}$$

그리고 이를 (x, y, z)에 위치한 산란체로부터 되돌아온 신호에 적용하면 다음과 같은 식을 얻을 수 있다.

$$r(x, y, z; t) = KR(x, y, z)\text{n}(t - 2c^{-1}z)[q(x, y, z)]^2. \qquad (10.63)$$

각 산란체에서 반사된 음파가 선형적 관계를 만족한다고 가정하면, 분포된 산란체로부터 얻어지는 신호는 이들의 합으로 다음과 같이 정리된다.

$$r(t) = \int_0^\infty \int_{-\infty}^\infty \int_{-\infty}^\infty r(x, y, z; t) dx \, dy \, dz \qquad (10.64)$$

$$= \int_0^\infty \int_{-\infty}^\infty \int_{-\infty}^\infty KR(x, y, z)\text{n}(t - 2c^{-1}z)[q(x, y, z)]^2 dx \, dy \, dz \qquad (10.65)$$

최종적인 완성을 위하여 음파의 왕복에 의한 감쇠를 포함시키면 펄스-에코 신호 관계식은 다음과 같다.

$$r(t) = K \int_0^\infty \int_{-\infty}^\infty \int_{-\infty}^\infty R(x, y, z)\text{n}(t - 2c^{-1}z)e^{-2\mu_a z}[q(x, y, z)]^2 dx \, dy \, dz. \qquad (10.66)$$

위 관계식은 초음파 영상에서 근간이 되는 수식으로 다음 장에서 중요하게 사용하게 된다. 우선은 필드 패턴을 이해하기 위하여, 주어진 식을 좀 더 근사화하여 삼중 적분을 다루기 쉽게 만들 것이다.

파락시얼 근사화 파락시얼 근사화(paraxial approximation)란 음파변환기의 z축 근처의 부분으로만 한정되어 $r_0 \approx z$로 가정할 수 있는 경우의 근사치를 의미한다. 또한 여기서의 근사화란 위상각과는 상관없이 진폭에만 적용된다. 이 조건을 식 (10.62)에 대입하면 다음과 같은 관계식을 구할 수 있다.

$$q(x, y, z) \approx \frac{1}{z} \int_{-\infty}^\infty \int_{-\infty}^\infty s(x_0, y_0)e^{jk(r_0 - z)} dx_0 \, dy_0. \qquad (10.67)$$

위의 식은 음파변환기의 모든 점이 이중극이 아닌 구면파를 생성하는 점들로 가정하여 얻는 결과와 일치한다는 점에 주목해야 한다.

프레넬 근사화 프레넬 근사화(fresnel approximation)는 식 (10.67)의 위상항(phase term)에 적용된다. 이를 위하여 거리의 수식을 재정리하면 다음과 같다.

$$r_0 = \sqrt{(x - x_0)^2 + (y - y_0)^2 + z^2}$$

$$= z\sqrt{1 + \frac{(x - x_0)^2}{z^2} + \frac{(y - y_0)^2}{z^2}}. \qquad (10.68)$$

여기서 z가 다른 항에 비하여 충분히 크다고 가정하면, 이항식의 근사화에 의하여 식 (10.68)은 다음과 같이 근사화할 수 있다.

$$r_0 \approx z \left[1 + \frac{1}{2} \left(\frac{(x-x_0)^2}{z^2} + \frac{(y-y_0)^2}{z^2} \right) \right]$$
$$\approx z + \frac{(x-x_0)^2}{2z} + \frac{(y-y_0)^2}{2z} . \tag{10.69}$$

이를 식 (10.67)의 위상항에 적용하면 다음의 결과를 얻을 수 있다.

$$q(x,y,z) \approx \frac{1}{z} \int_{-\infty}^{\infty} \int_{-\infty}^{\infty} s(x_0,y_0) e^{jk\left(\frac{(x-x_0)^2}{2z} + \frac{(y-y_0)^2}{2z}\right)} dx_0\, dy_0 . \tag{10.70}$$

위의 결과는 x와 y에 대한 콘볼루션(convolution) 연산이 됨에 따라, 프레넬 빔 패턴은 다음과 같이 재구성된다.

$$q(x,y,z) = \frac{1}{z} s(x,y) ** e^{jk(x^2+y^2)/2z}, \tag{10.71}$$

여기서 **는 2차원 콘볼루션을 의미한다[식 (2.38), (2.39) 참조].

식 (10.71)을 식 (10.66)에 대입하면 다음의 수식이 된다.

$$r(t) = K \int_0^{\infty} \int_{-\infty}^{\infty} \int_{-\infty}^{\infty} R(x,y,z) n(t - 2c^{-1}z) \frac{e^{-2\mu_a z}}{z^2} \tag{10.72}$$
$$\times \left[s(x,y) ** e^{jk(x^2+y^2)/2z} \right]^2 dx\, dy\, dz .$$

여기서 $n(t)$가 충분히 짧은 신호라면 감쇠 부분과 $1/z^2$ 부분은 적분식 밖으로 나올 수 있고 $z = ct/2$의 관계를 이용하면 수신되는 신호는 다음과 같이 정리될 수 있다.

$$r(t) = K \frac{e^{-\mu_a ct}}{(ct)^2} \int_0^{\infty} \int_{-\infty}^{\infty} \int_{-\infty}^{\infty} R(x,y,z) n(t - 2c^{-1}z) \tag{10.73}$$
$$\times \left[s(x,y) ** e^{jk(x^2+y^2)/2z} \right]^2 dx\, dy\, dz ,$$

이 식에서 상수 4는 K항에 포함되어 정리되었음에 주의하여야 한다.

예제 10.8

초음파 음파변환기가 x-y 평면에 위치하고 있으며 z방향을 바라보고 있다. 음파변환기의 크기는

1mm×10mm로 그림 10.8에 보이는 바와 같다. 음파변환기의 주파수는 2MHz이고 음파의 속도는 1,540m/s이다.

문제 15cm 위치에서 음파의 첫 번째 x방향과 y 방향으로 사이드로브 정점은 각각 어느 위치에서 생성되겠는가?

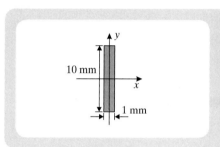

그림 10.8
x, y 평면에 있고 z방향을 향하고 있는 음파변환기

해답 주어진 초음파의 파장은

$$\lambda = c/f = 1,540 \, \text{m/s}/2 \times 10^6 \, \text{Hz} = 0.77 \, \text{mm}.$$

이다. x-z 평면을 기준으로 하면, 음파변환기의 크기는 1mm이고 따라서 파 필드 영역은 $z \geq D^2/\lambda = 1.2$mm이다. 반면 y-z 평면을 기준으로 보면, 음파변환기의 크기는 10mm이며 이에 의해 파 필드 영역은 $z \geq D^2/\lambda = 129.8$mm $= 12.98$cm이다. 문제에서는 15cm 위치 조건임으로 두 방향 모두에서 파 필드 영역임을 알 수 있다. 따라서 메인로브 너비가 x축 및 y축 방향으로 각각 다음과 같다.

$$w_x = \lambda z/D_x = 11.55 \, \text{cm},$$
$$w_y = \lambda z/D_y = 1.16 \, \text{cm}.$$

따라서 첫 번째 사이드로브 정점의 위치는 다음과 같다.

$$p_x = \pm 1.5 w_x = 17.32 \, \text{cm},$$
$$p_y = \pm 1.5 w_y = 1.73 \, \text{cm}.$$

프라운호퍼 근사화 프레넬 근사화 식에서 사용된 식 (10.69)의 r_0에 관한 식을 전개해 보면 다음과 같다.

$$r_0 \approx z - \frac{xx_0}{z} - \frac{yy_0}{z} + \frac{x^2+y^2}{2z} + \frac{x_0^2+y_0^2}{2z}. \tag{10.74}$$

이를 식 (10.67)에 대입하면 다음과 같이 프레넬 필드 패턴의 또 다른 표현 식이 나오게 된다.

$$q(x,y,z) = \frac{1}{z} e^{jk(x^2+y^2)/2z} \int_{-\infty}^{\infty} \int_{-\infty}^{\infty} s(x_0,y_0) e^{jk(x_0^2+y_0^2)/2z} \, e^{-jk\left(\frac{x_0 x}{z}+\frac{y_0 y}{z}\right)} dx_0 dy_0. \tag{10.75}$$

$q(x, y, z)$에 근사화를 이용하여 좀 더 간략하게 하기 위하여 다음의 조건을 정의한다.

$$D = 2 \sqrt{\max_{x_0,y_0 \in \text{face}} (x_0^2 + y_0^2)}, \tag{10.76}$$

앞에서 정의된 D는 근본적으로 음파변환기의 직경을 의미한다. 만약 $z \geq D^2/\lambda$이면 $\exp[jk(x^2_0 + y^2_0)/2z]$항은 대략 1이라 할 수 있다. 이러한 근사화를 프라운호퍼 근사화라 하며, 이는 파 필드, 즉 프라운호퍼 영역에서만 적용이 가능하다. 위의 근사화를 취하면 식 (10.75)의 이중적분 부분은 $s(x, y)$를 푸리에 변환(Fourier transform)한 후 공간주파들을 $u = x/\lambda z$와 $v = y/\lambda z$로 치환하여 얻을 결과와 같아진다. 따라서 프라운호퍼 근사화는 다음과 같이 정리된다.

$$q(x,y,z) \approx \frac{1}{z}e^{jk(x^2+y^2)/2z}S\left(\frac{x}{\lambda z}, \frac{y}{\lambda z}\right), \quad z \geq D^2/\lambda, \tag{10.77}$$

$$S(u,v) = \int_{-\infty}^{\infty}\int_{-\infty}^{\infty} s(x,y)e^{-j2\pi(ux+vy)}dx\,dy. \tag{10.78}$$

식 (10.77)을 식 (10.66)에 대입하여 정리하면 프레넬 근사화에서와 유사한 근사화 결과를 다음과 같이 얻을 수 있다.

$$r(t) = K\frac{e^{-\mu_a ct}}{(ct)^2}\int_0^{\infty}\int_{-\infty}^{\infty}\int_{-\infty}^{\infty} R(x,y,z)n(t - 2c^{-1}z)e^{jk(x^2+y^2)/z} \tag{10.79}$$
$$\times \left[S\left(\frac{x}{\lambda z}, \frac{y}{\lambda z}\right)\right]^2 dx\,dy\,dz.$$

프라운호퍼 근사화는 D가 음파변환기의 최대 크기라고 가정할 때, D^2/λ보다 먼 영역에서 적용할 수 있다. 예를 들어 2MHz 주파수를 사용하는 1cm 크기의 음파변환기의 경우 파 필드 영역은 약 13cm에서 시작된다. 만약 이 음파변환기가 정사각형이라고 하면, 파 필드에서의 빔의 너비는 $\lambda z/D$이다. 따라서 $z = D^2/\lambda$ 위치에서 빔의 너비는 음파변환기 크기와 일치한다. 거리를 두 배로 하는 경우 빔 너비도 두 배가 되며, 따라서 26cm에서의 빔의 너비는 2cm가 된다. 횡 방향으로 해상도가 약 0.5cm이기를 원한다고 가정해 보자. 기하학적 영역이 D^2/λ로 파 필드가 시작하는 영역까지이다. 따라서 $D = 0.5$cm인 음파변환기의 경우는 3cm까지 위의 기준을 충족시킨다. 빔 너비는 6cm에서 1cm, 12cm에서 2cm, 24cm에서 4cm 더 커진다. 따라서 작은 크기의 음파변환기가 그 크기에 맞는 파 필드까지는 높은 해상도를 보이지만, 파 필드 영역이 큰 음파변환기의 경우보다 매우 짧기 때문에 빔 너비가 빨리 커지게 된다.

10.5.3 초점 형성

의료 초음파에서 사용되는 거의 모든 음파변환기들은 적어도 어느 정도 초점이 형성되어 있다. 여기서 초점 형성(focusing)이란 진동하는 평판을 이용해서 얻어지는 빔보다 좁은 폭으로 모이게 만드는 것이다. 음파변환기를 곡면으로 제작하거나, 평면형에 렌즈를 부착하여 포커싱을 구현할 수도 있다. 또한 선형적으로 배열되거나 동심원 고리 형태로 배열된 소자

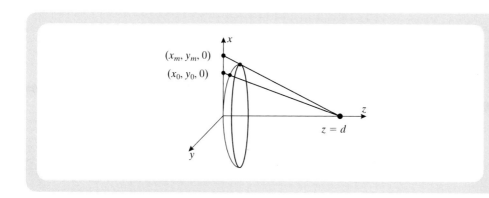

그림 10.9
초점이 형성되어 있는 음파변
환기의 필드 패턴을 분석하기
위한 기하학적 형태

들을 전자적으로 조절하여 초점 형성을 구현할 수도 있다. 전자적 초점 형성은 음파변환기의 재질과 구성에 대한 설명과 함께 11장에서 논의될 것이다. 여기서는 렌즈 혹은 곡면 형태 진동자의 포커싱에 대한 물리적 탐구를 하게 된다.

그림 10.9에 보이는 기하학적 구조에 대하여 생각해 보자. 곡면의 곡률 반지름이 d이고 이에 따라, 주어진 곡면에서 동시에 발생하는 음파의 펄스는 위치 $(0, 0, d)$에 동시에 도착하게 된다. 따라서 초점의 깊이(focal depth)는 $z = d$의 위치하게 된다. 이와 같은 기하학적 구조에 의한 필드 패턴을 분석할 때 $z = 0$에 위치한 평판에서 생성되는 펄스를 가정하면 편리하다. 초점에 생성된 음파가 동시에 도착하도록 가장 멀리 위치한 $(x_m, y_m, 0)$에서 음파를 먼저 발생시키고 가장 가까이 위치한 원점에서 음파를 늦게 발생시켜야 한다. 따라서 여기서의 목표는 이러한 시간 지연(time delay)을 구하는 것이다. 또한 역으로 초점에서 반사되어 돌아오는 음파가 음파변환기 평면에 도착하는 시간 지연을 구하는 것이다. 이를 통해 곡면 음파변환기와 렌즈를 모두 시뮬레이션할 수 있다.

기하학으로부터 점 $(x_0, y_0, 0)$에 생성된 펄스가 갖는 시간 지연은 근사치로 다음과 같이 표현할 수 있다.

$$\tau \approx \frac{1}{dc}[r_m^2 - (x_0^2 + y_0^2)], \tag{10.80}$$

여기서 $r_m^2 = x_m^2 + y_m^2$이다. 주어진 시간 지연을 복소수 신호에 적용하여, 평면파에 대한 프레넬 근사화를 적용하면 그 결과로부터 얻는 $z = d$에서의 프레넬 필드 패턴은 다음과 같다.

$$q(x, y, d) = \frac{1}{d}e^{jk(x^2+y^2)/2d}S\left(\frac{x}{\lambda d}, \frac{y}{\lambda d}\right). \tag{10.81}$$

식 (10.81)에 나타난 필드 패턴이 평판 음파변환기에 의한 프라운호퍼 필드와 z가 d로 바뀐 점을 제외하고는 일치함을 식 (10.77)을 통하여 알 수 있다. 실질적으로 말하면, 그림 10.10에서 보이듯 상대적으로 큰 음파변환기가 초점의 위치에서 좁은 빔을 형성할 수 있다

그림 10.10

초점이 형성되어 있는 음파변환기의 필드 패턴 근사치

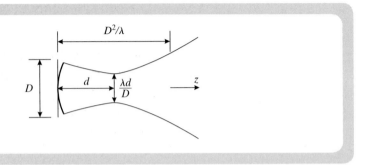

는 것을 의미한다. 다음 장에서 좁은 빔이 공간 해상도를 향상시키는 것을 보게 될 것이다. 이렇게 향상된 공간해상도로 인한 불이익은 초점을 지난 후에는 빔이 초점이 없는 음파변환기에서 생성된 빔보다 빨리 발산한다는 것이다. 따라서 초점과 그 부근에서의 높은 해상도를 얻을 수 있으나, 이로 인하여 좀 더 가깝거나 먼 거리에서는 초점이 없는 음파변환기에서보다 훨씬 낮은 해상도를 갖게 된다.

10.6 요약 및 핵심 개념

초음파 영상은 3차원 파동 방정식에 의하여 나타나는 초음파 물리를 기반으로 한다. 초음파 영상은 완전 비침습적이며 일반적으로 휴대가 가능하다. 이 장에서는 독자가 반드시 이해해야 하는 다음의 핵심 개념을 설명하였다.

1. 초음파는 주파수가 20kHz 이상의 소리이다.
2. 초음파 시스템은 전기 신호를 음파로 변환시키고, 역으로 음파를 전기 신호로 변환시키는 **음파변환기**를 이용하여 초음파를 발신하거나 수신한다.
3. 초음파 영상은 신체 조직으로부터 반사 혹은 산란되어 돌아온 에코를 탐지하여 보여 주는 것을 기반으로 한다.
4. 음파란 압력파로 매질을 따라 매질 자체의 압축(compression)과 팽창(expansion)에 의해 전달되며, 이러한 파들은 서로 다른 기하학적 형상 혹은 패턴을 띠고 있다.
5. 평면파는 가장 흔한 파의 형태로 음파변환기로부터의 거리에 따라, 기하학적 근사화, 프레넬 근사화, 혹은 프라운호퍼 근사화 등을 통해 간략히 표현될 수 있다.
6. 평면파는 평면의 경계에 따라 반사되거나, 굴절되거나, 혹은 감쇠되거나, 투과된다.
7. 초음파 파동은 비선형적 전달 특성을 나타낼 수 있으며, 그로 인하여 하모닉 주파수 성분이 생성된다.
8. **도플러 효과**란 음원과 수신부 간 상대적인 움직임에 따라 소리의 주파수가 변화하는 것을 의미한다.
9. 음파변환기로부터 생성된 빔은 **초점**에 의하여 더 좁아질 수 있다.

참고문헌

Cobbold, R.S.C. *Foundations of Biomedical Ultrasound*. New York, NY: Oxford University Press, USA, 2006.

Kremkau, F.W. *Diagnostic Ultrasound: Principles and Instruments*, 7th ed. Philadelphia, PA: W. B. Saunders, 2005.

Macovski, A. *Medical Imaging Systems*. Englewood Cliffs, NJ: Prentice Hall, 1983.

Pierce, A.D. *Acoustics: An Introduction to its Physical Principles and Applications*. New York, NY: McGraw-Hill, 1989.

Wells, P.N.T. *Biomedical Ultrasonics*. New York, NY: Academic Press, 1977.

연습문제

파동방정식

10.1 $w_1(z, t) = \xi(z-ct)$이고 $\xi(\tau)$가 2차 미분이 가능한 함수일 때, $w_1(z, t)$가 1차원 파동 방정식 (10.6)의 해임을 보이라. $w_2(z, t) = \xi(z-ct) + \xi(z+ct)$도 해가 됨을 보이라. 또한 파동 함수 $w_2(z, t)$의 물리적 의미는 무엇인가?

10.2 식 (10.8)에 의거하여 모델화된 정현파 모양의 평면파 파장 $\lambda = 2\pi/k$임을 보이라.

10.3 예제 10.2에서 $\tau_1 = \tau_2 = 5\mu s$라 가정하자.

(a) 음파의 압력 정점이 경계면에 다다르는 시간을 언제이겠는가?

(b) 경계면에 음파가 도착한 후, 뒤로 되돌아가는 음파도 함께 생성될 것이다. 이렇게 되돌아가는 파의 방정식을 기술하라.

(c) 음파변환기의 표면에 되돌아온 파의 정점이 도착하게 될 시간은 언제인가?

10.4 음원이 원점에 위치한 경우 식 (10.13)의 구면파 방정식을 유도하라. 이때 식 (10.4)의 3차원 파동 방정식에서 시작하고, 입자의 변위가 반지름 r과 시간 t에 대한 함수로만 제한된다고 가정한다.

10.5 $w(r, t) = \xi(r-ct)/r$이고 $\xi(\tau)$가 2차 미분이 가능한 함수일 때, $w(z, t)$가 구면 파동 방정식 (10.13)의 해가 됨을 보이라.

10.6 구면 파동 방정식의 일반해는 다음과 같음을 식 (10.13)에 대입하여 증명하라.

$$p(r,t) = \frac{1}{r}f(t - c^{-1}r) + \frac{1}{r}g(t + c^{-1}r),$$

파의 전파

10.7 평면파에서 $v(0, t) = \mathrm{Re}\{Ve^{jwt}\}$와 $p(0, t) = \mathrm{Re}\{Pe^{jwt}\}$일 때 주어진 파는 $x = 0$에서 평균 파워가 $I_{av} = (1/2)\mathrm{Re}\{VP^*\}$로 되는 것을 보이라. 이때 *는 켤레 복소수를 의미한다.

10.8 (a) 식 (10.25), (10.26)으로부터 압력 반사계수 R과 압력 투과계수 T에 대한 식 (10.27), (10.28)을 유도하라.

(b) 음향 강도 투과계수와 음향 강도 반사계수의 식 (10.29), (10.30)을 각각 유도하라.

10.9 음향 이중극은 가까이 위치하고 서로 위상 차가 180° 나는 2개의 음원으로 모델링할 수 있다. 점으로 된 음원 1이 위치 $(0, 0, -d)$에 있고 음원 2가 위치 $(0, 0, d)$에 있으며 d가 매우 작다고 가정하자. 또한 음원 1에서는 협역 신호 $f(t)$가 발생하여 구면파 $p(r_1, t) = f(t - c^{-1}r_1)/r_1$이 되며, 음원 2에서는 $-f(t)$를 발생하여 구면파 $p(r_2, t) = -f(t - c^{-1}r_2)/r_2$가 된다고 가정하자. 이때 r_1과 r_2는 각 음원에서부터의 반경을 의미한다.

(a) 파 필드에서의 압력은 $p(r, t) = zf(t - c^{-1}r)/r^2$로 근사화할 수 있음을 증명하라.

(b) 위의 필드 패턴으로부터 x, z 평면상에 같은 압력선을 그래프로 표시하라.

10.10 바깥쪽으로 퍼져나가는 구면파를 고려하자.

(a) 음원이 원점에 위치한 감쇠를 고려한 구면파의 일반 식을 기술하라.

(b) 작은 표적이 (x, y, z)에 위치하고 있을 때, 산란되는 파의 표현 식을 유도하라.

(c) 임의의 점 (x_0, y_0, z_0) 음원이 있다고 가정할 때 (b)에서의 산란파 표현 식을 유도하라.

10.11 (a) 압력 반사율 및 투과율로부터 강도 반사율과 투과율을 유도하라.

(b) $T - R = 1$임을 보이라.

(c) 일반적으로 어떠한 이유로 $T_I \neq 1 - R_I$의 관계가 성립하지 않는지 설명하라. 또한 T_I와 R_I에 대한 간략한 관계식을 구하라.

도플러 효과

10.12 고정된 음원이 주파수 f_0로 평면파를 발생하고 있다고 가정하자. 수신체가 음원을 향하여 속도 v로 움직이고 있고 매질에서의 음파의 속도가 c라고 할 때 관측되는 주파수는 $f_R = (c + v)f_0/c$이 됨을 증명하라. 만약에 수신체가 음원으로부터 멀어지는 방향으로 움직일 때는 어떻게 되겠는가?

10.13 위의 유도식을 이용하여 수신체가 음원 방향 혹은 반대 방향으로 이동 중일 때 그 속도 관계가 다음과 같다고 한다면 도플러 효과는 어떻게 나타나는가에 대하여 논의하라.

(a) $c > v$

(b) $c = v$

(c) $c < v$

초음파 필드 패턴

10.14 실수 신호 $n_e(t)$의 푸리에 변환이 $N_e(\varphi)$이라 할 때 $\tilde{n}(t) = n_e(t)e^{j\phi}$와 $n(t) = \text{Re}\{\tilde{n}(t)e^{-j2\pi f_0 t}\}$의 푸리에 변환을 구하라.

10.15 2개의 정사각형 음파변환가 갖춰진 초음파 영상 시스템이 있다. 하나는 5MHz, 또

다른 하나는 12MHz의 주파수를 사용한다. 5MHz 음파변환기의 크기는 2cm×2cm 이고 12MHz 음파변환기는 0.4cm×0.4cm이다. 음파의 속도가 1,560m/s인 매질에서 이 시스템을 시험하고자 한다.

(a) 본 매질에서 흡수계수 $\alpha_{5\text{MHz}}$와 $\alpha_{12\text{MHz}}$는 얼마인가?

(b) 각 음파변환기의 파 필드 영역은 어떻게 되는가?

10.16 그림 P10.1에서와 같이 음파변환기는 구 형태의 곡면 결정로 구성하여 초점을 형성할 수 있다. 그러나 음파변환기를 평면으로 가정하고 각 소자의 시간 지연을 독립적으로 조절할 수 있다고 가정하면 필드 패턴을 분석하는 데 용이하다. 이러한 평면의 가장 먼 위치를 $(x_m, y_m, 0)$이라고 가정하자.

(a) 평면의 한 점 $(x_0, y_0, 0)$에서의 시간 지연 근사치가 다음과 같음을 보이라.

$$\tau \approx \frac{1}{dc}[r_m^2 - (x_0^2 + y_0^2)],$$

이때 $r_m^2 = x_m^2 + y_m^2$이고 d는 초점의 깊이이다.

(b) 정상 상태의 근사화를 이용하여 $z = d$에서의 프레넬 필드 패턴이 다음과 같음을 보이라.

$$q(x, y, d) = \frac{1}{d}e^{jk(x^2+y^2)/2d}S\left(\frac{x}{\lambda d}, \frac{y}{\lambda d}\right),$$

이때 $S(u, v)$는 $s(x, y)$의 2차원 푸리에 변환이다.

(c) 초점 형성의 장점에 대하여 논하라.

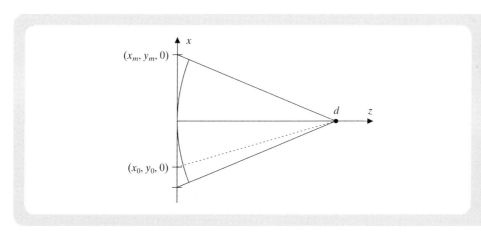

그림 P10.1
연습문제 10.16의 곡면형 음파변환기 형태

10.17 그림 P10.2에서는 1차원 배열로 된 음파변환기의 일부를 보여 주고 있다. 여기서 $h > w$임에 주의하자. 그림의 배열은 각각이 x, y 평면에 위치한 z방향으로 진동하는 5개의 음파변환기(소자라 불림)로 이루어져 있다. 다음의 모든 문제에서 파 필드(프라운호퍼) 근사화를 기준으로 한다고 가정하자.

(a) 중심에 위치한 소자로부터의 파 필드 패턴 $q_0(x, y, z)$는 어떻게 되는가?

(b) 이 패턴에서 x방향으로 첫 번째 0이 되는 위치가 $x = -s$와 $x = s$의 위치와 일치하는 영역 z_0를 구하라.

(c) z_0가 중심 소자의 파 필드 영역을 충족시키기 위해 s는 얼마가 되어야 하는가?

(d) 5개의 소자 모두가 함께 사용될 때의 파 필드 패턴 $q(x, y, z)$를 구하라.

(e) z_0에서의 빔 너비는 x축 방향과 y축 방향으로 각각 얼마인가(보기보다 훨씬 쉬울 수 있으니 무작정 시작하기 전에 자세히 살펴도록 하라)?

그림 P10.2

연습문제 10.17의 선형 배열 음파변환기의 일부분

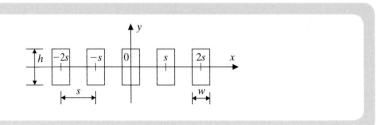

초음파 영상 시스템

11.1 서론

이 장에서는 초음파 영상 시스템의 원리에 대하여 탐구하고자 한다. 초음파 영상 시스템은 필름 방사선 영상 시스템 다음으로 세계에서 가장 많이 사용되는 의학영상 시스템이다. 이는 진단에 사용되는 음파 강도를 고려할 때 환자에게 무해한 영상 시스템이기 때문이다. 또한 의학영상 기기 중 가장 저렴하며, 더불어 손쉽게 휴대 혹은 이동이 가능한 장점도 있다. 전형적인 초음파 영상 시스템의 형태는 그림 11.1과 같다.

11.2 장치

전형적인 초음파 영상 시스템의 블록 다이어그램은 그림 11.2에 나타나 있다. 대부분의 의료용 초음파 영상 시스템에서는 초음파를 생성하고 수신하는 음파변환기가 동일한데, 이를 펄스-에코 모드(pulse-echo mode)라 한다. 젤을 통해 신체와 연결된 음파변환기에서 펄스 형태의 짧은 음파가 발생된다. 발생된 파는 신체로 전달되어 각 표면들과 작은 산란체들에서 반사된다. 이렇게 산란되거나 반사된 음파의 일부가 음파변환기로 되돌아온다. 음파변환기는 되돌아온 음파를 전기 신호로 변환하며, 이 신호를 증폭하고, 저장하며, 그리고 보여준다. 이 장에서는 이러한 영상의 근본적 패러다임을 수행하는 각 구성 요소들을 탐구한다. 이러한 탐구를 토대로 영상 방정식의 유추, 영상 품질 분석, 그리고 펄스 도플러 영상 시스템과 3차원 영상 시스템에 대한 소개가 이어질 것이다.

그림 11.1

전형적 초음파 영상 시스템
(GE Healthcare 제공)

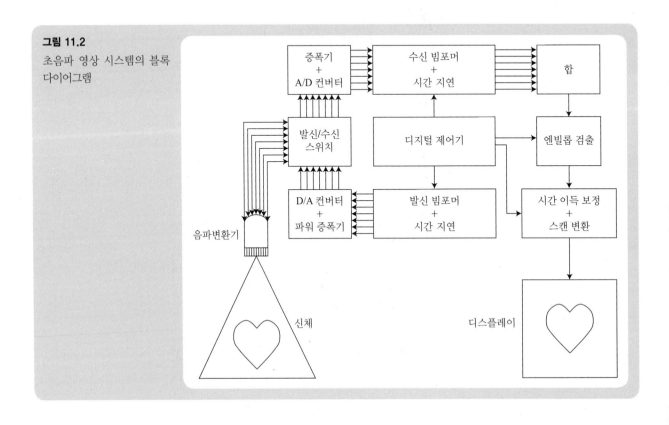

그림 11.2

초음파 영상 시스템의 블록
다이어그램

11.2.1 초음파 음파변환기

음파변환기 재질 의료용 음파변환기는 압전 결정(piezo crystal)을 이용하여 신호를 발신하고 수신한다. 이러한 결정체들은 전기장이 인가되면 기계적 변위(strain)를 유발하는 특성을 지니고 있어 이를 이용해 음파를 발생한다. 또한 이러한 물질들은 역으로 인가된 기계적 변위을 전압으로 변환시켜 주는데, 이를 기반으로 음파를 감지할 수 있다. 이러한 개념들은 그림 11.3을 통하여 설명된다.

티탄산 지르콘산 납(lead zirconate titanate) 혹은 PZT라고 불리는 압전 물질이 거의 모든 의료용 초음파변환기에서 사용된다. PZT는 강한 유전체적 특성(ferroelectric)의 세라믹 결정체로 뛰어난 압전 효과를 갖는다. 이 결정체는 거의 모든 모양으로 제작이 가능하며, 그 극성의 축(그림 11.3 참조)도 그림 11.4에서와 같이 거의 모든 임의의 방향으로 조절할 수 있다. 결정으로 된 음파변환기의 경우 대부분이 원형 형태이며, 다중 소자로 구성된 음파변환기의 경우 대부분이 사각형 형태를 띄는데, 뒷부분에서 다루게 될 선형 배열(linear array)과 위상 배열(phased array)이 여기에 속한다.

펄스–에코 모드에 적절한 이상적인 음파변환기 물질은 음파 생성 효율이 높고, 동시에 수신 감도 높아야 한다. 발신 상수(transmitting constant) d는 단위 전기장에 의하여 생성되는 기계적 변위를 의미하며 그 단위는 m/V이다. 수신 상수(receiving constant) g는 단위 압력에 의하여 생성되는 전압으로 V/(N/m)의 단위를 갖는다. PZT의 경우 $d = 300 \times 10^{-12}$m/V이고 $g = 2.5 \times 10^{-2}$V/(N/m)이다. 비교를 위하여 수정의 상수들을 살펴보면, $d = 2.3 \times 10^{-12}$m/V이고 $g = 5.8 \times 10^{-2}$V/(N/m)이다. 이는 수정이 PZT에 비하여 음파를 발생하는 효율은 약 100배 정도 떨어지고, 수신하는 효율은 거의 비슷하다는 것을 의미한다. 폴리머 필름(Polymer film)의 일종인 PVDF(Polyvinylidene fluoride)도 역시 압전 특성을 갖고 있어, 음파변환기의 음향 특성을 측정하는 프로브(probe)를 만드는 데 주로 사용된다. PVDF의 경우 $d = 15 \times 10^{-12}$m/V이고 $g = 14 \times 10^{-2}$V/(N/m)이다. 확실히 PVDF는 음파를 발신하는 데 비효율적이나 수신하는 데 있어서는 PZT나 수정에 비하여 훨씬 효율적이다.

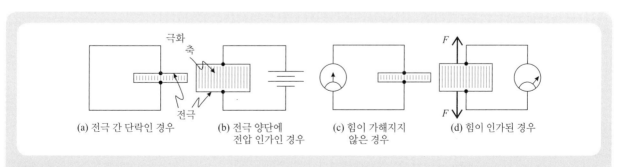

그림 11.3
음파변환기 결정체의 압전 현상

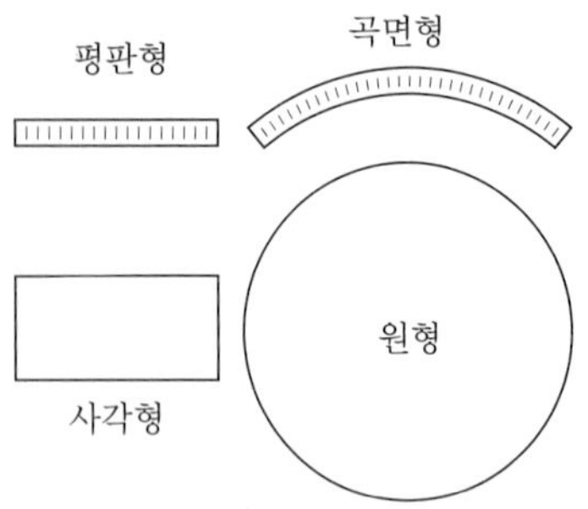

그림 11.4
PZT 형태와 축 배치

공진   음파변환기는 공진 현상을 보인다. 이는 음파변환기를 전기적 여기시킨 후 관찰하면 음파변환기가 정현파적으로 진동하는 것을 의미한다. 여기서 진동 주파수를 음파변환기의 기본 공진 주파수(fundamental resonant frequency) f_T라고 한다. 대부분의 시스템에 사용되는 음파변환기들은 1~20MHz 사이의 공진 주파수를 가지며 초음파 시스템에 플러그 형태로 연결되어 사용된다. 상이한 음파 변환 기간의 서로 다른 공진 주파수는 영상 품질에 매우 중요한 영향을 끼친다.

음파변환기의 공진 주파수는 대체로 압전 결정의 두께에 의하여 결정된다. 전기적으로 유도된 기계적 변위에 의하여 음파변환기의 전면이 앞으로 움직일 때, 음파가 매질 앞쪽으로 유발되고 뒤쪽으로 움직일 때, 결정체 방향인 뒤쪽으로 유발된다. 뒤쪽으로 이동한 음파는 음파변환기의 후면에서 반사되어 다시 전면으로 돌아온다. 공진은 반사되어 돌아온 음파가 다시 전면에 새로이 발생하는 음파와 일치하면서 서로 보강 간섭하여 일어나게 된다. 이는 다음과 같은 조건이 충족될 때 발생한다.

$$f_T = \frac{c_T}{2d_T},\tag{11.1}$$

여기서 c_T와 d_T는 음파변환기 내에서의 음파의 속도와 음파변환기의 두께를 각각 의미한다. $\lambda_T = c_T/f_T$이므로 공진 조건은 다시 다음과 같이 표현된다.

$$\lambda_T = 2d_T .$$

예제 11.1

음파변환기의 공진 주파수는 압전 결정의 두께에 의하여 결정된다.

문제   음파의 속도가 $c_T = 8{,}000$m/s인 PZT 결정으로 만들어진 음파변환기를 생각해 보자. 사용할 주파수가 10MHz라고 한다면 결정의 두께는 얼마가 되겠는가?

해답   결정의 두께와 공진 주파수와의 관계는

$$f_T = \frac{c_T}{2d_T},$$

이다. 여기서 $f_T = 10\text{MHz}$이고 $c_T = 8{,}000\text{m/s}$이다. 따라서 결정의 두께는

$$d_T = \frac{c_T}{2f_T} = 0.4\,\text{mm}.$$

이다.

감폭과 매칭   그림 11.5에서 보이듯, 압전 결정 양면에는 전극이 부착되어 있고 이 구조물은 다시 프로브에 장착된다. 음파변환기는 일반적으로 쇼크 여기(shock excited)되는데, 이는 인가되는 전기 신호가 임펄스(impulse)에 가깝다는 뜻이다. 다시 말해, 매우 높은 전압과 매우 짧은 지속 기간을 갖는 전기 신호를 인가한다. 일단 음파변환기가 여기되면 내부 에너지를 감폭(damping)에 의하여 모두 잃을 때까지 공진하게 된다. 음파변환기 내부의 에너지를 잃는 방식에는 세 가지가 있다. 결정체 내에서 흡수되거나, 음파변환기 후면으로 나가거나, 신체와 닿아 있는 전면으로 나가는 경우이다. PZT와 조직 간의 반사계수는 높고, PZT 내의 흡수계수는 낮기 때문에 과도한 진동을 방지하기 위하여 음파변환기의 후면은 PZT와 임피던스가 거의 일치하는 에폭시 재질로 지지한다(배킹층, backing layer). 따라서 음파 에너지가 압전 결정체의 반대로 전달되어 잔존하는 공진 파동이 감소하게 된다.

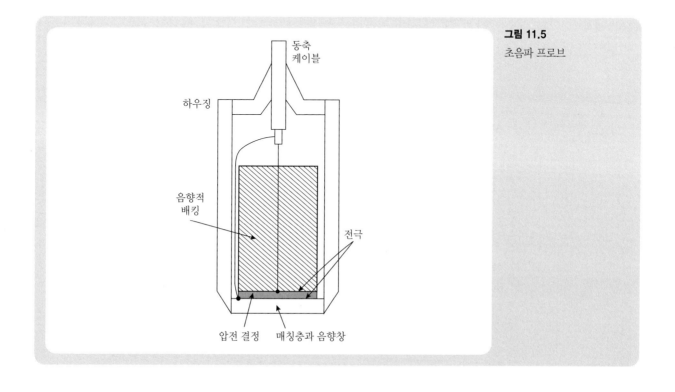

그림 11.5
초음파 프로브

그림 11.6
공진 음파변환기에서 생성되는 전형적인 펄스

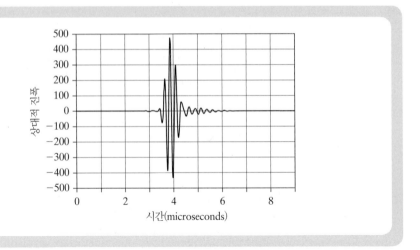

생성된 음파 에너지는 앞면을 통하여 인체로 전달될 수 있어야 한다. 압전 소자의 음향 임피던스가 인체에 비하여 약 20배 높기 때문에 결정체와 인체 간에 매우 큰 반사가 존재한다. 따라서 추가적 보조부가 있어야만 효율적으로 음향 에너지를 인체로 전달할 수 있다. 얇은 두께의 특정 물질 막이 이때 사용되며, 이를 매칭층(matching layer)이라 한다. 그 층의 두께는 사용되는 물질 내 음파 파장의 1/4이며 그 물질의 음향 임피던스 Z_m, 압전 결정체의 음향 임피던스를 Z_c라 하고 조직의 음향 임피던스를 Z_t라 할 때, $Z_m = \sqrt{Z_c Z_t}$로 결정된다. 여기서 주의해야 할 점은 매칭층과 인체 조직 간에는 공기 층이 없어야 한다는 점으로 그에 따라 초음파 젤을 프로브 앞에 적용하는 것이다.

모든 요소들(배킹과 매칭층)이 잘 맞추어졌을 때, 전형적인 공진 음파변환기에서 출력되는 초음파 펄스는 3~5 사이클의 특정 중심 주파수를 갖는 잘 정의된 펄스이다. 전형적인 출력 펄스는 그림 11.6에 나타나 있다.

광대역 음파변환기   영상 시스템에서는 반주기의 정형파와 같은 매우 짧은 펄스를 경우에 따라 요구하기도 한다. 또 다른 경우에서는 같은 음파변환기에서 3MHz와 5MHz의 펄스를 발신해야 할 수도 있다. 이러한 시스템의 요구 사항은 특정한 하나의 중심 주파수를 갖는 전형적인 공진 음파변환기(협역 음파변환기)에서 구현될 수 없다. 이런 경우 사용될 수 있는 것이 광대역 음파변환기(broadband transducers)이다.

광대역 음파변환기를 제작하는 하나의 방법은 압전 소자 뒤(배킹층)에 에너지 흡수를 높이는 것이다. 이 경우 발생된 음파는 매우 빠르게 소멸되어 인체로 전달되는 음파는 매우 짧은 펄스가 될 것이다. 그리고 이에 따라 음파변환기의 대역도 증가하게 된다. 오늘날 초음파 영상 시스템에서 사용되는 음파변환기의 대역은 50~100%인데, 이는 중심 주파수를 기준으로 대역폭의 % 비율을 의미한다. 예를 들면, 100% 대역의 3MHz 음파변환기를 사용하면, 쇼크 여기를 통하여 조직으로 1.5~4.5MHz 주파수의 신호를 보낼 수 있다.

일반적으로 80% 이상의 대역을 갖는 음파변환기를 광대역 음파변환기라 한다. 보다 에너지 효율적인 광대역 음파변환기를 설계하는 방법은 여러 가지 있다. 그 예는 무수히 많은 매우 작은 여러 주파수의 압전 소자들을 감폭 물질에 매립하여 사용하는 것이다. 이러한 구조의 음파변환기를 동시에 여기시키면 각 소자들이 동시에 작동하면서 하나의 간섭된 음파를 생성하며, 신호의 감폭도 커져 광대역 신호를 만들 수 있다. 특히 이러한 음파변환기는 추가적인 매칭층이나 후면에 배킹층이 필요 없어 더욱 효과적이다.

광대역 음파변환기는 쇼크 여기가 아닌 임의의 파형 전기 신호로 여기시켜 사용할 수 있다. 즉, 대역폭 내에서 사용될 경우 어떠한 형태의 펄스로든 사용이 가능하다. 예를 들어 5MHz 음파변환기가 100% 대역폭을 갖는다고 하면, 2.5~7.5MHz 사이의 다양한 협역 음파변환기들을 대체할 수 있을 것이다. 이러한 음파변환기들은 하나의 주파수의 펄스를 생성한 후, 비선형성에 의하여 생성된 하모닉 성분을 수신하는 데 사용이 가능하다. 따라서 광대역 음파변환기들이 하모닉 초음파 영상에 사용되는 음파변환기이다(11.8.1절 참조).

11.2.2 초음파 프로브

단일 소자 프로브 또는 초음파 프로브라고도 불리는 가장 단순한 형태의 음파변환기는 그림 11.5에서와 같이 구성되어 있다. 단일 소자 프로브는 10.5.2절에서 유도된 진동하는 평판의 모델을 이용하여 그 필드 패턴을 적절히 모델링할 수 있다. 이러한 기본 디자인에 렌즈를 첨부하거나 곡면 결정을 이용하여 초점 형성(focusing)을 할 수 있다. 영상을 위하여 초음파 빔은 신체 내 하나의 평면상에서 방향 조절(steering)이 가능해야 한다. 초기 초음파 시스템의 경우 단일 소자 프로브로 신체의 단면을 수동적으로 스캔하였다. 그러나 이후에는 기계적 혹은 전자적으로 빔을 스캔하여 사용한다. 이러한 스캔 기술을 토대로 실시간 영상이 가능하게 되었다.

기계적 스캐너 기계적 스캐닝은 그림 11.7에서처럼 음파변환기의 소자를 기계적으로 왕복하거나 회전시킴으로써 구현할 수 있다. 이러한 디자인에서는 영상 부위(imaging sector)에서 이동 중인 소자에 빠른 펄스를 인가하여 사용하였다. 각 음파 펄스는 앞 장에서 탐구한 것과 같은 필드 패턴을 따라 각 영상 부위에 맞는 음향창(acoustical window)을 통해 전파된다. 이때 하나의 스캔 라인에서 되돌아오는 반사 신호를 받아 처리한 후 다음 펄스를 생성하는 식으로 영상을 구성한다. 그림 11.7(a)에서와 같이 왕복하는 형태의 디자인인 경우 음파변환기는 같은 부위를 반복적으로 시계 방향 또는 반시계 방향으로 지나간다. 그림 11.7(b)와 같이 회전 형태의 디자인의 경우는 새로운 음파변환기가 영상 부위로 들어오면서 켜지게 되어 모든 스캔은 언제나 반시계 방향으로 이루어진다. 디자인에 관계없이 기계적 스캐너의 시야는 언제나 부채꼴 모양을 이룬다.

전자적 스캐너 여러 개의 소자로 구성된 음파변환기는 시야를 전자적으로 스캔할 수 있다.

그림 11.7

기계적 스캐닝 프로브 디자인

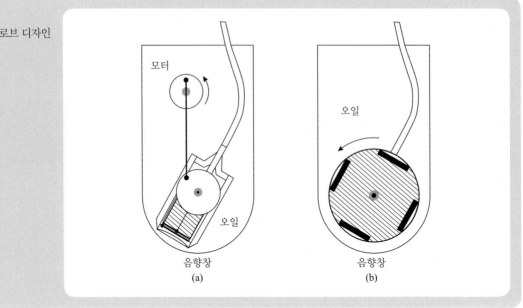

모터

오일

오일

음향창
(a)

음향창
(b)

그림 11.8

선형 배열 및 위상 배열 음파
변환기의 소자들의 기본 배열

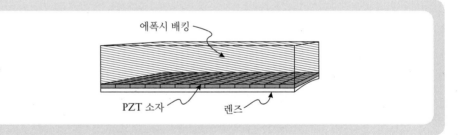

에폭시 배킹

PZT 소자   렌즈

근본적인 소자의 배열은 그림 11.8에서 보이듯 1차원 선형적인 형태이다. 각 소자는 직사각형으로 긴 방향으로 렌즈 혹은 곡면 형태의 소자를 이용하여 초점을 형성한다. 각 소자의 너비와 연결된 전자 회로에 따라 신체를 영상화하는 방식이 결정된다. 각 소자의 너비는 파장 크기 정도이며, 여러 개의 소자를 전자적으로 그룹 지어 단일 소자인 것처럼 사용하는 경우 선형 배열 프로브(linear array probe)라 부른다. 다른 한편으로, 소자의 너비가 음파 파장의 약 1/4 정도이며 빔 초점 형성이나 방향 조절을 전자적으로 조작하는 경우 위상 배열 프로브(phased array probe)라 부른다.

예제 11.2

그림 11.7(b)에 나타난 것과 같은 회전하는 디자인의 기계적 스캐너에 대하여 생각해 보자. 이때 시야각은 90°라 하자.

문제   90°의 음향창에 N개의 펄스-에코가 필요하다고 가정하자. 15cm 영역까지의 에코만이 요구라도 해가 될 수 있다. 주어진 해는 순방향 진행파와 매우 유사한 형태이며, 단지 $1/r$의 요소가 있다는 점에서 다르다. 이는 바깥쪽으로 진행하는 구면파의 경우 거리에 따라 진폭이 감소됨을 나타내는 요소이다. 진폭의 감소는 음원에서 외부로 음파가 진행함에 따라 지나가는 표면적이 증가함에 따라 나타나는 단순 현상이다.

10.3 파동의 전달

10.3.1 음파의 에너지 및 강도

음파는 에너지를 전달한다. 움직이는 입자는 운동 에너지를 갖고 있으며, 움직임이 일어날 입자들은 위치 에너지를 갖고 있다. 파동에서의 이러한 에너지를 표현하기 위하여, 단위 부피당의 에너지를 운동 에너지 밀도(kinetic energy density)와 위치 에너지 밀도(potential energy density)로 나누어 다음과 같이 각각 정의한다.

운동 에너지 밀도

$$w_k = \frac{1}{2}\rho v^2 , \tag{10.16}$$

위치 에너지 밀도

$$w_p = \frac{1}{2}\kappa p^2 . \tag{10.17}$$

위의 두 에너지 밀도의 합을 음향 에너지 밀도(acoustic energy density)라 정의하며, 이 물리량이 공간상 한 점에서의 에너지 변화를 제시하게 된다.

$$w = w_k + w_p . \tag{10.18}$$

한편, 음파와 함께 이동하는 에너지를 나타내기 위하여 음향 강도(acoustic intensity)가 다음과 같이 정의되며, 이를 음향 에너지 플럭스(acoustic energy flux)라 부르기도 한다.

$$I = pv , \tag{10.19}$$

전기 회로 개념을 적용하면, I는 전력(electric power)과 유사하다는 것을 직관적으로 알 수 있다. 따라서 식 (10.19)에 식 (10.2)를 대입하면

$$I = \frac{p^2}{Z} , \tag{10.20}$$

이 되며 이는 전기 회로 내의 저항에서 소모되는 전력 V^2/R과 유사한 형태의 표현식이 된

된다고 하면, 음파의 속도 $c = 1,540\text{m/s}$일 때 음파변환기의 최대 회전율을 얼마인가?

해답 15cm 영역까지 전달된 음파가 반사되는 시간은

$$T = 2 \times \frac{15\,\text{cm}}{1,540\,\text{m/s}} = 195\,\mu\text{s}$$

이다. DI 시간 동안 스캐너 프로브는 90° 이상을 움직일 수 없는데, 이는 음파변환기가 주어진 음향창을 벗어나기 때문이다. 따라서 가능한 최대 회전율은

$$r = \frac{1/4}{T} = 1,283\ \text{revolutions per second.}$$

이다.

11.3 펄스-에코 영상

다음 절들에서는 초음파 영상을 위한 수식적 기초를 마련하고자 한다. 이 과정에서 처음에는 과감할 정도로 단순화된 가정을 적용하지만 점차 이해가 깊어짐에 따라 이를 좀 더 세밀히 탐구하게 된다. 다음 절의 기본 영상에서 매우 중요한 세 가지 주제를 확대하여 탐구하게 되는데, 이는 위상 배열, 도플러 영상, 그리고 3차원 영상이다.

11.3.1 펄스-에코 관계식

초음파 영상 시스템에 대한 분석은 10장에서 탐구한 펄스-에코 신호 방정식으로부터 시작된다. 식 (10.73)은 프레넬 근사화를, 한편 식 (10.79)는 프라운호퍼 근사화를 통해서 각각 얻을 수 있었다. 두 식 모두를 일반화하면 다음과 같이 표현할 수 있다.

$$r(t) = K\frac{e^{-\mu_a ct}}{(ct)^2} \int_0^\infty \int_{-\infty}^\infty \int_{-\infty}^\infty R(x,y,z)\text{n}(t - 2c^{-1}z)\tilde{q}^2(x,y,z)\,dx\,dy\,dz\,, \tag{11.2}$$

$$\tilde{q}(x,y,z) = zq(x,y,z)\,. \tag{11.3}$$

여기서 $q(x, y, z)$는 음파변환기 필드 패턴이다. 식 (11.2)의 입력 파형이 복소수 형태이므로 실제로 수신되는 신호는 $\text{r}(t)$의 실수부이다. 엔빌롭은 $\text{r}(t)$에 절대값을 취하여 얻을 수 있다.

식 (11.2)에서 적분식 앞에 있는 시간에 대한 함수부가 신호의 급격한 손실을 야기한다. 따라서 모든 시스템에서는 시간 이득 보정(time gain compensation : TGC) 회로가 있어 그림 11.2에서 보이듯 시간에 따라 변화하는 증폭 기능을 수행한다. 일반적으로 시스템 기본 조건으로 식 (11.2)에서 나오는 이득(gain) 항을 다음 수식에 나오듯 상쇄시키도록 되어 있다.

$$g(t) = \frac{(ct)^2 e^{\mu_a ct}}{K}\,. \tag{11.4}$$

실질적으로 대부분의 시스템에서는 추가적인 슬라이드 형태의 증폭기가 있어 사용자가 필요에 따라 이득을 조절할 수 있도록 제공한다. 경우에 따라 이득을 자유로이 높이거나 낮출 수 있게 하여 영상에서 미세한 특징들을 관측할 수 있게 도와준다. 이제부터는 신호 감쇠와 이득부가 상쇄된 것으로 가정하여 다음 신호의 식을 기점으로 전개할 것이다.

$$r_c(t) = g(t)r(t) = \int_0^\infty \int_{-\infty}^\infty \int_{-\infty}^\infty R(x,y,z)n(t - 2c^{-1}z)\tilde{q}^2(x,y,z)\,dx\,dy\,dz \qquad (11.5)$$

이때의 실제 신호는 위와 같이 $r_c(t)$의 실수부가 되고 엔빌롭은 $r_c(t)$의 절대값이 된다.

예제 11.3

이득 K가 80dB인 시스템이 주파수 $f = 5\text{MHz}$에서 구동된다고 가정하자. 음파의 속도는 $c = 1,540\text{m/s}$, 감쇠 관련 계수들은 $a = 1\text{dB} \cdot \text{cm}^{-1}\text{MHz}^{-1}$, $b = 1$이다.

문제 시간 이득 보정은 얼마인가?

해답 감쇠계수는

$$\alpha = af^b = 5 \text{ dB cm}^{-1}.$$

이다. 진폭 감쇠 요인 μ_a는

$$\mu_a = \alpha/8.7 = 0.575 \text{ Np cm}^{-1}.$$

이다. 이득이 80dB이므로 $K = 10,000$이다. 따라서 시간 이득 보정식은

$$g(t) = \frac{(ct)^2 e^{+\mu_a ct}}{K} = 2.37 \times 10^6 t^2 e^{88,550t}.$$

이다. 이 결과에 따라 TGC를 log 스케일 그래프로 그려본 결과가 그림 11.9이다.

5MHz의 공진 주파수이고 중심 주파수 대비 60% 밴드 영역을 갖는 전형적인 시스템을 가정하자. 이 시스템에서 사용되는 주파수는 주어진 밴드에 따라 3.5~6.5MHz이다. 모든 시스템은 선형적 모델화되므로 수신된 신호 역시 5MHz에 중심에 집중된다. 영상에서는 반사되어 오는 신호의 강도가 중요한데, 협역 신호의 강도는 엔빌롭에 의하여 획득된다. 따라서 초음파 영상에서 첫 단계는 복조(demodulation) 혹은 엔빌롭 검출이다.

저가의 초음파 시스템은 그림 11.10에 나타난 것 같이, 단순 2단계의 엔빌롭 검출 과정을 이용한다. 절대값은 정류 회로를 이용하여 얻을 수 있으며, 저주파 수용 필터는 단순한 RC(저항-커패시터) 회로로 구현할 수 있다. 전기 엔지니어들은 이것이 단순한 AM(amplitude modulation) 방식임을 알 수 있을 것이다. 수학적으로는 수신된 복소수 신호로부터 엔빌롭을 검출하는 것은 매우 간단한 일이다. 수신된 복소수 신호는 협역 신호이므로 이를 다음과

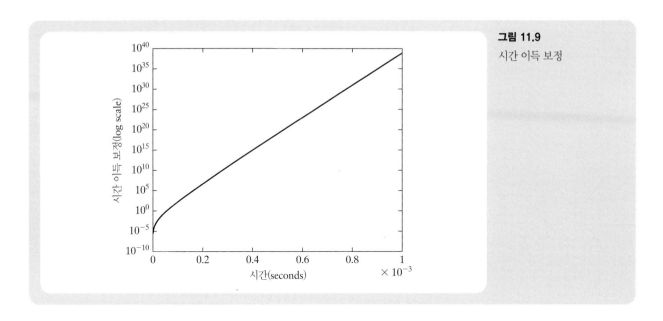

그림 11.9
시간 이득 보정

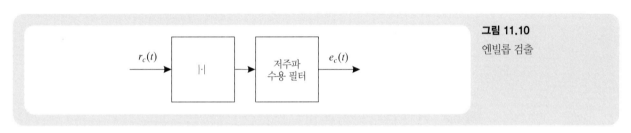

그림 11.10
엔빌롭 검출

같이 나타낼 수 있다.

$$r(t) = r_e(t)e^{j\phi}e^{-j2\pi f_0 t}.$$

수학적으로 보면 신호의 엔빌롭은 절대값을 취하면 검출할 수 있다. 이득 보정 및 엔빌롭
검출을 연결하여 보면 다음의 실수로 된 신호를 얻을 수 있다.

$$e_c(t) = \left| \int_0^\infty \int_{-\infty}^\infty \int_{-\infty}^\infty R(x,y,z)\mathrm{n}(t - 2c^{-1}z)\tilde{q}^2(x,y,z)\,dx\,dy\,dz \right|. \tag{11.6}$$

식 (11.6)은 협역 신호 n을 이용한 10.5.2절을 참조하면 더욱 단순화할 수 있다.

$$\mathrm{n}(t) = n_e(t)e^{j\phi}e^{-j2\pi f_0 t}. \tag{11.7}$$

식 (11.7)을 식 (11.6)에 대입해 보면 그 결과는 다음과 같다.

$$e_c(t) = \left| \int_0^\infty \int_{-\infty}^\infty \int_{-\infty}^\infty R(x, y, z) n_e(t - 2c^{-1}z) \right.$$
$$\left. \times\, e^{j\phi} e^{-j2\pi f_0(t - 2c^{-1}z)} \tilde{q}^2(x, y, z)\, dx\, dy\, dz \right|. \qquad (11.8)$$

x, y, z에 무관한 위상각 값은 절대값 연산자에 의하여 사라지게 되므로 다음에서 보는 바와 같이 단순해진다.

$$e_c(t) = \left| \int_0^\infty \int_{-\infty}^\infty \int_{-\infty}^\infty R(x, y, z) n_e(t - 2c^{-1}z) e^{j2\pi f_0 2c^{-1}z} \tilde{q}^2(x, y, z)\, dx\, dy\, dz \right|.$$
$$(11.9)$$

여기에 $k = 2\pi f_0 / c$를 적용하면

$$e_c(t) = \left| \int_0^\infty \int_{-\infty}^\infty \int_{-\infty}^\infty R(x, y, z) n_e(t - 2c^{-1}z) e^{j2kz} \tilde{q}^2(x, y, z)\, dx\, dy\, dz \right|. \qquad (11.10)$$

11.5절에서는 $e_c(t)$ 신호가 A모드 신호이며, 이것이 모든 초음파 영상에서 기본적인 신호가 됨을 보게 될 것이다. 이 신호는 A모드, M모드, 및 B모드에서 사용된다.

11.4 음파변환기의 움직임

지금까지의 분석은 음파변환기는 움직임이 없이 고정되어 있고, z축 방향으로 향하고 있다는 전제하에서 진행되었다. 그러나 영상을 얻기 위하여 음파변환기는 이동되어야 한다. 이 절에서는 음파변환기가 (x, y) 평면상에서 이동하는 것을 고려할 때의 결과적인 영상에 관한 방정식을 분석한다.

$z = 0$인 평면에 있는 음파변환기가 움직인다고 상상해 보자. 영상의 대상이 아닌 음파변환기의 필드 패턴이 이에 따라 이동하게 된다. 이것은 마치 손전등을 서로 다른 영역으로 비취는 것과 같다. 다만, 초음파 영상 시스템에서는 펄스-에코 사용함으로 음파변환기는 발신하는 것뿐 아니라 수신하는 것을 동시에 고려하여야 한다. 따라서 $(x_0, y_0, 0)$에 위치한 음파변환기에서의 A모드 신호는 다음과 같다.

$$e_c(t; x_0, y_0) = \left| \int_0^\infty \int_{-\infty}^\infty \int_{-\infty}^\infty R(x, y, z) n_e(t - 2c^{-1}z) \right.$$
$$\left. \times\, e^{j2kz} \tilde{q}^2(x - x_0, y - y_0, z)\, dx\, dy\, dz \right|. \qquad (11.11)$$

발신된 펄스의 엔빌롭이 매우 짧기 때문에, 시간 t 시점에서 반사되어 돌아오는 신호는 다음의 위치에서의 반사된 신호임을 알 수 있다.

$$z_0 = ct/2,\qquad(11.12)$$

이때 c는 인체 내 음파의 속도이다. 왕복 운동을 하는 시간임을 고려할 때 실제 거리는 '2'로 나누어 주어야 함에 주의하여야 한다. 식 (11.12)를 거리 방정식(range equation)이라 하며 이는 펄스–에코 영상에서 시간과 공간상의 위치에 관한 가장 근본적인 수식이다.

거리 방정식이 z_0와 t 간의 관계식이므로 e_c는 이전의 x_0, y_0, t의 함수가 아닌 x_0, y_0, z_0의 함수로 표현할 수 있다. 따라서 e_c는 공간에 분포된 반사계수의 근사치로 생각할 수 있다. 이러한 관점을 공식화해 보면 다음과 같다.

$$\hat{R}(x_0, y_0, z_0) = e_c(2z_0/c; x_0, y_0).\qquad(11.13)$$

식 (11.11)과 식 (11.13)을 합하여 보면 다음과 같다.

$$\hat{R}(x_0, y_0, z_0)\qquad(11.14)$$
$$= \left| \int_0^\infty \int_{-\infty}^\infty \int_{-\infty}^\infty R(x, y, z)e^{j2kz}n_e(2(z_0 - z)/c)\tilde{q}^2(x - x_0, y - y_0, z)\, dx\, dy\, dz \right|.$$

기하적 가정 식 (11.14)의 내용에 대해 깊이 이해하기 위하여 다음의 극단적 가정을 해 본다.

$$\tilde{q}(x, y, z) = s(x, y).\qquad(11.15)$$

위의 방정식은 음파 에너지가 z방향으로 진행하면서도 음파변환기 표면에서와 같은 필드 패턴을 유지하며 진행함을 가정하는 것이다. 이 경우 식 (11.14)는 다음과 같이 줄어든다.

$$\hat{R}(x, y, z) = K \left| R(x, y, z)e^{j2kz} * \tilde{s}(x, y)n_e\left(\frac{z}{c/2}\right) \right|,\qquad(11.16)$$

여기서 $\tilde{s}(x, y) = s(-x, -y)$이고 *는 3차원 콘볼루션 연산을 의미한다.

식 (11.16)에서 e^{j2kz}을 무시한다면, 모든 항이 실수가 됨으로 절대값을 취할 필요가 없어진다. 이 경우 측정된 반사계수 분포는 원래의 반사계수 분포보다 번져 보이게 한다. 음파변환기의 표면 모양과 엔빌롭 함수의 곱으로 정의되는 임펄스 응답 함수와 반사계수의 콘볼루션 연산이 된다. 따라서, 임펄스 응답 함수는 영상을 번져 보이게 하는 요인이다. 여기서 임펄스 응답 함수의 3차원상 형태가 초음파 영상 시스템의 **분해능 셀(resolution cell)**을 결정한다. 펄스가 매우 짧고 음파변환기의 크기가 작으면 분포된 반사계수를 좀 더 정확하게 예측할 수 있을 것처럼 보이지만, 실제로는 음파변환기의 크기가 작으면 빔이 넓게 퍼지게 된다.

이것이 기하학적 가정의 문제점이다. 또한 펄스가 짧아지게 되면 더 이상 협역 신호로 볼 수 없어 주파수에 따른 감쇠 문제가 부각된다. 따라서 이러한 여러 요인들 간의 균형이 잘 맞추어진 초음파 시스템을 구성해야 한다.

위에서 무시되었던 e^{j2kz}항을 살펴보자. 이것이 초음파 영상에서 보이는 가장 큰 특징적 왜곡(artifact)인 스페클을 생성하는 원인이다. 위상항 e^{j2kz}을 실제 공간상에 분포된 반사계수 $R(x, y, z)$에 곱한다는 점에 주의해야 한다. 실제 분해능 셀은 π/k이기 때문에 e^{j2kz}은 하나의 분해능 셀 안에서 많은 주기를 갖고 변화할 수 있다. 따라서 임의의 시간에서 보면, 실제 분해능 셀에 존재하는 하나의 산란체에는 특정 위상각이 인가되는데, 이를 확률 변수상에서 $[0, 2\pi)$ 사이에 균일하게 분포하는 모델로 생각할 수 있다. 결과적으로 완전히 무작위적인 복소수 $R(x, y, z)e^{j2kz}$들의 합으로 분해능 셀에서의 값이 구현된다. 이러한 값의 분포는 레일리 확률분포를 따르게 되며 그 평균값은 산란체의 분포에 따라 결정된다.

분해능 셀은 시간 축(공간축에서의 음파의 진행 방향 축)과 횡 방향 축에 걸쳐 어느 정도의 길이를 가짐으로, 수신된 신호의 한 점에서의 값은 주위의 값들과 서로 상관 관계를 갖고 있다. 다시 말해, 레일리 확률분포에 따라 서로 상관관계를 갖는 무작위적 패턴이 형성된다. 이러한 패턴을 스페클 패턴(speckle pattern)이라 하며 알갱이 모양의 스페클 형태로 보인다. 이에 따라 영상이 어두워졌다 밝아졌다 하며, 그 알갱이의 크기는 분해능 셀의 크기, 산란체의 공간상 분포, 그리고 주파수에 의해 결정된다. 이는 비록 바람직하지 않은 현상이지만, 의료 초음파 영상의 가장 큰 특성이라 할 수 있다.

프레넬과 프라운호퍼 근사화 식 (11.14)를 단순화하되, 기하학적 근사화보다는 좀 더 정확한 근사화를 위하여, $\tilde{q}$에 실제 음파변환기의 필드 패턴 표현식을 대입할 수 있다. 이때 10.5.2절에서 유도된 프레넬과 프라운호퍼 근사화를 참조하자.

식 (10.71)과 식 (11.3)으로부터 $\tilde{q}$에 대한 프레넬 근사치를 구할 수 있다. 식 (11.14)에 그 결과를 삽입하여 정리하면 다음 식과 같다.

$$\hat{R}(x_0, y_0, z_0) = \left| \int_0^\infty \int_{-\infty}^\infty \int_{-\infty}^\infty R(x, y, z)e^{j2kz}n_e\left(\frac{z_0 - z}{c/2}\right) \right.$$
$$\left. \times [s'(x - x_0, y - y_0, z)]^2 \, dx \, dy \, dz \right|, \tag{11.17}$$

여기서

$$s'(x, y, z) = s(x, y) ** e^{jk(x^2+y^2)/2z}. \tag{11.18}$$

이다. 안타깝게도 식 (11.17)은 더 이상 단순화될 수 없으며 R과 $\hat{R}$ 간의 관계식을 좀더 쉽게 사용할 수 있도록 하는 표현식으로 변환시킬 수도 없다.

식 (10.77)과 식 (11.3)으로부터 $\tilde{q}$에 대한 프라운호퍼 근사치를 구할 수 있다. 이를 다시 식 (11.14)에 대입하여 정리하면 다음과 같다.

$$\hat{R}(x_0, y_0, z_0) = \left| \int_0^\infty \int_{-\infty}^\infty \int_{-\infty}^\infty R(x, y, z) e^{j2kz} n_e \left(\frac{z_0 - z}{c/2} \right) \right.$$
$$\left. \times e^{jk\left((x_0-x)^2 + (y_0-y)^2\right)/z} \left[S\left(\frac{x_0 - x}{\lambda z}, \frac{y_0 - y}{\lambda z} \right) \right]^2 dx\, dy\, dz \right| . \quad (11.19)$$

여기서는 두 가지 특성을 관측할 수 있다. 첫째, $\exp\{jk((x_0-x)^2 + (y_0-y)^2)/z\}$는 z축 부근에서 충분히 먼 영역 (프라운호퍼 영역)에서는 1이라는 것이다. 둘째, n_e는 z축 방향으로 짧은 펄스이지만, $[S(\cdot, \cdot)]^2$은 z축 방향으로는 매우 느리게 변화한다는 것이다. 따라서 z의 영역에 따라 서로 다른 몇몇을 선택하여 사용할 수 있다. 이러한 두 가지 특성을 적용하면 $[S(\cdot, \cdot)]^2$의 z방향 적분을 단순화할 수 있다. 여기에 콘볼루션 연산자를 첨가하면 다음과 같은 표현식을 구할 수 있다.

$$\hat{R}(x, y, z) = \left| R(x, y, z) e^{j2kz} * \left[S\left(\frac{x}{\lambda z}, \frac{y}{\lambda z} \right) \right]^2 n_e \left(\frac{z}{c/2} \right) \right| . \quad (11.20)$$

결과적으로 얻어지는 영상은 사물이 부분적으로 번져보이는 영상이다. 이때 번져 보이게 하는 부분의 함수 형태는 깊이에 따라 점점 넓어진다. 따라서 초음파 시스템은 위치에 따라 변화하는 시스템이다. 그러나 짧은 영역에서는 이를 위치 불변 시스템(spatially invariant system)으로 가정하여 사용한다.

식 (11.20)에서 초음파 영상 시스템의 시각적 특성을 유추해 볼 수 있다. 첫째, 프레넬과 프라운호퍼 근사화 모두에서 e^{j2kz}항이 존재하므로 스페클이 존재한다. 둘째, 펄스가 조직에 깊이 전달되더라도 깊이 방향의 해상도는 일정하다. 셋째, 깊이에 따라 횡 방향의 해상도는 떨어진다. 끝으로 분해능 셀 모양은 횡 방향으로 보면 사이드로브(side lobe)가 존재하는데, 이는 $S(\cdot, \cdot)$가 일반적으로 싱크 형태의 함수이기 때문이다(2.2.4절 참조). 사이드로브에 의한 영상에 부가적인 오류가 생성되며, 특히 사이드로브 위치에 있는 반사체가 음파변환기 방향으로 강하게 반사파를 보낼 때 그 오류는 더욱 크게 작용한다.

11.5 초음파 영상의 모드

11.5.1 A모드 스캔

초음파 영상의 시작은 식 (11.11)의 엔빌롭을 검출한 신호 $e_c(t)$를 기본으로 한다. 이 신호를 A모드 신호(A-mode signal) 혹은 진폭 모드 신호(amplitude-mode signal)라 한다. 음파변환기에서 신호를 반복적으로 발사하며 반사되어 온 신호를 오실로스코프에 연속적으로 보

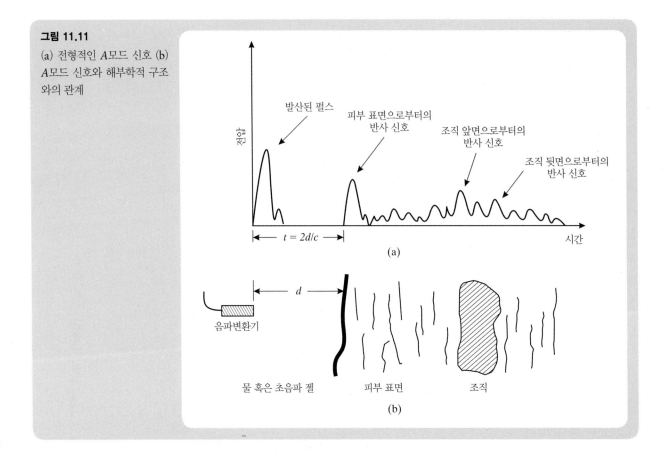

그림 11.11

(a) 전형적인 A모드 신호 (b) A모드 신호와 해부학적 구조와의 관계

여 줄 수 있다. 이러한 표시 방식을 A모드 스캔이라 하며 그 일례가 그림 11.11에 있다. 연속으로 반복되는 펄스의 발신 사이 시간을 **반복 시간(repetition time)**이라 하며, 이를 T_R로 표시한다. 이 시간은 반복되어 되돌아오는 신호가 모두 사라지는 시간보다는 충분히 길어야 하지만 동시에 의학적으로 관심 있는 부분에 움직임이 존재한다면 그 속도보다는 빨라야만 한다. 이러한 A모드 표시 방식은 심장 밸브의 움직임에 유용하다.

11.5.2 M모드 스캔

M모드 스캔(M-mode scan)은 A모드 스캔의 신호를 하나의 열로 연속적으로 표시하여 얻어진다. 여기서 A모드 신호의 진폭이 M모드 영상의 밝기가 된다. 연속적인 A모드의 신호들이 각각의 열을 구성하는 방식을 따르며 가장 오래된 A모드 신호를 순차적으로 지워가는 식으로 표시한다. 그림 11.12에서 나타난 것처럼, 밝기로 표시된 부분이 음파변환기 축 방향으로 상하 운동하는 모습을 잘 보여 준다. 이 모드는 심장 밸브의 운동을 영상화하는 데 많이 사용되며, ECG신호와 연결하여 보이기도 한다.

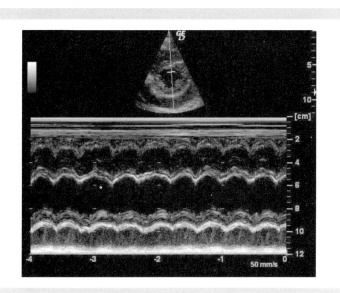

그림 11.12
M모드 스캔이 그림의 아래쪽에 표시되어 있다. 그리고 위쪽에는 B모드 영상에 M모드 스캔이 될 부분을 직선으로 표시하였다(GE Healthcare 제공)

11.5.3 B모드 스캔

B모드 스캔은 음파변환기의 빔을 평면에 스캔하여 얻어진다. 이를 구현하는 한 가지 방법은 그림 11.13에서 같이, 음파변환기를 z축 방향으로 한 상태에서 x축 방향으로 기계적으로 움직여 주는 것이다. 주기적으로 발신하는 펄스는 연속적인 A모드 신호를 생성하고 그것이 음파변환기의 각 x위치에서의 신호가 된다. B모드 영상은 각 열에서의 A모드 신호를 그 위치에 따라 모니터에 밝기로 표시하여 생성한다. 음파변환기의 위치와 펄스 시간에 대한 정보를 알고 있기 때문에, 이러한 방식으로 모니터에 표시하기 위한 전체 스캔 영상을 얻는 것은 상대적으로 간단히 구현할 수 있다.

초기의 초음파 시스템에서는 단일 소자 음파변환기를 기계적으로 스캐닝 형식이 주로 사용되었다. 기계적 스캐닝 시스템에서는 이러한 수평 이동 형식의 스캐너보다는 음파변화기를 기계적 고정 장치에 장착한 후 이를 회전하며 그 각도적 위치를 조절하여 스캐닝하는 방

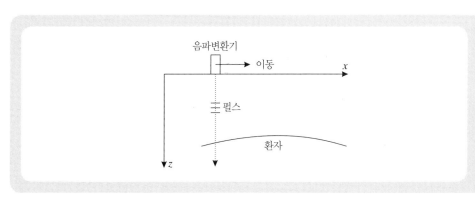

그림 11.13
단순한 B모드 스캐너

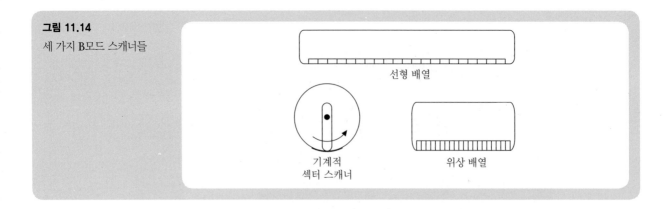

그림 11.14

세 가지 B모드 스캐너들

선형 배열

기계적
섹터 스캐너

위상 배열

식이 좀 더 많았다. 많은 경우에 있어 사용자가 음파변환기 구조물을 정해진 특정 방향으로 위치시켜야만 2차원 영상을 얻을 수 있었다.

수동적 스캐닝 시스템에서 하나의 장점은 신체 내부에 한 점을 여러 다른 각도에서 볼 수 있다는 것이다. 만약에 그 점에 강한 반사체가 존재한다면 가장 강한 반사 신호는 그 평면에 수직인 경우에 나타난다. 따라서 각 위치에서 되돌아온 신호의 가장 강한 부분들을 이용하여 영상화할 수 있다. 이와 같이 B모드 영상에서 같은 조직을 여러 각도에서 접근하여 얻은 영상들을 포괄적으로 사용하는 경우 콤파운드 B모드 스캔(compound B-mode scan)이라고 한다. 공교롭게도 이러한 식으로 얻어지는 영상은 굴절에 의하여 강한 왜곡을 보인다. 음파는 표면에 입사하는 각도에 따라 상이한 굴절을 보이며 이는 깊이 존재하는 조직을 측정하는 전자적 스캐닝에서 종종 오류를 야기시킨다. 그 결과 물질에 따라 영상이 번져 보이는 정도가 다르게 생기며, 몇몇 산란체들은 스크린상에 다른 점에 그려지기도 한다. 이러한 현상을 제거하기 위하여 초기의 시스템들에서는 때때로 가장 강한 반사체에 해당하는 신호만을 표시하여 사용하기도 했다.[1] 이러한 초기의 영상들은 해부학적 스케치에서 보이듯 기관 혹은 암 조직의 윤곽선만을 나타내곤 했다.

초기 시스템의 또 다른 단점은 실시간 영상이 아니었다는 것이다. 최근의 시스템들은 일반적으로 음파변환기를 특정 위치에 고정한 상태에서 사용하는 실시간 영상 기계이다. 그림 11.14에서 보이듯 밝기로 표현되는 B모드 영상에 사용되는 가장 주가 되는 스캐너는 세 종류가 있다. 이는 선형 스캐너(linear scanner), 기계적 섹터 스캐너(sector scanner), 위상 배열 섹터(phased array sector) 스캐너들이다. 실질적으로 대부분의 B모드 영상에서 보여 주는 반사계수는 하나의 특정한 방향에서 관측된 반사계수이다. 그러나 위상 배열 음파변환기에서는 전자적 조절을 통하여 콤파운드 영상을 얻을 수 있다. 비록 두 위치 간의 각도가 충분히 크지 않아 그 효과가 크지는 않지만, 그래도 스펙클을 줄이는 데 적용이 가능하다. 이 모드에 대해서는 11.8.2절에서 설명될 것이다.

선형 스캐너는 작은 소자들이 하나의 선 위에 정렬되어 있는 형태이다. 이는 기계적 스캐닝

---

1 초기 시스템에서는 흑색과 백색 두 가지만 표현 가능한 이진수형 오실로스코프를 사용하였다.

이 없는 단일 음파변환기의 선형적 위치 이동과 같다고 할 수 있다. 일반적으로 몇몇 소자들을 하나의 묶음으로 하여, 함께 발신과 수신을 함으로써 마치 하나의 소자보다는 좀 더 큰 음파변환기를 사용하는 것과 같은 효과를 낸다. 이는 큰 음파변환기가 작은 초점을 형성하고 보다 높은 파워의 신호를 발신하는 데 유리하기 때문이다. 선형 스캐너의 경우 신체상에 접촉을 유지하기 위하여 넓고 평평한 면이 필요하고 따라서 복부 영상과 산부인과에서 가장 많이 사용된다.

섹터 스캐너는 기계적 스캐너와 위상 배열 스캐너 방식으로 모두 가능하다. 기계적 섹터 스캐너는 단순히 단일 소자 음파변환기를 음파변환기 축에 수직인 방향으로 회전하는 형식을 따른다(그림 11.14 참조). 회전 축을 중심점으로 일련의 빔이 방출되는 것으로 가정하여 영상화할 수 있다. 빔이 깊이에 따라 넓게 퍼지게 되므로 가까운 영역에서는 샘플링이 필요한 것보다 초과되며 먼 영역에서는 거꾸로 모자라게 된다. 모든 초음파 영상 시스템에서는 초점이 있는 음파변환기를 사용하므로 실제로 횡 방향 해상도는 초점 부근에서 가장 높으며 음파변환기에서 아주 가깝거나 먼 영역에서는 해상도가 떨어진다.

위상 배열 섹터 스캐너는 매우 작은 음파변환기 소자들이 한 줄로 정렬되어 있는 형태이다. 전체적으로 볼 때 선형 스캐너에 비하여 위상 배열 섹터 스캐너의 크기는 현저히 작다. 초음파의 빔이 각 섹터별로 나갈 수 있도록 전자적으로 조절하는데, 이때 각 소자에 서로 다른 시간 지연(위상각 지연)을 적용한다. 한 가지 매우 중요한 장점은 되돌아온 신호의 초점 깊이를 조절할 수 있는 다이나믹 초점 기법을 사용할 수 있다는 것이다. 반면에 단점으로는 위상각 지연에 따른 그레이팅 로브(grating lobe)가 생성될 수 있고 이는 영상에 왜곡을 가져올 수 있다는 것이다.

섹터 스캐너를 이용하는 경우 극좌표계로서 얻어진 데이터를 직교 좌표계의 영상으로 변환시켜 줘야 한다는 공통점이 있다. 이러한 극좌표와 직교좌표 간의 변환 과정을 스캔 변환(scan conversion)이라고 한다. 적절한 스캔 변환을 사용하면 과도한 저주파 통과 필터 없이도 샘플링에 의한 부가적 결함을 줄일 수 있다.

예제 11.4

선형 음파변환기를 물속에서 2MHz 주파수로 사용하고 있다. 각 소자의 크기는 x방향으로 1mm, y방향으로 10mm이다.

문제 10cm 깊이까지 유용한 기하학적 근사화를 이용한다면 몇 개의 음파변환기 소자가 하나의 그룹으로 사용되어야 하나?

해답 2MHz 음파의 물에서의 파장은 $\lambda = c/f = 1{,}484\text{m/s}/2 \times 10^6\text{s}^{-1} = 0.742\text{mm}$이다. 음파변환기가 기하학적 영역에서 파 필드영역으로 변화되는 위치는 $z = D^2/\lambda = D^2/0.742\text{mm} = 10\text{cm}$이므로

$$D = \sqrt{100 \times 0.742} = 8.61 \text{ mm}.$$

이다. 따라서 9개의 소자를 하나의 그룹으로 하여 사용하면 된다.

투과 깊이 여러 가지 요인들이 복합적으로 관련되어 있지만, 감쇠가 초음파 시스템에서 깊이 방향 영상의 한계를 정하는 결정적 요인이다. 음파변환기와 증폭기(preamplifier)가 최소한 LdB의 손실을 다룰 수 있다고 가정하자(일반적으로 80dB). 예제 10.5에 의하면

$$20 \log \frac{A_z}{A_0} = -L,\tag{11.21}$$

로, 이때 A_z는 z만큼의 깊이에 전달된 음파의 진폭으로 해석된다. 식 (10.33)과 (10.34)로부터

$$\alpha = -\frac{1}{z} 20 \log \frac{A_z}{A_0}\tag{11.22}$$

이고 식 (10.35)에서 $b = 1$이라면

$$\alpha \approx af.\tag{11.23}$$

이다. 시스템 한계에서의 음파가 최대 이동할 수 있는 깊이는 다음과 같다.

$$z = -\frac{L}{af}.\tag{11.24}$$

투과 깊이 d_p는 왕복 운동을 고려하면 이에 절반이 되어 다음과 같다.

$$d_p = \frac{L}{2af}.\tag{11.25}$$

표 11.1은 d_p에 대한 짧은 표로 $a = 1\mathrm{dBcm}^{-1}\mathrm{MHz}^{-1}$로 $L = 80$dB로 가정하여 구한 결과이다.

표 11.1 주어진 주파수에서 투과 깊이

주파수(MHz)	투과 깊이(cm)
1	40
2	20
3	13
5	8
10	4
20	2

펄스 반복 주파수   새로운 펄스는 이전 펄스에 의한 모든 에코 신호가 사라진 후에 생성할 수 있다. 최대 투과 깊이에 위치한 조직을 영상화한 후 잔재하는 모든 반사 신호는 검출할 수 있는 수준 이하로 떨어진다. 따라서 펄스 반복 시간 T_R은 투과 깊이에 의하여 한정되며 다음과 같이 표현될 수 있다.

$$T_R \geq \frac{2d_p}{c}. \tag{11.26}$$

따라서 펄스 반복 주파수(pulse repetition rate)는 다음과 같이 정의된다.

$$f_R = \frac{1}{T_R}. \tag{11.27}$$

$a = 1\text{dBcm}^{-1}\text{MHz}^{-1}$으로 $L = 80\text{dB}$로 가정하면 최소 펄스 반복 시간은 0.267ms이다. 다시 말해 반사 신호의 혼돈을 주지 않는 상태에서 매초마다 $f_R = 3{,}750$펄스를 발생시킬 수 있다는 것이다.

B모드 영상 프레임률   2차원 영상을 생성하는 데 있어 N개의 펄스가 요구된다고 생각해 보자. 그럴 경우 영상의 프레임률은 다음과 같이 결정된다.

$$F = \frac{1}{T_R N}. \tag{11.28}$$

위의 예제에 연속적으로 적용한다면, $N = 256$일 경우 $F = 14.6\text{frames/sec}$이다. 통상적 초음파 영상 시스템의 경우 프레임률은 일반적으로 10~100frames/sec이다.

15frames/sec의 동영상은 깜빡임이 많아 초음파 시스템에서 수용할 수 없다. 이러한 문제는 스캔 변환을 통하여 해결할 수 있다. A모드 데이터는 이중 연결 메모리(dual port memory)에 의하여 최대한 빨리 읽혀지게 된다. 동시에 스캔 변환에서 60frames/sec의 속도로 데이터를 모니터로 전해 준다. 깜빡임이 아니더라도 15frames/sec보다 빠른 움직임을 감지할 필요가 있는 경우가 있다. 최근의 초음파 시스템에서는 시야를 줄일 수 있도록 하는 기능이 있다. 즉, 영상 전체가 담당하는 각도 혹은 영역을 줄여 주는 것이다. 이를 적용하면 하나의 프레임을 구성하는 펄스 N의 수가 줄어들기 때문에 프레임률이 급격히 증가된다.

예제 11.5

초음파 영상 시스템을 B모드에서 사용하고 있는데, 이때 하나의 영상을 위해 256펄스가 필요하다. 음파변환기의 감도가 최대 80dB 손실까지 감수할 수 있다.

문제   영상 대상 물질에서의 음파의 속도 $c = 1540\text{m/s}$이고 $a = 1\text{dBcm}^{-1}\text{MHz}^{-1}$이라고 한다면 프

레임률을 15frames/sec으로 할 수 있는 주파수 영역은 얼마인가?

해답 주어진 프레임률과 펄스의 수를 기반으로 계산해 보면 펄스 반복 주파수는

$$T_R = \frac{1}{FN} = 0.26\,\text{ms}.$$

이다.

$$T_R \geq \frac{2d_p}{c} = \frac{L}{afc},$$

이므로

$$f \geq \frac{L}{acT_R} = 1.99\,\text{MHz}.$$

이다.

11.6 방향 조절과 초점 형성

위상 배열 형태의 음파변환기는 음파변환기의 움직임 없이 방향 조절(steering)과 초점 형성을 하여 B모드 영상을 구현한다. 전체 크기가 1cm×3cm 정도인 음파변환기 내에 작은 소자들(일반적으로 64~128개로 구성)이 선형적 배열로 구성되어 있어 이를 구현하게 된다. 각 소자의 너비는 음파 파장의 1/4로 이는 0.2~0.75mm이다. 한쪽이 긴 사각형 형태의 소자를 사용함으로써 영상 평면에서는 음파의 초점이 잘 형성되고(긴 방향) 반대 방향으로는 작은 점 음원에 가깝게 만들 수 있다. 발신할 때에는 각 소자에 출력 시차를 주어 원하는 방향으로 빔을 형성하고 다른 방향으로는 빔이 상쇄되도록 한다. 수신하는 경우, 특정한 방향에 대한 선택성은 각 소자에서 수신된 신호들을 적절한 시차를 더해 구현한다. 다음의 두 절에서 이러한 아이디어를 확장하고 기본적인 삼각함수 법칙을 이용하여 위상 배열 시스템을 분석한다.

11.6.1 발신 방향 조절과 초점 형성

그림 11.15에서 보이듯, 음파변환기의 각 소자들에 서로 다른 지연 시간을 가하여 초음파 빔 방향을 바꿀 수 있다. 이러한 현상을 분석하기 위하여 시간 $t = 0$에서 소자 T_0가 펄스를 생성한다고 가정하자. 평면파가 θ방향으로 생성되기 위하여 다른 소자들에서 필요한 지연 시간을 계산하고자 한다. 시간 t가 되면 소자 T_0에서 발생한 파는 거리 $r_0(t) = ct$만큼 진행한다. 따라서 선 $L(t, \theta)$가 시간 t일 때 θ방향의 평면파의 선두 부분을 나타낸다면 이를 수학적으로 다음과 같이 표현할 수 있다. [식 (2.10)과 유사]

$$L(t,\theta) = \{(x,z)\mid z\cos\theta + x\sin\theta = r_0(t)\}. \tag{11.29}$$

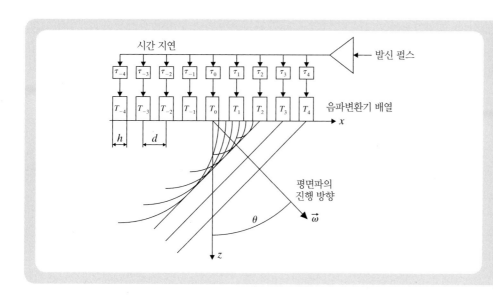

그림 11.15
위상 배열을 이용한 방향 조
절에 대한 기하학적 분석도

단순한 기하 법칙에 따라 음파변환기의 i번째 소자 T_i로부터 이 선까지의 거리는 다음과 같다.

$$r_i(t) = r_0(t) - id \sin \theta . \tag{11.30}$$

따라서 파의 선두가 직선 $L(t, \theta)$가 되기 위하여 각 소자에서는 다음의 시간 지연을 갖고 펄스를 생성해야 한다.

$$t_i = \frac{r_0(t) - r_i(t)}{c} = \frac{id \sin \theta}{c} . \tag{11.31}$$

그림 11.16(a)에서는 이러한 시간을 갖는 펄스를 보여 주고 있다. 실질적으로 음수인 시간이 존재하지 않는다. 결과적으로 모든 시간은 양수가 되도록 같은 시간만큼 평행 이동되어

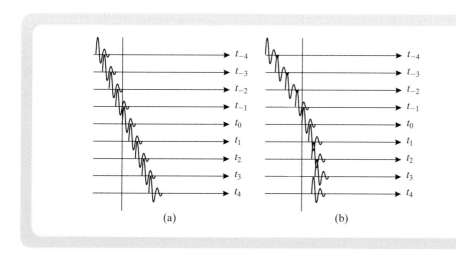

그림 11.16
(a) 빔 방향 조절 타이밍 모식
도 (b) 초점 형성을 위한 타이
밍 모식도

야 한다. 중심이 원점인 $2N + 1$개의 소자로 된 음파변환기가 있어 $t_{min} = \min\{t_i,\ i = -N,$ $\cdots,\ N\}$라고 가정하자. 이 경우 시간 지연은 다음과 같이 결정된다.

$$\tau_i = t_i - t_{min},\quad i = -N, \ldots, N. \tag{11.32}$$

위상 배열을 이용하는 경우, 일반적으로 초점이 형성되어 사용되는데, 이는 그림 11.17에서 보이는 바와 같이, 빔 방향 조절의 개선으로 생각할 수 있다. 방향 조절과 초점 형성을 함께 분석하기 위하여 초점 위치가 (x_f, y_f)이고 T_i의 위치는 $(id, 0)$이라 가정해 보자. 이에 따라 T_i에서 초점까지의 거리는 다음과 같이 결정된다.

$$r_i = \sqrt{(id - x_f)^2 + z_f^2}. \tag{11.33}$$

T_0 소자에서 음파가 발생하는 시간을 $t = 0$라 하면, T_i에서는 다음의 시간에 음파가 발생하여야 동시에 초점으로 음파가 도달한다.

$$t_i = \frac{r_0 - r_i}{c} = \frac{\sqrt{x_f^2 + z_f^2} - \sqrt{(id - x_f)^2 + z_f^2}}{c} \tag{11.34}$$

초점이 형성된 빔을 생성하기 위하여 식 (11.32)를 적용한 펄스의 타이밍을 사용할 수도 있다. 그림 11.16(b)는 초점이 형성된 펄스 타이밍을 그림으로 보여 주고 있다. 빔의 방향 조절과 이러한 초점이 더해진 시간 지연과의 차이점은 (1) 단순한 방향 조절을 위한 기본 시간 지연이 아니라는 점, (2) 기하학적 위치 순서에 따라 소자에서의 발생 시간이 순차적으로 적용되지 않는다는 점이다. 초점의 전형적인 깊이 $z_f = d_p/2$이다.

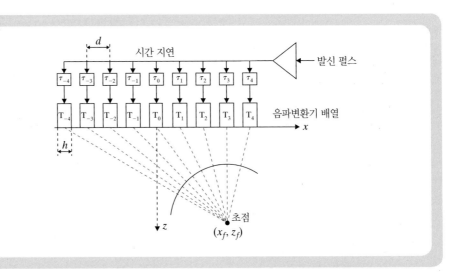

그림 11.17
위상 배열을 이용한 방향 조절 및 초점 형성에 대한 기하학적 분석도

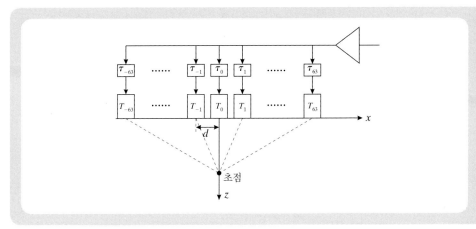

그림 11.18
선형 배열 음파변환기의 중심
축에서의 초점 형성

예제 11.6

127개의 소자로 구성된 음파변환기를 물속에서 이용한다. 각 소자 간의 거리 $d = 0.8\,\text{mm}$이다(그림 11.18 참조).

문제 z축상에서 $z = 5\,\text{cm}$ 위치에 초점을 형성하고자 한다. 가장 외각에 위치한 소자의 음파 생성 시간이 $t = 0$이라 한다면 중심에 위치한 소자에서 언제 음파를 발생시켜야 하는가?

해답   가장 외각에 위치한 소자로부터 초점까지의 거리는

$$r_{63} = \sqrt{(63d)^2 + (5\,\text{cm})^2} = 7.1\,\text{cm}.$$

이다. 그러므로 r_{63}과 r_0 간의 차이는 $r_{63} - r_0 = 2.1\text{cm}$이다. 물속에서의 음파의 속도는 $1{,}484\text{m/s}$이므로, 중심 소자에서 음파를 발생시켜야 할 시간은

$$\tau_0 = \frac{2.1\,\text{cm}}{1{,}484\,\text{m/s}} = 14.15\,\mu\text{s}.$$

가 된다.

11.6.2 빔포밍과 다이나믹 초점 형성

위상 배열 소자들에서 생성되는 펄스들에 적절한 시간 지연을 주어 일정 방향 혹은 한 점에 음향 에너지가 집중되도록 할 수 있지만, 실질적으로 각 소자에서의 음파는 구면파 형태로 진행되기 때문에 에너지는 상당히 넓게 퍼져 나간다. 되돌아온 신호에서 원하는 방향(초점 방향)으로 가장 높은 감도를 형성하기 위해서 사용되는 두 가지 일반적인 기술로 빔포밍 기술과 다이나믹 초점 형성 기술이 있다.

빔포밍(beamforming)이란 빔의 방향 조절과 유사하여 음파변환기의 감도를 특정 방향으로 높여 주는 것이다. 그림 11.19(a)에서 보는 것과 같이, 음파변환기 소자들에 특정한 방향

그림 11.19

(a) 빔포밍에 대한 기하학적 분석도 (b) 다이나믹 초점 형성에 대한 기하학적 분석도

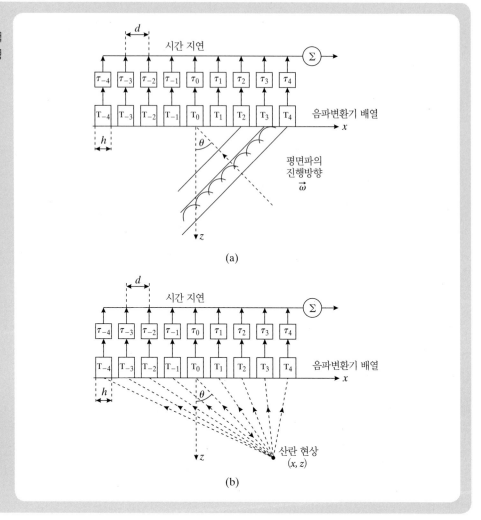

(a)

(b)

θ로의 평면파가 전해 오면, 각 소자는 순차적으로 음파에 반응하게 된다. 즉, 한 소자에 음파가 도달하고 그 다음 소자에 음파가 순차적으로 도달하게 된다. 각각의 소자에 음파 도달 지연 시간을 고려하고 이를 상호 보정하여 더하여 주면 전체 음파변환기 소자들의 특정한 방향 θ에 대한 감도가 높아지게 된다. 여기서 수신된 시간 지연은 식 (11.31), (11.32)에서 유추된 발신 시간 지연과 일치한다. 같은 식으로 정해신 초점에 대한 시간 지연은 빔의 방향 조정과 초점 형성을 위한 식 (11.32), (11.34)를 이용하여 구현할 수 있다.

특정 시점, 특정 위치에 대한 음파변환기의 수신 감도를 높일 때는 다이나믹 **초점 형성** (Dynamic Focusing)이라는 추가적인 복잡한 과정을 거친다. 그림 11.19(b)에서 보이는 것처럼 소자 T_0에서 방향 θ로 시간 $t = 0$에서 신호를 발신한다고 생각해 보자. 음파가 산란되는 위치가 (x, y)라고 가정하면 음파가 T_0에서부터 T_i까지 반사되어 전달되는 시간은 다음과 같이 결정된다.

$$r_i = \sqrt{x^2 + z^2} + \sqrt{(id - x)^2 + z^2}. \tag{11.35}$$

T_0와 T_i에 도달하는 펄스의 시차는 다음과 같다.

$$t_i = \frac{\sqrt{x^2 + z^2} - \sqrt{(id - x)^2 + z^2}}{c}. \tag{11.36}$$

실질적으로 발신된 펄스는 θ방향으로 진행하면서, 펄스 산란 중심이 되는 위치 (x, y)가 변하게 된다. 따라서 시간이 다르게 되면 시간에 대한 함수 자체도 변화하게 된다. θ방향으로 발신된 펄스의 위치 $(x, y) = (ct \sin \theta,\ ct \cos \theta)$로 주어진다. 따라서 시차에 이를 대입하여 다시 계산하면 다음과 같은 수식으로 정리된다.

$$t_i(t) = \frac{\sqrt{x^2(t) + z^2(t)} - \sqrt{(id - x(t))^2 + z^2(t)}}{c} \tag{11.37}$$

$$= t - \frac{\sqrt{(id)^2 + (ct)^2 - 2ctid \sin \theta}}{c}. \tag{11.38}$$

시간 지연이 음수가 되는 것을 방지하기 위하여, $t_{min} = -Nd/c$만큼의 시간을 빼줌으로써 전체적인 시간 지연을 이동시킬 수 있다. 따라서 다이나믹 초점 형성은 수신되는 신호의 시간 지연을 다음과 같이 다이나믹하게 변화시켜 줌으로써 구현할 수 있다.

$$\tau_i(t) = t - \frac{\sqrt{(id)^2 + (ct)^2 - 2ctid \sin \theta}}{c} + \frac{Nd}{c}. \tag{11.39}$$

예제 11.7

127개의 소자로 구성된 위상 배열 음파변환기를 이용하여 다이나믹 초점 형성을 한다고 생각해 보자. 각 소자 간의 거리 $d = 0.8$mm이다. z축 5cm에 위치한 산란체가 시간 $t = 0$에 속도 $v = 5$cm/s로 +z축 방향으로 움직이기 시작했다.

문제 음파의 속도 $c = 1,500$m/s라 가정한다. 이때 $\tau_{63}(t)$과 $\tau_0(t)$ 간의 시간 지연 차이를 그래프로 표시하라.

해답

$$\tau_d(t) = \tau_{63}(t) - \tau_0(t).$$

라 하자. 시간 t에서의 63번째 소자로부터 산란체와의 거리는

$$r_{63}(t) = \sqrt{[(63 \times 0.8)\ \mathrm{mm}]^2 + [(5 + 5t)\ \mathrm{cm}]^2}.$$

이다. 이에 비하여 중심에 위치한 소자에서 산란체 간의 거리는

그림 11.20

위상 배열 시스템 기반으로 움직이는 산란체를 추적하기 위하여 다이나믹 초점 형성을 구현하는 경우 중심의 소자와 최 외곽 소자 간의 시간 지연 그래프

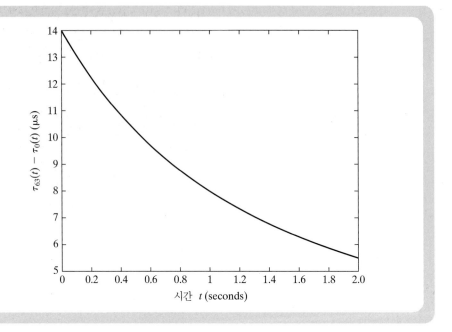

$$r_0(t) = (5 + 5t) \text{ cm}.$$

이다. 따라서 시간 지연의 차이는

$$\tau_d(t) = \frac{r_{63}(t)}{c} - \frac{r_0(t)}{c} = \frac{1}{c} [r_{63}(t) - r_0(t)]$$

로, 그 그래프는 그림 11.20에서와 같다.

11.7 3차원 초음파 영상

3차원 초음파는 기존의 선형 혹은 위상 배열 음파변환기를 이용하여 획득한 영상의 평면 방향과 수직인 방향으로 스캔하거나 2D 위상 배열 시스템을 사용하면 구현할 수 있다. 3차원 볼륨 영상을 구현하는 방법들을 그림 11.21에서 보여 주고 있다. 기계적으로 시계추처럼 움직이는 디자인은 3차원 영상용 프로브에서 가장 많이 적용되고 있다. 이를 위해서 그림 11.8과 같은 배열 구조를 갖는 음파변환기 전체를 그림 11.7(a)의 단일 소자 음파변환기처럼 기계적으로 움직여 주어야 한다. 이때 움직이는 방향은 소자들의 순차적 배열 방향과는 수직인 방향이다. 이러한 구성으로 음파변환기의 각 위치마다 2차원 평면 영상을 얻을 수 있고, 각각의 주어진 2차원 영상을 음파변환기 위치를 이용하여 재구성하면 3차원의 볼륨 영상을 구현할 수 있다(그림 11.21(a) 참조).

반면, 그림 11.21(b)에서처럼 1차원 배열 음파변환기를 중심축 기준으로 회전시켜서 3

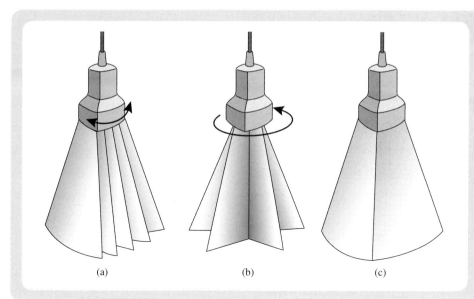

그림 11.21
3차원 영상을 위한 음파변환기 구조 (a) 1차원 배열 음파변환기를 기계적으로 움직이는 방식, (b) 1차원 배열 음파변환기를 중심축 기준으로 회전하는 방식, (c) 2차원 배열 음파변환기를 이용하여 움직임 없이 3차원 영상을 얻는 방식

차원 영상을 구현할 수도 있다. 이러한 방식은 사용되는 경우가 적은데, 그 이유는 전체를 회전해야 하므로 음파변환기가 닿는 부위가 넓어지기 때문이다. 따라서 일부 신체 부위에서는 3차원 영상을 원활히 구하기 어렵다. 2차원 배열 소자 음파변환기도 상업화되고 있다. 각 소자는 정사각형 형태이며 각 방향으로 같은 수의 소자들이 분포된다. 이 경우 그림 11.21(c)에서처럼 음파변환기를 움직이지 않고 3차원 영상을 얻을 수 있다. 2차원 배열 소자 음파변환기를 이용한 인기 있는 혼합형 영상 모드는 수직인 단 2개의 평면들만을 제공하는 것이다(그림 11.21(b) 참조). 이 경우 실시간 영상이 가능하다. 2차원 배열 소자의 경우에도 좀 더 넓은 영역의 신체 부위가 음파변환기와 접촉해야 하므로 영상을 얻기 어려울 때도 있다.

위에서 언급하지 않은 마지막 3차원 영상 구현 방식은 '프리 핸드' 방식이다. 이 경우 2차원 영상을 얻을 수 있는 1차원 배열 음파변환기를 사용자가 손으로 움직이며 영상을 얻은 뒤 이를 재구성하여 3차원 영상을 구현하는 방법이다. 이때 음파변환기 외부에 위치 추적용 표지(marker)를 부착하여, 음파변환기의 이동을 기록하며 이를 영상 재구성에 적용한다. 특별한 위치 추적 표지가 없는 시스템도 개발 중이다. 이 경우는 사용자가 매우 조심스럽고 느리게 음파변환기를 이동시키며 연속적인 2차원 영상들을 획득한 후, 각 영상들 간의 스페클 패턴 특성을 비교하여 상대적인 위치 변화를 추적하여 3차원 영상으로 재구성하는 방식이다.

11.8 영상 품질

이상적 초음파 영상 시스템은 공간상에 분포하고 있는 반사계수 $R(x, y, z)$를 재구성하여 보여 주는 것이다. 그러나 이는 크게 두 가지 이유로 불가능하다. 첫째, 음파변환기 임펄스 응답 함수(impulse response function)는 음파변환기의 필드 패턴에 의해 영향을 받는데, 실제 반사계수 분포를 번져 보이게 하기 때문이다. 둘째, 엔빌롭 검출을 할 때, 잡음 같은 스페클이 형성되어 초음파 이미지가 얼룩져 보이게 만들기 때문이다. 더불어 일부 반사체들은 산란 형태의 반사를 하지 않아 체내의 일반적 반사체와 전혀 다른 반사 특성을 가지며, 이로 인하여 반사계수의 분포를 보여 주는 것이 불가능해지기도 한다.

11.8.1 해상도(분해능)

식 (11.20)에 정리된 분해능 셀의 크기가 초음파 이미지의 영상 해상도를 설명하는 핵심 요소이다. 깊이 방향의 해상도는 그림 10.6에서 보이듯 전반적으로 펄스 모양(엔빌롭)에 의하여 결정된다. 반면, 횡 방향 해상도는 그림 10.5에서처럼 필드 패턴에 의하여 결정된다. 거의 대부분의 초음파 영상 이미지들을 조사해 보면, 깊이 방향의 해상도는 고정된 상수이나, 횡방향 해상도는 영상의 깊이에 따라 변화한다. 그 대표적인 일례가 그림 IV.3이다.

여기까지는 고려되지 않은 해상도를 향상시키는 두 가지 방법이 있다. 영상 단면 방향(through-plane) 초점 형성과 하모닉 영상이다. 여기서 그들에 대한 간략한 설명을 하게 될 것이다.

영상 단면 방향 초점 형성 B모드 영상 품질의 핵심 요소 중 하나는 영상을 형성하는 단면 두께(slice thickness)이다. 기계적 스캔이든 전자적 스캔이든 관계없이, B모드 이미지는 깊이 방향으로 해상도를 결정하는 펄스의 길이와 횡 방향 해상도를 결정하는 평면상 초점의 특성이다. 그리고 CT에서와 같이 영상 평면과 수직 방향으로 단면의 두께는 소위 앙각(elevation) 방향이라 불리는 방향으로의 초음파 빔의 두께에 의하여 결정된다. 그런데 이 방향으로 빔의 두께도 역시 영상의 품질의 결정하는 주요 요소 중 하나이다.

여기까지는 단면 두께를 고정된 것으로 가정하였으며, 이는 앙각 방향으로는 음파변환기 형태가 이미 고정된다고 생각하였기 때문이다. 이러한 가정하에서는 곡률이 있는 형태 혹은 렌즈를 부착한 형태가 아니라면 일반적 근거리 영역 필드와 프라운호퍼 근사화를 적용하여 필드 패턴과 단면 두께를 유추해 낼 수 있다(그림 10.5 참조). 이 경우 음파변환기의 주파수가 고정되므로 필드 패턴을 변화시키기 위해서는 음파변환기의 길이 D를 변화시켜야 한다는 것을 알고 있다. 이를 구현하기 위하여, 음파변환기를 그림 11.22에서와 같이 앙각 방향으로도 배열로 구성하는 것이다. 중심에 위치한 ① 영역의 소자들만 사용하는 경우 가장 얇은 근거리 영역 필드와 가장 넓은 파 필드 패턴을 얻을 수 있다. 반면 가운데 3개의 행들을 함께 사용하는 경우 근거리 영역에서의 필드가 넓어지는 반면, 먼 거리에서의 필드는 상대

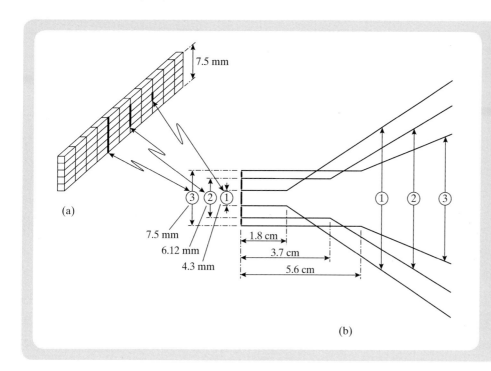

그림 11.22
1.5차원 음파변환기. (a) 앙각 방향으로 여러 개의 소자 배열이 있다. (b) 서로 다른 면 두께는 서로 다른 행들을 함께 여기시켜 구현한다.

적으로 좁아진다. 만약 모든 소자들을 같이 사용하면, 근거리 영역 필드는 가장 넓어지지만, 먼 거리 필드는 가장 좁아질 것이다.

　이미 위상 배열 시스템에서 시간 지연을 이용한 초점 형성에 대하여 탐구하였으므로, 이를 앙각 방향으로도 적용할 수 있다는 것을 알 수 있다. 위 5개 행으로 구성된 음파변환기의 경우 최 외곽의 두 행의 소자들을, 그리고 다음 두 행의 소자들을, 끝으로 중심의 한 행의 소자들을 순차적으로 여기하여 사용하며, 앙각 방향으로 어느 정도의 초점 형성이 가능하다. 만약 앙각 방향으로 좀 더 많은 배열의 소자들이 가능하다면, 임의의 초점 길이를 형성하여 초점의 질이 향상될 것이다. 이렇게 초점의 길이가 조절 가능하도록 한 음파변환기가 여러 시스템에서 시도되고 있다. 한 단면 영상을 위하여 다른 조건으로 여러 차례 스캐닝을 해야 하지만, 깊이에 따라 좀 더 일정한 면 두께를 갖는 영상 시스템을 제공하는 것이다. 이는 단면 두께 방향과 횡 방향 모두의 초점의 깊이를 조절하는 기능이라 할 수 있다. 그림 11.22의 경우로 예를 들면, ①을 이용하여 가장 근거리 영역의 영상을 채우고, ②의 조건을 이용하여 중간 거리 영역의 영상을 채우고, ③의 조건으로 가장 먼 거리 영상을 채워 하나의 초음파 단면 영상을 구성하는 것이다. 하나의 B모드 영상을 위하여 세 번의 스캔이 필요하기 때문에 해상도를 향상하기 위하여 프레임률이 떨어지며, 따라서 모든 영상 조건에 적용할 수는 없을 것이다.

하모닉 영상　10.3.6절에서 정형파는 음파의 비선형적 특성에 의하여 멀리 전달될수록 톱니파 형태로 변해간다는 것을 학습하였다. 또한 톱니파는 하모닉 주파수 성분을 포함하는데, 이는 기본 주파수의 정수배가 되는 주파수들이다. 11.2.1절에서 언급된 광대역 음파변환기로 기본 주파수로 신호를 발신하면 기본 주파수 성분(첫 번째 하모닉 성분)과 함께 두 번째 하모닉 성분을 내포한 반사파를 획득할 수 있다.

이때 수신된 신호에 밴드패스 필터를 적용하여 기본 주파수를 제거한 두 번째 하모닉 성분만으로 구성된 신호를 생각해 보자. 그 결과 얻어진 신호는 파동과 조직 간의 비선형적 상호작용에 의하여 생성된 반사 신호만을 내포하고 있다. 표면적으로는 이러한 신호는 특별한 장점은 없고 몇 가지 단점만 있는 것처럼 보일 것이다. 여기서 어떠한 이유로 이러한 신호가 흥미롭고 또한 어떠한 장점을 갖고 있는지 살펴보고자 한다.

주지하는 바와 같이, 비선형 효과는 큰 진폭의 음파에서 주로 생성된다. 실질적으로 비선형 효과는 음압에 따라 음파의 전달 속도가 증가하면서 일어난다. 따라서 음파 내 중심의 높은 압력 부분에서 가장 큰 비선형 효과가 일어나며, 메인로브에서 바깥쪽보다 높은 비선형 효과가 나타난다. 즉, 11.5.3절에서 언급된 사이드로브나 그레이팅 로브에서는 하모닉 신호 성분이 거의 반사되어 오지 않게 된다. 이러한 효과로 인하여 영상의 해상도는 향상되고 부가적 결함들은 사라지게 되어, 하모닉 영상이 사용되는 것이다. 단면 두께 관점에서도 하모닉 신호 생성의 감소를 고려해 보면, 단면 두께 방향으로 해상도가 향상됨을 알 수 있다.

또한 먼 거리에 전달될 때, 정형파가 점점 더 톱니파 모양으로 변화하게 되므로 하모닉 성분은 먼 거리에서 오히려 그 신호가 강해진다. 그러나 주파수와 감쇠계수 간의 상관관계에 따라, 높은 주파수는 반사되어 돌아오는 동안 기본 주파수 성분보다 빨리 감쇠한다. 이 두 가지 특성이 서로 상쇄하여, 하모닉 영상은 전통적인 B모드 영상과 유사한 깊이에서 구현될 수 있다.

기본 주파수 성분과 하모닉 성분을 충분히 분리하기 위해서, 하모닉 영상 펄스는 전형적인 영상에서 사용되는 신호보다 길다. 이렇게 생성된 음파는 좀 더 협역 신호로 발신되며 하모닉 성분들을 손쉽게 구분할 수 있게 된다. 이는 깊이 방향으로 해상도를 약간 떨어뜨린다. 이를 극복하기 위한 방법은 2개의 짧은 신호를 연속적으로 발신하되, 두 번째 신호는 첫 번째 신호와 역으로 보내는 것이다. 즉, 두 번째 신호는 첫 펄스에 −1을 곱한 신호이다. 각 경우의 반사 신호를 합치게 되면, 기본 주파수 성분을 상쇄되어 사라지고 남은 신호들은 모두 하모닉 성분들로 구성된 신호가 된다. 이로 인하여 해상도를 잃지 않고 하모닉 영상을 구현할 수 있게 된다.

앞서 탐구한 것처럼, 첫 번째 하모닉인 기본 주파수 성분이 초음파 영상 시스템에서 주로 사용되는 성분이고, 가능한 경우 높은 차수의 하모닉 성분들을 사용한다. 가장 흔히 사용되는 하모닉 성분은 두 번째 하모닉 성분으로 이는 광대역 음파변환기의 주파수 영역에 포함되어 편리하기 때문이다. 그러나 만약 좀 더 넓은 광대역 음파변환기가 가능하다면, 해상도를 높이기 위하여 좀 더 높은 차수의 하모닉 성분을 이용할 수 있을 것이다.

11.8.2 잡음과 스페클

전기적 잡음(electronic noise) 스페클은 비록 영상에서 잡음 같아 보이긴 하지만, 실제로 이 책에서 정의하는 잡음과 다르며, 무작위적으로 생성되지도 않는다. 실제 초음파 시스템 잡음은 전선이나 전기 소자들과 같은 시스템 내 여러 부분에서 생성되는 전기적 잡음이다. 감쇠가 심한 멀리 떨어진 부분의 영상을 위하여 시간 이득 보정(TGC)에 높은 증폭률을 적용하면 매우 작은 잡음도 같이 크게 증폭되어 영상에 포착된다. 이러한 잡음은 스페클과 유사해 보이나 통계적으로 보면 픽셀 간 서로 독립적이다. 또한 매우 높은 공간 주파수를 갖고 있으며, 음파변환기의 주파수 및 필드 패턴과 무관하다. B모드 영상에서 잡음이 나타나는 영역은 일반적으로 영상의 깊은 영역으로 특별한 산란체가 거의 없는 균일한 영역에서 더욱 두드러진다. 따라서 초음파 영상에서 잡음과 스페클 간 구분은 어렵지 않다. 한편, 잡음으로 인하여 영상이 가능한 투과 깊이가 제한된다.

스페클 감소를 위한 콤파운드 스캐닝 콤파운드 영상은 같은 평면상의 영상을 서로 다른 각도에서 얻은 여러 이미지들을 평균해서 얻게 된다.[2] 초기 초음파 시스템에서 2차원 영상을 얻기 위하여 단일 소자 음파변환기를 손으로 움직인 것과 유사하게 음파변환기를 여러 각도로 위치시켜 같은 평면의 영상을 얻을 수 있는데, 접근 각도로 인하여 내부 조직의 경계면이 불분명할 때 유용하다. A모드 영상이 발전함에 따라, 음파가 기관 경계면에 수직으로 입사해야 선명해지는 특성이 상대적으로 덜 중요시 되었고, 대신 스페클을 줄이는 기술의 중요성이 다시 대두되고 있다.

이미 스페클은 잡음 같아 보이기는 하지만, 실제 하나의 분해능 내 여러 산란체로부터 신호들의 보강·상쇄 간섭에 의하여 생성됨을 탐구하였다. 각 픽셀 간의 밝기가 마치 무작위적으로 형성된 것처럼 되는 잡음 같은 이러한 신호는 영상에서 줄여 주는 것이 바람직하다. 이로 인하여 스페클 감소(speckle reduction)라는 용어가 초음파 영상에서 사용된다.

서로 다른 각도에서 영상을 구하게 되면, B모드 영상에서 분해능 셀 내 산란체들의 상대적 위치가 변화하게 된다. 그 결과 강한 반사체의 모습은 일정하게 유지되나, 스페클 패턴은 조금씩 변화하게 된다. 이러한 영상들의 평균값을 취하게 되면, 강한 신호는 더욱 두드러지게 되고 스페클 패턴은 줄어들게 된다.

그러면 어떻게 음파변환기를 움직이지 않고 서로 다른 각도에서의 이미지를 얻을 수 있을까? 앞부분에서 위상 배열 음파변환기를 이용하여 어떻게 빔의 각도를 조절하여 부채꼴 형태의 B모드 영상을 획득하는지 탐구하였다. 그 부분에서는 항상 음파변환기의 중심을 원점으로 가정하였다. 그러나 그 대신 음파변환기의 1/3 또는 2/3 부분을 하나의 독립된 음파변환기로 생각하면 전체 음파변환기는 몇 개의 소형 음파변환기들의 묶음으로 이해할 수 있

---

2 기술적으로 더 명확히 영상각도 콤파운딩(angular compounding)이라 할 수 있다. 일반적 콤파운딩은 음파변환기를 이동하여 얻은 독립적 영상의 평균을 의미하며, 이를 구분하기 위하여 영상각도 콤파운딩을 사용할 수 있다.

다. 부분 부분의 음파변환기들은 결국 하나의 소형 음파변환기를 순차적으로 이동시킨 것과 같아지므로, 이렇듯 음파변환기의 일부분을 이용하여 획득한 영상들도 역시 서로 다른 각도에서 형성된 영상들이 된다. 이러한 접근법은 **변동 애퍼처**(displaced aperture) 방식이라 한다. 3개 혹은 그 이상의 영상을 이렇게 부분적인 음파변환기로 순차적으로 획득한 후 그들의 평균을 하여 최종 영상을 제공하면, 약간의 스페클 감소를 구현할 수 있다.

11.9 요약 및 핵심 개념

초음파 영상은 일반적으로 음파변환기를 기반으로 한 펄스-에코 시스템으로 구현된다. 이러한 시스템들은 높은 성능과 낮은 가격을 특성으로 한다. 이 장에서는 다음의 핵심 개념들에 대하여 설명하였다.

1. 초음파 영상 시스템의 가장 근본적인 구성 요소인 **음파변환기**는 펄스-에코 모드(pulse-echo mode)에서 활용되며 이는 음파를 생성하고 수신하는 주체이다.
2. 대부분의 음파변환기는 압전 결정체(piezo crystal) 기반으로 만들어지며 특성에 따른 기본 주파수에서 공진한다.
3. 신체에 대한 유용한 시야를 확보하기 위하여, 초음파 빔 방향이 조절되거나, 빔이 스캔을 하거나, 빔으로 전체 영역을 휩쓸어야 한다.
4. 펄스-에코 방정식에 근간이 되는 영상 수식은 일반화된 프레넬 혹은 프라운호퍼 근사화로부터 유도된다.
5. 기본적 영상 수식은 조직의 반사계수(reflectivity) 분포를 표현하는 공식으로 변형될 수 있다.
6. 초음파 영상 모드에는 A모드 스캐닝, M모드 스캐닝, B모드 스캐닝, 그리고 3차원 초음파 영상이 있다.
7. 실질적인 B모드 영상을 위해서 초음파 빔의 방향 조절 혹은 빔포밍과 초점 형성이 요구된다.
8. 하모닉 영상은 광대역 음파변화기를 이용하여 해상도를 높이는 데 사용될 수 있다.
9. 콤파운드 영상은 위상 배열 음파변환기의 애퍼처 변동을 통해 얻은 영상들을 평균하여 구할 수 있다.

참고문헌

Cobbold, R.S.C. *Foundations of Biomedical Ultrasound*. New York, New York: Oxford University Press, USA, 2006.

Kremkau, F.W. *Diagnostic Ultrasound: Principles and Instruments*, 7th ed. Philadelphia, PA: W.B. Saunders, 2005.

Macovski, A. *Medical Imaging Systems*. Englewood Cliffs, NJ: Prentice Hall, 1983.

Pierce, A.D. *Acoustics: An Introduction to its Physical Principles and Applications*. New York, NY: McGraw-Hill, 1989.

Prager, R.W. *Three-dimensional ultrasound imaging*. Proceedings of the Institution of Mechanical Engineers, Part H: Journal of Engineering in

Medicine. vol. 224, pp. 193–223, 2010.

Wells, P.N.T. *Biomedical Ultrasonics*. London, England: Academic Press, 1977.

Wells, P.N.T. *Ultrasound Imaging*. Physics in Medicine and Biology. vol. 51, pp. R83–R98, 2006.

연습문제

초음파 영상 형성 및 영상 모드

11.1 $L \times L$의 음파변환기가 물속에 잠겨 있다. 중심점이 원점이고 방향은 $+z$방향을 향하고 있다. 두꺼운 균질의 지방층이 $z = z_0$에서부터 시작하여 투과 깊이까지 존재하여 수신 가능한 유일한 신호는 물과 지방의 경계에서만 존재한다. 음파변환기는 x축 방향으로 θ까지 회전이 가능하다. 물속에서 감쇠는 없다고 가정한다. 또한 진폭이 A_0이고 펄스의 길이가 T인 정현파가 발신된다고 가정하자.

(a) z_0의 위치가 파 필드라고 가정하고 반사되어 되돌아오는 신호의 강도를 각도에 대한 함수로 표현하라. 적절한 근사화를 하며, 이때 사이드로브를 잊지 않도록 하라.

(b) 음파변환기와 프리앰프를 통하여 발신된 신호보다 80dB 낮은 신호까지 검출할 수 있다고 가정하자. 또한 B모드 영상에서는 검출 가능 신호 이상인 경우에는 검은 색으로 그리고 검출이 되지 않는 모든 신호는 흰색으로 표시한다고 가정하자. 이 경우 실험 결과로 얻게 될 영상을 스케치하라.

11.2 2개의 너비가 1cm로 똑같은 정사각형 음파변환기가 서로를 마주보고 있다. 첫 번째 음파변환기는 원점에서 $+x$방향으로 향하고 있고 두 번째 음파변환기는 위치(10cm, 0, 0)에서 원점 방향으로 향하고 있다. 첫 번째 음파변환기로 두 번째 음파변환기를 영상화하고자 한다. 매질은 일정하며, $\rho_0 = 1{,}000 \text{kg/m}^3$, $c = 1{,}500 \text{m/s}$, $\alpha = 1 \text{dB/cm}$라 가정하자. 첫 번째 음파변환기에서는 완벽한 기하학적 형태의 빔의 초음파를 발신하는데, 이때 음파의 진폭이 12.25N/cm^2이고, 두 번째 음파변환기는 완벽한 반사체라고 가정하자.

(a) A모드 신호를 스케치해 보라. 각 축에 대한 표시를 신중히 하며, 되돌아온 신호의 최대 진폭 및 시간을 기술하라.

(b) $t = 2\text{sec}$에 두 번째 음파변환기가 앞뒤로 움직이기 시작하여 그 위치가 $x(t) = 10 + \sin 2\pi(t-2)\text{cm}$, $t \geq 2\text{sec}$이다. 시간 $0 \leq t \leq 5\text{sec}$에서의 M모드 영상을 스케치하라. 이때에도 역시 각 축에 대한 표시를 정확히 하며 또한 중요점을 표시하라.

(c) 이제는 두 번째 음파변환기는 정지하고 첫 번째 음파변환기가 y축을 따라 이동하는 경우를 생각해 보자. B모드 영상의 결과를 스케치하라. 각 축에 대한 표시를 정확히 하며 또한 중요점을 표시하라. 영상에서 반사 신호가 최대가 되는 점을 첫

번째 음파변환기의 y위치에 따라 정확하게 표시하라.

11.3 심장 밸브를 검사하기 위하여 단일 소자 음파변환기를 사용하고 있다. 심장 밸브의
움직임이 $z(t) = 16 + 0.5e^{-t/\tau}u(t)$cm, $\tau = 10$ms, $u(t)$는 유닛 스텝(unit step) 함수,
음파의 속도는 1,540m/s로 주어진다고 가정하자.

   (a) 심장 박동이 1Hz라 가정하고 심장 박동 두 번 동안 $z(t)$를 그리라.

   (b) 음파변환기에서 시간 $t = 0$에 전형적인 음파의 형태를 갖는 음파를 발신한다고
가정하자. 이때 오실로스코프에서 관측되는 A모드 신호를 그리라.

   (c) 음파변환기에서 매 1ms마다 신호가 반복적으로 나간다고 가정하자. 생성될 M모
드 영상을 스케치해 보자. 이때에 각 축의 표시를 정확히 하라.

   (d) 밸브의 움직임을 B모드 영상을 통해서 영상화하고자 한다. 주어진 16cm에서의
빔의 크기를 고려하여 10개의 스캔선으로 밸브를 보여줄 수 있는 영상이 가능하
다면, 이 영상을 실시간으로 하기 위하여 어떠한 단계가 필요한가? 이것이 가능하
겠는가?

11.4 음파변환기가 z축 방향을 향하고 있는데, 프라운호퍼 영역인 z_1과 z_2의 위치에 2개의
산란체가 있다. 음파변환기에서는 사각형 모양의 엔빌롭을 갖는 짧은 음파를 $+z$방향
으로 발신하였다. 엔빌롭 $n_e(t) = \text{rect}[(t + T/2)/T]$, $T = \lambda/2c$이고 여기서 λ는 음파
의 파장, c는 음파의 전달 속도이다. 다음의 경우 각각 반사 신호를 예측하여 그리라.

   (a) $z_2 - z_1 = \lambda/2$.

   (b) $z_2 - z_1 = \lambda/8$.

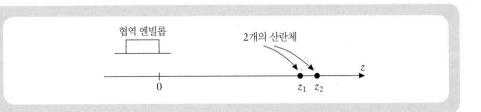

그림 P11.1
한 축 내에 존재하는 음파변
환기와 2개의 산란체(연습문
제 11.4 참조)

음파변환기 배열

11.5 101개의 소자로 되어 있으며 각 소자의 크기 $d = 0.1$mm, 소자 간의 거리 $b = 0.1$mm
인 선형 음파변환기가 있다. 그림 10.5의 단순한 필드 패턴을 갖고 $c = 1,540$m/s라
가정해 보자.

   (a) 주어진 음파변환기로 $\theta = 30°$까지 평면파를 생성할 수 있는 최대 주파수는 얼마
인가?

   (b) (a)에서 언급된 평면파를 생성하는 일련의 과정이 걸리는 시간은 얼마나 되는가?

11.6 그림 11.15의 선형적인 배열을 생각해 보자. 원하는 영상이 그림 P11.2의 환자의 단
면이고, 스캔은 $\Delta\theta = 1°$마다 한다고 가정하자. 또한 101개의 소자로 구성된 음파변

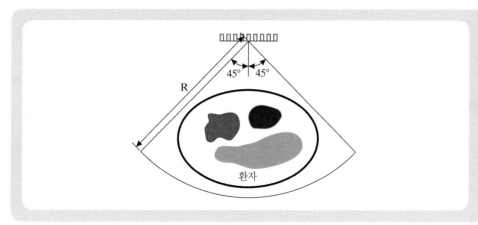

그림 P11.2
연습문제 11.6 참조

환기가 2MHz, $c = 1,540$m/s, $d = 0.6$mm 조건에서 사용된다고 가정하자.

(a) 평면파가 발신하는 경우, i번째 소자가 갖는 시간 지연 관계식을 각도 θ에 대한 함수로 표현하라.

(b) $R = 20$cm라고 할 때 전체 시야를 스캔하는 데 걸리는 시간은 얼마인가?

11.7 각 소자의 크기가 너비 1.5mm, 길이 2.1cm이며, 100개로 구성된 3.0MHz 음파변환기를 생각해 보자. 문제의 단순화를 위해 각 소자들이 서로 맞붙어 있어 15cm 너비에 2.1cm 길이의 음파변환기가 된다고 가정해 보자. 음파변환기는 음파의 속도가 1,500m/s에서 시현되고 있다.

(a) 만약에 14개의 근접한 소자들을 하나로 묶어 발신과 수신을 한다고 하면 파 필드 깊이는 얼마나 되겠는가?

(b) 7cm 깊이의 영역에 있는 사물을 펄스-에코로 영상화하고자 할 때 펄스 간의 간격을 얼마로 하여야 하는가?

(c) 14개의 인접한 소자들을 이용해 하나의 그룹으로 하고, 그 그룹 내의 소자를 하나씩 순차적으로 변경해가면서 B모드 영상을 만들고자 한다. 투과 깊이가 20cm라고 하면 프레임률은 어떻게 되는가?

(d) 프레임률을 증가시킬 수 있는 두 가지 방법에 대하여 기술하라.

11.8 그림 P11.3에서 보이는 것처럼, 너비 $b = 3$mm이고 소자 간의 거리 $d = 8$mm인 3개의 소자 (L, C, R)로 구성된 위상 배열 음파변환기가 있다. 각 소자의 정사각형으로 $s(x, y) = \text{rect}(\frac{x}{b}, \frac{y}{b})$이다. 첫 번째 경우 피부와 음파변환기 사이에 두께 $s = 2$mm인 실리콘 판이 놓여 있다. 실리콘과 피부의 음향 임피던스와 음속은 각각 아래의 표에 주어진 것과 같다. 다음 (a)~(e)에서는 하나의 소자 C만이 음파를 발신하고 수신한다고 가정하자. 음파의 엔빌롭 $n_e(t) = \text{rect}(\frac{t}{10\,\mu s})$이며 주파수는 2MHz이다.

	실리콘	피부
음향 임파던스 (Z) (kg/m^2 second)	1.4×10^6	1.5×10^6
음속 (c) (m/s)	1,500	1,550

(a) 파가 처음 생성될 때부터 실리콘과 피부의 경계면에서 반사될 때까지의 A모드 신호를 스케치하라. 기하학적 근사화를 가정하고 또한 감쇠와 스페클 현상은 무시하자. 핵심적인 시간과 진폭을 정확히 명시하라. 피부로부터의 반사되는 파의 진폭을 줄이기 위하여, 그림 P11.3에서와 같이 $g = 3\text{mm}$의 초음파 젤을 실리콘과 피부 사이에 추가하였다. 젤의 음향 임피던스 $Z_{\text{gel}} = \sqrt{Z_{\text{silicone}}Z_{\text{skin}}}$이다.

그림 P11.3
연습문제 11.8 참조

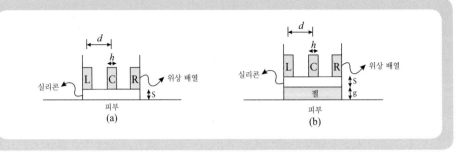

(b) 입사각에 관계없이 젤에서 굴절이 없도록 하는 음파의 속도 c_{gel}을 구하라.

(c) 파가 처음 생성될 때부터 젤과 피부의 경계면에서 반사될 때까지의 A모드 신호를 스케치하라. 기하학적 근사화를 가정하고 또한 감쇠와 스페클 현상은 무시하자. 핵심적인 시간과 진폭을 정확히 명시하라.

(d) 피부로부터 반사되는 파에 대하여 무감하도록 시스템을 만든다고 가정하자. 감도 L은 얼마가 되겠는가? 다음의 (e)와 (f)에서는 실리콘과 젤을 무시하자.

(e) 그림 P11.4에 있는 F는 근거리 필드(near field)와 원거리 필드 중 어디에 위치하는가?

(f) 점 F에 초점을 형성하기 위하여 τ_L, τ_C, τ_R의 시간 지연을 계산하라.

그림 P11.4
연습문제 11.8 참조

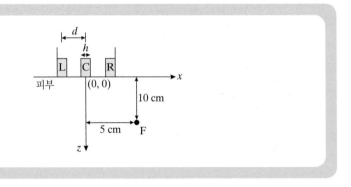

초음파 영상 시스템 디자인 및 영상의 품질

11.9 $z = 0$에 위치한 1cm×1cm 크기의 음파변환기가 +z방향을 향하고 있다. 음파변환기의 각 면은 x와 y축과 나란하게 위치하였고, 그 중심은 원점에 위치한다. 위의 음파변환기가 음속 $c = 1,540$m/s인 균일한 매질에 담겨 있다. 또한 주파수는 2.5MHz이다. y축에 나란한 선 형태의 산란체가 $(0, 0, 5)$cm인 점을 지나며 이를 영상화하고자 한다.

(a) 주어진 산란체에 대한 수학적 표현식을 구하라.

(b) 측정될 반사계수는 얼마이겠는가?

(c) 또 다른 선형태의 산란체가 주어진 산란체와 나란히 위치한다고 가정하면, 두 산란체 간의 거리가 얼마일 때 주어진 시스템이 이를 서로 다른 2개의 산란체로 인식하기 시작하겠는가?

(d) $z = 20$cm일 때 위의 (b)와 (c)를 다시 계산하라.

11.10 깊은 곳에 위치한 작은 조직을 영상화하기 위한 최적의 초음파 파라미터들을 골라야 한다. 음속이 $c = 1,500$m/s, 흡수계수는 $\alpha = af$를 따르며 $a = 1.0$dB/(cm MHz)인 균일한 조직 속 20cm 깊이에 영상의 대상물이 위치한다고 가정하자. 또한 주어진 시스템이 100dB의 손실까지 감지할 수 있다고 가정하자.

여기서 $f = 1$MHz, $f = 2$MHz, 혹은 $f = 5$MHz의 세 가지의 주파수를 선택할 수 있다. 또한 각각의 주파수에서 직경 $D = 1$cm 혹은 $D = 2$cm인 두 가지 음파변환기를 선택할 수 있다. 모든 음파변환기는 평평한 형태이고, 필드 패턴은 각각의 영역에 따라 서로 다른 근사화(기하학적 영역 혹은 파 필드)를 적용한다고 가정하자. 어떠한 f와 D의 조합이 주어진 조직의 영상을 가장 잘 구현할 수 있겠는가? 그 충분한 근거를 제시하라.

11.11 크기가 $L \times L$인 음파변환기가 그 중심이 원점과 일치하며 +z방향으로 향하고 있다. 협역 신호가 음파변환기에서 생성되며 그때의 엔빌롭은 다음과 같다.

$$n_e(t) = \text{sinc}\left(\frac{\pi t}{\Delta T}\right).$$

반사계수가 R인 2개의 산란체가 $(0, 0, z_0)$와 $(0, 0, z_0 + \Delta z)$에 위치하고 있다. 감쇠와 다중 반사를 무시하고 다음 문제를 풀어 보자.

(a) 산란체들이 기하학적 영역에 존재한다고 가정하고 예측되는 반사 신호 $\hat{R}(x, y, z)$를 구하라.

(b) 영상에서 각 산란체가 구분되려면 얼마나 멀리 떨어져 있어야 하는가?

(c) 프라운호퍼 근사치가 적용되는 파 필드에 산란체들이 위치한다면 예측되는 반사 신호 $\hat{R}(x, y, z)$는 어떻게 표현되겠는가?

(d) 파 필드에서의 깊이 방향으로의 해상도를 z_0의 함수로 표현하라.

11.12 2개의 정사각형 음파변환기를 갖춘 초음파 영상 시스템이 있다. 하나는 5MHz에서
또 다른 하나는 12MHz에서 사용된다. 5MHz 음파변환기의 크기는 2.0cm×2.0cm
이고, 12MHz 음파변환기의 크기는 0.4cm×0.4cm이다. 각각의 주파수에서 영상
시스템을 음파의 속도가 1,560m/s인 매질에 넣고 실험하고자 한다. 주어진 매질에서
진폭 감쇠 요인은 다음과 같다.

$$\mu_a[\text{cm}^{-1}] = 0.04 \text{ cm}^{-1} \cdot \text{MHz}^{-1} \times f[\text{MHz}].$$

사물을 20cm 깊이까지 영상하고자 할 때 다음의 문제들을 풀라.

(a) 시스템의 감도 $L_{5\text{MHz}}$와 $L_{12\text{MHz}}$를 구하라.

(b) 20cm 깊이에서 메인로브의 너비는 얼마인가(단순화를 위하여 3dB 영역을 이용
하라)?

(c) 최대 펄스 반복 주파수는 얼마인가?

(d) B모드 영상을 위하여 음파변환기가 앞뒤로 스캐닝을 한다고 가정하자. 하나의 프
레임을 위하여 128개의 스캔 선이 필요하다면 최대 프레임률은 얼마가 되겠는가?

(e) 만약에 매질에서 음파의 속도가 일정하지 않은 상태에서 일정한 음속을 가정하고
영상을 구성한다면, B모드 영상은 어떻게 되겠는가?

11.13 크기가 1cm×1cm인 음파변환기가 중심이 원점과 일치하며 +z방향으로 향하고 있
다. 그리고 그림 P11.5에서와 같이 기름에 잠겨 있다. 큰 지방층이 깊이 $z_0 = 20$cm
위치에서부터 무한대까지 존재하여 반사될 수 있는 신호는 기름과 지방층의 경계에
서만 가능하다. 음파변환기가 1MHz에서 작동된다고 가정하자. 각 매질의 밀도, 음
속 그리고 흡수계수는 다음과 같다.

$$\rho_{\text{oil}} = 950 \text{ kg/m}^3, \, c_{\text{oil}} = 1,500 \text{ m/s}, \, \alpha_{\text{oil}} = 0.95 \text{ dB/cm},$$
$$\rho_{\text{fat}} = 920 \text{ kg/m}^3, \, c_{\text{fat}} = 1,450 \text{ m/s}, \, \alpha_{\text{fat}} = 0.63 \text{ dB/cm}.$$

음파변환기의 감도 한계가 최대 $L = 65$dB의 압력 손실이라고 가정하자.

그림 P11.5
연습문제 11.13 참조

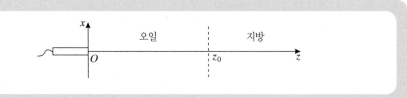

(a) 기름 내에서의 투과 깊이는 얼마인가?

(b) 주어진 기름과 지방 간의 경계에서의 빔의 너비는 대략 얼마인가?

(c) 생성된 음압의 진폭이 20N/cm²이라 가정하자. 되돌아오는 펄스의 진폭은 얼마
인가? 주어진 음파변환기 시스템으로 감지가 가능한가? 이 결과는 (a)의 해답과

상충되는가? 그렇다면 왜 그런지, 그렇지 않다면 왜 그렇지 아니한지를 설명하라.

경계면이 고정되어 있지 않다고 가정하자. 그 대신 $z_0(t) = 20 - 5\cos(2\pi f_0 t)$cm로 움직이며 $f_0 = 100$Hz이다.

(d) 펄스가 $t = 0$에 발신되었다고 가정하자. 이 경우 A모드 신호를 스케치하라. 축 및 시간의 표시를 정확히 하라.

(e) 음파변환기에서 $t = 0$에서부터 매 10ms마다 음파를 발신한다고 가정하자. 생성되는 M모드 영상을 스케치하라.

11.14 공진 주파수가 2.5MHz이고, 단면의 길이가 0.5cm인 단일 소자의 평면형 정사각형 음파변환기를 사용한다고 가정하자. 주어진 음파변환기가 밀도 $\rho = 920$kg/m^3, 음향 임피던스 $Z = 1.35 \times 10^6$kg/m^{2}s인 균등한 매질에 잠겨 있다고 생각하자.

(a) 현재의 매질에서 주어진 음파변환기를 사용할 때 파 필드 영역이 되는 깊이 z_f는 얼마인가?

(b) 전형적인 일반적인 시스템 수치를 가정하고, 투과 깊이가 20cm가 되도록 하려면 흡수계수 α는 얼마가 되야 하겠는가?

(c) 깊이 $z = 10$cm에서 횡 방향으로 반치 폭(FWHM)은 얼마인가?

(d) 주어진 음파변환기를 이용하여 x방향으로 매우 빠르게 스캔하며 펄스를 생성할 수 있어, 사각형 모양의 B모드 영상을 만든다고 가정하자. 12cm의 영역을 스캔하는데, A모드 데이터가 x축 방향으로 1mm씩 떨어져 있는 것이 바람직하다고 가정하자. 이 경우 기계적 스캐닝에 따른 문제가 없다고 하면, (b)에서 주어진 투과 깊이까지 영상화하는 데 있어 최대 프레임률은 얼마가 되겠는가?

(e) 깊이 10cm 위치에 음파변환기 중심축에 수직으로 경계면이 있어 그 뒤쪽으로는 밀도가 1,070kg/m^{3}이고 음향 임피던스가 1.7×10^6kg/m^{2}s인 매질이 있다고 가정하자. 만약 생성된 음파의 압력이 A_0이고 첫 번째 매질에서 감쇠계수 $\alpha = 1.5$dB/cm라면 경계면에서 반사되어 되돌아오는 음파의 진폭은 얼마가 되겠는가?

11.15 우주선 프로메테우스(Prometheus)에서 사용되는 초음파 영상 시스템이 있어 중심 주파수는 2MHz이며 B모드와 M모드 영상이 가능하다고 하자. 외계 생명체로 의심되는 태아가 자궁 내에 있어 그 검사를 하고자 한다.

(a) 80dB가 가능한 투과 깊이는 얼마인지 계산하라. 이때, $\alpha = af$dBcm^{-1}, $a = 1.0$dBcm^{-1}MHz^{-1}이며 f의 단위는 MHz이다.

(b) 256×256 B모드 영상을 할 때 최대 프레임률은 얼마가 되겠는가? 음파의 속도 $c = 1,480$m/s로 가정한다.

(c) 검사 중 깊이 $z = 10$cm, 횡 방향 위치 $x = 5$cm 위치에서 빠르게 움직이는 태아의 심장을 찾아냈다. 펄스의 초점을 심장의 위치로 하고자 한다. 129개의 소

자로 된 음파변환기를 사용하고, i번째 소자(i는 $-64 \sim 64$까지로 함)의 위치는 $x_i = \frac{i}{128}$이고 $z = 0$cm이다. 시간 지연 τ_i를 표현하는 수식을 구하고, τ_{64}의 값을 계산하라. 단, $\tau_0 = 0$으로 하며 시간 지연은 음수도 가능하다.

(d) 심장에 초점을 맞춘 신호로부터 M모드 영상을 구하고 있다. 최대 펄스 반복 주파수를 구하라. 외계 생명체의 심장 박동은 500beat/min의 정현파와 같다. 주어진 M모드의 프레임률이 이 신호를 에일리어싱 없이 샘플링할 수 있을 정도로 충분히 빠른가? B 프레임률은 어떠한가? 이에 대하여 설명하라.

11.16 음파변환기의 배열이 그림 P11.6과 같다. 이 배열에서는 3MHz 소자(흰색)들과 6MHz 소자(회색)들이 번갈아 가며 위치하고 있다. 각 소자들은 자신의 주파수 성분만을 발신 및 수신한다고 가정하자. $L = 90$dB, $\alpha = af$, $a = 1$dB/(cmMHz)이고 $d = h = 0.4$mm라 하자. 그리고 음파의 속도는 1,540m/s이다.

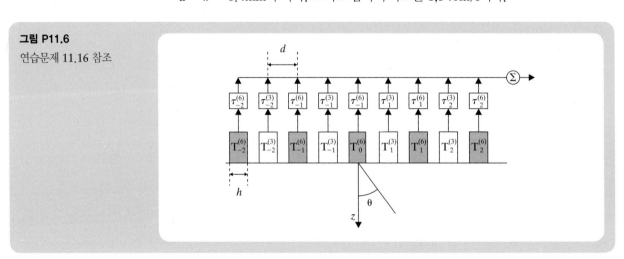

그림 P11.6

연습문제 11.16 참조

(a) 2개의 음파변환기들의 투과 깊이는 얼마인가?

2개의 배열 음파변환기에서 동시에 $\theta = 20°$로 신호가 발신되며, 6-MHz 음파변환기는 $z = 5$cm에 그리고 3-MHz 음파변환기는 $z = 10$cm에 초점이 형성되어 있다고 가정한다.

(b) 만약 T_0가 $t = 0$에서 발신했다면, 3-MHz 시스템의 소자들인 시간 지연 $\tau_i^{(3)}$는 어떻게 표현되겠는가? 그리고 $\tau_2^{(3)}$의 값은 μs 단위로 얼마인가?

(c) 만약 T_0가 $t = 0$에서 발신했다면, 6-MHz 시스템의 소자들인 시간 지연 $\tau_i^{(6)}$는 어떻게 표현되겠는가? 그리고 $\tau_1^{(6)}$는 값은 μs 단위로 얼마인가?

(d) $A_z^{(6)}$와 $A_z^{(3)}$는 각각 6-MHz와 3-MHz의 반사 신호로 깊이 z에 위치한 완전 반사체로부터 신호가 되돌아왔다고 가정하자. A모드 영상에서 신호의 손실이 30dB이 될 경우 6-MHz 신호부터 3-MHz 신호로 변경된다고 하면, 변경되는 위치 z_{switch}는 얼마가 되겠는가?

(e) z_{switch}에서 반사되어 온 각 주파수 신호의 진폭이 같아져 $A_0^{(3)} = A_0^{(6)}$가 되려면, 최초의 발신되는 신호의 진폭 간의 비율 $A_z^{(6)}/A_z^{(3)}$는 얼마가 되어야 하나? 여기서도 역시 완전 반사 조건을 가정한다.

하모닉 이미징

11.17 투과 깊이를 향상시키기 위한 방법으로 비선형성에 대하여 탐구하였다. 근본적으로 2.5MHz 펄스를 발신하면 되돌아오는 두 번째 하모닉인 5MHz 신호를 측정하는 것이다. 영상 시스템은 $L = 80$dB 영역까지 사용 가능하고 조직의 감쇠 인자 $\mu_a = af$dB cm^{-1}(여기서 $a = \frac{1}{8.7}$)이다.

(a) 깊이 d에 종양이 위치하고 있다. $f_0 = 2.5$MHz로 진폭이 A_0인 펄스를 발신하고 있다. 깊이 d에서의 진폭 A_1은 어떻게 되는지를 A_0와 d를 이용하여 표현하라.

(b) 종양 내에서 비선형적 상호작용에 의하여 산란되는 파동은 톱니파형으로 변화하며, 진폭 A_1을 이용하여 표현하면 다음과 같이 될 수 있다고 생각하자.

$$g(t) = A_1 \frac{2}{\pi} \sum_{n=1}^{\infty} (-1)^n \frac{1}{n} \sin(2\pi n f_0 t).$$

이 파형을 푸리에 변환하면 어떻게 되는가? 답은 무한급수 형태로 될 것이다.

(c) 종양 위치에서 $f_1 = 5$MHz의 성분의 진폭 A_2는 얼마인가? 만약 음파변환기로 신호가 반사되어 돌아왔을 경우, 진폭 A_3는 얼마가 되겠는가? 여기서는 평면파를 가정하여 계산하고, A_0와 d를 이용하여 표현하라.

(d) 되돌아오는 5MHz 신호로 감지할 수 있는 종양의 최대 깊이는 얼마인가?

(e) 기존의 전형적인 5MHz 초음파 시스템을 이용할 때, 투과 깊이는 얼마가 되는가?

(f) $g(t)$에서 5-MHz 성분 이외의 모든 성분을 제거할 수 있는 콘볼루션 필터를 설계해 보자. 이 필터는 4-6MHz 성분에서는 이득이 1이며, 그 이외에는 성분은 모두 0으로 만들어 준다.

자기공명 영상

개요

V부에서는 자기공명 영상(magnetic resonance imaging : MRI)에 대하여 다룬다. 컴퓨터 단층 촬영(computed tomography : CT)처럼 MRI는 신체 전역에 대하여 높은 해상도와 대조도의 해부학적 영상을 제공하며, 초음파 영상처럼 MRI도 비침습적인 수단이다. 뛰어난 영상 품질과 위해성 없이 영상을 획득하는 특성의 조합이 MRI를 가장 폭넓게 쓰이는 의학영상 기법 중의 하나가 되도록 하였다.

MRI에서 신호는 신체 조직의 핵 자기공명 특성으로부터 발생되는데, 이 핵 자기공명 특성들은 정자장 안에서 조절 가능한 무선 주파수 자장의 인가로 여겨진다. 이러한 자장들은 조작자에 의하여 시간 축 위에서 다양하게 설정된 펄스시퀀스(pulse sequence)로 신체 조직에 가해지는데, 이것을 이용하여 핵의학 기술에서처럼 MRI는 획득한 신호로부터 다양한 형태의 영상을 얻을 수 있다. 펄스시퀀스를 잘 조합하면 지방과 물의 구분 및 물의 확산(diffusion) 측정, 뼈의 영상, 움직임의 측정, 혈액 흐름의 관찰 등도 할 수 있다. 기능적 자기공명 영상(functional magnetic resonance imaging : fMRI)은 강력한 연구용 수단이 되어가고 있는데, 특히 뇌 기능의 연구에 뛰어난 연구 수단으로 쓰이고 있고 임상적으로 쓰이는 해부학적 영상에 대한 보완 역할도 하고 있다. 또한 방사선 촬영이나 핵의학에서 사용하는 것과 유사한 상자성체 '조영제(contrast agent)' 또는 '추적자(tracer)'가 영상의 대조도를 증가시키고 추가적인 기능들에 대한 정보를 얻기 위해 개발되고 있다. 궁극적으로 MRI는 위험성 없이 구조적 영상과 기능적 영상을 함께 얻을 수 있는 이상적인 장치가 될 것이다.

보편적인 MRI에서 환자는 CT처럼 갠트리(gantry) 안의 '동굴(tunnel)'과 같은 공간에 누워서 들어가게 된다. 이 갠트리에는 경사자장 발생 장치와 고주파자장 발생 장치 및 자기공명 신호를 수신하는 수신 코일(receive coil)이 설치된다. MRI는 CT와 같이 단면 또는 단층 영상을 얻는 장치이다. 영상의 재구성 방법은 CT와 개념적으로 비슷한데, 주파수 영역에서

그림 V.1

다양한 자기공명 영상. (a) 뇌와 척추, 혀, 기도를 보여 주는 머리 영상, (b) 무릎 영상, (c) 발목 영상, (d) 간 영상, (e) 요추 영상[영상 (a)와 (c), (d), (e)는 GE Healthcare 제공, 영상 (b)는 Osirix 제공]

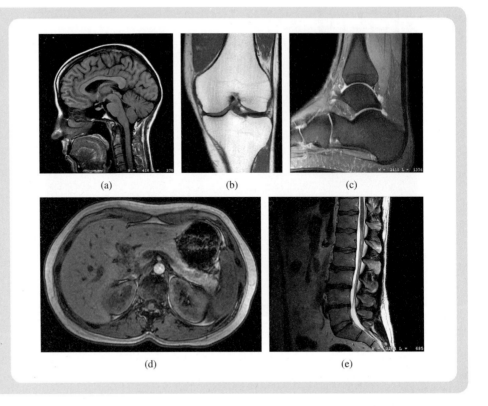

원 신호로부터 영상을 변환하여 얻어 낸다.

임상에서 MRI는 기능에 관한 영상보다는 해부학적 영상을 얻는 데에 주로 쓰인다. 그림 V.1[그림 I.1(d)와 I.4(b)도 참조]에서 볼 수 있듯이, MRI로 신체의 전체 영역에 대하여 높은 명암대조도의 단면 영상을 얻을 수 있다. MRI는 영상을 획득하기 위한 다른 방법도 제공하는데, 기본적인 펄스시퀀스를 변경하는 것으로 조직에 대한 명암대조도를 다르게 하여 병변을 더 잘 드러나게 할 수 있다.

그림 V.2는 어떤 펄스시퀀스는 다른 펄스시퀀스보다 병변을 더 잘 구분해 주는 것을 비교하기 위한 다양한 비교 영상들이다. 그림 V.2(a)는 손목의 양성자 밀도(proton density : PD) 강조 영상으로 삼각 섬유 연골 디스크의 찢어진 작은 표면을 드러내 주고 있다. 그림 V.2(b)는 지방 포화 PD 강조 영상으로 동일한 손상을 보여 주는데, 동시에 주상골 및 월상골, 삼각골의 골수 부종과 낭성 변화도 보여 주고 있다. 뇌졸중은 (c)의 T_2 강조 영상에서 잘 드러나지 않는데, (d)의 확산 강조 영상에서는 영상 왼쪽의 밝은 영역으로 명확하게 드러나 있다. 이 차이는 조기 뇌졸중이 일어난 조직의 수분 함량의 미세한 차이에 의해 일어난다. 다발성 경화증의 경우 영상 (e)에서 볼 수 있듯이 T_1 강조 영상에서는 백색질의 병변만을 가장 명확하게 볼 수 있다. 반면 유체 감쇠 반전 회복(inversion recovery) 영상 (f)에서는 여러 병변이 여러 개의 밝은 점과 줄로 나타나 있다.

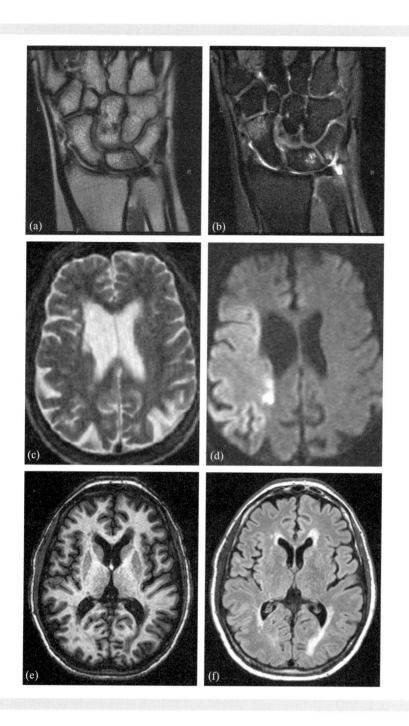

그림 V.2

(a)와 (b)는 손목의 구조에 대한 영상이고, (c)와 (d)는 뇌졸중에 대한 두 종류 영상이다. (e)와 (f)는 다발성 경화증 환자의 두 종류 자기공명 영상이다[영상 (a) 및 (b)와 (c) 및 (d)는 각각 Johns Hopkins 병원 방사선과의 Avneesh Chhabra 박사와 David Yousem 박사로부터 제공받음].

전리 방사선이나 조영제를 사용하지 않고도 연조직에 대하여 높은 명암대조도의 해부학적 영상을 제공하는 MRI는 많은 임상 응용 분야에서 CT를 대체하여 왔다.

자기공명 물리

12

12.1 서론

자기공명 영상(magnetic resonance imaging : MRI)은 핵 자기공명(nuclear magnetic resonance : NMR) 현상을 이용한 것이다. 이번 장은 MRI를 이해하는 데 필요한 NMR 현상에 대하여 개괄적인 설명을 기술하고 있다. 핵 자기공명 관련 양자물리학 지식이 자기 공명 영상을 이해하기 위해 꼭 필요하지는 않지만, 자기공명 영상의 근본에 대한 이해와 자기공명 영상을 깊게 이해할 때는 반드시 필요한 지식이다. 따라서 고전물리학적 원리를 바탕으로 양자물리학부터 거시적인 원리까지 간략하게 짚어 나가겠다. 거시적인 스핀계(spin systems) 및 이것과 전계·자장과의 상호작용으로부터 자기공명 영상을 만드는 신호가 발생된다. 이 스핀계의 거동은 현상학적[1] 결과식인 **블로흐**(Bloch) 방정식으로 표현된다. 블로흐 방정식은 스핀계의 세 가지 중요한 물리적 특성(양성자 밀도, 종자화 이완, 횡자화 이완)과 핵 자기공명 장치로 검출하여 영상을 구성하기 위한 신호의 발생을 설명하는 방정식으로 13장에서 설명할 것이다.

---

1 '현상학적'이라는 표현은 방정식이 근본 원리로부터 유도된 것이 아니라 현상의 관찰을 기반으로 해서 얻어진 것임을 의미한다.

그림 12.1

(a) 원자핵의 각운동량과 (b) 원자핵 미시자화의 묘사도

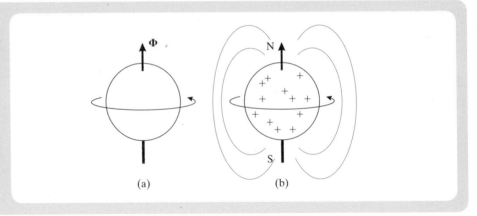

12.2 미시자화

자기공명 영상은 원자의 핵과 관련이 있지만 핵의학 관련 방사능과는 전혀 관계가 없으며, 핵 자기공명과 관련된 어떤 임의 원자핵이 갖는 전하(charge) 및 각운동량(angular momentum)과 관련이 있다. 물론 모든 원자핵이 양성자와 중성자로 구성되었기 때문에 양전하를 띄는 것은 잘 알고 있을 것이다. 또한 홀수 원자번호나 홀수 질량수를 갖는 원자핵이 각운동량 Φ(벡터량은 12장 전체와 다음 장에 걸쳐 볼드체 기호로 표기할 것임)를 갖는 것도 사실이며, 스핀(spin)이라는 것을 갖는 원자핵들은 NMR에 활성이다. 이러한 원자핵들은 그림 12.1(a)처럼 한 축에 대하여 회전운동을 하는 작은 구체로 묘사할 수 있다

동일 원자핵의 집합체는 이것들이 속한 분자 환경과 무관하게 스핀계라고 부른다. 수소(^{1}H)와 탄소(^{13}C), 불소(^{19}F), 인(^{31}P)은 생체 구성 원소의 대부분을 차지하고, 이 원소들의 원자핵으로부터 배경잡음 이상으로 충분히 큰 NMR 신호를 검출할 수 있으므로 NMR에서 중요한 원자핵들이다. 그러나 전신에 대한 해부학적 구조를 바탕으로 하는 자기공명 영상에서는 수소의 원자핵만을 대상으로 한다. 그 이유는 수소가 인체에 다량으로 포함된 물 때문에 몸에 매우 높은 밀도로 존재할 뿐만 아니라, 수소(^{1}H) 원자핵은 매우 강한 NMR 신호를 발생하기 때문이다. 수소의 원자핵은 단일 양성자이기 때문에 자기공명 영상을 종종 양성자 영상(proton image)이라 부르는데, 엄격하게 보면 틀린 표현이다. 그 이유는 보통의 MRI에서는 영상에 기여를 하지 않지만, 다른 원소의 원자핵에도 양성자가 존재하기 때문이다.

스핀을 갖는 각각의 원자핵은 동시에 미시자장을 갖는다. 이 사실에 대한 정확한 물리학적 전개는 양자물리학 이론을 사용하여 끌어내야 하지만, 여기에서는 고전물리학을 이용하여 기술하려고 한다. 각각의 원자핵이 그림 12.1(b)처럼 양전하를 띄며, 한 축을 중심으로 회전운동을 하는 것으로 생각해 보자. 회전하는 전하는 고리 형태의 전류처럼 자장을 발생하므로 원자핵들은 자장을 갖게 된다. 이 미시자장은 자기모멘트벡터(magnetic moment

표 12.1 자기회전율

핵종	γ[MHz/T]
^{1}H	42.58
^{13}C	10.71
^{19}F	40.05
^{31}P	11.26

vector) $\boldsymbol{\mu}$를 갖는다.

$$\boldsymbol{\mu} = \gamma \boldsymbol{\Phi}, \tag{12.1}$$

위 식에서 γ는 자기회전율(gyromagnetic ratio)로 rad/s/tesla의 단위를 가지며, 이것을 다음과 같이 정의하여 쓰는 것도 유용한데, 이 경우 Hz/tesla의 단위를 갖는다.

$$\gamma\!\!\!/ = \frac{\gamma}{2\pi}, \tag{12.2}$$

표 12.1은 핵 자기공명과 자기공명 영상에서 공통적으로 쓰이는 몇 가지 핵종 원자핵의 자기회전율 값이다.

통상 주어진 시료에서 원자핵의 배열 방향으로 선호되는 방향은 없다. 불규칙한 방향으로 배열된 각각의 원자핵 스핀은 거시적으로 보면 서로 상쇄되어 소멸되며, 결국 스핀계는 거시적인 자장을 갖지 않는다. 그러나 스핀계가 외부자장 안에 위치하게 되면 거시적 관점에서 자화가 되는데, 이것은 미시 스핀이 외부자장의 방향으로 정렬하려는 경향을 갖고 있기 때문이다. 이러한 핵스핀계의 성질을 핵자성(nuclear magnetism)이라고 한다.

외부 자장의 강도와 방향은 다음의 벡터 $\mathbf{B}_0$로 표현된다.

$$\mathbf{B}_0 = B_0 \hat{z}. \tag{12.3}$$

위 식에서 B_0는 자장의 강도이고, $\hat{z}$는 고정 직각 좌표계에서 $+z$방향으로 향하는 단위 벡터이다. 직관적으로는 모든 미시 스핀들이 가해진 외부자장의 방향을 따라 정렬할 것처럼 보이지만, 양자물리학에서는 다르게 예측을 한다. 각각의 핵종은 스핀 양자 수 I를 갖는데, 1/2의 음수가 아닌 정수배 값을 가진다. 표 12.1의 모든 핵종은 $I = 1/2$이므로 1/2 스핀계라고 부른다. 평형 상태인 1/2 스핀계에서 미시자화(microscopic magnetization)의 방향은 $\hat{z}$축에 대하여 두 가지가 가능한데, $\hat{z}$축에서 54° 기울어진 것과 $180° - 54° = 126°$ 기울어진 것이다. 이때 54°의 가능성이 매우 조금 높은데, 이 방향을 업(up) 방향으로 부르는 낮은 에너지 상태가 된다. 더구나 z-축 방향 주위로 향한 μ의 위상은 불규칙하다. 이러한 요소들을 모두 결합해 보면 전체 스핀계는 아주 약하게 $\hat{z}$방향으로 자화가 된다. 이것으로부터 거시자화 (macroscopic magnetization) 또는 체적자화(bulk magnetization) 개념을 이끌어내게 되는데, 자기공명 영상에 대한 깊은 이해에 이 개념을 사용하게 된다.

12.3   거시자화

어떤 물체의 적당한 체적 안에 들어 있는 수소 원자핵과 같은 특정 스핀계에 대하여 생각해 보자. 외부자장 $\mathbf{B}_0$가 가해질 때 이 스핀계는 자화되어 거시자화 벡터 $\mathbf{M}$으로 나타낼 수 있는데, 이것은 매우 많은 수 N_s의 모든 개별 핵자기모멘트의 합이 된다.

$$\mathbf{M} = \sum_{n=1}^{N_s} \mu_n .$$

그림 12.2는 이 상황에 대한 설명이다. 만약 이 시료가 정자장 $\mathbf{B}_0$ 안에 긴 시간[2] 고정되어 있었다면, 거시자화 벡터 $\mathbf{M}$은 $\mathbf{B}_0$방향으로 향하며 평형 상태 값 M_0를 갖게 된다. 자화의 크기 $\mathbf{M}_0$는 다음 식으로 표현되는데, 공간 위치 $r = (x, y, z)$에만 관계된다.

$$M_0 = \frac{B_0 \gamma^2 h^2}{4kT} P_D , \tag{12.4}$$

위 식에서 k는 볼츠만 상수이고, h는 플랑크 상수, T는 절대 온도, P_D는 양성자 밀도로 표적 원자핵의 단위 체적당 개수이다. 전신 영상에서 수소 원자핵이 단순한 양성자로 보이는 것이 양성자 밀도라는 명칭을 사용하는 이유이다. M_0가 증가하면 NMR 신호도 커진다. 따라서 더 강한 자석과 더 높은 양성자 밀도는 모두 더 큰 NMR 신호를 끌어낸다. 13장에서 자기공명 영상의 공간부호화(spatial encoding)를 다룰 때, 공간의 P_D 편차는 자기공명 신호

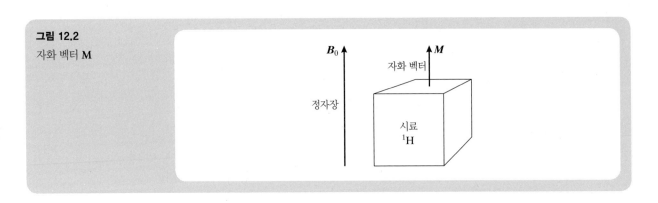

그림 12.2
자화 벡터 $\mathbf{M}$

B_0

M

자화 벡터

정자장

시료
^1H

---

[2] 긴 시간과 짧은 시간에 대한 기준은 이후 이완 시간을 배우고 나면 명확해질 것이다.

크기의 차이를 만들고 이것이 영상의 명암대조도로 나타나는 것을 알게 될 것이다.

핵 자기공명과 자기공명 영상에서 **M**은 기본적으로 시간의 함수이다. 이 벡터가 자석 안에서 평형 상태로 근접해 가는 변화 외에, 공간에 따라 달라지는 외부 고주파를 이용한 여기 또는 공간에 따라 달라지는 외부 자장을 이용하여 적절한 조작을 할 수 있다. 이때 **M** = **M**(**r**, t)로 표현되는데, **r**은 고정좌표계의 3차원 좌표이고 t는 시간이다. 원자핵의 크기 정도에서 미시 각운동량과 시료의 체적 각운동량 **J**는 시료의 자화와 다음의 관계가 있다.

$$\mathbf{M} = \gamma \mathbf{J}. \tag{12.5}$$

자기공명 영상에서 시료는 신체 조직의 작은 체적으로 체적소(voxel)가 된다. 주어진 체적소에서 자기공명 영상의 값은 조직의 특성과 영상 기법의 두 가지 주요 요인의 의해 결정된다. 자기공명 영상에 영향을 주는 조직의 특성은 여러 가지가 있는데, 다음에 정의할 두 종류의 이완 시간 T_1 및 T_2와 양성자 밀도 등이다. 다음으로 중요한 요소는 **펄스시퀀스**(pulse sequence)로 자기공명 영상 장치에서 자화 벡터를 조작하는 방법이다. 다음에 설명하겠지만, **M**을 공간 축과 시간 축을 따라 조작하기 위해 영상영역(field of view : FOV) 안의 자장을 펄스시퀀스에 따라 조작을 한다. 지금 단계에서는 특정 시료(체적소)에 대해 **M** = **M**(t)가 어떻게 시간에 따라 변하는지 설명하는 것에 집중하려고 하는데, **M**(t)의 거동 방정식을 바탕으로 하는 **블로흐 방정식**으로부터 시작하려고 한다.

12.4 세차운동과 라모 주파수

M(t)가 자기모멘트이므로 외부자장 **B**(t)가 가해지면 토크(torque)가 발생하는데, 이 관계는 다음 식으로 표현된다.

$$\frac{d\mathbf{J}(t)}{dt} = \mathbf{M}(t) \times \mathbf{B}(t), \tag{12.6}$$

위 식에서 **J**는 **M**에 대한 각운동량 벡터이고, ×는 두 벡터의 외적을 나타낸다. 위 식을 식 (12.5)와 함께 정리하면서 **J**를 소거하면 다음 식이 된다.

$$\frac{d\mathbf{M}(t)}{dt} = \gamma \mathbf{M}(t) \times \mathbf{B}(t), \tag{12.7}$$

위 식은 다음에 정의할 짧은 시간 구간에서만 정의된다.

B(t)가 z-방향의 정자장인 **B**(t) = **B**$_0$라고 가정하자. 만일 초기 자화 벡터 **M**(0)가 z-축에 대해 각도 α만큼 기울어졌다면 식 (12.7)의 해는 다음과 같다.

$$M_x(t) = M_0 \sin\alpha \cos(-\gamma B_0 t + \phi), \tag{12.8a}$$

$$M_y(t) = M_0 \sin\alpha \sin(-\gamma B_0 t + \phi), \tag{12.8b}$$

$$M_z(t) = M_0 \cos\alpha, \tag{12.8c}$$

위 식에서

$$M_0 = |\mathbf{M}(0)|, \tag{12.9}$$

이고, $\mathbf{M}(t) = [M_x(t),\ M_y(t),\ M_z(t)]$, ϕ는 임의의 각도이다. 위 식들은 $\mathbf{M}(t)$가 $\mathbf{B}_0$를 따라 다음의 주파수로 세차운동(precession)하는 것을 나타내는데, 이 주파수는 라모(Larmor) 주파수라고 한다.

$$\omega_0 = \gamma B_0, \tag{12.10}$$

식 (12.10)의 라모 주파수는 rad/sec의 단위를 갖는데, 이 책에서 각도 단위 대신 주기 단위를 사용하는 Hz를 주파수의 단위로 사용하겠다. 따라서 식 (12.10)은 다음과 같이 바뀌어야 한다.

$$\nu_0 = \gamma B_0, \tag{12.11}$$

식 (12.11)과 식 (12.2)를 대입하면 식 (12.8)의 세차운동은 다음과 같은 식이 된다.

$$M_x(t) = M_0 \sin\alpha \cos(-2\pi\nu_0 t + \phi), \tag{12.12a}$$

$$M_y(t) = M_0 \sin\alpha \sin(-2\pi\nu_0 t + \phi), \tag{12.12b}$$

$$M_z(t) = M_0 \cos\alpha. \tag{12.12c}$$

세차운동은 핵 자기공명과 자기공명 영상에서 중요한 개념이다. 대부분의 사람들이 아이들의 팽이에서 세차운동을 보았을 것이다. 회전하는 팽이는 회전축이 수직인 상태에서 시작하지만, 회전이 느려지면서 팽이의 회전축이 수직축을 중심으로 회전을 하게 되는데, 이것이 바로 세차운동이다. 핵 자기공명에서 $\mathbf{M}(t)$는 팽이의 회전축에 대응하는 셈인데, 정자장의 방향인 z-축이 바로 수직축이 된다. 그림 12.3은 이러한 좌표축 관계를 나타낸다. 이 세차운동은 정자장의 반대 방향에서 보았을 때 시계 방향으로 일어난다.

시료 속의 수소처럼 특정 스핀계(예 : ^{1}H)에서 자기회전율은 상수이고, B_0가 일정하다고 가정하면 라모 주파수도 상수라고 가정할 수 있다. 실제로는 B_0가 확고한 상수일 수는 없다. 자기공명 영상에서 세 가지의 B_0 변동 요인이 있는데, 자장 불균일(inhomogeneity)과 자화감수성(magnetic susceptibility), 화학적 천이(chemical shift)가 그것이다. 따라서 MRI에서 주자석의 설계와 교정은 매우 중요한 문제이며, 다음 장에서 MRI의 주자석이 균

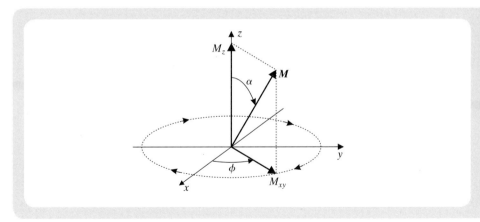

그림 12.3
z-축 주위를 세차운동하는
자화 벡터 **M**

일한 자장을 발생하도록 **보정**(shimming)하는 것이 영상의 품질에 매우 밀접하게 영향을 주는 것을 확인할 수 있을 것이다. 일반적으로 주자장의 불균일도는 수 ppm 정도로 유지되며, 전체 영상영역에 걸쳐 서서히 변하기 때문에 그 영향을 무시하거나 후처리 과정에서 보정할 수도 있다.

자화감수성은 주변 자장에 대하여 물질 내부의 자장을 증가시키거나 감소시키는 물질의 특성이다. **반자성**(diamgnetic) 물질은 내부 자장을 약간 약하게 하고, **상자성**(paramagnetic) 물질은 약간 강하게 하며, **강자성**(ferromagnetic) 물질은 매우 강하게 한다. 자화감수성이 있을 때의 자장을 다음 식으로 표현할 수 있다.

$$\hat{B}_0 = B_0(1 + \chi), \qquad (12.13)$$

여기서, χ는 **반자화감수성**(diamagnetic susceptibility)이라는 공간 위치에 따라 변하는 양이다. 탄소와 산소 분자는 둘 다 반자성이라서 결과적으로 인체는 대부분 반자성을 갖는다. 그러므로 인체 내의 자장은 인체 밖의 자장보다 약간 약하며, 인체 내외의 경계에서 갑작스러운 자장의 변화가 일어난다. 이러한 갑작스러운 자장 변화의 영향으로 영상의 열화가 일어나는데, 영상 방정식에서는 일정한 자장 분포를 가정하기 때문이다. 그러나 두뇌의 철분 침적 또는 뉴런 활동의 결과로 혈액의 헤모글로빈에서 산소가 소모되는 것과 같은 자연적인 생물학적 사건으로 일어나는 자화감수성의 차이에 대한 영상을 얻는 것도 가능하다. 따라서 다양한 본질적인 생체 조직의 특성처럼, NMR이나 MRI 신호 획득 과정에서 자화감수성도 억제하거나 강조시키는 것이 모두 가능하다.

화학적 천이는 영상 대상 원자핵의 라모 주파수가 주변의 화학적 환경에 따라 달라지는 정도를 나타내며, 수소 원자가 속한 여러 분자에서도 나타난다. 화학적 천이 현상에서 보면, 핵 주변의 전자구름이 주자장에 대해 핵을 차폐시키는 외피 효과를 일으킨다. 자화감수성과 달리 화학적 천이는 분자 환경과 관련되어 매우 국부적인 성질을 갖는데, 효과를 일으키는 특정 분자의 위치 및 농도에 밀접하게 관련된다. 화학적 천이는 다음 식과 같이 자장의 변화량으로 나타낼 수 있다.

$$\hat{B}_0 = B_0(1 - \varsigma), \tag{12.14}$$

위 식에서 ς는 차폐상수로 화학적 천이의 크기가 된다. 이에 대응하는 라모 주파수의 천이는 다음 식이 된다.

$$\hat{v}_0 = v_0(1 - \varsigma). \tag{12.15}$$

화학적 천이는 보통 ppm 단위로 나타낸다.

$$\varsigma(\text{ppm}) = \varsigma \times 10^6. \tag{12.16}$$

예를 들어보면, 물(H_2O) 속의 수소에 대해 지방(CH_2) 속 수소의 화학적 천이는 -3.35ppm으로 낮아지는데, 1.5T에서는 지방에 포함된 수소 원자핵의 라모 주파수가 214Hz 낮은 것을 의미한다.

특정 스핀계에서 일단의 원자핵들이(화학적 천이를 포함하여) 동일한 라모 주파수를 가질 때 **동주파수원소**(isochromat)라 부른다. 예를 들면, 물속의 수소 원자핵들은 동주파수 원소이며, 지방 속의 수소 원자핵도 역시 동주파수원소이다. 관찰 대상 스핀계에서 동주파수원소의 중요성은 그것들이 매우 작은 라모 주파수 차이를 가진다는 것이며, 이것이 영상에 주는 영향은 계속 규명을 해갈 것이다.

12.5 종자화와 횡자화

자기공명 영상에 대해 깊게 이해하려면 자화 벡터 $\mathbf{M}(t)$가 2개의 성분을 갖는 것으로 개념화할 필요가 있다. 첫 번째 성분은 **종축 성분**으로, 정자장 방향으로 정의되는 축 방향으로 정렬된 것이다. 다음은 **횡축 성분**으로, 정자장 축에 수직인 평면으로 향한 성분이다. 종축 성분은 $M_z(t)$로 표시하는데, 간단하게 $\mathbf{M}(t)$의 z방향 성분으로 부른다. 횡축 성분은 다음 식으로 표현된다.

$$M_{xy}(t) = M_x(t) + jM_y(t), \tag{12.17}$$

위 식은 2개의 수직 성분 $M_x(t)$와 $M_y(t)$를 복소수 형태로 나타낸 것이며, 이 복소수 M_{xy}의 각도는 다음 식으로 계산하는데, 횡자화의 위상 또는 위상각으로 부른다.

$$\phi = \tan^{-1} \frac{M_y}{M_x}, \tag{12.18}$$

그림 12.3은 z-축과 x-y 평면에 대해 자화 벡터 $\mathbf{M}(t)$를 투영하여 그린 개념도이다. 직각좌표계에서 $\mathrm{M}(t)$의 세 축 성분을 앞의 두 성분으로 표시할 수 있는데, 그 중 한 성분은 복소수가 된다. 그러므로 $M_{xy}(t)$와 $M_z(t)$의 거동을 이해하는 것은 $\mathbf{M}(t)$의 3개 공간 성분에 대한 시간 축 거동을 이해하는 것과 같은 것이다.

12.5.1 핵 자기공명 신호

식 (12.12)와 식 (12.17)을 결합하면 횡자화는 다음 식으로 표현된다.

$$M_{xy}(t) = M_0 \sin \alpha \, e^{-j(2\pi v_0 t - \phi)} . \tag{12.19}$$

위 식에서 관찰하려는 MRI 신호의 근원을 이해할 수 있을 것이다. 시료 안에서 빠르게 회전하는 횡자화는 고주파 여기를 발생시킨다. 이 고주파 여기는 시료 밖에 위치하는 도체 코일에 측정 가능한 수준의 고주파 전압을 유도시키고, 이 신호는 MRI에서 사용하기 위해 기록이 된다. 이것 때문에 MRI가 인체 영상을 얻기 위해 전자파를 사용한다고 오해를 받기도 하는데, 사실이 아니다. 실제로는 핵스핀을 조작하는 것과 NMR 활성 시료로부터 신호를 얻는 데는 모두 패러데이 유도(Faraday induction) 현상을 이용한다. 비록 전신 영상에서 신호의 주파수가 무선주파수 대역이기는 해도 고주파 자체는 자기공명 영상에서 매우 적은 역할만 한다. 고주파는 코일로 발생시켜 NMR 현상을 일으키는 데 쓰이면서 신체를 통과해 지나간다. 이 고주파의 주파수는 전리 방사선보다 매우 낮고, 신체에 약간의 가열 효과만 일으킨다.

횡자화를 신호라고 생각하는 것이 일반적이지만, 세차운동하는 스핀들로부터 전압 신호를 얻기 위해서는 고주파 코일(RF coil)로 부르는 도체 코일이 시료 가까이에 있어야 한다. 13장에서 영상에 쓰이는 다양한 고주파 코일의 설계에 대해 다루겠지만, 간단한 상관관계는 알고 있을 필요가 있다.

유도에 관한 패러데이 법칙에 따르면 도체 코일에 쇄교하는 시변자장은 도체 코일에 전압을 유도한다. 이 유도전압의 크기는 가역정리(principle of reciprocity)를 이용하여 결정할 수 있는데, 우선 전류가 흐르는 코일에서 떨어진 한 점에 코일의 전류가 만드는 자장을 보기로 하자. 정확하게 하기 위해 단위 직류 전류가 흐르는 코일이 $\mathbf{r}$점에 만드는 자장을 $\mathbf{B}^r(\mathbf{r})$로 가정하자. 이 가정을 거꾸로 해서, 물체 전체 안에 자기모멘트인 시변자장 $\mathbf{M}(\mathbf{r}, t)$가 있다면 코일의 유도전압은 다음 식으로 표현된다.

$$V(t) = -\frac{\partial}{\partial t} \int_{\text{object}} \mathbf{M}(\mathbf{r}, t) \cdot \mathbf{B}^r(\mathbf{r}) \, d\mathbf{r} , \tag{12.20}$$

위 식에서 $\cdot$는 벡터 내적을 나타낸다.

핵 자기공명 실험에서는 이 유도전압을 더 간단하게 표현하기 위해 $\mathbf{M}(\mathbf{r}, t) = \mathbf{M}(t)$로 물체가 전체 공간에서 균일하다고 가정해도 된다. 또 코일이 $\mathbf{B}^r(\mathbf{r}) = \mathbf{B}^r$로 균일한 자장을 발생한다고 가정하자. 핵자화의 z-축 성분은 느리게 변하는 양이라서 (뒤에 설명함) 시간 미분값은 매우 작고 식에서 제외할 수 있다는 것도 기억을 하자. 식 (12.20)에 이러한 가정을 적용하고 자장을 각각의 성분으로 분해하면 다음 식이 된다.

$$V(t) = -\frac{\partial}{\partial t} \int_{\text{object}} M_x(t) B_x^r + M_y(t) B_y^r \, d\mathbf{r} \tag{12.21a}$$

$$= -V_s \frac{\partial}{\partial t} \left[M_x(t) B_x^r + M_y(t) B_y^r \right], \tag{12.21b}$$

위 식에서 V_s는 시료의 체적이다.

횡자화 성분 $M_{xy}(t)$는 식 (12.19)에서 실수와 허수 성분으로 나누어지므로,

$$M_x(t) = M_0 \sin \alpha \, \cos(-2\pi \nu_0 t + \phi), \tag{12.22a}$$

$$M_y(t) = M_0 \sin \alpha \, \sin(-2\pi \nu_0 t + \phi). \tag{12.22b}$$

이다. 식 (12.21)을 이용하면,

$$V(t) = -2\pi \nu_0 V_s M_0 \sin \alpha \left[B_x^r \sin(-2\pi \nu_0 t + \phi) - B_y^r \cos(-2\pi \nu_0 t + \phi) \right] \tag{12.23}$$

가 얻어진다. 기준 자장의 성분들을

$$B_x^r = B^r \cos \theta_r, \tag{12.24a}$$

$$B_y^r = B^r \sin \theta_r, \tag{12.24b}$$

로 표현하면, 삼각함수의 성질을 이용하여 다음 식이 얻어진다.

$$V(t) = -2\pi \nu_0 V_s M_0 \sin \alpha \, B^r \sin(-2\pi \nu_0 t + \phi - \theta_r). \tag{12.25}$$

기본적인 NMR 신호는 라모 주파수의 정현파 신호이다.

식 (12.25)에서 NMR 신호의 크기는

$$|V| = 2\pi \nu_0 V_s M_0 \sin \alpha \, B^r, \tag{12.26}$$

인데, 이것이 중요한 이유는 늘 최대의 신호를 얻으려 하기 때문이다. 식 (12.4)로부터 M_0는 B_0에 비례하며, 라모 주파수 ν_0도 역시 B_0에 비례한다. 따라서 식 (12.26)은 신호의 강도가 B_0^2에 비례하는 것을 나타내는데, 이것은 더 높은 자장은 더 큰 신호를 발생시키는 것을 의미한다. 현재 전신 영상용 자기공명 장치는 1.5tesla에서 3.0tesla의 자장을 주로 사용

하고 있지만, 7tesla까지도 인체용으로 FDA의 승인을 받았으며 구입이 가능해졌는데, 이 장치들은 더욱 강한 신호를 만들어 낸다. 최대 신호가 $\alpha = \pi/2$일 때 발생하는 것도 쉽게 알 수 있다. 이 각도 α는 **눕힘각**(tip angle 또는 flip angle)으로 부르는데, MR 신호를 얻을 때 제어할 수 있는 것의 하나이다. 다음 장에서 논의하겠지만, 때로는 빠르게 영상을 얻기 위해 작은 눕힘각을 이용하기도 하는데, 이 경우 신호가 작아지는 것을 감수해야 한다. 마지막 고려 요소는 시료의 체적 V_s인데, 이 값의 어느 범위까지는 제어 대상이 아니다. 핵 자기공명 실험에서 장치 안에 더 많은 시료를 넣어 더 큰 신호를 얻을 수 있다. 자기공명 영상에서 V_s는 체적소가 되며, 더 큰 체적소를 선택하면 더 큰 신호가 얻어진다.

예제 12.1

식 (12.26)으로부터 신호 크기를 동일한 수준으로 유지하면서 해상도를 높이려면 B_0를 증가시켜야 한다. $B_0 = 1.5$tesla인 장치를 생각해 보자.

문제 영상의 해상도를 두 배 높이려 할 때, 신호 크기에 변화가 없도록 하려면 B_0는 얼마가 되는가?

해답 모든 3차원 방향으로 해상도를 2배 높이려면 모든 방향의 체적소 길이를 반으로 줄여야 한다. 이것은 체적소의 체적을 $1/2^3 = 1/8$로 줄이는 것이 된다. 식 (12.26)으로부터 신호를 같은 크기로 유지하려면 B_0는 $\sqrt{8}$배가 되어야 한다. 따라서 해상도를 2배 높이려면

$$B_0 = 1.5 \times \sqrt{8} = 4.24 \text{ tesla}.$$

가 필요하다.

12.5.2 회전좌표계

자화 벡터의 변화 추이를 **회전좌표계**라 부르는 기준 좌표 안에서 기술하는 것이 매우 편리할 수도 있다. 회전 좌표계는 z-축을 회전축으로 하고 라모 주파수로 회전하는 좌표계이다. 회전좌표계의 좌표와 고정좌표계의 좌표 사이의 관계는 다음 식으로 표현된다.

$$x' = x\cos(2\pi \nu_0 t) - y\sin(2\pi \nu_0 t), \tag{12.27a}$$

$$y' = x\sin(2\pi \nu_0 t) + y\cos(2\pi \nu_0 t), \tag{12.27b}$$

$$z' = z. \tag{12.27c}$$

이 회전좌표계에서 식 (12.19)는 다음 식이 된다.

$$M_{x'y'}(t) = M_0 \sin\alpha \, e^{j\phi}. \tag{12.28}$$

다시 설명하면, 회전좌표계에서 $M_{x'y'}$은 회전 복소평면에서 크기 $M_0 \sin\alpha$와 위상각 ϕ를 갖는 정지 벡터가 된다.

다음에는 NMR 신호를 이끌어내기 위해 $\mathbf{M}(t)$를 $\mathbf{B}_0$방향으로부터 눕히는 방법에 대하여 살펴볼 것이다.

12.6 고주파 여기

앞 절에서 자화 벡터 $\mathbf{M}$의 초기 상태가 $\mathbf{B}_0$에서 틀어진 방향으로 정렬된 경우 세차운동을 하며, 세차운동에 따른 횡자화 성분은 시료를 둘러싸고 있는 안테나(또는 고주파 코일)에 전류를 유도하는 현상에 대하여 다루었다. 시료를 둘러싼 안테나에 고주파 전류를 흘리면 스핀계가 이것에 의해 여기되는 것을 이용하여 $\mathbf{M}$의 거동을 제어하게 된다. 이것이 $\mathbf{B}_0$에 나란하지 않은 자화 벡터를 생성하는 방법의 한 예이다. 바꿔 말하면, 고주파로 스핀계를 여기하는 것은 이 스핀계를 자극시킨 다음에 출력으로 고주파 신호를 유도시켜 끌어내는 것이 된다.

식 (12.7)로부터 어떻게 고주파 여기로 자화 벡터를 제어할 수 있는지 이해할 수 있다. $\mathbf{M}(t)$가 $\mathbf{B}_0$와 나란한 평형 상태의 스핀계에 대해 생각해 보자. 주자장에 더해진 약한 자장 $\mathbf{B}_1 = B_1\hat{\mathbf{x}}$가 인가되었을 때, 식 (12.7)에 의하면 $+y$방향으로 $\mathbf{M}(t)$의 약한 움직임이 생기게 된다. 이것이 가해진 $\mathbf{B}_1$때문에 발생된 x축 주위로 도는 세차운동임을 이해할 수 있을 것이다. 이것이 자화 벡터 $\mathbf{M}(t)$가 횡단면에 눕혀지는 과정의 시작이고, $\mathbf{B}_1$이 꺼지면 z축에 대하여만 세차운동을 하게 된다.

그러나 스핀계의 여기에 대한 위와 같은 접근 방법에는 어려운 점이 있다. x축에 대한 세차운동이 일어나면, 스핀계는 더 이상 평형 상태가 아니므로 자화 벡터 $\mathbf{M}(t)$는 동시에 z축을 따라 세차운동을 시작한다. 매우 강한 z방향 자장 때문에 z축을 따른 세차운동이 훨씬 더 빠르게 돈다. 그런 세차운동이 시작되면, $\mathbf{M}(t)$에 대한 해석으로부터 알 수 있는 사실은(연습문제 12.4 참조) 원하던 $\mathbf{B}_1$의 효과를 잃어버린다는 점이다. 사실 $\mathbf{M}(t)$를 횡단면을 향해(대부분의 경우 바라는 결과처럼) 계속 끌어내리면 $\mathbf{M}(t)$의 위치는 z축을 따라 도는 세차운동의 궤적을 따라 가며, $\mathbf{B}_1$ 자장은 식 (12.7)을 따라 올바른 움직임이 발생하는 방향으로 인가할 필요가 있다.

$\mathbf{M}(t)$가 라모 주파수로 세차운동을 하므로 $\mathbf{M}(t)$의 위치를 추적하는 첫 단계는 라모 주파수의 $\mathbf{B}_1$ 자장을 인가하는 것이다. 이것이 바로 고주파 여기(RF excitation) 방법이다. 이 방법의 바람직한 결과로 세차운동을 하는 벡터 $\mathbf{M}(t)$는 $\pm y$축과 만날 때까지 횡단면으로 눕혀지게 된다(연습문제 12.4 참조). 그러한 여기 방법은 $\mathbf{B}_1$ 자장이 1개의 선형축 방향으로만 놓여 있기 때문에 선형위상화(linearly polarized)라고 부른다. 또 하나의 y축 방향(그러나 주자장과는 직각인) 고주파 자장을 더해 사용하는 방법으로 여기 방식을 개량하는 것도 가능하다. 직각(cosine 대신 sine) 여기 고주파 자장을 y방향 $\mathbf{B}_1$대신 인가하면 자화 벡터는 연속적으로 횡평면을 향해 눕혀진다. 이러한 고주파 여기는 $\mathbf{B}_1$ 자장이 횡평면에서 원을 그리므로 원위상화(circularly polarized)라 부르기도 한다.

원위상 고주파 여기는 직각위상(quadrature polarized) 고주파 코일(13장 참조)을 사용하

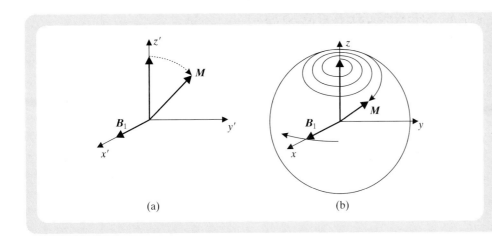

그림 12.4

(a) 회전좌표계에서 고주파 여기에 대한 응답으로 자화 벡터 **M**은 x'축 주위를 세차 운동한다. (b) 고정좌표계에서 **M**의 실제 움직임은 나선이 된다.

면 되는데, 요즘 일반적으로 쓰이는 방식이다. 원위상 고주파 자장은 횡평면에서 복소자장으로 표현된다.

$$B_1(t) = B_1^e(t)e^{-j(2\pi v_0 t - \varphi)}, \tag{12.29}$$

위 식에서 B_1^e는 $B_1(t)$의 포락선이고, φ는 초기 위상이다. 가장 간단한 포락선은 단순한 사각 펄스인데, 진폭이 B_1이고 시간 폭이 τ_p인 고주파 버스트(burst)로 보면 된다. 회전 좌표계에서 이 고주파 자장은 다음 식으로 표현된다.

$$B_1(t) = B_1^e(t)e^{j\varphi}. \tag{12.30}$$

단순화를 위해 $\varphi = 0$이고, 따라서 B_1은 회전좌표계의 x'방향이라고 가정하자. 이것에 의한 여기는 (앞에서 정자장 $\mathbf{B}_0$에 대한 세차운동에서 보인 것처럼) 그림 12.4(a)와 같이 **M**이 y'-z'평면에서 시계 방향의 세차운동을 발생시킨다. **M**의 이런 형태 움직임은 시료 밖에서 가해진 고주파 에너지와 관련된 응답으로 발생하기 때문에 **강제세차운동**(forced precession)이라 부른다. 이 세차운동의 주파수는 $v_1 = \gamma B_1$으로 주어지며, $B_1 = |B_1^e(t)|$이다. 물론 실제 세차운동은 x-y 평면에서의 회전을 포함한다. 실제 $\mathbf{M}(t)$의 궤적은 그림 12.4(b)처럼 $+z$축에서 볼 때 z축에 대해 시계 방향의 나선(spiral)을 그린다.

　M의 최종 눕힘각과 위상은 $B_1^e(t)$의 진폭과 시간 폭에 따라 결정된다. 만일 **M**이 횡평면까지 눕혀진 순간 고주파를 차단한다면 이 고주파 펄스는 $\pi/2$(또는 90°) 펄스라 부른다. $\pi/2$ 펄스는 평형 상태의 시료로부터 최대 신호를 이끌어내기 때문에 여기펄스로 자주 쓰인다. 이 것보다 2배인 고주파 펄스는 π펄스이며 **M**을 $-z$축으로 향하게 하는데, **M**의 방향을 뒤집기 때문에 **역전**(inversion)펄스라고도 한다. 고주파 여기펄스에 의한 눕힘각은 다음 식과 같다.

$$\alpha = \gamma \int_0^{\tau_p} B_1^e(t)\, dt. \tag{12.31}$$

사각펄스인 경우 **M**의 눕힘각은 간단하게 표현된다.

$$\alpha = \gamma B_1 \tau_p . \tag{12.32}$$

눕힘각이 α인 고주파 여기펄스는 α펄스라 부른다.

예제 12.2

B_0가 $+z$방향이고, 이 안에 있는 시료의 양성자가 모두 평형 상태일 때 고주파 펄스를 인가하였다.

문제 자화 벡터 **M**을 3ms에 x-y 평면에 눕히려 한다. 고주파 여기펄스의 강도는 얼마인가?

해답 자화 벡터 **M**이 z-방향인, 정렬된 상태에서 x-y 평면으로 눕히려면 $\pi/2$ 펄스가 필요하다. 양성자의 $\gamma = 42.58$MHz/T이므로 눕힘각은

$$\alpha = \pi/2 = 2\pi \gamma B_1 \tau_p = 2\pi \times 42.58\,\text{MHz/T} \times B_1 \times 3\,\text{ms} .$$

따라서 고주파 여기펄스의 강도는

$$B_1 = 1.96 \times 10^{-6}\,\text{tesla} = 0.0196\,\text{gauss} .$$

12.7 이완

하나의 α펄스를 ($\alpha \neq \pi$) 인가한 다음에 **M**은 앞에서 설명한 것처럼 주자장 **B**$_0$에 의해 세차운동을 한다. 식 (12.7)에 의하면 이 세차운동은 영원히 지속된다. 이것이 사실이라면 고주파 신호가 시료로부터 방사되어 나오고, 이것은 외부의 안테나에 정현파 전압으로 영원히 검출이 될 것이다. 이 상황은 명백한 오류이고, 이 운동을 제동하는 어떤 종류의 기전이 존재해야만 한다. 실제로 검출 신호가 사라지도록 하는 두 종류의 독립적인 이완 작용이 존재하는데, 각각 종자화 이완과 횡자화 이완이다. 이들 이완 효과에 대해 설명할 것이다.

횡자화 이완은 첫 번째 수신 신호를 감쇠시키는 동작을 한다. 스핀-스핀 이완으로도 알려진 횡자화 이완은 가까이 있는 다른 스핀들에 의한 자장 섭동에 의해 일어난다. 이 섭동은 불규칙한 미소 운동에 강하게 영향을 받는데, 스핀을 순간적으로 가속이나 감속시켜서 그림 12.5처럼 가까운 이웃 스핀들의 상대적 위상을 변동시킨다. 이 탈위상(dephasing)은 스핀계가 발생시키는 고주파의 위상 일치성을 손상시키고, 결과로서 수신 안테나 검출 신호의 손실을 초래한다. 그림 12.6은 자유유도강하(free induction decay : FID)로 알려진 이 신호의 형태이다.

FID의 신호 감쇠는 지수함수로 잘 표현된다. 이 감쇠 시상수는 **횡자화 이완 시간**(transverse relaxation time)으로 부르며 T_2로 표기하는데, 일반적인 시상수와 마찬가지로 시간 단위를 갖는다. 따라서 횡자화는 식 (12.19)처럼 무한히 지속하는 복소 지수 함수로

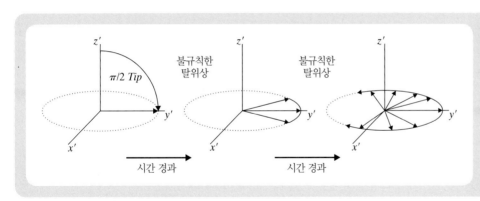

그림 12.5
횡자화 이완에 따른 탈위상

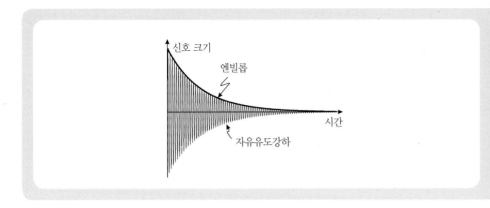

그림 12.6
자유유도강하(FID) 신호의 형태. 신호의 감쇠는 횡자화 이완으로 일어난다.

표현하는 것보다 다음 식으로 표현하는 것이 더 정확하다.

$$M_{xy}(t) = M_0 \sin \alpha\, e^{-j(2\pi v_0 t - \phi)} e^{-t/T_2}. \tag{12.33}$$

T_2는 보통 각각의 생체 조직마다 다르며, MR 영상에서 명암대조도 차이를 만드는 중요한 물리적 특성의 하나이다. 어떻게 이런 역할을 하는지는 다음 장에서 다룬다. T_2 감쇠에 의한 신호 강도 $|M_{xy}(t)|$의 감쇠는 그림 12.7(a)에서 볼 수 있다.

실제 수신되는 신호는 T_2보다 빨리 감쇠를 한다. 실제로 주자장 B_0 안에서 국부적인 자장의 간섭으로 인해 수신 신호는 시상수 T_2^*(T_2 스타로 읽음)로 지수 감소를 하는데, $T_2^* < T_2$이다. 이 상황은 그림 12.7(a)에 나타나 있다. 신호 감쇠에서 외부 자장과 관련된 효과의 표기로 T_2'을 사용하는 것도 유용한 방법이다. 위의 세 가지 횡자화 감쇠 시상수 사이의 관계는 다음과 같다.

$$\frac{1}{T_2^*} = \frac{1}{T_2} + \frac{1}{T_2'}. \tag{12.34}$$

T_2가 실제와 맞지 않는다면 왜 T_2 개념이 필요한 것인지 의문이 생기는 것은 당연하다. 초

그림 12.7

(a) 횡자화와 (b) 종자화 이완

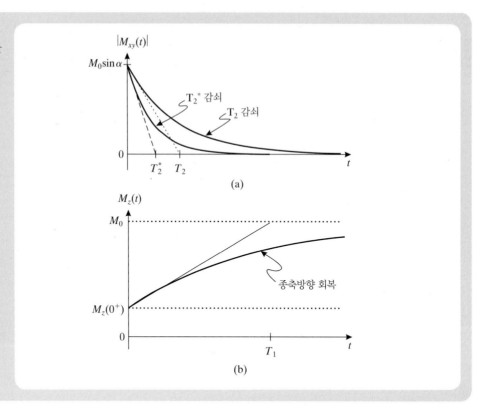

기의 신호 감쇠가 비록 T_2^*를 따르지만, T_2 시상수로 감쇠하도록 하여 자화의 위상 일관성을 더 오래 지속시키는 것이 있다는 사실을 곧 알 수 있다. 이것은 T_2' 효과가 가역적이라는 사실과 관련이 있다. 영상을 만들 때, 이 잠재적인 위상 일관성의 재집중에 의한 에코(echoes)의 개념을 이용한다. 비록 초기 신호가 T_2^*의 몇 배 시간 이후에 사라지더라도 T_2의 몇 배 시간까지 신호를 얻을 가능성이 있는 셈이다.

신호를 사라지게 하는 두 번째 이완 기전은 종자화 이완 또는 스핀-격자 이완이라 부른다. 이 작용은 종자화 $M_z(t)$와 관련 있는데, 그림 12.7(b)처럼 평형 상태 값인 M_0까지 지수 함수 증가를 한다. 횡자화 이완은 지수 함수 감소를 하고 종자화 이완은 지수 함수 증가를 하지만, 둘 다 NMR 신호의 감소를 초래한다.

눕힘각이 π가 아닌 $t = 0$에 가해지는 α-펄스를 가정하면, 종자화는 다음 식을 따른다.

$$M_z(t) = M_0(1 - e^{-t/T_1}) + M_z(0^+)e^{-t/T_1} , \tag{12.35}$$

위 식에서 T_1은 종자화 이완 시간이라 부르는 물질의 성질이다. $M_z(0^+)$는 α-펄스 인가 직후의 종자화 크기인데,

$$M_z(0^+) = M_0 \cos \alpha . \tag{12.36}$$

이다. 이 설명에는 α-펄스의 폭은 종자화 이완 시간보다 무시할 만큼 짧은 것을 포함하고 있다. 이것은 α-펄스의 폭은 수 ms 정도이고 종자화 이완 시간은 수 100ms에 달하므로 매우 타당한 가정이다.

그림 12.7(b)는 T_1에 따른 종자화의 회복을 나타낸다. T_2와 같이 T_1도 다양한 생체 조직마다 다른 값을 갖기 때문에 MR 영상에서 조직 사이의 대조도 차이를 만들어 낸다. 인체의 조직에 대하여, 이완 시간의 범위는 250ms < T_1 < 2500ms와 25ms < T_2 < 250ms이다. 일부 예외가 있지만, 거의 모든 물질에서 $T_2 \leq T_1$ 및 $5T_2 \leq T_1 \leq 10T_2$이다.

이번 장에서 '평형'이라는 용어를 계속 사용하고 있는데, '불변의' 또는 '정적인' 계라는 제한적인 의미로 써 왔다. 지금부터 '평형' 상태의 의미를 수학적으로 다룰 것이다. 시료 안의 종축 자화 $M_z(t)$가 전 시료 안에서 동일하게 최종 값 M_0를 가져야 '평형' 상태라 할 수 있다. 실제에서는 시료에 $3T_1^{\max}$($T_1^{\max}$는 시료 안에서 가장 큰 T_1) 동안 외부의 여기가 없으면 평형 상태로 본다. 다음 장에서 항정 상태(steady-state) 개념이 나오는데, 지금 이것을 평형상태와 다른 개념으로서 살펴보는 것도 의미가 있다. 평형 상태는 얼마간의 과거로부터 전혀 여기가 되지 않았음을 의미하고, 항정 상태는 스핀계가 주기적으로 여기되어서 스핀계가 주기적인 종자화 이완 과정을 지속적으로 겪고 있는 상태이다.

예제 12.3

평형 상태인 시료에 $\pi/2$ 펄스가 인가되었다.

문제 시료의 종자화에 어떤 일이 생기는가?

해답 종자화는 α-펄스 인가 직후에 $M_z(0^+) = M_0 \cos(\pi/2) = 0$이다. 따라서 식 (12.35)로부터

$$M_z(t) = M_0(1 - e^{-t/T_1}),$$

이 되고, M_0는 종자화의 평형 상태 값이다.

예제 12.4

평형 상태의 시료에 눕힘각이 특정되지 않은 여기펄스 α펄스가 인가되었다.

문제 횡자화와 종자화가 각각 어떻게 되는지 회전좌표계에서 나타내라.

해답 시료의 초기 조건이 평형 상태였으므로 여기펄스 직후의 종자화는 식 (12.36)이 된다. 식 (12.36)을 식 (12.35)에 대입하면 종자화는

$$M_z(t) = M_0(1 - e^{-t/T_1}) + M_0 \cos\alpha\, e^{-t/T_1}.$$

이다. 이 식은 회전좌표계와 고정좌표계 어느 것을 적용해도 동일하다. 횡자화는 회전좌표계에서 표기하면 식 (12.33)의 $M_{xy}(t)$에 $e^{+j2\pi\nu 0 t}$를 곱하면 된다. 따라서,

$$M_{x'y'}(t) = M_0 \sin\alpha\, e^{j\phi} e^{-t/T_2}.$$

12.8 블로흐 방정식

자화스핀계의 여기 거동과 이완 동작을 결합하면 블로흐(Bloch) 방정식들이 얻어진다.[3]

$$\frac{d\mathbf{M}(t)}{dt} = \gamma \mathbf{M}(t) \times \mathbf{B}(t) - \mathrm{R}\{\mathbf{M}(t) - \mathbf{M}_0\},\tag{12.37}$$

위 식은 고정좌표계에서 $\mathbf{M}$의 거동을 설명하고, $\mathbf{B}(t)$는 정자장과 고주파자장의 결합

$$\mathbf{B}(t) = \mathbf{B}_0 + \mathbf{B}_1(t)$$

이고, R은 다음의 이완행렬(relaxation matrix)이다.

$$\mathrm{R} = \begin{pmatrix} 1/T_2 & 0 & 0 \\ 0 & 1/T_2 & 0 \\ 0 & 0 & 1/T_1 \end{pmatrix}.\tag{12.38}$$

블로흐 방정식은 여기 과정 동안 자화 벡터의 거동을 해석하는 데 쓰인다. 이 거동 해석의 횡자화 성분으로부터 NMR 신호를 산출할 수 있다. 대부분의 응용에서 이 수식들은 회전좌표계로(연습문제 12.9에서 알 수 있듯이) 변환된다.

예제 12.5

블로흐 방정식은 고정좌표계에서 $\mathbf{M}$의 거동을 설명한다.

문제 $\mathbf{M}$의 x-y 평면 성분을 구하는 식을 제시하고, x-방향의 $\pi/2$ 펄스 다음에 횡자화 이완이 수식을 만족하는 것을 증명하라.

해답 식 (12.37)의 블로흐 방정식에서 벡터외적을 전개하면 다음 식이 된다.

$$\frac{d}{dt}\begin{pmatrix} M_x(t) \\ M_y(t) \\ M_z(t) \end{pmatrix} = \gamma \begin{pmatrix} M_y(t)B_z(t) - M_z(t)B_y(t) \\ -M_x(t)B_z(t) + M_z(t)B_x(t) \\ M_x(t)B_y(t) - M_y(t)B_x(t) \end{pmatrix} - \begin{pmatrix} \frac{1}{T_2}M_x(t) \\ \frac{1}{T_2}M_y(t) \\ \frac{1}{T_1}(M_z(t) - M_{0z}) \end{pmatrix}.$$

$\pi/2$ 펄스 이후 고주파자장 B_1이 차단되고 0이 아닌 B_0만 남는다. 따라서 $B_x(t) = B_y(t) = 0$이고, $M_x(t)$와 $M_y(t)$ 식은 다음과 같이 단순해진다.

$$\frac{d}{dt}\begin{pmatrix} M_x(t) \\ M_y(t) \end{pmatrix} = \gamma \begin{pmatrix} M_y(t)B_z(t) \\ -M_x(t)B_z(t) \end{pmatrix} - \begin{pmatrix} \frac{1}{T_2}M_x(t) \\ \frac{1}{T_2}M_y(t) \end{pmatrix}.$$

$\pi/2$ 펄스 이후 횡자화 이완은 다음 두 식으로 표현된다.

---

[3] '블로흐 방정식들(equations)'이라는 복수로 표기하는 이유는 벡터식 안에 3개의 스칼라 식이 포함되기 때문이다.

$$M_x(t) = M_0 \cos[-(2\pi \nu_0 t - \pi/2)]e^{-t/T_2} = -M_0 \sin(2\pi \nu_0 t)e^{-t/T_2},$$

$$M_y(t) = M_0 \sin[-(2\pi \nu_0 t - \pi/2)]e^{-t/T_2} = -M_0 \cos(2\pi \nu_0 t)e^{-t/T_2}.$$

고주파 펄스가 x-방향으로 가해졌으므로 초기 위상은 $\pi/2$이고, 자화 벡터는 y-방향으로 눕는다. 블로흐 방정식에 이완 방정식을 대입하면 다음 식이 된다.

$$\frac{dM_x(t)}{dt} = \frac{d}{dt}\left[-M_0 \sin(2\pi \nu_0 t)e^{-t/T_2}\right]$$

$$= -2\pi \nu_0 M_0 \cos(2\pi \nu_0 t)e^{-t/T_2} + \frac{1}{T_2}M_0 \sin(2\pi \nu_0 t)e^{-t/T_2}$$

$$= \gamma B_0 M_y(t) - \frac{1}{T_2}M_x(t).$$

간략화하면 다음 식을 얻는다.

$$\frac{dM_y(t)}{dt} = -\gamma B_0 M_x(t) - \frac{1}{T_2}M_y(t).$$

12.9 스핀에코

시상수 T_2로 나타내는 순수 횡자화 이완 시간은 무작위 현상에 기인한다. FID가 시상수 T_2^*로 더 빠르게 감쇠한다는 사실은 고정된 자장의 간섭에 의해 일어난다. 이들 고정 간섭은 일부 스핀을 라모 주파수로 정해진 비율보다 더 빠르게 회전하고, 다른 일부는 더 느리게 회전하도록 한다. 그 결과 12.7절의 설명처럼 매우 짧은 기간에 주변 스핀들의 위상이 크게 틀어진다. 그래서 그림 12.8의 위쪽 그림처럼 각 스핀들이 횡평면에서 서로 다른 방향을 향하게 된다.

스핀에코는 빠른 (또는 느린) 스핀들은 앞선 (또는 뒤진) 스핀계가 되고, 이것을 그림 12.8(d)처럼 짧은 주기의 180° 펄스를 써서 뒤진 (또는 앞선) 스핀계로 만들 수 있기 때문에 생성될 수 있다. 이 새로운 위상으로부터, 빠른 스핀들은 느린 스핀들을 따라잡고 느린 스핀들은 뒤처지면서 그림 12.8의 아래 줄 그림처럼 스핀에코를 형성한다. 그러므로 스핀에코는 180° 고주파 펄스로 인해 횡자화 스핀들이 잃어버린 위상 일치성을 다시 복구하면서 발생되는 신호이다. 처음의 $\pi/2$ 펄스로부터 스핀에코가 생길 때까지 시간을 에코 시간(echo time)으로 부르고 T_E로 표기한다. 180° 펄스를 $T_E/2$에 인가하면 되므로 에코 시간은 조절할 수 있다.

이번 절까지 NMR 신호 관련 시간 맞춤을 고려할 필요가 없었고 단순하게 α 펄스를 인가하고 나서 일어나는 일을 살펴보았다. 그러나 스핀에코를 만들 때 두 펄스를 연속해 써야 하고, 첫 펄스에 대해 두 번째 펄스의 시간 맞춤이 언제 에코 신호가 생기는지를 결정한다. 12.10절에서 살펴보았고, 13장에서 더욱 상세하게 기술하겠지만, 여기 형태와 순서 및 상대적인 시간 맞춤은 다른 신체 조직 사이의 명암대조도 차이를 만들어 내며, 해상도나 잡음, 인

그림 12.8
스핀에코의 형성

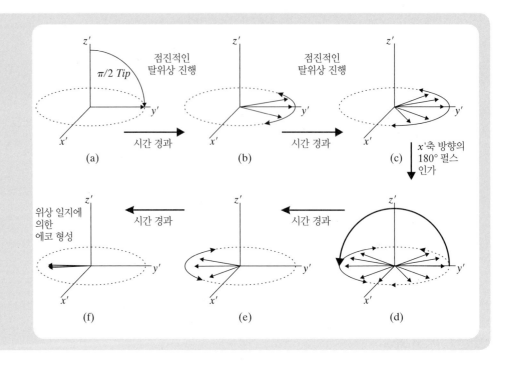

그림 12.9
스핀에코를 발생시키기 위한
펄스시퀀스

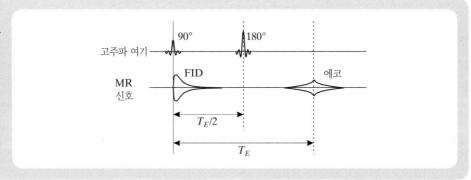

공물(또는 허상)(artifacts)과 같은 영상의 특성도 이끌어낸다. 스핀에코에 대하여 그림 12.9
에 에코 신호를 만들어 내는 간단한 시간 관계를 나타냈는데, **펄스시퀀스**라 부른다.

　스핀에코 크기를 시간에 따라 감소시키는 두 가지 기전이 있다. 첫째, 스핀에코 과정의 시
간 경과 동안 종자화 이완은 횡자화 크기의 감소를 일으킨다. 이 개념은 그림 12.8에서 자화
벡터 각각의 횡축 성분이 시간에 따라 점점 작아지는 것으로부터 확인할 수 있다. 둘째, 횡
자화의 불규칙 효과 때문에 그림 12.8(f)처럼 다시 위상 일치가 된 에코는 절대 완벽하게 같
은 위상으로 정렬하지 못한다. T_2가 종종 T_1보다 매우 작기 때문에 첫째 효과는 때로는 무
시될 수 있고, 따라서 에코의 크기는 대략 T_E 동안 횡자화가 T_2로 이상적인 감쇠를 한 크기
가 된다. 이것은 여러 개의 180° 펄스를 써서 다중 스핀에코를 이끌어 낼 수 있음을 의미하

는데, 이 다중 에코의 크기는 신호가 약 $3T_2$에 도달해 사라질 때까지 시상수 T_2로 지수 함수 감쇠를 한다.

예제 12.6

2개의 동일위상 수소(^{1}H) 시료가 1.5T 자석의 서로 다른 위치에 있고, 두 점의 자장 강도에 20ppm의 차이가 있다.

문제 이 2개의 동일 위상 수소시료가 180° 위상이 달라지는 데 얼마가 걸리는가?

해답 한 시료의 자장이 B_0이고 다른 시료는 $B_0{}'$이라 하자. 자장 강도의 차이는 다음과 같이 계산한다.

$$B_0' = B_0(1 - 20 \times 10^{-6}),$$
$$|B_0' - B_0| = (20 \times 10^{-6})B_0.$$

따라서 라모 주파수 차이는,

$$\begin{aligned}
\Delta \nu &= \gamma |B_0' - B_0| \\
&= \gamma (20 \times 10^{-6})B_0 \\
&= 42.58 \text{ MHz/T} \times (20 \times 10^{-6}) \times 1.5 \text{ T} \\
&= 1,277.4 \text{ Hz}.
\end{aligned}$$

180°는 반주기이므로 180° 위상 차이가 나기 위한 시간은,

$$\Delta t = \frac{1/2 \text{ cycle}}{1,277.4 \text{ cycle/s}} = 391 \text{ }\mu s.$$

문제 에코 시간이 4ms이면 $T_E/2$에서 위상 차이는 어떻게 되는가?

해답 T_E는 에코 시간이므로 $T_E/2 = 2$ms. 2ms 동안 주기는,

$$\begin{aligned}
\text{Number of cycles} &= 1,277.4 \text{ cycles/s} \times 2 \text{ ms} \\
&= 2.555 \text{ cycles}.
\end{aligned}$$

따라서 위상 차이는

$$\begin{aligned}
\text{위상 차이} &= 2.55 \text{ cycles} \times 2\pi \text{ radians/cycle} \\
&= 16 \text{ radians}.
\end{aligned}$$

즉, 상대적으로 짧은 시간 경과 후에 두 신호는 완전히 위상 일치성을 잃어버린다.

12.10 기본적인 명암대조도 기전

횡자화 $M_{xy}(t)$가 측정할 수 있는 신호를 발생시키고, 횡자화가 클수록 신호도 커지는 것을 배웠다. 조직 사이의 명암대조도[예를 들어 뇌 영상에서 회색질(gray matter : GM)과 백색질(white matter : WM) 사이의 밝기 차이]를 보려면 이 조직들에서 측정된 신호에 차이가 있어야 한다. 자기공명 영상에서 조직 사이의 명암대조도는 P_D 및 T_2, T_1과 같은 조직 고유의 핵 자기공명 특성과 외부에서의(바로 펄스시퀀스에서의) 여기 방법에 따라 달라진다. 지금까지 고주파 여기에서 눕힘각 α와 에코 시간 T_E를 조절할 수 있음을 보아 왔다. 잇달아 인가되는 α펄스 사이의 간격도 조절이 가능한데, 이 시간이 반복 시간(repetition time)이며 T_R로 표시한다. 이번 절에서 다른 조직을 포함하는 작은 체적들이 동일한 외부의 고주파 여기에 대하여 어떻게 반응하는가를 살펴볼 것이다. 외부의 조절 가능한 변수들로 어떻게 조직 사이의 명암대조도를 조작할 수 있는지도 다룰 것이다.

그림 12.10은 사람 머리의 동일 단면에 대한 세 장의 영상이다. 세 장의 영상 사이에는 확연하게 보이는 조직 사이의 명암대조도 차이가 있다. 각 영상은 (a) P_D-강조 및 (b) T_2-강조, (c) T_1-강조 영상으로 분류된다. 이것이 각 영상의 밝기가 P_D 및 T_2, T_1에 비례한다는 의미는 아니며, 다른 조직 사이에서 보이는 밝기 차이는 각각 조직의 P_D 및 T_2, T_1의 차이에 따라 결정된다는 의미이다. 대뇌에 두 지배적인 조직이 있는데, 뇌척수액(cerebrospinal fluid : CSF)으로 둘러 쌓여 있는 GM과 WM이며, 이들 세 부분에 대한 핵 자기공명 특성은 표 12.2와 같다.

P_D 명암대조도 영상 양성자 밀도(P_D) 강조 영상에서 영상의 밝기는 시료 속 수소 원자핵의 숫자에 비례해야 한다. 이런 강조 정보를 얻기 위해 앞서 언급한 NMR 기법을 사용할 수 있

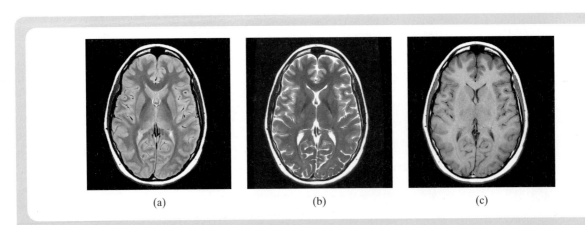

그림 12.10
머리의 동일 단면에 대한 3종의 영상. 조직 사이의 명암대조도는 각각의 강조 특성에 따라 정해진다. (a) P_D-강조 및 (b) T_2-강조, (c) T_1-강조 영상(GE Healthcare 제공)

표 12.2 1.5T에서 측정한 뇌 조직의 대표적인 특성

조직 유형	상대적 P_D	T_2 (ms)	T_1 (ms)
백색질	0.61	67	510
회색질	0.69	77	760
뇌척수액	1.00	280	2650

다. 단순하게 시료가 평형 상태에서 시작을 하는데, 고주파 여기펄스 하나를 인가하고 신호가 T_2효과로 감쇠하기 전에 재빨리 영상을 얻는 것이다. 그래서 P_D 강조 명암대조도는 (조직들이 평형 상태에 도달할 만큼) 매우 긴 T_R로, 에코를 사용하지 않거나 (T_2 감쇠를 최소로 하는) 매우 짧은 T_E를 사용하여 얻을 수 있다. 최대 신호를 얻기 위해 선호되는 눕힘각은 $\pi/2$이다. 그림 12.10(a)의 영상은 $T_R = 6,000$ms 및 $T_E = 17$ms, $\alpha = \pi/2$로 얻은 것이다. 이 영상은 표 12.2로부터 예상되는 명암대조도를 직접 반영하고 있다. 실제로는 6,000ms의 반복 시간은 너무 긴 시간이다. 자기공명 영상에서 3,500ms보다 긴 반복 시간은 영상을 얻는 데 너무 긴 시간이 걸리므로 비현실적이다.

T_2 명암대조도 영상 다른 조직 사이의 횡자화 이완 시간에 확연한 차이가 있어야 T_2 명암대조도가 두드러진다. T_2^* 효과 때문에 FID가 순수 횡자화 이완 시간보다 더 빨리 감소하므로 조직 사이의 순수한 T_2 차이를 관찰하기엔 충분한 시간을 확보할 수 없다. 따라서 T_2 강조 영상을 얻으려면 에코를 이용해야 한다. 그러면 T_E는 어떻게 해야 하는가? 앞서 작은 T_E로 P_D 강조를 할 수 있음을 알았다. 반대로 T_E를 크게 증가시키면 잡음 크기 이상으로 신호를 얻을 수 없을 만큼 신호가 작아진다. 실제로는 T_2 명암대조도를 위해 T_E는 영상 대상 조직의 T_2와 거의 같은 수준으로 선택해야 한다. 그림 12.10(b)는 $T_R = 6,000$ms 및 $T_E = 102$ms, $\alpha = \pi/2$로 얻은 영상이다. 여기서 긴 T_R을 쓴 것은 최대 신호를 얻기 위해서뿐만 아니라 T_1 명암대조도가 영상에 섞이는 것을 억제하기 위해서인데, 다음 절에서 명확히 이해할 수 있다. 그림 12.10(b)에서 보이는 것은 표 12.2의 자료와 일치하며, 특히 영상에서 밝기가 지수감쇠로 T_2와 관련된 것을 잘 보여 준다. 특히 GM과 WM은 완전히 감쇠를 했지만, 시상수가 3배 긴 CSF는 초기 밝기에서 약 1/3로만 감쇠한 것을 볼 수 있다. 이것은 GM과 WM이 서로 작은 명암대조도 차이를 보이고 CSF에 대해서는 큰 명암대조도 차이를 보임을 의미한다. WM이 GM보다 약간 어둡게 보이는 이유는 NMR 신호가 약간 빨리 감쇠하기 때문이다.

T_1 명암대조도 영상 T_1 강조 명암대조도를 얻으려면 자화의 종축 성분 차이가 강조되어야 한다. 이것은 종자화가 완전히 회복되기 전에 시료를 반복적으로 여기시키면 된다. 시료가 평형 상태에 있고 α펄스로 여기시킬 때 횡자화는 다음 식으로 표현된다.

$$M_{xy}(t) = M_0 \sin\alpha\, e^{-j(2\pi v_0 t - \phi)} e^{-t/T_2} . \qquad (12.39)$$

이 (잠재적인) 신호는 시상수 T_2로 사라져가고, $T_1 \gg T_2$이므로 $t \approx T_1$이면 무시해도 된다. 반면 다음 식으로 나타나는 종자화 성분

$$M_z(t) = M_0(1 - e^{-t/T_1}) + M_z(0^+)e^{-t/T_1}, \qquad (12.40)$$

은 $t \approx T_1$일 때도 무시할 수 없다. 그래서 $T_R \approx T_1$으로 설정하면(관심 영역 안의 조직들에 대해) 횡자화 성분이 사라지는(그래서 에코에서조차 신호가 나타나지 않는) 상황과, 종자화 성분이 평형 상태로 회복하지 못하는 상황을 동시에 만들어 낼 수 있다.

이제 α펄스가 $t = T_R$에서 인가되었다고 하자. 이때 일부 조직의 T_1은 T_R과 같을 정도의 값이다. 이 경우 시료가 평형 상태가 아니면서 과정을 시작하므로 식 (12.39)는 더 이상 적용할 수 없다. 그 대신 종자화는 식 (12.40)을 따르고, 여기 직전에 종자화는 $M_z(T_R)$값을 갖는다. 보편성을 위해 고주파 여기 직전의 종자화를 $M_z(0^-)$로 표기하자. 그러면 여기 이후의 횡자화는 다음 식을 따른다.

$$M_{xy}(t) = M_z(0^-) \sin\alpha\, e^{-j(2\pi v_0 t - \phi)} e^{-t/T_2} \qquad (12.41a)$$
$$= M_{xy}(0^+) e^{-j(2\pi v_0 t - \phi)} e^{-t/T_2}, \qquad (12.41b)$$

위 식에서 $M_{xy}(0^+)$는 여기 직후 횡자화의 크기를 나타낸다.

이런 각본에서 대부분의 조직에 대하여 $M_{xy}(0^+) < M_0 \sin\alpha$이고, 정확한 $M_{xy}(0^+)$ 값은 특정 조직의 종자화 이완 시간에 직접 의존된다. 이 과정은 그림 12.11에서 짧은 T_1(위 줄의 그림)과 긴 T_1(아래 줄의 그림)인 두 종류 조직에 대해 묘사를 했다. 맨 왼쪽 그림이 $t > 3T_2$에서부터 시작하는 것이라면, 횡자화 성분은 존재하지 않으나 종자화 성분은 회복되기 시작한다. 중간 그림에서 짧은 T_1 조직은 긴 T_1 조직보다 훨씬 더 많은 평형 상태로의 회복이 진행되었다. 오른쪽 그림에서 $\pi/2$ 펄스로 종자화를 횡평면으로 눕힌다. 신호 크기는 자화 벡터의 횡평면 위 길이와 비례하고, 이 길이는 조직의 부분적인 T_1값에 의해 결정된다.

그림 12.10(c)는 $T_R = 600$ms 및 $T_E = 17$ms, $\alpha = \pi/2$로 얻은 영상이다. 표 12.2의 자료로부터 T_R은 GM과 WM의 T_1 사이에 있지만, CSF의 값보다는 매우 작은 것을 볼 수 있다. 따라서 GM과 WM은 모두 종자화가 약 2/3로 회복되었지만 CSF는 아주 약간만 회복될 수 있다. 결과적으로 CSF의 신호는 매우 작고 GM과 WM의 신호는 커지게 된다. 이 상황은 그림 12.10(c)에 잘 반영이 되어 있어서 GM과 WM은 상대적으로 밝고 CSF는 어둡게 나타난다.

반전 회복 영상   펄스시퀀스의 반복 시간 T_R을 조절하는 것으로 서로 다른 T_1을 갖는 조직들로부터 다른 강도의 신호를 얻어낼 수 있다. 그림 12.12(a)의 펄스시퀀스에서 시작 부분의

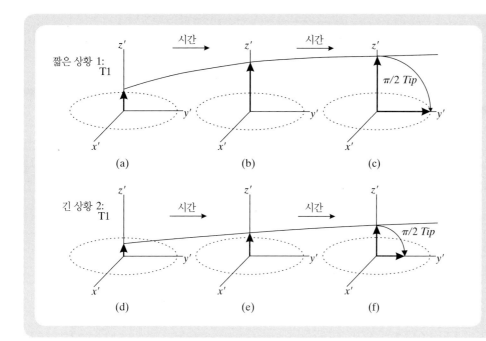

그림 12.11
T_1 강조 명암대조도의 발생
원리

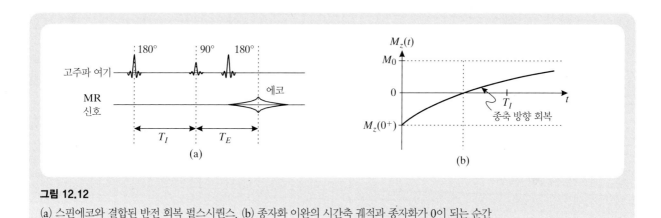

그림 12.12
(a) 스핀에코와 결합된 반전 회복 펄스시퀀스. (b) 종자화 이완의 시간축 궤적과 종자화가 0이 되는 순간

180° 고주파 펄스 1개를 인가하는 방법으로 개념상 더 간단하게 T_1 명암대조도를 획득할 수 있는데, 이 고주파 펄스가 **반전 펄스**이다. 앞에서 180° 펄스는 횡자화를 조작하여 스핀에 코를 얻기 위해 쓰였는데, 이번에는 종자화의 조작에 180° 펄스를 사용한다.

평형 상태의 스핀계에서, 한 번의 $\alpha = 180°$ 고주파 펄스를 인가하면 종자화를 다음 식과 같이 단순하게 역전시킨다.

$$M(0^+) = -M_0 . \tag{12.42}$$

이 현상은 그림 12.12(b)에 묘사되어 있다. 이 펄스를 인가한 직후에 $\sin\alpha = 0$이므로 횡자화는 0임을 주목해야 한다. 그러나 종자화는 식 (12.40)에 따라 통상적인 지수 함수를 따라서 평형 상태로 복귀하게 된다. 식 (12.42)를 식 (12.40)에 대입하여 간략화하면 다음 식이 얻어진다.

$$M_z(t) = M_0(1 - 2e^{t/T_1}), \qquad (12.43)$$

위 식은 반전 펄스 인가 순간부터의 종자화 거동을 나타낸다. T_1이 다른 조직의 종자화는 서로 다른 비율로 이완이 일어나는데, 이 차이를 반전 펄스 이후의 이완 과정에 영상용 펄스시퀀스를 삽입하여 획득할 수 있다.

　종자화 이완 시간 T_1을 갖는 조직은 다음 식의 시간에 종자화가 정확하게 0이 되는데, 식 (12.43)을 $M_Z(t) = 0$으로 하고 t에 대하여 풀면 바로 얻어진다.

$$t_{\text{null}} = T_1 \ln 2, \qquad (12.44)$$

$T_I = t_{\text{null}}$에 $\alpha = 90°$ 고주파 펄스를 인가하면, 이 특정 조직에서는 다음 식에 의해 횡자화가 생기지 않으며 T_I를 반전 시간(inversion time)이라고 한다.

$$M_{xy}(t^+_{\text{null}}) = M_z(t^-_{\text{null}}) \sin \alpha = 0.$$

이 조직은 이렇게 횡자화가 제거되어 NMR 신호를 발생하기 않게 된다. 그러나 다른 T_1의 조직에서는 횡자화가 사라지지 않아서 FID에 기여를 하게 되고, 이 부분과 황자화가 사라진 부분의 영상 명암대조도는 수학적으로 무한대가 된다. 그림 12.12(a)는 스핀에코 반전 회복(spin echo inversion recovery) 펄스시퀀스이다. 스핀에코가 반전 회복 펄스시퀀스에서 가장 보편적으로 쓰이는데, T_2^* 효과가 역전 시간 T_I 동안 횡자화를 탈위상시켜 스핀에코 외에는 신호가 나오지 않기 때문이다.

　반전 회복의 원리는 특정 조직의 T_1을 측정할 때 서로 다른 반전 시간 T_I로 반복 실험을 하는 형태로 응용될 수 있다. 예를 들어 $T_{I,\text{null}}$이라는 특정 반전 시간에 신호가 0이 된다면, 식 (12.44)에 의해 해당 조직에 대해 다음 관계가 얻어진다.

$$T_1 = T_{I,\text{null}} / \ln 2 \qquad (12.45)$$

반전 회복 펄스의 더 중요한 응용은 영상에서 지방 조직을 사라지도록(STIR 시퀀스라 함) 하거나, 유체를 사라지도록(FLAIR 시퀀스라 함) 하는 것이다. 지방 또는 유체와 같은 특정 조직의 신호가 제거되면 다른 모든 조직과 제거된 조직의 명암대조도를 매우 높게 할 수 있는데, 어떤 종류의 질병에서는 이렇게 하여 조직의 구분을 더욱 명확하게 할 수 있다.

12.11 요약 및 핵심 개념

핵 자기공명은 자기공명 영상의 배경이 되는 현상이다. 이 현상은 화학 분야에 잘 알려진 것이고, 요즘 의학영상에도 활용되고 있다. 이번 장에서는 반드시 알아야 하는 다음의 핵심 개념들을 제시하였다.

1. 자기공명 영상은 핵 자기공명 현상을 바탕으로 하고 있다.
2. 홀수 Z 또는 A를 갖는 원자핵은 각운동량 또는 스핀을 갖고, 이런 핵의 집단을 **핵스핀계**라 한다.
3. 이러한 핵스핀계에 외부자장이 가해지면 자화가 되며 **체적 자화 벡터**를 만드는데, 이것은 시간의 함수이다.
4. 이 자화 벡터에 대한 운동 방정식이 블로흐 방정식이다.
5. 이 방정식은 라모 주파수로 알려진 주파수와 함께 외부자장 방향 주위를 자화 벡터가 도는 세차운동을 묘사한다.
6. 하나의 고주파 펄스로 자화 벡터가 외부자장 주위를 세차운동하도록 만들 수 있다.
7. 자화 벡터는 두 성분으로 나뉘는데, **횡자화**와 **종자화** 성분이다.
8. 자기공명 영상 장치에서 관찰되는 신호는 빠르게 회전하는 횡자화가 만들어 내는 고주파 펄스이다.
9. 이완 현상은 세차운동의(그리고 이것과 연결된 신호의) 점진적인 제동에 대한 것으로 **횡자화 이완**(또는 스핀-스핀 이완)과 **종자화 이완**(또는 스핀-격자 이완)이 있다.
10. 자기공명 영상에서 **명암대조도**는 자기공명 신호를 만들어 내는 고주파 여기펄스의 시퀀스를 조작하여 얻어지는데, 양성자밀도 및 T_1, T_2에 서로 다른 가중치로 영향을 준다.

참고문헌

Bushong, S.C. *Magnetic Resonance Imaging*, 3rd ed. St. Louis, MO: Mosby, 2003.

Callaghan, P.T. *Principles of Nuclear Magnetic Resonance Microscopy*, New York, NY: Oxford University Press, 1993.

Haacke, E.M., Brown, R.W., Thompson, M.R., and Venkatesan, R. *Magnetic Resonance Imaging: Physical Principles and Sequence Design*, New York, NY: John Wiley and Sons, 1999.

Liang, Z.P. and Lauterbur, P.C. *Principles of Magnetic Resonance Imaging: A Signal Processing Perspective*, Piscataway, NJ: IEEE Press, 2000.

Stark, D., Bradley, Walter G., and Bradley, William G. (Eds.) *Magnetic Resonance Imaging*. St. Louis, MO: Mosby, 1999.

연습문제

자화

12.1 양성자 시료에 z방향을 향하는 비균일 자장 B를 인가하였다. 자장 $B[\text{tesla}]$는 $z[\text{cm}]$ 방향의 다음 함수로 변화한다.

$$B(z) = 1 + 0.5z.$$

자화 벡터 M은 z축을 중심으로 세차운동을 한다. 이때 $t = 0$에서 모든 자화 벡터가 동일한 위상을 갖는 것으로 가정하자. 어느 시간에 $z = 0$와 $z = 1\text{cm}$에서 자화 벡터 M의 위상이 같아지는가?

12.2 식 (12.7)의 해가 식 (12.12)가 되는 것을 증명하라.

12.3 지방에서 CH_2나 CH_3와 같이 다른 화학 조성 속의 양성자는 주위 전자 환경에 의한 정자장 차폐 효과 때문에 약간 다른 주파수로 공명을 한다. 이 공명 주파수의 변화를 화학적 천이라 하며, 이것이 화학자와 물리학자들에게 NMR이 필수적인 장비로 쓰이도록 하는 이유가 된다. 시료 속에 N개의 화학 조성물이 있을 때 원자핵 사이의 상호 작용을 무시한다면, FID는 N개의 감쇠 진동하는 신호의 조합이 된다. 이러한 환경에서 수평자화의 거동을 나타내는 식을 제시하라.

고주파 여기와 이완

12.4 정자장 $\mathbf{B}_0$ 안에서 평형 상태인 ^1H 시료가 짧은 원위상 고주파 펄스로 여기되었다. 이 고주파 펄스는 횡단면에서 다음 식으로 표현되는 자장이다.

$$B_1(t) = B_1^e(t)e^{-j2\pi v_0 t} \text{ gauss}$$

여기서 v_0는 시료의 라모 주파수이다. 이 고주파 펄스의 포락선 형태는 펄스 폭 T인 삼각함수이다.

$$B_1^e(t) = \begin{cases} \frac{1}{10}\left(1 - \frac{|t-T|}{T}\right), & 0 \le t \le 2T \\ 0, & \text{그 외} \end{cases}.$$

(a) 구간 $0 \le t \le 2T$에서 자화 벡터의 눕힘각을 t의 함수로 구하라.

(b) $B_1(t)$이 $\pi/2$ 펄스가 되기 위한 T의 값을 구하라.

12.5 고주파 여기 이후 종자화와 횡자화의 이완은(회전좌표계에서) 다음 식을 따른다.

$$\frac{dM_z}{dt} = -\frac{M_z - M_0}{T_1},$$

$$\frac{dM_{xy}}{dt} = -\frac{M_{xy}}{T_2}.$$

$M_z(0)$과 $M_{xy}(0)$을 알고 있는 것으로 가정하고 앞의 식의 해를 $M_z(t)$와 $M_{xy}(t)$에 대하여 구하라.

12.6 예제 12.4에서 스핀계가 α펄스 인가 직전에 평형 상태였을 경우 α 펄스 다음 **M**의 성분은 다음 식으로 표현된다.

$$M_z(t) = M_0(1 - e^{-t/T_1}) + M_0 \cos\alpha\, e^{-t/T_1},$$
$$M_{xy}(t) = M_0 \sin\alpha\, e^{j\phi} e^{-t/T_2}.$$

시료를 T_R 간격의 연속적인 α펄스로 여기시키는 것으로 가정하자. T_R이 T_1보다 길 때 이 평형 조건이 맞고, 여기펄스 직전의 M_Z는 M_O와 같다고 가정할 수 있다. $M_Z(t)$에 관하여 더 일반화된 식을 유도하라. $M_{xy}(T_R) = 0$처럼 스핀의 수평자화는 고주파 펄스 전에 완전하게 탈위상되었다고 가정할 수 있다. [힌트 : 이 더 일반화된 식에서 M_o는 수직자화의 평형 상태 값으로 대체할 수 있다. $(n+1)$번째 펄스 다음의 M_z를 M_z^{n+1}로, n번째 펄스 다음은 M_z^n으로 정의하자. 이들 두 값은 한 방정식과 관련이 있다. 매우 단순한 평형 상태 조건으로부터 또 하나의 간단한 방정식을 유도하라. 문제를 풀기에 충분한 정보가 제공되었다.]

12.7 다음 질문에 답하라 : T_R과 T_E가 주어진 펄스시퀀스에서 자기공명 신호의 크기를 최대로 하는 눕힘각은 얼마인가? 이 문제를 주어진 T_1, T_2 및 T_2^* 값에 대하여 풀라. 자화는 안정 상태에 있는 것으로 가정하는데, 자화는 주기가 T_R인 시간의 주기 함수가 된다. 또한 $M_{xy}(0^-) = 0$으로 수평자화는 고주파 펄스 전에 완전하게 탈위상 상태가 되는 것으로 가정하라.

(a) 고주파 펄스 직전의 평형 상태 자화값인 $M_z(0^-)$를 계산하라.

(b) 정상 상태에서 신호 크기가 되는 $M_{xy}(T_E)$를 계산하라.

(c) 최적 눕힘각을 계산하라.

12.8 (a) 그림 P12.1의 펄스시퀀스에서 FID 신호에 대한 식을 쓰라.

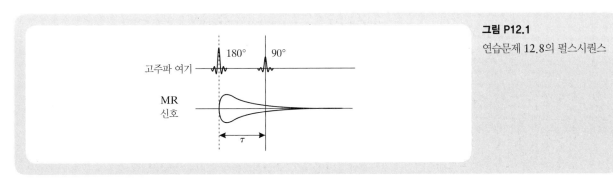

그림 P12.1
연습문제 12.8의 펄스시퀀스

(b) 이 펄스시퀀스를 이용하여 T_1을 측정하는 방법을 설명하라.

블로흐 방정식과 스핀에코

12.9 블로흐 방정식을 회전좌표계로 변환하라.

12.10 (a) 에코를 $t = T_E$에서 얻기 위해 π펄스를 $T_E/2$에서 인가하는 이유를 설명하라.

    (b) 시료에 $\pi/2$ 펄스가 $t = 0$에 가해지고, π펄스가 $t = \frac{2k+1}{2}T_E$, $k = 0, 1, \cdots$에 가해졌다고 가정하자. T_E가 T_2보다 작은 경우 $k = 0, 1, \cdots$에 대하여 $M_{xy}(kT_E)$를 표현하는 방정식을 구하라.

12.11 다음 식으로 표현되는 사각형 고주파 펄스를 자화 벡터가 z방향을 향한 평형 상태로부터 15° 눕히기 위해 사용되었다.

$$\mathbf{B}_1(t) = A\,\mathrm{rect}(t/10^{-5})[\cos(2\pi v_0 t)\hat{\mathbf{x}} + \sin(2\pi v_0 t)\hat{\mathbf{y}}]$$

이 눕힘각을 얻기 위해 필요한 A의 값을 구하라.

12.12 $\pi/2$펄스를 $t = 0$에 인가하여 종자화를 x축 방향의 횡편면으로 보냈다. 그 순간에 공간에 따라 변하는(그러나 시간에 따라서는 변하지 않는) z방향의 자장 $\Delta B(\mathbf{r})$가 정자장 B_0에 더해졌다. 라모 주파수와 세차운동 위상은 공간축 위에서 다음 두 식으로 표현된다.

$$v_0(\mathbf{r}) = \gamma(B_0 + \Delta B(\mathbf{r})),$$

$$\phi(\mathbf{r}, t) = -\gamma(B_0 + \Delta B(\mathbf{r}))t.$$

π 펄스 하나가 시간 τ에 또 가해졌다.

    (a) π 펄스 직전과 직후의 위상 $\phi(\mathbf{r}, t)$는 어떻게 되는가?

    (b) $T_E = 2\tau$에서 위상 $\phi(\mathbf{r}, t)$는 어떻게 되는가?

    (c) 공간에 따라 변하는 경사자장이 쓰일 때, 스핀에코의 이용에 대한 결론을 제시하라.

명암대조도 기전

12.13 양성자 밀도 강조 명암대조도에 대하여 설명하라. 양성자 밀도 강조 영상을 얻기 위해 영상변수들을 어떻게 선택해야 하는지 기술하라. 왜 긴 T_E를 사용할 수 없는지 설명하라.

12.14 인간의 두뇌 영상을 얻고 있다고 가정하자(여러 두뇌 조직들의 NMR 특성은 표 12.2 참조). 연습문제 12.6의 방법을 사용하고, 신호는 스핀계가 안정 상태에 있을 때 획득한다. 간단하게 하기 위해 재구성한 MR 영상의 밝기가 고주파 펄스 직후의 횡자화 크기에 직접 비례하는 것으로 가정하자. 최대 신호를 얻기 위해 $\pi/2$ 펄스를 사용한다.

    (a) GM과 CSF 사이의 명암대조도를 최대로 하기 위한 최적의 T_R값은 어떻게 되는가?

    (b) T_R값으로 (a)에서 계산한 것을 사용했을 때 GM과 CSF 사이의 명암대조도는 어

떻게 되는가? 또 GM과 WM 사이의 명암대조도는 어떻게 되는가?

12.15 인간의 뇌 영상을 얻기 위해 그림 P12.2의 펄스시퀀스를 사용하려고 한다. 평형 상태에서 $\pi/2$ 펄스를 가하였다. 고주파 펄스의 시간 폭은 무시할 만큼 좁은 것으로 가정하라. 시간 τ동안 FID 신호를 수집하고, 펄스의 반복 주기는 T_R이다.

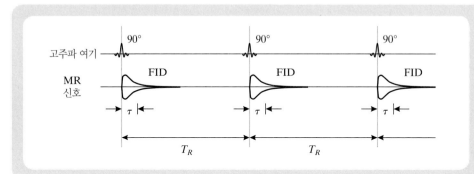

그림 P12.2
연습문제 12.15의 펄스시퀀스

(a) $T_R = 6{,}000$ms이고 $\tau = 20$ms이다. T_2 강조 영상법인가? 그렇지 않을 경우 T_2 강조 영상을 얻기 위해 무엇을 변경해야 하는가?

(b) 변경된 펄스시퀀스를 그리라.

(c) 새 펄스시퀀스에 사용할 τ, T_R, 눕힘각과 다른 변수들의 합리적인 값을 제시하라.

자기공명 영상

12장에서 자기공명 영상(magnetic resonance imaging : MRI)의 물리적 배경이 되는 핵 자기공명(nuclear magnetic resonance : NMR)에 대해 다루었다. 핵스핀 시스템을 어떤 방법으로 조작할 수 있고, 그것으로 대상 물체로부터 자유유도강하(free induction decay : FID) 형태의 신호가 발생되는 것도 다루었다. 또한 스핀에코를 사용하여 아주 짧거나 과도적인 FID 대신 재집중 신호를 만드는 것도 설명하였다. 그리고 다양한 여기 방법의 시간 관계를 조절하여 여러 가지 다른 조직 사이의 명암대조도를 얻는 방법도 다루었다. 그러나 어떻게 관찰하는 대상으로부터 공간 정보를 얻어 영상을 만드는지는 아직 설명하지 않았다.

사실 12장으로 되돌아가 보면, 그곳에서는 시료는 항상 단일 조성이고, 시료에서 나오는 신호 FID나 에코는 항상 코히런트(coherent) 신호로 가정했었다. 초기 40여 년의 NMR 응용에서 단일 시료와, 그것에서 단일 신호가 생성되는 것은 기본적인 관점이었다. 그 후 1970년대에 Paul Lauterbur가 영상을 만들기 위해 NMR 신호에 공간부호화를 더하는 방법을 고안해 냈다. 최초의 자기공명(MR) 영상 장치는 1970년대 후반에 만들어졌고, 그 후 지속적으로 기술적인 발전과 임상 응용이 이루어져 왔다.

이번 장에서는 우선 자기공명 영상을 만들어 내기 위해 필수적인 장치 요소들에 대해 다루어 보겠다. 그 다음 영상 구성 과정을 영상 방정식으로부터 시작한 다음, 이들 방정식으로부터 자기공명 영상을 만들어 내는 컴퓨터 알고리듬에 대한 것으로 마칠 것이다. 마지막으로 자기공명 영상의 제한 요소와 향후 가능성에 대한 개념을 제공하기 위해 영상의 품질에 영향을 주는 인자들에 대해 논의할 것이다.

13.1 자기공명 영상 장치

13.1.1 시스템 구성 요소

그림 13.1과 같이 자기공명 영상 장치는 (1) 주자석, (2) 주자석 안에서 단속 가능한 공간상 자장의 기울기를 만들어 내는 코일 조합, (3) 고주파 펄스의 발생과 신호 수집을 위한 공진기 또는 코일, (4) 고주파 펄스의 인가와 신호 수집 시간을 프로그래밍하는 전자 장치, (5) 영상의 판독과 조작 및 저장을 하기 위한 콘솔의 5개 주요부로 구성된다. 그림 13.2(a)는 환자 이송장치를 포함한 주자석 사진이고, 그림 13.2(b)는 제어콘솔의 사진이다.

주자석과 경사자장 코일, 고주파 코일은 신호가 간섭을 받지 않도록 외부의 무선신호와 같은 전기적 잡음으로부터 격리 되어야 한다. 따라서 이들 장치들은 패러데이 새장(cage)으로 작동하는 구리로 둘러싸인 차폐실(shield room) 안에 설치된다. 경사자장 코일 구동 전류나 전력선과 같이 차폐실 안으로 공급되는 모든 전기 신호는 수신 장치의 주파수 대역 신호를 포함하지 않도록 대역 통과 필터를 거쳐야 한다. 경사자장 증폭기나 고주파 송수신 장치 등이 설치된 선반(rack)은 보통 차폐실에 가까운 공간에 설치된다.

컴퓨터 단층 촬영 장치(CT)나 양전자방출 단층 촬영기(PET)처럼 판매 중인 자기공명 영상장치도 누워 있는 환자를 주자석 공간 안에 집어 넣기 위한 이송 장치를 갖추고 있다. 이런 기하학적 구조 때문에(직경 1m 이상의) 커다란 초전도체 솔레노이드 코일이(1tesla 이상

그림 13.1
자기공명 영상 장치의 계통도

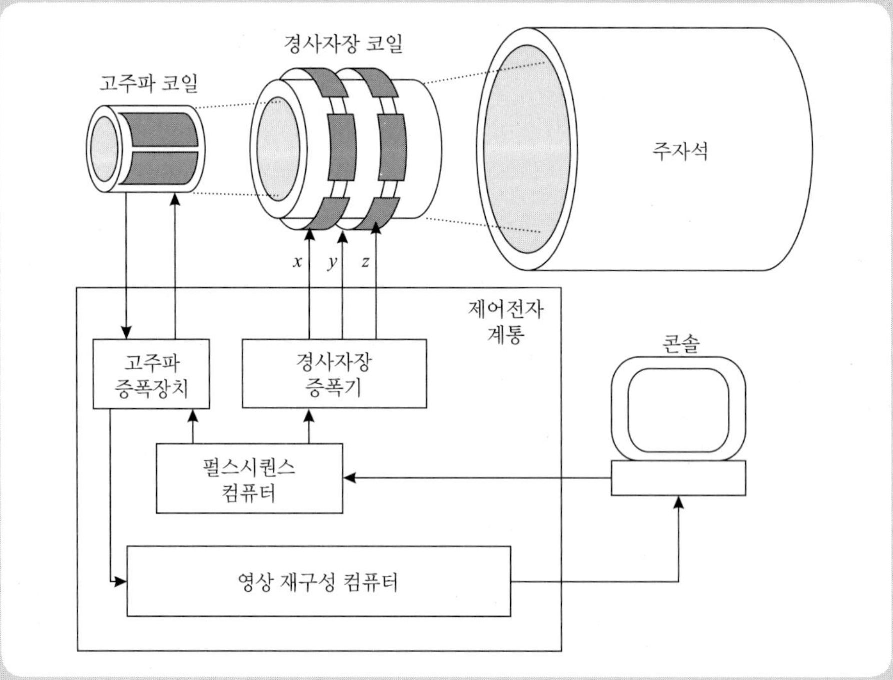

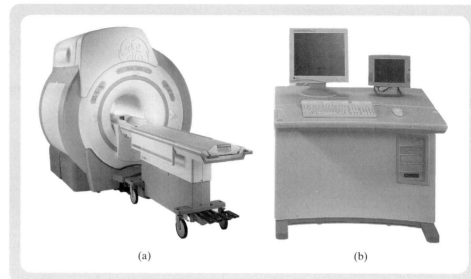

그림 13.2
(a) 주자석과 환자 이송 장치 및 (b) 제어콘솔(GE Healthcare 제공)

(a) (b)

의) 강한 주자장을 만들어 내기 위해 쓰이고 있다. 주자석의 다른 기하학적 구조는 수직 또는 수평의 자극 쌍을 갖는 개방형 자석이다. 이런 장치는 환자의 취급은 쉬워지지만, 주자장가 약해(1tesla 이하) 자기공명 신호도 약해진다. 이번 장에서는 현재 미국 시장의 70% 정도를 차지하고 있는 1.5T 자기공명 영상 장치를 중심으로 설명할 것이다. 제시하는 설명은 매우 보편적인 내용이므로 더 낮거나 더 높은 주자장의 자기공명 영상 장치의 동작을 설명하는 것에도 전혀 문제가 없다.

13.1.2 주자석

가장 일반적으로 쓰이는 자기공명 영상 장치의 주자석은(보편적으로 1m 내경의) 원통형 초전도 자석이다. 그림 13.3처럼 초전도 자석에서 니오비움-티탄 권선이 약 $4°K$의 액체 헬륨에 잠겨 있다. 니오비움-티탄은 $9.5°K$ 이하에서 초전도체가 되는데, 액체 헬륨의 비등점은 $4.2°K$이다. 단열 용기(dewar) 또는 초저온 용기(cryostat)가 헬륨의 비등을 막기 위해 쓰인다. 초저온 용기는 반드시 다층(sandwich) 구조를 갖고, 액체질소와 진공층 사이에 액체헬륨을 담고 있어 헬륨에 대한 단열 효과를 높이고 있다.

자기공명 영상 장치에서 주자장 강도는 0.5T(21MHz)부터 3.0T(128MHz) 범위인데, 소수의 장치는 9T(383MHz)로 동작하기도 한다. 대다수의 전신 영상용 주자석은 1.5T이다. 이 자장 강도를 선택해야만 하는 특별한 이유가 있는 것은 아니고, 다만(1970년대 후기에) 자기공명 영상 장치 시장이 시작되었을 당시 구현 가능한 최고 강도였을 뿐이다. 이들 주자석에 초전도선을 쓰고 있으므로 영속적인 전류가 흐른다. 1.5T 자석 안에 이 영속 전류로 저장된 에너지는 대략 2.8백만 줄(Jule) 정도인데, 달리 설명하면 주자석이 단일 도선 솔레노이드 코일일 때 이 도선에는 740암페어의 전류가 흐른다.

그림 13.3

초전도 코일을 냉각시키기 위한 냉매의 배치도

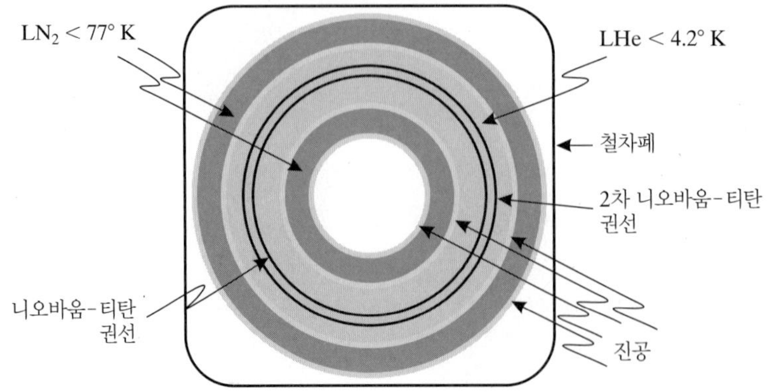

초전도 자석의 설계와 유지에는 두 가지 큰 어려움이 있다. 첫째, 주자석 내경(영상 범위) 안의 자장 균일도가 ±5ppm보다 좋게 유지되어야 한다. **자장 보정(shimming)** 과정은 자장 균일도를 높이기 위해 자장 맞추기를 하는 것이다. **피동 보정(passive shimming)**은 단순하게 자석 내경 안에 작은 쇠 조각들을 붙이는 방법을 쓴다. 이 쇳조각들은 초전도 권선이 만드는 자장을 뒤트는데, 적절하게 붙이면 더 균일한 자장을 얻을 수 있다. **능동 보정(active shimming)**은 자석 내경 안에 설치된 30개의 코일에 흐르는 전류를 적절하게 설정하는 방법을 쓴다. 이 방법은 수동 보정보다 더 자동화가 되지만 제조 비용이 높아진다.

초전도 자석의 설계에서 두 번째 어려움은 자석 바깥의 자장인 **주변자장(fringe field)**를 최소로 하는 것이다. 이 자장들이 매우 강하기 때문에 주변자장은 신용카드와 같은 자기 저장 매체를 이용하는 장치나 음극선관(cathode-ray tube : CRT)과 같은 전류 흐름을 이용하는 장치들에 심각한 문제를 일으킨다. 주변자장이 일으키는 이런 종류의 해로운 영향 때문에 자기공명 영상 장치는 병원이나 의료용 건물에 설치할 때 설치 공간을 조심스럽게 선정해야 한다.

주변자장을 줄이기 위해서도 피동식과 능동식의 두 가지 차폐 방법을 사용한다. 피동차폐는 단순하게 거대한 철 차폐물로 초전도 자석 전체를 둘러싸는 방법이다. 이 방법은 철 차폐 밖의 주변자장을 줄이지만, 자석 안의 자장에 나쁜 영향도 준다. 능동차폐는 주 초전도 권선 바깥에 부가적인 초전도 권선을 추가하는 방법(그림 13.3 참조)이다. 부가 권선에는 반대 방향 전류가 흘러서 자석 **바깥쪽** 자장을 현격하게 줄여 준다. 이런 부가 권선은 자석 안쪽 자장을 감소시키기도 하므로, 주자장을 원하는 강도로 유지하기 위해서는 주권선의 전류를 더 크게 해야 한다. 이 능동차폐는 건물 벽에 위치하는 많은 쇠기둥 같은 영상 장치를 둘러싼 거대한 철제 구조물이 자석 내부의 자장에 미치는 영향을 줄여 주는 효과도 제공한다.

13.1.3 경사자장 코일

그림 13.1과 같이 **경사자장 코일**은 자석의 내경 안쪽에 꼭 들어 맞게 위치하는데, 능동 보정 코일을 사용한다면 보정코일 안쪽에 위치한다. 경사자장 코일은 주자석 내경 안에서 공간 위치에 따라 주자장 B_0의 강도를 시간 축 위에서 변화시키는 역할을 한다. 12장에서 기술한 여러 과정에서는 이러한 기능을 필요로 하지 않았고, 오히려 주자장을 일정하게 유지하는 데 모든 관심을 집중해 왔었다. 그런데 왜 의도적으로 주자장에 공간에 따른 변화를 일으키는 자장을 추가해서 일부러 이러한 '완벽함'을 흔들려고 할까? 이것이 영상을 얻어내는 열쇠가 되는, NMR 신호를 공간부호화 하는 핵심임이 곧 밝혀질 것이다.

경사자장 코일은 단면 선택 영상에서 신체의 단면을 선택하는 수단을 제공한다. 이 방법으로 인해 자기공명 영상장치가 단면의 영상을 얻을 수 있는 '**단층적(tomographic)**'인 것이 된다. 경사자장 코일은 또 영상 단면의 화소를 공간부호화 하는 수단을 제공하는데, 그렇기 때문에 수천 개의 화소로부터 나오는 각각의 FID와 에코들을 풀어서 영상을 만들어 낼 수 있다. 이 과정이 어떻게 이루어지는지 13.2절에서 다룰 것이다. 지금 당장은 경사자장 코일 자체를 다루어 보자.

그림 13.4는 물리적인 x와 y, z축에 대응하는, 3개의 서로 직교하는 경사자장 코일의 구조이다. 원통형 자석이라면 경사자장 코일도 원통형 지지물 위에 감기는데, 에폭시수지로 고정시킨다. 물이나 공기를 순환시켜 강한 전류가 흐르는 권선들을 냉각시킨다. 경사자장

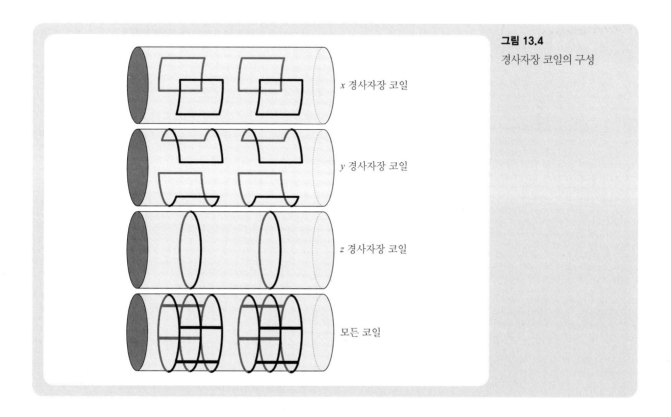

그림 13.4
경사자장 코일의 구성

x 경사자장 코일

y 경사자장 코일

z 경사자장 코일

모든 코일

코일은 **로렌츠 힘**이라 부르는 강한 힘을 겪는데, 강한 자장 안에서 전류가 흐르기 때문이다. 더구나 영상을 얻기 위해 경사자장 전류의 반복적인 단속이 일어나므로 심한 진동을 일으킨다. 이것은 에폭시가 파손되고, 그에 따라 전기적 접속을 약화시킬 수 있는 가능성에 더해, 자기공명 영상 신호를 수집하는 동안 심하게 두드리는 것 같은 소음 발생의 원인이기도 하다.

각 경사자장 코일의 목적은 주자장에 공간에 따라 자장을 더하거나 **빼는** 것이다. 만일 3개의 모든 경사자장 코일을 각각 G_x와 G_y, G_z의 강도로 동작시키면 주자장은(이상적인 경우) 다음 식으로 표현된다.

$$\mathbf{B} = (B_0 + G_x x + G_y y + G_z z)\,\hat{\mathbf{z}}. \tag{13.1}$$

경사자장 코일이 자장의 방향을 바꾸지는 않는 것에 주목해야 한다. 경사자장은 주자장에 더해져 주자장을 더 강하게 하거나 약하게 한다. 이것이 자기공명 영상를 처음 배울 때 공통적으로 혼동을 일으키는 부분이라서 확실하게 이해를 해야 다음으로 나아갈 수 있다. 이상적인 경우 경사자장 코일에 흐르는 전류에 의한 자장 강도의 변화가 공간 위치에 대해 선형 함수이며, 이런 경우 다음에 살펴볼 것처럼 영상을 재구성하는 알고리듬의 개발에 큰 도움이 된다. 경사자장 진폭은 상수 G_x 및 G_y, G_z로 정의하고, G/cm(gauss/m, mT/m 단위로 쓰임)의 단위를 쓴다. 경사자장은 종종 다음의 벡터 형태로도 표현된다.

$$\mathbf{G} = (G_x, G_y, G_z). \tag{13.2}$$

벡터의 공간 위치 표시로 $\mathbf{r} = (x, y, z)$를 사용하면, 식 (13.1)은 다음의 벡터 내적으로 표현된다.

$$\mathbf{B} = (B_0 + \mathbf{G} \cdot \mathbf{r})\,\hat{\mathbf{z}}. \tag{13.3}$$

경사자장 코일은 앞에서 설명했듯이 자장의 공간에 따른 선형 변화를 일으키도록 설계한다. 그림 13.4처럼, x와 y 경사자장은 각각 한 쌍의 안장 코일로 만들고, z 경사자장은 주자석 원통의 원주를 따라 감은 2개의 **역방향 원형 코일**로 만든다. 최대 경사자장 진폭은 코일에 흘릴 수 있는 최대 전류로 결정된다. 전형적으로 x 및 y, z 코일에 각각 100~200암페어의 전류를 흘릴 수 있다. 임상용 장치에서 최대 경사자장 진폭은 보통 1~6G/cm(또는 10~60mT/m) 범위이다.

다음에 경사자장을 빠르게 켤 수 있을수록 빠르게 영상을 얻을 수 있음을 살펴볼 것이다. 경사자장을 0으로부터 최대 진폭까지 스위칭하는 시간은 코일과 증폭기의 설계에 따라 달라진다. 전형적인 스위칭 시간은 0.1~1.0ms 범위이다. 경사자장 코일과 경사자장 증폭기 쌍의 성능을 나타내는 데 **슬루율**(slew rate)이 더 일반적으로 쓰인다. 슬루율은 경사자장 값 변화의 가능 최대 비율로 mT/m/ms 단위를 쓴다. 전형적인 값은 5~250mT/m/ms 범위이다.

경사자장 코일은 경사자장 코일 바깥의 자장변화를 최소화하기 위해 코일 원통 바깥쪽에 별도의 **차폐 코일**을 갖고 있어야 한다. 이 차폐가 없으면 변화하는 자장으로 인해 주자석 외벽과 같은 경사자장 코일 주변의 금속 구성물에 심한 와전류(eddy current)를 유도시키며, 이 와전류는 수 ms에서 수초 동안 유지가 된다. 이들 유도 와전류는 경사자장의 시간 축 응답을 완전히 바꿔 놓는다. 자기공명 영상 장치의 개발에서 나타난 가장 혁신적인 기술 중에 경사자장 코일의 새로운 설계가 있는데, 이 혁신적인 코일들로 인해 주자석의 금속 구조물에 큰 와전류를 유도시키지 않으면서 경사자장의 빠른 스위칭이 가능해졌다.

자기공명 영상 기법에서 경사자장은 매우 **빠르게** 단속 동작을 해야 한다. 이상적으로는 이런 자장 강도의 변화가 순간적으로 이루어져야 하는데, 이것을 막는 몇 가지 물리적 제한이 존재한다. 첫 번째 제한은 경사자장 코일의 자기유도용량(self inductance)인데, 고전압 증폭기를 쓰거나 코일이 작아지도록 재설계를 해서(보통 z방향 길이가 짧아지는 것을 의미함) 극복할 수 있다. 경사자장 코일을 더 작게 만들 때 자장이 선형적으로 변하는 영역이 줄어들어 결국 영상 가능 영역이 좁아지는 것은 절충해야 하는 사항이다. 두 번째 제한은 환자 신체에 와전류를 유도하는 것인데, 이것이 말초신경을 자극하여 근육의 떨림을 유발시킨다. 미국의 FDA(Food and Drug Administration)는 자장 스위칭의 인체 노출 최댓값을 40T/s로 제한하고 있다. 이 한계 이상에서는 말초신경 자극의 가능성을 무시할 수 없다.

예제 **13.1**

주자석의 내경이 1m이지만, 신체는 현격하게 좁은 공간만 사용한다. 확실하게 하기 위해 인체의 직경을 $d(d \approx 0.5\text{m})$라 하면, 이것이 영상영역(FOV)이 된다. 주자석 중심에서 경사자장이 만드는 추가 자장은 0이고 반경 $r = d/2$인 영상영역의 경계에서 최대가 된다.

문제 신체 영역에서 40mT/m의 경사자장을 법적 제한 안에서 얼마나 빨리 생성할 수 있으며, 이때 필요한 슬루율은 얼마인가?

해답 경사자장으로 인해 인체에 더해지는 최대 자장은

$$G_{\max} = 40 \text{ mT/m} \times \frac{d}{2} = 10 \text{ mT}.$$

경사자장이 최댓값에 도달할 때까지 파형이 선형 변화를 한다고 가정하자. 그러면 최댓값에 도달할 때까지 최소 시간은

$$t_{\min} = \frac{G_{\max}}{40 \text{ Tesla/s}} = \frac{10 \text{ mT}}{40 \text{ Tesla/s}} = 0.25 \text{ ms}.$$

이다. 이것을 위한 슬루율은 다음과 같다.

$$\text{SR} = \frac{40 \text{ mT/m}}{0.25 \text{ ms}} = 160 \text{ mT/m/ms}.$$

13.1.4 고주파 코일

앞 장에서는 NMR에서 고주파 여기가 얼마나 중요한지 살펴보았다. 라모 주파수로 시료 주위에 공급된 전류는 핵스핀의 세차운동을 유발하여 횡단면으로 눕힌다. 스핀계가 한번 여기되면, 코히런트하게 회전하는 스핀들은 가까이에 있는 안테나에 라모 주파수로 고주파 전류를 유도시켜 FID나 에코 형태의 측정 가능한 신호를 생성한다. 자기공명 영상 장치에서 그림 13.1의 고주파 코일(공진기로 부르기도 함)은 스핀의 세차운동을 유발하고, 스핀으로부터 유도 신호를 얻어내는 두 가지 역할을 한다.

두 가지의 기본적인 고주파 코일 형상이 있는데, 그것은 체적 코일과 표면 코일이다. 체적 코일은 (대부분) 영상 대상 물체를 둘러싸는 형태이고, 표면 코일은 영상대상 물체의 표면에 아주 가까이 근접해 설치되는 구조를 갖는다. 그림 13.5는 다른 형태의 고주파 코일들이다. 대부분의 경우 체적 코일이 표면 코일보다 선호되는데, 신체 영역 전체에서 균일 감도 (또는 자장) 분포를 갖기 때문이다. 이것은 발생하는 고주파 에너지가 시료 안에서 매우 고르게 영향을 주는데, 예를 들면 눕힘각 $\pi/2$를 의도했을 때 어느 곳에서나 $\pi/2$에 매우 근접한 결과가 얻어진다는 의미이다. 또한 체적 코일을 쓰면 고주파 여기의 결과로 시료에서 발생되는 신호가 전 공간에서 거의 균일하게 수신된다. 대조적으로 표면 코일은 코일 가까이에서는 감도가 매우 높지만 거리가 멀어지면 급격하게 감도가 떨어진다. 표면 배열 코일은, 예를 들면, 흉부를 둘러싸는 띠 속에 4개의 코일이 있는 것과 같은 형태인데, 균일도 면에서는 잘 설계된 체적 코일보다 떨어진다.

모든 MRI에는 몸통 코일이 포함되어 있는데, 이 코일은 그림 13.1에서 고주파 코일로 표시된 것처럼 경사자장 코일 안쪽에 꼭 들어맞게 설치된다. 몸통 코일은 일반적으로 그림 13.5(b)의 새장 공진기 형태이다. 대부분의 MRI에는 좀 더 작은 머리 코일도 포함되는데, 새장 코일이나 안장 코일, 알더만-그란트(Aldermann-Grant) 코일(그림 13.5에 없음) 구조로 인체 머리를 근거리에서 둘러싸는 형태를 갖는다. 다른 특수 체적 코일로는 무릎 코일과 목 코일, 소형 말단부 코일 등이 있으며, 대부분의 MRI에 구비되어 있다. 그림 13.5(c)의 표

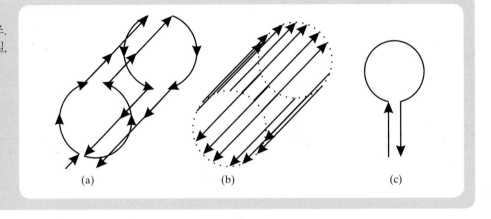

그림 13.5
다양한 고주파 코일의 구조.
(a) 안장 코일, (b) 새장 코일,
(c) 표면 코일

면 코일은 영상 대상 장기에 근접해 위치시키는 개별 고리 코일이며, 단일 코일보다 선형성과 감도를 개선하기 위해 여러 개를 조합한 형태도 쓰이는데, 그 형상으로 인해 '위상 배열 코일'로 부른다.

고주파 코일에 전력을 공급해 고주파 여기를 하는 동안 고주파 증폭기로부터 상대적으로 대전류가 코일 요소에 공급되는데, 인체 영상을 위해서는 약 2kW의 전력을 사용한다. 고주파 여기를 하는 송신 코일(TX coil)은 이상적인 경우 전 영상 영역에 걸쳐 균일한 B_1을 생성한다. 수신할 때는 미약한 자장으로부터 코일에 유도되는 매우 낮은 전압을 검출해야 한다. 송신과 수신에서 매우 다른 크기의 전류를 코일에서 다루어야 하기 때문에 2개 코일로 역할을 나누기도 한다. 실제로는 몸통 코일이 경사자장 코일의 바로 안쪽에 위치해서 다른 코일을 사용할 때도 송신 역할을 하며, 머리 코일이나 표면 코일, 위상배열 코일과 같은 다른 코일들은 관심 영역 가까이에 위치해 신호를 수신하는 것으로만 쓰이도록 해 준다. 이것은 영상신호의 신호 대 잡음 비를 높이는 데 매우 효율적인 방법으로 다음에 더 논의할 것이다. 송신(TX)과 수신(RX) 코일 모두에서 중요한 사항은 발생하는 고주파 자장 중 주자장 축과 직각인 성분만 영상에 쓰인다는 것이다.

13.1.5 콘솔과 컴퓨터

그림 13.1과 그림 13.2(b)의 전형적인 MRI 콘솔은 장치 운용자가 영상 기법 선택과 환자의 심전도(ECG)나 호흡에 대한(주기적인 생리 작용에 동기시켜 신호를 수집하기 위해) 동기 설정, 영상 단면 위치의 선택, 획득 영상의 관찰, 조직 사이의 명암대조도를 변경시키기 위한 펄스시퀀스의 변수 바꾸기 등을 위해 사용한다. 제어콘솔은 영상 재구성을 수행하는 병렬처리기와 같은 고성능 연산 장치와 접속된다. 최신 영상 장치는 1초에 10~50장의 영상을 재구성할 수 있는데, 여러 단면의 실시간 처리에 적합한 수준이다. 영상 재구성 속도는 종종 신호 수신 전자 장치에서 병렬처리기로 정보를 전달하는 속도에 의해 제한된다. 어떤 장치는 초음파처럼 실시간 영상을 제공하는데, 이 경우 사용자가 영상 단면을 설정하기 위해 한 단면의 영상을 실시간으로 활용할 수 있다.

13.2 자기공명 신호 획득

투사 방사선 촬영에서는 검출기에 들어오는 엑스선으로부터 물체의 공간위치를 부호화한다. 방사선 영상에서 공간위치 부호화에 영향을 주는 요인들은 엑스선의 퍼짐에 의한 확대와 겹쳐지는 물체에 의한 중첩이다. 방사선 영상에서 구조물의 중첩은 절대 역부호화가 되지 않는데, 방사선 전문의는 이런 영향이 섞인 영상을 판독하는 방법을 배운다. 컴퓨터 단층 촬영 장치(CT)는 각기 다른 방향인 수많은 투사 안의 이런 영향을 관찰하여 물체의 공간위치를 부호화한다. CT에서 물체의 위치는 측정 정보의 조합 안에 매우 복잡한 방식으로 퍼져 존재한다. 그러므로 영상 재구성 알고리듬은 수학적인 필터와 적분 과정을 거쳐 공간위치를

그림 13.6
자기공명 영상 장치에서 고정 좌표계

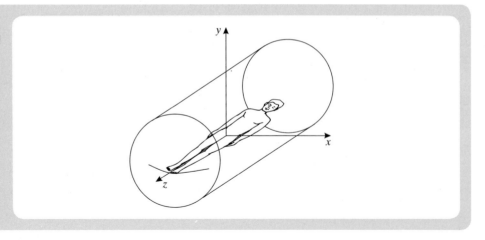

찾아내는데, 영상 재구성 기법의 한 예로 콘볼루션 재투사(convolution back projection) 기법이 있다.

지금까지는 자기공명 영상에서 공간부호화에 경사자장 코일을 쓴다는 것만 설명했다. 그런데 이것이 어떻게 이루어지는가? 어떻게 정보를 재부호화하는가? 여기에 쓰이는 기교는 라모 주파수와 횡자화의 위상을 모두 이용하여 공간부호화를 하는 것이다. 이번 절에서는 공간위치에 대한 주파수와 위상 부호화 방법 및 기초적인 자기공명 영상법에 대해 다루겠다.

13.2.1 공간위치의 부호화

공간위치의 부호화를 논하기 전에 '공간좌표계란 무엇인가?'를 우선 생각해 봐야 한다. 관습적으로 주자장 B_0 방향을 $+z$로, 위쪽을 $+y$로 정한다. 그러면 당연히 $+x$방향은 수평 방향으로 오른손 좌표계를 따라서 정해진다. 환자를 그림 13.6과 같이 반듯하게 눕혀 머리가 전방을 향하게 하면 $+z$는 머리에서 발쪽으로 향하고, $+y$는 등에서 앞쪽으로, $+x$는 오른쪽에서 왼쪽으로 정해진다. 이 상황에서 z축 값이 상수인 단면은 종단면(axial) 영상이 되고, y를 상수로 하면 관상면(coronal) 영상, x를 상수로 하면 시상면(sagital) 영상이 된다.

자기공명 영상 장치로 임의의 위치에 있는 임의의 단면에 대한 영상을 얻을 수 있지만, 앞으로 설명을 간단하게 하기 위해 종단면 영상을 얻는 경우만 다루겠다. 이 경우 z방향은 평면을 통과하는 방향이 되고, x와 y방향은 평면 위의 방향이 된다. 시상면이나 관상면 또는 경사면(oblique plane), 이중 경사면(double-oblique plane)에 대한 영상을 얻는 것도 바로 설명할 수 있다. 경사면 영상은 3개 기본 축 중의 한 축에 직교하는 평면을 다른 어느 한 축 방향으로 기울인 단면에 대한 영상이다. 이중 경사면 영상은 경사면을 남은 한 축 방향으로 한 번 더 기울인 단면에 대한 영상이다. 종단면 영상을 얻기 위해 사용하는 기법을 약간 변형시키면 다른 축 방향의 단면의 영상을 획득하는 데 적용할 수 있다.

주파수로 공간위치를 부호화하려면 라모 주파수를 공간 좌표축의 함수로 변화시켜야 한

다. 자장 $B(B = |\mathbf{B}|)$에서 자화 벡터 $\mathbf{M}(t)$의 세차주파수가 $\nu = \gamma B$인 것을 다시 기억해 두자. 세 축의 경사자장 코일에 직류전류를 흘려서 일정한 경사자장 $G = (G_x, G_y, G_z)$를 발생시켰다. 이때 총 자장은 식 (13.3)이 되고, 라모 주파수는 다음과 같은데

$$\nu(\mathbf{r}) = \gamma(B_0 + \mathbf{G} \cdot \mathbf{r}), \tag{13.4}$$

이 식에서 라모 주파수 $\nu(\mathbf{r})$가 공간위치 $\mathbf{r} = (x, y, z)$에 의존하는 것이 확연하게 드러난다.

자기공명 영상에서 공간위치를 부호화하는 두 방법 중 먼저 살펴볼 것이 주파수 부호화의 개념이고, 다음은 위상 부호화의 개념이다. 주파수 부호화 개념은 13.2.2절의 단면 선택과 13.2.3절의 푸리에(Fourier) 공간 정보 수집에 모두 쓰인다. 위상 부호화 개념은 13.2.6절의 푸리에 공간위치 결정에 쓰인다.

예제 13.2

주파수 부호화 개념을 적용할 때 한 방향 경사자장만 사용하는 것이 매우 일반적이다.

문제 시료가 $B_0 = 1.5\text{T}$인 자장 안에 들어가 있고 $G_z = 3\text{G/cm}$인 경사자장이 가해졌을 때, $z = 0$인 평면에서 라모 주파수는 어떻게 되는가? 두께 0.5m의 단면 영상을 $z = 0$에서 얻으려 할 때, 이 단면에서 라모 주파수의 범위는 어떻게 되는가?

해답 이 경우 $\mathbf{G}$에서 0이 아닌 성분은 단 하나이다.

$$\mathbf{G} = (0, 0, G_z).$$

식 (13.4)를 적용하면,

$$\nu(\mathbf{r}) = \gamma(B_0 + \mathbf{G} \cdot \mathbf{r}) \tag{13.5a}$$
$$= \gamma(B_0 + G_z z). \tag{13.5b}$$

수소 원자핵인 양성자에서 $\gamma = 42.58\text{MHz/T}$이다. 따라서 $z = 0$인 평면에서 라모 주파수는

$$\nu_0 = \gamma B_0 = 63.87\,\text{MHz}.$$

이다. z방향 경사자장이 가해지면 자장은

$$B(z) = B_0 + G_z z.$$

가 된다. 선택 단면에서 이 자장의 최소와 최댓값은 다음과 같다.

$$B_{\min} = B_0 - G_z \times 0.25\,\text{m} = 1.5\,\text{T} - 7.5\,\text{mT}, \tag{13.6a}$$
$$B_{\max} = B_0 + G_z \times 0.25\,\text{m} = 1.5\,\text{T} + 7.5\,\text{mT}. \tag{13.6b}$$

따라서 선택 단면에서 라모 주파수의 범위는 다음과 같다.

$$63.55\,\text{MHz} \leq \nu \leq 64.19\,\text{MHz}.$$

13.2.2 단면 선택

앞에서 인체의 2차원 단면 영상을 얻는 기술인 CT나 SPECT, PET, 초음파 등의 영상 기법들에 대해 다루었다. CT와 초음파에서는 영상을 획득하는 데 쓰이는 에너지가 단면 자체를 결정한다. 이 방식에서 선택된 단면 안의 생리적 특성만이 명암대조도에 영향을 주며 신체의 다른 영역에서는 신호가 전혀 나오지 않는다. SPECT나 PET에서는 신체의 전 영역이 잠재적인 신호원이 되는데, 콜리메이터를 써서 특정 단면에서 나오는 신호만 선택적으로 검출한다.

MRI에서는 위의 두 가지 기본 원리를 모두 쓸 수 있다. 한 단면만 여기해서 이 선택 단면에서 나오는 신호만 수집하는 것도 가능하고, 전체 체적을 여기한 다음 선택 단면의 영상만 추출하는 것도 역시 가능하다. 첫 번째 방식을 2차원 자기공명 영상법이라 하고, 두 번째 방법을 3차원 자기공명 영상법이라 한다. 이번 장에서는 2차원 영상법에 대해서만 설명하고, 3차원 영상법은 간략하게만 짚고 넘어가겠다. 2차원 영상의 첫 번째 단계는 단면 선택인데, 한 단면에 있는 핵스핀만을 선택적으로 여기시킨다. 위에 지적한 대로 전개를 쉽게 하기 위해 종단면을 선택하는 단면 선택에 대하여 먼저 설명하고, 그 다음 영상 기법에 대해 설명할 것이다.

단면 선택의 원리   예제 13.2에서 경사자장 $\mathbf{G} = (0, 0, G_z)$를 인가하면 라모 주파수가 z의 함수가 되도록 할 수 있었다. 이 공간에 따라 변하는 라모 주파수는 다음 식으로 표현된다.

$$\nu(z) = \gamma(B_0 + G_z z), \tag{13.7}$$

그림 13.7은 이 관계를 나타낸다. 순수 정현파 특정 주파수의 고주파로 여기할 경우 무한히 얇은 단면에서만 강제 세차운동을 겪을 것이다. 그 단면의 위치는 z-축에서 여기 주파수에 대응하는 라모 주파수의 자리가 된다. 그러나 이와 같은 특성의 정현파를 구현하는 것은 불가능하고, 실제 바람직하지도 않다. 그 대신 일정 범위의 주파수를 여기하는 파형을 만들어

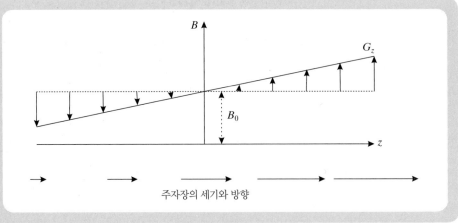

그림 13.7
주자장에 대한 z-경사자장의 효과

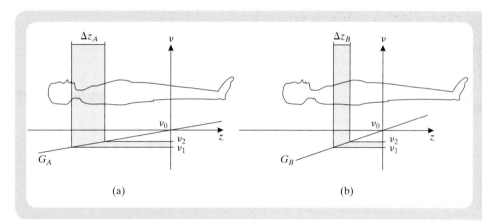

그림 13.8
특정 주파수 범위에 대한 여기와 z-경사자장을 동시에 인가하여 단면을 선택하는 방법. (a) 약한 경사자장과 (b) 강한 경사자장

쓰는데, 이것은 일정 범위의 조직을 여기하는 것과 같으므로 두께가 있는 단면 즉, 판형 물체를 선택하게 된다.

그림 13.8은 두 경우의 단면 선택 장면을 보여 주고 있다. 우선 그림 13.8(a)는 z-경사자장으로 $G_z = G_A$를 쓰는데, 주파수 범위 $v \in [v_1, v_2]$의 신호가 발생된다(다음에서 이 신호가 어떻게 보이는지 논의할 것이다). 이 조합은 그림에서 목 부근의 모든 스핀에 대하여 강제 세차운동을 유발한다. 이때 선택된 단면은 일반적으로 바람직한 경우보다 많이 두껍다. 다음은 그림 13.8(b)로, 같은 고주파 펄스에 대해 강한 경사자장 $G_z = G_B$를 인가한 경우이다. $|G_B| > |G_A|$로 같은 주파수 범위 $[v_1, v_2]$의 고주파 펄스와 함께 인가되는 그림 13.8(a)보다 더 강한 경사자장은 더 얇은 단면의 스핀에 대해서만 강제 세차운동을 유발시킨다. 이 경우 단면의 위치가 가슴 쪽으로 낮아진 것도 주목해야 한다.

그림 13.8에 대한 설명으로부터 실제로는 세 가지 변수가 동시에 단면 선택에 작용을 하는 것을 알 수 있다. 이 세 가지는 z-경사자장 강도와 고주파 중심 주파수,

$$\overline{v} = \frac{v_1 + v_2}{2}, \tag{13.8}$$

그리고 다음 식의 고주파가 갖는 주파수 범위이다.

$$\Delta v = |v_2 - v_1|. \tag{13.9}$$

예를 들어 그림 13.8의 z 경사자장 중 하나를 써서 목 부위의 얇은 단면 영상을 얻으려 한다고 가정해 보자. 두 가지 방법으로 이 목적을 달성할 수 있다. 그림 13.8(a)처럼 약한 z-경사자장 G_A를 사용한다면, 고주파의 중심 주파수는 적당하지만, 여기되는 단면을 얇게 하기 위해 고주파의 주파수 범위를 더 좁혀야 한다. 이 방법이 첫 번째 접근법이다. 두 번째 접근법은 그림 13.8(b)처럼 더 강한 z-경사자장 G_B를 사용하는 방법이다. 이 경우 고주파 주파수 범위는 이미 얇은 단면을 선택하므로 적당하지만, 선택 단면이 가슴 쪽에서 목 쪽으로 이

동하도록 고주파 중심 주파수를 낮추어야만 한다.

　세 가지 변수를 이용하여 선택 단면 위치 $\bar{z}$와 단면 두께 Δz를 제어할 수 있다. 식 (13.7)을 z에 대해 풀면 여기 주파수의 하한 v_1과 상한 v_2를 구하게 되고, 다음의 단면 경계를 얻는다.

$$z_1 = \frac{v_1 - \gamma B_0}{\gamma G_z}, \tag{13.10a}$$

$$z_2 = \frac{v_2 - \gamma B_0}{\gamma G_z}, \tag{13.10b}$$

위 식에서 $v_1 = v(z_1)$이고 $v_2 = v(z_2)$이다. 단면 위치 $\bar{z}$는,

$$\bar{z} = \frac{z_1 + z_2}{2} \tag{13.11a}$$

$$= \frac{\bar{v} - v_0}{\gamma G_z}, \tag{13.11b}$$

가 된다. 선택 단면 두께는 다음과 같다.

$$\Delta z = |z_2 - z_1| \tag{13.12a}$$

$$= \frac{\Delta v}{\gamma G_z}. \tag{13.12b}$$

예제 13.3

선택 단면 두께 2.5mm를 얻으려 하는데, z 경사자장은 $G_z = 1\text{G/cm}$라 가정하자.

문제　여기에 사용하는 고주파의 주파수 범위는 어떻게 되는가?

해답　식 (13.12b)를 풀어 주파수 범위를 계산하면 다음과 같다.

$$\Delta v = \gamma G_z \Delta z$$
$$= \gamma \times 1 \text{ G/cm} \times 2.5 \text{ mm}$$
$$= 4.258 \frac{\text{kHz}}{\text{G}} \times 1 \frac{\text{G}}{\text{cm}} \times 0.25 \text{ cm}$$
$$= 1.06 \text{ kHz}.$$

특정 주파수 v_1과 v_2의 선정은 선택하려는 단면의 원점 $z = 0$에 대한 상대 좌표로 결정된다.

　단면이 얇을수록 포함된 원자핵 수가 줄어듦을 지적했는데, 이것은 더 작은 NMR 신호가 생성됨을 의미한다. 선택 단면을 점점 얇게 하다 보면, 어느 시점부터 수신되는 NMR 신호의 크기가 안테나의 잡음 이상으로 검출할 수 없을 만큼 매우 작아져 버린다. 따라서 이렇게 얇은 단면은 실제로는 선택할 수 없게 된다. 전신 영상에서 0.8mm보다 얇은 단면을 선택하

려면 특수한 펄스시퀀스를 쓰거나 또는 긴 영상 시간을 소비해야 한다.

실용 고주파 파형 앞 절에서 단면선택을 할 때 일정한 경사자장과 함께 주파수 폭이 있는 고
주파 여기펄스를 사용함을 설명했었다. 그러면 이제부터 어떤 고주파 파형이 주파수 폭 $[v_1,
v_2]$로 여기시키기 위해 쓰이는지 살펴보자. 다음의 주파수를 포함하는 신호를 얻고자 한다.

$$S(v) = A \operatorname{rect}\left(\frac{v - \overline{v}}{\Delta v}\right). \tag{13.13}$$

푸리에 변환 이론(2.2.4절과 예제 2.7 참조)에 따르면, 신호는 다음과 같아야 한다.

$$s(t) = A\Delta v \operatorname{sinc}(\Delta vt)e^{j2\pi\overline{v}t}. \tag{13.14}$$

이 해석 결과는 고주파 여기 과정 동안 경사자장이 일정하고, 고주파 여기 기간이 짧을 때
유효하다. 그림 13.9는 이 고주파 신호의 형태로, 그림 13.9(a)와 (b)는 각각 신호 파형과 신
호의 포락선이다.

고주파 신호 $B_1 = s(t)$가 스핀계에 주는 정확한 효과에 대해 고려해 보자. 식 (12.31)은 펄
스 폭 τ_p의 고주파 여기펄스가 인가되었을 때의 최종 눕힘각 α인데, 다시 써 보자.

$$\alpha = \gamma \int_0^{\tau_p} B_1^e(t)\, dt, \tag{13.15}$$

여기서 $B_1^e(t)$는 회전좌표계에서 산출된 고주파 여기 파형의 포락선이다. 라모 주파수가 v인
동주파수물질에 대해 회전좌표계에서 여기 신호는,

$$B_1^e(t) = s(t)e^{-j2\pi vt}. \tag{13.16}$$

이다. 약간의 정리 과정(연습문제 13.5 참조)을 거치면 다음 결과가 도출된다.

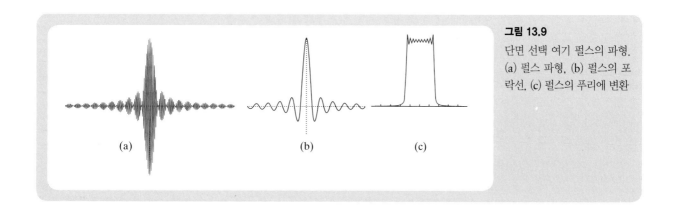

그림 13.9
단면 선택 여기 펄스의 파형.
(a) 펄스 파형, (b) 펄스의 포
락선, (c) 펄스의 푸리에 변환

$$\alpha(z) = \gamma A \text{rect}\left(\frac{z - \bar{z}}{\Delta z}\right), \tag{13.17}$$

이 결과는 식 (13.14)의 파형으로 여기하면 완벽한 단면을 선택할 수 있음을 의미하고, 앞의 직관적 논의와 정확하게 일치한다. 이론적으로, 상수 A는 최대 신호 여기 각도인 90°처럼 단면 안에서 임의의 눕힘각이 실현되도록 선택하면 된다.

식 (13.17)은 이상적인 눕힘각 윤곽선인데, 식 (13.14)의 싱크(sinc) 펄스는 무한대의 시간 동안 존재하기 때문에 실제로는 실현 불가능한 함수이다. 좀 더 현실적인 방법은 $s(t)$를 시간 축에서 절단(truncation)하여 앞의 해석을 다시 실행하는 것이며, 이 경우 다음 식으로 눕힘각 분포가 표현된다.

$$\alpha(z) = \gamma A \tau_p \text{rect}\left(\frac{z - \bar{z}}{\Delta z}\right) * \text{sinc}\left(\tau_p \gamma G_z(z - \bar{z})\right), \tag{13.18}$$

여기서, τ_p는 펄스 폭이다(펄스의 $[-\tau_p/2, \tau_p/2]$구간 바깥을 잘라냄). 절단된 싱크 펄스에 의해 여기되는 단면 형태(slice profile)는 그림 13.9(c)와 같은데, 이것은 단면 선택 파형의 푸리에 변환과 같다. 절단 때문에 단면 모양이 완벽한 사각형이 아니다. 이것은 단면의 경계가 약간 뭉개지면서, 이상적인 싱크 함수를 절단하는 직사각형 함수와 콘볼루션시키는 것으로부터 기인하는 리플이 존재한다. 일반적으로 고주파 펄스의 폭 및 파형과 단면 형태에서 경계의 깨끗함 및 리플 사이에 절충 관계가 존재한다. 짧은 폭의 고주파 펄스 파형에 해밍(Hamming) 창문 함수(window function)를 곱한 것은 단면의 경계가 깨끗하게 떨어지지 않는 단점이 있지만 보통 바람직한 형태로 쓰이고 있다.

눕힘각 관점에서 단면 형태가 어떤 모습인지 아는 것도 유용하지만, z축을 따라 자기공명 신호 크기가 어떠한지 아는 것이 좀 더 중요하다. 횡자화의 크기가 $\sin \alpha$에 비례하는 점을 상기해 보자. 작은 눕힘각 여기의 경우 $\sin \alpha \approx \alpha$로부터 $|M_{x'y'}(t)|$도 사각 형태를 가지는 것으로 고려할 수 있다. 이 작은 눕힘각 근사 해석은 $\alpha = 90°$인 경우까지도 고주파 여기 파형의 초기 설계에 사용된다. 실제 여기펄스의 정밀한 설계는 여기 과정 전체에 대한 블로흐 방정식의 컴퓨터 해석을 사용하여 이루어진다.

예제 13.4

예제 13.3에서 경사자장 $G_z = 1\text{G/cm}$와 대역폭 1.06kHz의 고주파 펄스로 2.5mm 두께의 단면을 여기할 수 있었다.

문제   이 단면 두께를 얻기 위한 고주파 펄스에서 메인로브와 양옆 사이드로브의 폭은 얼마인가?

해답   이 파형의 포락선은 $\text{sinc}(\Delta \nu t)$이다. 파형의 첫 번째 0 교차점 t_1은 다음을 만족한다.

$$t_1 = 1/\Delta \nu = 943 \, \mu s.$$

메인로브와 양측 사이드로브의 폭 T는 이 값의 4배이다. 따라서,

$$T = 3.77 \text{ ms}.$$

메인로브와 2개의 사이드로브만으로 구성된 펄스를 2주기 싱크 근사(two-period sinc approximation)라 한다.

재집중 경사자장　고주파 여기 과정 동안 여기 단면 안의 스핀계는 강제 세차운동을 겪는다. 선택 단면의 단면 형태는 최종 눕힘각의 차이로 결정되는데, 이것은 z 위치에 따라 횡자화 크기가 다르다는 점을 의미한다. 스퓨리어스(spurious) 리플을 줄이기 위해 창문 함수를 씌우는 것과 같은 방식의 적절한 고주파 여기펄스 설계를 가정하면, 최종 영상에서 이런 차이는 무시할 만하다. 경사자장 강도와 고주파 파형을 조정하여 선택 단면의 중심에서 (영상을 얻기 위한 90°와 같이) 원하는 눕힘각이 얻어지도록 한다.

　고주파 여기 과정 동안 일어나는 다른 효과가 있는데, 이것은 선택 단면 내 탈위상 효과로 무시할 만한 양이 아니다. 강제 세차운동 동안 단면의 하측에 있는 스핀은 상측의 스핀보다 느리게 세차운동을 하는데, 간단하게 서로 다른 라모 주파수를 갖는 것으로 생각하면 된다. 이 결과로 단면 두께를 가로 질러 스핀들의 위상이 서로 흩어지게 된다. 적절한 근사 결과로 보면 이 효과로 생기는 위상은 선형으로 $\gamma G_z (z - \bar{z}) \tau_p / 2$가 되는데, τ_p는 고주파 펄스 폭이다. 이 효과를 수학적으로 확인하려면 블로흐 방정식을 풀어야 한다. 그러나 $B_1(t)$ 자장이 최대인 펄스의 중간에서 최대의 작용이 일어난다고 보는 것만으로도 정확하게 파악할 수 있다. 전체 고주파 펄스가 경사자장 펄스의 중간에 집중되었다면 위상은 전체 펄스 구간이 아니라 $\tau_p / 2$ 동안 축적될 것이다. 단면 선택 여기의 결과로 얻어지는 FID나 에코가 위상이 정렬된 (in-phase) 세차운동으로부터 나오므로 단면 안의 스핀은 반드시 위상 재집중(또는 재정렬)을 시켜 주어야 한다.

　스핀의 위상 재집중은 z경사자장 파형의 위상 재집중 로브에 의해 이루어진다. 간단한 재집중 펄스는 처음의 고주파 여기 바로 뒤에 일정한 부극성 경사자장 $-G_Z$를 폭 $\tau_p / 2$로 인가하는 것이다. 이어지는 고주파 여기가 없으면, 이 부극성 경사자장은 z축을 따라 라모 주파수를 바꾼다. 재집중 로브 동안 z에 대해 축적되는 위상은 $\gamma(-G_z)(z - \bar{z})\tau_p / 2$이다. 이것을 첫 고주파 여기 동안 축적되는 위상과 더해져 0이 되도록 하는데, 이것으로 전 단면에 걸쳐 위상 재집중이 이루어져 FID를 생성하거나, 통상의 방법으로 에코를 형성할 수 있게 된다. 재집중 로브는 사각형 이외에 다른 형태도 가능한데, 요점은 이 파형의 적분이 단면 선택 경사자장 면적의 반이 되면서 극성은 반대인 것이다. 대다수의 펄스시퀀스가 폭이 최소이면서 요구되는 면적인 파형을 채용하여 펄스시퀀스가 가능한 짧아지도록 한다.

간단한 펄스시퀀스　앞에서 단면 선택의 기본 요소를 이해했었다. 폭 τ_p의 고주파 펄스가 인가되는 동안 일정한 z경사자장도 인가된다. 고주파 펄스 인가가 끝난 이후 단면 안의 스핀의 위상을 재집중시키기 위한 경사자장이 다시 인가된다. 이 다음 선택 단면의 여기된 스핀들

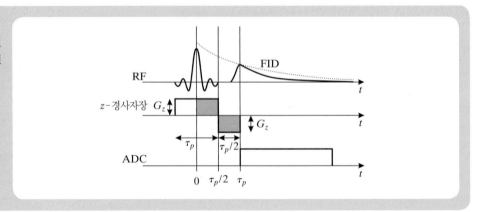

그림 13.10

위상 재집중을 포함하는 단면 선택 과정이 채용된 펄스시퀀스

이 생성하는 FID의 획득을 기대할 수 있게 된다.

그림 13.10은 간략화한 펄스시퀀스로 단면 선택의 개념을 보여 주고 있다. 그림에서 경사 자장은 계단 함수로 순식간에 파형이 변하는데, 실제로는 자기공명 영상 장치에 있는 경사 자장 장치의 슬루율과 스위칭 시간 제한 때문에 계단 응답은 물리적으로 실현이 불가능하 다. 실제 경사자장 파형은 대부분 파형의 상승과 하강의 기울기가 장치의 슬루율과 같은 사 다리꼴이다. 이 사다리꼴 파형을 적용하면 계산이 좀 더 복잡해지지만, 펄스시퀀스 설계의 원리는 동일하게 적용된다. 여기에서는 원리 이해의 목적에 충실하기 위해 실현이 불가능한 사각 파형을 계속 사용하겠다.

재집중 경사자장 펄스가 끝나면 선택 단면 안의 모든 자화 벡터 위상은 같아지고, 이 자화 벡터들은 신호가 커지는 방향으로 더해진다. 이것이 FID를 획득할 수 있게 하고, 통상의 방 법으로 에코를 형성할 수 있게 해 준다. 선택된 단면을 가로질러 탈위상이 일어나지 않는다 면 고주파 펄스의 중간에서 시작되는 FID를 기대할 수 있을 것이다. 그림 13.10과 같이 이 점이 단면 선택 과정에서 $t = 0$인 원점이 된다. 탈위상 때문에 FID의 출현이 재집중 펄스가 완료될 때까지 지연된다.

펄스시퀀스 전반에 약한 FID나 에코가 존재할 수 있지만, 펄스시퀀스에서 ADC 창의 위 치는 영상을 만들어 내기 위한 정보가 있는 곳이다. 그림 13.10에서 ADC는 FID를 획득하 기 위해 단면의 위상 재집중이 끝나는 순간 동작을 시작한다.

13.2.3 주파수 부호화

기본 신호 모델 균일 시료가 균일 자장 안에 있고 α 고주파 펄스로 여기되었을 때, 횡자화가 다음 식으로 표현되는 것을 12장에서 다루었다[식 (12.41b) 참조].

$$M_{xy}(t) = M_{xy}(0^+)e^{-j(2\pi \nu_0 t - \phi)}e^{-t/T_2},$$

(13.19)

위 식에서

$$M_{xy}(0^+) = M_z(0^-) \sin \alpha \qquad (13.20)$$

이다. 여기된 단면 안에 불균일하게 동일 주파수의 물질들이 섞여 있는 경우를 가정해 보자. 양성자 밀도와 종자화 이완 시간, 횡자화 이완 시간을 x와 y방향에 대해서만 각각 함수 $P_D(x, y)$와 $T_1(x, y)$, $T_2(x, y)$로 나타내고, 이때 선택 단면이 충분히 얇아 z방향 변화는 없다고 가정하자. 여기에 고주파 여기 직후 횡자화의 공간상 다양성이 있다는 의미가 들어 있는데, 이것을 $M_{xy}(x, y; 0^+)$로 표기할 수 있다. 그러면 수신 신호는 단면 전체의 적분으로 다음 식이 된다.

$$s(t) = A \int_{-\infty}^{\infty}\int_{-\infty}^{\infty} M_{xy}(x, y; 0^+)e^{-j2\pi v_0 t}e^{-t/T_2(x,y)}\, dx\, dy, \qquad (13.21a)$$

$$= e^{-j2\pi v_0 t}\int_{-\infty}^{\infty}\int_{-\infty}^{\infty} AM_{xy}(x, y; 0^+)e^{-t/T_2(x,y)}\, dx\, dy. \qquad (13.21b)$$

위 식에서 A는 물리적 특성과 장치에서 발생하는 서로 다른 이득에 의해 결정되는 상수항이고, ϕ는 일반성의 손상 없이 0으로 볼 수 있다.

위 식에는 좀 더 명확하게 해야 하는 몇 가지 세부 사항이 있다. 첫째, 12장에서 살펴본 것처럼 FID는 T_2보다 더 빠르게 감쇠하는데, 이것은 T_2보다 작은 시정수 T_2^*로 감쇠하는 것이다. 그러므로 식 (13.21)은 이상적인 신호 모델이나 감쇠율 차이를 무시할 만큼 짧은 시간 동안에만 적용 가능한 것으로 봐야 한다. 그러면 식 (13.21)에서 왜 T_2 대신 T_2^*를 쓰지 않는가? 그렇게 하면 신호를 매우 정확하게 기술할 수 있지만, 영상 획득에서 매우 중요한 개념으로, 이후의 과정에서 계속 기술할 에코로 신호를 생성하는 과정을 설명하고 이해하기 매우 어려워진다. 지금까지 논의해 온 것처럼, 스핀에코를 얻을 때 T_2를 적용하는 것이 가장 적절함을 알게 될 것이다. 자기공명 신호로 경사에코를 사용하는 경우를 13.2.5절에서 다루는데, 이때는 T_2^*를 사용하게 된다.

두 번째로, 단면 선택 고주파 파형의 중심이 그림 13.10과 같이 $t = 0$이 됨을 주목해야 한다. 이것은 고주파 펄스를 무한히 좁게 했을 때, 종자화와 횡자화의 이완이 시작되는 시간과 일치한다. 세 번째로 위 식에는 단면 선택 경사자장의 위상 재집중 로브 뒤에서 FID가 나타날 때까지 소요되는 짧은 간격 τ_p가 무시되어 있다. 거의 모든 영상 기법에서 FID보다 에코를 사용하므로 이 짧은 간격은 보통 중요성이 별로 없다.

명확하게 하기 위해 유효 스핀밀도를 다음과 같이 정의하자.

$$f(x, y) = AM(x, y; 0^+)e^{-t/T_2(x,y)}, \qquad (13.22)$$

위 식은 영상에 나타나는 자기공명 값이 된다. 변수 t가 $f(x, y)$에 포함되지 않은 이유는 신호 수집 기간이 T_2보다 짧다고 가정했기 때문이다. 식 (13.22), (13.21)의 정의로부터 수신된 신호는 다음과 같이 표현된다.

$$s(t) = e^{-j2\pi v_0 t} \int_{-\infty}^{\infty} \int_{-\infty}^{\infty} f(x, y) \, dx \, dy. \tag{13.23}$$

수신 신호는 항상 MRI 장치에서 복조(demodulation)되어 다음의 기저대역 신호로 바뀐다.

$$s_0(t) = e^{+j2\pi v_0 t} s(t) \tag{13.24a}$$

$$= \int_{-\infty}^{\infty} \int_{-\infty}^{\infty} f(x, y) \, dx \, dy, \tag{13.24b}$$

이 신호는 일정한 값으로 x와 y뿐만 아니라(매우 짧은 신호 수집 기간을 가정했으므로) t에도 독립적이다. 신호 $s_0(t)$는 공간 전체의 적분이라는 점을 식 (13.24)가 증명하고 있다. 따라서 이 신호에서 공간위치는 단면 선택의 선택적 여기 외에는 전혀 부호화되어 있지 않다.

주파수 부호화 경사자장   자기공명 신호 공간부호화의 첫 번째 개념은 주파수 부호화(frequency encoding)이다. 주파수 부호화에서 그림 13.11과 같이 FID가 나타날 때 경사자장이 가해지고, 이것이 공간위치에 따라 라모 주파수가 달라지게 한다[식 (13.4) 참조](같은 개념이 에코에도 적용됨은 나중에 기술할 것이다). 주파수 부호화 경사자장의 방향을 판독 방향(readout direction)으로 부르는데, 판독된 (또는 디지털화된) 신호가 이 방향으로 공간부호화되기 때문이다. 판독 방향은 (단면 선택 경사자장과 수직이어야 하는 것 외에) 임의 방향이 되지만, 이해를 쉽게 하기 위해 x방향으로 고정해 사용하겠다. 결과적으로 주파수 부호화 경사자장이 가해진 동안 라모 주파수는

$$v(x) = \gamma(B_0 + G_x x), \tag{13.25}$$

가 되고, 이것은 식 (13.7)의 단면 선택 경사자장이 인가된 동안의 라모 주파수와 비교할 수

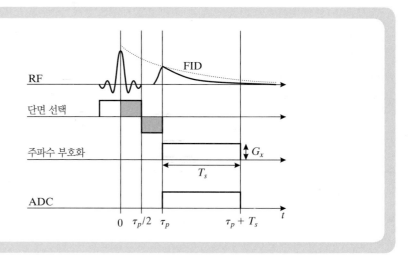

그림 13.11
단면 선택 다음에 주파수 부호화가 이어지는 간단한 펄스 시퀀스

있다.

단면 선택하에서 FID의 응답은 여기 단면 내 모든 스핀의 적분이 되지만, 라모 주파수에는 식 (13.25)가 적용되어야 한다. 따라서,

$$s(t) = A \int_{-\infty}^{\infty} \int_{-\infty}^{\infty} M_{xy}(x, y; 0^+) e^{-j2\pi(\nu_0 + \gamma G_x x)t} e^{-t/T_2(x,y)} \, dx \, dy, \qquad (13.26a)$$

$$= e^{-j2\pi\nu_0 t} \int_{-\infty}^{\infty} \int_{-\infty}^{\infty} A M_{xy}(x, y; 0^+) e^{-t/T_2(x,y)} e^{-j2\pi\gamma G_x x t} \, dx \, dy \qquad (13.26b)$$

가 된다. 식 (13.22)의 유효 스핀밀도 정의로부터 복조된 기저대역 신호는 다음 식으로 표현된다.

$$s_0(t) = \int_{-\infty}^{\infty} \int_{-\infty}^{\infty} f(x, y) e^{-j2\pi\gamma G_x x t} \, dx \, dy. \qquad (13.27)$$

식 (13.27)에서 자기공명 영상의 중요한 개념 하나가 드러나는데, 좀 더 설명이 필요하다. 특히 식의 우변 2중 적분은 $f(x, y)$의 2차원 푸리에 변환으로, 주파수 변수가 쉽게 확인된다. 우선 x방향의 공간주파수 변수는

$$u = \gamma G_x t, \qquad (13.28)$$

가 되고, 길이의 역수 (보통 cm^{-1}) 단위를 갖는다. 다음으로 y방향 공간주파수 변수는 0이 되어야 함을 알 수 있다.

$$v = 0. \qquad (13.29)$$

$f(x, y)$의 2차원 푸리에 변환을 $F(u, v)$로 표기하면 다음의 등식이 성립된다.

$$F(u, 0) = s_0 \left(\frac{u}{\gamma G_x} \right), \qquad (13.30)$$

위 식은 복조된 FID가 유효 스핀밀도의 2차원 푸리에 변환을 주사(scan)한 것임을 보여 주고 있다.

자기공명 영상에서 푸리에 공간을 일반적으로 k-공간(k-space)이라 부른다. 이것은 물리학의 관습으로서, 파동 수로 k를 사용하는 것을 공간 주파수에 적용한 것이다. 통상 파동수의 단위로 단위 길이당 라디안을 사용하는데(라디안 주파수라 함), 이것은 초기 자기공명 영상 분야의 관습이기도 했다[식 (10.10) 부근에서 논의되었음]. 최근에 자기공명 영상 연구자들이 k의 단위를 길이의 역수로 규정했다. 이러면 k-공간 변수는 푸리에 주파수로 다음과 같이 정의된다.

$$k_x = u, \qquad (13.31a)$$

$$k_y = v. \qquad (13.31b)$$

비록 약간 관습에서 벗어나기는 하지만, 각주파수(radial frequency)와 주기 주파수(cyclic frequency) 사이의 혼동을 피하기 위해, 또 이 책의 일관성 유지를 위해 관습적인 푸리에 주파수 u와 v를 MRI 관련 설명에 적용하겠다. 최근의 자기공명 영상 관련 저서를 읽을 때, 식 (13.31)의 설정을 직접 비교해 보면 된다.

푸리에 공간의 주사   자기공명 영상법이 2차원 푸리에 공간의 주사(scanning)로 표현되는 것은 너무도 중요한 개념이다. 2차원 푸리에 공간에서 중심 단면으로 1차원 투영을 묶는 투영 단면 정리(projection slice theorem)가 적용되는 CT처럼, 펄스시퀀스를 푸리에 공간을 주사하는 방법으로 관찰하면, 그림 13.11처럼 단순한 펄스시퀀스의 조합을 조건을 바꿔가며 반복을 하는 것으로 왜 2차원 단층 영상에 충분한 정보가 얻어지는지 이해할 수 있다.

예를 들어서, 그림 13.11의 펄스시퀀스로 얻어지는 푸리에 공간 정보를 살펴보자. 식 (13.30)에서 단일 판독은 푸리에 공간에서 수평 u축의 푸리에 정보만 제공하는데, 그 이유는 $v = 0$이기 때문이다. 더구나 판독이 $0 < t < T_s$ 구간에서만 이루어지기 때문에 u축의 양수 구간 특정 영역 정보만 얻을 수 있다. 푸리에 궤적이라 부르는 이 푸리에 주사는 그림 13.12에 제시되어 있다. 이 그림으로부터 위의 작은 펄스시퀀스 하나로는 푸리에 공간의 아주 작은 영역의 정보만 얻을 수 있음을 알 수 있다. 따라서 어떻게든 더 많은 영역을 주사하는 방법을 찾아야 한다. 어떻게 푸리에 공간의 원점으로 되돌아가고, 그래서 다른 방향으로 주사를 할 수 있을까? 어떻게 또 다른 방향으로 주사를 할 수 있을까?

다음의 여러 절에서 매우 유연한 방법으로 푸리에 공간을 가로지르고 푸리에 공간 정보를 원하는 대로 획득하는 여러 기법을 제시할 것이다. CT에서와 마찬가지로, 획득한 정보의 특정 양상에 일치하는 특정 영상 재구성 알고리듬을 사용해야 한다. 이런 관점에서 자기공명

그림 13.12
간단한 주파수 부호화 FID 판독에 대한 푸리에 공간 주사 궤적

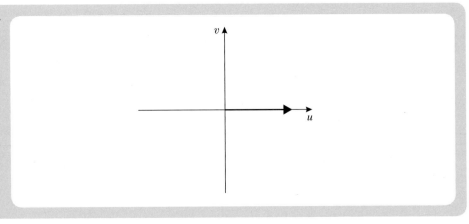

영상은 CT보다 더 없이 유연한데, 앞서 제시한 직각선형 및 극좌표 주사가 자기공명에서 일반적으로 쓰이는데, 각각 고속 푸리에 변환(fast Fourier transform : FFT) 알고리듬과 콘볼루션 역투사(convolution backprojection) 알고리듬이 영상재구성에 쓰인다. 계속되는 여러 절을 이해를 돕기 위한 순서로 꾸몄는데, 역사적 발달 순서나 실제 중요도 순서는 고려하지 않았다. 더구나 제시하는 펄스시퀀스 중 일부는 전혀 또는 거의 쓰이지 않으므로 폭넓게 쓰이거나 더욱 자세히 살펴볼 가치가 있는 것은 그때마다 지적을 할 것이다.

예제 13.5

양성자(수소) 시료에 대해 k공간에서 $u = 0$ 및 $v = 0$으로부터 $u = 0.5\text{cm}^{-1}$ 및 $v = 0$까지의 선을 주사하려고 한다.

문제 판독 경사자장의 크기가 $G_x = 1\text{G/cm}$라 할 때, 이 판독 경사자장은 얼마 동안 지속되어야 하는가?

해답 식 (13.28)로부터

$$u = \gamma G_x t.$$

이다. k - 공간에서 $u = 0$ 및 $v = 0$으로부터 $u = 0.5\text{cm}^{-1}$ 및 $v = 0$까지의 선을 주사하려면,

$$\gamma G_x T_s = 0.5\,\text{cm}^{-1}.$$

가 필요하다. 양성자의 ^1H는 다음과 같다.

$$\gamma = 42.58\,\text{MHz/T} = 4.258\,\text{kHz/G}.$$

따라서 판독 경사자장의 시간 폭은 다음과 같다.

$$T_s = \frac{0.5}{4.258 \times 10^3 \times 1} = 0.117\,\text{ms}.$$

13.2.4 극좌표 주사

주파수 평면에서 주사 방향을 바꾸는 것은 단순하게 주파수 부호화 (또는 판독) 경사자장을 바꾸면 된다. 앞 절에서 x방향을 주파수 부호화 방향으로 정했고, x경사자장이 이런 특정한 부호화를 FID 위에 구현하기 위해 쓰였다. 그러나 x와 y방향 경사자장도 모두 그림 13.13(a)처럼 모두 라모 주파수의 부호화에 쓰일 수 있다. 즉,

$$\nu(x, y) = \gamma(B_0 + G_x x + G_y y), \tag{13.32}$$

앞 절의 식 (13.27)과 같은 과정을 따르면 다음의 기저대역 신호가 얻어지며, 이것으로부터 다음의 두 푸리에 주파수가 나온다.

그림 13.13

(a) 임의의 극좌표 주사를 위한 펄스시퀀스와 (b) 이 극좌표 주사의 푸리에 궤적

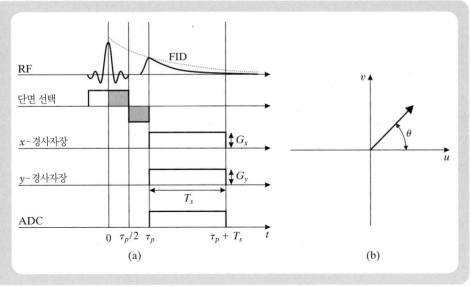

$$s_0(t) = \int_{-\infty}^{\infty}\int_{-\infty}^{\infty} f(x,y)e^{-j2\pi\gamma(G_x x + G_y y)t}\,dx\,dy.$$ (13.33)

$$u = \gamma G_x t,$$ (13.34a)

$$v = \gamma G_y t,$$ (13.34b)

그리고 푸리에 궤적은 원점으로부터 그림 13.13(b)와 같이 다음의 방향으로 방사하는 선이 된다.

$$\theta = \tan^{-1}\frac{G_y}{G_x}$$ (13.35)

더욱 보편적인 이러한 주사 방식은 완전한 영상을 얻는 방법의 제시할 가능성을 갖고 있다. 극좌표 방사선들이 전 푸리에 공간을 덮을 만큼 충분한 횟수로 기본 펄스시퀀스를 반복하는 것이 필요해 보인다. 이것은 아직 답을 제시하지 않은 한 가지 질문 외에는 탁월한 생각이다. 그 질문은 '어떻게 다음 극좌표 주사를 위해 원점으로 돌아가는가?'이다. 가장 간단한 해답은 단순히 횡자화가 감쇠할 때까지 기다리는 것이다. 이것에 대해 다른 두 가지 유용한 개념이 있는데, 다음 절에서 그 중 하나에 대해 다룰 것이다.

13.2.5 경사에코

스핀에코의 개념에 대해 12장에서 다루었는데, 이것을 다시 조금만 뒤돌아보자. 첫째, 경사에코라는 새로운 에코 형성 기전을 살펴보겠다. 이 개념은 좀 전에 설명한 푸리에 궤적과 스

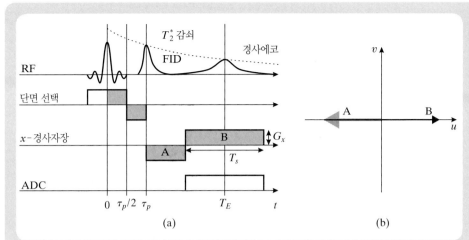

그림 13.14
x-방향의 간단한 경사에코

핀에코와 단면 선택에서 재위상화와 같은 스핀 자신들의 위상 재집중에 대한 직관적인 개념과 쉽게 연결이 된다.

그림 13.14(a)의 펄스시퀀스를 고려해 보자. 이 펄스시퀀스의 첫 부분은 아주 알아보기 쉽다. 시간이 $t = T_E - T_s/2$가 될 때까지 펄스시퀀스는 앞서 도입한 단순 주파수 부호화 펄스와 같아 보인다. 그러나 이번 경우는 x경사자장이 음(negative)의 극성인데, 이것은 단순하게 푸리에 공간에서 궤적이 앞서 배운 것처럼 $+u$방향으로 움직이지 않고 $-u$방향으로 움직이는 것을 의미한다. 이것은 그림 13.14(a)에서 경사자장 펄스 A로, 그림 13.14(b)에서 푸리에 공간 궤적 A로 표시되어 있다.

이 펄스시퀀스에서(FID가 있는 동안 ADC 창이 없으므로) FID 신호는 무시된다. 그 대신 부극성 x경사자장의 목적은 푸리에 공간의 위치를 $-u$축으로 이동시키는 것이고, 그 다음에 바로 그림 13.14(a)의 펄스 B처럼 정극성 주파수 부호화 경사자장이 가해졌을 때 푸리에 궤적이 $+u$방향으로 바뀌어 움직이면서 원점을 거치고, $+u$축으로 그림 13.14(b)처럼 계속 움직이게 된다.

왜 시간 T_E에서 에코가 솟아나기를 기대할 수 있는지 아직 명백해 보이지는 않는다. 그래서 단면 선택 경사자장 바로 다음에 $-G_x$ 강도로 가해지는 x방향 부극성 경사자장 펄스의 효과에 대해 고려해 보자. 물론 이것이 주파수 부호화 경사자장이라면 이 펄스도 공간주파수 부호화를 한다는 것을 알 수 있다. 따라서 $-x$축의 스핀은 $+x$축의 스핀보다 더 빠르게 회전을 한다. 이 더 빠른 스핀들은 다음 식으로 표현되는 위상을 축적한다.

$$\phi(x,t) = \gamma \int_{\tau_p}^{t} -G_x x \, dt = -\gamma G_x x(t - \tau_p), \quad \tau_p < t < \tau_p + T_s/2 \,. \qquad (13.36)$$

이 위상 일치성의 손상은 가해진 경사자장 때문에 T_2^*보다도 더 빨리 일어난다. 시간이

$t = \tau_p + T_s/2$일 때 $+G_x$ 강도로 x경사자장이 가해진다. 이 경사자장이 가해지는 동안 위상 축적은 다음 식과 같다.

$$\phi(x, t) = -\gamma G_x x T_s/2 + \gamma \int_{\tau_p + T_s/2}^{t} G_x x \, dt \qquad (13.37a)$$

$$= -\gamma G_x x T_s/2 + \gamma G_x x(t - \tau_p - T_s/2). \qquad (13.37b)$$

직접 치환을 하면 시간 $t = \tau_p + T_s$일 때 실제 경사자장 강도 G_x나 위치 x에 관계없이 축적된 위상이 동일하게 0이 된다. 이 스핀의 위상 재집중은 그림 13.14(a)와 같이 에코 시간 T_E라 부르는 주파수 부호화 경사자장의 중간에서 일어난다.

따라서 경사에코는 두 가지 방법으로 보일 수 있다. 이것은 푸리에 공간 안을 움직일 때 푸리에 원점에서 신호가 가장 커지는 당연한 결과로서 나타나거나, 위상 축적의 재배열에 의한 $t = T_E$에서 스핀의 재정렬로 나타나는 것이다. 경사에코에 대한 접근에서 스핀의 재집중보다는 푸리에 공간 안의 움직임의 관점이 핵심 특성이다. 그 특성은 그림 13.14(b)에서 점선으로 나타낸 경사에코의 신호 감쇠와 관련이 있다. 경사에코에서 신호의 감쇠는 12장에서 살펴본 것처럼 스핀에코에서 신호가 시상수 T_2로 감쇠하는 것과 다르게 시상수 T_2^*로 감쇠를 한다. 경사에코에서 재집중하는 것은 경사자장을 가해 일부러 만들어 낸 위상 흩어짐에 대한 것이지, 정적인 자장의 불균일 때문에 발생하는 위상 흩어짐에 대한 것이 아니다. 이것이 경사에코와 스핀에코의 근본적인 차이이며, 펄스시퀀스를 설계하거나 해석할 때 명심하고 있어야만 한다.

13.2.6 위상 부호화

단면의 영상을 재구성할 수 있도록 충분한 정보를 만들어 내기 위해 주파수 부호화 및 경사에코와 함께 2차원 푸리에 공간의 전 영역을 훑는 매우 다양한 기법(펄스시퀀스)을 설계할 수 있음은 분명하다. 자기공명 영상에서 공간 정보 부호화를 하는 두 번째 중요한 기전으로 위상 부호화가 있다. 주파수 부호화가 푸리에 정보를 u방향으로 읽어 내는 방법이라면, 위상 부호화는 v방향을 따라 읽어내는 방법이다. 주파수 부호화와 경사자장 에코를 이해한 다음이라면 위상 부호화는 매우 직관적으로 이해할 수 있는 것이다.

기본 개념 그림 13.15(a)의 펄스시퀀스를 살펴보자. 이 펄스시퀀스는 재집중 펄스가 붙어 있는 일반적인 단면 선택 고주파 펄스를 포함하고 있다. 바로 다음의 동작은 그림에서 A로 표시된 G_y 크기와 T_p 폭의 y경사자장에 의해 이루어진다. 이 펄스로 위상 부호화 동작이 이루어지는데, 그림 13.15(b)에서 A로 표시된 궤적으로 푸리에 공간에서 수직 방향으로 주사를 한다. 이 펄스 동안(이때 ADC 표본화 창이 없으므로) 신호의 수집이 이루어지지 않지만, 식 (13.33)으로부터 이 펄스 동안 축적되는 위상은 다음 식이 된다.

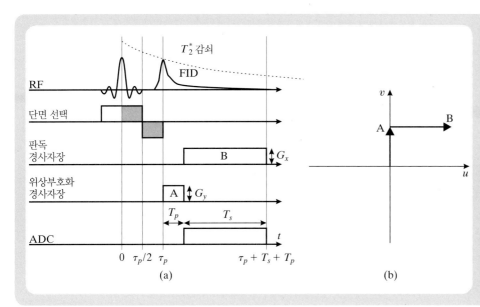

그림 13.15
(a) FID에 대한 위상 부호화를 보여 주는 간단한 펄스시퀀스와 (b) 이 펄스시퀀스에 의한 푸리에 궤적

$$\phi_y(y) = -\gamma G_y T_p y. \tag{13.38}$$

이 펄스시퀀스에서 바로 다음의 동작은 표준적인 x방향 주파수 부호화 경사자장[그림 13.15(a)의 B]의 인가인데, 이것으로 그림 13.15(b)의 궤적 B를 따라 푸리에 공간에서 정보를 얻게 된다. 앞서 FID에 주파수 부호화 과정을 적용한 영상 방정식 (13.27)에 위상 부호화 과정을 더하면 다음의 기저대역 신호가 얻어진다.

$$s_0(t) = \int_{-\infty}^{\infty}\int_{-\infty}^{\infty} f(x,y)e^{-j2\pi\gamma G_x x t}e^{-j2\pi\gamma G_y T_p y}\,dx\,dy. \tag{13.39}$$

이 식을 2차원 푸리에 변환 식과 비교하면 다음을 얻을 수 있다.

$$u = \gamma G_x t, \tag{13.40a}$$
$$v = \gamma G_y T_p, \tag{13.40b}$$

그리고 다음과 같이 된다.

$$F(u, \gamma G_y T_p) = s_0\left(\frac{u}{\gamma G_x}\right), \quad 0 \le u \le \gamma G_x T_s. \tag{13.41}$$

2차원 경사에코 펄스시퀀스 하나의 펄스시퀀스에 위상 부호화와 경사에코, 주파수 부호화를 결합하는 것이 일반적이다. 그림 13.16(a)의 시퀀스는 그림 13.15(a) 시퀀스의 FID를 읽어

그림 13.16

(a) 경사에코 펄스시퀀스와
(b) 푸리에 궤적

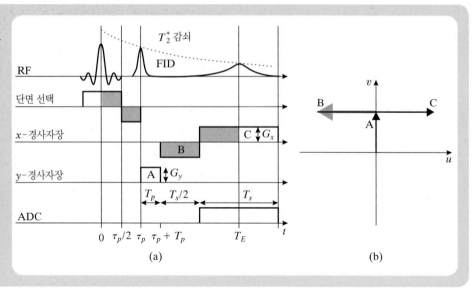

들이는 것에서 경사에코를 읽어 들이는 것으로 바뀐 것 말고는 같다. 그림 13.16(b)는 푸리에 공간에서 펄스시퀀스의 A 및 B, C에 각각 대응하는 궤적 이동이다. 그 중 C만이 실제 정보 수집을 하는 구간이다. 이 펄스시퀀스에서는 푸리에 공간 음의 주파수로부터 양의 주파수까지 전체 궤적이 선택된다. 앞의 펄스시퀀스에 대한 해석 방법을 본 펄스시퀀스에 적용하면, 주사된(scanned) 푸리에 주파수 궤적은 다음 식이 된다.

$$F(u, \gamma G_y T_p) = s_0 \left(\frac{u}{\gamma G_x} \right), \quad -\gamma G_x T_s/2 \le u \le \gamma G_x T_s/2. \quad (13.42)$$

그림 13.16(a)의 펄스시퀀스가 동작은 하겠지만, 쉽게 개량할 수도 있다. 개선된 펄스시퀀스에서는 재집중 펄스를 겹치는데, 위상 정보화 경사자장과 경사에코를 만드는 펄스를 겹치도록 하는 것이다. 이렇게 하면 이 모든 과정이 동시에 발생하지만 각각의 위상 축적은 서로 독립적인 과정이다. 이것의 장점은 T_E를 더 짧게 할 수 있어 확연하게 더 큰 에코를 얻을 수 있는 점이다. 이 가능성은 연습문제 13.15에서 더 깊이 다루었다.

예제 13.6

사각 파형 위상 부호화 경사자장은 양 끝단에 불연속이 있어(근사한 결과를 얻으려 해도 매우 높은 슬루율이 필요하므로) 비현실적이다. 위상 부호화는 특정 펄스 형태보다 펄스의 면적에 의존하므로 좀더 현실적인 펄스 파형을 적용할 수 있다.

문제 사각 파형으로 $G_y = 1\text{G/cm}$이고 $T_p = 0.5\text{ms}$인 펄스와 동일한 위상 축적이 일어나는 정현파형 펄스를 사용하려고 한다. 같은 시간 폭을 사용한다고 가정하고, 위상 부호화 경사자장의 식은 어떻게 되며, 최대 슬루율은 얼마인가?

해답 경사자장의 시간 폭 $T_p = 0.5\text{ms}$는 정확하게 정현함수 주기의 반이다. 따라서 경사자장은 다음 식으로 표현된다.

$$G_y(t) = G_{y\,\text{max}} \sin(2\pi t).$$

같은 위상 축적이 이루어지기 위해 필요한 것을 계산하면

$$G_y T_p = \int\limits_0^{0.5\,\text{ms}} G_{y\,\text{max}} \sin(2\pi t)\, dt$$

$$0.5\,\text{G ms/cm} = G_{y\,\text{max}} \int\limits_0^{0.5\,\text{ms}} \sin(2\pi t)\, dt$$

$$= \frac{1}{\pi} G_{y\,\text{max}}$$

가 된다. 따라서 위상 부호화 경사자장의 최댓값 $G_{y\text{max}} = \pi/2$ G/cm다. 따라서

$$G_y(t) = \frac{\pi}{2} \sin(2\pi t)\ \text{G/cm}$$

이고, 위 식에서 t의 단위는 ms이다. 슬루율은 $\left| \dfrac{dG_y(t)}{dt} \right|$의 최댓값이므로 쉽게 계산된다.

$$\text{SR} = \pi^2\ \text{G/cm/ms}.$$

13.2.7 스핀에코

스핀에코가 T_2^* 효과(정자장 불균일의 효과) 때문에 생기는 스핀계의 위상 흩어짐을 재집중시키는 데 사용할 수 있다는 것을 12장에서 다루었다. 스핀에코를 사용하여 자기공명 신호를 가역적이지 않은 T_2 효과(자장의 불규칙한 섭동의 효과)로 신호가 없어질 때까지 얻을 수 있다. $T_2 > T_2^*$이므로 스핀에코는 초기 FID가 감쇠되어 사라진 후 한참 뒤까지 검출 가능한 신호를 생성한다. 이번 절에서 스핀에코가 영상 기법에서 어떻게 쓰이고, 푸리에 공간 주사에서 어떻게 표현되는지 살펴볼 것이다.

12.9절에서 설명했던, 스핀에코가 처음의 α 펄스 잠시 뒤에 180° 펄스를 가해서 만들어진다는 것을 다시 생각해 보자. 이 180° 펄스에 의해 뒤진 스핀은 앞서게 되고, 앞선 스핀은 뒤지게 된다. 위상 축적 면에서 이것이 어떤 의미를 갖는지 생각해 보자. 위상 부호화를 위해 180° 펄스 앞에 크기 G_y의 경사자장을 가했다면, y축 위치에서 위상이 앞섰던 곳은 이제 위상이 뒤지게 되고, 뒤졌던 곳은 그 반대가 된다. 이것은 경사자장 $-G_y$로 위상 부호화한 것처럼 되는 것이다. 경사에코를 크기가 $-G_x$인 x경사자장으로 만들었는데, 그 다음 180° 고주파 펄스를 가했다고 생각해 보자. 마찬가지로 위상이 앞섰던 스핀은 늦은 위상으로 바뀌는데, 이것은 마치 G_x의 x경사자장을 가한 것처럼 되는 것이다. 두 경우 모두 180° 펄스

그림 13.17

(a) 스핀에코 영상을 얻기 위한 펄스시퀀스와 (b) 푸리에 궤적

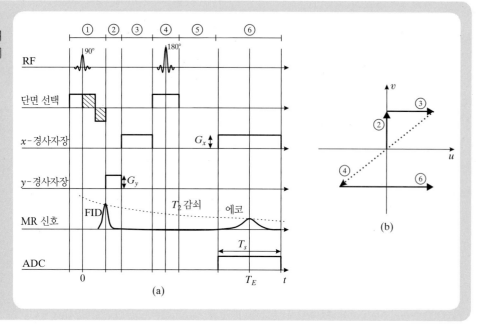

의 효과는 위상 앞섬과 뒤짐의 의미를 뒤바꾸는 것으로, x와 y방향에 대해 동시에 일어난다.

　푸리에 공간에서 180° 펄스의 효과는 앞 단락의 설명들을 주의 깊게 살펴보면 이해할 수 있다. 푸리에 공간에서 180° 펄스 이후의 위치는 위상 부호화 경사자장과 경사에코를 준비하는 경사자장 모두가 마치 반대 극성으로 가해진 것처럼 되는 것을 설명했었다. 그러므로 180° 펄스는 x와 y방향 모두에 대응하는 주파수들 극성의 갑작스런 변경을 일으키는데, 이것은 푸리에 공간에서 원점에 대칭으로 일어난다. 이 고주파 펄스 전의 위치가 (u, v)였다면, 펄스 후에는 $(-u, -v)$가 된다. 이 푸리에 공간상 위치 바꿈은 매우 빠르게 일어나는데, 180° 펄스를 가하는 시간만큼 필요로 한다.

　이런 현상을 알면 스핀에코를 쓰는 펄스시퀀스를 구성하는 것은 간단한 일이다. 하나의 가능한 결과물이 그림 13.17이다. 첫 구획(①)은 통상의 단면 선택을 수행한다. 두 번째 구획은 위상 부호화를 수행하는데, 그림 (b)에서처럼 푸리에 주파수를 원점에서 똑바른 위쪽으로 이동시킨다. 세 번째 구획에는 x방향 전위상(prephasing) 경사자장이 있는데, 그림 (b)처럼 푸리에 공간 위 위치를 제 1사분면으로 옮겨놓는다. 네 번째 구획에서는 단면 선택 경사자장과 함께 180° 고주파 펄스의 역할을 수행한다. 이 단면 선택 경사자장에는 재집중 동작이 꼭 필요하지는 않은데, 그것은 180° 펄스의 독특한 성질 때문이다. 이 펄스의 전반부 동안 위상 축적은 180° 펄스로 스핀이 반전되기 때문에 후반부의 축적과 정확한 균형을 이룬다. 다섯 번째 구획은 대기 구간으로 스핀에코가 형성될 때까지의 빈 시간이다. 여섯 번째 구획은 통상의 주파수 부호화 신호 수집 구간으로 푸리에 공간을 가로질러 신호 수집 주사를 한다.

예제 13.7

그림 13.17의 스핀에코 기법으로 균질조직 시료의 T_2를 측정할 수 있다. 이때 $G_x = 0$으로 변경하였다.

문제 균질조직 시료에 대해 $t = T_E$에서 기저대역의 신호는 무엇인가?

해답 식 (13.22)와 (13.27)로부터 기저대역 신호는 다음 식이 된다.

$$s_0(t) = \int\limits_{-\infty}^{\infty} \int\limits_{-\infty}^{\infty} AM_{xy}(x, y; 0^+)e^{-t/T_2(x,y)}e^{-j2\pi\gamma G_x x t}\, dx\, dy.$$

시료가 균질이라 가정했으므로 $M_{xy}(x, y; 0^+) = M_{xy}$와 $T_2(x, y) = T_2$이다. $G_x = 0$이므로 $t = T_E$에서 기저대역 신호는

$$s_0(T_E) = AM_{xy}e^{-T_E/T_2}\Delta A$$

이고, 위 식에서 ΔA는 시료의 x-y 평면 단면적이다. 다시 동일한 펄스시퀀스를 다른 에코 시간 T'_E으로 동일 시료에 사용한다고 생각해 보면, $t = T'_E$에서 기저대역 신호는

$$s'_0(T'_E) = AM_{xy}e^{-T'_E/T_2}\Delta A$$

가 된다. 따라서 T_2값은 다음과 같이 계산하면 된다.

$$T_2 = \frac{T'_E - T_E}{\ln\left[\dfrac{s_0(T_E)}{s'_0(T'_E)}\right]}.$$

13.2.8 펄스 반복 간격

경사자장 에코 또는 스핀 펄스시퀀스로 2차원 푸리에 공간 전 영역의 정보를 표본화 과정을 거처 획득할 수 있다. 그런데, 이 경우 변수를 바꿔가면서 기본 펄스시퀀스를 반복해줘야 한다. 예를 들면 극좌표 주사에서는 주사 방향 θ를 바꿔가면서 반복해야 한다. 경사에코와 스핀에코 모두 다른 위상 부호화 경사자장 값 G_y로 바꿔가면서 반복해야만 한다. 이런 반복 사이의 시간 간격을 반복 시간이라 하고 T_R로 표기한다.

다음 절의 자기공명 영상 방정식은 영상 기법을 저속영상 기법 또는 고속영상 기법 중 어느 것으로 설정하는가에 따라 달라진다. 저속영상 기법에서 $T_R \gg T_2$로 가정하겠다. 이 경우 횡자화는 다음 α 펄스가 가해지기 전에 완전히 사라지고, 앞의 여기로부터 에코가 생성될 가능성은 전혀 없다. 이어 나오는 펄스시퀀스에 대한 푸리에 해석은 이것이 푸리에 원점으로부터 시작하는 것처럼 취급을 해도 틀리지 않는다. 이것은 초음파의 경우와 어느 정도 같은데, T_R이 충분히 커서 앞의 펄스로부터 에코를 수신하지 않으며 앞의 펄스에 의한 에코와 섞일 가능성도 없다.

그러나 고속 영상 기법에서는 한 번의 초기 고주파 여기에 의한 다중 스핀에코 또는 경사

에코 및 다음 번의 여기 전에 횡자화 흩트리기(spoiling) 등 여러 가지 기교로 이 경계를 허문다. 앞서 했던 논의들을 바탕으로 다중 스핀에코 또는 다중 경사에코를 얻기 위해 여러 기법들을 섞을 수도 있다. 기본적으로 '푸리에 공간에서 움직이도록 하기' 해석기법은 현상을 매우 잘 설명하며, 스핀에 대한 보상 방법으로 위상 재집중 및 T_2나 T_2^* 효과로 지속되는 신호 손실에 대해서도 이 기법으로 정확하게 다룰 수 있다. 이 책의 본문 내용에서 이 기법들을 모두 다룰 수는 없지만 몇 가지 예를 연습문제를 통해 다루어 볼 수는 있다.

하여튼 위상 흩트리기 발상은 새로운 것이다. 이 발상에서, **흩트리기 펄스**라는 특별한 부가 경사자장 펄스는 각각의 다음 번 여기 전에 인가해서 앞의 여기에 기인해 에코가 발생하지 않도록 한다. 기본 발상은 z방향 스핀들을 탈위상시키기 위해 z경사자장을 가하는 것인데, 그렇게 하면 선택 단면 양 끝 쪽의 스핀은 서로 상쇄가 되고, 따라서 신호를 만들어내지 못한다. 다음번 T_R 간격에서는 다른 크기의 흩트리기 경사자장을 써서 다음 시퀀스의 어느 시간에서도 스핀 정렬의 가능성을 없앤다. 이 기법을 쓰는 경사에코 시퀀스를 SPGR(spoiled gradient echo)이라 한다.

13.2.9 현실적인 펄스시퀀스

이제 실제 사용 가능한 펄스시퀀스 세 가지를 제시하겠다. 이들 펄스시퀀스는 앞 절에서 전개한 원리를 바탕으로 하는데, 슬루율 한계 및 펄스의 시간 겹치기, 다른 파형의 채용 등을 모두 고려하였다.

2차원 경사에코 펄스시퀀스   2차원 경사에코 펄스시퀀스의 원형은 그림 13.16과 같다. 이 펄스시퀀스는 실현 불가능하거나, 비현실적이거나 바람직하지 못한 여러 양상을 포함하고 있다. 그림 13.18은 다음 이유 때문에 좀 더 현실적인 펄스시퀀스가 된다. 첫째, 이 펄스시퀀스에서 모든 경사자장 파형은 사다리꼴로 경사자장 장치의 슬루율 한계를 고려한 것이다. 둘째, 단면 선택의 재집중 펄스와 위상 부호화 펄스, 주파수 부호화의 전집중(prefocusing) 펄스는 모두 같은 시간에 가해진다. 여기서 각각의 과정이 서로 독립적이므로 다른 문제를 일으키지는 않는다. 이렇게 하는 것으로 시간을 줄이면서 푸리에 공간에서(이 과정 동안 복잡하게 이동을 하지만) 첫 주사 위치를 정확한 곳에 맞출 수 있다.

그림 13.18이 좀 더 현실적인 세 번째 이유는, 기본 펄스시퀀스가 각각 다른 위상 부호화 값으로 반복되어야 하는 것을 알 수 있기 때문이다. 두 번째 펄스시퀀스의 시작은 시간 축 끊어짐 표시 다음에 보이는데, 반복 시간은 그림에 T_R로 명시되었다. 시간 끊어짐 표시는 다음 여기가 시작될 때까지 시간 경과가 있음을 표시한다. 굵은 외각선의 사다리꼴 기본 파형에 대해 다른 위상 부호화 값은 가는 사다리꼴로 나타냈다. 푸리에 궤적은 (b)와 같은데, 한 화살표 선은 한 번의 여기로 얻은 주사선이고, 여러 번의 여기로 전체 궤적의 주사를 하게 된다. 따라서 이 펄스시퀀스가 여러 번의 여기로 필요한 푸리에 공간 전체를 주사할 수 있음이 명확해진다.

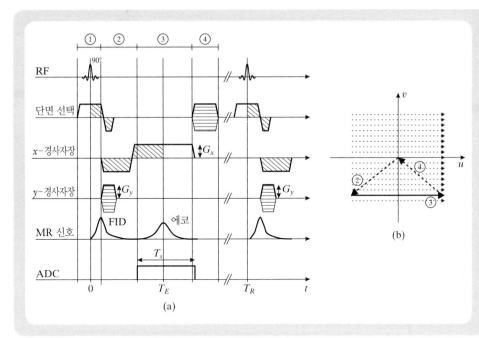

그림 13.18
(a) 현실적인 경사에코 펄스
시퀀스와 (b) 푸리에 궤적

그림 13.18이 그림 13.16과 다른 세 번째 특징은, 구간 4의 z경사자장이다. 이것은 앞서 언급한 위상 흩트리기 경사자장으로 고속 영상 기법에서 자주 쓰인다. 위상 부호화 경사자장과 같이 흩트리기 경사자장도 그림에서 굵은 사다리꼴과 가는 사다리꼴로 나타낸 것처럼 각 반복에서 서로 틀린 값을 쓴다.

2차원 스핀에코 펄스시퀀스 앞서 매우 현실적인 2차원 경사에코 펄스시퀀스를 보았으므로 그림 13.19의 현실적인 2차원 스핀에코 펄스시퀀스도 그리 놀랄만하지 않을 것이다. 경사자장 에코 시퀀스에서와 같이 경사자장 펄스를 사다리꼴로 그려서 경사자장 증폭기의 현실적인 성능 한계를 나타냈다. 기본 펄스시퀀스의 반복을 그림에서 시간 축을 끊어 표시하면서 반복 시간 간격을 T_R로 나타냈다. 계속 되는 반복 여기 동안 여러 번의 서로 다른 위상 부호화 값을 쓰는 것도 그림에 나타냈다.

스핀에코 시퀀스는 이어지는 여기로 진짜 에코를 만들어야 하므로 위상 흩트림 펄스를 쓸 필요가 없다. 스핀에코를 쓰는 고속 영상 기법도 있는데 연습문제에 이에 관한 몇몇 논제가 포함되었다.

2차원 극좌표 영상 그림 13.20은 현실적인 2차원 극좌표 영상(two-dimensional polar imaging) 기법의 펄스시퀀스이다. 극좌표 영상 기법에 스핀에코 시퀀스의 채용이 일반적이지만, 경사에코나 위상 흩트림 경사자장 에코로도 설계할 수 있다. 위의 두 현실적 시퀀스에서 기본 펄스시퀀스의 반복 구간은 모두 선을 끊어 표시했고, 다중선 사다리꼴은 각 여기 구

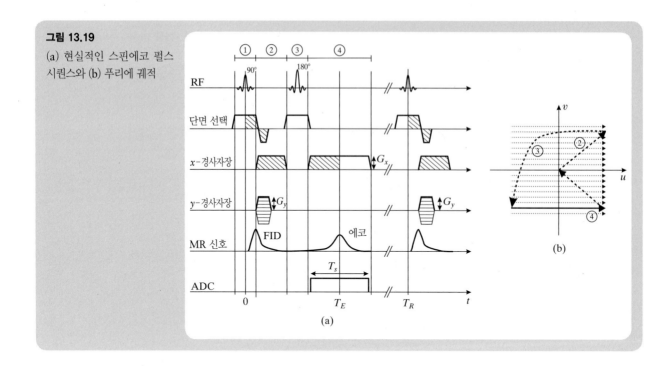

그림 13.19

(a) 현실적인 스핀에코 펄스 시퀀스와 (b) 푸리에 궤적

간에서 파형의 바뀜을 나타낸다. 위상 부호화와 주파수 부호화에 쓰이는 x와 y경사자장은 극좌표 펄스시퀀스에서 주사 방향이 올바르도록 선택해야 한다. n번째 여기에서 각도 θ_n으로 주사하려면 식 (13.35)에서 경사자장은 다음 관계가 성립되어야 한다.

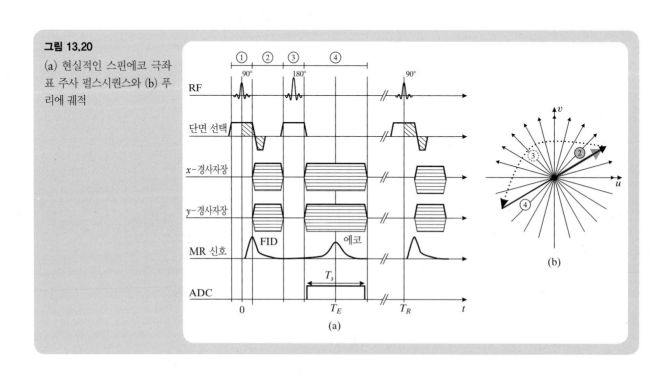

그림 13.20

(a) 현실적인 스핀에코 극좌표 주사 펄스시퀀스와 (b) 푸리에 궤적

$$\theta_n = \tan^{-1} \frac{G_{y,n}}{G_{x,n}} \, . \tag{13.43}$$

13.3 영상의 재구성

2차원 MR 영상 기법에서 획득한 정보는 푸리에 공간의 주사로 나타낼 수 있으며, 자기공명 영상에서 영상 재구성 알고리듬은 푸리에 역변환이 된다. 앞에서 직각선형 및 극좌표 정보 획득 기법을 보았는데, 다음은 각각에 해당하는 영상 재구성 알고리듬이다.

13.3.1 직각선형 정보

일반적인 펄스시퀀스는 직각선형(rectilinear) 방식으로 정보를 획득하는데, 앞에서 살펴본 경사자장 에코나 스핀에코 시퀀스에서 기저주파수 신호는 (음의 부호일 수 있는) 위상 부호화 경사자장의 면적 A_y에 관계된 시간 파형이다. 식 (13.39)에 따르면 기저주파수 신호는 다음과 같다.

$$s_0(t, A_y) = \int_{-\infty}^{\infty}\int_{-\infty}^{\infty} f(x, y) e^{-j2\pi \bar{\gamma} G_x x t} e^{-j2\pi \bar{\gamma} A_y y} \, dx \, dy \tag{13.44}$$

위 식이 t 및 A_y 둘의 함수임은 앞에서 명확하게 설명했었다. 푸리에 주파수[식 (13.40) 참조]는 다음과 같이 정의된다.

$$u = \bar{\gamma} G_x t, \tag{13.45a}$$

$$v = \bar{\gamma} A_y, \tag{13.45b}$$

이것으로부터 $f(x, y)$의 푸리에 변환은 다음과 같이 정의된다.

$$F(u, v) = s_0 \left(\frac{u}{\bar{\gamma} G_x}, \frac{v}{\bar{\gamma}} \right). \qquad u \leq \bar{\gamma} G_x T_s. \tag{13.46}$$

자기공명 영상은 $F(u, v)$의 2차원 푸리에 역변환으로 재구성되는데, 이것은 식 (13.46)으로부터 다음 식이 된다.

$$f(x, y) = \int_{-\infty}^{\infty}\int_{-\infty}^{\infty} s_0 \left(\frac{u}{\bar{\gamma} G_x}, \frac{v}{\bar{\gamma}} \right) e^{+j2\pi(ux+vy)} \, du \, dv \, . \tag{13.47}$$

이 식이 바로 자기공명 영상의 진정한 근본이다. 그러나 이 식의 단순함에는 잘못 이해할 수 있는 자기공명 영상 관련 양상들이 숨어 있다. 예를 들면 현 단계에서는 $f(x, y)$가 실제로 무엇을 의미하는지 알기 어렵다. $f(x, y)$의 의미는 CT에서 선형감쇠계수나 SPECT에서 활성 방사능 농도, 초음파에서 반사도와 같은 직접적인 개념이 아니다. 사실 $f(x, y)$는 조직의 여러 가지 NMR 특성과 펄스시퀀스의 변수들로 결정되는 함수이며, 13.3.3절에서 좀 더 논의할 것이다.

반드시 짚고 넘어가야 할 식 (13.47)의 또 다른 특성은, 두 주파수 변수 u와 v가 표본화된 것이라는 점이다. 따라서 식 (13.47)은 2차원 이산 푸리에 역변환[고속 푸리에 변환(fast Fourier transform : FFT)을 일반적으로 씀]으로 계산해야 함을 알 수 있다. 이 책에서 디지털 신호 처리에 대한 배경 지식을 필요로 하지는 않으므로 특정 알고리듬의 구현에 대해 논의하지는 않겠다. 그래도 자기공명 영상에서 푸리에 공간이 이산 공간이라는 사실은 영상의 품질에 밀접한 관계를 갖는데, 13.4절에서 논의할 것이다.

예제 13.8

푸리에 공간의 표본화로부터 2차원 자기공명 영상이 재구성되었다. 스핀에코 시퀀스(그림 13.19)로 영상 정보를 얻었고, 푸리에 공간의 $(u, v) = (0, 0)$를 중심으로 사각형 공간에 대한 직각선형 주사 방식을 썼다.

문제 변수들은 $T_R = 50\text{ms}$ 및 $T_s = 3\text{ms}$, $G_x = 1\text{G/cm}$, $\Delta G_y = 0.1\text{G/cm}$, $\gamma = 4.258\text{kHz/G}$, $T_p = 0.3\text{ms}$로 고정되었다. 푸리에 공간에서 얼마나 많은 직선 주사를 해야 하는가? 전체 영상을 얻는 데 얼마의 시간이 걸리는가?

해답 푸리에 주파수는 다음 식이 된다.

$$u = \gamma G_x t.$$

$G_x = 1\text{G/cm}$이고 $T_s = 2\text{ms}$이므로 u의 신호 수집 범위는

$$u_{\max} - u_{\min} = \gamma G_x T_s = 12.774 \text{ cm}^{-1}.$$

이다. 푸리에 공간에서 신호 수집 범위 사각형에서 $v_{\max} - v_{\min} = 12.774\text{cm}^{-1}$이다. 고정 T_p와 $\Delta G_y = 0.1\text{G/cm}$이므로 푸리에 공간에서 인접한 선은 서로 다음의 간격을 갖는다.

$$\Delta v = \gamma \Delta G_y T_p = 0.128 \text{ cm}^{-1}.$$

푸리에 공간에서 신호 획득 사각형의 전 영역을 덮으려면

$$N = \frac{12.774 \text{ cm}^{-1}}{0.128 \text{ cm}^{-1}} = 100 \text{ lines}.$$

이 필요하다. 소요되는 영상 시간은 다음과 같다.

$$T = N T_R = 5 \text{ s}.$$

13.3.2 극좌표 정보

푸리에 공간에서 극좌표(polar) 정보를 얻는 펄스시퀀스로는 시간과 방향 모두에 따라 변하는 기저대역 신호 $s_0(t, \theta)$를 얻는데, θ는 식 (13.35)와 같다. 이 경우 주파수 변수는 극좌표에서 정의된다.

$$\varrho = \gamma \sqrt{G_x^2 + G_y^2}\ t. \tag{13.48}$$

CT의 투영단면 정리(projection slice theorem)에서 $F(u, v)$의 단면은 $g(\ell, \theta)$의 푸리에 변환이 되는데, 이것이 바로 $f(x, y)$의 투영이다.

$$G(\varrho, \theta) = F(\varrho \cos \theta, \varrho \sin \theta), \tag{13.49}$$

위 식에서

$$G(\varrho, \theta) = \mathcal{F}_{1D}\{g(\ell, \theta)\}, \tag{13.50}$$

그리고,

$$g(\ell, \theta) = \int_{-\infty}^{\infty}\int_{-\infty}^{\infty} f(x, y)\delta(\ell - x \cos \theta - y \sin \theta)\, dx\, dy. \tag{13.51}$$

이다.

기저대역 신호는 푸리에 공간의 극좌표 주사이고, 다음 식이 도출된다.

$$G(\varrho, \theta) = s_0\left(\frac{\varrho}{\gamma \sqrt{G_x^2 + G_y^2}}, \theta\right). \tag{13.52}$$

6장에서 설명한 2차원 라돈 변환 법칙으로부터 영상 $f(x, y)$는 필터 역투사(filtered backprojection)[식 (6.23) 참조]로 재구성할 수 있음을 알 수 있다. 이 관계는 다음 식으로 표현된다.

$$f(x, y) = \int_0^\pi \left[\int_{-\infty}^{\infty} |\varrho| G(\varrho, \theta) e^{j2\pi\varrho\ell}\, d\varrho\right]_{\ell = x \cos \theta + y \sin \theta} d\theta. \tag{13.53}$$

콘볼루션 역투사[식 (6.26) 참조] 방법이 이것과 동등한 방법임을 제시했었다. 극좌표에서 직각좌표로 보간법(interpolation)을 사용하여 직각선형(rectilinear) 신호 행렬을 만들 수도 있는데, 이러면 영상 재구성 방법으로 표준적인 2차원 푸리에 역변환을 쓸 수 있다.

13.3.3 영상 방정식

자기공명 영상의 명암대조도 기전에 대하여 12.10절에서 설명하였다. 기본적인 조직의 특성

표 13.1 MRI의 기본적인 명암대조도 획득 방법

명암대조도	영상 변수
P_D	긴 T_R, FID의 획득 또는 짧은 T_E 사용
T_2,	긴 T_R, $T_E \approx T_2$
T_1	FID 획득 또는 짧은 T_E 사용, $T_R \approx T_1$

값인 P_D 및 T_2, T_1이 명암대조도와 관련 있으며, 펄스시퀀스 변수인 α 및 T_E, T_R도 영상의 명암대조도를 조작하여 재구성한 영상에 나타나도록 할 수 있다. 표 13.1은 앞 장에서 살펴본 것들의 정리로, 일차적으로 P_D 및 T_2, T_1에 따라 달라지는 영상 명암대조도를 생성해 내는 기본적인 방법들을 나타내고 있다. 그림 12.10을 다시 보고 동일 단면에 대해 영상을 생성하는 명암대조도 기전에 따라 영상의 명암대조도가 얼마나 달라지는지 뒤돌아보자.

표 13.1의 목록이 타당하더라도 표에 주어진 영상 변수만으로 원하는 명암대조도를 얻을 수 있는 것은 아니다. 특히 눕힘각 α로 명암대조도를 바꿀 수 있음은 표에 포함되지 않았다. 대조도에 대한 여러 가지 가능성을 더욱 완벽하게 이해하기 위해서는 주어진 펄스시퀀스에 대한 영상 방정식을 유도할 필요가 있다. 표의 세 값이 자기공명 영상에서 명암대조도 기전의 전부가 아니라는 것을 꼭 지적해야만 하겠다. 자기공명 영상의 다른 주요 명암대조도 기전으로 $T_2{}^*$와 유체 흐름, 자화감수성(magnetic susceptibility), 확산, 화학적 천이가 있다. 자화감수성 및 확산에 의한 명암대조도에 관한 개요는 13.5절에 있다. 그 외의 주제에 관한 것은 별도 논제로 남겨 놓을 것인데, 이번 장 끝의 참고문헌에 잘 기술되어 있다.

자기공명 영상에서 실효 스핀밀도 $f(x, y)$의 영상이 다음 식에 의해 재구성된다.

$$f(x, y) = AM(x, y; 0^+)e^{-t/T_2(x,y)}. \tag{13.54}$$

여기서 먼저 알아야 하는 것은, 시간 t가 신호를 표본화하는 시간으로 대체되어야 한다는 것이다. FID를 표본화하는 경우 $t = 0$, 스핀을 표본화할 때는 $t = T_E$이다. 눕힘각 α로 연속해서 일정하게 여기시키는 펄스시퀀스를 생각해 보자. 이때 $T_R \gg T_2$로 가정하자(이것은 횡자화가 각각의 연속 여기 고주파 펄스가 가해지는 시간에 따라 독립적으로 표현됨을 의미한다). 만일 (최소한 일부 조직에서라도) $T_R \approx T_1$이라면 시료는 평형 상태에 있지 못하는데, 이것은 종자화가 다음번 여기펄스 전에 평형 상태의 값에 도달하지 못함을 의미한다. 그러나 각 화소는 어떤 관점에서는 항정 상태(steady-state)의 z자화를 형성하는 것과 같다. 지금부터 이 항정 상태 펄스시퀀스의 개념에 대해 살펴보자.

식 (12.35)로부터 첫 번째 α펄스가 가해지면 종자화는 다음과 같이 표현됨을 설명했었다.

$$M_z(t) = M_z(0^+)e^{-t/T_1} + M_0(1 - e^{-t/T_1}), \tag{13.55}$$

위 식에서 영상을 얻을 때 M_0 및 M_z, T_1이 여기된 영상 영역 안에서 x 및 y의 함수인 것도

알고 있다. 눕힘각 α인 펄스를 사용하면

$$M_z(0^+) = M_z(0^-)\cos\alpha \tag{13.56}$$

이고, 첫 번째 펄스에서는 $M_z(0^-) = M_0$이다. 따라서

$$M_z(t) = M_0\cos\alpha e^{-t/T_1} + M_0(1 - e^{-t/T_1}) \tag{13.57}$$

인데, 두 번째 여기를 하는 순간에는 다음의 값을 갖는다.

$$M_z(T_R) = M_0\cos\alpha e^{-T_R/T_1} + M_0(1 - e^{-T_R/T_1}). \tag{13.58}$$

이 종자화는 다음번 α펄스에 의해 눕혀지며, 그리고 나서 복귀 과정을 더 겪게 될 것이다.

n번째 α펄스 직전의 자화가 다음 식을 따르는 것을 증명하는 것은 쉬운 일이다.

$$M_z(nT_R) = M_z([n-1]T_R)\cos\alpha e^{-T_R/T_1} + M_0(1 - e^{-T_R/T_1}). \tag{13.59}$$

식 (13.59)는 차분식으로 항정 상태 값 $M_z^\infty(0^-)$로 해석될 수 있다. 특히 항정 상태 값은

$$M_z^\infty(0^-) = M_z^\infty(0^-)\cos\alpha e^{-T_R/T_1} + M_0(1 - e^{-T_R/T_1}), \tag{13.60}$$

을 따라야 하는데, 약간의 산술 과정을 거치면 다음 식이 산출된다.

$$M_z^\infty(0^-) = M_0\frac{1 - e^{-T_R/T_1}}{1 - \cos\alpha e^{-T_R/T_1}}. \tag{13.61}$$

유효 스핀밀도[식 (13.54)]를 다시 보면, 식 (13.61)의 종자화는 NMR 신호의 근원인 횡자화를 형성하기 위해 고주파 여기 과정에서 α로 눕혀진다. 따라서 항정 상태 펄스시퀀스에서 재구성된 스핀밀도는 다음 식으로 쓸 수 있다.

$$f(x, y) = AM_z^\infty(x, y; 0^-)\sin\alpha e^{-T_E/T_2(x,y)}, \tag{13.62}$$

여기서 FID 영상의 경우 $T_E = 0$이 된다. 위 식을 식 (13.61)과 결합하면,

$$f(x, y) = AM_0\sin\alpha e^{-T_E/T_2(x,y)}\frac{1 - e^{-T_R/T_1}}{1 - \cos\alpha e^{-T_R/T_1}} \tag{13.63}$$

이 되는데, 위 식은 매우 일반적인 자기공명 영상 방정식이다. 식 (13.63)은 $T_R \gg T_2$일 때 항정 상태 영상을 적용해야 함을 늘 기억해야 한다.

예제 13.9

식 (13.63)으로부터 영상 변수 T_E 및 T_R, α가 서로 다른 조직 사이에서 최대의 국소 명암대조도를 얻기 위해 최적화될 수 있음을 알 수 있다.

문제 두 조직이 같은 양성자 밀도와 T_2를 갖지만 서로 다른 $T_1(T_1^{\mathrm{b}}$ 및 $T_1^{\mathrm{f}})$을 갖는다고 가정하자. 눕힘각 $\alpha = \pi/2$일 때 유효 스핀밀도에서 최대 국소 명암대조도를 보여 주는 최적 T_R은 얼마인가?

해답 눕힘각 $\alpha = \pi/2$이므로 두 조직의 유효 스핀밀도는 다음과 같다.

$$f^{\mathrm{b}}(x,y) = AM_0 e^{-T_E/T_2}(1 - e^{-T_R/T_1^{\mathrm{b}}}),$$
$$f^{\mathrm{f}}(x,y) = AM_0 e^{-T_E/T_2}(1 - e^{-T_R/T_1^{\mathrm{f}}}).$$

유효 스핀밀도의 국소 명암대조도는

$$C = \frac{f^{\mathrm{f}}(x,y) - f^{\mathrm{b}}(x,y)}{f^{\mathrm{b}}(x,y)} = \frac{e^{-T_R/T_1^{\mathrm{b}}} - e^{-T_R/T_1^{\mathrm{f}}}}{1 - e^{-T_R/T_1^{\mathrm{b}}}}.$$

이다. $T_R \gg T_1^{\mathrm{b}}$로 가정하면

$$C \approx e^{-T_R/T_1^{\mathrm{b}}} - e^{-T_R/T_1^{\mathrm{f}}}.$$

이다. C를 T_R에 대해 미분을 취하고 0으로 하면 다음과 같다.

$$\frac{dC}{dT_R} = -\frac{1}{T_1^{\mathrm{b}}} e^{-T_R/T_1^{\mathrm{b}}} + \frac{1}{T_1^{\mathrm{f}}} e^{-T_R/T_1^{\mathrm{f}}} = 0.$$

최대 국소 명암대조도를 얻기 위한 최적 T_R은 다음과 같다.

$$\hat{T}_R = \frac{T_1^{\mathrm{b}} T_1^{\mathrm{f}}}{T_1^{\mathrm{b}} - T_1^{\mathrm{f}}} \ln\left(\frac{T_1^{\mathrm{f}}}{T_1^{\mathrm{b}}}\right).$$

13.4 영상의 품질

자기공명 영상에서 영상의 품질에 관한 좋은 감각을 갖추기 위해서 반드시 이해해야 하는 몇 가지 논제들이 있다. 이번 절에서 표본화 및 분해능, 잡음, 신호 대 잡음 비, 인공물 (artifacts)에 대한 개념을 다루겠다. 이 논제들이 대부분의 의학영상 장치에서 보다 더 깊이 연관되기는 하지만, 이번 장에서는 가장 기본적인 개념에 대해서만 다루겠다. 더 깊은 이해는 참고문헌을 보기 바란다.

13.4.1 표본화

자기공명 영상이 한 단면의 유효 스핀밀도를 2차원 공간 주파수 공간(spatial Fourier

space)에서 표본화하는 방법으로 나타내지는 것을 설명했다. 이 신호 획득에서 가장 기초적인 부분은 아날로그-디지털 변환기(analog-to-digital converter : ADC)로 판독 (또는 주파수 부호화) 경사자장이 가해진 동안 (FID나 에코로) 기저대역 신호 $s_0(t)$를 표본화하는 과정이다. 판독 경사자장 G_x가 가해지고, T 간격으로 N_a개의 표본을 획득한다고 가정하자. 그러면 ADC는 다음 시간 동안 신호를 획득한다.

$$T_s = N_a T, \tag{13.64}$$

이 변수는 모든 펄스시퀀스에 동일하게 적용된다. 이 경우 표본화 주파수는 다음과 같다.

$$f_s = \frac{1}{T}, \tag{13.65}$$

이 주파수는 자기공명 영상에서 수신대역폭(receiver bandwidth : RBW)이 된다. 그 이유는 시간 축 에일리어싱(aliasing)을 막기 위해 주파수 폭 $[-f_s/2, f_s/2]$ 바깥의 주파수를 잘라 내는 에일리어싱 방지필터(antialiasing filter)를 ADC 앞에 쓰기 때문이다. 이 수신 대역폭의 넓이는 $f_s/2 - (-f_s/2) = f_s$이다.

주파수 부호화 경사자장이 x방향으로 스핀계의 라모 주파수를 부호화함을 다시 생각해 보자. 영상영역의 한쪽에서 주파수 표본화 기간 동안 스핀이 더 높은 주파수를 가질 때, 다른 쪽은 더 낮은 주파수를 가진다. 수신 신호 $s(t)$는 라모 주파수 $\nu_0 = \gamma B_0$로 복조되므로 라모 주파수가 ν_0인 곳이 영상영역의 중심이 된다. 따라서 영상영역의 중심에 대해, 주파수 부호화 동안 영상영역 한쪽의 기저신호 주파수가 양의 주파수를 가질 때 다른 쪽은 음의 주파수를 가진다.

표본화 과정에서 에일리어싱 방지필터를 쓰므로 표본화 이후 기저대역 신호는 $[-f_s/2, f_s/2]$ 바깥의 신호를 갖고 있지 않다. 이것은 (양과 음 양쪽으로) 아주 높은 주파수의 스핀은 볼 수 없음을 의미하는데, x방향의 영상영역은 ADC 표본화 과정에서 제한이 된다. 따라서 x방향의 영상영역 크기인 FOV_x는 수신대역폭 안에 들어가는 스핀계의 공간 범위로 정해진다. 결과적으로,

$$\gamma G_x \text{FOV}_x = f_s, \tag{13.66}$$

이고, 다음 관계가 성립한다.

$$\text{FOV}_x = \frac{f_s}{\gamma G_x} \tag{13.67a}$$

$$= \frac{1}{\gamma G_x T}, \tag{13.67b}$$

위 식 중 마지막의 관계는 식 (13.65)로부터 도출이 가능하다. 식 (13.76a)와 (13.40a)의 분모를 비교하면 $\gamma G_x T$가 푸리에 공간에서 주파수 부호화 간격 Δu와 같음이 명백해진다.

$$\Delta u = \gamma G_x T \tag{13.68}$$

위 식은 표본화된 자기공명 신호에서 u방향의 k공간 표본화 간격이다.

위상 부호화(v) 방향의 표본화는 사용하는 위상 부호화 경사자장으로 결정된다. 보통 위상 부호화 경사자장의 면적 ΔA_y의 변화 폭을 선택하는데, 어떤 위상 부호화 경사자장 파형이라도 면적은 ΔA_y의 정수배가 된다. 따라서,

$$\Delta v = \gamma \Delta A_y \tag{13.69}$$

이고,

$$\text{FOV}_y = \frac{1}{\gamma \Delta A_y} \tag{13.70a}$$

$$= \frac{1}{\Delta v}. \tag{13.70b}$$

이다.

주파수 부호화와 위상 부호화 방향의 영상영역에 대한 수식이 유사하지만, 둘 사이에는 조심스럽게 다루고 구현해야 하는 중요한 차이가 있다. 주파수 부호화 방향에서 에일리어싱 제거필터가 이 방향 영상영역보다 높은 주파수를 제거하기 위해 쓰인다. 이것의 효과는 이 방향 영상영역 바깥의 조직으로부터 나오는 신호를 제거하는 것으로 나타난다. 그러나 위상 부호화 방향에는 에일리어싱 제거필터가 없고, 위상 부호화 방향의 푸리에 공간 주사선은 불연속 정보를 표본화한 것이 된다. 그래서 계산된 위상 부호화 방향의 영상영역 바깥에 조직이 있다면, 재구성된 영상에서 위상 부호화 방향으로 그 부분이 영상영역 안쪽에 에일리어싱이 생긴다.

너무 큰 위상 부호화 경사자장 변화 폭 때문에 생기는 에일리어싱 문제는 3장의 에일리어싱 개념과 비슷하다. 자기공명에서는 영상 공간 대신 푸리에 공간을 표본화하고, 에일리어싱이 푸리에 공간에서 생기는 대신 영상이 겹쳐 나타난다. 한 예로, 통상의 종단면 머리 영상에서 위상 부호화 방향을 앞뒤 방향으로 잡았을 때, 위상 부호화 방향 표본화 간격을 너무 넓게 하면 머리 뒤쪽이 얼굴 앞쪽에 겹쳐지고 얼굴 앞쪽은 머리 뒤쪽에 겹쳐진 영상이 얻어진다.

예제 13.10

자기공명 영상의 FOV는 푸리에 공간에서 표본화 간격과 관련이 있다. 재구성된 자기공명 영상의 x-와 y-방향 해상도가 동일하다고 가정하자.

문제 T_s와 G_x, f_s를 각각 3ms와 1G/cm, 85.33kHz로 설정했다면 각 주파수 부호화 경사자장이 가해질 때 표본화 개수는 얼마인가? 또 ΔA_y는 얼마이고, FOV의 크기는 얼마인가?

해답 주파수 부호화 경사자장의 폭 $T_s = 3\text{ms}$이고 RBW는 $f_s = 85.33\text{kHz}$이다. 그러므로 각 주파수 부호화에서 표본화 개수는 $N_a = T_s f_s = 256$개가 된다. 표본화 주기는 $T = 1/f_s = 11.72\mu s$이다. 재구성된 영상이 양 방향으로 동일한 크기와 해상도를 가지므로

$$\Delta v = \Delta u = \gamma\!\!\!\!- \, G_x T = \gamma\!\!\!\!- \, \Delta A_y$$

이다. 이것은 $\Delta A_y = G_x T = 11.72 G\mu s/\text{cm}$를 의미한다. FOV는 양 방향으로 같기 때문에 다음과 같이 계산된다.

$$\text{FOV}_x = \frac{f_s}{\gamma\!\!\!\!- \, G_x} = \frac{85.33\,\text{kHz}}{4.258\,\text{kHz/G} \times 1\,\text{G/cm}} = 20.04\,\text{cm}\,.$$

13.4.2 해상도

푸리에 영상법으로 자기공명 영상을 보면 영상의 해상도를 꽤 직관적으로 논할 수 있다. 펄스시퀀스의 판독(readout) 방향으로 푸리에 공간의 한 영역에 대한 정보를 획득하는 것을 설명했다[그림 13.18(b), 13.19(b) 및 13.20 참조]. 펄스시퀀스의 정보 획득 영역 바깥에 (더 높은) 주파수 정보가 있어도 이것이 0인 것처럼 영상에 전혀 나타나지 않는다. 따라서 펄스시퀀스는 본질적으로 획득하는 영상에 대해 저역통과 필터 특성을 갖는다. 이것에 의해 자기공명 영상의 해상도가 제한된다.

그림 13.18 및 13.19와 같이 직각선형 주사를 하는 일반적인 신호 획득 방식에 대해 생각해 보자. 이 방식이 갖는 저역통과 필터는 푸리에 공간에서 다음의 크기를 갖는 사각형이 된다.

$$U = N_x \gamma\!\!\!\!- \, G_x T, \tag{13.71a}$$
$$V = N_y \gamma\!\!\!\!- \, \Delta A_y, \tag{13.71b}$$

위 식에서 N_x와 N_y는 각각 주파수 부호화와 위상 부호화 방향의 표본화 개수이다. 이 저역통과 필터 함수는

$$H(u, v) = \text{rect}\left(\frac{u}{U}\right)\text{rect}\left(\frac{v}{V}\right), \tag{13.72}$$

로 정의되며, 이것의 점확산함수(point spread function : PSF)인 $H(u, v)$의 역 푸리에 변환은 다음과 같다.

$$h(x, y) = UV \, \text{sinc}(Ux)\, \text{sinc}(Vy)\,. \tag{13.73}$$

해상도를 정의하기 위해 식 (13.73)의 2차원 sinc 함수에서 메인로브만 고려해도 충분하

다. 이 교재에서 자주 사용하듯이 싱크 함수의 반치 폭(FWHM)을 처음의 두 영점 사이 간격으로 간략화하겠다. 따라서

$$\text{FWHM}_x = \frac{1}{U} = \frac{1}{N_x \gamma\!\!\!/\, G_x T} , \tag{13.74a}$$

$$\text{FWHM}_y = \frac{1}{V} = \frac{1}{N_y \gamma\!\!\!/\, \Delta A_y} . \tag{13.74b}$$

가 된다. 식 (13.68)과 (13.69)의 정의를 적용하면,

$$\text{FWHM}_x = \frac{1}{N_x \Delta u} , \tag{13.75a}$$

$$\text{FWHM}_y = \frac{1}{N_y \Delta v} , \tag{13.75b}$$

을 얻는데, 이것을 MRI의 푸리에 해상도라 부른다.

극좌표 표본화를 할 경우 해상도가 개념적으로 6장의 CT와 같다(6.4.1절 참조). CT에서 두 요소가 공간해상도를 떨어트리는데, 그것은 검출기 크기와 램프 필터 창 함수(window function) $W(\varrho)$이다. 자기공명 영상에서는 검출기 크기가 아니라 제한된 푸리에 공간의 주사 궤적이 해상도 저하와 연관된다. 각 극좌표 주사의 (원점 대칭인) 주파수 주사에서 사각 창문 함수를 $S(\varrho)$ 로 가정하자. 그러면 재구성된 유효 스핀밀도는

$$\hat{f}(x, y) = f(x, y) * \text{h}(r) , \tag{13.76}$$

이 되며, 여기서 $r = \sqrt{x^2 + y^2}$이다. PSF는 회전 대칭이고 다음의 역 한켈 변환으로 주어진다[식 (2.108) 참조].

$$\text{h}(r) = \mathcal{H}^{-1}\{S(\varrho)W(\varrho)\} . \tag{13.77}$$

푸리에 해상도와 화소 크기를 구별해야 하는 것이 중요하다. 유효 스핀밀도 $f(x, y)$를 재구성하는 수식 전개는 공간과 주파수 모두 연속 변수를 사용하여 시작되지만, 이것들은 모두 디지털 세계에서 구현된다. 디지털 신호 처리에 관한 사전 지식이 없다면 구현 과정을 깊게 이해하기는 어렵지만, 화소 크기의 개념을 명확하게 하는 것은 어렵지 않다.

불연속적인 u 및 v 위치에서 자기공명 주사로 신호값을 얻어내는데, 식 (13.47) 또는 (13.53) 수식의 신호를 표본화한 값으로 영상을 재구성을 하게 된다. x와 y방향 표본들의 간격 Δx와 Δy는 화소 수를 정하며, 이 두 값으로 화소 크기가 정해진다. 이 화소 수는 완전히 임의의 값이다. 푸리에 공간에서 256×256 표본을 획득하더라도 영상 공간에서 J개의 화소로 재구성이 가능한데, J는 어떤 값도 될 수 있다. 핵심 사항은 근원적 주파수 해상도는

J에 의해 달라지지 않고, 영상 획득 푸리에 창의 크기에 대한 함수일 뿐이다.

예제 **13.11**

자기공명 영상의 해상도는 푸리에 변환의 k-공간 크기에 관련된다. 256×256 영상을 $1\text{mm} \times 1\text{mm}$ 해상도로 얻으려 한다.

문제 주파수 부호화 경사자장이 $G_x = 1\text{G/cm}$라 가정할 때 RBW는 얼마인가? 또 k-공간 영역의 크기와, $T_R = 50\text{ms}$일 때 영상 시간은 얼마인가?

해답 x방향의 푸리에 해상도는

$$\text{FWHM}_x = \frac{1}{N_x \gamma\!\!\!/ \, G_x T} = 1\,\text{mm}\,.$$

따라서 수신기 대역폭은

$$f_s = \frac{1}{T} = N_x \text{FWHM}_x \gamma\!\!\!/ \, G_x = 109\,\text{kHz}\,.$$

y방향 푸리에 해상도는

$$\text{FWHM}_y = \frac{1}{N_y \gamma\!\!\!/ \, \Delta A_y} = 1\,\text{mm}$$

이다. 따라서,

$$\Delta A_y = \frac{1}{N_y \gamma\!\!\!/ \, \text{FWHM}_y} = 9.17\,\text{G}\,\mu\text{s/cm}$$

이다. k-공간 영역은 $V = U = 1/\text{FWHM}_x = 10\text{cm}^{-1}$이다. 영상 시간은 $T = 50\text{ms} \times 256 = 12.8\text{s}$ 이다.

13.4.3 잡음

자기공명 영상에서 잡음은 수신 코일로 획득한 신호인 FID 또는 에코의 통계적 변동 형태로 발생한다. 이 잡음의 지배적인 원인은 도체 내의 전자나 이온의 열적 동요로 인한 존슨 (Johnson) 잡음이다. 자기공명 영상에서 존슨 잡음은 환자 몸의 전해질에서 주로 발생하는데, 수신 코일과 관련 전자 장치로부터도 잡음이 나온다. 수신된 잡음의 분산은 다음의 특성을 갖는다고 볼 수 있다.

$$\sigma^2 = \frac{2k\mathcal{T}R}{T_A}, \tag{13.78}$$

위 식에서 k는 볼츠만 상수이고, $\mathcal{T}$는 절대 온도, R은 수신 코일에서 보이는 유효 저항, T_A

는 총 신호 수집 시간이다. T_A가 전체 신호 수집 시간임을 주목해야 하는데, ADC가 활성화되지 않는 기간이 있으므로 이 시간은 한 펄스시퀀스의 주기보다 짧다.

정상적인 경우 잡음은 가능한 줄일수록 좋다. 일반적인 인체 영상에서 온도 T는 제어 대상이 아니지만 R과 T_A는 제어가 가능하다. 고주파 코일과 전자 장치의 유효 저항은 보통 인체의 저항보다 매우 작아서 무시할 수 있다. 그러므로 R을 줄이려면 고주파 코일에서 보이는 인체의 저항을 줄여야 한다. 몸통 코일이나 머리 코일, 표면 코일처럼 다른 형태의 코일이 있음을 앞에서 다루었다. 민감 영역이 더 작은 공간을 감싸는 코일을 선택하면 더 적은 잡음만을 수신하게 된다. 예를 들면, 머리 영상에 머리 코일을 사용하는 편이 좋은데, 장치의 내부 공간에 설치된 몸통 코일에는 흉부의 넓은 영역까지 민감 영역에 들어가 신호에 더 많은 잡음을 포함시키기 때문이다. 신체 말단 부위용 코일은 더욱 작고, 따라서 신체의 작은 부분 영상을 얻을 때 더욱 좋다. 표면 코일은 작은 체적의 민감 영역을 갖지만 민감도가 균일하지 않다. 이런 코일은 영상을 가로지르는 쪽으로 영상의 밝기가 변하므로 점점 어두워지는(shading) 바람직하지 않은 효과를 일으킨다.

몸통 코일과 머리 코일은 도선이 여러 번 감긴 솔레노이드라 할 수 있고, 저항 R의 공식을 만들 수 있다(연습문제 13.22 참조). 이 솔레노이드가 단위 길이당 N번 감겼고, 전체 길이가 L, 도선의 감긴 반경이 r_0라고 가정하면 저항은 다음 식이 된다.

$$R = \frac{\pi^3 \mu_0^2 \nu_0^2 N^2 L r_0^4}{2\rho}. \tag{13.79}$$

위 식에서 ν_0는 라모 주파수이고, $\mu_0 = 4 \times 10^{-7}$weber/amp-mater는 투자율, ρ는 인체의 저항률이다. 식 (13.78)과 (13.79)로부터 잡음을 줄이려면 (1) 솔레노이드의 길이를 줄이거나, (2) 단위 길이당 감은 횟수를 줄이거나, (3) 솔레노이드 반경을 줄이거나, (4) 라모 주파수 ν_0를 낮추어야 한다. 만일 솔레노이드 길이를 줄인다면 영상 가능 체적이 줄어든다. 반경을 줄이면 코일에 작은 물체만 들어맞는다(즉, 작은 물체만 영상 가능하다). 이것이 정확하게 몸통 코일과 머리 코일의 특성을 비교한 경우가 된다. 두 코일 모두 머리 영상에 쓸 수 있지만, 이 경우 머리 코일이 몸통 코일보다 잡음이 적으므로 더 적합한 코일이 된다.

식 (13.79)에 따르면 단위 길이당 감은 횟수를 줄이는 것이 좋은 생각 같지만, 이것은 검출하는 신호 크기를 줄이는 결과를 초래하므로 실제 영상의 품질을 높여 주지는 못한다. 마지막으로 ν_0를 줄이려면 $\nu_0 = \gamma B_0$이므로 간단히 초전도자석의 전류를 줄여 B_0를 감소시키면 된다. 그러나 이것은 NMR 신호를 급격하게 감소시키고, 결국 영상 품질을 더 나쁘게 한다. 이 두 현상을 이해하려면 자기공명 영상에서 신호 강도에 영향을 주는 변수를 이해하고 SNR을 고려해야 한다.

예제 13.12

잡음은 종종 표본화율(또는 수신대역폭)로 조절 가능하다고 보며, 더 높은 표본화율은 영상의 잡음을 증가시킨다.

문제 표본화율(또는 수신대역폭) f_s에 대한 MRI 잡음의 분산 관계식을 구하라.

해답 총 신호 수집 시간은

$$T_A = MT_s\,,$$

이고, M은 신호 수집 횟수이고, T_s는 신호 수집 구간의 폭이다. 한 펄스시퀀스에서 모든 신호 수집 구간의 폭은 동일하다. 각 신호 수집 구간에 N_a개의 표본은 T 간격으로 표본화한다고 가정하자.

$$T_s = N_a T\,,$$

$$f_s = \frac{1}{T}\,,$$

이므로

$$T_A = \frac{MN_a}{f_s}\,.$$

이것을 식 (13.78)에 적용하면 다음 결과가 도출된다.

$$\sigma^2 = \frac{2k\mathcal{T}Rf_s}{MN_a}\,. \tag{13.80}$$

따라서 f_s의 증가는 직접적으로 영상의 잡음 증가를 초래한다. 실제 상황에서 더 높은 f_s는 푸리에 공간의 더 빠른 주사로 전체 신호 수집 시간의 축소를 의미하며, 따라서 신호 수집 시간을 줄이면 영상의 잡음이 증가한다. 주파수 부호화 경사자장 G_x를 바꾸면서 동시에 표본화율을 높여 T_s가 일정한 값을 유지하도록 하면 잡음은 동일하게 유지되는 결과를 얻게 된다. 다른 경우로 f_s를 두 배로 하면서 푸리에 공간을 두 번 주사하여 평균화(averaging)를 하면 동일한 영상 잡음 결과를 얻게 된다. 그러므로 식 (13.80)이 옳기는 하지만 MRI에서 영상 잡음의 진짜 기전이 감추어져 있어 사용할 수가 없다.

13.4.4 신호 대 잡음 비

강한 신호를 유지하는 동시에 잡음을 줄이는 요인으로 무엇이 있는가는 큰 관심이다. 이 개념은 신호 대 잡음 비(SNR)에 포함되어 있는데, 잡음에 관한 수식은 이미 알고 있으므로 신호에 대한 전개식만 찾아내면 된다. 균질 시료와 균일한 고주파 자장을 가정하면 식 (12.26)에서 필요한 결과를 얻을 수 있다. 편의를 위해 이 신호 강도에 대한 식을 다시 써 보자.

$$|V| = 2\pi\nu_0 V_s M_0 \sin\alpha\, B^r\,. \tag{13.81}$$

수신 코일이 (앞 절에서 다룬) 솔레노이드라면 코일 중심에서 코일에 흐르는 단위 전류 I_0로 생성된 기준 자장 강도 B^r은 다음 식이 된다.

$$B^r = \mu_0 I_0 N, \qquad (13.82)$$

위 식에서 N은 단위 길이당 감은 회수이다. 식 (13.82)를 식 (13.81)에 대입하면

$$|V| = 2\pi \nu_0 V_s M_0 \sin\alpha\, \mu_0 N \qquad (13.83)$$

이 되는데, 단위 기준 전류이므로 $|I_0| = 1$로 가정했다.

식 (13.78)과 (13.83)으로부터 SNR은 다음 식이 된다.

$$\text{SNR} = \frac{|V|}{\sqrt{\sigma^2}} = \frac{2\pi \nu_0 V_s M_0 \sin\alpha\, \mu_0 N}{\sqrt{2k\mathcal{T}R/T_A}}. \qquad (13.84)$$

R과 M_0를 식 (13.79)와 (12.4)로 각각 대입하고 약간의 정리 과정을 거치면 다음 식이 도출된다.

$$\text{SNR} = \frac{\gamma h^2}{\sqrt{4\pi k^3}} \frac{2\pi \nu_0 P_D \sqrt{\rho}}{r_0^2 \sqrt{L\mathcal{T}^3}} V_s \sin\alpha \sqrt{T_A}. \qquad (13.85)$$

이 전개식은 세 기본항의 곱이다. 첫 번째 항은 물리상수들로 구상되어 바꾸거나 영향을 줄 수 없는 것들이다. 두 번째 항은 영상 대상 물체나 장치 설계 관련된 것으로 바꾸거나 선택 가능한 것들이다. 예를 들면 높은 양성자밀도 P_D의 물체나, 높은 저항률, 더 높은 정자장(따라서 더 높은 라모 주파수)는 더 큰 SNR을 이끌어낸다. 반면, 온도를 낮추거나 코일을 (길이나 반경에서) 더 작게 하면 SNR을 증가시킨다.

식 (13.85)의 세 번째 항은 영상을 얻을 때 사용자가 직접 선택할 수 있는 것들로 구성되었다. 여기서 V_s는 재구성된 영상에서 화소의 체적이다. 화소의 체적은 단면 선택과 FOV 선택 두 가지와 재구성 영상의 크기 J를 선택하는 것으로 직접 결정할 수 있다. 눕힘각 α를 $\pi/2$로 선택하면 최대 신호를 얻을 수 있음은 앞에서부터 알고 있다. 마지막으로 푸리에 정보를 얻는 데 소요되는 시간 T_A를 증가시켜 SNR을 개선할 수 있다.

13.4.5 인공물

가장 일반적인 영상의 왜곡은 기하학적 왜곡 및 겹침이다. 이것은 전 영상 영역에서 경사자장이 균일하지 않을 때 일어나는데, 예를 들면 x경사자장이 z의 증가에 따라 감소한다면 환자의 관상면 영상에서 z방향 끝 부분에서 영상이 쪼그라드는 것을 볼 수 있다. 영상을 빠르게 하려는 필요성 때문에 작은 구조의 고속 스위칭 경사자징 코일이 자주 쓰이는데, 이 경우 종종 관심 영역의 끝에서 경사자장이 매우 급하게 떨어진다. 영상 재구성 단계에서 소프트

웨어로 이 왜곡을 보정하기도 한다. 그러나 선택 단면 두께와 단면 형태도 경사자장이 바뀌면서 달라지는데, 이것은 재구성 단계에서 보정할 수 없다.

유령 영상(ghosts)는 자기공명 영상에서 가장 빈번하게 나타나는 인공물(artifacts)이다. 이것을 일으키는 가장 일반적인 원인은 푸리에 공간에서 신호를 수집하는 사이에 영상 대상체가 움직이는 것으로, 예를 들면 호흡이나 삼키기, 경련, 심장박동 또는 기타 유체 흐름에 따른 움직임 등이 있다. 이런 변화 때문에 수신 신호는 동일한 대상에서만 나오는 것이 아니게 되고, 이러한 신호로 재구성된 영상에 하나 또는 여러 개의 흐릿한 신호가 나타나는데, 이것이 유령 영상이다. 유령 영상 인공물은 호흡 억제 영상이나 심박 동기(ECG 동기화) 신호 수집, 고속영상법으로 줄일 수 있다. 그러나 이런 해결법에는 단점이 있다. 호흡 억제법은 환자에게 불쾌감을 주거나 때로는 불가능할 수도 있고, 심박 동기법은 전체 영상 시간을 늘리며 때로는 확실하게 동기시키는 것이 어려울 수도 있으며, 고속영상법은 항상 SNR의 감소를 초래한다.

겹쳐지는 인공물은 위상 부호화 방향의 에일리어싱 때문에 생긴다. 앞에서 다음의 관계를 다루었다.

$$\text{FOV}_y = \frac{1}{\Delta v},$$

위 식에서 Δv는 위상 부호화 방향에서 푸리에 주사선 사이의 간격이다. 만약 영상 대상물이 y방향 FOV에 맞지 않으면 이것이 y축 방향에서 접혀 되돌아오는데, 3장의 전형적인 표본화 신호에서 일어나는 접혀 겹침(wraparound)과 정확하게 대응이 된다. 여기서 주된 차이는 이러한 표본화가 2차원 푸리에 공간의 한 방향(위상 부호화 방향)에서 이루어지고, 결과에서 복제 현상이 푸리에 축이 아니라 공간 축에서 일어나는 점이다. 주파수 부호화 방향에는 에일리어싱 방지 필터가 있기 때문에 이 현상이 일어나지 않는다.

이 겹쳐짐 인공물을 없애기 위해서는 FOV 바깥에 영상 대상물이 없도록 해야 한다. 이를 위해 영상 단면을 회전시켜 물체의 짧은 쪽을 위상 부호화 방향에 오도록 하거나, 감도 분포가 영상영역 폭에 일치하는 짧은 수신 코일을 쓰면 된다. 영상영역 바깥의 물체를 포화시키는 펄스로 필요 없는 신호를 제거할 수 있는데, 이 방법의 효과는 짧은 시간 동안만 유지된다.

신호 수집 시간을 줄이는 한 가지 방법은 푸리에 공간에서 높은 주파수 성분을 읽는 위상 부호화 단계를 제거하는 것이다. 불행하게도 이 방법은 영상의 해상도를 낮출 뿐만 아니라 링잉(ringing) 효과도 발생시킨다. 깁(Gibb)의 링잉 또는 단절인공물(truncation artifact)은 엉성하게 설계된 저주파 통과 필터에서 발생하는 고전적인 문제인데, 고주파의 차단이 너무 돌연하게 일어나면 싱크형 PSF이 영상의 경계선에서 크게 진동하는 측면 로브를 만들어 낸다. 이 인공물을 감소시키는 한 가지 방법은, 부드러운 천이 영역을 갖는 필터를 사용하여 높은 주파수 성분을 수집하지 않은 경계 부분의 변화가 완만하게 일어나도록 하는 것이다.

12장에서 화학적 천이 때문에 스핀계의 라모 주파수가 주변의 화학적 환경에 따라 바뀌는 것을 살펴보았다. 양성자 영상에서 지방과 물속에 있는 두 종류의 양성자에 대해 처음으로 관심을 가졌다. 1.5T에서 지방 성분인 CH_2의 양성자보다 물의 양성자는 공진주파수가 약 225Hz 높다. 따라서 지방 조직과 지방이 아닌 조직 사이에 주파수 부호화 방향으로 위치 이동이 일어난다. 극단적인 경우 지방 조직의 위치가 물의 위치에 대해 틀린 위치로 옮겨져서 해부학적으로 정상적인 것을 비정상으로 보이도록 만들 수도 있다. 이런 인공물을 줄이는 한 가지 수단으로 12.10절에서 설명한 반전 회복 영상법(STIR 펄스시퀀스) 등 지방의 신호를 억제하는 방법을 보편적으로 사용한다. 마지막은 자화감수성 차이에 의하여 시료가 느끼는 국부적 자장이 변화되는 것이다. 통상 이것은 공기와 조직의 접촉면에서 신호의 소멸(dropout)을 초래한다. 그러나 다음 절에서는 자화감수성 자체의 영상을 얻는 펄스시퀀스의 설계에 대해 다룰 것인데, 상당히 유용한 기법이다.

13.5 고급 명암대조도 기전

지금까지 생체 조직의 기본적인 명암대조도 기전에 대하여 살펴보았는데, 고주파 영상펄스와 고주파 반전펄스, 경사자장 및 스핀에코만 써도 시료의 스핀 시스템을 조작할 수 있기 때문이다. 지금부터 생체 조직의 명암대조도를 얻어 내는 좀 더 고급의 기전을 설명할 것인데, 어떤 경우에는 명암대조도가 조직의 기본 NMR 특성인 P_D나 T_1, T_2 이외의 다른 성질로부터 얻어진다.

자화감수성 강조 영상　자화감수성은 정자장의 변화를 초래하는데, 이 현상을 **자화감수성 강조 영상**(susceptibility-weighted imaging : SWI) 기법으로 영상화할 수 있다. 식 (12.13)에서 자화감수성에 의한 자장의 변화는 다음과 같이 나타난다.

$$\Delta B(x,y) = \chi(x,y)B_0 , \tag{13.86}$$

여기서 $\chi(x, y)$는 영상 단면에서 공간 위치의 함수인 자화감수성이다. 이 자장 강도의 변화는 라모 주파수의 변화를 초래한다.

$$\Delta v(x,y) = \gamma \chi(x,y)B_0 \tag{13.87}$$

이것은 식 (12.33)의 횡자화가 발생하는 FID에서 v_0에 $\Delta v(x, y)$가 더해지는 변화를 일으킨다. 따라서

$$M_{xy}(t) = M_0 \sin\alpha e^{-j(2\pi(v_0+\Delta v(x,y))t-\phi)}e^{-t/T_2} . \tag{13.88}$$

자화감수성의 1차 효과로 횡자화 위상의 공간에 따른 변화 양상이 바뀐다.

　　이상적인 상황에서는 횡자화의 복잡한 위상을 해석하여 자화감수성을 계산할 수 있는데, v_0와 ϕ를 알고 있는 것으로 가정하고 $\Delta v(x, y)$에 대하여 해석하는 것이다. 세밀한 보정을 하면 되므로 v_0를 알려진 것으로 가정하는 것은 합리적이지만, 일반적으로 ϕ를 아는 것으로 가정할 수 없는 여러 가지 이유가 있다. 사실 위상 불균일은 MRI의 어느 곳에나 존재하는 문제인데, 많은 경우에 위상 불균일은 공간의 함수이지 시간의 함수는 아니다. 이 경우 반복적인 경사에코 실험은 자화감수성의 공간 분포를 드러나게 하는 데 쓸 수 있다. 이것이 어떻게 이루어지는지 알아보자.

　　표준 경사에코 펄스시퀀스의 판독 부분을 살펴보자. 식 (13.25)로부터 자화감수성이 존재할 때 공간 위치에 따른 라모 주파수는 다음 식이 된다.

$$v(x, y) = \gamma(B_0 + \chi(x, y)B_0 + G_x x), \tag{13.89}$$

표준 신호 복조 과정은 공칭(norminal) 라모 주파수 v_0로 이루어지므로 기저대역 신호[식 (13.27) 참조]에는 자화감수성에 의한 위상이 다음 식과 같이 남아 있게 된다.

$$s_0(t) = \int_{-\infty}^{\infty}\int_{-\infty}^{\infty} f(x, y)e^{-j2\pi\gamma(\chi(x,y)B_0 + G_x x)t}e^{j\phi_0(x,y)}\,dx\,dy, \tag{13.90}$$

여기서 $\phi_0(x, y)$는 다양한 원인에 의해 발생한 공간에 따라 변하는 (불균일한) 위상이다.

　　13.2.5절에서 적절하게 설계된 경사에코 펄스시퀀스를 사용하면, 에코 시간 T_E에 공간 좌표 x의 모든 위치에 대하여 위상이 0이 되는 것을 설명하였다. 그러나 자화감수성 및 이와 관련된 위상 때문에 이 관계를 여기에서는 적용할 수 없다. 식 (13.90)에서 남게 되는 위상은,

$$\phi(x, y) = 2\pi\gamma\chi(x, y)B_0 T_E + \phi_0(x, y) \tag{13.91}$$

이다. 이 영상을 T_E를 바꿔가며 두 번 얻으면 미지값 $\chi(x, y)$와 $\phi_0(x, y)$에 대한 2개의 식이 얻어진다. 이것을 $\chi(x, y)$에 대하여 해석하면 다음 식이 얻어진다.

$$\chi(x, y) = \frac{\phi_1(x, y) - \phi_2(x, y)}{\omega_0(T_E^{(1)} - T_E^{(2)})}, \tag{13.92}$$

여기서 $T_E^{(1)}$과 $T_E^{(2)}$는 두 영상의 에코 시간 값이고, $\phi_1(x, y)$와 $\phi_2(x, y)$는 각 영상에 측정된 위상이다.

기능적 자기공명 영상　기능적 자기공명 영상(functional magnetic resonance imaging : fMRI)은 혈액의 헤모글로빈이 산화와 탈산화의 두 상태를 갖는 것에 기초하고 있는데, 이 두 상태의 분자는 서로 다른 자화감수성을 갖는다. 12.4절에 따르면, 반자성 물질은 국부

자장을 약간 감소시키고 상자성 물질은 약간 증가시킨다. 산화 헤모글로빈은 약하게 반자성을 띠는데, 대부분의 신체 조직과 거의 동일한 자화감수성을 갖는 것으로 볼 수 있어서 자화감수성 강조 영상에서 명암대조도가 증가하지 않는다. 그러나 탈산화 헤모글로빈은 상자성이라서 자화감수성 강조 영상에서 잘 드러난다. 두뇌의 활성 뉴런(neuron)은 비활성 뉴런보다 더 많은 산소를 소모하므로 두뇌의 활성도가 높은 영역에서 탈산화 헤모글로빈 농도가 높아진다. 이 현상에 의하여 이 영역에 더 많은 몫의 상자성 분자가 존재하게 되고, 이 영역에서 발생되는 신호의 위상 변화를 일으킨다[식 (13.90) 참조]. 이것이 fMRI의 BOLD(blood oxygenation level dependent) 신호이다.

탈산화 헤모글로빈 분자가 혈액 속에 밀집되고, 이것의 상자성 특성이 초미세규모의 라모 주파수 불균일을 발생시켜 T_2^*를 감소시킨다. 따라서 국부적 자화감수성의 변화를 직접 측정하는 것(예를 들면, 위에서 설명한 2개의 에코를 사용하는 SWI 기법의 사용) 대신 fMRI는 보통 T_2^*에 민감한 펄스시퀀스인 경사에코 기법을 써서 얻어진다. 통상적인 fMRI 기법에서 첫 번째 영상은 피험자가 휴식 중인 상태에서 얻고, 그 다음 두 번째 영상을 얻는 동안 피험자는 정신적 활동 과제를 수행한다. 휴식 상태의 영상과 과제 수행중인 영상의 감산을 취하는데, 결과 영상에서 밝은 부분은 더 높은 농도로 탈산화 헤모글로빈이 있는 곳이고, 이곳이 특정의 정신적 활동과 더 관련이 된 곳이다.

탈산화 헤모글로빈의 자화감수성에 차이가 있기 때문에 두뇌의 정맥계는 두뇌의 다른 조직과 다른 자화감수성을 갖는다. 따라서 위에 설명한 SWI로 두뇌의 정맥에 대한 영상을 얻을 수 있다. 이와 같이 측정된 신호의 위상과 실제 자화감수성 $\chi(x, y)$ 사이에 정량적인 관계가 있기 때문에 측정된 자화감수성을 혈액의 실제 산소 포화도와 관련지을 수 있다. 이것이 fMRI에 대하여 매우 직접적이고 정량적인 접근을 제공하기는 해도 기술적으로 해결해야 하는 것이 매우 많으며, 최근 연구가 진행되고 있다.

확산 자기공명 영상   MRI에서 체적소(voxel)로 생각하는 시료 체적 안의 위상이 정렬된 횡자화로부터 NMR 신호를 발생시키는 방법을 앞에서 다루었다. 두 시상수 T_2와 T_2^*는 횡자화를 탈위상시키는 작용을 하므로 검출되는 신호를 약화시킨다. 분자의 불규칙한 움직임으로 특히 액체에서 두드러지게 나타나는 확산(diffusion)은 탈위상을 일으키는 또 하나의 기전이다. 어떻게 이런 효과가 일어나는지 알아보기 위해 90° 여기펄스 다음에 z경사자장 G_z를 인가하는 상황을 고려해 보자. 이러면 선택 단면(두께를 가진다)의 두께를 가로질러 라모 주파수가 달라지고, 따라서 단면 두께를 가로질러 탈위상이 바로 시작된다. 그러나 여기에 더해서, 만약 그 단면 안에 3차원 공간을 불규칙하게 이동하는 분자들이 있다면, 단면 안의 특정 z위치에서의 위상에는 (T_2에 의해 정해진 것 외의) 불규칙성이 추가되는데, 이것은 스핀에코조차도 회복(recovering)시킬 수 없다. 그러므로 만약 분자들의 확산운동이 심하다면, 확산이 없는 상태에서 얻어지는 것과 비교해서 FID나 에코 신호가 현격하게 감소하는 것을 예측할 수 있다. 이런 기전을 이용하여 MRI로 조직 안의 국부적 확산을 측정할 수 있다.

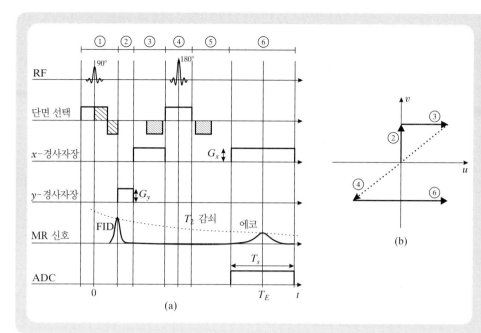

그림 13.21
(a) 확산 강조 영상 획득을 위한 펄스시퀀스. 양극성 경사자장 펄스가 확산의 부호화를 위해 시간 구간 3과 5동안 단면 선택 경사자장 파형에 포함되어 있다. (b) 이 펄스시퀀스의 푸리에 궤적

　MRI에서 확산을 측정하기 위한 일반적인 방법은 그림 13.21과 같이 **고주파 여기펄스** 직후와 판독 경사자장 펄스 사이에 양극성 펄스를 사용하는 것이다. 양극성 펄스의 첫 번째 경사자장은 위에서 설명한 것처럼 조직 속의 확산 현상이 측정 가능한 수준의 신호 감소를 일으키도록 충분히 길고 강해야 한다. 두 번째 경사자장은 첫 번째 경사자장이 일으켜 단면 두께를 가로질러 고정된 탈위상 효과를 반전시킨다. 그림의 펄스시퀀스에서 양극성 펄스는 단면선택 방향으로 인가된다. 따라서 두 번째 펄스는 단면 선택의 재집중 펄스와 동일한 역할을 하는 것으로 생각할 수 있다. 확산 측정을 경사에코 펄스시퀀스로도 수행할 수 있지만, 확산 부호화를 위해 추가 시간이 소요되므로 T_2^*에 의해 과도한 신호 감소가 일어나는 경향이 있다. 그렇기 때문에 그림 13.21은 180도 펄스가 두 양극성 펄스 사이에 있는 스핀에코 펄스시퀀스이다. 180° 펄스가 일으키는 스핀의 반전은 스핀에코를 사용하는 이유이고, 두 번째 양극성 펄스를 첫 번째와 같은 극성으로 할 수 있는 이유이기도 하다.

　가장 간단한 확산 강조 영상법은 단순히 두 영상의 뺄셈을 하는 것인데, 한 영상은 양극성 펄스 없이 얻은 기준 영상이고, 다른 영상은 양극성 펄스와 함께 얻는다. 이때 중요한 것은 모든 펄스의 시간 축을 동일하게 하는 것인데, 이렇게 하여서 두 영상이 동일한 T_E에서 얻어져 T_2영향을 같게 하는 것이다. 확산 강조 영상은 확연하게 확산이 일어나는 부분의 신호는 작아지며, 따라서 뺄셈으로 얻어지는 영상에서 더 밝은 부분은 확산이 더 심하게 일어나는 곳이다.

　위에서 제시한 것은 확산 강조 영상의 요점이지만, 시퀀스와 이 시퀀스로 얻어지는 영상 정보의 실제 이용에는 더 많은 학습이 필요하다. 예를 들면, 단면 선택 경사자장에 양극성 펄스를 사용하는 것은 단일 방향의 확산 민감도만 제공할 뿐인데, 실제로는 임의의 방향에도 민감도를 갖도록 세 축 경사자장 코일에 동시에 이런 펄스를 공급할 수 있다. 어떤 조직(특히 인간 두뇌의 WM)은 확산의 방향성을 갖는데, 다중 방향 확산 부호화를 체적소 각각의 확산 텐서(diffusion tensor) 계산에 사용할 수 있다. 이러한 접근법이 DTI(diffusion tensor imaging)이다. 이 텐서의 고유치 해석(eigenanalysis)은 다른 여러 가지 중에서 주 고유 벡터(principal eigenvector)를 산출해 주는데, 이것은 가장 큰 확산 방향을 정해 주며 바탕 조직의 방향성 정도를 정해 주는 부분 비등방성(fractional anisotropy)도 특정지어 준다. 방향성과 무관한 전체 확산도(diffusivity)를 나타내는 숫자인 평균 확산도(mean diffusivity)도 각 체적소의 확산 텐서로부터 계산된다.

13.6 요약 및 핵심 개념

자기공명 영상 장치는 비침습적으로 고해상도의 해부학적 정보를 제공하는데, 세포 조직의 조성 및 화학적 환경과 연결된 조직의 다양한 물성에 대한 영상을 얻을 수 있기 때문에 영상 의학에서 매우 유용한 수단이 되었다. 자기공명 영상 장치는 영상을 얻기 위하여 주요 장치들을 더하는 방법으로 핵 자기공명 장치를 대폭 변형한 것이다. 이번 장에서는 다음의 핵심 개념들을 다루었다.

1. 자기공명 영상 장치의 다섯 가지 주요 구성 요소는 다음과 같다 : 주자석, 스위칭할 수 있는 경사자장 코일 조합, 고주파 코일, 펄스시퀀스와 신호 수신 전자 장치, 컴퓨터.
2. 가장 일반적인 자석은 원통형 초전도 자석으로 0.5~7T의 자장 강도를 갖는다.
3. 경사자장 코일은 자기공명 신호에 공간 정보를 부호화할 수 있도록 자장의 변화를 만들어 낸다.
4. 고주파 코일 또는 공진기로 자기공명 신호를 수신하는데, 몸통 코일처럼 클 수도 있고 표면 코일처럼 작을 수도 있다.
5. 경사자장 코일의 전류를 조작하여 위치에 대한 주파수 및 위상 부호화를 구현하고, 고주파 여기 펄스시퀀스를 조작하여 영상의 명암대조도를 변화시킨다.
6. 자기공명 신호는 푸리에 공간에서 주사되고, 자기공명 영상 재구성은 2차원 푸리에 역변환으로 이루어지는데, 재구성된 영상은 유효 스핀밀도의 분포를 나타낸다.
7. 자기공명 영상의 품질은 명암대조도(조직 고유의 특성과 펄스시퀀스의 선택 사항으로 결정됨) 및 표본화, 잡음에 관계된다.
8. 고주파 여기 및 경사자장으로 스핀계를 조심스럽게 제어하면 fMRI에 이용되는 헤모글로빈의 BOLD 효과를 포함하는 자화감수성과 확산에 대한 영상을 얻을 수 있다.

참고문헌

Bernstein, M.A., King, K.F., and Zhou, X.J. *Handbook of MRI Pulse Sequences*, Burlington, MA: Elsevier Academic Press, 2004.

Brown, M.A. and Semelka, R.C. *MRI Basic Principles and Applications*, 4th ed. Hoboken, NJ: Wiley, 2010.

Bushberg, J.T., Seibert, J.A., Leidholdt Jr., E.M., and Boone, J.M. *The Essential Physics of Medical Imaging*, 3rd ed. Philadelphia, PA: Lippincott Williams & Wilkins, 2012.

Bushong, S.C. *Magnetic Resonance Imaging*," 3rd ed. St. Louis, MO: Mosby, 2003.

Haacke, E.M., Brown, R.W., Thompson, M.R., and Venkatesan, R. *Magnetic Resonance Imaging: Physical Principles and Sequence Design*. New York, NY: Wiley, 1999.

Liang, Z.P., and Lauterbur, P.C. *Principles of Magnetic Resonance Imaging: A Signal Processing Perspective*. Piscataway, NJ: IEEE Press, 2000.

Macovski, A. Noise in MRI. *Magnetic Resonance in Medicine* 36 (1996): 494–97.

Stark, D., Bradley, Walter G., and Bradley, William G. (Eds.) *Magnetic Resonance Imaging*. St. Louis, MO: Mosby, 1999.

연습문제

자기공명 영상 장치

13.1 균일한 z방향 자장 안에 시료가 있다. 여기에 x경사자장이 가해졌다면 어떠한 변화가 자장에 일어나는가?

13.2 고주파 코일의 기능을 간단하게 설명하라.

공간좌표 부호화와 MR 영상 방정식

13.3 그림 P13.1과 같이 10cm 폭을 갖고 중심에서 벗어나 있는 육면체의 한 단면($\bar{z} = 5$cm, $\Delta z = 1$cm) 영상을 얻으려고 한다. 이때 $G_z = 1$G/mm이고 $\gamma = 4.258$kHz/G이다.

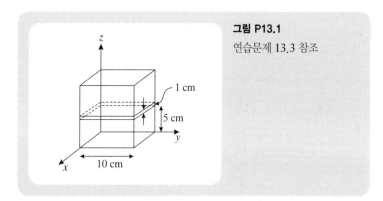

그림 P13.1
연습문제 13.3 참조

(a) 이 단면을 선택하기 위한 고주파 펄스의 대역폭은 몇 Hz인가?

(b) 회전좌표계에서 이 단면을 선택하기 위한 고주파 펄스 $B_1(t)$의 수학적 표현을 제시하라.

13.4 (a) 단면 선택 경사자장이 1G/cm이고, $A(t) = A_0 \exp\{-t^2/\sigma^2\}$(여기서 $\sigma = 1$ms)로 표현되는 가우시안 형태의 고주파 펄스를 사용하였을 때 FWHM(full width at half maximum)으로 정의되는 단면 두께는 어떻게 되는가?

(b) 경사자장을 반으로 줄이면 단면 두께는 어떻게 되는가? 고주파 펄스의 모양을 바꾸어 σ를 반으로 줄인 것으로 가정하라.

(c) 경사자장으로 1G/cm를 사용한다면 새로운 단면의 두께는 어떻게 되는가?

(d) 이 변경에서 어떠한 다른 것이 영향을 받는가?

13.5 고주파 신호가 다음 식으로 주어졌다.

$$s(t) = A\Delta v \, \text{sinc}(\Delta vt)e^{-j2\pi \bar{v}t}.$$

눕힘각의 분포가 식 (13.17)로 표현됨을 보이라.

13.6 단면 선택 과정에서 재위상 경사자장이 일반적으로 필요한 이유를 설명하고, 이 파형이 부극성의 강도 $-G_z$인 경사자장일 때 시간 폭이 왜 고주파 여기 주기의 반이 되는지 설명하라.

13.7 식 (13.22)를 식 (13.44)에 대입하고 T_2를 상수로 가정하면 다음 식이 된다.

$$s_0(t, A_y) = \int_{-\infty}^{\infty}\int_{-\infty}^{\infty} Ae^{-t/T_2(x,y)}M(x,y;0^+)e^{-j2\pi\gamma G_x xt}e^{-j2\pi\gamma A_y y}\, dx\, dy$$

$$= Ae^{-t/T_2}\int_{-\infty}^{\infty}\int_{-\infty}^{\infty} M(x,y;0^+)e^{-j2\pi\gamma G_x xt}e^{-j2\pi\gamma A_y y}\, dx\, dy.$$

재구성된 영상에 나타나는 e^{-t/T_2}항의 효과는 무엇인가(그림 13.15의 펄스시퀀스를 사용한 것으로 가정하라)?

13.8 하나의 점시료(point object)가 다음 궤적을 따라 x축 위를 움직이는 것으로 가정하자 : $x(t) = x_o + vt$

(a) 그림 P13.2의 경사자장을 가하고 나서 횡자화에 발생하는 위상 천이를 계산하라.

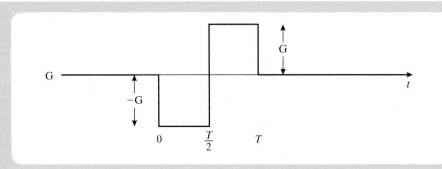

그림 P13.2
연습문제 13.8(a)의 경사자장 파형

(b) 그림 P13.3 파형의 경사자장이 일으키는 위상 천이를 계산하라. 이 펄스 파형을 흐름보상(flow compensation) 펄스라 부른다.

(c) 위의 두 경사자장 파형에 대하여 $x(t) = x_o + vt + \frac{1}{2}at^2$으로 주어진 시료의 궤적에 대한 위상 천이 계산을 반복하라.

(d) 가속도 보상(acceleration compensation) 펄스로 어떠한 파형의 경사자장을 사용하면 되겠는가?

(e) 속도에 따라 변하지만 가속도에는 독립적인 위상 천이를 유발하는 경사자장 파형

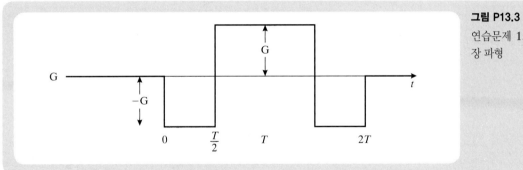

그림 P13.3
연습문제 13.8(b)의 경사자
장 파형

을 설계할 수 있겠는가? 설명하라.

13.9 하나의 단면이 $5 \times 5 \times 5 \text{cm}^3$ 육면체에서 선택되었다. 판독 경사자장을 사용하여 이
단면의 투영을 얻으려고 하는데, 그림 P13.4의 펄스시퀀스를 이 투영 정보를 얻기 위
해 사용하였다.

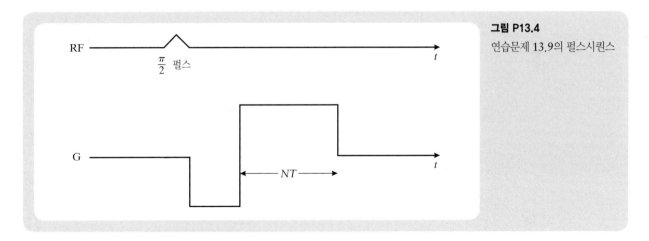

그림 P13.4
연습문제 13.9의 펄스시퀀스

경사자장이 $G = 1\text{G/cm}$이고 표본화 개수 $N = 256$, 총 표본화 시간 $NT = 10\text{ms}$이
다(여기서 T는 주파수 부호화 방향에서 표본 사이의 시간 간격이다).

(a) 이 투영 공간의 크기는 얼마인가(이것을 FOV라 한다)?

(b) 시료 폭에서 이 투영 영상은 몇 개의 화소를 갖는가?

(c) $G = 0.5\text{G/cm}$, 표본화 개수 $N = 256$ 및 총 표본화 시간 $NT = 20\text{ms}$이면 **(a)**
와 **(b)**는 어떤 영향을 받는가?

(d) 그림 P13.5의 펄스시퀀스로 **(a)**~**(c)**를 반복하라.

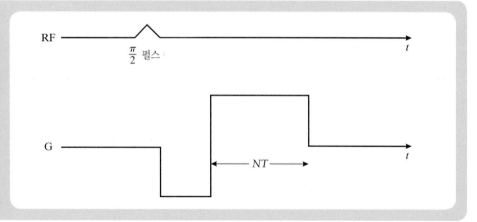

그림 P13.5
연습문제 13.9(d)의 펄스시퀀스

13.10 단순하게 T_1강조가 아니라 실제 T_1영상을 얻으려면 최소한 2개의 다른 영상을 얻어 각각의 화소마다 T_1을 계산하는 과정이 필요하다.

(a) 식 (13.63)의 영상 방정식이 다음 식과 같음을 보이라.

$$\frac{f}{\sin\alpha} = e^{-T_R/T_1}\frac{f}{\tan\alpha} + AM_0 e^{-T_E/T_2}(1 - e^{-T_R/T_1}).$$

(b) 눕힘각을 각각 α_1, α_2 및 α_3로 얻은 영상 f_1, f_2 및 f_3을 가정하자. 각 점 ($f_i/\tan\alpha_i$, $f_i/\sin\alpha_i$)의 값이 한 선 위에 놓여야 됨을 보이라. 여기서 $i = 1$, 2, 3이다.

(c) 서로 다른 눕힘각 α_1과 α_2로 얻은 두 영상 f_1과 f_2만으로 T_1을 계산하는 식을 (b)의 결과를 이용하여 제시하라.

주파수 공간의 표본화

13.11 한 펄스시퀀스에서 그림 P13.6과 같이 x와 y경사자장을 사용하고 있다. 이 경우의 푸리에 공간 궤적을 그리라. 이때 축의 표기에 주의하라.

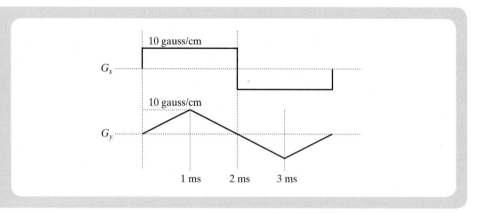

그림 P13.6
펄스시퀀스에서 x와 y경사자장

13.12 그림 13.20의 펄스시퀀스로 $(-0.25, -0.5)\text{mm}^{-1}$에서 $(0.25, 0.5)\text{mm}^{-1}$까지 방사상 궤적을 따라 128개의 표본을 얻으려 한다. 이때 경사자장 양 끝의 기울기 부분은 무시한다.

(a) x와 y경사자장을 인가하는 기간(구간 2)이 0.1ms라면 경사자장의 강도는 어떻게 되는가?

(b) $T_s = 10\text{ms}$라면 판독경사자장 강도는 어떻게 되는가? 표본화율(sampling rate)은 어떻게 되는가?

13.13 고주파 여기 이후 푸리에 공간에서 2개의 선을 주사하는 펄스시퀀스를 그리라. 푸리에 공간 주사가 그림 P13.7과 같이 $(-1, 0.5)\text{mm}^{-1}$에서 시작하고 $(-1, 0.4)\text{mm}^{-1}$에서 끝난다. 고주파 펄스는 단면 선택 펄스가 아닌 것으로 가정하고 이 펄스시퀀스를 시간과 경사자장 강도를 나타내어 그리라.

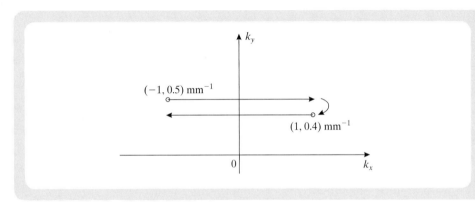

그림 P13.7
연습문제 13.13 참조

13.14 앞에서 2개의 점시료가 y축 위에서 서로 떨어져 있을 때의 위상 부호화 문제에 대하여 다루었다. 먼저 두 점이 모두 영상 평면에서 $x = x_o$에 위치하고 y축에서는 다른 곳에 위치하는 문제로 돌아가 보자. 이 경우 신호는 각 시료에서 나오는 개별 신호의 합이 되며, 그림 13.15와 식 (13.42)에서 볼 수 있는 것처럼 한 번의 측정으로 y축상 위치를 결정할 수는 없다. 위상 부호화 경사자장 G_y의 값을 다르게 하여 신호를 2번 측정하는 것으로 두 시료의 위치를 구분할 수 있음을 보이라.

13.15 단면 선택의 재정렬 로브와 위상부호화 경사자장, 경사자장 에코 형성 로브가 시간 축에서 서로 겹쳐도 되는 이유를 설명하라(그림 13.18 참조).

자기공명 영상 재구성

13.16 극좌표 주사를 하는 2차원 투영 영상은 초기의 자기공명 영상 기법이지만, 매우 빠른 영상이 가능해 다시 채용되고 있다. 그림 P13.8의 펄스시퀀스를 고려해 보자. 펄스시퀀스에서 다음과 같이 가정하자.

$$G_x = G\cos\theta,$$
$$G_y = G\sin\theta.$$

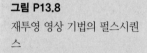
그림 P13.8
재투영 영상 기법의 펄스시퀀스

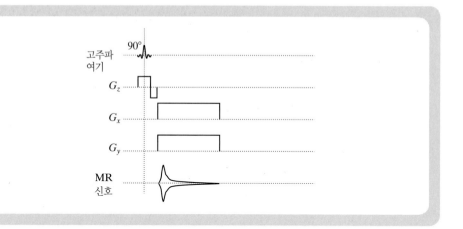

(a) 신호를 주어진 θ에 대하여 표현하라.

(b) 영상 대상 단면이 $f(x, y) = A\delta(x-1, y) + B\delta(x, y+1)$일 때, $\theta = 0$과 $\theta = 90°$에 대한 신호를 그리라.

(c) 이 펄스시퀀스를 사용하여 단면의 영상을 어떻게 얻을 수 있는지 설명하라.

13.17 자장 불균일 때문에 약간 다른 정자장 속에 있는 2개의 점 시료(point object) 영상을 얻으려고 한다. 시료 1은 자장 B_o에, 시료 2는 $B_o + \Delta B$에 있다. 자기공명 영상의 2차원 투영 기법을 사용하려고 할 때, 왜 이 자장 차이가 문제가 되는지 설명하라.

13.18 주파수 부호화 방향에서 영상 대상의 형상을 고려해 보자. 식 (13.27)로 주어진 기저 대역 신호의 역 푸리에 변환은 T_2 감쇠 포락선의 역 푸리에 변환 $\mathcal{F}^{-1}\{e^{-t/T_2}\}$와 콘볼루션된 영상 대상 $M_{xy}(x, y; 0^+)$의 x축 위의 투영임을 보이라(T_2는 x 및 y에 독립적인 것으로 가정하라).

자기공명 영상의 품질

13.19 시상면(y-z 평면과 평행한 면) 영상을 얻으려고 한다.

(a) 어느 방향이 각각 단면 선택 경사자장, 위상 부호화 경사자장 및 주파수 부호화 경사자장 방향이 되어야 하는가?

(b) 위상 부호화와 주파수 부호화 방향의 에일리어싱을 각각 어떻게 방지해야 하는가?

13.20 2차원 자기공명 영상을 화소 수 256×256으로 재구성하려고 한다.

(a) 어떤 변수가 위상부호화 방향의 공간 크기를 결정하는가?

(b) 어떤 변수가 판독 방향의 공간 크기를 결정하는가?

(c) 어떤 변수가 위상 부호화 방향의 공간 해상도를 결정하는가?

(d) 어떤 변수가 판독 방향의 공간 해상도를 결정하는가?

13.21 자기공명 영상 장치로 $25.6 \times 25.6 \text{cm}^2$의 정방형 양성자 시료 단면의 영상을 얻으려고 한다. 영상을 256×256 행렬 크기로 재구성할 것이고, u와 v방향으로 나이퀴스트 표본화율을 사용할 것이다.

(a) 대각선 방향의 시료 크기는 어떻게 되는가? 주 대각선 방향으로 몇 개의 표본화가 되는가?

(b) 푸리에 공간에서 대각선 방향의 표본화율은 어떻게 되는가?

13.22 단위 길이당 N번 감고, 길이가 L, 반경이 r_0인 솔레노이드 코일을 반경이 r_0이고 균일한 저항률 ρ인 시료의 영상에 사용하였다. 코일에 공급되는 여기전류 $I(t) = \cos(2\pi v_0 t)$이다.

(a) 시료에서 손실되는 평균 전력은 어떻게 되는가? 반경 r인 원통 표면에 유도되는 전압은 얼마인가?

(b) 길이 L이고, 반경 r, 원통 표면의 저항률 ρ인 원통 표면의 미분 도전률 $dG = L dr/(2\pi r \rho)$로 주어졌다. 솔레노이드의 유효 전기 저항이 식 (13.79)가 되는 것을 증명하라.

13.23 두 조직의 T_1이 각각 T_1^a와 T_1^b일 때 최대 신호 차이를 얻기 위한 반복 시간(T_R)은 어떻게 되는가? 최대의 '신호 차이(명암대조도) 대 잡음비[일반적으로 명암대조도 대 잡음 비 CNR(contrast-to-noise ratio)이라 함]'를 얻기 위한 T_R은 어떻게 되는가 ($T_E = 0$이고, 수평자화는 각 $\pi/2$ 펄스 전에 전부 감쇄하는 것으로 가정하라)?

13.24 광학 영상 기법의 분해능은 레일리 한계(Rayleigh limit)와 동일한데, 이것은 사용하는 빛 파장의 반이다. 자기공명 영상이 인체를 지나가는 전파를 사용하여 이루어진다면, 일반적인 주자석에서 예상 분해능은 어떻게 되는가?

13.25 지방이 많은 세포는 자기공명 영상에서 물이 많은 세포와 위치가 달라지는데, 이것은 화학적 천이때문이다. 지방과 물을 함께 포함하는 대상의 영상에서 화학적 천이는 어떻게 나타나는지 설명하고, $T_1(\text{H}_2\text{O}) \approx 4T_1(\text{fat})$ 정보를 이용하여 영상에서 지방의 신호를 억제하는 방법을 고안하라.

13.26 단 하나의 영상 변수를 (또는 작은 묶음의 영상 변수들) 변화시켰을 때 영상의 SNR이 어떻게 변하는지 고려해 보는 것은 종종 쓸모가 있다. 다음의 변화에서 SNR에 생기는 변화를 기술하라.

(a) $G_x \rightarrow 0.5 G_x$

(b) $N_y \rightarrow 2N_y$

(c) $f_s \rightarrow 2f_s (N_x \rightarrow 2N_x$로 가정하라).

(d) $f_s \rightarrow 2f_s (N_x$는 고정으로 가정하라).

응용, 확장 및 고급 논제

13.27 연습문제 13.3을 다시 고려해 보자. 입체 안의 유효 스핀밀도는 상수이면서 1이라고

가정해 보자.

(a) 그림 P13.1을 참고해서, 획득할 2차원 영상 함수 $f(x, y)$를 그리라. 또한 $|F(u, 0)|$도 그리라.

영상을 얻기 위해 그림 P13.9의 경사에코 펄스시퀀스를 사용하고, 경사자장은 $G_x = 0.5\text{gauss/mm}$와 $G_y = 0$이다.

(b) $-0.4\text{cm}^{-1} \leq u \leq 0.4\text{cm}^{-1}$ 범위에서 신호를 수집하기 위해 판독 경사자장에 앞서 사용되는 x경사자장의 폭은 몇 초인지 구하라.

(c) 경사자장 G_x의 부호가 바뀌고 몇 초 뒤에 에코가 나타나며, 그 이유는 무엇인가?

(d) 신호 수집 동안 모은 정보로 영상을 재구성한 다음에 $g(\ell, 0°)$의 완벽한 재구성을 얻을 수 있는지 설명하라. 여기서 $g(\ell, \theta)$는 $f(x, y)$의 라돈 변환이다.

그림 P13.9
연습문제 13.27의 펄스시퀀스

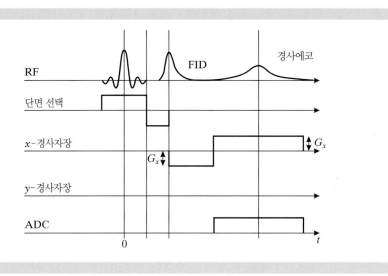

13.28 정자장 $B_0 = 1.5\text{T}$가 영상 대상에 가해졌다. 자기회전율 $\gamma = 2\pi \times 4,258(\text{rad/s})/\text{G}$이고, $1\text{T} = 10^4\text{G}$이다. 다음 식의 고주파 펄스 하나가 인가되었다고 가정하자.

$$B_1(t) = A\Delta f \operatorname{sinc}(\Delta f t)e^{j2\pi v_0 t} \operatorname{rect}\left(\frac{t}{\tau_p}\right),$$

여기서 $\Delta f = 4.258 \times 10^4 \text{Hz}$이고, $A = 2\text{G/Hz}$, $\tau_p = 2\text{ms}$, v_0는 라모 주파수이다.

(a) v_0를 구하고, 눕힘각을 계산하는 식을 쓰라.

(b) τ_p가 충분히 길어서 $B_1(t)$를 다음 식으로 간략화할 수 있다고 가정하자.

$$B_1(t) = A\Delta f \operatorname{sinc}(\Delta f t)e^{j2\pi v_0 t}.$$

$B_1(t)$의 스펙트럼은 어떻게 되는가? 그 형태를 그리라. $B_1(t)$가 인가될 때 $G_z = 2\text{G/cm}$인 단면 선택 경사자장이 z방향으로 동시에 가해졌다고 가정하라.

(c) 단면의 중심과 단면의 두께는 각각 어떻게 되는가?

(d) 현재의 단면에 인접한 다른 단면을 (+z방향으로 움직여서) 같은 두께로 선택하려 한다면 고주파 펄스를 어떻게 바꾸어야 하는가? 이때 G_z는 같은 값인 것으로 가정하라.

(e) (d)의 고주파 펄스 직후에 현재의 단면에서 스핀의 최대 위상 차이는 얼마나 되는가? 어떻게 이 스핀들을 재위상화시킬 수 있는가?

(f) 그림 P13.10의 궤적을 따라 k공간에서 신호 표본화를 하려고 한다. 이때 $|G_x| = 2.5\text{G/cm}$ 및 $|G_y| = 1.5\text{G/cm}$로 가정하라. 이 궤적의 주사를 위한 펄스시퀀스를 그리고, 획득한 신호와 판독 경사자장, 위상 부호화 경사자장 및 단면 선택 경사자장을 표시하라.

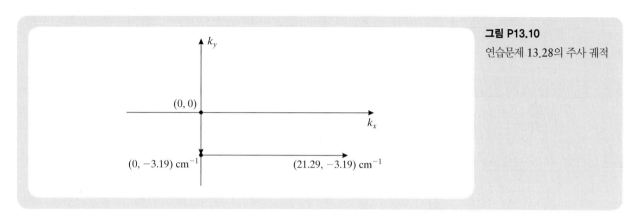

그림 P13.10
연습문제 13.28의 주사 궤적

(g) FOV$_x$를 50cm로 설정한다면 (e)의 표본화 방법을 쓸 경우 최소 표본화율 f_s는 얼마인가?

13.29 3차원 영상을 $N \times N \times N$으로 체적소의 각 변 길이가 동일하도록 전체 영상을 얻으려는 물체가 있다. 그런데 사용할 수 있는 고주파 펄스가 변조되지 않은 짧은 폭의 고주파로 제한되었다면 단면 선택 기법을 쓸 수 없다.

(a) 이 경우 물체의 영상을 얻는 방법을 생각할 수 있겠는가(힌트 : 학습한 위상 부호화 내용을 이 문제까지 확장해 볼 것)?

(b) 신호 방정식은 어떻게 되겠는가?

(c) 영상을 어떻게 재구성해야 하는가?

13.30 공간 부호화의 일반화된 신호 수집 절차를 생각해 보자. 영상 대상에서 N개 점의 신호 크기가 A_j일 때(여기서 j는 실수), 서로 다른 진폭의 위상 부호화 경사자장 $G_y^m (m = 0, 1, 2, ..., N)$로 얻은 N개의 신호에 대한 N개의 방정식을 풀어 영상 대상의 y방향 위치 y_j를 찾을 수 있음을 증명하라.

찾아보기

【ㄱ】

가분 시스템 33
가분 신호 25
가역정리 459
가우시안 확률 변수 77
가중화된 백프로젝션 233
각운동량 452, 455, 477
각주파수 371
간접 164
감마선 113, 140, 270
감마 카메라 282
감쇠 107, 129, 141, 297, 378
감쇠계수 378
감쇠 보정 계수 338
감쇠 차이 126
감폭 407
강도 130, 136, 272, 297
강도반사율 377
강도투과율 377
강자성 457
강제세차운동 463
갠트리 215
거리 방정식 415
거리역자승의 법칙 297
거시자화 454
거시자화 벡터 454
거친 샘플링 88

검출기 블록 330
검출기측 콜리메이터 136
검출기 효율 180, 307
검출 양자 효율 186, 187, 190
격막 331
격자 155
격자 비 155
격자 전환 인자 156
격자 주파수 156
결합 31
결합 에너지 265
경계면 퍼짐 효과 175
경사 169, 190
경사면 492
경사에코 501
경사자장 진폭 488
경사자장 코일 484, 536
경사 효과 169
고속영상 기법 513
고속 푸리에 변환 48
고에너지 전자 121, 140
고유 SNR 309
고유 분해능 301, 303
고정좌표계 455
고정형 156
고주파 여기 459, 462
고주파 여기펄스 535

고주파 코일 459, 484, 536
고주파 펄스 477
고체형 검출기 213
골발광 위신호 244
공간 66
공간부호화 454, 483
공간 주파수 47
공간주파수 503
공간 주파수 공간 522
공간 해상도 145
공기 커마 137
공진기 490, 536
관상면 4, 492
관전류 147, 148
관전압 148
관측시야 29
광다이오드 164
광대역 음파변환기 408
광민감형 이미징 플레이트 161
광의의 정상적 잡음 85
광자 75, 119
광자 계수치 130
광자 방출 컴퓨터 단층 촬영 281
광자 선속 129
광자 선속률 129, 297
광 전달 함수 46
광전음극 285

광전자 124
광전피크 288
광전 효과 124, 141
광증배관 285
광폭의 빔 구조 136
광학 밀도 181, 190
광학적 불투명도 181
광학적 투과율 181
교정 단계 216
교환 31
구면파 373
구면 파동 방정식 373
구조 107
국소 SNR 185, 309
국소 명암대조도 65, 183
국지화 논리 312
국지화 논리회로 287
굴절 398
궤도 115
궤도 번호 115
궤도 전자 114
균일 확률 변수 77
그늘 왜곡 172
그림자 145
기계적 섹터 스캐너 420, 421
기계적 스캐너 409
기능적 자기공명 영상 533
기대값 최대화에 의한 최대우도 347
기본 공진 주파수 406
기본광자감쇠공식 133
기본 영상 방정식 167, 245, 312
기본 주파수 25
기저대역 신호 502
기저 상태 구성 115
기준 강도 216
기초 영상방정식 190
기초적인 SPECT 영상 방정식 353

기하학적 근사화 388, 398
기하학적 영역 388
깊이에 따른 퍼짐 효과 174
깊이에 따른 확대 173, 190

【ㄴ】

나선형 CT 9, 211
나이퀴스트 샘플링 정리 91
나이퀴스트 샘플링 주기 91
내부 필터링 150
눕힘각 461
능동 보정 486

【ㄷ】

다이나믹 초점 형성 428
다이노드 285
다이어프램 151
다중 검출기 CT 205
다중 순차 수집 295
다중 스핀에코 470
다중 에너지 130, 149
단면 두께 432
단위 원반 50
단일 검출기 CT 214
단일 광자 방출 컴퓨터 단층 촬영 323
단일 시간 75
단일 에너지 75, 130
단일 헤드 시스템 324
단층 영상 203, 245
단층적 487
대상체 깊이에 따른 확대 173
대수적 영상 구성 기법 345
대역 제한 신호 91
대조 작용제 383
대칭 함수 41
데시벨 87
델타레이 122

델타 함수 19
도플러 쉬프트 속도계 387
도플러 영상 12
도플러 영상 기법 365
도플러 이동 383
도플러 주파수 385
도플러 효과 383, 398
독립 확률 변수 81
동시 발생 선 323
동위원소 264
동적 프레임 모드 수집 295
동중성자원소 264
동중원소 264
두께가 있는 단면 495
등가선량 138
등가 알루미늄 150
등방형 64
디락 함수 19
디지털 검출기 190
디지털 라디오그래피 161

【ㄹ】

라모(Larmor) 주파수 456, 477
라미노그램 221
라스터 스캔 162
램프 필터 226
레이 206
레일리 확률분포 416
로즈 모델 86
링 인공물 94

【ㅁ】

마모그래피 166
막대 팬텀 74
매칭층 408
메인로브 388
면적 샘플링 92

명암 367

명암대조도 59, 60, 61, 99, 129, 145, 477

모드 변환 378

모 원자 266

목록 모드 수집 294

몸통 코일 490

무아레 패턴 244

무작위 과정 271

무작위 동시 발생 332

문턱값 289

문턱값 회로 292

물체 명암대조도 60

미세한 샘플링 88

미시자화 453

민감도 304

밀도 107

밀도 유지 공식 169

밀리미터당 선 쌍 74

【ㅂ】

바깥쪽으로 진행하는 파 373

반가층 133

반감기 268

반도체 기반의 카메라 291

반복 시간 418, 472, 513

반복 재구성 354

반복 재구성 알고리듬 345

반복적 재구성 235

반사계수 380, 436

반자성 457

반자화감수성 457

반전 시간(inversion time) 476

반전 펄스 475

반전 회복(inversion recovery) 448, 474

반치 폭 68

발광 158

발생기 274

발신 상수 405

방사능 267

방사능 농도 함수 297

방사선 114

방사선 기인 발암 140

방사선 선량 141

방사선장 138

방사선 카세트 159

방사성 붕괴 263, 271, 277

방사성 붕괴식 268

방사성 의약품 263

방사성 전달 122

방사성 전달 확률 140

방사성 추적자 6, 10, 259, 263, 274

방사성 핵종 115, 264, 277

방출 259, 263

방출 영상 7

방출창 151

방출 컴퓨터 단층 촬영 281, 353

방출 컴퓨터 단층 촬영 시스템 324

방향 조절 424, 436

배경 65

배열된 부분집합 기대값 최대화 348

배킹층 407

백색 잡음 84

백프로젝션 영상 221

백프로젝션 합산 영상 221

버스트 129

베이스 포그 182

베타 붕괴 269

변동 애퍼처 436

변조 61

변조 전달 함수 63, 180

변환 효율 158

별 인공물 94

보상필터 152

보어 모델 114

보정 457

보호 126

복소 엔빌롭 390

복소 지수 신호 24

부분 용적 효과 350

부정확성 96

분리 36

분배 32

분산형 312

분해능 셀 415

분해시간 311

불감시간 311

붕괴 방식 277

붕괴 상수 268, 277

붕괴 인수 268

블로흐(Bloch) 방정식 451, 477

비대칭 함수 42

비례 축소 21, 42

비선형 계수 381

비선형적 전달 398

비전리 137

비정질 실리콘 164

비행 시간법 333

빔 129

빔 경화 150, 244, 246

빔 모양 제한 149

빔 발산 190

빔 연화 136

빔의 강도 107

빔의 모양 151

빔포밍 427, 436

빛 광자 284

【ㅅ】

사이드로브 389

사이클로트론   274
산란   354, 378
산란선 대 일차선 광자 비   189
상대론적 질량   118
상대적인   128
상자성   457
상충성   180
새장 공진기   490
샘플링   22, 87, 99
샘플링 간격   87
샘플링 정리   91
샘플링 주파수   88
샘플링 함수   18, 22
샤(shah) 함수   22
선량   136, 137
선량당량   138
선속   136
선속 경화 인공물   94
선 스펙트럼   130
선원 강도 분포   178
선원 확대율   176
선 임펄스   18, 21, 67
선질 계수   138
선택 단면   499
선형감쇠계수   132, 141, 152, 298
선형 격자   155
선형 배열 프로브   410
선형 보간법   233
선형 스캐너   420
선형 시스템   27, 52
선형 에너지 전달   137
선형위상화   462
선형 이동 불변   349
선형 이동 불변(inear shift-invariant :
   LSI) 시스템   29
선확산함수   67
섬광   213

섬광 검출기   284
섬광 결정   213, 284, 312
섬광빛   303
섬광 이벤트   291
섬광 카메라   263
세차운동   12, 456
소멸 광자   270
소멸 동시 검출   330
속도   183
송신 코일   491
쇼크 여기   407
숄더   182
수신대역폭   523
수신 상수   405
수신자 조작 특성   98
수신 코일   447
수용 윈도우   289
수직 장축   262
수평 장축   262
순방향 진행파   371
순수 SNR   84
스넬의 법칙   375
스캐닝 슬릿   157
스캔   436
스캔 변환   421
스테레오 디지털 마모그래피 기법   166
스파이크   149
스페클   12, 364, 416
스페클 감소   435
스페클 감소를 위한 콤파운드 스캐닝
   435
스페클 패턴   416
스펙트럼   36, 149
스펙트럼 해상도   66
스폿   179
스피드   158
스핀(spin)   452

스핀-격자 이완   466, 477
스핀계   451, 452
스핀-스핀 이완   464, 477
스핀 양자 수   453
스핀에코   469
슬라이스 두께   214
슬롯-스캔   163
슬루율   488
슬립링   215
시간   66
시간 이득 보정   411
시간 해상도   75
시노그램   219, 220
시상면   4, 492
시스템 분해능   301
시야선   136
식별 회로   292
신호   52
신호 대 잡음   333
신호 대 잡음 비   82, 308, 522, 529
실린더   151
실험   76
심전도   294
싱크 함수   23, 24
쌍생성 반응   124
쌍으로 이루어진 감마선   353

【ㅇ】

아날로그-디지털 변환기   290
안정선   266
안정 시스템   34
안정적   34
안쪽으로 진행하는 파   373
알파 붕괴   269
압력반사율   377
압력투과율   377
압전 결정체   436

압축   166, 398

압축률   368

앙각 방향   432

앙성자 밀도(proton density : PD)   448

애퍼처 변동   436

액티브 매트릭스   164

앵거 섬광 카메라   6, 281, 282, 312

앵거 카메라   10

양극   123, 149

양극 힐   190

양극 힐 효과   171

양성 예측도   98

양성자   114

양성자 밀도   451, 454, 472

양성자 소멸   121

양성자 영상   452

양자   75

양자 모틀   184

양자 스페클   75

양자 효율   186

양전자   140

양전자 방출 단층 촬영   262, 281, 323

양전자 붕괴   269

양전자 붕괴 과정   270

에너지 분해능   308

에너지 선속   130

에너지 선속률   130

에너지 윈도우   311

에너지 판별 윈도우   290

에러 함수   78

에어갭   157

에일리어싱   88, 99, 523

에일리어싱 방지필터   523

에일리어싱 제거 필터   92

에코   398, 466

에코 시간   469

엑스레이 CT   245

엑스선   5, 113, 140

엑스선관   109, 147

엑스선 관전압   148

엑스선 사진   190

엑스선 스펙트럼   130

엑스선 영상증배관   160

엑스선 튜브   8

엑스선 필름   159

엔빌롭   390

여기 작용   117

여기펄스   463

역방향 원형 코일   488

역방향 진행파   371

역산란   126

역자승 법칙   137, 168, 190

역전(inversion)펄스   463

연속 스펙트럼   123

연속 신호   18

연속-연속 시스템   18, 26

연속-이산 시스템   18

연속적인 신호   17

연쇄 결합   181

연조직   107, 368

열이온 방출   147

영상 기법   1

영상 단면 방향 초점 형성   432

영상 명암대조도   60

영상 분산   241

영상 영역(field of view : FOV)   455

영상 왜곡   246

영상의 질   312, 354

영상 획득 장비   312

오제 전자   125

오프셋   290

와전류   489

왜곡   60, 95, 99, 416

우 함수   21

운동 방정식   477

운동 에너지   116

운동 에너지 밀도   374

움직임 인공물   94

원위상 고주파 자장   463

원위상화   462

원자번호   107, 114, 264

원자질량단위   264

원자핵   114

원통형 초전도 자석   485, 536

원형 대칭   52

원형 대칭성   48

위상   36, 458

위상각   458

위상 배열   411

위상 배열 섹터   420

위상 배열 섹터 스캐너   421

위상 배열 코일   491

위상 배열 프로브   410

위상 부호화   508

위상 스펙트럼   36

위상 재집중   499

위신호   246

위치 불변 시스템   417

위치 에너지 밀도   374

위험도   139

윈도윙   226

유닛 임펄스 함수(unit impulse function or unit delta function)   372

유령 영상   531

유병률   98

유효 구멍 깊이   302

유효반감   274

유효선량   139, 141

유효 스핀밀도   501, 536

유효 에너지   131, 184, 216

유효 원자 번호   127

음극 어셈블리 147

음성 예측도 98

음파 398

음파변환기 367, 398, 436

음파의 속도 368

음향 강도 374

음향 압력 370

음향 에너지 밀도 374

음향 에너지 플럭스 374

응답선 340

이동 불변성 28

이동 불변 시스템 52

이동 특성 21

이벤트 286

이산-시간 푸리에 변환 58

이산형 신호 17

이산화 87, 99

이산 확률 변수 79

이온 114

이온쌍 117, 137

이온 전리함 149

이온함 136

이중 경사면 492

이중 선원 CT 213

이중 에너지 CT 213

이중 에너지 엑스선 흡수 스캔 213

이중 에너지 영상 213

이중 헤드 시스템 325

인공물 60, 93, 99, 469, 522

인광 158

일반 방사선 촬영 145

임펄스 응답 28

임펄스 응답 함수 28

임펄스 함수 19, 52

입력 26

입력 신호 18

입력측 형광체 160

입사창 160

입자 118

입자 방사선 269

입자성 140

입자성 방사선 113, 118

입출력 식 27

【ㅈ】

자기공명 신호 536

자기공명 영상 451, 477

자기공명 영상의 품질 536

자기공명 영상 장치 536

자기공명 영상 재구성 536

자기모멘트벡터 452

자기회전율 453

자동 노출 제어 149

자동이득조정 161

자유유도강하 464

자유 전자 114

자장 보정 486

자장 불균일 456

자코비안 231

자화감수성 456, 457, 536

잠상 107, 158, 181

잡음 60, 75, 99, 354, 536

잡음 등가 계수 비율 352

잡음 전력 스펙트럼 85

재구성 109, 204, 221

재집중 로브 499

재형성 110

저속 근사법 118

저속영상 기법 513

저주파 통과 필터 48

적분형 134

적산자 228

전극 11

전달 함수 46, 52

전력 53

전력 SNR 84

전력 스펙트럼 36

전리 140

전리 능력이 없다 117

전리 능력이 있다 117

전리 방사선 107, 113, 114

전리 작용 114

전방 투사 345

전송 114

전시야 디지털 마모그래피 166

전신 수집 296

전자결합 에너지 266

전자기 방사선 269

전자기파 113, 140

전자기파 광자 122

전자기파 방사선 118, 119, 141

전자 밀도 127

전자볼트 7, 265

전자빔 113

전자빔 CT 211

전자의 결합 에너지 116

전자적 스캐너 409

전자 포획 270

전체 에너지 53

전체 전력 54

전하량 114

점 임펄스 18

점확산함수 28, 181, 288, 302, 349

정공 117

정량적 정확도 99

정문제 345

정적 프레임 모드 수집 295

정지 질량 118

정현파 61

정현파 신호 25, 52

정현파 함수 18, 371

정확도 96, 99

제논 가스 검출기 214

제동복사선 122, 148

제한-입력 제한-출력 안정 시스템 34

제한적 34

조사선량 137, 149

조영제 127, 153

조절 436

존슨 잡음 527

종단면 492

종자화 458, 477

종자화 이완 451, 464

종축 성분 458

종파 368

주 고유 벡터 536

주기 신호 26

주변자장 486

주자석 484

주파수 36, 120

주파수 부호화 493, 502

주파수에 의존하는 전력 SNR 85

주파수 응답 46

주파수 필터 225

준안정 271

줄무늬 위신호 244

중간전극 160

중심 극한 정리 79

중첩 적분 28

증감지 157

지수 확률 변수 81

직사각형과 싱크 함수 18, 52

직사각형 샘플링 87

직사각형 함수 23

직접 164

진단 정확도 97, 99

진폭 SNR 83

진폭 감쇠인자 378

진폭 모드 신호 417

질 59

질량감쇠계수 138

질량 결손 264

질량 번호 115

질량수 264

질량 중심 계산 312

집속형 콜리메이터 283, 324

집중형 312

집합체 292

짧은 축 262

【ㅊ】

차단 주파수 48

차이 SNR 86

차폐 126

차폐상수 458

차폐 코일 489

천이 123

체적소(voxel) 18, 455

체적자화 454

체적 자화 벡터 477

체적 코일 490

체적탄성률 368

초음파 398

초점 176, 398

초점형 격자 155

초점 형성 396, 424, 436

추가 필터링 150

출력 26, 52

출력 신호 18

출력측 형광 스크린 161

충돌성 전달 122

【ㅋ】

카츠마르츠 방법 345

커마 137

커브 182

컴퓨터 단층 촬영 107, 109, 323

켤레 특성 41

코일 490

콘 151

콘볼루션 식 29

콘볼루션 적분 29

콘빔 재구성 알고리듬 234

콜리메이터 151, 283, 312

콜리메이터 민감도 305

콜리메이터 분해능 300, 301

콜리메이터 효율 305

콤(comb) 18

콤파운드 B모드 스캔 420

콤파운드 영상 436

콤프턴 광자 125

콤프턴 산란 124, 125, 141, 188

콤프턴 산란 광자 190

콤프턴 산란선 검출 246

콤프턴 에지 288

콤프턴 전자 125

콤프턴 플래토 288

콤 함수 88

크기 36

크기 스펙트럼 36

크기 왜곡 95

크로스해치 격자 155

크룩관 5

크룩스관 113

클라인-니시나 공식 128

【ㅌ】

타깃 65, 123

탈위상 464

토모신세시스 166

투과 107

투과 길이 171, 190

투과 깊이 422
투사 145
투사 방사선 촬영 107, 145, 323
투사 촬영 109, 190, 246
투사 촬영 시스템 190
특성 방사선 117, 122, 149
특성엑스선 122
특성 임피던스 370

【ㅍ】

파고 분석기 312
파고 분석법 288
파고 윈도우 289
파락시얼 근사화 393
파수 371
파스발의 정리 45
파장l 372
파 필드 388
판독 방향 502
판독 전용 기억장치 293
패들 166
패러데이 법칙 459
패러데이 새장 484
패러데이 유도 459
패킷 119
팬빔 재구성 공식 232
팬-빔 콜리메이터 324
팽창 398
펄스 반복 주파수 423
펄스 산적 311
펄스시퀀스 447, 455, 470
펄스-에코 모드 403, 436
펄스-에코 방정식 436
펠드캠프 알고리듬 234
편향성 96
평균 272
평균 결합 에너지 116

평균 도착률 80
평균 에너지 131
평균 확산도 536
평면 5, 492
평면 선원 299
평면 섬광계수법 262, 281, 312
평면 영상 262
평면파 370
평행 격자 155
평행빔 구조 217
평행빔 프로젝션 218
평행-홀 312
평행-홀 콜리메이터 283, 324
포도당 유도체 274
포아손 확률 변수 79, 80
포터-버키 다이어프램 156
표면 코일 490
표본화 536
표준편차 77
푸리에 궤적 504
푸리에 방법 225
푸리에 변환 35
푸리에 변환 이론 497
푸리에 역 변환 35
푸리에 해상도 526
푸아송 계수 과정 272
푸아송 무작위 변수 184
푸아송 분포 271
푸아송 비 272
푸리에 변환 35
프라운호퍼 근사화 388, 396, 398
프라운호퍼 영역 388
프레넬 근사화 388, 393, 398
프레넬 빔 패턴 394
프레넬 영역 388
프로브 407
프로젝션 218

프로젝션 데이터 109, 203
프로젝션-슬라이스 정리 223, 246
플랑크 상수 120
피동 보정 486
핀-홀 312
핀-홀 콜리메이터 284
필드 균일성 307
필드 패턴 388
필라멘트 147
필름 감마 181, 183
필터드 백프로젝션 226, 246
필터링 149
필터 역 투영방식 57

【ㅎ】

하모닉 생성 382
하모닉 영상 433, 436
하운스필드 수 245
한켈 변환 48, 49, 52
핫 스팟 259
항정 상태 467, 520
해부학적 107
해상도 60, 66, 99, 354, 525
해상도 측정 도구 74
핵 결합 에너지 266
핵력 266
핵스핀계 477
핵의학 259, 276
핵이성원소 264
핵이성체 전이 269, 271
핵자 114, 115, 264
핵 자기공명 6, 12, 451, 477
핵자당 결합 에너지 265
핵자성 453
핵종 115, 264
헬리컬 CT 205, 211
협역 펄스 389

협폭의 빔 구조 131

형광 158

형광경 5

형성 121

형태 왜곡 95

혼합 신호 17

화소 18

화질 99

화학적 천이 456, 457

확대 95

확대율 173

확률 76

확률 밀도 함수 76, 131

확률 변수 76

확률 분포 함수 76

확률 질량 함수 79, 271

확산 520, 534, 536

확산도 536

확산 텐서 536

확산형 콜리메이터 283

확장된 선원 효과 176

환자 테이블 215

회전좌표계 461

회절 389

횡단면 4

횡자화 458, 459, 477

횡자화 이완 451, 464, 477

횡자화 이완 시간 464

횡축 성분 458

횡파 368

후광 효과 244

흉부 방사선 145

흐려진 프로젝션 236

흐려짐 302

흡수 378

흡수계수 378

흡수선량 137

흡수체 122

흩트리기 펄스 514

【기타】

AEC 149

AM 412

APS 165

A모드 스캐닝 436

A모드 스캔 418

A모드 신호 417

a펄스 464

BOLD 534

B모드 스캐닝 436

B모드 스캔 419

B모드 영상 프레임률 423

CCD 163

CMOS 165

CMOS APS 165

CMOS PPS 165

CR 161, 181

CT 계수 22

CT 넘버 217

dps 267

DR 181

DTI 536

FLAIR 시퀀스 476

f-인자 138

H&D 커브 182

k-공간 503

K 흡수 에지 153

LSI 시스템 31

MDCT 211

MDCT 9

M모드 스캐닝 436

M모드 스캔 418

p/2펄스 463

PACS 166

PET 11, 353

PET 영상 방정식 353

PMT 312

PVDF 405

PZT 405

p펄스 463

Roentgen 5

SCR 149

SPECT 11, 353

SPECT 스캐너 11

SPECT 영상 방정식 353

SPGR 514

STIR 시퀀스 476

Tc-99m 276

TFT 164

TFT 기반 평판형 검출기 164

1/2 스핀계 453

1차원 점 임펄스 19

1차원 파동 방정식 371

2D 점 임펄스 20

2차원 라돈 변환 204, 218

2차원 라돈 역변환 204

3차원 단일 광자 방출 컴퓨터 단층 촬영 261

3차원의 볼륨 영상 430

3차원 초음파 영상 436

3차원 파동 방정식 370

7세대 245

180° 펄스 469

Jerry L. Prince
존스홉킨스대학교 화이팅공과대학 전기 및 전산 공학과

Jonathan M. Links
존스홉킨스대학교 블룸버그보건대학 환경보건과학과

김동윤
렌셀러폴리테크닉대학교 박사
연세대학교 보건과학대학 의공학부 교수

조규성
UC버클리 박사
KAIST 원자력 및 양자공학과 교수

이봉수
플로리다대학교 박사
건국대학교 의료생명대학 의학공학부 교수

서종범
미시간대학교 박사
연세대학교 보건과학대학 의공학부 부교수

이정한
한국과학기술원 박사
건국대학교 의료생명대학 의학공학부 교수